석박사학위와 학술논문 작성 중심의

SmartPLS 4.0 구조방정식 모델링

신건권

개정판

Structural Equation Modeling using SmartPLS 4.0

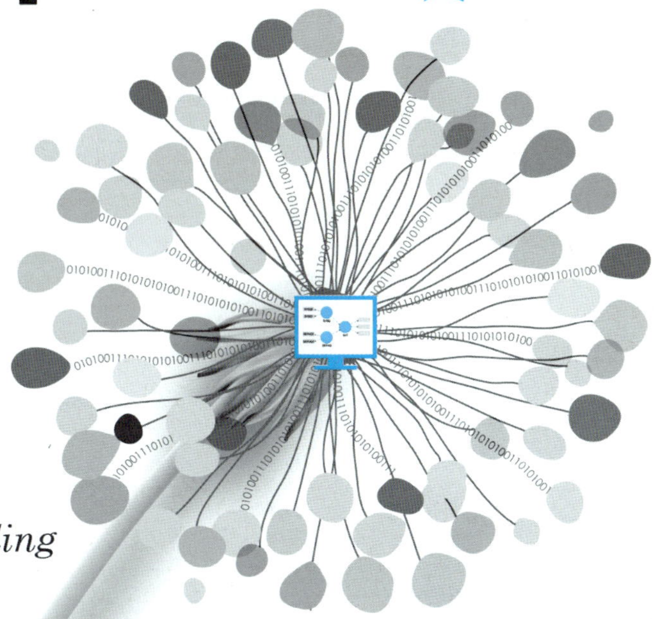

SmartPLS 4.0

도서출판 청람

하나님께 모든 영광을 드립니다.

All glory to God.

The royalties from this book are used
for missions around the world.

| 머리말 |

최근에 석박사학위와 학술논문을 작성하는 연구자들은 구조방정식모델링(Structural Equation Modeling: SEM)에 대해서 많은 관심을 보이고 있다. SEM은 다수의 연구변수 간에 존재하는 종합적 인과관계를 규명하기 위해서 태동된 구조방정식모델링 방법이며, 이는 공분산 기반 구조방정식모델링(Covariance-Based SEM: CB-SEM)과 부분최소제곱 기반 구조방정식모델링(Partial Least Squares SEM: PLS-SEM)으로 구분된다.

SmartPLS 4.0부터는 회귀분석 기반의 모든 프로그램들을 통합시켜 PLS-SEM 뿐만 아니라 REGRESSION, PROCESS, CB-SEM도 동일한 프로그램 내에서 사용할 수 있도록 발전하였다. 특히 통제효과, 매개효과 및 조절효과분석을 강력하게 지원할 수 있는 PROCESS 기능이 추가되었다. 이 책은 SmartPLS 4.0의 네 가지 모듈 중에서 PLS-SEM을 중심으로 구조방정식모델링의 기본 지식을 충분히 전달할 수 있는 전문서적으로 개발되었다. 보다 심층적인 PLS-SEM, REGRESSION, PROCESS, CB-SEM을 포함하는 고급기법들을 학습하기를 원하는 독자들은 이 책의 자매도서인 「SmartPLS 4.0 고급 구조방정식모델링(도서출판 청람, 2023)」을 참조하면 된다.

많은 학술 연구자들은 PLS-SEM을 이해하고 실제로 논문작성과정에 적용하는 것에 대해서는 많은 어려움을 호소하고 있다. 이는 국내에서 개발된 SEM의 서적들이 대부분 CB-SEM에 관련된 것이고 PLS-SEM을 다룬 서적은 개발되지 않았기 때문인 것으로 보인다. 이러한 필요성에 따라 이 책은 PLS-SEM의 전용 프로그램인 SmartPLS 4.0을 적용하여 석박사학위와 학술논문 작성을 위한 이론과 실습이 가능한 '따라하기 방식'으로 개발되었다.

이 책은 PLS-SEM의 기본 입문서로 개발되었으며 몇 가지 특징은 다음과 같다.

첫째, SmartPLS 4.0을 적용해 모든 내용을 철저히 사례와 실습 중심으로 설명하고 있다.

둘째, SmartPLS 4.0을 처음 접하는 연구자들도 쉽게 논문 작성이 가능하도록 전체 내용을 '따라하기 방식'으로 해설하고 있다.

셋째, SmartPLS 4.0의 설치와 운용에 필요한 기본 운용법을 자세하게 설명하고 있다.

넷째, 데이터 파일에는 기본적인 실습에 필요한 데이터와 다양한 구조방정식모델(측정모델과 구조모델)을 제공하고 있다.

마지막으로, PLS-SEM을 위해 SmartPLS 4.0을 사용하고 있으며 보조적으로 SPSS 29와 G*Power 프로그램을 활용하고 있다.

이 책이 출간되기까지 저자는 선배와 동료 교수님들이 저술한 논문과 통계학 서적들의 도움을 받았다. 또한 연구방법론 수업을 수강하면서 교정작업을 도와준 호서대 기술경영전문대학원 원우님들과 신건권 데이터랩 식구들에게도 감사드린다. 이 책은 아직 완성되었다기보다는 지속적인 수정이 필요한 부분이 많을 것이다. 독자 여러분들의 지속적인 조언과 도움을 기대한다. 마지막으로 이 책의 출간을 쾌히 허락해주신 도서출판 청람의 이수영 사장님과 저자를 아는 모든 지인들, 성도님들 그리고 사랑하는 가족들에게도 감사드린다.

호서대학교 아산캠퍼스 연구실에서 저자 씀

이 책의 데이터 파일은 도서출판 청람의 사이트(http://www.crbooks.co.kr)의 [일반자료실]에서 제공한다. 파일을 다운로드받은 후 반드시 데스크탑이나 노트북의 [바탕화면]에 압축을 푼 후에 실습하기 바란다.

| 차례 |

제1부 PLS-SEM 통계분석과 논문 작성의 기초

제2부 PLS-SEM에 의한 논문 작성의 적용 절차

제4장 연구 설계, 데이터 수집과 입력

제5장 데이터 검토와 구조방정식모델의 구축

제6장 구조방정식모델의 추정

제 1 부

PLS-SEM 통계분석과 논문 작성의 기초

제 1 장

구조방정식모델링(PLS-SEM)의 개요

제1부 PLS-SEM 통계분석과 논문 작성의 기초

1 구조방정식모델링의 의의와 특성

1.1 의의

구조방정식모델링(Structural Equation Modeling: SEM)은 [그림 1-1]에서 제시된 것처럼 통계학의 발전에 따라서 회귀분석(Regression analysis), 요인분석(Factor analysis) 및 경로분석(Path analysis)이 결합되어 발전된 다변량통계기법(Multivariate analysis)의 하나이다. 이는 교육학, 심리학, 경영학, 회계학, 행정학, 정치학, 사회복지학 등의 사회과학 연구에 활발하게 적용되고 있다(Hair et al., 2022a; Hair et al., 2012d; Wong, 2013;Wilden &

그림 1-1 통계분석기법의 발전과정

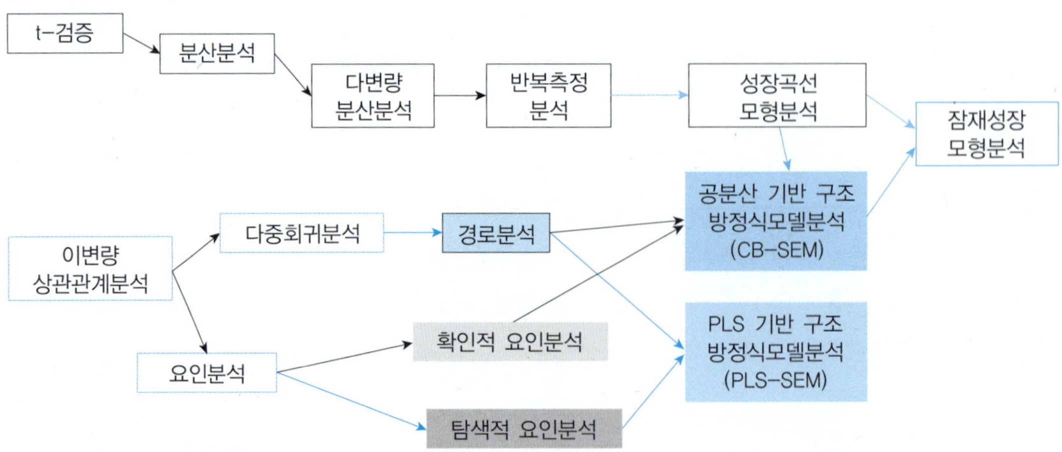

Gudergan, 2015; Ali et al., 2018; 신건권, 2023). 이러한 추세는 의학, 보건학, 자연과학 등 다른 학문 분야의 연구로도 광범위하게 확장되고 있다.

이와 같이 SEM이 여러 분야에서 널리 사용되게 된 이면에는 기존의 1세대 통계분석 기법인 **탐색적 요인분석**(Exploratory Factor Analysis: EFA), 분산분석, 다중회귀분석, **확인적 요인분석**(Confirmatory Factor Analysis: CFA), 군집분석, 다차원척도법 등을 일반 선형모형의 틀 속으로 한 차원 높게 통합하여 이들 통계기법이 가지고 있는 한계를 뛰어넘었기 때문이다. 1세대 통계분석기법들은 나름대로의 역할을 하고 있지만 대부분 독립변수와 종속변수 간의 **1차원적 관계**밖에 분석할 수 없다는 단점을 가지고 있다. 예컨대 단순회귀분석은 단일의 독립변수와 종속변수 간의 관계(Single relation)만 분석할 수 있으며, 다중회귀분석의 경우에도 다수의 독립변수와 단일의 종속변수 간의 관계밖에 분석할 수 없다는 제한이 있다. 그러나 SEM은 **다수의 외생변수**(독립변수)와 **다수의 내생변수**(종속변수) 간의 관계는 물론 내생변수들 간의 인과관계를 동시에 분석할 수 있다는 장점을 가지고 있다. 또한 SEM은 가장 고도화된 통계적 기법으로 다른 다변량통계분석기법보다 다소 어려운 점이 있다. 하지만 매우 다양한 연구를 수행할 수 있다는 점에서 최근 많은 연구자들의 관심을 받고 있다.

SEM은 분석하고자 하는 **연구변수들 간의 구조적인 관계**(Structural relationships)를 일련의 선형방정식의 형태로 정식화한 것으로 잠재변수, 측정변수 및 측정오차 간의 관계를 동시에 고려하여 인과관계를 추정하는 방법이다(Song & Lee, 2006). 구조방정식모델의 추정방법으로는 **최대우도**(Maximum Likelihood: ML)를 이용하여 측정변수 간의 공분산을 추정하는 방법과 **최소제곱**(Least Squares: LS)[1]을 이용하여 추정의 정확성보다는 오히려 설명되지 않은 예측오차(잔차분산)를 최소화시키는 **부분최소제곱**(Partial Least Squares: PLS)[2]방법이 있다. SEM은 어떤 모델 추정방법에 기반을 두고 있느냐에 따라서 **공분산 기반 구조방정식모델링분석(Covariance-Based SEM: CB-SEM)**과 **PLS 기반 구조방정식모델링분석(Partial Least Squares SEM: PLS-SEM)**으로 구분할 수 있다.

---

1) 선형회귀분석에서는 오차제곱합이 가장 적은 회귀방정식(Min$\sum\varepsilon_i^2$)을 구하는데 이를 최소제곱법(Least Squares)에 의한 회귀분석이라고 한다. 여기에서 오차항(ε_i) 혹은 잔차는 종속변수의 실제값과 예측값의 차이($y_i - \hat{y}$)를 말한다.

2) PLS는 'Partial Least Squares'의 약어이다. 'Least Squares'(최소제곱)은 미지의 모수 추정을 위해서 OLS 회귀를 사용하는 것으로부터 유래한 것이고 'Partial'이라는 말은 잠재변수 점수와 측정모델과 구조모델에서의 회귀계수를 추정할 때 수행되는 반복적인 회귀분석의 절차가 모수들(Parameters)을 부분집합(Subsets)으로 나누어 부분적으로 추정할 수 있다는 생각에서 나온 것이다.

CB-SEM은 **측정모델(Measurement model)**과 이론모형인 **구조모델(Structural model)**을 통해서 잠재변수 간의 인과관계를 파악하는 방정식모델을 말하며 인과관계분석을 위해서 확인적 요인분석과 경로분석(혹은 다중회귀분석)이 결합된 형태로 운영된다. **측정모델**은 확인적 요인분석을 통해 **개별 측정변수의 신뢰도**, **개념신뢰도**, **잠재변수의 집중타당도**(Convergent validity), **잠재변수 간의 판별타당도**(Discriminant validity)를 평가하고, **구조모델**은 설정된 **연구가설을 검증하는 목적**으로 이용된다. CB-SEM에서는 공분산행렬의 적합 최대화, 즉 각 사례로부터 구해진 표본공분산행렬(Sample covariance matrix)과 연구모델을 통해서 추정된 모집단공분산행렬(Population covariance matrix) 간의 차이를 최대한 작게 하여 전체 구조모델을 최적화하는 것을 목적으로 한다. 두 행렬의 차이 값이 0이 되면 두 행렬은 같은 것이며 모델과 데이터는 잘 적합된다고 볼 수 있다. 여기에서 모집단공분산행렬은 모집단에서 존재하고 있을 것으로 가정되는 변수 간의 인과관계를, 표본공분산행렬은 수집된 데이터에서 실제로 존재하는 변수 간의 구조를 나타낸다.

그림 1-2 ▌통계분석기법의 결합을 통한 SEM의 태동

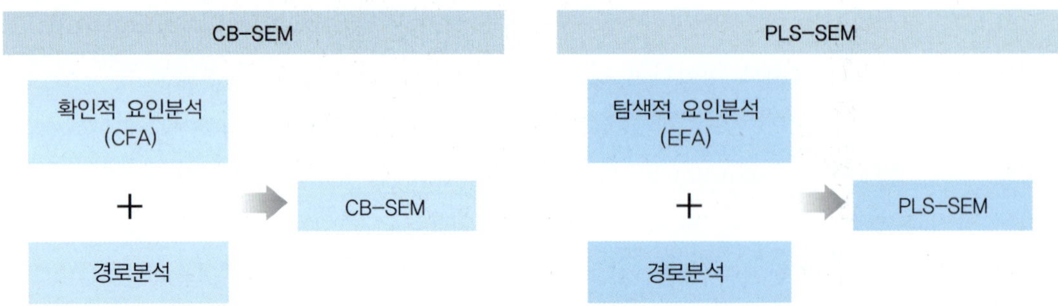

1980년대 초에 개발된 PLS-SEM은 2023년에 SmartPLS 4.0이 출시되면서 CB-SEM의 대안으로 부각되었으며 연구자들의 관심도가 높아지고 있다. PLS-SEM은 오차항(잔차)의 제곱합을 최소화시키는 최소제곱법인 **OLS**(Ordinary Least Squares) **회귀분석**(단순회귀분석과 다중회귀분석)과 요인회전방식을 주성분(Principal components)으로 하는 **탐색적 요인분석**(EFA)을 반복적으로 수행하여 내생잠재변수의 설명되지 않은 분산인 **잔차**(Residual variance, Error term)와 잠재변수 간의 **예측오차**(Prediction error)를 최소화하여 계수들

을 추정하는 비모수적 방법(Nonparametric method)이다. 이는 표적 내생잠재변수의 R^2을 최대로 하는 계수들을 추정함으로써 예측력을 극대화하는 것을 목적으로 하며 이론 개발(Theory development)이나 분산의 설명(잠재변수의 예측)에 보다 적합한 탐색적 성격의 구조방정식모델링방법이라고 볼 수 있다. 이러한 이유로 PLS-SEM은 분산 기반 SEM(Variance-based SEM)이라고도 불린다. 이 책에서 소개하는 SmartPLS 4.0 프로그램인 PLS-SEM은 이제 Amos 등에서만 가능했던 공분산 기반 SEM(CB-SEM)도 가능하게 되었다. 따라서 한 개의 소프트웨어를 사용해 모든 구조방정식모델링을 수행할 수 있다. 특히 이 프로그램은 Hayes(2022)[3]가 개발한 PROCESS macro의 기능을 포함하고 있어서 매개효과분석과 조절효과분석 그리고 조절된 매개효과분석을 원활하게 수행할 수 있게 되었다. 또한 PROCESS는 Hayes의 하나의 잠재변수에 하나의 측정변수를 사용하는 것에서 발전하여 다수의 측정변수들을 포함시켜 측정모델을 구축할 수 있게 되었다.

표 1-1 현재까지 출시된 SEM 통계 프로그램들

구분	통계 프로그램
CB-SEM	Amos, LISREL, Mplus, STATA, EQS
PLS-SEM	SmartPLS, PLS-Graph, VisualPLS, WarpPLS, PLS-GUI, ADANCO 등

[표 1-1]에 제시된 것처럼 전 세계에는 다양한 SEM 통계 프로그램들이 출시되어 있다. 먼저, CB-SEM 통계분석 프로그램으로는 Amos, LISREL, Mplus, STATA, EQS 등이 있다. 다음으로, PLS-SEM 통계분석 프로그램으로는 SmartPLS, PLS-Graph, VisualPLS 등이 있으나 그 중에서도 Ringle, Wende & Will(2005)에 의해서 개발된 SmartPLS가 사용용이성, 사용자 인터페이스, 안정성, 높은 보고서 품질 등의 측면에서 매우 우수성이 높은 것으로 알려져 있다. 특히 SmartPLS 4.0 프로그램은 3.0에 비해서 획기적으로 제공하는 모델과 사용 방법이 확장되었고 쉬워졌다. 이 책의 실습에서 많은 부분은 무료 버전인 학생용 버전을 사용해도 무리가 없지만 고급의 내용을 실습할 때는 유료 버전인 전문가용 버전을 사용하게 될 것이다. 따라서 이 책을 사용하는 독자들은 가능하면 무료 버전의 이용보다는 전문가용을

3) Hayes, Andrew F. (2022). *Introduction to mediation, moderation, and conditional process analysis: A regression-based approach*. 3th ed. Guilford Publication.

구매하여 실습하기 바란다.

전문가용 프로그램은 학생이나 교수 신분의 경우(대학교에서 제공하는 개인 이메일 주소만 있으면 됨)에는 1개월 간 무료체험(Free 30-days trial)이 가능하도록 제공되고 있으며 1개월 사용권을 구매해서 사용할 수도 있다.

SmartPLS 4.0의 구매와 사용에 관련된 팁
SmartPLS 4.0 프로그램을 제대로 사용하려면 전문가용을 구매해서 사용해야 한다. 하지만 대학생이나 대학원생들의 경우 구매비용이 약간 소요된다는 이유로 프로그램의 사용을 꺼려하는 경우도 있을 수 있다. 프로그램 구매비용을 절약하여 SmartPLS 4.0을 사용할 수 있는 몇 가지 팁을 제시하면 다음과 같다. • 프로그램 사용 초기에는 무료 버전인 학생용 버전을 설치해 실습한다. • 프로그램 사용 중에 고급기법의 사용이 필요할 때는 1개월 간 제공되는 전문가용 무료 버전을 설치해 실습한다. 이때는 라이센스 등록 시 대학에서 학생 개인이 사용하는 이메일 주소를 요구한다. • 전문가용 무료 버전의 사용기간이 끝나면 1개월 사용권을 구매하여 사용한다.

[그림 1-3]은 SmartPLS 4.0의 작업공간(Workspace)을 지정한 후 들어간 전문가용 버전의 초기 화면이다.

그림 1-3 ▌SmartPLS 4.0 통계 프로그램의 초기 화면

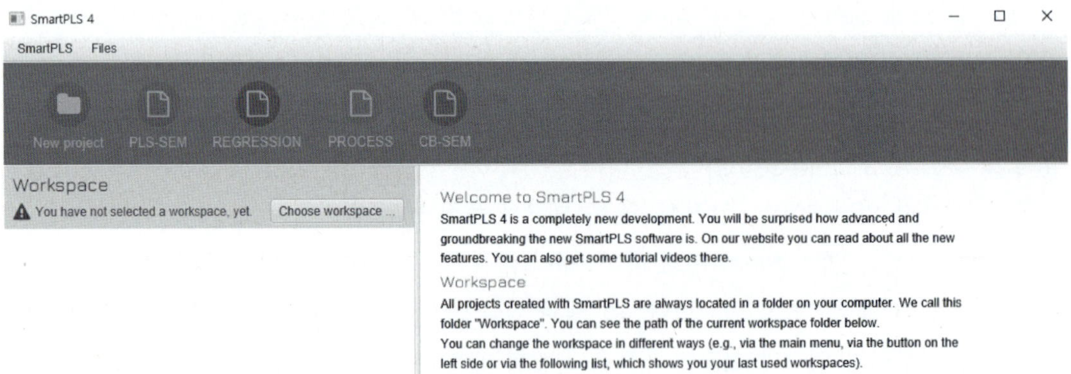

[표 1-2]는 [무료학생용]과 [전문가용] 버전의 차이를 보여주고 있다. 학생용 버전에는 [PLS-SEM]과 [REGRESSION] 모델이 포함되어 있다. 전문가용 버전에는 [PLS-SEM],

[REGRESSION], [PROCESS], [CB-SEM] 모델 등과 같이 PLS-SEM 분석은 물론 회귀분석, 매개효과분석, 조절효과분석 그리고 Amos 등과 동일한 CB-SEM 분석까지도 가능한 다양한 기능들이 포함되어 있다. 프로그램의 설치와 기본 운용법에 대해서는 다음 장에서 설명될 것이다.

전문가용 프로그램은 인터넷사이트(Smartpls.com)에서 구매할 수 있다. 프로그램의 라이센스 기간은 [1개월]과 [1년]으로 구분되어 있다. 또한 프로그램을 컴퓨터에 설치할 수 있는 대수에 따라 1명의 사용자(User)가 1카피를 1대에만 설치 가능한 [Seat Licences]와 1대 이상에 설치 가능한 [Floating Licenses]가 있다. 이외에도 기업에서 프로그램을 사용하려면 [Enterprise Package]를 구매해야 한다. 인터넷상에서 카드 결제로 쉽게 구매할 수 있다. 일반인들은 할인 적용이 안 되며 1카피 1개월 사용권은 2023년 6월 2일 기준으로 54

표 1-2 SmartPLS 4.0 프로그램의 학생용과 전문가용의 차이

구분	학생용 (무료 버전)	전문가용 버전 (유료 버전)
제공 모듈	PLS-SEM REGRESSION	PLS-SEM PROCESS REGRESSION CB-SEM
표준 알고리즘 (PLS-SEM, 부트스트래핑, 회귀분석)	○	○
알고리즘 확장 (CTA, IPMA, PLSpredict, FIMIX, POS, 부트스트래핑 MGA, Permutation MGA, 경로분석과 PROCESS, NCA)	×	○
데이터 파일 가능 케이스 수	100개로 제한	무제한
보고서 저장	×	○
보고서 비교	○	○
보고서 외부파일로 보내기	×	○
결과를 이용한 새로운 데이터 파일 생성 가능 여부(고차성분모델에 유용)	×	○
모델과 차트 색상과 폰트 등 변경과 수정 (색상, 경계선, 폰트, 모양, 화살표 등)	×	○
차트 변경과 외부로 보내기	×	○

유로(76,008원), **대학생이나 대학원생** 그리고 **교수**는 50% 할인된 가격인 **27유로(37,995원)**로 구매할 수 있다. 대학생이나 교수의 **1카피 1년간 사용권은 540유로(759,758원)**이다.

1.2 PLS-SEM의 주요 개념과 구조방정식모델링

1) 주요 개념

PLS-SEM을 적용해 구조방정식모델링을 할 때 필수적으로 알아두어야 할 **주요 개념**은 [표 1-3]과 같다. 지금부터는 이들 개념을 중심으로 간략하게 살펴보기로 한다.

표 1-3 SEM에 사용되는 주요 개념, 유사 용어명 및 사용 기호

개념	정의와 유사 용어명	사용 기호
잠재변수 (Latent variable)	직접 관찰되거나 측정되지 않는 비관측변수(Unobserved variable)로 측정변수를 통해 간접적으로 측정한다. 이는 잠재변인, **구인, 구성개념(Construct)**, 차원(Dimension), 요인(Factor), 이론변수라고도 하며 구조방정식모델에는 **원(Circle)**으로 표시한다.	
측정변수 (혹은 지표변수) (Measured variable, or Indicator variable)	직접 측정되는 관측변수(Observed variable)로 잠재변수를 측정하기 위해 사용된 변수를 말한다. 측정을 위해 설문지법을 사용한 경우는 각 설문문항이 측정변수가 된다. 이는 **명시변수(Manifest variable)**, 측정문항(Items), 측정변인이라고 하며 구조방정식모델에서는 **직사각형(Rectangle)**이나 **정사각형(Square)**으로 표시한다.	
외생변수 (Exogenous variable)	독립변수의 개념으로 다른 변수의 변화에 원인(Causes)이나 동기의 역할을 하는 변수로 구조방정식모델에서 화살표가 시작이 되는 모든 변수를 말한다. 이는 잠재변수 개념과 결합되면 외생잠재변수(Exogenous latent variable)가 된다.	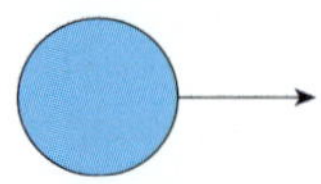
내생변수 (Endogenous variable)	종속변수의 개념으로 다른 변수에 의해 영향을 받는 변수로 구조방정식모델에서는 화살표를 받는 변수를 말한다. 이는 잠재변수 개념과 결합되면 내생잠재변수(Endogenous latent variable)가 된다.	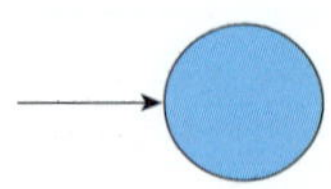

용어	설명	그림
측정오차* (Measurement error)	측정변수에 포함되어 있는 오차로 잠재변수가 관측변수(측정변수)를 설명하고 난 나머지 즉 설명되지 않은 부분을 말한다. 이는 오차항(Error term), 잔차(Residual)라고도 하며 ⓔ로 표시한다. 이는 CB-SEM에서 사용된다.	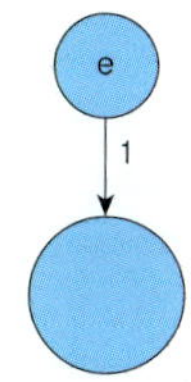
구조오차* (Structural error)	외생변수로 내생변수를 예측할 때 내생잠재변수에 발생하는 오차로 외생변수가 내생변수를 설명하고 난 나머지를 말한다. 이는 방해오차(Disturbance), 방정식 오차(Equation error), 설명오차라고도 하며 ⓔ로 표시하기도 하지만 측정오차와의 구분을 위해 ⓓ를 사용하기도 한다. 이는 CB-SEM에서 사용된다.	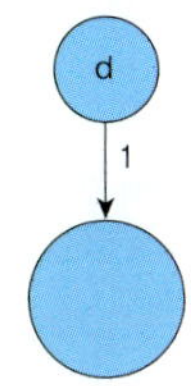
측정모델 (Measurement model, outer model)	잠재변수가 측정변수(지표변수)에 어떻게 연결되어 있는가를 나타내는 모델을 말한다. 이는 측정변수나 잠재변수의 신뢰도와 타당도를 분석하는 데 목적이 있다.	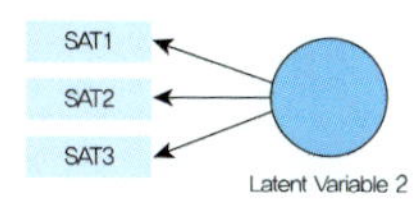
반영적 측정모델 (Reflective measurement model)	잠재변수가 원인이 되고 측정변수가 결과가 될 때의 측정모델을 말한다.	
형성적 측정모델 (Formative measurement model)	측정변수가 원인이 되고 잠재변수가 결과가 될 때의 측정모델을 말한다.	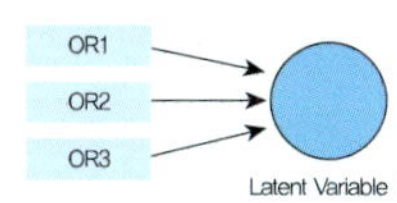
구조모델 (Structural model)	잠재변수 간의 인과관계를 나타내는 모형으로 가설을 검증하기 위한 모델이다.	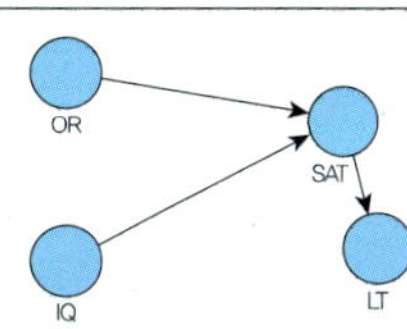
반영적 측정변수 (Reflective indicators)	측정모델에서 측정변수가 잠재변수로부터 화살표(→)를 받는 측정변수들(혹은 지표변수들)을 말한다. 이 변수는 결과측정변수(Effect indicator)라고도 한다. 다만 PLS-SEM에서는 CB-SEM과는 달리 측정오차항은 모델을 그릴 때 표시되지 않는다.	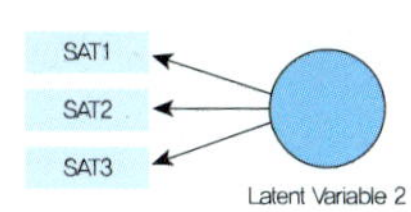
형성적 측정변수 (Formative indicators)	측정모델에서 잠재변수가 측정변수들(지표변수들)에 의하여 영향을 받는 측정변수를 말한다. 이 변수에는 측정오차가 존재하지 않으며 원인측정변수(Cause indicator)라고도 한다.	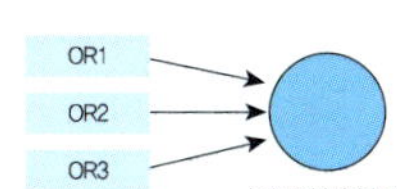
인과관계 (Causation)	원인변수가 결과변수에 미치는 영향 관계를 말하며 단방향 화살표(→)로 표시한다.	→

쌍방향적 인과관계* (Reciprocal causation)	쌍방향적 인과관계는 변수 서로 간 원인-결과를 반복하는 관계(⇄)를 말한다. 쌍방향 화살표는 서로 관련되어져 있는 변수 간의 상관(↔)을 표시한다.	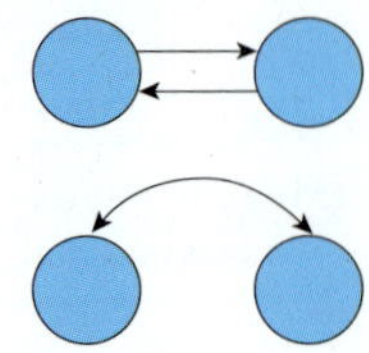

주: * 표시된 것은 CB-SEM 구조방정식모델링을 할 경우에만 필요함.

(1) 잠재변수와 측정변수

잠재변수(Latent variable)란 직접 관찰되거나 측정되지 않는 비관측변수를 말한다. 이는 자체적인 측정이 불가능하므로 관측변수인 측정변수를 통해 측정모델을 만들어 내고 모델을 추정해야만 비로소 그 값을 알 수 있는 개념적인 변수로 원으로 표시한다. 측정변수(Measured variable)란 직접 측정 가능한 관측변수로, 잠재변수를 측정하기 위해 사용된 변수를 말한다. 이는 우리가 사례를 통하여 그 값을 가지고 있는 변수를 가리키며, 구조방정식모델에서는 직사각형이나 정사각형으로 표시한다.

> SmartPLS에서는 측정변수를 지표변수(Indicator variable)라고도 한다. 이 책에서는 측정변수와 지표변수는 동일한 개념이므로 혼용하기로 한다. 보통 실습과정에서는 지표변수라는 용어를 사용하기도 한다.

구조방정식모델링에서는 잠재변수와 측정변수의 차이와 더불어 외생변수와 내생변수를 잘 구분해야 한다. 외생변수(Exogenous variable)는 다른 변수의 변화에 원인(Causes)이나 동기의 역할을 하는 변수로 어떤 변수를 설명할 뿐 다른 변수에 의해 영향을 받지 않는 변수이다. 이에 반해 내생변수(Endogenous variable)는 외생변수나 다른 내생변수에 의해 영향을 받는 변수를 말한다. 우리가 언뜻 생각하기에 외생변수와 내생변수는 독립변수와 종속변수의 관계와 유사한 것처럼 보이지만 차이가 존재한다. 예컨대 외생변수는 독립변수와 역할이 동일하지만 내생변수는 종속변수이면서 동시에 독립변수의 역할도 할 수 있다. 구조방정식모델링에서 외생변수는 다른 내생변수에 화살표(→)를 주는 변수를 말한다. 또한 내생변수는 다른 외생변수로부터 화살표(→)를 받는 변수를 말한다.

외생변수와 내생변수는 잠재변수의 개념과 결합되면 외생잠재변수(Exogenous latent

variable)와 내생잠재변수(Endogenous latent variables)가 된다. 만약 독립변수의 역할만 한다면 외생잠재변수가 되고, 종속변수도 되지만 독립변수의 역할도 한다면 내생잠재변수라 할 수 있다.

(2) 측정오차와 구조오차

측정오차(Measurement error)란 개별 측정변수에 포함되어 있는 오차로 잠재변수가 관측변수를 설명하고 난 나머지 설명되지 않은 부분을 말한다. 이는 측정변수가 잠재변수를 완전하게 설명하지 못하는 정도를 의미한다. 측정오차는 설문조사의 문구가 애매모호할 때, 부적절한 측정척도와 통계기법을 사용했을 때 발생된다. 이외에도 설문지법을 통해 데이터를 수집한 경우 응답자들의 응답치 간의 불일치로 인해 발생한다. 이에 반해 구조오차(Structural error)는 외생변수로 내생변수를 예측할 때 내생잠재변수에 발생하는 오차로 외생변수들이 내생변수를 설명하고 난 나머지(Residual variance)를 말한다. 측정오차와 구조오차 모두 오차항(Error term) 또는 잔차(Residual)라는 용어를 사용하기도 하지만 구분해서 사용하는 것이 필요하다. 특히 구조오차는 방해오차(Disturbance error), 설명오차라는 용어를 사용하기도 한다. 일반적으로 구조방정식모델링에서 측정오차는 ⓔ, 측정오차와 구분될 수 있도록 구조오차는 ⓓ로 표시한다. 종종 구조오차는 ⓓ로 표시하지 않고 측정오차와 동일하게 ⓔ로 표시하기도 한다.

(3) 반영적 측정변수와 형성적 측정변수

측정모델에서 잠재변수와 측정변수(지표변수) 간의 인과방향을 결정하기란 쉬운 일이 아니다. 인과방향에 따라 측정변수를 반영적 측정변수와 형성적 측정변수로 구분할 수 있다. 먼저, 반영적 측정변수(Reflective indicator)는 잠재변수가 원인이 되고 측정변수들이 결과가 되는 측정변수로 잠재변수가 측정변수를 야기하는 것으로 가정한다. 화살표의 방향은 잠재변수에서 측정변수로 표시된다. 다음으로, 형성적 측정변수(Formative indicator)는 측정변수가 원인이 되고 잠재변수가 결과가 되는 측정변수로 측정변수가 잠재변수를 야기하는 것으로 가정한다. 화살표의 방향은 측정변수에서 잠재변수로 표시된다.

▶ 그림 1-4 ▌PLS-SEM에서 반영적 측정변수와 형성적 측정변수의 모델링 예시

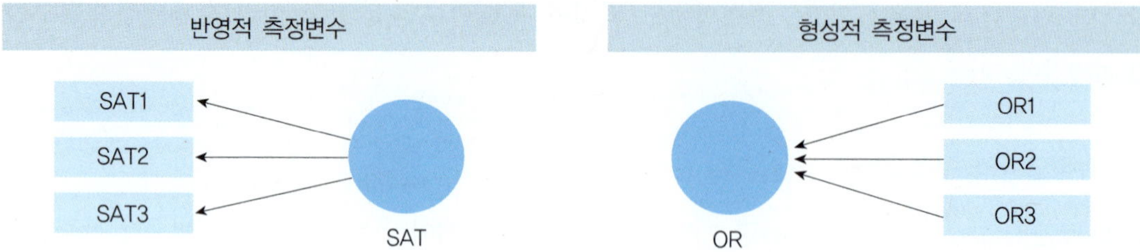

[그림 1-4]는 PLS-SEM 구조방정식모델링에서의 반영적 측정변수와 형성적 측정변수를 비교 예시한 것이다. 왼쪽은 반영적 측정모델을, 오른쪽은 형성적 측정모델을 보여준다. 먼저, 반영적 측정모델에서 잠재변수 SAT(예: 온라인 모바일러닝 만족도)는 세 가지 반영적 측정변수들(SAT1, SAT2, SAT3)로 구성되어 있음을 알 수 있다. 다음으로, 형성적 측정모델에서 잠재변수 OR(예: 기업의 온라인 명성)은 세 가지 형성적 측정변수들(OR1, OR2, OR3)로 구성되어 있음을 알 수 있다. 또한 반영적 측정모델에서 측정변수들(지표변수들)은 서로 비슷한 성격의 것들로 구성되며 측정변수들 간에는 상관성이 매우 높다는 특징을 가지고 있다. 따라서 하나의 측정변수가 제거되어도 문제가 되지 않는다. 반면에 형성적 측정모델에서 측정변수들 간에는 상관성이 낮으며 하나의 측정변수를 제거하면 개념적 영역이 달라질 수 있다. 그러므로 이론적 근거와 내용타당도(Content validity)가 없다면 형성적 측정변수들은 제거하지 않아야 한다.

측정모델의 구축 시 한 가지 유의할 점은 다음과 같다. CB-SEM에서는 측정오차항을 반드시 포함시켜야 하지만 PLS-SEM에서는 측정오차항을 포함시키지 않은 모델을 설정해야 한다는 점이다. PLS-SEM에서는 측정오차가 잠재변수를 추정할 때 프로그램 내부의 처리에서 잠재변수 점수(Latent Variable Scores: LVS)에 반영된다. 이러한 이유로 PLS-SEM에서는 측정모델을 만들 때 별도로 각 측정변수의 측정오차항을 반영하지 않은 모델로 설정하게 된다.

반영적 측정모델에서 각 측정변수들과 잠재변수의 경우는 신뢰도와 타당도(집중타당도와 판별타당도)를 엄격하게 검증해야 하며 필요 시 측정변수의 제거를 고려할 수 있다. 그러나 형성적 측정모델에서 각 측정변수들과 잠재변수는 반영적 측정모델과 같이 신뢰도와 타당도

의 평가가 그리 중요한 것은 아니다.

지금까지 설명한 반영적 측정변수로 구성된 반영적 측정모델과 형성적 측정변수로 구성된 형성적 측정모델의 차이점을 요약하면 [표 1-4]와 같다.

표 1-4 반영적 측정모델과 형성적 측정모델의 비교

구분	반영적 측정모델	형성적 측정모델
인과관계(화살표)의 방향	잠재변수 → 측정변수(지표변수들)	측정변수(지표변수들) → 잠재변수
측정변수(지표변수) 간 상관	상관관계가 높음 • 설문지법 적용 시 각 설문문항은 유사한 것들로 구성되어 있어야 함 • 측정변수 간의 일치성(동질성)이 높음	상관관계가 낮음 • 측정변수 간의 일치성(동질성)이 낮으며 높을 필요가 없음 • 측정변수 간의 일치성(동질성)이 낮음
신뢰도, 타당도검증	매우 엄격한 적용 • 잠재변수와 측정변수들의 신뢰도와 타당도 확보가 매우 중요	느슨한 적용 • 잠재변수와 측정변수들의 신뢰도와 타당도는 비교적 중요하지 않음
오차	측정변수에 측정오차가 존재하나 실제 모델링 시에는 표시하지 않음	잠재변수에 구조오차가 존재하나 실제 모델링 시에는 표시하지 않음
측정변수(지표변수) 제거	변수들이 유사해 제거해도 큰 문제가 없음	• 잠재변수(구성개념)에 영향이 발생할 수 있음 • 제거 시 이론적 타당성 확보

CB-SEM의 구조방정식모델링에서는 대부분 반영적 측정변수를 가정하고 분석한다. 하지만 사회과학과 행동과학 연구자들은 무조건적인 반영적 측정모델의 사용을 비판하였다 (Cohen 외, 1990; Diamantopoulos & Winklhofer, 2001 등). 이러한 비판을 피하기 위해서 PLS-SEM의 구조방정식모델링에서는 반영적 측정변수는 물론 형성적 측정변수까지도 측정모델 속에 포함시킬 수 있다. 다만 형성적 측정변수를 사용해 측정모델을 구축할 경우에는 이론적으로 충분한 근거를 가지고 있어야 한다.

2) PLS-SEM의 구조방정식모델링

[그림 1-5]는 잠재변수들로 구성된 PLS-SEM을 활용한 구조방정식의 구조방정식모델(Structural equation model)을 제시한 것이다. 여기에서 구조방정식모델은 구조방정식모델링을 할 때에 가설과 잠재변수들의 관계를 시각적으로 도식화한 모델을 말한다. PLS-SEM에서는

측정모델을 외부모델(Outer model) 그리고 구조모델을 내부모델(Inner model)이라 부른다.

PLS-SEM의 단순 구조방정식모델은 크게 측정모델과 구조모델로 구성되어 있다.

그림 1-5 ▌PLS-SEM의 단순 구조방정식모델

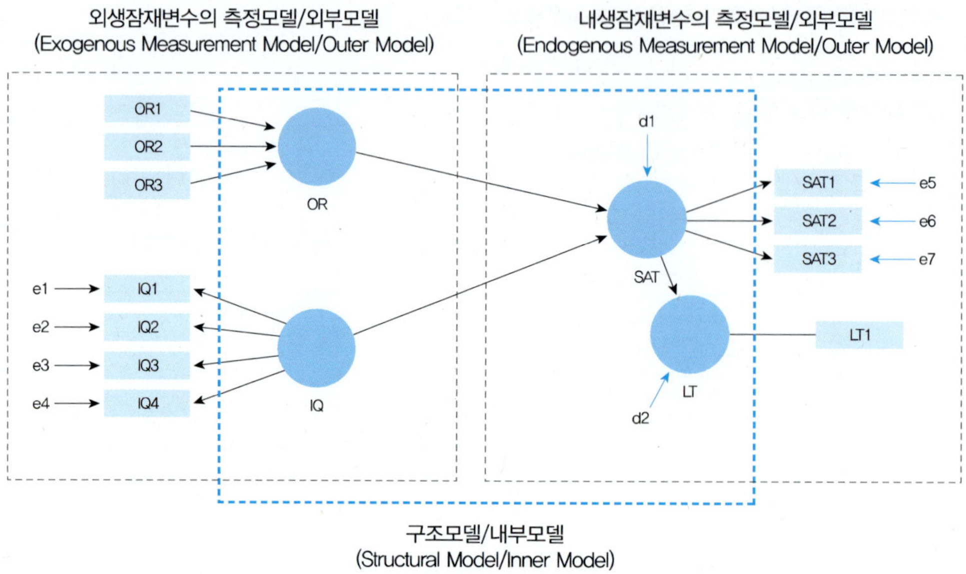

측정모델(Measurement model)은 PLS-SEM에서 외부모델이라고 부르는 것으로 잠재변수가 측정변수(혹은 지표변수)에 어떻게 연결되어 있는가를 나타내는 모델을 말한다. 이는 측정모델에서 잠재변수가 어떤 측정변수(지표변수)에 의해 구성되었는가를 보여준다. 대개의 경우 측정모델은 측정변수와 잠재변수의 신뢰도와 타당도를 분석하기 위한 목적으로 설정되고 분석된다.

- **잠재변수**: 4개(OR, IQ, SAT, LT) — OR: 기업의 온라인 명성(On-line Reputation), IQ: 제공정보의 품질(Information Quality), SAT: 모바일러닝 만족도(M-learning Satisfaction), LT: 학습전이(Learning Transfer)
- **외생변수**: 2개(OR, IQ), **외생잠재변수**: 2개(OR, IQ)
- **내생변수**: 2개(SAT, LT), **내생잠재변수**: 2개(SAT, LT)
- **측정변수**: 11개(OR1, OR2, OR3, IQ1, IQ2, IQ3, IQ4, SAT1, SAT2, SAT3, LT1)
- **측정오차**: 7개(e1, e2, e3, e4, e5, e6, e7)
- **구조오차**: 2개(d1, d2)
- **반영적 측정모델**: 3개(IQ모델, SAT모델, LT모델), **형성적 측정모델**: 1개(OR모델)

주: 구조방정식모델에서 오차항(e1~e7, d1, d2)은 실제 구조방정식모델링 시에는 생략해야 함.

측정모델에서 잠재변수가 원인이 되고 측정변수가 결과가 되어 있는 경우를 반영적 측정모델(Reflective measurement model)이라고 하고, 측정변수가 원인이 되고 잠재변수가 결과로 되어 있는 경우는 형성적 측정모델(Formative measurement model)이라고 한다. [그림 1-5]에서 반영적 측정모델은 3개(IQ모델, SAT모델, LT모델)이며, 형성적 측정모델은 1개(OR모델)이다. 전자는 인과관계(화살표)의 방향이 잠재변수에서 측정변수로, 후자는 측정변수에서 잠재변수로 향하고 있음을 알 수 있다.

구조모델(Structural model)은 PLS-SEM에서는 내부모델이라고 부르는 것으로, 이론적인 고찰을 통해 설정된 가설들의 관계모델(Hypothetical relation model)을 말한다. 이는 잠재변수들이 서로 어떻게 관련되어 있는지를 보여준다. 구조모델에서 잠재변수들의 위치와 순서는 연구자들의 경험이나 축적된 지식에 근거하며 구조방정식모델 구성 시 순서는 왼쪽에서 오른쪽이다. 한편 PLS-SEM의 구조모델에서 가설적인 관계는 통상 인과관계(→)로 표시하며 쌍방향적 인과관계(⇄)는 모델 속에서 포함시키는 것이 허용되지 않는다.

앞에서 제시한 예시적 구조방정식모델을 보면 4개의 잠재변수, 즉 기업의 온라인 명성(On-line Reputation: OR), 제공정보의 품질(Information Quality: IQ), 모바일러닝 만족도(M-learning satisfaction: SAT), 학습전이(Learning Transfer: LT)를 가지고 있으며 4개의 측정모델로 구성되어 있음을 알 수 있다. OR은 3개의 측정변수(OR1, OR2, OR3)를, IQ는 4개의 측정변수(IQ1, IQ2, IQ3, IQ4)를, SAT는 3개의 측정변수(SAT1, SAT2, SAT3)를, 그리고 학습전이는 1개의 측정변수(LT1)를 가지고 있다. 예시적 구조방정식모델에서는 기업의 온라인 명성(OR)과 모바일러닝을 통한 제공정보(IQ)가 고객들의 모바일러닝 만족도(SAT)에 그리고 모바일러닝 만족도는 결국 학습한 내용을 자신의 업무에 적용한 것(LT)에 영향을 미친다는 3개의 가설을 설정하고 있다. **외생변수** 혹은 **외생잠재변수**는 2개(OR, IQ), **내생변수** 혹은 **내생잠재변수**는 2개(SAT, LT)로 구성되어 있다.

[그림 1-5]의 측정모델에서 IQ와 SAT의 측정변수들은 **측정오차**(e1, e2, e3, e4, e5, e6, e7)가 있는 것으로 설정되었다. 그러나 형성적 측정변수 OR과 단일 측정변수로 구성되어 있는 잠재변수 LT는 측정오차항이 없는 것으로 설정되어 있음을 알 수 있다. 보통 형성적 측정변수들은 측정오차가 없는 것(Measurement error free)으로 가정한다. 또한 구조모델에서 SAT는 OR과 IQ에 의해서 완전하게 설명되지 않은 오차인 **구조오차** d1을, 그리고 LT는 OR, IQ, SAT에 의해서 완전하게 설명하지 못한 오차인 **구조오차** d2를 가지고 있는 것으로 구성되었다.

지금까지 우리들은 PLS-SEM에 의한 구조방정식모델링을 살펴보았다. 그러나 실제로 SmartPLS 통계분석 프로그램을 이용해 구조방정식모델을 모델링할 경우에는 [그림 1-6]과 같이 전혀 **측정오차**나 **구조오차**가 구조방정식모델 속에 포함되지 않음을 알 수 있다. 이처럼 SmartPLS를 적용해 구조방정식모델링을 할 경우에는 구조방정식모델 속에 오차항을 포함시키지 않으며 PLS-SEM의 알고리즘을 실행하여 **잠재변수 점수**(LVS)를 추정할 때 이들 오차가 내부적으로 반영된다는 점에 유의할 필요가 있다. 결국 PLS-SEM의 구조방정식모델을 추정할 때 오차항은 추정된 잠재변수 점수에 반영되기 때문에 잠재변수 점수의 오차는 회귀계수(Parameter) 추정에 있어서 매우 낮은 수준의 편의(PLS-SEM bias)를 유발할 수 있다. 그러나 잠재변수당 사례 수와 측정변수(지표변수)의 수가 커지면 이러한 편의는 사라지게 된다.

> SmartPLS 통계분석 프로그램을 이용해 측정 및 구조모델을 구축할 때 측정오차와 구조오차가 구조방정식모델 속에 포함되지 않음에 유의할 필요가 있다.

▶ 그림 1-6 ▌ SmartPLS 통계분석 프로그램의 구조방정식모델링 예시

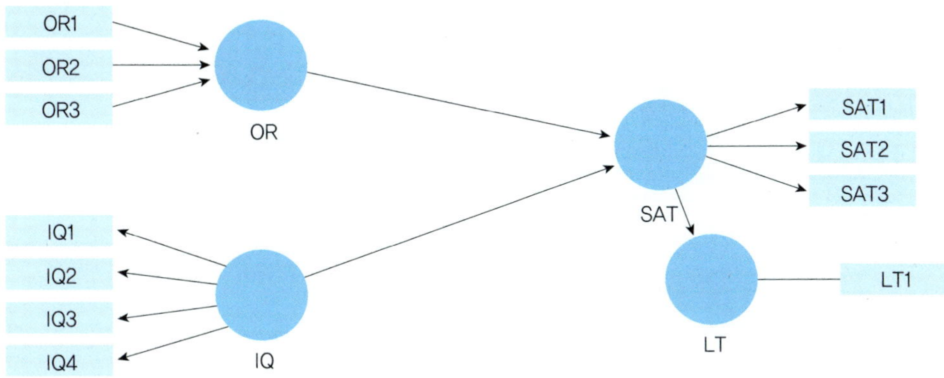

2 PLS-SEM의 적용 시 고려사항

2.1 측정척도

개념(Concepts), **잠재변수(Constructs)** 혹은 **구성개념**은 측정대상의 의미를 사전적으로 정의 내리는 것을 말하며 이는 **개념적 정의(Conceptual definition)**에 해당된다. 그러나 연구조사를 시행하기 위해서는 이러한 추상적 개념으로는 통계분석을 시행할 수 없다. 따라서 연구자는 어떤 개념에 대해 응답자가 구체적인 숫자를 부여할 수 있는 상태로 자세한 정의를 내려야 하는데 이를 우리는 **조작적 정의(Operational definition)**라 한다. 구조방정식모델링에서는 가설관계 연구에서 사용되는 잠재변수(Latent variable)를 직접적으로 측정 가능한 관측변수인 측정변수를 이용해 다시 정의해야 한다. 잠재변수(구성개념)에 대한 조작적 정의가 완료되면 이제 측정척도를 선정해야 한다.

그림 1-7 ▌ 데이터 유형과 측정척도

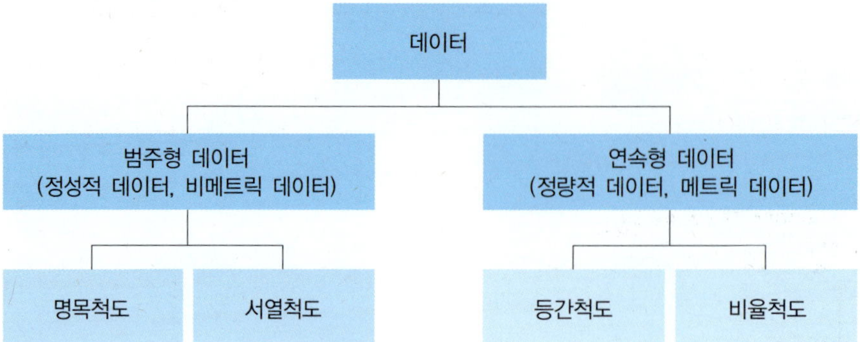

척도(Scale)는 조작적 정의를 보다 구체화한 것으로 어떤 대상의 속성에 숫자를 부여한 것을 말한다. [그림 1-7]에서 제시한 것처럼 **측정척도(Measurements scales)**는 **명목척도(Nominal scale)**, **서열척도(Ordinal scale)**, **등간척도(Interval scale)**, **비율척도(Ratio scale)**로 나눌 수 있다. 명목척도와 서열척도는 질적 변수의 측정에 사용되기 때문에 정성적 척도라고도 하며 등간척도와 비율척도는 정량적 척도라고도 한다.

연구방법론에서는 척도 혹은 데이터 유형이 무엇인가에 따라서 연구방법과 적용할 통계분석방법이 달라지므로 척도와 데이터에 대해서 이해하는 것은 통계분석에 앞서서 매우 중요하다. 통계분석을 위해서 모든 데이터는 문자로 표현해서는 안 되며 숫자 형식으로 **코딩**(Coding)해야 한다. 또한 척도는 명목척도에서 비율척도로 척도의 수준이 높아질수록 변수가 내포하고 있는 정보량이 많아지며 데이터 수집과정에서도 많은 노력과 비용이 소요된다.

[표 1-5]는 **측정척도의 체계와 내용**을 요약한 것이다. 명목척도와 서열척도는 빈도분석이 가능하지만 수학적 계산(가감승제)은 불가능하며 등간척도와 비율척도는 수학적 계산이 가능하며 기술통계, 평균비교 등에 이용된다. PLS-SEM에서는 독립변수와 종속변수가 모두 등간척도와 비율척도로 측정된 연속형 변수가 사용되지만 범주형 변수의 경우는 **더미변수**(Dummy variable)[4]로 변환하여 투입한다. 그러나 내생잠재변수에는 명목척도로 측정된 범주형 변수를 사용하지 않는 것이 일반적이며 **외생잠재변수**와 **범주형 통제변수** 그리고 조절효

4) 일반적으로 **이분형 범주형 데이터**인 경우에는 2개의 범주로 나뉘는 경우 0(무)과 1(유)로 코딩하여 해당 변수의 회귀계수를 추정한다. 그러나 **범주가 3개 이상**이면 가변수라고도 하는 **더미변수**를 설정하여 분석해야 한다.

과분석에서 조절변수에 한하여 범주형 변수가 사용될 수 있다. 한편 설문지 조사에서 많이 이용되는 리커트척도(Likert scale)는 기본적으로 서열척도라고 볼 수 있지만 등간을 인정하여 등간척도로 보고 통계분석을 실시하는 경우가 많다. 리커트척도는 보통 5점척도, 7점척도가 많이 사용되고 있다.

표 1-5 측정척도의 유형과 내용

구분	내용	예시
명목척도	범주형 데이터로 측정된 측정대상을 단순히 범주로 분류하기 위한 목적으로 숫자를 부여한 척도(수학적 가감승제 계산 안 됨)	성별, 종교, 직업, 혈액형, 만족 여부(예/아니오) 등
서열척도	범주형 데이터로 명목척도의 기능뿐 아니라 각 범주 간의 대소관계, 순위(서열성)에 관하여 숫자를 부여한 척도(수학적 가감승제 계산 안 됨)	학력, 건강상태 등
등간척도	연속형 데이터로 절대적 영점(Absolute zero)이 없으며 대상이 갖는 양적인 정도의 차이에 따라 등간격으로 숫자를 부여한 척도(수학적 가감승제 계산 가능)	온도, 만족도(리커트척도), 충성도(리커트척도), 물가지수, 생산지수 등
비율척도	연속형 데이터로 절대적 영점이 존재하며, 비율계산이 가능한 숫자를 부여한 척도(수학적 가감승제 계산 가능)	매출액, 무게, 가격, 소득, 길이, 부피 등

척도화(Scaling)는 거리, 무게를 재거나 브랜드만족도, 브랜드충성도를 측정하는 것과 같이 대상의 특성을 숫자로 표현하기 위해 수량화하는 과정을 말한다. 예컨대 성별의 경우 '1. 남자, 2. 여자'로 측정할 수 있다. 현재 사용하고 있는 스마트폰에 대한 만족도를 '1. 매우 불만족, 2. 불만족, 3. 보통, 4. 만족, 5. 매우 만족'으로 측정했다면 이것은 리커트척도를 사용해 척도화한 것을 의미한다.

척도화의 유형은 [표 1-6]과 같이 ① 두 개 설문문항 중에서 하나를 선택하는 양자택일형(Dichotomous choice scale), ② 여러 개의 보기를 제시하고 그 중에서 여러 개를 선택할 수 있는 다항선택형(Multiple choice scale), ③ 가능한 대답을 모두 열거해 놓고 선호순서 또는 우선순위에 따라서 구분해 놓으라고 하는 서열식 선택형(Ranking scale), ④ 응답의 강도를 요구하는 리커트척도(Likert scale), ⑤ 어떤 대상이나 개념에서 느끼는 것을 대칭적 형용사 쌍(1. 자연 친화적 ↔ 7. 도시적)으로 구성하여 평가하도록 하는 어의차이척도(Semantic differential scale), ⑥ 사용할 수 있는 점수(예: 100점)를 제한하여 각 측정문항을 측정하게 하는 **고정종합형**(Fixed total sum scale)이 있다.

표 1-6 척도화의 유형

구분	예시
양자택일형	귀하는 현재 스마트폰을 사용하고 있습니까? 1. 예 ( ) 2. 아니오 ( )
다항선택형	다음의 스마트폰 제조사 중에서 사용해 본 경험이 있는 것을 모두 골라 표시해 주세요. 1. 삼성 ( ) 2. LG ( ) 3. 샤오미 ( ) 4. 애플 ( ) 5. 화웨이 ( )
서열식 선택형	다음의 스마트폰 제조사를 보고 귀하가 좋아하는 순서대로 괄호 속에 쓰시오. 1. 삼성 ( ) 2. LG ( ) 3. 샤오미 ( ) 4. 애플 ( )
리커트척도	귀하가 사용하고 있는 스마트폰의 품질에 대해 어느 정도 만족합니까? 1. 매우 불만족 2. 불만족 3. 보통 4. 만족 5. 매우 만족
어의차이척도	귀하가 사용하고 있는 스마트폰에 대해서 평가해 주세요. 색상이 차분한 1 - 2 - 3 - 4 - 5 - 6 - 7 색상이 역동적인
고정종합형	귀하는 스마트폰을 구입할 때 다음에 제시된 요소 중에서 가장 중요하게 고려하는 것은 무엇입니까? 총합이 100점이 되도록 각 요소에 할당해 주세요. 1. 스마트폰 외관 ( )점 2. 통화품질 ( )점 3. 가격 ( )점 4. SNS 기능 ( )점 합계 100점

연구자가 어떤 **척도화의 방법**을 사용했는가에 따라서 측정척도는 달라진다. 만약 응답자의 소득을 1. 귀하의 소득은 얼마입니까?(_____만 원)를 통해 설문했다면 소득변수는 **연속형 변수**가 된다. 2. 귀하의 현재 소득은 다음 중 어느 것에 해당합니까? ① 1,000~2,000만 원 미만, ② 2,000~3,000만 원 미만, ③ 4,000~5,000만 원 미만으로 척도화되어 있다면 소득변수는 **범주형 변수**가 된다. 이와 같이 측정척도에 의한 측정은 동일 변수를 측정하는 경우에도 연속형 변수가 될 수도 있고 범주형 변수가 되기도 한다. 또한 설문지 조사에서는 처음에 연속형 데이터로 측정했지만 데이터를 코딩한 이후에 연구목적상 다시 소득의 평균값이나 중앙값을 중심으로 3,000만 원 이하는 소득이 낮은 집단으로, 3,000만 원 이상은 소득이 높은 집단으로 분류할 수도 있다. 이렇게 되면 소득변수는 연속형 데이터에서 범주형 데이터로 바뀌게 된다. 결국 연구자는 처음에 연속형 변수로 측정된 소득변수를 범주형 변수로 전환할

으로써 연구목적에 부합하는 다른 통계기법을 적용할 수 있게 된다. 이와 같이 척도화방법의 결정은 다양한 통계처리방법의 적용을 가능하게 한다.

> 데이터의 성격은 변할 수 있으며, 예컨대 연속형 데이터는 명목척도가 될 수도 있고 서열척도가 되기도 한다. 연령은 기본적으로 연속형 데이터이지만 10대, 20대, 30대, 40대, 50대 등으로 구분하면 서열척도가 되고 특정 나이를 기준으로 미성년자와 성년자로 구분하면 명목척도가 된다. 이와 같이 측정척도가 변하는 경우에는 적용할 수 있는 통계분석기법도 달라지게 된다.

데이터(Data)는 크게 **범주형 데이터(Categorical data)**와 **연속형 데이터(Continuous data)**로 구분된다. 전자는 정성적 데이터(Qualitative data) 혹은 비메트릭 데이터(Non-metric data)로, 후자는 정량적 데이터(Quantitative data) 혹은 메트릭 데이터(Metric data)로 불리기도 한다. 이처럼 데이터와 관련된 용어들은 같은 내용이면서 다른 용어로 불리고 있으며 가끔 혼용되어 사용되고 있으므로 잘 기억해 둘 필요가 있다.

[표 1-7]은 변수(데이터)의 성격에 따라 다른 통계기법이 선택될 수 있음을 보여준다. **독립변수(Independent variable)**와 **종속변수(Dependent variable)**[5]가 모두 범주형 변수(범주형 데이터)인 경우에는 교차분석을, 그리고 독립변수가 연속형 변수(연속형 데이터)이고 종속변수가 범주형 변수(범주형 데이터)이면 판별분석, 군집분석, 로지스틱회귀분석 등을 사용할 수 있다. 또한 독립변수는 범주형 변수이고 종속변수는 연속형 변수인 경우에는 t-검증, 분산분석(ANalysis Of VAriance: ANOVA), 다변량분산분석(Multivariate ANalysis Of VAriance: MANOVA)을, 그리고 독립변수와 종속변수가 모두 연속형 변수인 경우에는 상관분석, 회귀분석, 경로분석, 구조방정식모델분석(SEM분석)을 적용할 수 있다.

5) 회귀분석에서 어떤 변수 X가 또 다른 변수인 Y에 영향을 주는 관계가 있을 때 영향을 주는 변수 X를 독립변수라고 하며 영향을 받는 변수 Y를 종속변수라고 한다. 전자는 설명변수(Explanatory variable), 예측변수(Predictor variable), 요인(Factor), 위험인자(Risk factor), 선행변수라고도 하며 후자는 반응변수, 표적변수(Target variable), 특성값, 결과변수(Outcome variable)라고도 한다.

표 1-7 데이터와 변수 유형과 통계기법의 선택

척도와 분석 간의 관계		종속변수	
		범주형 변수	연속형 변수
독립변수	범주형 변수 (명목척도, 서열척도)	교차분석 (카이제곱검증)	• t-검증 • 분산분석 • 다변량분산분석
	연속형 변수 (등간척도, 비율척도)	• 판별분석 • 군집분석 • 로지스틱회귀분석	• 상관분석 • 회귀분석 • 경로분석/구조방정식모델링분석

2.2 표본크기

PLS-SEM은 작은 표본크기를 이용하는 경우에도 식별 문제가 발생하지 않으며 모델이 복잡하고 표본크기가 작은 상황에서도 높은 수준의 통계적 검증력을 가진다. 일반적으로 CB-SEM을 사용할 경우의 표본크기는 200개 이상이 필요한 것으로 알려져 있고 PLS-SEM은 30~100개 정도의 소표본인 경우에도 적용할 수 있다. 물론 PLS-SEM을 사용할 경우에도 표본크기를 증가시키면 모델 추정의 정확성이 높아질 수 있다. 예컨대 PLS-SEM의 사용 시 표본크기가 250개 이상이면 CB-SEM과 PLS-SEM은 매우 유사한 결과를 나타내며 거의 차이가 없어진다. 그러므로 PLS-SEM을 적용하는 경우에는 무조건적으로 표본크기가 작아도 된다고 생각하는 것은 잘못된 일이다.

PLS-SEM을 수행하는 데 필요한 최소표본크기는 얼마일까? Chin(1988)과 Barclay, Higgins & Thompson(1995)은 최소표본크기 결정에 있어서 10배수 규칙(10 Times rule)을 제안하였다. 첫 번째는 PLS-SEM을 사용한 측정모델에서 단일 잠재변수(구성개념)를 측정하는 데 사용된 형성적 측정변수 최대수의 10배보다 커야 하며, 두 번째는 구조모델에서 특정 잠재변수(구성개념)로 향하는 경로 최대수의 10배보다 커야 한다는 것이다. 이러한 10배수 규칙에 의하면 PLS-SEM을 사용하는 데 있어서 최소한의 표본크기는 형성적 측정모델과 반영적 측정모델이 모두 구조모델 속에 포함되어 있는 경우에는 첫 번째와 두 번째 기준을 모두 적용해 판단해야 한다. 그러나 반영적 측정모델로만 구조모델이 구성되어 있는 경우에는 두 번째 기준인 구조모델 내의 특정한 잠재변수로 향하는 화살표 최대수(Number of predictors: 독립변수의 수)의 10배 이상은 되어야 한다. 이러한 10배수 규칙은 작은 표본크기 요구조건에 대한 개략적인 지침을 제공하고 있기는 하지만 보다 나은 최소표본크기를 결정하기 위해서는 G*Power 프로그램을 사용해서 통계적 검증력분석(Statistical power analysis)을 시행하고 그 결과로 표본크기를 결정하는 것도 좋은 대안이 될 수 있다. 프로그램은 제1장 데이터 파일에 있는 것으로 설치하면 된다.

[표 1-8]은 Cohen(1992)이 통계적 검증력(Statistical power)을 80%로 가정하고,

표 1-8 Cohen(1992)의 PLS-SEM 적용에 필요한 표본크기 결정기준: 통계적 검증력 80% 가정

특정 내생잠재변수로 향하는 화살표의 최대수 (Maximum number of arrows)	유의수준											
	10%				5%				1%			
	최소 R^2				최소 R^2				최소 R^2			
	0.10	0.25	0.50	0.75	0.10	0.25	0.50	0.75	0.10	0.25	0.50	0.75
2	72	26	11	7	90	33	14	8	130	47	19	10
3	83	30	13	8	103	37	16	9	145	53	22	12
4	92	34	15	9	113	41	18	11	158	58	24	14
5	99	37	17	10	122	45	20	12	169	62	26	15
6	106	40	18	12	130	48	21	13	179	66	28	16
7	112	42	20	13	137	51	23	14	188	69	30	18
8	118	45	21	14	144	54	24	15	196	73	32	19
9	124	47	22	15	150	56	26	16	204	76	34	20
10	129	49	24	16	156	59	27	18	212	79	35	21

자료원: Cohen. (1992). A Power Primer. *Psychological Bulletin*, 112, 155-159.

PLS-SEM을 적용하는 데 있어서 필요한 최소표본크기 결정기준으로 제시한 것이다. 여기에서 유의수준(Significance level)이 높아질수록 그리고 최소 R^2(Minimum R^2)이 커질수록 요구되는 표본크기는 작아지고 있음을 알 수 있다. 예컨대 연구자가 설정한 연구모델(측정모델과 구조모델)에서 특정 잠재변수로 향하는 화살표의 수(독립변수의 수)가 6개이고 유의수준 5%, 통계적 검증력 80% 그리고 적어도 0.25의 R^2을 찾기 위한 최소표본크기는 48개임을 확인할 수 있다.

통계 실습 1-1 G*Power를 이용한 최소표본크기 계산

[1] G*Power 프로그램을 실습자의 컴퓨터에 설치하시오.

[2] SmartPLS 프로그램에서 반영적 측정모델로만 구성된 구조방정식모델을 보고 G*Power 프로그램을 이용해 PLS-SEM의 모델 추정에 필요한 최소표본크기를 산출하시오.

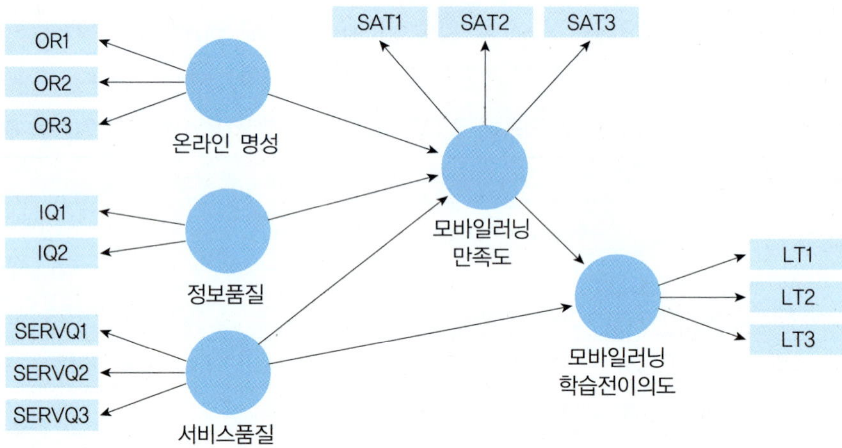

실습과정

[1] 프로그램 설치

[데이터 파일]의 제1장에서 제공된 설치용 프로그램 폴더에서 GPowerWin_3.1.9.7.zip을 찾아 압축을 푼 후 [GPowerSetup]을 클릭하여 설치를 완료한다(이 프로그램은 지속적으로 갱신될 수 있으므로 새로운 프로그램이 출시된 경우에는 실습자가 언제라도 인터넷 구글검색을 통해 입수하여 설치하면 된다).

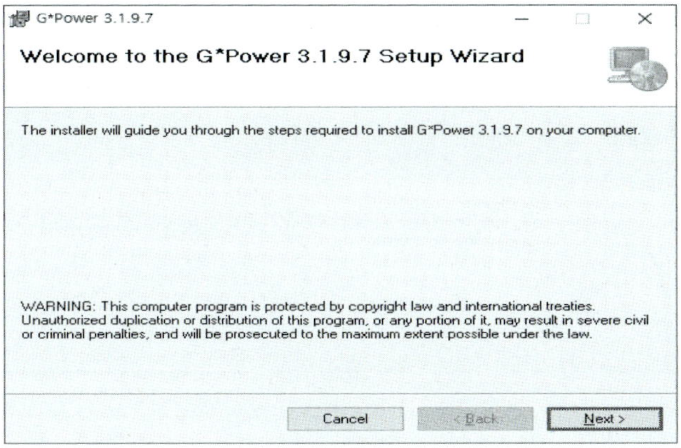

[2] 최소표본크기 계산

❶ 컴퓨터의 바탕화면에 나타난 GPower 아이콘( )을 클릭하여 들어간다. G*Power 프로그램에서는 PLS-SEM만을 위한 별도 기능은 제공하지 않지만 PLS-SEM은 기본적으로 회귀분석과 많은 유사점이 있으므로 최소표본크기를 계산하는 것이 가능하다.

❷ Test family에 [F-test]를, 그리고 Type of power analysis에 [A priori: Compute required sample size-given α, power, and effect size]을 입력한다.

❸ Statistical test에 [Linear multiple regression: Fixed model, R^2 deviation from zero]를 입력한다.

❹ Input Parameters에서 Effect size f^2에 중간 정도의 효과크기인 [0.15]를 입력한다. G*Power 프로그램에서는 회귀분석의 경우 Small은 0.02, Medium은 0.15, High는 0.35를 제시하고 있다. 보통은 0.15(중간 효과크기)가 디폴트값이다.

❺ Cohen(1988)은 일반적으로 α err prob, power(1−β prob)의 경우 각각 [0.05]와 [0.8]을 제안하고 있으므로 그대로 입력하기로 한다. 유의수준(α err prob)은 보통 디폴트값인 0.05를 선택한다.

❻ 마지막으로 Number of predictors(내생잠재변수가 화살표를 받는 수)를 입력해 주어야 한다. 일반적으로 다중회귀분석의 경우에는 독립변수의 수를 입력하면 되지만 PLS-SEM은 SEM분석을 수행하므로 Number of predictors를 어떻게 결정할지에

대해 혼란을 초래할 수도 있다. Number of predictors를 결정하려면 내생잠재변수를 중심으로 각각의 잠재변수마다 몇 개의 Number of predictors를 가지고 있는지를 파악하여 가장 많은 것을 입력하면 된다.

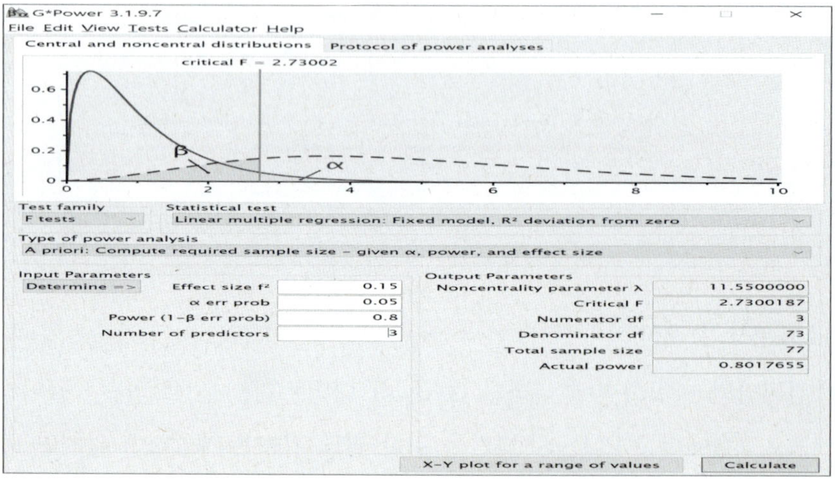

이 통계 실습 문제에서 구조방정식모델을 보면 모바일러닝 만족도의 Number of predictors(모바일러닝 만족도가 받는 화살표의 수)는 3개이며 모바일러닝 학습전이 의도는 2개임을 알 수 있다. 결국 이 실습 문제에서는 모바일러닝 만족도라는 잠재변수가 내생잠재변수 중에서 가장 많은 3개의 화살표를 받고 있으므로 Number of predictors에는 [3]을 입력하면 된다.

❼ 분석 결과를 보면 통계적 검증력 80%, 중간 효과크기 0.15, 유의수준 5%($\alpha=0.05$)에서 최소표본크기로 77개가 필요한 것으로 나타났다. 이는 Chin(1988)이 제시했던 Predictor당 10개의 표본크기를 기준으로 계산할 경우 이 실습 문제에서는 3개×10배=30개의 표본만 있으면 된다. 이러한 분석 결과를 통해 알 수 있는 것은 PLS-SEM에서도 보다 엄격한 표본크기를 확보하고 분석하기 위해서는 G*Power 프로그램을 통해 필요한 표본크기를 산출하고 계산된 표본크기를 가지고 통계분석을 시행하는 것이 바람직해 보인다.

2.3 수집된 데이터의 검토

1) 정규분포

SEM에서 요구되는 가장 중요한 가정은 데이터의 정규분포이다. 데이터의 정규성이 위배된다면 계수의 추정치에 상당한 왜곡이 발생할 수 있다. 따라서 SEM분석을 하기 전에 데이터의 정규성 검증을 하는 것은 중요하다고 볼 수 있다.

SEM에서는 여러 가지 데이터분포(정규분포, 이항분포, 포아송분포, 지수분포 등)가 있지만 연구자들은 오로지 데이터분포가 정규분포를 하는지 그렇지 않은지를 구분할 필요가 있다. 정규분포(Normal distribution)는 마치 종을 엎어놓은 것과 같은 모양으로 하나의 꼭지를 가진 완벽한 좌우대칭으로 양꼬리 부분에는 데이터가 거의 존재하지 않는 분포를 말한다. 이는 중앙치에 사례 수가 모여 있고 양극단으로 갈수록 X축(히스토그램에서 수평축)에 무한히 접근하지만 X축에 닿지는 않는다.

CB-SEM에서는 기본적으로 정규분포를 권장하고 있으나 PLS-SEM에서는 데이터분포에 대한 어떠한 가정도 하지 않고 있다. 그럼에도 불구하고 PLS-SEM을 적용할 경우에도 데이터의 정규성(Normality)이 확보된다면 보다 강건한 모델 추정이 가능해진다.

그림 1-8 ▌ 정규분포에 대한 히스토그램과 왜도와 첨도의 예시

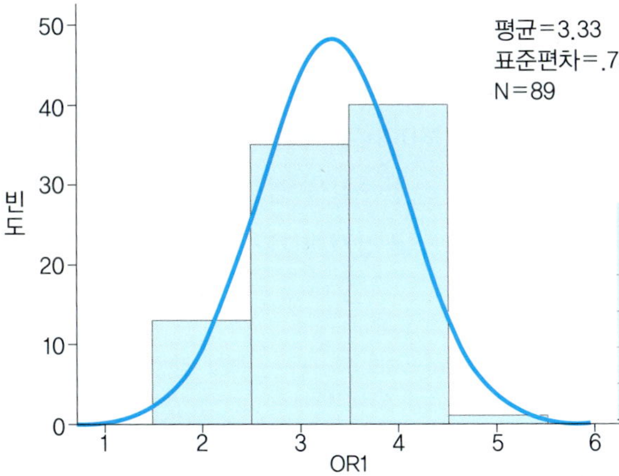

OR1

		통계량
N	유효	89
	결측	0
왜도		-.426
왜도의 표준오차		.255
첨도		-.743
첨도의 표준오차		.506

주: 변수의 정규분포는 종모양으로 되어 있는 선에 좌우대칭이 되었을 때 데이터가 정규성을 가진다고 판단할 수 있다. 왜도의 절대값이 2 미만, 첨도의 절대값이 7 미만이므로 이 변수는 정규분포를 하고 있는 것으로 판단할 수 있음.

데이터의 정규성검증은 SPSS에서 제공하는 통계기법[6]이나 일반적으로 표나 차트 등을 출력하여 확인할 수 있다. 그러나 보다 쉬운 방법은 데이터가 치우쳐 있는 정도를 나타내는 **왜도(Skewness: S)**와 뾰족한 정도를 나타내는 **첨도(Kurtosis: K)**를 검토하는 것이다. [그림 1-9]에서 보는 것처럼 정규분포를 기준으로 오른쪽으로 치우쳐져 있으면(S<0) 음의 왜도이고, 왼쪽으로 치우쳐져 있으면(S>0) 양의 왜도이다. 또한 정규분포보다 납작한 분포(K<0)는 음의 첨도이고, 뾰족한 분포(K>0)는 양의 첨도이다.

그림 1-9 정규분포, 첨도 및 왜도의 관계

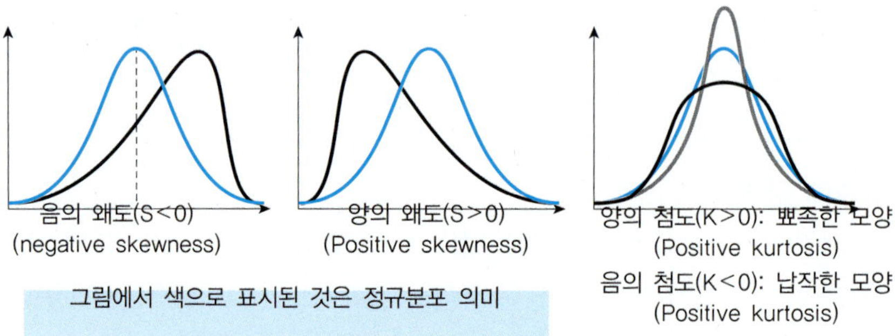

왜도와 첨도는 PLS-SEM에서 기본적인 통계치로 제공되고 있으며 왜도의 절대값이 2 미만이고 첨도의 절대값이 7 미만이면 데이터는 정규분포를 가지고 있는 것으로 해석할 수 있다.[7] 그러나 개별 측정변수에 대한 **단일변량(Univariate) 첨도와 왜도**가 기준치에 적합하여 모든 개별 변수들이 정규분포하는 경우에도 **다변량(Multivariate) 첨도와 왜도**는 비정규분포를 가질 수 있음에 유의해야 한다. 왜도와 첨도를 가지고 정규성을 검증하는 일반적인 방법은 단일변량 왜도와 첨도가 임계치를 충족하면 다변량 왜도와 첨도도 정규분포를 하는 것으로 본다.

---

6) 정규분포는 SPSS의 Kolmogorov-Smirnov Test와 Shapiro-Wilk Test를 통해서 검증할 수 있다. 이 검증의 귀무가설은 '데이터분포는 정규분포를 이룬다'이며 p-value가 0.05보다 클 때 귀무가설이 채택되어 정규분포를 띤다고 간주한다. 그러나 PLS-SEM에서는 굳이 이 검증을 수행할 필요는 없다. 왜냐하면 PLS-SEM에서 제공되는 왜도와 첨도에 대한 분석을 통해서 정규분포 여부를 판단할 수 있기 때문이다.

7) 회귀분석에서는 왜도의 기준은 엄밀하게는 2, 관용적으로는 3을 사용한다. 일반적으로 첨도와 왜도가 −2 미만이거나 +2 이상이면 데이터는 정규분포를 하지 않는다고 판단한다(이일현, 2014). West, Finch & Curran(1995)이 제시한 SEM분석에서의 단일변량의 정규분포기준에 의하면 왜도의 절대값이 2 이상이고 첨도의 절대값이 7 이상이면 비정규분포로 본다.

통계학에서는 중심극한정리(Central limit theorem)에 의해 표본 수가 30 이상이면 모집단의 분포에 상관없이 표본평균이 정규성을 갖는다고 가정한다. PLS-SEM은 데이터가 정규분포가 아니거나 비정상적인 분포 특성(왜도, 첨도)을 가진다 해도 매우 강건하게 모델 추정이 수행된다.

PLS-SEM은 CB-SEM에서처럼 분포 가정에 엄격하지 않다. 왜냐하면 PLS-SEM은 분포에 대한 가정이 없는 방법이기 때문이다. 따라서 데이터가 정규분포가 아니거나 높은 수준의 왜도와 첨도를 갖는 경우에도 사용할 수 있다. 그럼에도 불구하고 데이터가 정규분포에서 지나치게 벗어나지 않았다는 것을 확인하는 것이 중요하다.

2) 결측치

결측치(Missing values)는 설문의 응답자가 대답하기 곤란한 설문문항(예: 회사의 매출액 성과, 개인의 인구통계정보 등)에 의도적으로 혹은 부주의로 하나 이상의 문항에 대한 답을 하지 않았을 때나 응답자가 설문내용을 제대로 이해하지 못할 경우에 발생된다.

PLS-SEM에서 데이터 결측치의 처리방법으로는 ① 평균값대체(Mean value replacement)와 ② 사례별 제거(Casewise, or Listwise deletion) 등이 있다. 전자는 각 측정변수별 평균값을 구해서 그 값을 결측치에 대체시키는 방법이며, 후자는 응답자가 한 문항이라도 응답치 않았을 경우에 해당 응답자의 전체 문항을 삭제시키는 방법이다. 후자를 사용하게 되면 사례수가 너무 많이 줄어들 가능성이 있다.

PLS-SEM에서는 결측치가 각 측정변수(지표변수)별로 5% 미만인 경우에는 평균값대체를, 5% 초과 시에는 사례별 제거방법을 사용해야 한다. 그러나 후자의 경우에는 많은 양의 사례(관측치)가 삭제될 수 있으므로 충분한 사례 수가 통계분석을 위해 남아 있다는 확신이 있을 때 사용할 수 있다.

결측치가 사례(관측치)별로 15%를 초과하는 경우에는 그 사례는 데이터 파일에서 삭제하는 것이 좋다. 또한 측정변수를 1개만 가지고 있는 단일 잠재변수이고 높은 비율의 결측치를 가지고 있는 경우라면 15% 이내라고 해도 그 사례 전체를 제거하는 것은 주의가 필요하다.

3) 이상치

이상치(Outlier)는 특정 설문 혹은 모든 설문에 대한 극단적인 응답값을 말한다. 일반적인 기준으로는 표준화 변량값인 Z값과 표준편차가 ±3 이상인 경우는 극단치에 해당한다. 이외에도 이상치 여부는 [그림 1-10]과 같은 상자수염그림(Box and whisker plot, or Box plot)이나 줄기와 잎 그림(Stem-and-leaf plot)을 통해서 식별할 수 있다.

상자수염그림은 최대값, 최소값, 중앙값, 사분편차를 사용하여 데이터의 측정값들이 어떤 모양으로 분포되어 있으며 이상치값들은 어떠한지 등을 쉽게 알 수 있도록 하는 그림이다. 상자수염그림에서는 구간 [Q1-1.5(Q3-Q1), Q3+1.5(Q3-Q1)]의 외부에 위치한 데이터는 개략적 이상치로 표시된다. 반면 구간 [Q1-3(Q3-Q1), Q3+3(Q3-Q1)]의 외부에 위치한 데이터는 심각한 이상치로 표시된다.

그림 1-10 상자수염그림과 이상치

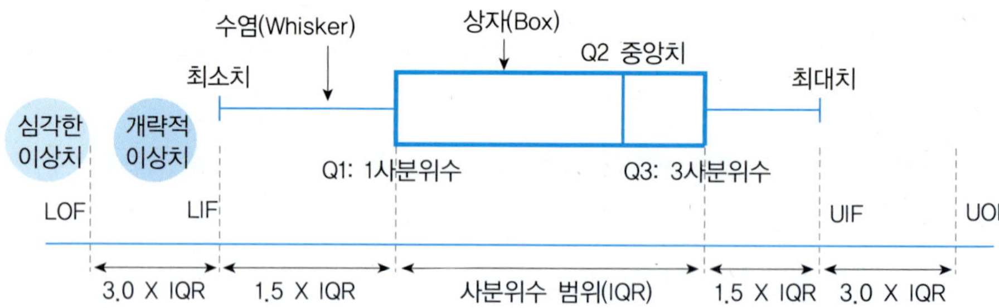

IQR(Interquartile range): 사분위수 범위, LIF(Lower inner fence): 낮은 내부울타리, UIF(Upper inner fence): 높은 내부울타리, LOF(Lower outer fence): 낮은 외부울타리, UOF(Upper outer fence): 높은 외부울타리

다변량 이상치(Multivariate outlier)는 마할라노비스 거리(Mahalanobis distance)[8] 통계량 D^2을 이용하여 판단할 수 있다. 만약 개별 관측치의 D^2값이 유의수준 0.01보다 작으면 해당 관측변수는 다변량 이상치로 판단할 수 있다. 다변량 이상치는 SPSS 등에서 제공한다. 이상치는 PLS-SEM을 시행하기 전에 반드시 확인하고 문제가 되는 응답치가 포함되어 있는 경우에는 데이터 파일에서 삭제해야 한다. 가장 일반적인 경우는 이상치가 소수인 경우로

8) 마할라노비스 거리는 다른 관측치와 특정 관측치 간의 거리를 말한다.

이때는 해당 이상치를 데이터 파일에서 제거하면 된다. 만약 영향력이 큰 이상치(Influential outlier)가 있는 경우에는 PLS-SEM에서 OLS 회귀에 영향을 미치기 때문에 면밀한 검토와 평가가 필요하며 조치해야 한다.

4) 다중공선성

측정변수(지표변수)들 간에 다중공선성(Multicollinearity)이 있는지를 확인한다. 완벽한 공선성(Collinearity)이 나타나는 경우는 거의 없으며 일반적으로 높은 공선성이 나타난다. 다중공선성이 있으면 회귀계수를 잘못 추정하거나 부호가 반대로 추정되는 경우가 발생된다. SmartPLS에서는 분산팽창인자(Variance Inflation Factor: VIF)를 이용하여 평가한다. 만약 모든 측정변수에 대한 VIF값이 임계치인 5보다 작으면 공선성은 존재하지 않는다고 판단하면 된다. 따라서 VIF값이 5 이상인 경우 잠재적인 공선성 문제(Collinearity problem)를 지니게 된다.

3 PLS-SEM의 특성과 CB-SEM과의 비교

3.1 CB-SEM과 PLS-SEM의 비교

PLS-SEM과 CB-SEM을 비교하는 것은 향후 연구자들이 어떤 방법을 사용해서 구조방정식모델링을 할 것인가를 결정하는 데 있어서 매우 중요하다. [표 1-9]는 양자의 비교 결과를 요약한 것이다.

그림 1-11 ▌PLS-SEM과 CB-SEM의 사용목적 비교

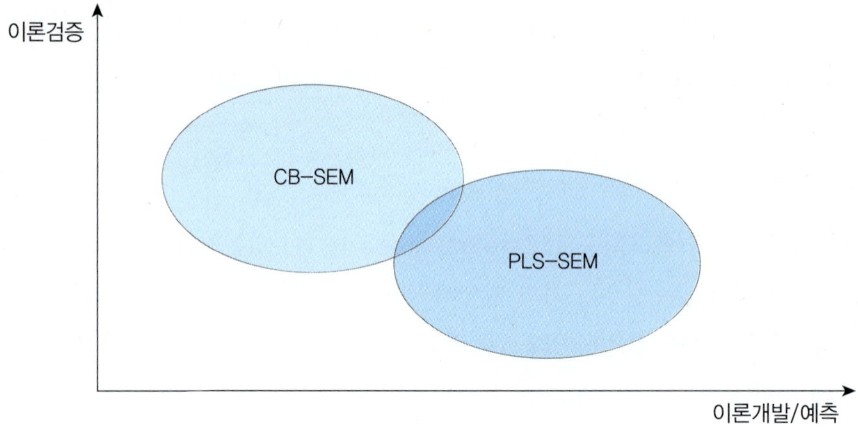

자료원: Henseler, Ringle & Sinkovic(2009)에서 인용함.

▌표 1-9 ▌PLS-SEM과 CB-SEM의 비교

구분	PLS-SEM	CB-SEM
사용목적	예측(prediction), 이론개발	이론검증(theory testing)
표본 수	30~100개도 가능	200~800개
데이터 파일	CSV 파일(.csv) 등 일부 파일	모든 파일 가능
분포 가정	• 분포 가정이 없음(정규성 가정이 없음) • 비모수적 기법	• 엄격한 분포 가정(정규성 가정이 있음) • 모수적 기법
모델 복잡성 (측정변수의 수)	다수의 잠재변수와 수백 개의 측정변수가 있어도 가능	측정변수의 수가 100개 미만
잠재변수당 측정변수의 수	1개 이상(단일 측정변수를 갖는 잠재변수부터 다수 측정변수를 갖는 잠재변수까지 가능)	3~4개 이상(2개를 사용하는 연구자들도 있음)
반영적 측정변수와 형성적 측정변수	매우 용이(모두 사용)	주로 반영적 측정변수 사용
모델적합도	일부 모델적합도 보고	상세한 모델적합도 보고
오차항의 고려	모델 구축 시 오차항(측정오차와 구조오차)을 표시하지 않음	오차항(측정오차와 구조오차)을 모델 구축 시 표시함
재귀모델과 비재귀모델	재귀모델(일방향 인과관계)만 가능	재귀모델과 비재귀모델 모두 가능
잠재변수 산출	잠재변수 점수의 산출 가능, 이 점수를 다른 분석에서 사용	잠재변수 점수의 직접적인 추정이 불가능

모델 평가	측정모델과 구조모델 동시에 설정하고 평가(동시분석법)	측정모델을 이용해 개별 측정변수와 잠재변수의 신뢰도와 타당도를 분석한 후 구조모델을 통해 가설검증을 시행(주로 2단계분석법)

- SmartPLS 4.0부터는 PLS-SEM과 CB-SEM을 모두 분석할 수 있다.
- CB-SEM은 모수 추정에 의한 가설검증을 통해 이론검증(Theory testing)을 하는 데 목적이 있는 반면, PLS-SEM은 외생변수에 의한 내생잠재변수들의 예측(Prediction)이나 이론개발 목적으로 사용된다.
- CB-SEM은 표본 수가 최소한 200개 이상이어야 하나 PLS-SEM은 30~100개 정도면 사용할 수 있다.
- CB-SEM은 모든 파일 형태로 저장된 파일을 사용할 수 있으나 PLS-SEM은 Excel이나 SPSS를 이용해 작성한 파일을 CSV 파일(.csv) 형식으로 저장한 것을 주로 사용한다. 가능하면 SPSS를 사용해 데이터 파일을 만드는 것이 좋다. 왜냐하면 SPSS는 측정척도의 유형(범주형 변수, 서열형 변수, 연속형 변수)을 구분할 수 있으며 SmartPLS 프로그램이 SPSS 데이터 파일을 불러들일 때 척도 유형도 그대로 가져올 수 있기 때문이다.
- CB-SEM은 다변량 정규분포 등 엄격한 분포 가정을 적용하는 모수적 통계기법(Parametric method)이나 PLS-SEM은 분포 비가정(Distribution free assumption)으로 데이터가 정규분포를 가지고 있지 않아도 문제가 되지 않으며 비모수적 통계기법(Non-parametric method)이다.
- CB-SEM은 측정변수(지표변수들)가 100개 미만인 경우에 사용 가능하며, PLS-SEM은 다수의 잠재변수와 100개의 측정변수가 있어도 가능하다. 따라서 모델 복잡성(Model complexity)의 측면에서 볼 때 전자는 중간 이하의 모델 복잡성이 있을 때 적용 가능하고 후자는 매우 큰 모델 복잡성이 있어도 가능하다. 즉, PLS-SEM은 많은 잠재변수와 측정변수들(지표변수들)을 가지고 있어도 모델의 식별 문제가 발생하지 않고 잘 돌아간다.
- CB-SEM은 잠재변수당 측정변수(지표변수)의 수가 3~4개 이상이 이상적이나 PLS-SEM은 구성개념을 잘 대표할 수 있다면 1개 이상이면 된다. 후자에서는 단일 측정변수로

구성된 잠재변수도 사용할 수 있으며 다수의 측정변수들로 구성된 잠재변수들로 측정 모델을 구성해도 문제가 되지 않는다.

- CB-SEM은 주로 **반영적 측정변수**만을 이용해 모델을 구축하지만 PLS-SEM은 형성적 측정변수와 반영적 측정변수를 사용하여 모델을 구축할 수 있다. 특히 PLS-SEM은 반영적 측정변수와 형성적 측정변수가 혼합되어 사용되는 경우에도 강력한 분석기법이다.
- CB-SEM은 **모델적합도(Model fit)**가 매우 정교하게 설계되어 활용되고 있으나 PLS-SEM에서는 일부 모델적합도만 제공하고 있으며 대안적인 평가 방법들을 사용하고 있다.
- CB-SEM은 모델 구축 시 **측정오차와 구조오차**를 모델 속에 포함시키나 PLS-SEM에서는 측정오차와 구조오차를 설정하지 않는다.
- CB-SEM은 일방향 인과관계(→)만 존재하는 **재귀모델(recursive model)**과 순환적 인과관계(⇄)가 존재하는 **비재귀모델**(Non-recursive model)을 모델 구축에서 적용할 수 있다. 그러나 PLS-SEM은 일방향모델인 재귀모델만 가능하다.
- CB-SEM에서는 **잠재변수 점수**를 직접적으로 추정할 수 없으나 PLS-SEM은 잠재변수 점수를 추정할 수 있다. 특히 PLS-SEM을 통해 추정된 잠재변수 점수를 사용해서 **추가분석**을 시행할 수 있다.
- CB-SEM은 측정모델을 추정 평가한 후 구조모델을 평가하는 2단계 기법을 주로 사용하고 있으나 PLS-SEM은 이론적 구조모델에 대한 평가와 측정모델에 대한 평가를 동시에 할 수 있는 기법이다.

> PLS-SEM은 표본 수가 작고(Small sample size), 데이터가 정규분포를 따르지 않으며(Non-normal distribution), 측정변수(지표변수)들의 수에 관계없이 사용할 수 있는 이론검증보다는 예측이나 이론개발 목적이 더 중요하게 고려되는 구조방정식모델링 기법이다.

3.2 PLS-SEM의 주요 특성

PLS-SEM은 매우 다양한 특성을 가지고 있다. 이러한 특성은 크게 ① 데이터 특성, ② 모델 특성, ③ PLS-SEM 알고리즘 특성, ④ 모델 평가 특성으로 구분할 수 있다. 지금부터는 이들 네 가지 특성을 중심으로 살펴보기로 한다.

1) 데이터 특성

PLS-SEM의 데이터 특성은 [표 1-10]과 같이 요약할 수 있다. PLS-SEM은 소규모 표본과 모델이 복잡한 경우에도 사용하는 데에 문제가 없다. 또한 데이터분포와 척도의 영향도 받지 않으며 약간의 제약이 있긴 하지만 모든 척도를 사용하는 것이 가능하다. 결측치는 적정수준 이내에서만 허용된다. 다만 명목척도로 측정된 변수들은 더미변수로 변환하여 투입해야 한다.

▌표 1-10 ▌PLS-SEM의 데이터 특성

구분	데이터 특성
표본 수	• 소표본에서도 식별 문제가 발생하지 않으며 높은 통계적 검증력을 보임 • 표본 수를 늘리면 계수 추정의 정도(Precision)를 높일 수 있음 • G*Power 프로그램을 사용해서 최소요구 표본 수 산정해 적용하는 것도 바람직함
분포 가정	분석대상 데이터에 대한 어떠한 가정도 하지 않음(비모수적 방법)
결측치	적정수준의 결측치는 허용(측정변수별 5% 이내)
측정척도	• 약간의 제약이 있지만 모든 척도(범주형/연속형 데이터) 사용 가능 • 내생잠재변수에는 범주형 척도와 더미변수의 사용은 적합하지 않음 • 범주형 척도는 범주형 통제변수나 다중집단분석에서 집단 분류변수로 주로 사용

2) 모델 특성

PLS-SEM의 모델 특성은 [표 1-11]과 같이 요약할 수 있다. PLS-SEM은 모델이 복잡해도 높은 통계적 검증력을 보여주고 있다. 다수의 잠재변수와 수백 개의 측정변수가 있어도 부트스트래핑 기법을 사용하므로 식별 문제가 없이 돌아간다. 반영적 측정모델은 물론 형성적 측정모델의 사용도 가능하며 양 모델을 혼합한 형태의 측정모델도 사용할 수 있다. 다만 형성적 측정모델에서 측정변수 간에 공선성이 존재하면 문제가 될 수 있다. 또한 재귀모델만 가능하며 비재귀모델을 구축할 수 없다는 단점을 가지고 있다.

표 1-11 PLS-SEM의 모델 특성

구분	모델 특성
잠재변수와 측정변수의 수	많은 잠재변수와 측정변수가 포함된 복잡한 모델에서도 강건한 추정이 가능(다수의 잠재변수와 수백 개의 측정변수도 수용 가능)
잠재변수와 측정변수의 관계	• 반영적 측정모델과 형성적 측정모델의 사용이 용이 • 반영적 측정모델과 형성적 측정모델이 혼합된 모델 구축도 가능 • 형성적 측정모델에서 측정변수 간에는 다중공선성이 없어야 함
모델 복잡성	모델이 복잡한 경우에도 높은 통계적 검증력을 가지고 있음
재귀모델	재귀모델만 사용 가능

3) PLS-SEM 알고리즘 특성

PLS-SEM의 알고리즘 특성은 [표 1-12]와 같이 요약할 수 있다. PLS-SEM 알고리즘의 목적은 내생잠재변수의 설명되지 않은 오차분산을 최소화하는 것이다. PLS-SEM은 계수 추정 시 통계적 검증력이 높으며 적은 반복계산을 통해 최적 해(Optimum solution)를 구할 수 있다. 또한 잠재변수 점수를 산출할 수 있으며 후속연구의 투입데이터로 사용될 수 있다.

표 1-12 PLS-SEM의 알고리즘 특성

구분	알고리즘 특성
목적	설명되지 않는 오차분산을 최소화(내생잠재변수의 R^2의 최대화)
효율성	적은 반복계산을 통해 최적해 도출
잠재변수 점수	• 측정변수들(지표변수들)의 선형결합으로 추정됨 • 예측목적으로 사용되며 추정된 잠재변수 점수는 후속연구에 이용
계수 추정	• 구조모델관계는 일반적으로 과소 추정되며 측정모델관계는 과대 추정됨 • 통계적 검증력이 높음

4) 모델 평가 특성

PLS-SEM의 모델 평가 특성은 [표 1-13]과 같이 요약할 수 있다. PLS-SEM은 일부 모델적합도 지수만 제공한다. 측정모델 평가는 주로 측정변수, 잠재변수의 신뢰도와 타당도 평가와 관련된다. 먼저, 측정모델 평가는 크게 반영적 측정모델과 형성적 측정모델로 구분해서 수행할 수 있다. 전자에서는 측정변수(지표변수)의 신뢰도, 내적 일관성 신뢰도, 집중타당도, 판별타당도를 평가하며 후자의 경우에는 집중타당도, 다중공선성, 형성적 측정모델의 외부가중치(Outer weights)와 외부적재치(Outer loading)의 유의성과 적합성을 평가한다. 다음으로, 구조모델 평가는 잠재변수 간의 다중공선성, 결정계수(R^2), 효과크기(f^2), 예측력(Q^2, RMSE, MAE, 평균손실차이), 구조모델 내 경로계수의 유의성과 적합성 등을 평가한다.

표 1-13 PLS-SEM의 모델 평가 특성

구분	모델 평가 특성
적합도 기준	모델적합도에 대한 다양한 지수를 제공하지 않고 있으며, 대안적인 모델의 평가기준들을 제공함
측정모델 평가	• 반영적 측정모델: 개별 측정변수 신뢰도, 내적 일관성 신뢰도(크론바흐 알파, rho_A, CR), 집중타당도, 판별타당도 • 형성적 측정모델: 집중타당도, 다중공선성, 형성적 측정변수의 외부가중치와 외부적재치의 유의성과 적합성
구조모델 평가	• 다중공선성 • 결정계수 R^2 • 효과크기 f^2 • 예측력 Q^2, RMSE, MAE, 평균손실차이 • 경로계수(Path coefficients)의 크기와 유의성

4 이 책의 구성

이 책은 [그림 1-12]와 같이 총 3부로 구성되어 있다.

첫째, 제1부 PLS-SEM 통계분석과 논문 작성의 기초에서는 구조방정식모델링(PLS-SEM)의 개요, SmartPLS의 기초와 기본 운용법 그리고 PLS-SEM 통계분석의 기초와 적용 절차를 제시하고 설명한다.

둘째, 제2부 PLS-SEM에 의한 논문 작성의 적용 절차에서는 종합적인 사례 데이터를 통해 PLS-SEM의 적용을 단계별로 체계적으로 제시하고 논의한다. 주요 내용에는 연구 설계, 데이터 수집과 입력, 데이터 검토, 구조방정식모델의 구축, 구조방정식모델 추정, 측정모델과 구조모델 결과의 평가(반영적 측정모델 평가, 형성적 측정모델 평가 및 구조모델의 평가), 분석 결과의 해석과 제시가 포함된다.

셋째, 제3부 PLS-SEM 기본 실습 따라하기에서는 사례 데이터를 가지고 PLS-SEM의 실습을 다룬다. 먼저, 반영적 측정변수로만 구성된 모델 실습 문제를 제시하고 설명한다. 다음으로, 반영적 측정변수와 형성적 측정변수가 혼합된 모델 실습 문제를 제시하고 기술한다.

그림 1-12 ▌이 책의 구성

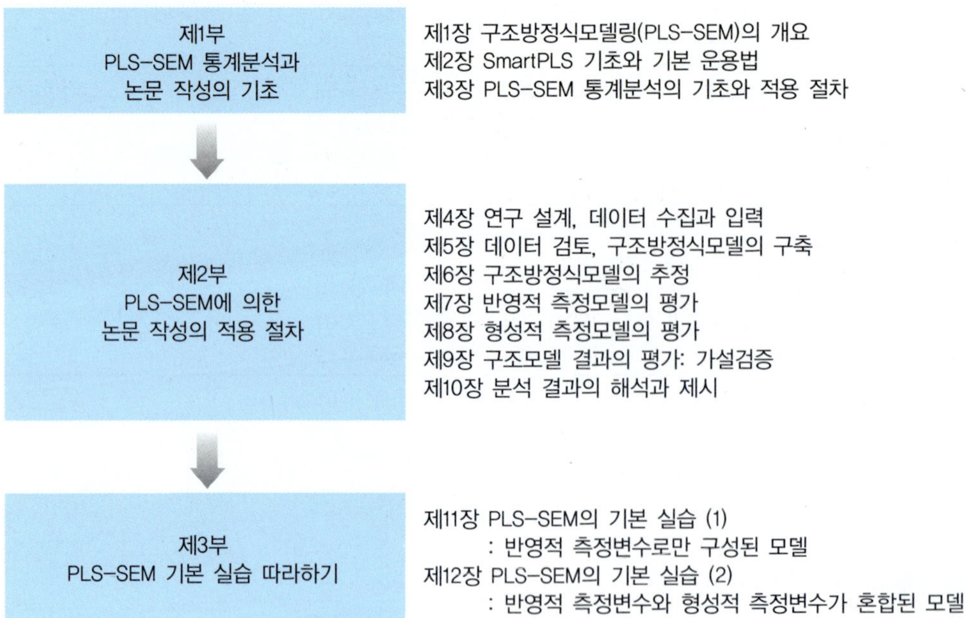

[이 책의 자매 도서]

SmartPLS 4.0을 이용한 고급 구조방정식모델링

(도서출판 청람, 2023)

〈목차〉

제1장의 연습과 실습문제

01 PLS-SEM(Partial Least Squares SEM)과 CB-SEM(Covariance-Based SEM)의 사용목적을 비교하시오.

02 PLS-SEM은 어떤 경우에 유용한 통계분석기법인가?

03 PLS-SEM의 주요 특성 네 가지를 제시하고 설명하시오.

04 PLS-SEM의 적용 시 고려사항을 설명하시오.

05 왜 연구자들은 다중회귀분석 대신 PLS-SEM의 사용을 고려해야 하는가?

06 다음의 용어들을 간략히 설명하시오.

① 잠재변수와 측정변수
② 측정오차와 구조오차
③ CB-SEM과 PLS-SEM
④ 반영적 측정변수와 형성적 측정변수
⑤ 재귀모델과 비재귀모델
⑥ 탐색적 요인분석, 확인적 요인분석
⑦ 집중타당도(수렴타당도)와 판별타당도
⑧ 반영적 측정모델과 형성적 측정모델
⑨ 외생변수, 내생변수, 외생잠재변수, 내생잠재변수
⑩ 경로분석과 구조방정식모델링
⑪ 측정모델과 구조모델
⑫ 외부모델(Outer model)과 내부모델(Inner model)
⑬ 정규분포, 이상치, 결측치
⑭ 왜도와 첨도
⑮ 다중공선성

07 다음에 제시된 SmartPLS 프로그램으로 작성된 구조방정식모델(형성적 측정모델과 반영적 측정모델이 함께 있는 경우)을 보고 G*Power 표본크기 산출 프로그램을 이용해 PLS-SEM의 모델 추정에 필요한 최소표본크기를 산출하시오. 단, Input parameters에서 Effect size f^2은 중간 정도의 효과크기인 0.15를, α err prob, power(1−β prob)는 각각 0.05와 0.8을 적용하시오.

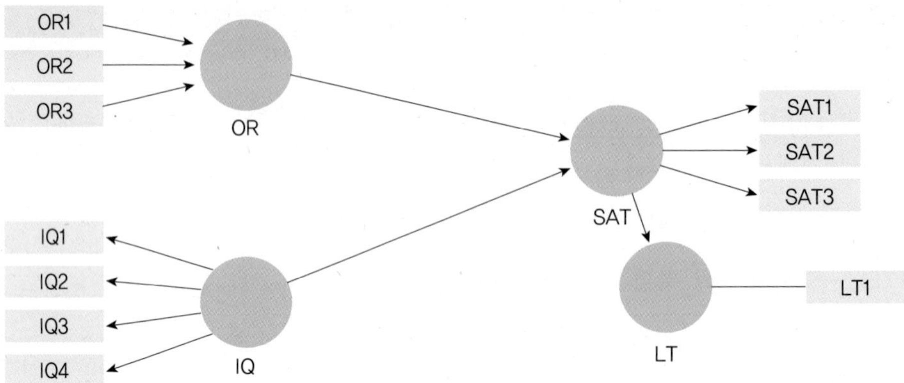

| 정답 |

이 실습 문제는 형성적 측정모델과 반영적 측정모델이 모두 포함되어 있는 경우이다. 구조모델에서 가장 화살표를 많이 받는 잠재변수는 SAT이며 Predictor 수는 2개임(OR → SAT, IQ → SAT)을 알 수 있다. 그러나 이 모델을 자세히 살펴보면 구조모델에서 가장 화살표를 많이 받는 잠재변수인 SAT의 2개보다 형성적 측정변수로 구성된 형성적 측정모델의 경우 측정변수(지표변수들)의 수가 1개 더 많은 3개임(OR1, OR2, OR3)을 알 수 있다. 따라서 Chin(1988)이 제시했던 Predictor당 10개의 표본 크기를 기준으로 계산할 경우 이 실습 문제에서는 후자를 적용하여 3개×10배=30개의 표본만 있으면 되지만 G*Power 프로그램을 통해 계산된 최소표본 수는 77개로 나타났다.

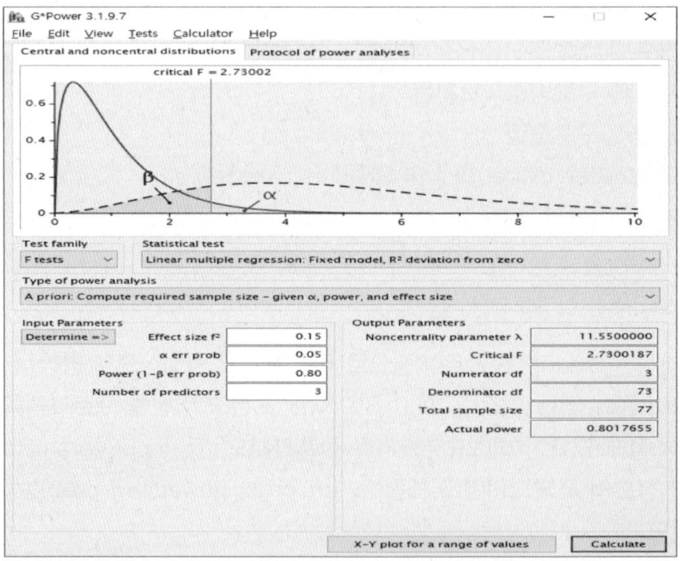

제1장의 핵심내용 정리 >>>

- SEM은 어떤 모델 추정방법에 기반을 두고 있느냐에 따라서 공분산 기반의 구조방정식모델링분석(Covariance-Based SEM: CB-SEM)과 PLS 기반의 구조방정식모델링분석(Partial Least Squares SEM: PLS-SEM)으로 구분할 수 있다.
- PLS-SEM은 오차항(잔차)의 제곱합을 최소화시키는 최소제곱법인 OLS 회귀분석과 요인회전방식을 주성분(Principal components) 혹은 최대우도로 하는 탐색적 요인분석(EFA)을 반복적으로 수행하여 내생잠재변수의 설명되지 않은 분산인 잔차와 잠재변수 간의 예측오차를 최소화하여 계수들을 추정하는 비모수적 방법이다.
- 반영적 측정변수(Reflective indicator)는 잠재변수가 원인이 되고 측정변수들이 결과가 되는 측정변수이며 형성적 측정변수(Formative indicator)는 측정변수가 원인이 되고 잠재변수가 결과가 되는 측정변수를 말한다.
- PLS-SEM의 단순 구조방정식모델은 크게 측정모델(Measurement model)과 구조모델(Structural model)로 구성되어 있다. 전자는 외부모델(Outer model)이라고 부르며 후자는 내부모델(Inner model)이라고 부른다.
- SmartPLS 통계분석 프로그램을 이용해 측정 및 구조모델을 구축할 때 측정오차와 구조오차가 구조방정식모델 속에 포함되지 않음에 유의할 필요가 있다.
- 10배수 규칙에 의하면, PLS-SEM을 사용하는 데 있어서 최소한의 표본크기는 구조방정식모델 내의 특정한 잠재변수로 향하는 화살표 최대수(Number of predictors: 독립변수의 수)의 10배 이상은 되어야 한다.
- PLS-SEM에서는 데이터분포에 대한 어떠한 가정도 하지 않고 있다. 그럼에도 불구하고 PLS-SEM을 적용할 경우에도 데이터의 정규성(Normality)이 확보된다면 보다 강건한 모델 추정이 가능해진다.
- PLS-SEM에서는 결측치가 각 측정변수(지표변수)별로 5% 미만인 경우에는 평균값대체를, 만약 5% 초과의 경우에는 사례별 제거방법을 사용해야 한다. 결측치가 사례(관측치)별로 15%를 초과하는 경우에는 그 사례는 데이터 파일에서 삭제하는 것이 좋다.
- PLS-SEM은 표본 수가 작고(Small sample size), 데이터가 정규분포를 따르지 않으며(Non-normal distribution), 측정변수(지표변수)들의 수에 관계없이 사용할 수 있는 이론검증(모수 추정)보다는 예측과 이론개발 목적이 더 중요하게 고려되는 구조방정식모델링 기법이다.

- PLS-SEM은 형성적 측정변수(형성적 측정모델)와 반영적 측정변수(반영적 측정모델)를 사용하여 모델을 구축할 수 있다.
- PLS-SEM에서는 모델 구축 시 측정오차와 구조오차를 설정하지 않는다.
- CB-SEM은 재귀모델(Recursive model)과 비재귀모델(Non-recursive model)이 가능하지만 PLS-SEM은 일방향모델인 재귀모델만 가능하다.
- CB-SEM은 측정모델을 추정 평가한 후 구조모델을 평가하는 2단계 기법을 주로 사용하고 있으나 PLS-SEM은 이론적 구조모델에 대한 평가와 측정모델에 대한 평가를 동시에 할 수 있는 기법이다.
- PLS-SEM의 특성은 크게 ① 데이터 특성, ② 모델 특성, ③ PLS-SEM 알고리즘 특성, ④ 모델 평가 특성으로 구분할 수 있다.

제 2 장 SmartPLS 4.0의 기초와 기본 운용법

1 SmartPLS 4.0의 구입, 설치 및 실행

1.1 프로그램의 다운로드 사이트와 사용권 구입

SmartPLS 4.0은 구조방정식모델링을 위한 전용 통계분석 프로그램으로 다양한 학문 분야에서 광범위하게 사용되고 있다. 이와 같이 많은 연구자나 사용자들에 의해서 각광을 받고 있는 이유는 사용용이성, 친숙성, 안정성 면에서 매우 우수하기 때문이다. SmartPLS 4.0은 최근에 PLS-SEM뿐만 아니라 회귀분석, 프로세스(PROCESS), Amos 등의 CB-SEM 모델까지 제공하여 모든 통계처리를 한 곳에서 가능케 하는 통합 통계처리프로그램으로 발전하였다.

▶ 그림 2-1 ▌SmartPLS 4.0의 다운로드 사이트(http://smartpls.com)

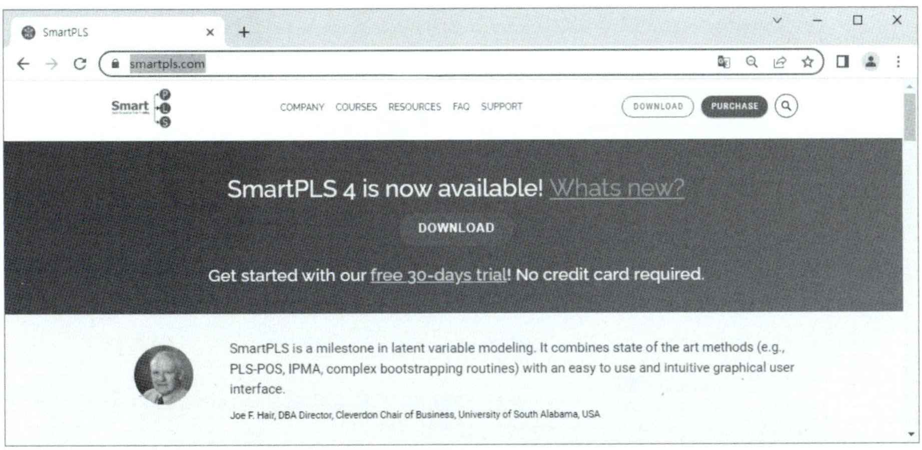

SmartPLS 4.0 프로그램은 [그림 2-1]의 인터넷사이트에서 구할 수 있다. 이는 [학생용], [전문가용], [기업용]의 세 가지 형태로 공급되고 있다. 운영체제는 세 종류(SmartPLS4 for Windows 32bit/Windows 64bit/Mac OSX)로 제공되고 있으며 이 중에서 사용자의 컴퓨터 사양에 적합한 것을 선택하면 된다. 프로그램은 인터넷사이트에 접속해 다운로드받을 수 있다. 이 책에서는 대부분의 내용이 무료 버전인 [학생용]을 사용해 통계처리할 수 있지만 고급 내용의 실습을 위해서 유료 버전인 [전문가용]의 구입과 설치를 권장한다.

1.2 프로그램 설치와 실행

[그림 2-2]와 같이 [Windows 64 bit]를 클릭해 프로그램을 다운로드받은 후에 바로 좌 하단 부분에 있는 실행 파일인 [smartpls4_windows-x64]을 클릭해 설치할 수 있다. 설치가 완료되면 바탕화면에 프로그램 실행 아이콘( )이 나타나며 이를 클릭해 실행하면 [그림 2-3]과 같은 프로그램 초기 화면이 나타난다.

그림 2-2 ▌SmartPLS 4.0의 다운로드와 설치

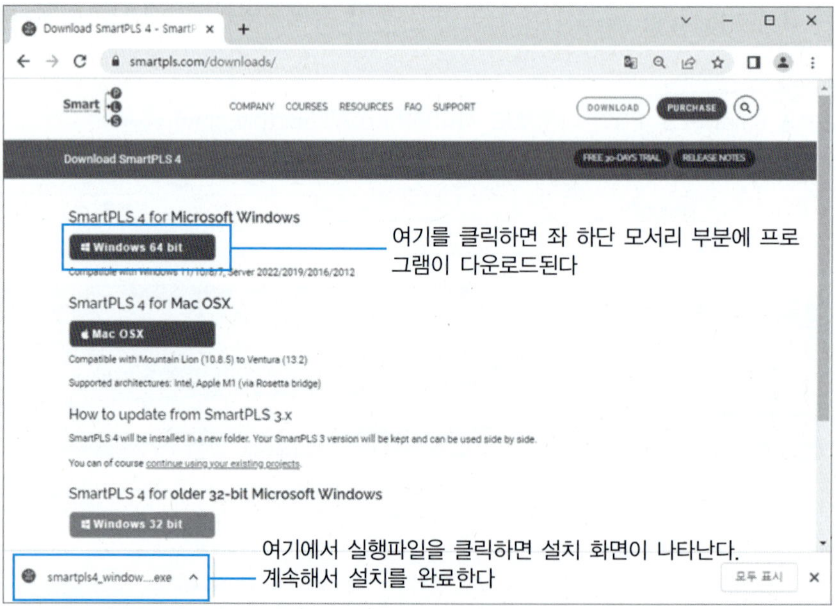

그림 2-3 | SmartPLS 4.0의 초기 화면

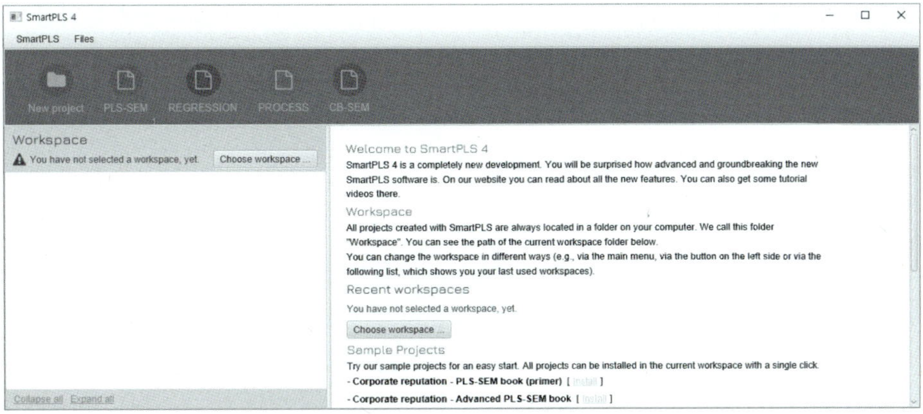

2 PLS-SEM 모델의 메뉴 구조와 툴바

SmartPLS 4.0은 기본적으로 프로그램의 운영에 필요한 **메뉴**를 제공하고 있다. 또한 사용자의 편의성 제고를 위해서 필요한 **툴바**(Toolbar)를 부가적으로 제공하고 있다. 따라서 사용자들은 **메뉴 구조 방식**(Menu-driven method)과 **툴바**를 모두 이용해서 작업할 수 있다. 그러나 구조방정식모델링 작업과 실행을 쉽게 하려면 **툴바**를 잘 활용하는 것이 필요하다.

2.1 작업공간 만들기

프로그램의 초기 화면에서 맨 처음 필요한 것은 [Choose Workspace]를 클릭해 들어간 후 **작업공간**(Workspace)을 지정하는 것이다([그림 2-3]). 독자가 앞으로 작업하기를 원하는 공간을 지정하려면 비어 있는 폴더를 하나 만들어야 한다. 이 책의 실습에서는 작업공간으로 **C드라이브**를 사용하려고 한다. 물론 독자가 작업공간으로 다른 드라이브나 USB, 바탕화면 등을 선택해도 가능하다. ① C드라이브에서 작업공간으로 지정할 폴더로 [SmartPLS4]를 만든다. 폴더

명칭은 독자들이 원하는 것으로 정해도 된다. ② SmartPLS 4.0의 초기 화면에서 [Choose Workspace]를 클릭해 들어간 후 우측 하단에 있는 [폴더 선택]을 클릭하면 작업공간의 지정이 완료된다.

▶ 그림 2-4 ▌ SmartPLS 4.0의 작업공간 만들기

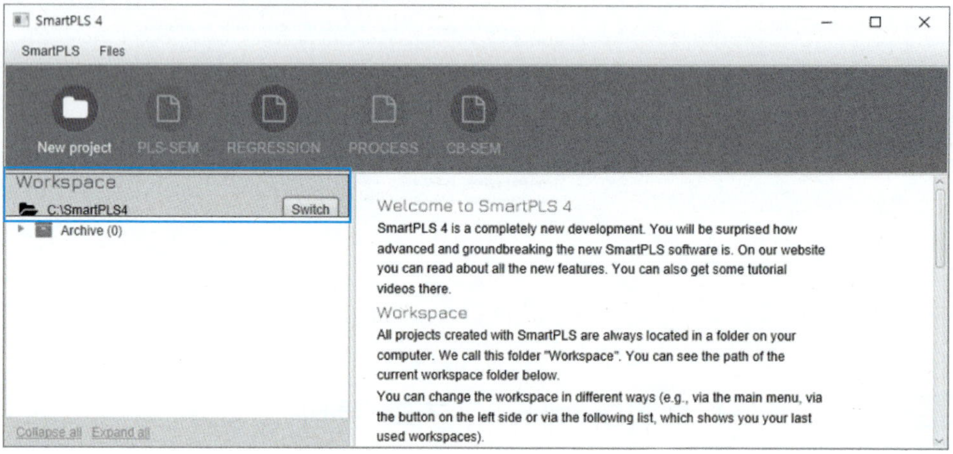

2.2 기본 창의 구성과 기능

기본 창은 [그림 2-5]와 같이 [기본 메뉴], [툴바], [프로젝트 탐색기](Project explorer), [프로그램 설명] 부분으로 구성되어 있다. 기본 메뉴는 [SmartPLS]와 [Files]로 구성되어 있으며 메뉴 아래에는 [툴바]가 있다. 창의 아래 좌측에는 [프로젝트 탐색기]가 있으며, 아래 우측에는 [환영 인사], [작업공간] 설명, [예시 프로젝트](Sample Projects)가 배치되어 있다.

① SmartPLS 메뉴는 [그림 2-5]와 같이 [Switch license], [Preferences], [About], [Check for update], [Exit]의 하위 메뉴로 구성되어 있다.

▶ 그림 2-5 ▌SmartPLS 4.0 기본 창의 하위 메뉴

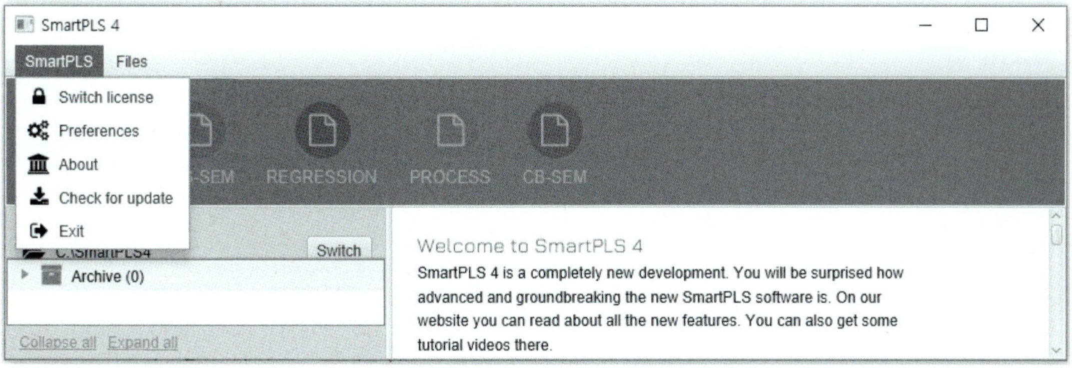

▌표 2-1 ▌SmartPLS 메뉴의 하위 메뉴와 기능

하위 메뉴명	기능
Switch license	라이센스 변경 메뉴(학생용과 전문가용 선택)
Preferences	메뉴의 언어 선택(영어가 디폴트이며, 한글 사용도 가능하나 현재는 미흡함)
About	프로그램 버전 표시, 프로그램 사용 시 프로그램 버전 표시 의무 제시
Check for update	프로그램의 새로운 개발이 있는 경우에 업데이트할 때 사용하는 메뉴
Exit	프로그램 종료

② Files Menu(파일 메뉴)는 [그림 2-6]과 같이 [Choose workspace](작업공간 지정), [Create, Copy, Duplicate, Paste, Delete](새 프로젝트와 구조방정식모델 만들기, 복사, 복제, 붙이기, 삭제), [Import](백업파일 불러들이기), [Export](작업한 프로젝트 파일의 내보내기) 등과 같이 프로젝트나 파일을 관리하는 기능들로 구성되어 있다. 복사(Copy)는 전체 폴더를 복사할 때 사용하며, 복제(Duplicate)는 하위폴더를 복사할 때 사용한다.

▶ 그림 2-6 ▌Files Menu(파일 메뉴)의 하위 메뉴

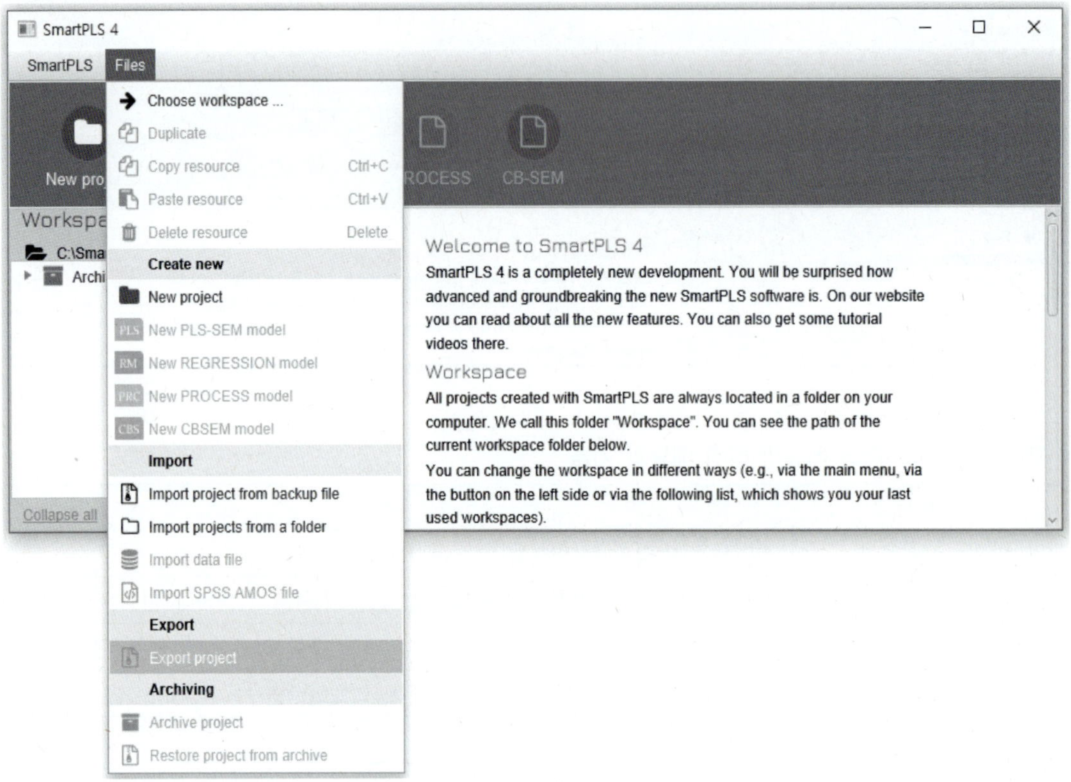

SmartPLS 4.0은 [그림 2-7]과 같이 [New project], [PLS-SEM], [REGRESSION], [PROCESS], [CB-SEM]의 다섯 개의 툴바를 가지고 있다. [New project]는 [새 프로젝트]를 만들기 위한 툴바이며, 나머지 [PLS-SEM], [REGRESSION], [PROCESS], [CB-SEM]은 통계처리프로그램 툴바를 클릭해 독자들이 선택할 수 있는 모델 유형(Model type)이다.

▶ 그림 2-7 ▌SmartPLS 4.0의 기본 창의 툴바

표 2-2 파일 메뉴의 하위 메뉴와 기능

하위 메뉴명	기능
Choose workspace	작업공간 지정하기
Duplicate	구조방정식모델이나 데이터 파일 복제하기
Copy resources	프로젝트, 구조방정식모델, 데이터 파일 복사하기
Paste resources	프로젝트, 구조방정식모델, 데이터 파일 붙이기
Delete resources	프로젝트, 구조방정식모델, 데이터 파일 삭제하기
New project	새 프로젝트 만들기
New PLS-SEM model	새 PLS-SEM 모델 만들기
New REGRESSION model	새 REGRESSION 모델 만들기
New PROCESS model	새 PROCESS 모델 만들기
New CB-SEM model	새 CB-SEM 모델 만들기
Import project from backup file	백업되어 있는 파일 불러들이기
Import projects from a folder	폴더를 프로젝트로 불러들이기
Import data file	데이터 파일 불러들이기
Import SPSS Amos file	SPSS와 Amos 파일 불러들이기
Export project	프로젝트 내보내기
Archive project	프로젝트 보관소

표 2-3 SmartPLS 4.0의 툴바

기본 창의 툴바	기능
New project	새 프로젝트 만들기
PLS-SEM	SmartPLS가 제공하고 있는 핵심적인 구조방정식모델링 기능
REGRESSION	회귀분석 기능
PROCESS	Heyes 교수가 개발한 PROCESS 기능을 발전시킨 것으로 매개효과와 조절효과 전용 기능
CB-SEM	Amos, Mplus 등과 동일한 공분산 기반 구조방정식모델링 기능

2.3 PLS-SEM 모델의 기본 창과 툴바

1) 기본 창의 구조

PLS-SEM 모델의 기본 창은 [그림 2-8]과 같다. 기본 창의 상단에는 [기본 메뉴]가 있으며 기본 메뉴에는 [Calculate](실행) 메뉴가 추가되어 있음을 알 수 있다. 기본 메뉴의 아래에는 [툴바]가 있다. 또한 기본 창의 좌측에는 [지표관리 창]이, 중간에는 [모델 그리기 창], 우측에는 [사이드 툴바](Tools)가 있다.

그림 2-8 ▌ PLS-SEM 모델 기본 창의 구조

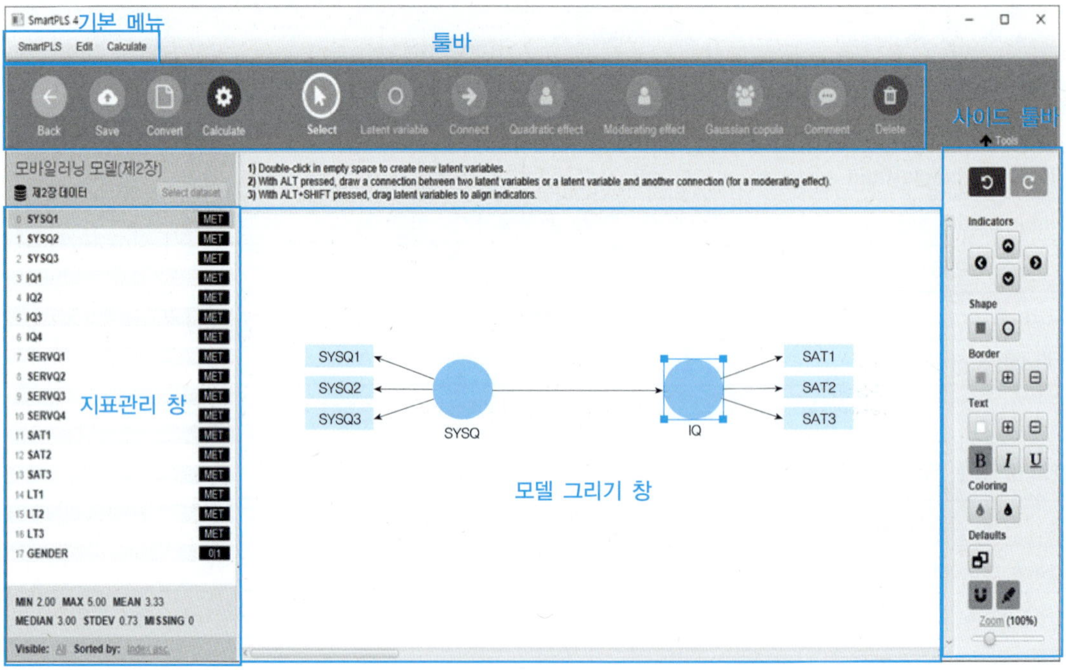

[편집] 메뉴는 [그림 2-9]와 같이 ① [Delete](삭제), ② [Undo](되돌리기), ③ [Redo](재실행), ④ [Select all](모두 선택), ⑤ [Align](상하좌우로 측정변수 정렬하기), ⑥ [Hide indicators](측정변수 숨기기), ⑦ [Show indicators](측정변수 보이기), ⑧ [Invert measurement model](측정모델에서 반영적 측정변수와 형성적 측정변수의 상호 간 바꾸

기), ⑨ [Export as image](이미지 내보내기) 등의 기능을 제공한다.

그림 2-9 ▌PLS-SEM 모델의 편집(Edit) 메뉴

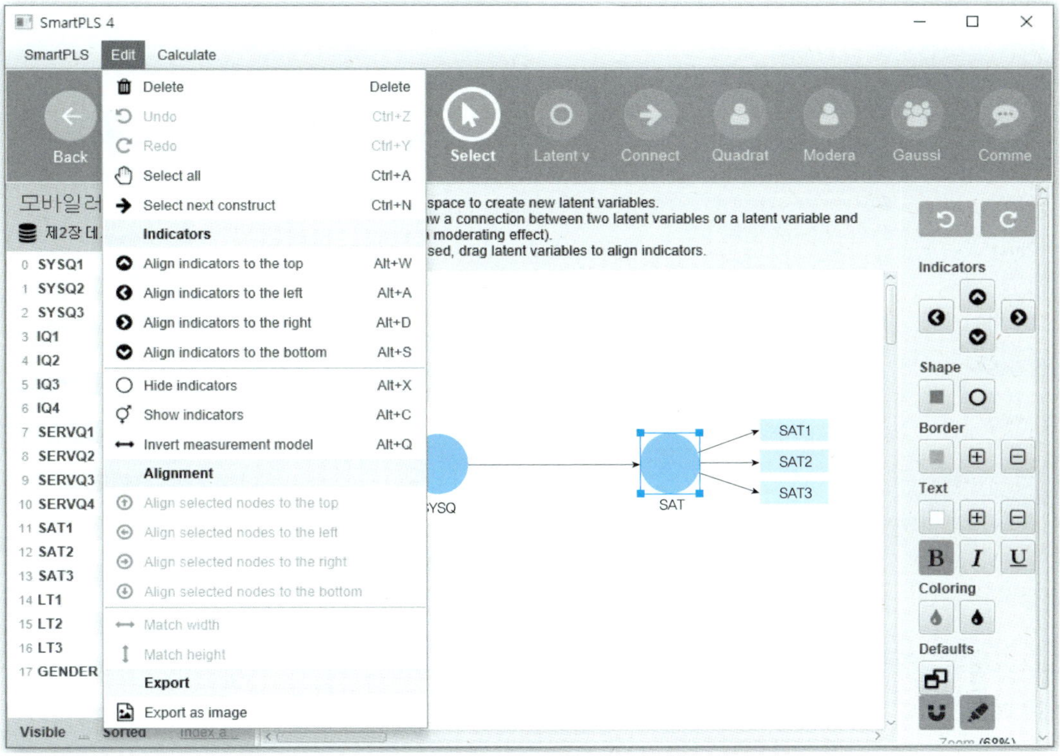

2) [Calculate(실행)] 메뉴의 구성과 기능

[Calculate](실행) 메뉴 혹은 [툴바]인 [Calculate]는 [그림 2-10]과 같이 만들어진 모델을 실행시키는 기능을 담당하고 있다. 이는 크게 Standard Algorithm(표준알고리즘)과 Consistent Algorithm(일관된 알고리즘)으로 구분해 실행할 수 있다. 어떤 알고리즘을 사용하든지 간에 모수 추정 결과는 큰 차이가 없이 유사한 값을 산출한다. 전자는 모수 추정을 위해 일반적으로 사용되는 알고리즘으로 PLS-SEM 알고리즘과 부트스트래핑이 있다. 후자는 Amos 프로그램과 같은 CB-SEM과 비슷한 모수 추정 결과를 얻기 위해서 사용되는 알고리즘으로 일관된 PLS-SEM(PLSc) 알고리즘과 일관된 PLS-SEM(PLSc) 부트스트래핑이 있다.

그림 2-10 | PLS-SEM 모델의 실행(Calculate) 메뉴

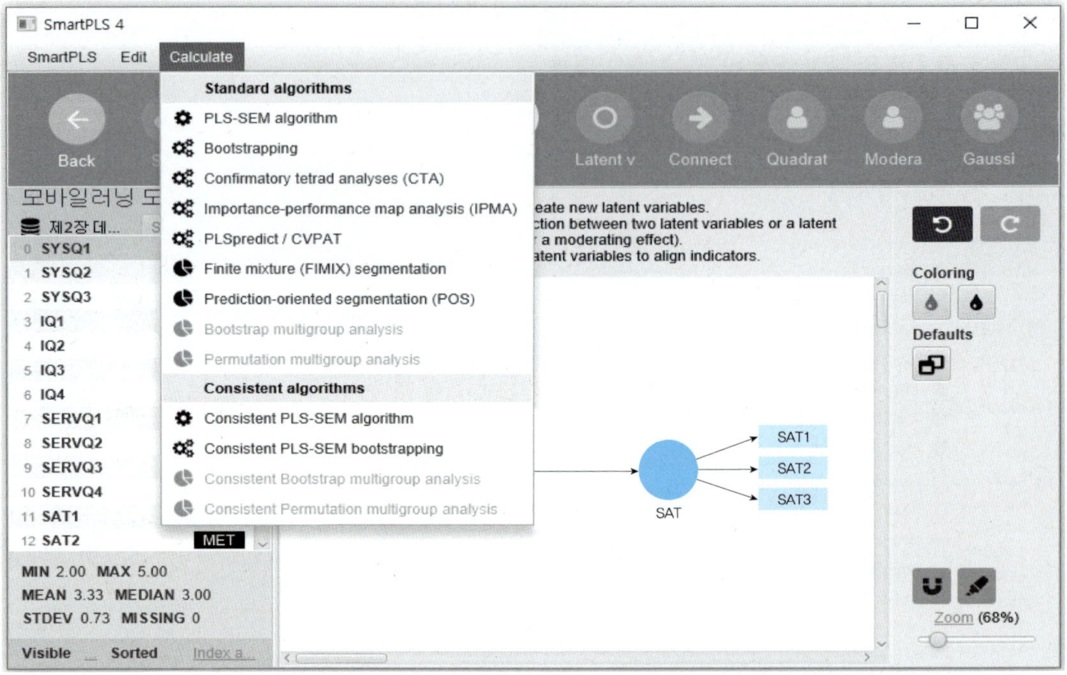

표준알고리즘에는 ① PLS-SEM 알고리즘, ② 부트스트래핑(Bootstrapping), ③ 확인적 테트라드분석(Confirmatory tetrad analysis: CTA), ④ 중요도-성과 맵 분석(Importance-performance map analysis: IPMA), ⑤ 예측적 적합성(예측력)분석(PLSpredict/CVPAT), ⑥ Finite mixture(FIMIX) segmentation, ⑦ Prediction-oriented segmentation(POS), ⑧ 부트스트랩 다중집단분석(Bootstrap multigroup analysis), ⑨ 순열다중집단분석(Permutation multigroup analysis) 등을 실행하는 기능 등이 포함되어 있다.

일관된 알고리즘은 ① 일관된 PLS-SEM 알고리즘(Consistent PLS-SEM Algorithm), ② 일관된 PLS-SEM 부트스트래핑(Consistent PLS-SEM bootstrapping), ③ 일관된 부트스트랩 다중집단분석(Consistent Bootstrap multigroup analysis), ④ 일관된 순열다중집단분석(Consistent Permutation multigroup analysis)을 실행하는 기능 등이 포함되어 있다.

PLS-SEM 알고리즘과 일관된 PLS-SEM(PLSc) 알고리즘을 선택하는 기준은 다음과 같다.[1]

- 일반적인 경우는 PLS-SEM 알고리즘과 부트스트래핑을 선택하는 것을 원칙으로 한다. 최근에는 SmartPLS 4.0에서 CB-SEM 모델을 추가해서 분석할 수 있도록 발전하였으며, 이는 일관된 PLS-SEM 알고리즘과 일관된 PLS-SEM 부트스트래핑을 굳이 사용할 필요성이 없도록 만들었다.
- Amos 프로그램과 같이 CB-SEM을 적용하여 비슷한 모수 추정 결과를 얻고자 한다면 일관된 PLS-SEM 알고리즘과 부트스트래핑을 선택한다. 보통 일관된 PLS-SEM 알고리즘을 사용한 모수 추정값은 CB-SEM에 의해 추정된 값과 거의 유사한 값을 산출한다.
- 모든 잠재변수가 반영적 측정변수로 측정된 모델이면 일관된 PLS-SEM 알고리즘과 일관된 PLS-SEM 부트스트래핑을 선택한다.
- 모든 잠재변수가 형성적 측정변수로 측정된 모델 혹은 연구모델에서 형성적 측정변수와 반영적 측정변수가 혼합되어 있으면 PLS-SEM 알고리즘과 부트스트래핑을 선택한다.
- 포화모델(Saturated model)의 적합도 평가 결과에서 SRMR이 0.08보다 작아서 모델 적합하면 일관된 PLS-SEM 알고리즘과 일관된 PLS-SEM 부트스트래핑을 선택한다. 그러나 SRMR이 0.08보다 커서 모델이 적합하지 않으면 PLS-SEM 알고리즘과 부트스트래핑을 선택한다.

1) Cheah, J. H., Memon, M. A., Chuah, F., Ting, H., & Ramayah, T. (2018). Assessing reflective models in marketing research: A comparison between PLS and PLSc estimates. *International Journal of Business & Society*, 19(1), 139–160.

이 장에서는 Consistent PLS-SEM Algorithm과 Consistent PLS-SEM bootstrapping 방법을 소개하였지만 이 책의 저자는 다음과 같은 몇 가지 이유로 이의 사용을 권장하지는 않는다. 연구모델이 반영적 측정모델로 구성되었든지, 형성적 측정모델로 구성되었든지, 아니면 양 모델이 혼합형 형태로 구성되었든지 간에 구조방정식모델의 추정 방법으로 **PLS-SEM Algorithm과 Bootstrapping 방법을 사용하는 것을 추천**한다. 첫째, SmartPLS 4.0부터는 CB-SEM model을 설정하고 실행할 수 있기 때문에 굳이 Consistent PLS-SEM Algorithm과 Consistent PLS-SEM bootstrapping 방법을 사용할 필요가 없기 때문이다. 둘째, SmartPLS 4.0의 Consistent PLS-SEM Algorithm과 Consistent PLS-SEM bootstrapping 방법을 사용하면 아예 **추정 결과가 NaN(Not a Number)으로 나타나고 추정되지 않는 경우**가 많이 발생되기 때문이다. 이는 Consistent PLS-SEM Algorithm과 Consistent PLS-SEM bootstrapping 방법은 CB-SEM과 유사한 추정 결과를 얻기 위해서 사용하지만 Consistent PLS-SEM Algorithm(Consistent PLS-SEM bootstrapping) 방법과 CB-SEM은 적용 절차와 추정 방법이 서로 다르기 때문이다. 특히 표본크기가 작거나 헤이우드 케이스(지나치게 높은 상관관계, 표준화회귀계수가 1을 넘는 경우, 음오차분산의 발생)가 발생하는 경우에는 Consistent PLS-SEM Algorithm과 Consistent PLS-SEM bootstrapping 방법이 이를 제대로 반영할 수 없기 때문이다.

3) PLS-SEM의 툴바

PLS-SEM 모델은 [그림 2-11]과 같이 12개의 툴바를 제공하고 있다. ① [Back](뒤로 가기), ② [Save](저장), ③ [Convert](변환), ④ [Calculate](실행), ⑤ [Select](선택), ⑥ [Latent variable](잠재변수), ⑦ [Connect](연결), ⑧ [Quadratic effect](이차효과), ⑨ [Moderating effect](조절효과), ⑩ [Gaussian copula](가우시안 코플러), ⑪ [Comment](주석), ⑫ [Delete](삭제)

그림 2-11 PLS-SEM 모델의 툴바

표 2-4 PLS-SEM 모델의 툴바

툴바	기능
Back(뒤로 가기)	뒤로 가기 기능
Save(저장)	저장 기능
Convert(변환)	변환 기능
Calculate(실행)	실행 기능
Select(선택)	선택하기(많이 사용되는 기능): 다른 기능 사용하기 전에 필요
Latent variable(잠재변수)	잠재변수 그리기
Connect(연결)	연결하기
Quadratic effect(이차효과)	이차효과 그리기
Moderating effect(조절효과)	조절효과 그리기
Gaussian copula(가우시안 코플러)	Random variable들 간의 상관관계 혹은 종속성을 나타내는 함수
Comment(주석)	모델 등을 설명하기 위해서 부가할 수 있는 코멘트 기능
Delete(삭제)	삭제 기능

4) 지표관리 창

[지표관리 창]은 측정변수들(혹은 지표변수들)을 관리할 수 있는 창이며, 데이터 파일을 불러들인 후에 프로그램으로 들어가면 나타나며 독자들은 이 측정변수들을 이용해서 모델(연구모델)을 그릴 수 있다.

5) 모델 그리기 창

[모델 그리기 창]은 연구자들이 연구모델을 그리는 창이다. 연구모델의 그림이 완성되면 [Calculate](실행)을 클릭하여 PLS-SEM 알고리즘과 부트스트래핑(Bootstrapping)을 실행할 수 있다.

6) 사이드 툴바

[Tools](사이드 툴바)는 [Undo](실행 되돌리기)와 [Redo](재실행), [Indicators](측정변수의 상하좌우 방향 전환), 잠재변수와 측정변수(지표변수)들의 [Shape](모양), [Boarder](경계선),

[Text](글자) 등을 조정하는 기능, [Coloring](모델의 색상)을 변경하는 기능, [Special markers](특수 마커 보이기), [Zoom](줌) 등을 수행할 수 있게 한다.

그림 2-12 ▌PLS-SEM 모델의 사이드 툴바

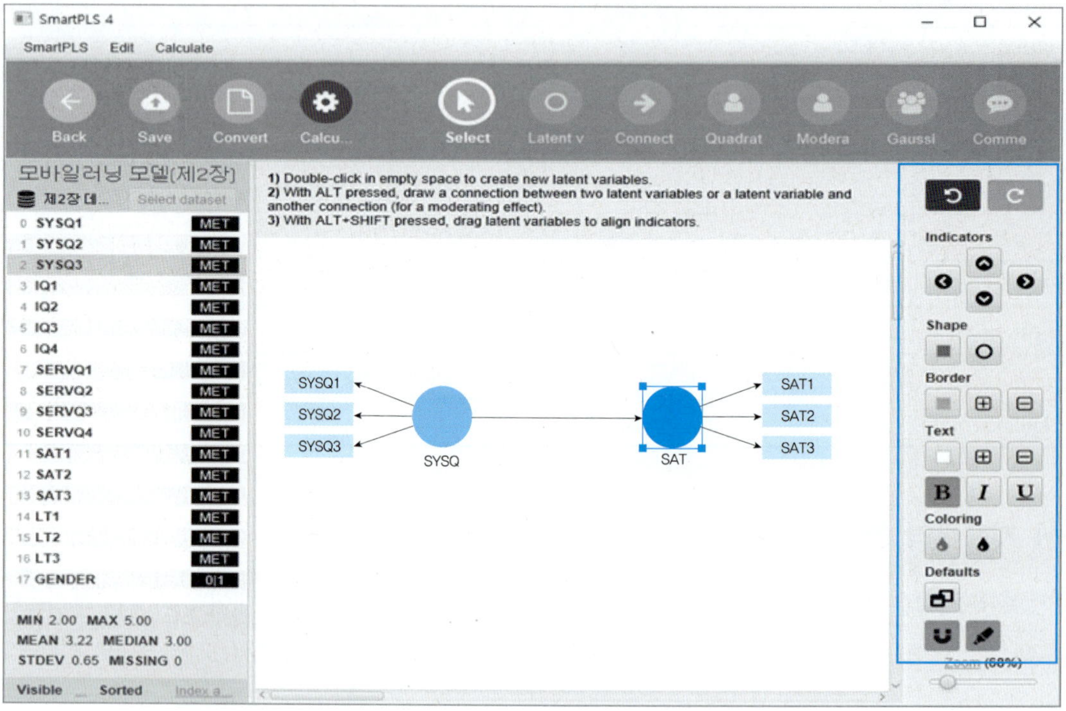

2.4 출력 결과 창

PLS-SEM의 [출력 결과 창]은 [그림 2-13]과 같다. 이에는 ① 기본 메뉴(SmartPLS, Export), ② 툴바, ③ 출력 결과 보기 창, ④ 출력 결과 등을 보여준다. 출력된 결과는 [내보내기(Export)] 메뉴나 툴바 등을 이용해서 다양한 형태(Excel, HTML)로 저장하거나 새로운 데이터 파일(Create data file)로 만들 수도 있다.

1) 출력 결과 창의 툴바

툴바에는 ① [Edit](뒤로 가기), ② [Save](저장하기), ③ [Excel](엑셀파일로 저장하기), ④ [HTML](HTML로 저장하기), ⑤ [Create data file](데이터 파일로 만들기), ⑥ [Compare](결과 비교하기)가 포함되어 있다.

그림 2-13 ▌PLS-SEM의 출력 결과 창

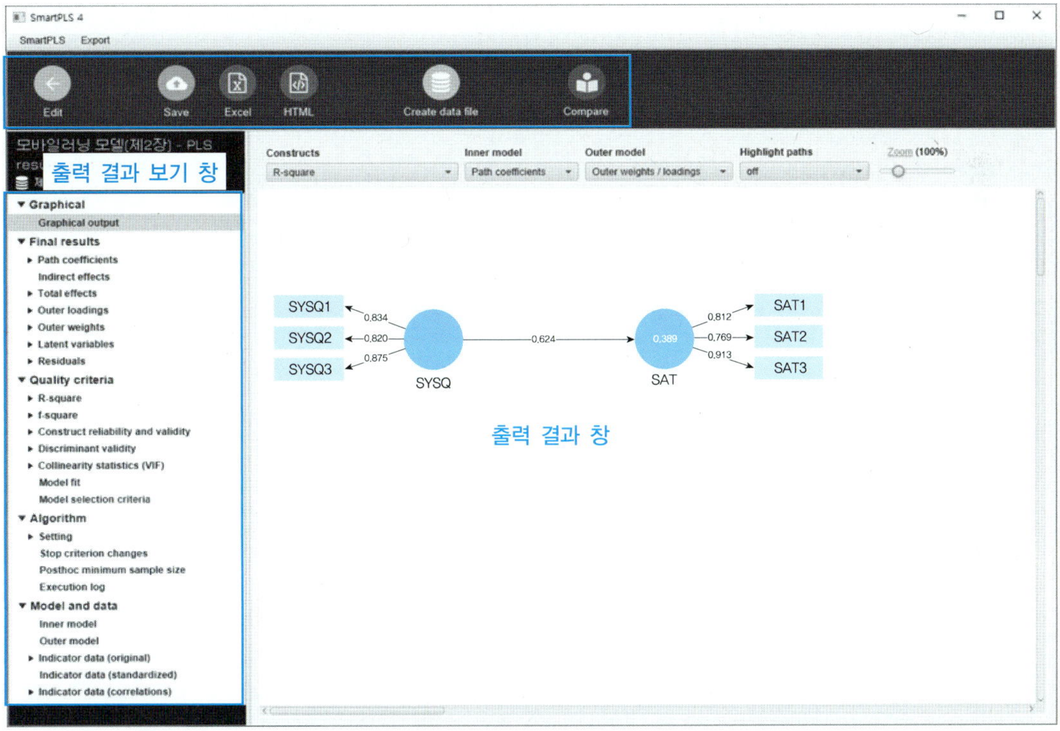

2) 출력 결과 창

출력(실행) 결과는 [출력 결과 창]에 보여주며, 보다 자세한 내용은 왼쪽의 [출력 결과 보기 창]에서 제시해 준다. 출력 결과 창의 내용은 툴바의 아래에 있는 선택 기능들을 통해서 다양한 형태로 출력할 수 있다. [Constructs](잠재변수)에서는 R^2, 크론바흐 알파, CR(Composite reliability), AVE(Average variance extracted) 등을 선택할 수 있다. [Inner model](내부모델)에서는 상관관계, 공분산, 간접효과, 경로계수, 총효과, 효과크기(f^2)를 선택할 수 있다. [Outer model](외부모델)에서는 외부가중치, 외부적재치, 외부가중치와 적재치를 선택할 수 있다.

3) 출력 결과 보기 창

[출력 결과 보기 창]의 [Graphical]에서는 PLS 알고리즘이나 부트스트래핑 결과 등을 그림으로 보여준다. [Final results](최종 결과)에서는 경로계수, 간접효과, 총효과, 외부적재치, 외부가중치, 잠재변수 점수(LVS), 잔차를 보여준다. [Quality criteria](품질기준)에서는 R^2, f^2, 개념신뢰도와 타당도(개념신뢰도, 집중타당도), 판별타당도, 공선성통계량(VIF), 모델적합도, 모델선택기준 등을 출력해준다. [Algorithm](알고리즘)에서는 실행 정지기준, 실행 기록 등을 출력해주며, [Model and data]에서는 측정변수 데이터(최초), 측정변수 데이터(표준화), 측정변수 데이터(상관관계) 등을 출력해준다.

2.5 데이터관리 툴바와 데이터 보기

PLS-SEM의 [프로젝트 탐색기 창]에서 [그림 2-14]와 같이 [데이터 파일]을 더블 클릭하면 [그림 2-14]와 같은 [데이터관리 창]이 나타난다.

그림 2-14 ▌PLS-SEM의 [데이터관리 창]의 보기

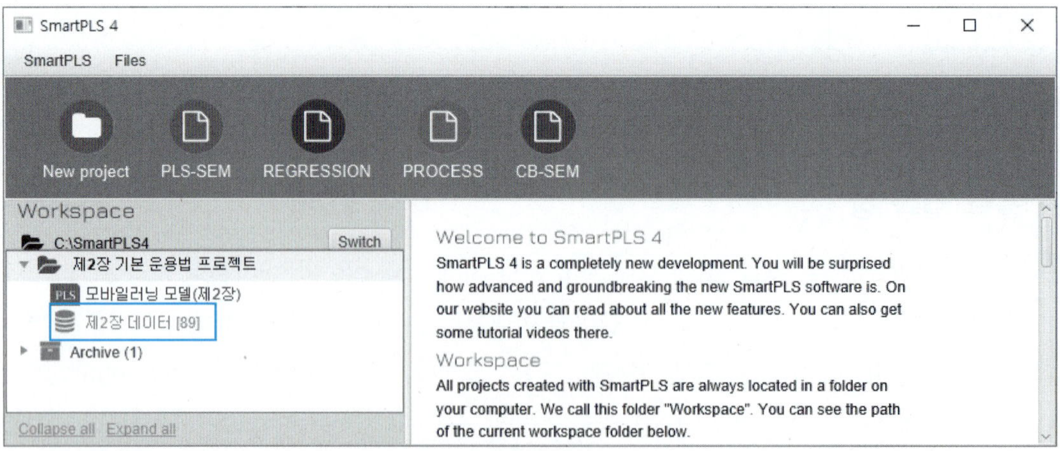

[데이터관리 창]은 [그림 2-15]와 같이 ① 기본 메뉴인 [SmartPLS]와 [Edit](편집) 메뉴, ② [Setup](데이터 파일 설정), ③ 툴바, ④ [Navigation](내비게이션), ⑤ [Data View](데이터 보기 창)으로 구성되어 있다.

그림 2-15 ▮ PLS-SEM의 데이터관리 창의 메뉴의 구성과 기능

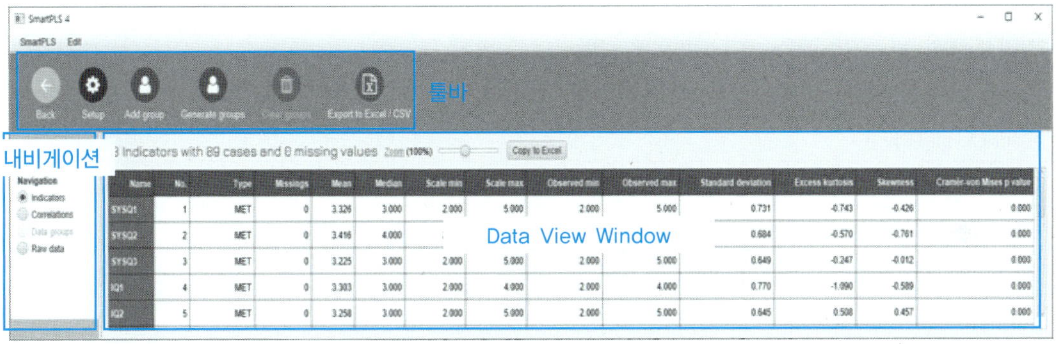

기본 메뉴인 [SmartPLS] 메뉴는 앞에서 살펴본 것과 동일하며 [Edit](편집) 메뉴는 툴바와 동일하다. [툴바]에는 ① [Setup](데이터 파일 설정), ② [Add group](집단 추가하기), ③ [Generate groups](데이터 집단 만들기), ④ [Clear groups](이미 만들어져 있는 집단 삭제하기], ⑤ [Export to Excel/CSV](엑셀과 CSV 파일로 내보내기)가 포함되어 있다. [Setup]은 CSV파일 설정, 측정척도의 지정과 동시 변경 설정, 최소값과 최대값, 결측치의 처리(Missing value treatment) 등을 설정하는 기능이다. [Add group], [Generate groups], [Clear groups] 등은 다중집단분석(Multigroup analysis: PLS-MGA)이나 순열검증(Permutation test) 등을 수행할 때 집단별로 데이터를 구분하여 통계처리할 수 있도록 지원하는 기능들이다. [Navigation]은 [Indicators](측정변수들), [Correlations](상관관계), [Data groups](데이터 집단), [Raw data](원데이터) 등을 보여주는 기능이다. [Data View 창]은 새 프로젝트를 만든 후에 데이터 파일을 불러오면 자동적으로 결측치와 기초통계량(평균, 표준편차, 최소값, 최대값 등)을 보여주는 기능이다.

2.6 단축키의 사용

PLS-SEM의 [Files](파일 메뉴) 혹은 [Edit](편집) 메뉴는 프로그램을 사용자들이 쉽게 운용할 수 있도록 단축키를 제공한다.

표 2-5 PLS-SEM 모델의 파일 메뉴 단축키와 기능

기능	단축키
Undo(실행 되돌리기)	Ctrl+Z
Redo(재실행하기)	Ctrl+Y
Select all(모델 내의 모든 대상 선택하기)	Ctrl+A
Select next construct(다음의 잠재변수 선택하기)	Ctrl+N
Align indicators to the top(측정변수들을 위쪽으로 정렬)	Alt+W
Align indicators to the left(측정변수들을 왼쪽으로 정렬)	Alt+A
Align indicators to the right(측정변수들을 오른쪽으로 정렬)	Alt+D
Align indicators to the bottom(측정변수들을 아래쪽으로 정렬)	Alt+S
Hide indicators(측정변수 감추기)	Alt+X
Show indicators(측정변수 보이기)	Alt+C
Invert measurement model(측정모델에서 형성적 측정변수와 반영적 측정변수 간 전환)	Alt+Q
Copy resources(탐색기 창에서 전체 폴더 복사하기)	Ctrl+C
Duplicate(복제하기: 탐색기 창에서 하위 폴더 복사하기)	Ctrl+V
Delete resources(삭제)	Delete키
Paste resources(붙이기)	Ctrl+V
Rename(모델 그리기에서 명칭 변경하기)	F2
툴바에서 [Select](선택)	Alt+1
툴바에서 [Latent variable](잠재변수)	Alt+2
툴바에서 [Connect](연결)	Alt+3
툴바에서 [Quadratic effect](이차효과)	Alt+4
툴바에서 [Moderating effect](조절효과)	Alt+5
툴바에서 [Gaussian copula](가우시안 코플러)	Alt+6
툴바에서 [Comment](주석)	Alt+7
툴바에서 [Delete](삭제)	Alt+8

3 REGRESSION 모델의 메뉴 구조와 툴바

[REGRESSION] 모델의 기본 창은 [그림 2-16]과 같다. 이는 SmartPLS 4.0이 제공하는 예시 모델이다. 기본 메뉴는 PLS-SEM과 같으나 [Calculate] (실행) 메뉴는 다르다. 기본 메뉴 바로 아래에는 [툴바]가 있다. 또한 창의 좌측에는 [지표관리 창]이, 중간에는 [모델 그리기 창], 우측에는 [사이드 툴바](Tools)가 있다. [툴바]만 다르고 나머지 [지표관리 창], [모델 그리기 창], [사이드 툴바]는 PLS-SEM과 동일하다.

그림 2-16 [REGRESSION] 모델 기본 창의 구조

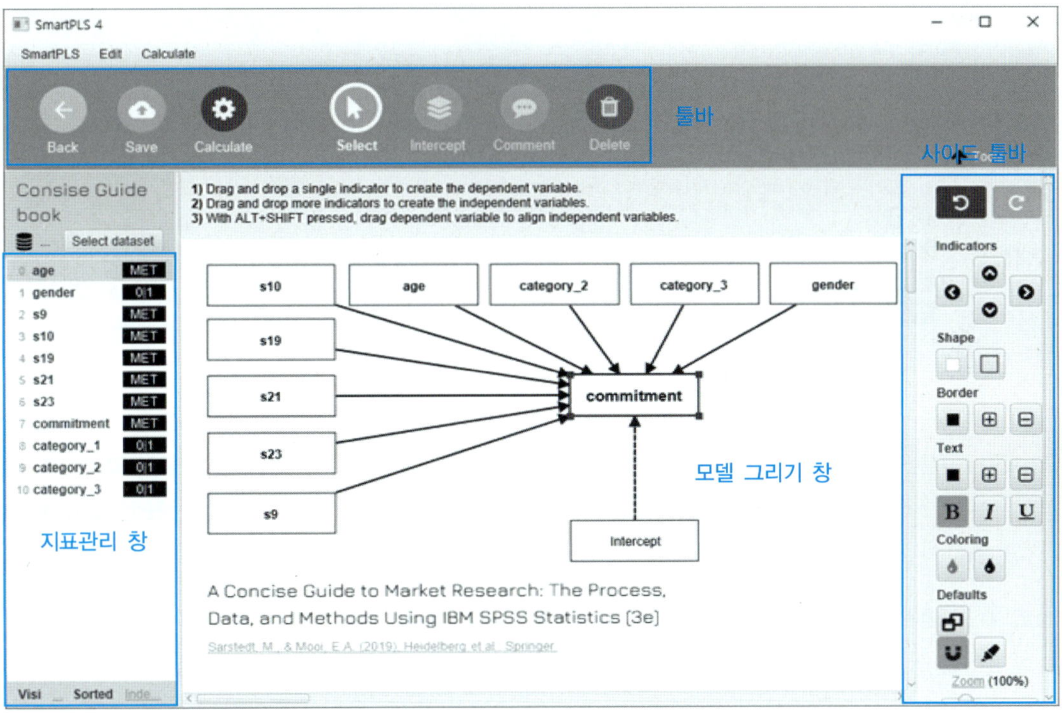

[REGRESSION] 모델의 [툴바]는 [그림 2-16]과 같이 ① [Back](뒤로 가기), ② [Save](저장), ③ [Calculate](실행), ④ [Select](선택), ⑤ [Intercept](절편), ⑥ [Comment](주

석), ⑦ [Delete](삭제) 등의 7개가 있다. [Intercept](절편)은 회귀모델에서 절편을 그리는 기능이다.

[REGRESSION] 모델의 [Calculate](실행) 메뉴 혹은 [툴바]인 [Calculate]는 [그림 2-17]과 같이 표준알고리즘으로 ① [Regression analysis](회귀분석), ② [Logistic Regression](로지스틱회귀분석), ③ Necessary condition analysis(NCA), ④ [NCA Permutation](NCA 순열분석)을 제공하고 있다.

그림 2-17 [REGRESSION] 모델의 [Calculate](실행) 메뉴

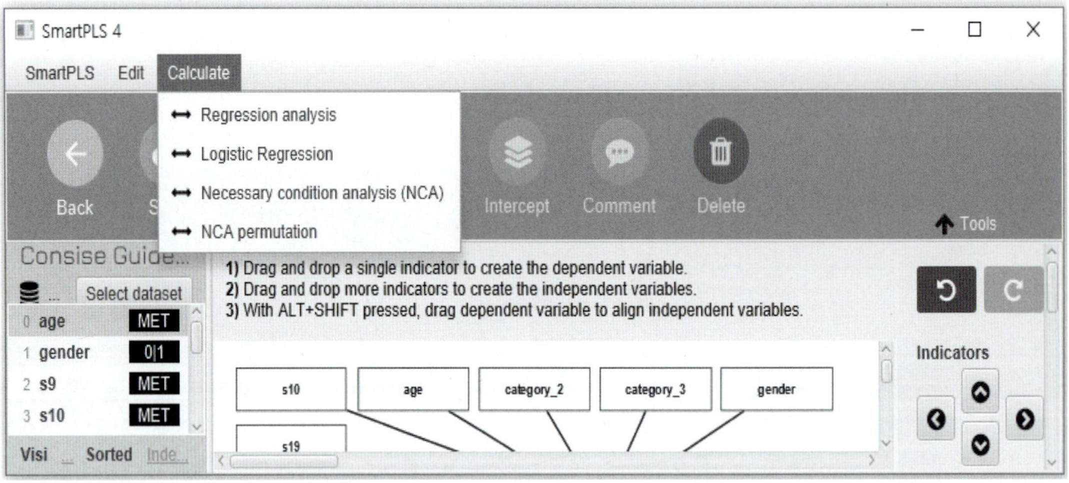

[REGRESSION] 모델의 [출력 결과 창], [출력 결과 보기 창]은 [그림 2-18]과 같다. 출력(실행) 결과는 [출력 결과 창]에 보여주며, 보다 자세한 내용은 왼쪽의 [출력 결과 보기 창]에서 제시해 준다. [출력 결과 보기 창]의 [Graphical]에서는 회귀분석 결과를 그림 형식으로 보여준다. [Final results](최종 결과)에서는 계수 요약표, 분산분석표, 비표준화회귀계수, 표준화회귀계수를 보여준다. [Quality criteria](품질기준)에서는 R^2, 공선성통계량(VIF), 잔차, 예측치, Breusch-Pagan 검증 결과 등을 출력해준다. [Algorithm](알고리즘)에서는 데이터 파일 설정 내용, 실행 기록 등을 출력해주며, [Model and data]에서는 이분형 변수의 더미코딩, 데이터, 기술통계량, 공분산/상관관계 등을 보여준다.

[출력 결과 창]과 [데이터관리 창]의 [툴바]는 PLS-SEM과 동일하다. 출력 결과는

[Create data file] 툴바를 이용해 새로운 데이터 파일로 저장할 수 있다.

그림 2-18 [REGRESSION] 모델의 출력 결과와 출력 결과 보기 창

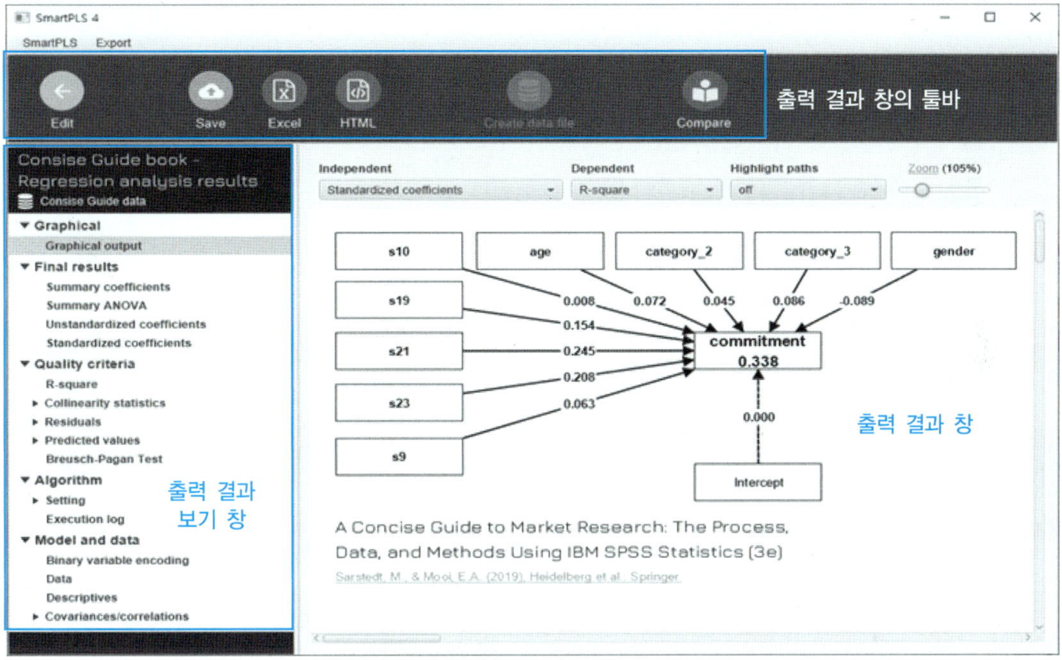

4 PROCESS 모델의 메뉴 구조와 툴바

[PROCESS] 모델의 기본 창은 [그림 2-19]와 같다. 이는 SmartPLS 4.0이 제공하는 예시 모델이다. 기본 메뉴는 PLS-SEM과 같으나 [Calculate](실행) 메뉴는 다르다. 기본 메뉴 바로 아래에는 [툴바]가 있다. 또한 창의 좌측에는 [지표관리 창]이, 중간에는 [모델 그리기 창], 우측에는 [사이드 툴바](Tools)가 있다. [툴바]만 약간 다르고 나머지 [지표관리 창], [모델 그리기 창], [사이드 툴바]는 PLS-SEM과 동일하다.

그림 2-19 ▌[PROCESS] 모델 기본 창의 구조

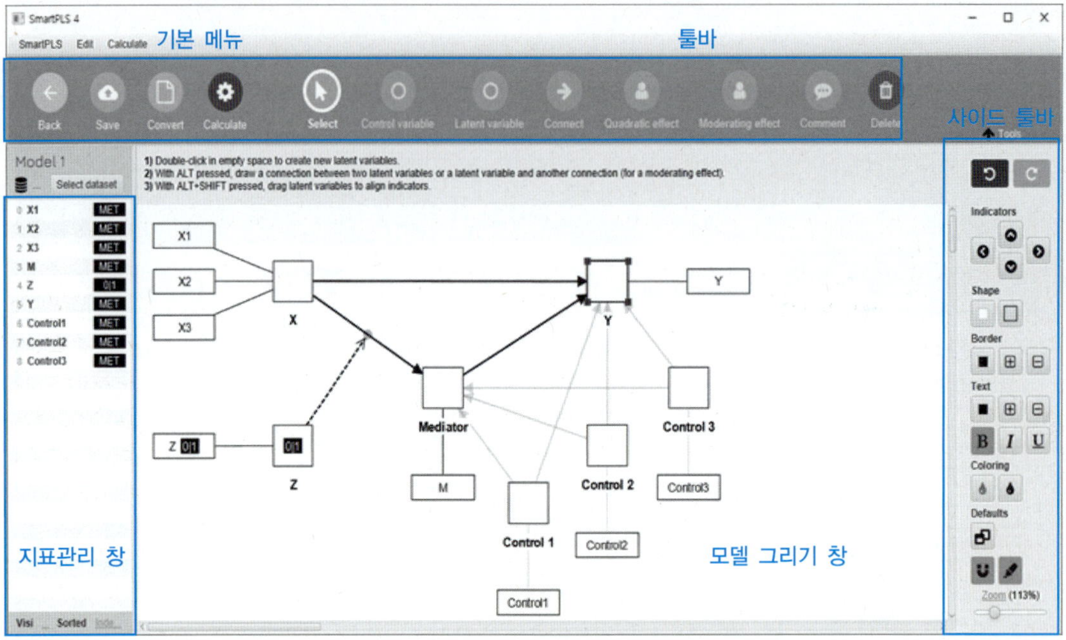

[PROCESS] 모델의 [툴바]는 [그림 2-19]와 같다. PLS-SEM과 동일하나 [Control variables](통제변수) 툴바가 1개 추가되어 있는 것만 다르다. [Convert]는 모델 유형을 [PROCESS]에서 [PLS-SEM]이나 [CB-SEM]로 변환할 때 사용되는 툴바이다. [Control variables]는 모델을 그릴 때 통제변수를 추가하는데 사용되는 기능이다.

[PROCESS] 모델의 [Calculate](실행) 메뉴 혹은 [툴바]인 [Calculate]는 [그림 2-20]과 같이 표준알고리즘으로 ① [Path analysis](경로분석), ② [Bootstrapping](부트스트래핑)을 제공하고 있다.

▶ 그림 2-20 ❙ [PROCESS] 모델의 [Calculate](실행) 메뉴

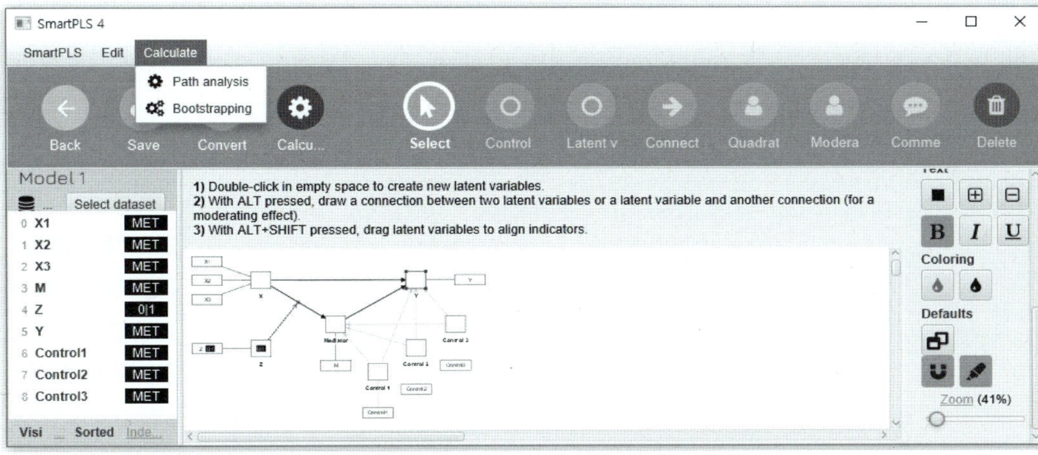

[PROCESS] 모델의 [출력 결과 창], [출력 결과 보기 창]은 [그림 2-21]과 같다.

▶ 그림 2-21 ❙ [PROCESS] 모델의 출력 결과와 출력 결과 보기 창

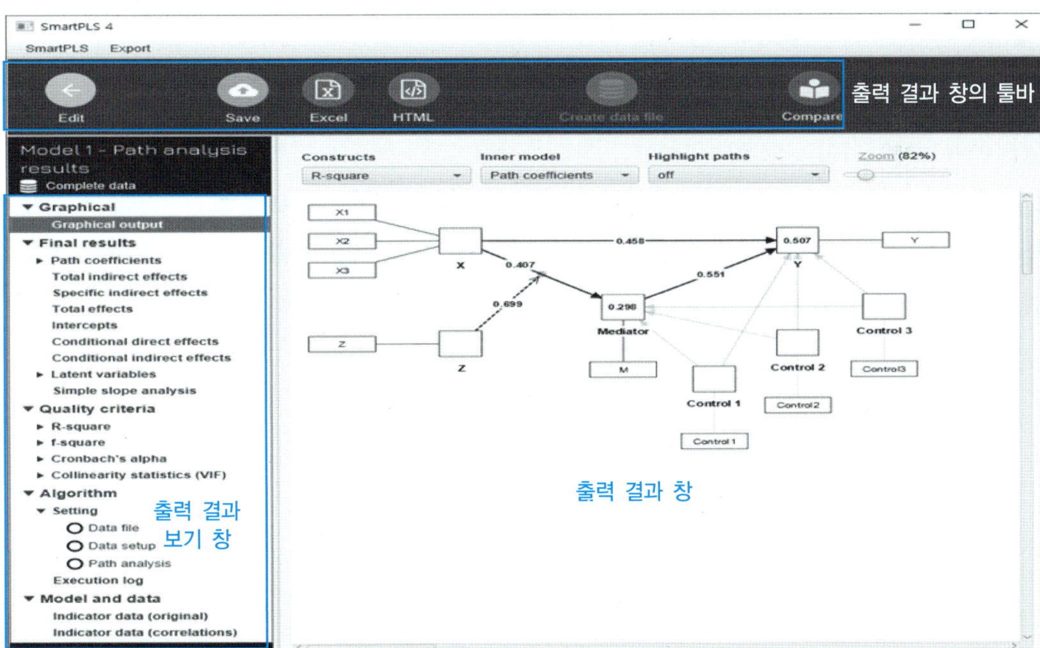

출력(실행) 결과는 [출력 결과 창]에 보여주며, 보다 자세한 내용은 왼쪽의 [출력 결과 보기 창]에서 제시해 준다. [출력 결과 보기 창]의 [Graphical]에서는 PROCESS 분석 결과를 그림 형식으로 보여준다. [Final results](최종 결과)에서는 경로계수, 총간접효과, 개별간접효과, 총효과, 절편, 조건부 직접효과, 조건부 간접효과, 단순기울기분석(Simple slope analysis) 결과, [Quality criteria](품질기준)에서는 R^2, f^2, 크론바흐 알파, 공선성통계량(VIF) 등을 출력해 준다. [Algorithm](알고리즘)에서는 데이터 파일, 설정 및 경로분석의 설정 내용, 실행 기록 등을 출력해 주며, [Model and data]에서는 측정변수 데이터, 측정변수들 간의 상관관계 데이터 등을 보여준다.

[출력 결과 창]과 [데이터관리 창]의 [툴바]는 PLS-SEM과 동일하다. 출력 결과는 [Create data file] 툴바를 이용해 새로운 데이터 파일로 저장할 수 있다.

5 CB-SEM 모델의 메뉴 구조와 툴바

[CB-SEM] 모델의 기본 창은 [그림 2-22]와 같다. 이는 SmartPLS 4.0이 제공하는 예시 모델이다. 기본 메뉴는 PLS-SEM과 같으나 [Calculate](실행) 메뉴는 다르다. 기본 메뉴 바로 아래에는 [툴바]가 있다. 또한 창의 좌측에는 [지표관리 창]이, 중간에는 [모델 그리기 창], 우측에는 [사이드 툴바](Tools)가 있다. [툴바]만 약간 다르고 나머지 [측정변수관리 창], [모델 그리기 창], [사이드 툴바]는 PLS-SEM과 동일하다.

▶ 그림 2-22 ▌[CB-SEM] 모델 기본 창의 구조

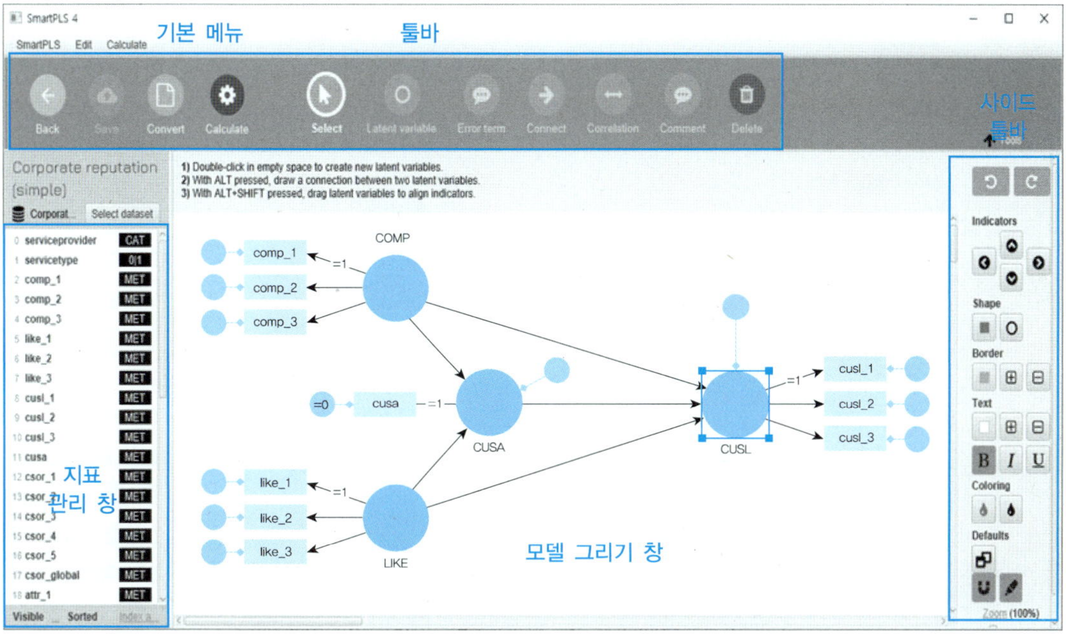

[CB-SEM] 모델의 [툴바]는 [그림 2-22]와 같다. PLS-SEM과 동일하나 [Error term](오차항), [Correlation](상관 연결 혹은 공분산 연결) 툴바가 2개 추가되어 있는 것만 다르다. [Convert]는 모델 유형을 [CB-SEM]에서 [PLS-SEM]이나 [PROCESS]로 변환할 때 사용되는 툴바이다. [Error term]은 모델에서 오차항을 그릴 때, [Correlation]은 모델을 그릴 때 상관 연결을 위해서 사용되는 기능이다.

[CB-SEM] 모델의 [Calculate](실행) 메뉴 혹은 [툴바]인 [Calculate]는 [그림 2-23]과 같이 표준알고리즘으로 ① [Basic CB-SEM Algorithm](기본 CB-SEM 알고리즘), ② [CB-SEM bootstrapping](CB-SEM 부트스트래핑)을 제공하고 있다.

▶ 그림 2-23 ▌[CB-SEM] 모델의 [Calculate](실행) 메뉴

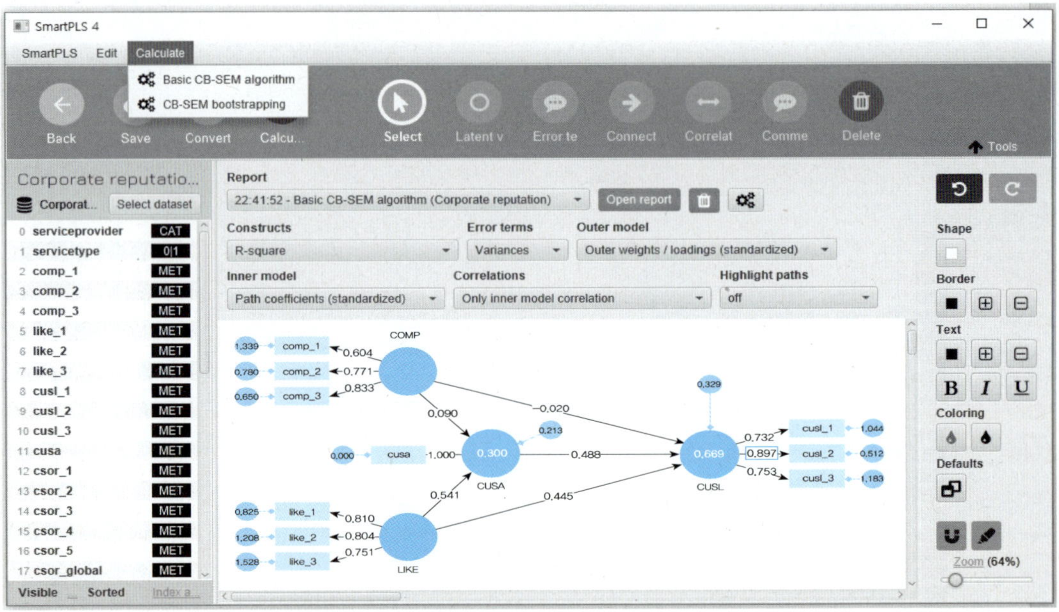

[CB-SEM] 모델의 [출력 결과 창], [출력 결과 보기 창]은 [그림 2-24]와 같다.

▶ 그림 2-24 ▌[CB-SEM] 모델의 출력 결과와 출력 결과 보기 창

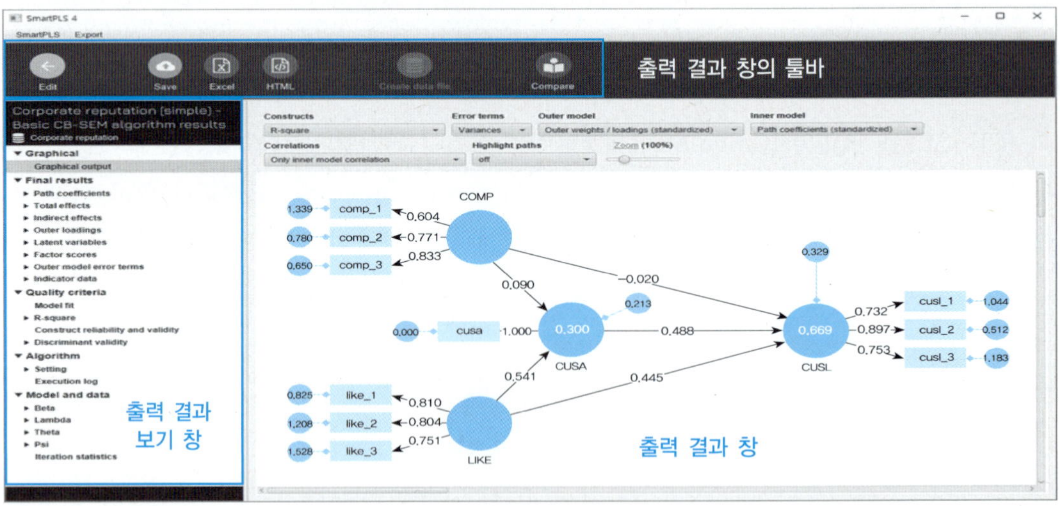

출력(실행) 결과는 [출력 결과 창]에 보여주며, 보다 자세한 내용은 왼쪽의 [출력 결과 보기 창]에서 제시해 준다. [출력 결과 보기 창]의 [Graphical]에서는 CB-SEM 분석 결과를 그림 형식으로 보여준다. [Final results](최종 결과)에서는 경로계수, 총효과, 간접효과, 외부적재치, 잠재변수 점수, 요인점수, 외부모델 오차항, 측정변수 데이터 등을 출력해준다. [Quality criteria](품질기준)에서는 모델적합도, R^2, 개념신뢰도, 집중타당도, 판별타당도 등을 출력해준다. [Algorithm](알고리즘)에서는 데이터 파일, 설정 및 기본 CB-SEM 알고리즘 설정, 실행 기록 등을 출력해주며, [Model and data]에서는 베타(Beta), 람다(Lamda), 시타(Theta), 프사이(Psi) 등을 보여준다.

[출력 결과 창]은 PLS-SEM과 동일하다. 출력 결과는 [Create data file] 툴바를 이용해 새로운 데이터 파일로 저장할 수 있다.

6 SmartPLS 4.0의 기본 운용법

6.1 데이터 준비와 저장

지금부터는 SmartPLS 4.0을 사용해 프로젝트의 실습을 위해서 데이터 파일을 준비하기로 하자. 데이터 파일의 사전 준비가 없다면 이후의 통계처리 작업을 진행할 수 없으므로 반드시 확인해야 한다. 다음의 [그림 2-25]와 [그림 2-26]은 SPSS 29를 이용해 파일명을 [제2장 데이터.sav]로 저장한 것이다.

그림 2-25 ▌ SPSS에 의한 데이터 파일의 준비와 저장: 데이터 보기

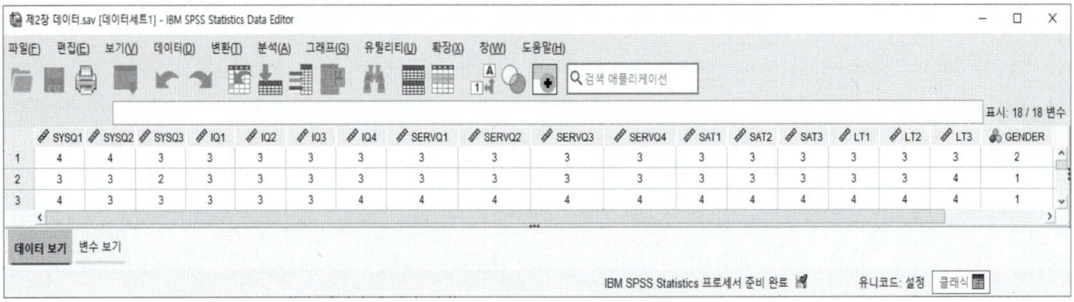

그림 2-26 ▌ SPSS에 의한 데이터 파일의 준비와 저장: 변수 보기

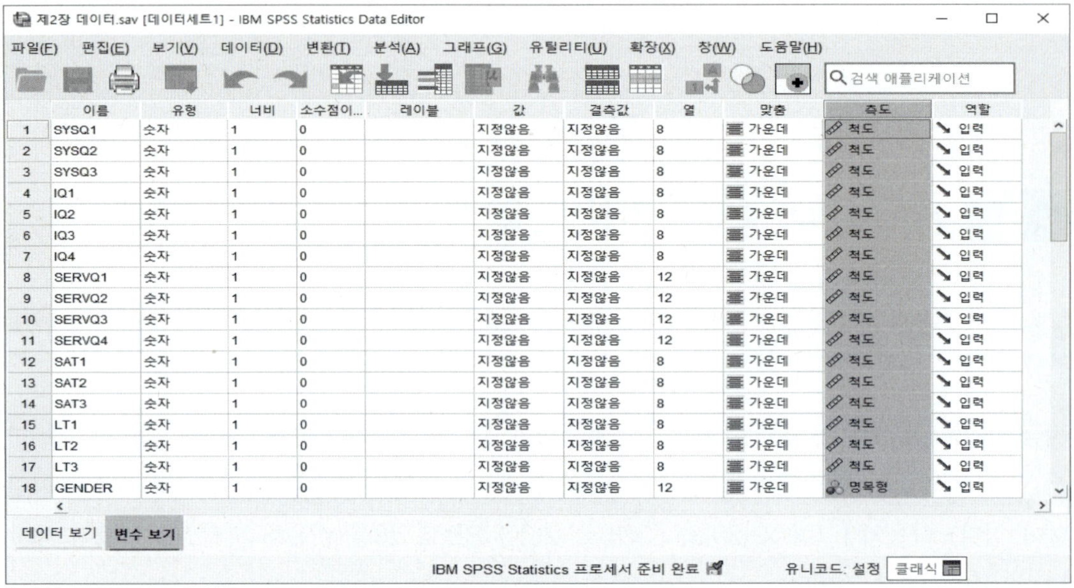

▶ SPSS를 이용하면 데이터 파일의 작성 시 **측정척도([Binary](이분형), [Metric](척도), [Ordinal](순서형) 및 [Categorical](명목형)**을 구분해서 입력할 수 있다. 여기에서 **[Metric](척도)**는 해당 변수의 측도를 **연속형 변수**(등간척도와 비율척도)로 지정하는 것을 의미한다. SmartPLS 4.0은 SPSS나 Excel 등의 프로그램을 사용해서 작성한 데이터 파일이 모두 가능하나 **SPSS를 사용**하면 측정측도의 입력을 사전에 수행될 수

있어서 좋다. 그러나 Excel을 사용하면 측도의 지정이 어렵다는 단점이 있다. 그러므로 처음부터 데이터 파일을 작성할 때 SPSS를 사용하면 미리 입력된 측도를 SmartPLS 4.0에서 바로 불러들일 수 있기 때문에 매우 좋은 방법이다. 만약 Excel 등의 다른 프로그램을 사용해 데이터 파일을 만들었다면 SmartPLS 프로그램을 통해서 데이터 파일을 불러들일 때 다시 측도를 결정해서 불러들여야 하는 번거로움이 발생된다.

- SPSS 29를 사용해 데이터 파일을 만들고 이를 SPSS 29의 [파일-다른 이름으로 저장]으로 들어가 파일의 확장자명을 [.csv]로 해서 Excel 파일로 저장하면 SPSS에서 사전에 지정한 측도를 그대로 불러올 수 있다.
- SPSS 29를 사용해 데이터 파일을 만든 것을 그대로 SmartPLS 4.0에서 불러들이면 변수명이 깨지는 경우가 발생해 불편한 점이 발생한다. 따라서 데이터 파일을 만들 때는 가급적 SPSS 프로그램을 사용하고 파일 메뉴에서 다른 이름으로 저장하기를 통해 파일의 확장자명을 [.csv]로 해서 Excel 파일로 저장할 것을 권장한다.
- 데이터 파일을 만들 때 [변수명]은 [영어]를 사용하는 것을 권장한다. 왜냐하면 변수명을 [한글]로 지정하는 경우 SmartPLS 4.0이 변수명을 제대로 불러오지 못하는 경우가 발생될 수 있기 때문이다.

그림 2-27 ▌SPSS에서 데이터 파일의 확장자를 csv로 해서 Excel 파일로 저장하기

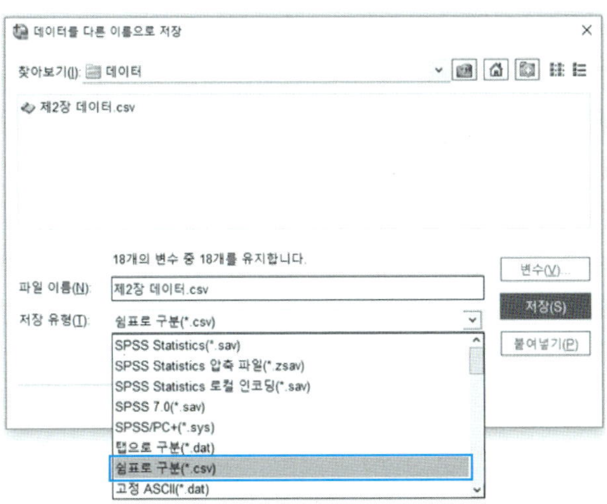

그림 2-28 ▌Excel 파일로 저장된 [제2장 데이터]의 내용 일부 예시

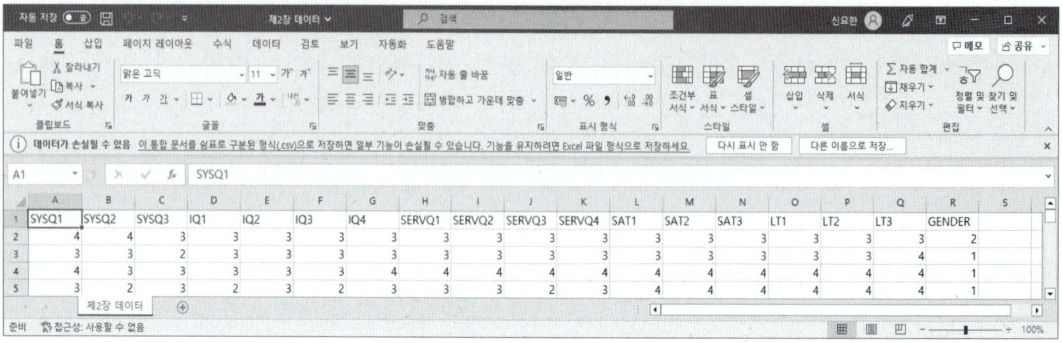

| 데이터 내용 |

- **잠재변수 5개:** ① 시스템품질(SYSQ), ② 정보품질(IQ), ③ 서비스품질(SERVQ), ④ 모바일러닝 만족도(SAT), ⑤ 학습전이의도(LT)
- **인구통계변수 1개:** 성별(GENDER)
- **척도화:** 5점 리커트척도
- **총 사례 수:** 89개

6.2 기본 운용법

1) 새 프로젝트 만들기

구조방정식모델링에서 가장 먼저 할 일은 **새 프로젝트**를 만드는 것이다. 여기에서 **프로젝트명**은 연구자의 연구 제목에 해당한다. 따라서 프로젝트명은 연구과제명을 잘 반영할 수 있는 것으로 정하는 것이 좋다.

통계 실습 2-1 새 프로젝트 만들기

프로젝트명 [**모바일러닝 프로젝트**(제2장)]으로 **새 프로젝트**를 만드시오. 데이터 파일을 불러들이고 모델 유형을 선택하고 파일명으로 [**모바일러닝 모델**(제2장)]으로 저장하시오.

실습과정

❶ 처음 SmartPLS 4.0으로 실습을 수행하는 경우에는 [Workspace](작업공간)을 지정해야 한다. 독자가 원하는 비어 있는 폴더를 하나 만든다. 이 책의 실습에서는 C드라이브에 [SmartPLS4]를 작업공간으로 사용하므로 다음과 같이 새로운 [폴더]를 하나 만든다.

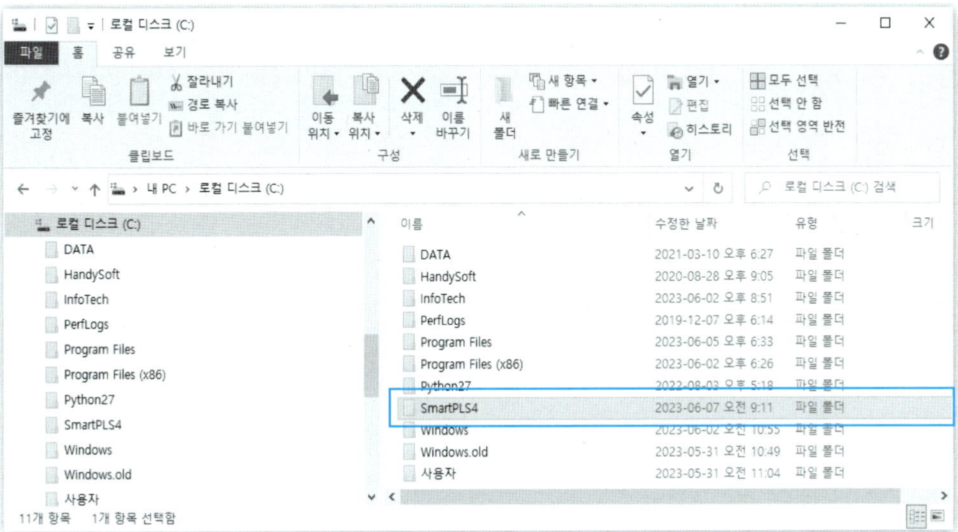

❷ SmartPLS 4.0의 초기 화면에서 [Choose Workspace]를 클릭해 들어간 후 우측 하단에 있는 [폴더 선택]을 클릭하면 작업공간의 지정이 완료된다.

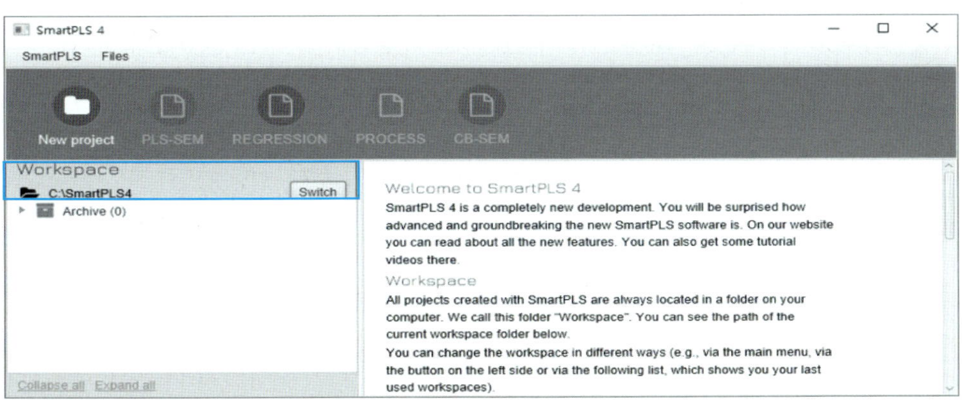

❸ 화면 상단에 있는 툴바인 [(New project]를 클릭한다(File 메뉴에서 [New project]를 클릭해도 된다). [Create a new project 창]이 나타나면 [Name]에 [모바일러닝 프로젝트]라고 입력한 후 [Create] 버튼을 누른다. 그러면 [프로젝트 탐색기 창]에 [프로젝트명]이 나타난다.

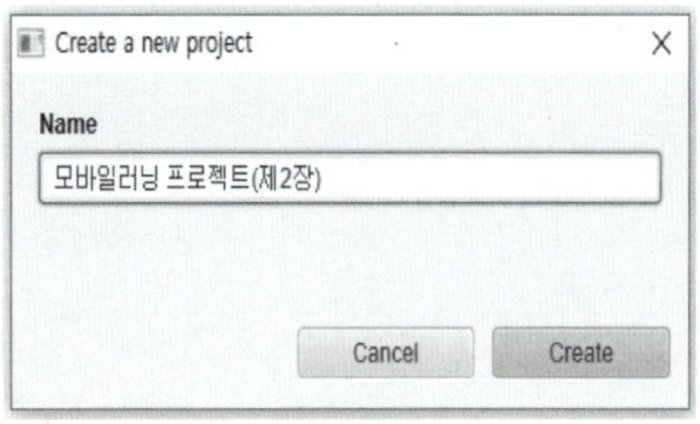

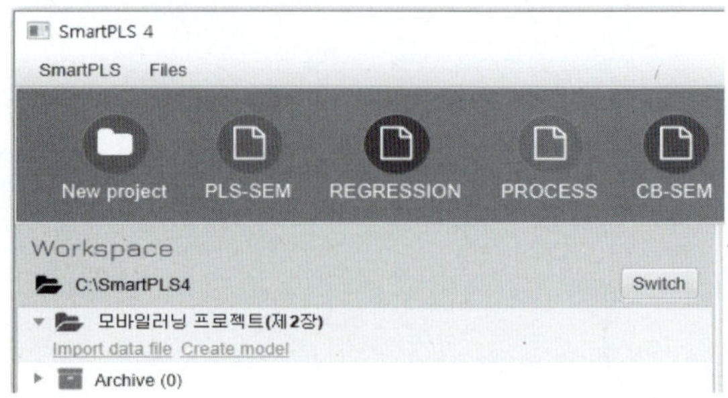

❹ [프로젝트 탐색기 창]에서 [Import data file]을 클릭하여 데이터 파일 [제2장 데이터.csv]를 [열기]하여 읽어들인다. 그러면 [CSV import(CSV 불러오기) 창]이 나타난다. 만약 여기에서 잘못 불러진 [Name]이 있으면 수정 입력하고, [Scale] 지정이 잘못된 것이 있다면 올바른 것으로 재선택 지정하면 된다. 만약 데이터 파일에 결측치가 있다면 창의 하단에 있는 [Missing value treatment](결측치 처리)에서 결측치를 처리해야 한다. 데이터 파일에 있는 결측치에 [−99] 등을 입력하여 저장한 후에 [CSV import 창]의 하단에 있는 [Missing value treatment]에 [−99]를 입력한 후에 [Apply marker]를 적용하면 된다. 불러들일 데이터 파일이 이상이 없다면 이제는 [Import] 버튼을 클릭한다. 그러면 각 측정변수에 대한 [기술통계량]이 출력된다.

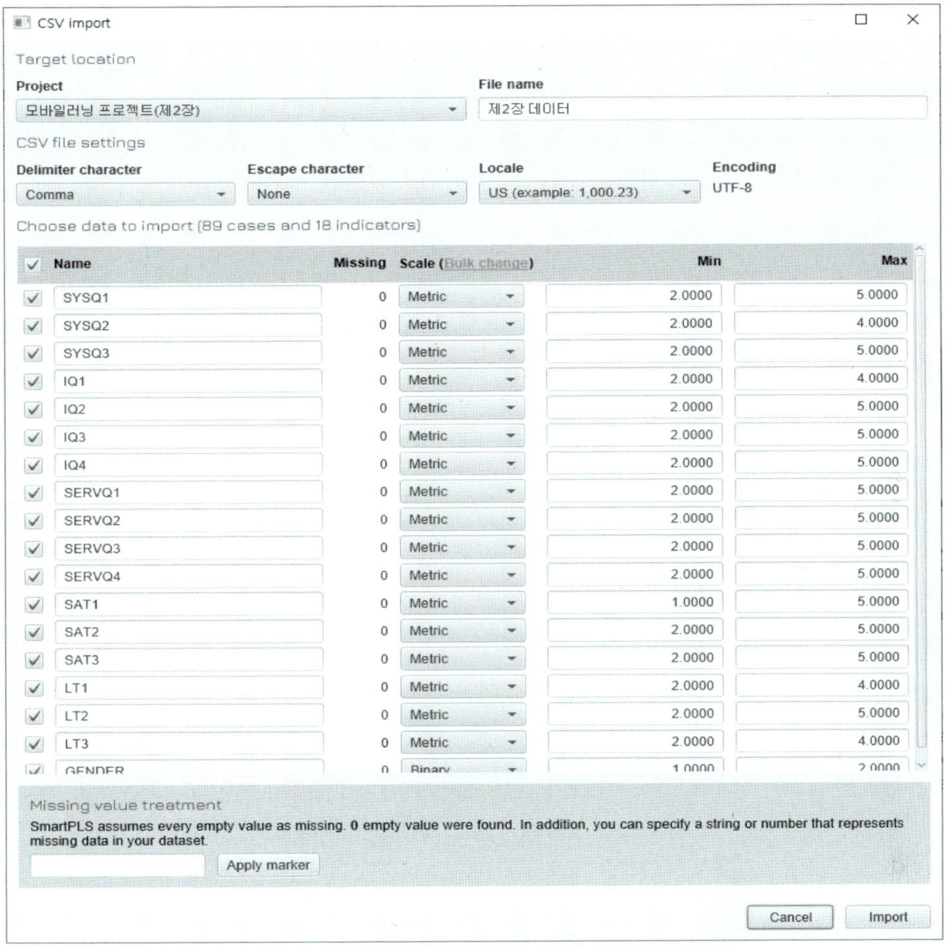
CSV import
Target location
Project
모바일러닝 프로젝트(제2장)
File name
제2장 데이터
CSV file settings
Delimiter character
Comma
Escape character
None
Locale
US (example: 1,000.23)
Encoding
UTF-8
Choose data to import (89 cases and 18 indicators)
Name
Missing
Scale (Bulk change)
Min
Max
SYSQ1 0 Metric 2.0000 5.0000
SYSQ2 0 Metric 2.0000 4.0000
SYSQ3 0 Metric 2.0000 5.0000
IQ1 0 Metric 2.0000 4.0000
IQ2 0 Metric 2.0000 5.0000
IQ3 0 Metric 2.0000 5.0000
IQ4 0 Metric 2.0000 5.0000
SERVQ1 0 Metric 2.0000 5.0000
SERVQ2 0 Metric 2.0000 5.0000
SERVQ3 0 Metric 2.0000 5.0000
SERVQ4 0 Metric 2.0000 5.0000
SAT1 0 Metric 1.0000 5.0000
SAT2 0 Metric 2.0000 5.0000
SAT3 0 Metric 2.0000 5.0000
LT1 0 Metric 2.0000 4.0000
LT2 0 Metric 2.0000 5.0000
LT3 0 Metric 2.0000 4.0000
Missing value treatment
SmartPLS assumes every empty value as missing. 0 empty value were found. In addition, you can specify a string or number that represents missing data in your dataset.
Apply marker
Cancel
Import

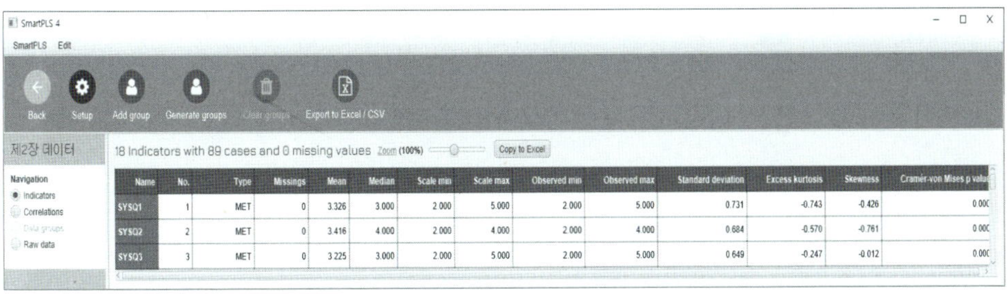
SmartPLS 4
SmartPLS Edit
Back
Setup
Add group
Generate groups
Export to Excel / CSV
제2장 데이터
18 indicators with 89 cases and 0 missing values
Copy to Excel
Navigation
Indicators
Correlations
Raw data

❺ 초기 화면의 상단 [툴바]에서 [Back]을 클릭한 후 [프로젝트 탐색기 창]에 있는 [Create model]을 클릭해 들어간다. [Model type](모델 유형)에서 [PLS-SEM]을 선택하고 [Model name](모델명)에는 [모바일러닝 모델(제2장)]이라고 입력한 후 [Save] 버튼을 클릭한다. 그러면 PLS-SEM 모델의 기본 창이 나타난다. 이제는 연구모델 그리기 등을 실습할 준비가 완료되었다.

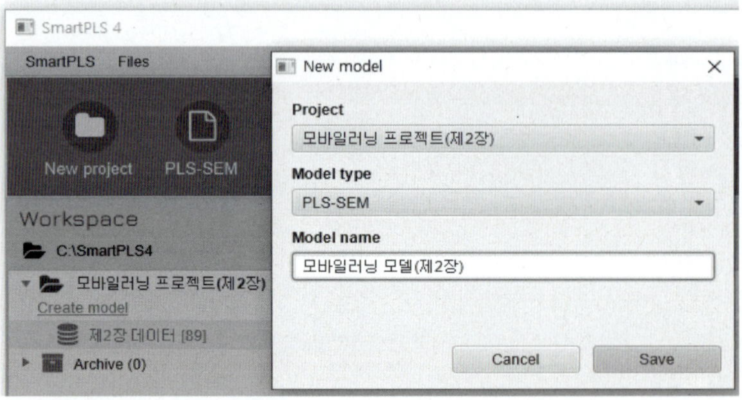

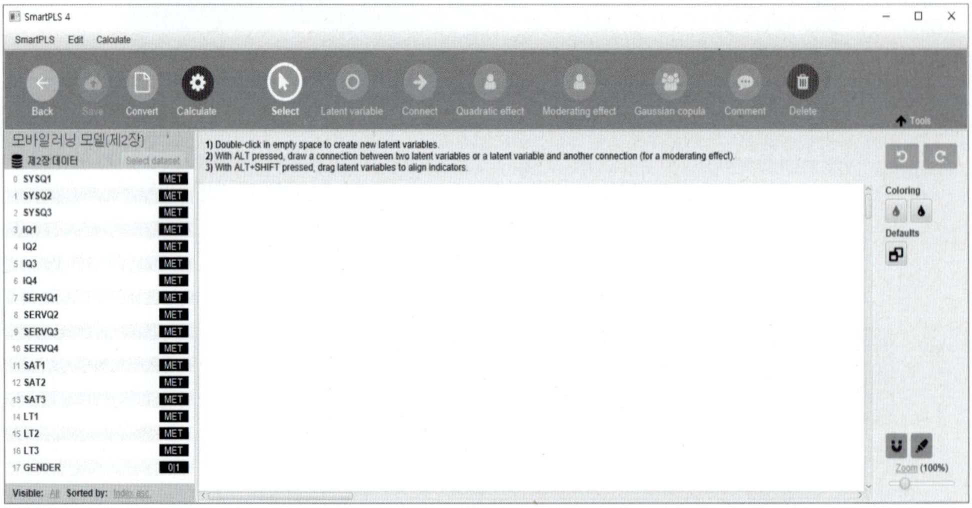

2) 기초 운용 실습

기초 운용 실습에서는 반영적 측정모델과 형성적 측정모델을 그리는 작업을 실습해 보기로 한다.

(1) 반영적 측정모델 실습

반영적 측정모델(Reflective measurement model)은 잠재변수가 원인이 되고 측정변수가 결과가 될 때의 측정모델을 말한다. 화살표가 잠재변수에서 측정변수로 향하여 있다.

통계 실습 2-2 **반영적 측정모델 그리기**

[1] 다음의 잠재변수에 대한 **반영적 측정모델**을 그리시오.

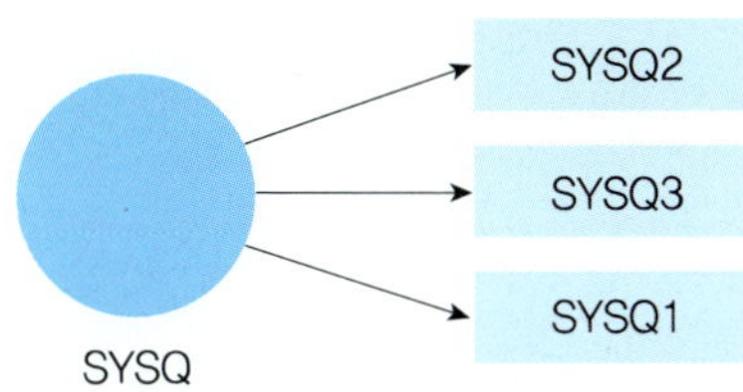

[2] 그려진 반영적 측정모델의 측정변수들(지표변수들)을 상하좌우로 회전시켜 보시오.
[3] 측정변수들의 숨기기와 보이기를 하시오.

실습과정

[1] 반영적 측정모델 그리기

❶ [모델 탐색기 창]에서 [모바일러닝 모델(제2장)을 클릭하면 창 우측에 [모델 그리기 창]이 나타난다. 이미 [모델 그리기 창]이 불러져 있다면 이 과정은 생략한다.

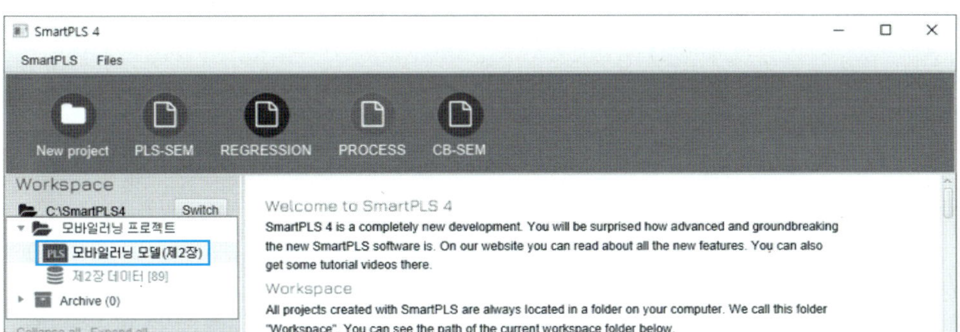

❷ [지표관리 창]에서 마우스로 [SYSQ1]을 선택한 후 Shift 키를 누른 상태에서 [SYSQ3]을 클릭한다. 그러면 SYSQ1부터 SYSQ3까지 선택된다. 선택된 부분을 마우스 왼쪽을 누른 상태에서 그리기 창의 적당한 위치로 드래그하여 가져다 놓는다. 그러면 [Alpha] 혹은 [SYSQ]라는 글자가 나타나며 이것을 [SYSQ]로 바꾼 후에 Enter↵ 키를 누른다. 물론 그리기 창에서 잠재변수명과 측정변수명은 언제든지 수정할 수 있다. 수정하고 싶은 [잠재변수]와 [측정변수]를 클릭한 후 수정하면 된다.

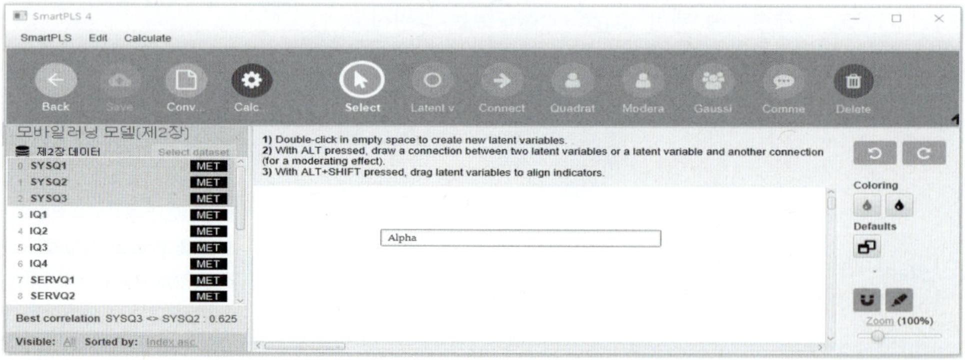

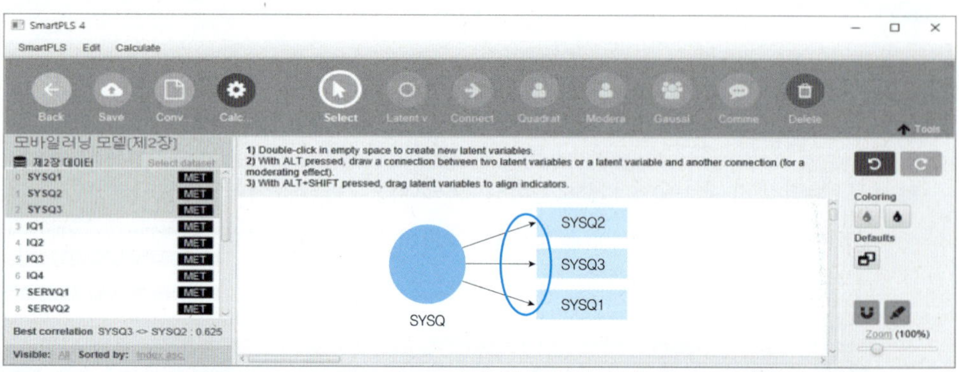

측정변수들을 모두 선택한 후 그리기 창에 드래그했을 때 글자 표시와 변경

[지표관리 창]에서 측정모델을 그리기 위해서 특정 [잠재변수의 측정변수들]을 모두 선택한 후 마우스 왼쪽을 누른 상태에서 모델 그리기 창으로 드래그하면 [Alpha] 혹은 [IQ], [SERVQ], [SAT] 등으로 나타난다. 보통 첫 번째 잠재변수에 대한 측정모델을 그릴 때는 [Alpha]가 나타나며, 나머지 잠재변수들에 대한 측정모델을 그릴 때는 해당 잠재변수명인 [IQ], [SERVQ], [SAT] 등으로 나타난다. 따라서 [SYSQ]의 경우에는 [Alpha]를 [SYSQ]로 변경한 후 Enter↵ 키를 눌러야 한다. 그러나 두 번째 잠재변수부터는 측정변수명과 동일한 잠재변수명인 [IQ], [SERVQ], [SAT] 등을 사용하려 한다면 그대로 Enter↵ 키만 눌러서 그리기를 종료하면 된다.

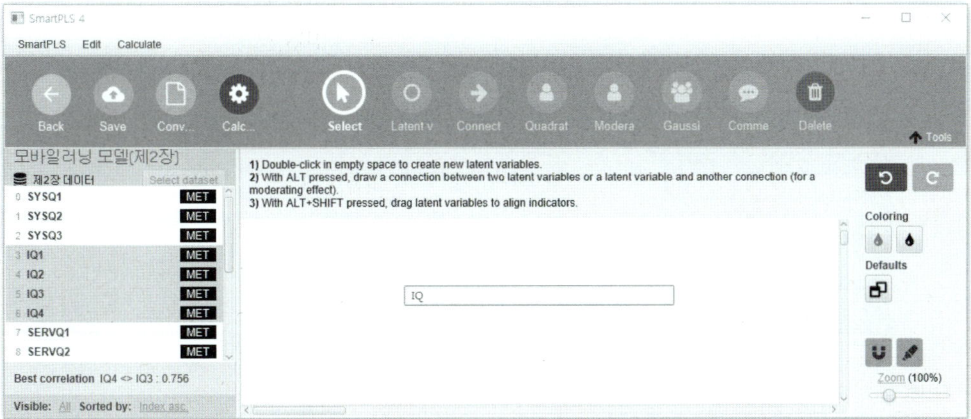

[2] 반영적 측정모델 측정변수의 상하좌우 회전시키기

❶ 잠재변수 [SYSQ]를 마우스로 클릭하면 그리기 창의 오른쪽에 [사이드 툴바]가 나타난다. 여기에서 사이드 툴바를 이용해서 상하좌우를 선택하여 회전시켜 본다. 물론 메뉴에 있는 [Align indicators to the top](위쪽), [Align indicators to the left](왼쪽), [Align indicators to the right](오른쪽), [Align indicators to the bottom](아래쪽)을 선택해 회전시킬 수도 있다.

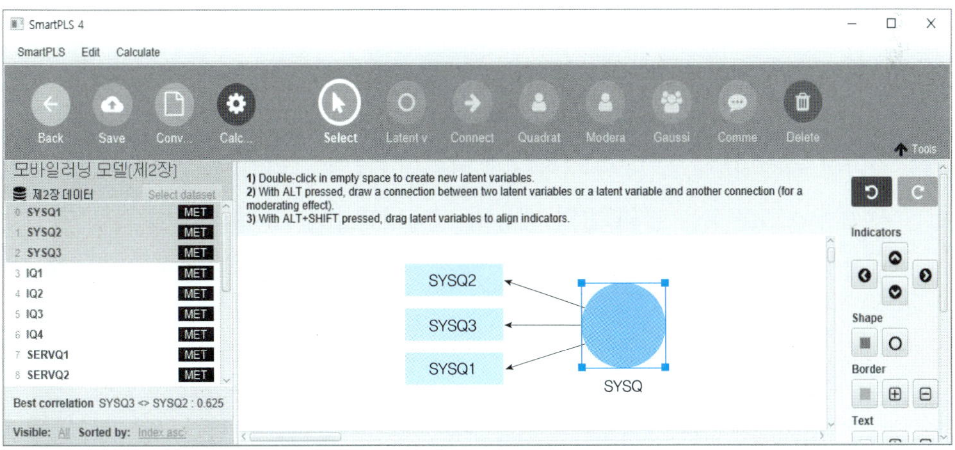

❷ [단축키]를 사용하면 보다 쉽게 상하좌우로 회전시킬 수 있다. 잠재변수 [SYSQ]를 마우스로 선택한 상태에서 Alt 키를 누른 후 순서대로 [W, D, S, A]를 눌러본다. 그러면 측정변수들이 상하좌우로 정렬되는 것을 알 수 있다.

Alt + W	측정변수들(지표변수들)을 위쪽(Top)으로 정렬
Alt + D	측정변수들(지표변수들)을 오른쪽(Right)으로 정렬
Alt + S	측정변수들(지표변수들)을 아래쪽(Bottom)으로 정렬
Alt + A	측정변수들(지표변수들)을 왼쪽(Left)으로 정렬

[3] 측정변수의 숨기기와 보이기

❶ SmartPLS에서는 측정변수가 많은 경우 보이지 않게 숨기기를 하는 기능이 있다. [모델 그리기 창]에서 숨기려고 하는 측정변수가 속한 잠재변수를 선택한 후 [잠재변수] SYSQ에서 마우스 오른쪽을 눌러 팝업 메뉴가 나타나면 [Hide Indicators]를 마우스 왼쪽을 클릭하면 된다(혹은 Alt 키+X). 그러면 잠재변수만 보이고 측정변수들은 사라지게 된다. 다만 숨기기가 되었다는 사실은 잠재변수 안에 [+] 표시를 보면 알 수 있다.

❷ 사라진 측정변수들을 다시 나타나게 하려면 [모델 그리기 창]의 [잠재변수] [SYSQ]에서 마우스 오른쪽을 눌러 팝업 메뉴가 나타나면 [Show Indicators]를 마우스 왼쪽을 클릭하면 된다(혹은 Alt 키+C).

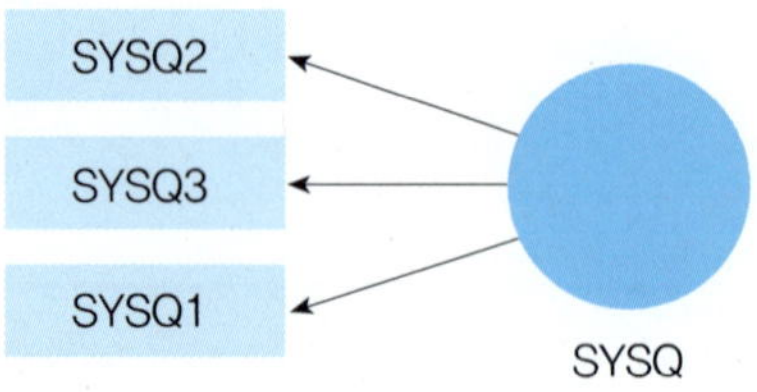

(2) 형성적 측정모델 실습

형성적 측정모델(Formative measurement model)은 측정변수가 원인이 되고 잠재변수가 결과가 될 때의 측정모델을 말한다. 화살표가 측정변수에서 잠재변수로 향하여 있다.

통계 실습 2-3 형성적 측정모델 그리기

[1] 다음의 잠재변수에 대한 **형성적 측정모델**을 그리시오.

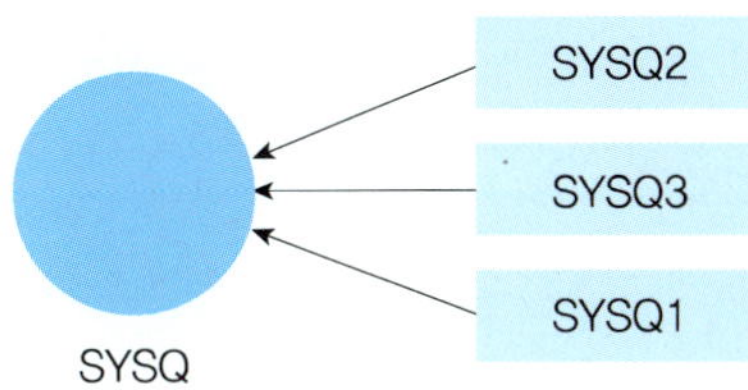

[2] 그려진 형성적 측정모델의 측정변수들(지표변수들)을 상하좌우로 회전시켜 보시오.
[3] 측정변수들의 숨기기와 보이기를 하시오.

실습과정

[1] 형성적 측정모델 그리기

❶ 앞의 [통계 실습 2-2]를 통해서 우리들은 반영적 측정모델을 그려보았다. 최종적으로 그렸던 **반영적 측정모델**은 다음과 같다.

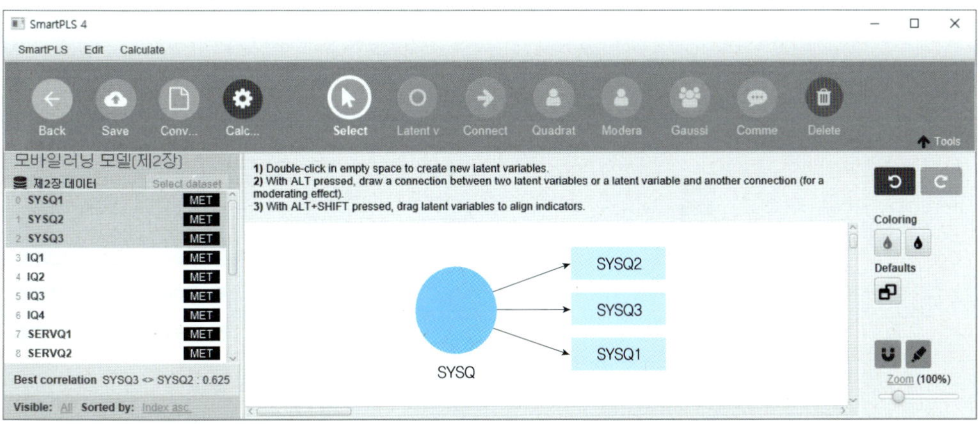

❷ 형성적 측정모델은 반영적 측정모델에서 그려진 도형에서 단지 측정변수와 잠재변수 간의 인과관계의 방향만 전환시키면 된다. [모델 그리기 창]의 [잠재변수] [SYSQ]에서 마우스 오른쪽을 클릭하여 팝업 메뉴가 나타나면 [Invert measurement model]을 마우스 왼쪽을 클릭하여 선택하면 된다. 이렇게 하면 반영적 측정모델이 아닌 형성적 측정모델(화살표 방향: 측정변수→잠재변수)의 그림으로 변경이 된다.

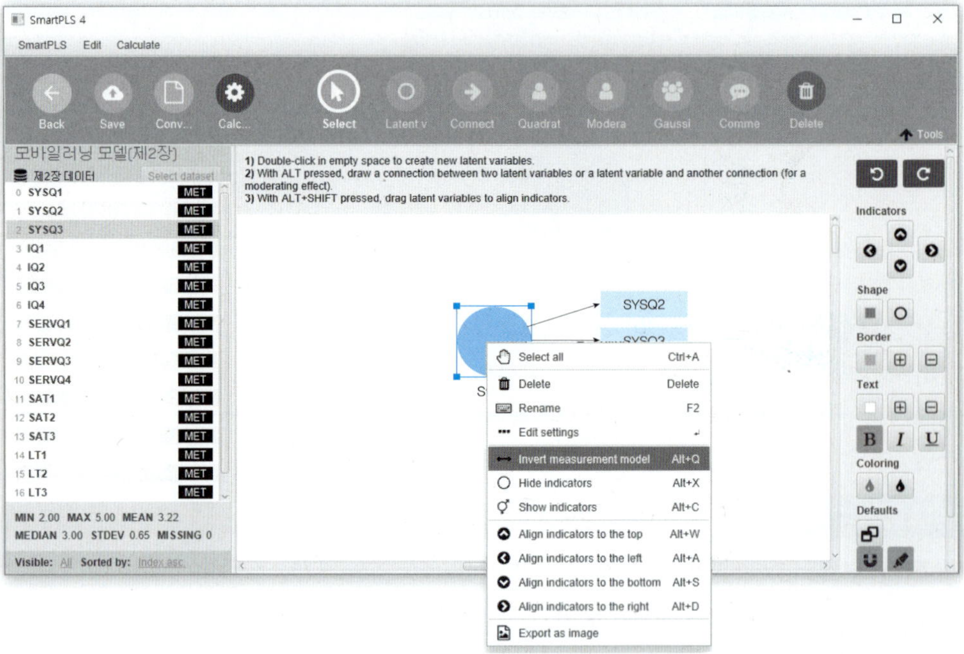

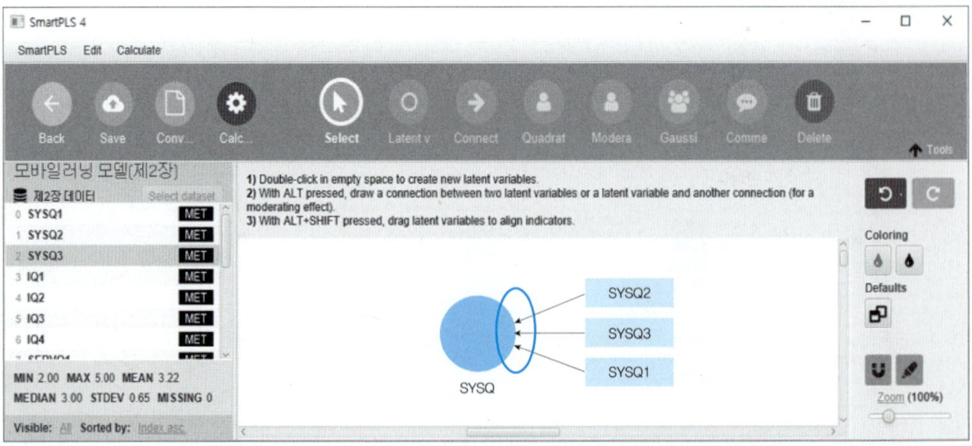

[2] 형성적 측정모델의 측정변수의 회전하기와 감추기 및 보이기

형성적 측정모델의 **회전하기와 측정변수 보이기와 감추기**는 [**통계 실습 2-2**]와 **동일**하므로 각자 실습해 보기 바란다.

3) 구조방정식모델 그리기 실습

SmartPLS에서 **구조방정식모델(구조방정식모델)의 도형화**는 어떤 방법이나 순서가 정해져 있는 것은 아니다. 사용자가 편리한 방법으로 완성하면 된다. **Amos 프로그램**은 측정모델을 먼저 그리고 평가한 후에 측정모델이 확정되면 구조모델을 그리는 **2단계 도형화 방법**을 많이 사용한다. 그러나 SmartPLS에서는 **2단계 그리기**를 적용하지 않고 **측정모델과 구조모델을 동시에 그리는 방법을 채택**하고 있다.

통계 실습 2-4 구조방정식모델 그리기

다음의 **구조방정식모델**(경로도)을 그리시오.

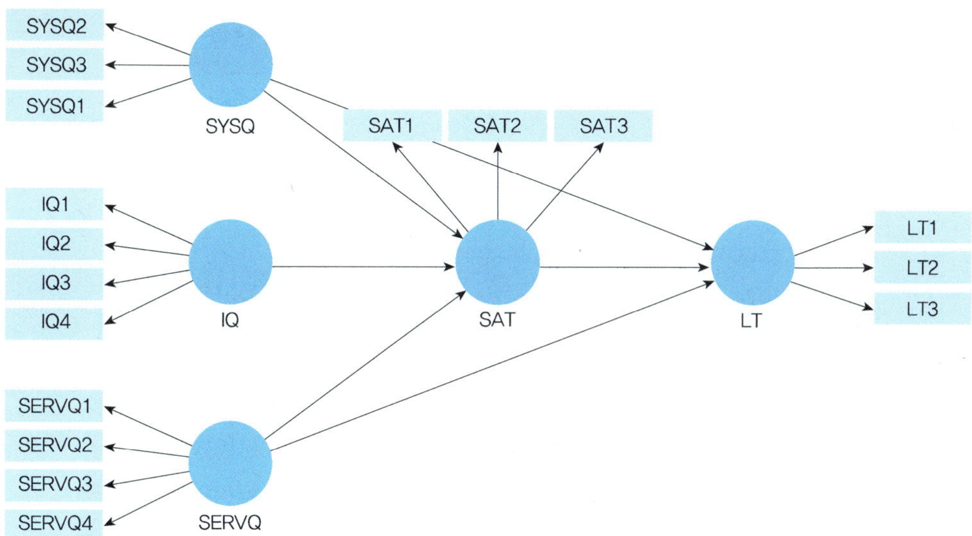

실습과정

❶ [지표관리 창]에서 마우스로 [SYSQ1]을 선택한 후 Shift 키를 누른 상태에서 [SYSQ3]을 클릭한다. 그러면 SYSQ1부터 SYSQ3까지 선택된다. 선택된 부분을 마우스 왼쪽을 누른 상태에서 그리기 창의 적당한 위치로 드래그하여 가져다 놓는다. 그러면 [Alpha]라는 글자가 나타나며 이것을 [SYSQ]로 바꾼 후에 Enter↵ 키를 누른다. 잠재변수 [SYSQ]를 마우스로 클릭한 후 [사이드 툴바]를 사용해 측정변수들의 위치를 [왼쪽]으로 전환시킨다. 잠재변수 SYSQ의 그리기 완료 화면은 다음과 같다.

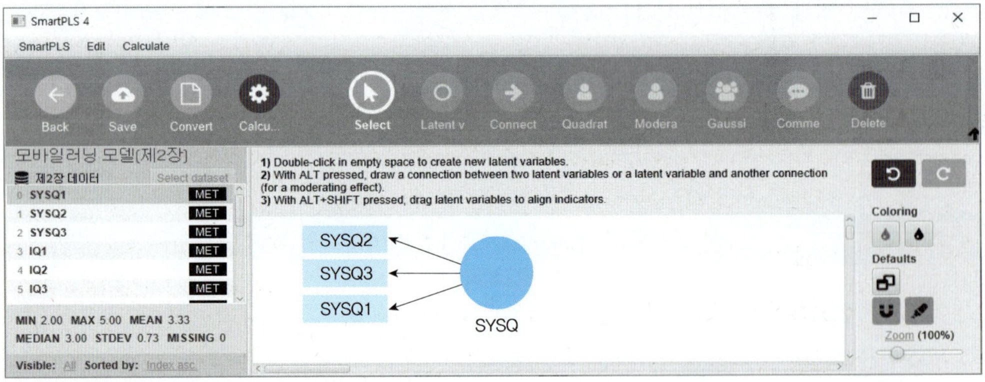

❷ [지표관리 창]에서 마우스로 [IQ1]을 선택한 후 Shift 키를 누른 상태에서 [IQ4]를 클릭한다. 그러면 IQ1부터 IQ4까지 선택된다. 선택된 부분을 마우스 왼쪽을 누른 상태에서 그리기 창의 적당한 위치로 드래그하여 가져다 놓는다. 그러면 [IQ]라는 글자가 나타나며 Enter↵ 키를 누른다. 잠재변수 [IQ]를 마우스로 클릭한 후 [사이드 툴바]를 사용해 측정변수들의 위치를 [왼쪽]으로 전환시킨다. 잠재변수 IQ의 그리기 완료 화면은 다음과 같다.

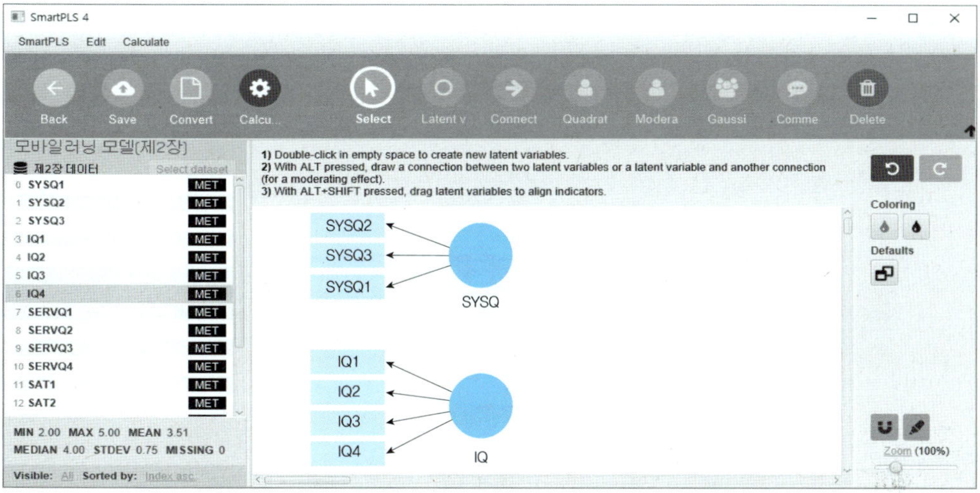

❸ [지표관리 창]에서 [SERVQ], [SAT], [LT]에 대해서도 위의 ❷와 같은 절차를 수행한다. [SERVQ]는 반영적 측정모델이 아니고 형성적 측정모델이므로 측정변수의 방향을 전환(측정변수→잠재변수)한다. 다만 [SERVQ] 측정모델의 방향은 [왼쪽]으로, [SAT] 측정모델의 방향은 [위쪽]으로 전환시킨다. [LT] 측정모델의 방향은 제대로 되어 있으므로 그대로 둔다. 5개의 측정모델의 그리기 완료 화면은 다음과 같다.

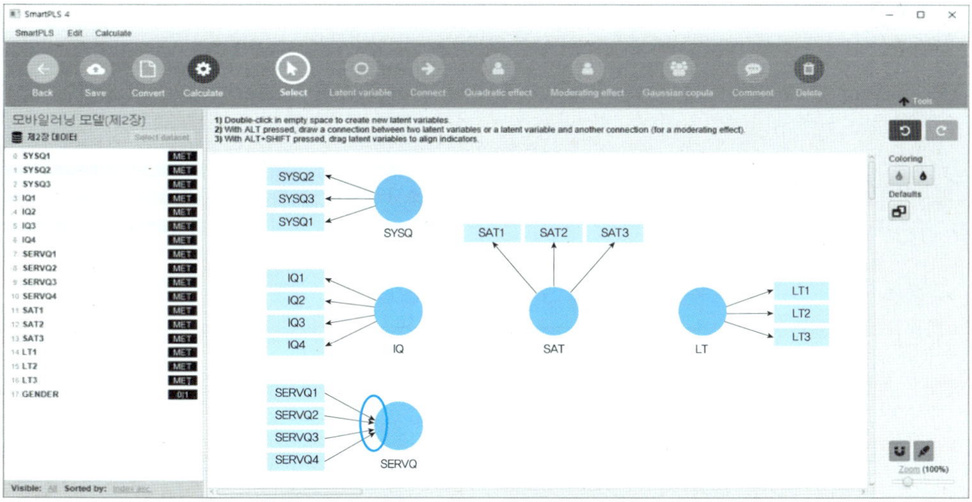

❹ [모델 그리기 창]에서 잠재변수의 가설 관계를 [Connect](연결) 툴바를 사용하여 모두 연결한다. 연결 방법은 가설의 [시작] 잠재변수를 왼쪽 마우스로 클릭한 상태에서 [종료] 잠재변수에 드래그하여 가져다 놓으면 된다. 이렇게 하여 측정모델과 구조모델을 동시에 그린 최종 완료 화면은 다음과 같다.

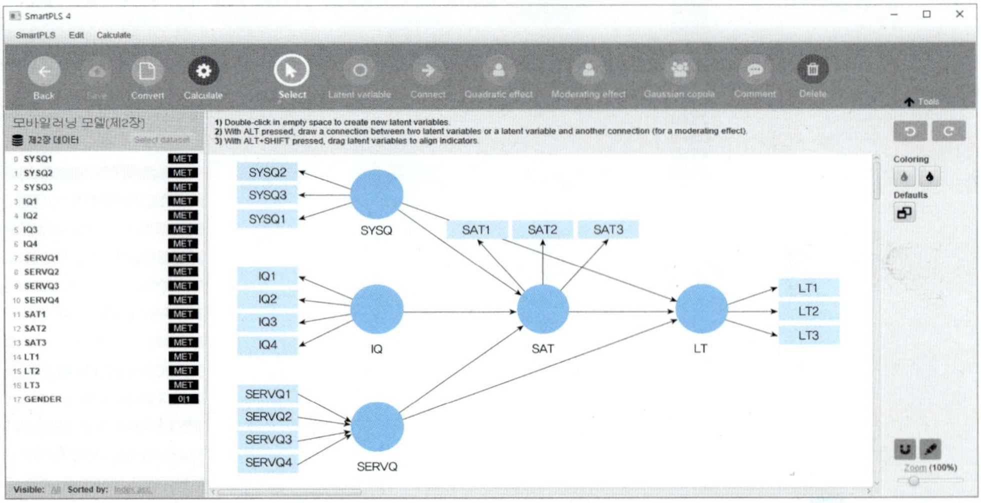

측정 및 구조모델 그리기를 하다 보면 **모델이나 특정 개체를 이동시켜야 할 경우**가 있다. 이때에는 해당 잠재변수를 클릭한 상태에서 마우스를 이용해 상하좌우로 이동시킬 수 있다. 이동할 개체를 모두 선택하여 이동시키려면 **마우스로 전체 범위를 잡아서 작업**하면 된다. 작업 중 **불필요한 잠재변수나 측정변수를 제거**하려면 해당 사항을 마우스로 클릭한 후 키보드 상에서 Delete 키를 누르면 삭제할 수 있다.

한편 그리기를 하다 보면 선택하려고 하는 개체가 선택되지 않을 때도 있다. 이 경우에는 항상 [툴바]인 [Select](선택)을 먼저 클릭한 후 다음 작업할 개체나 툴바 등을 선택하여 작업하면 된다.

7 SmartPLS 4.0의 파일관리

7.1 새 프로젝트 만들기(Create)와 삭제하기(Delete)

SmartPLS는 새로운 프로젝트를 만들고 삭제하는 것이 매우 쉽다. 파일 상단에 있는 [툴바]인 [New project]를 클릭해 새 프로젝트를 만들 수 있다. 아니면 파일 메뉴의 [New project]를 클릭해서 만들어도 된다.

통계 실습 2-5 새 프로젝트 만들기

새 프로젝트로 [모바일러닝 프로젝트]를 만들고 삭제하시오.

실습과정

❶ 화면 상단 툴바인 [New project]를 클릭하여 팝업 창이 나타나면 [모바일러닝 프로젝트]라고 타이핑하고 [Create] 버튼을 클릭한다.

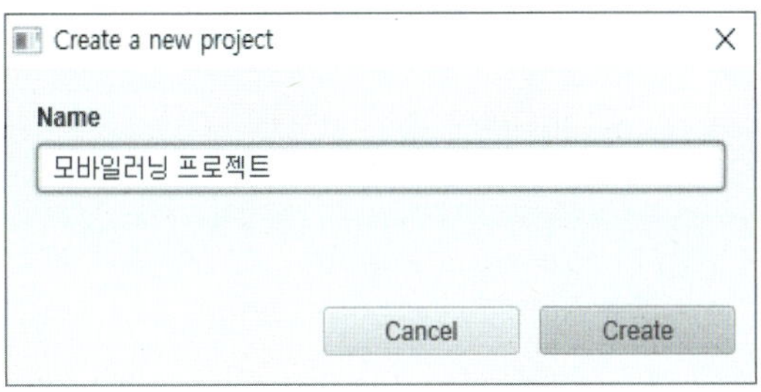

❷ 그러면 [프로젝트 탐색기 창]에 다음과 같이 나타난다. 여기에서는 데이터 파일을 연결하여 작업할 수도 있다.

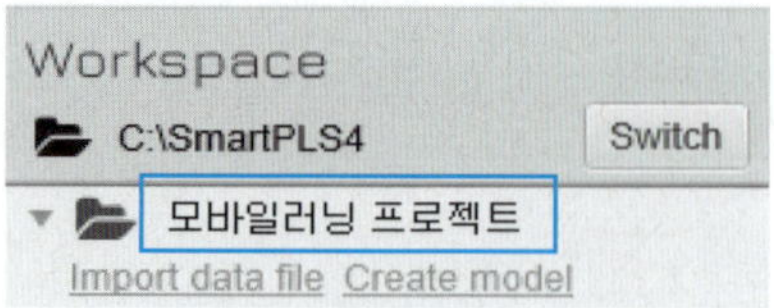

❸ 이제 새로 만든 [모바일러닝 프로젝트]가 불필요하다면 해당 폴더를 클릭하여 키보드 상의 Delete 키를 눌러 삭제하면 없어진다.

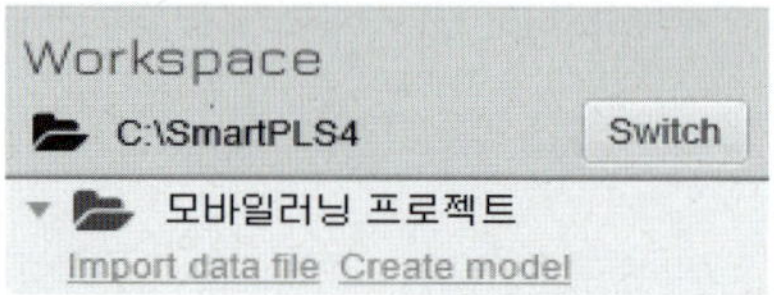

7.2 작업한 프로젝트 보관하기(Export)와 불러오기(Import)

사용자들은 자신이 작업한 프로젝트를 하드디스크는 물론 다른 저장매체에도 보관(Backup)할 수 있다. 모델에 대한 저장과 함께 데이터 파일은 별도로 저장하여 보관하면 좋다. 한편 보관한 프로젝트 파일을 다시 프로그램에 [불러오기]하여 작업하거나 확인할 수 있다.

통계 실습 2-6 작업 완료 프로젝트의 보관하기와 불러오기

이 책의 제2장에서 실습한 내용 [모바일러닝 모델(제2장)]을 보관하고 다시 불러내시오.

실습과정

❶ [프로젝트 탐색기 창]의 [모바일러닝 프로젝트]에서 마우스 오른쪽 클릭하면 팝업 메뉴가 나타나며 여기에서 [Export project]를 클릭한다.

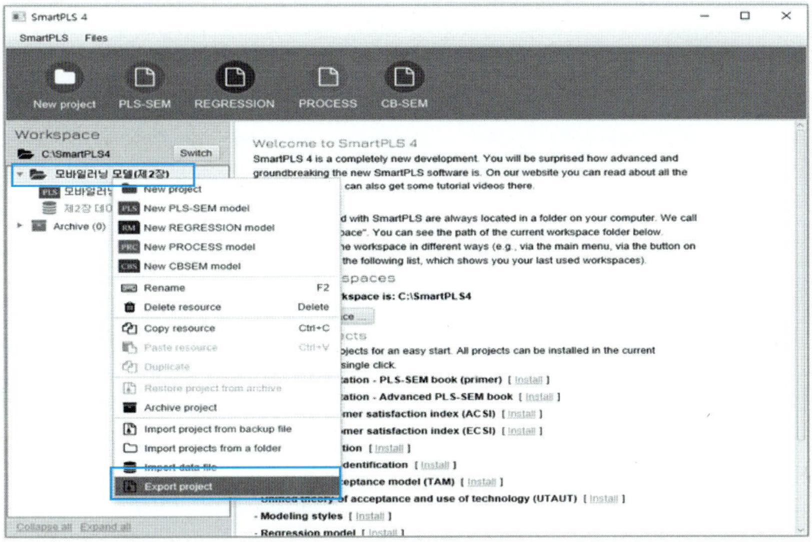

❷ 바탕화면 [SmartPLS 4.0 구조방정식모델링]의 [제2장] 폴더에 다음과 같이 저장한다.

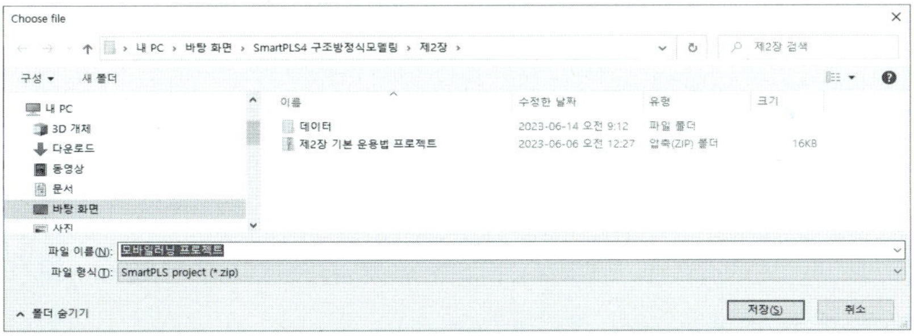

❸ 해당 폴더에 가보면 프로젝트 [모바일러닝 프로젝트]로 저장되어 있음을 확인할 수 있다.

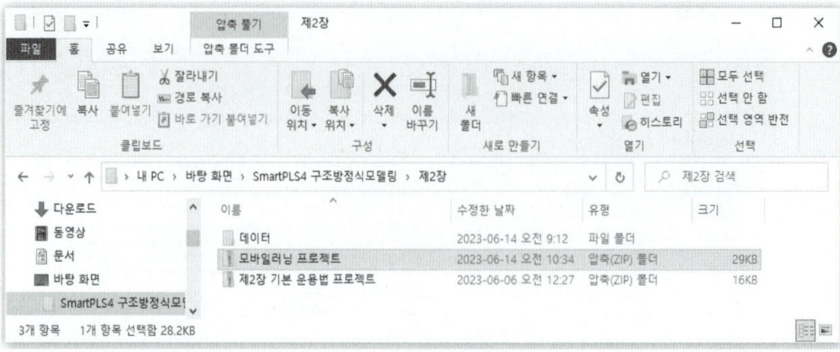

❹ [모바일러닝 프로젝트]가 안전하게 보관되었으므로 [프로젝트 탐색기 창]에서 마우스 오른쪽 클릭한 후 키보드상의 Delete 키를 선택해 삭제한다. 다음과 같이 완전히 [프로젝트 탐색기 창]에서 해당 프로젝트가 삭제되었음을 확인할 수 있다.

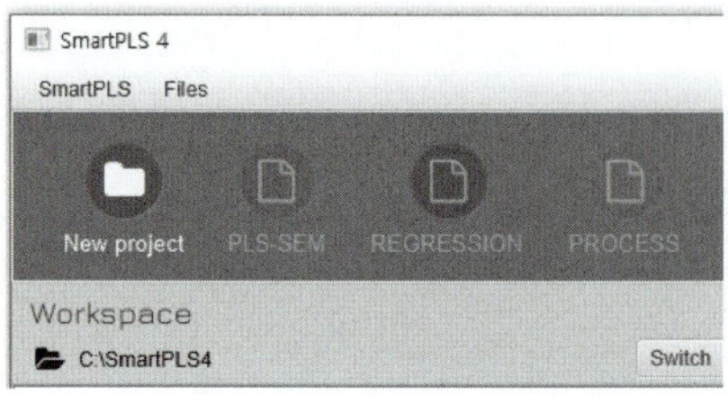

❺ 일정한 시간이 흐른 후에 다시 작업하기 위해서 [모바일러닝 프로젝트]를 불러오기(Import)로 하자. [파일] 메뉴에 들어가서 [Import project from backup file]을 클릭해 다음 화면이 나타나면 [모바일러닝 프로젝트]을 선택한 후 [열기]를 클릭해 프로젝트 백업 파일을 다시 불러들인다.

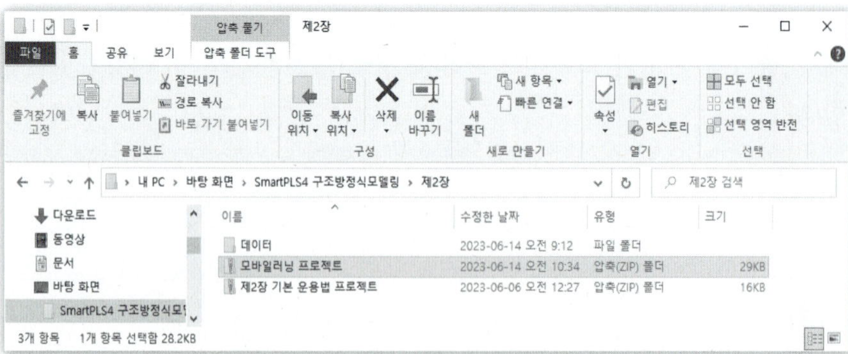

❻ 최종적으로 [프로젝트 탐색기 창]에 다시 불러져 있는 모습은 다음과 같다.

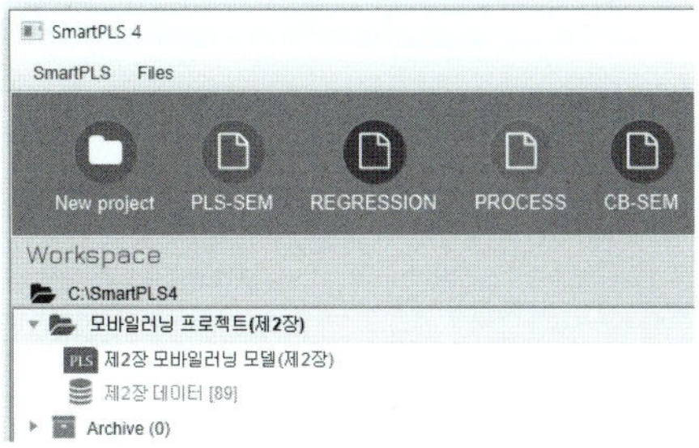

7.3 기타 파일관리

사용자들은 1개의 [프로젝트] 내에서 여러 개의 구조방정식모델을 만들 수 있다. 프로젝트 내에 이미 만들어져 있는 구조방정식모델을 [Copy](복사)하거나 [Duplicate](복제)한 후 파일명을 변경한 후 [Create] 버튼을 클릭해 구조방정식모델을 만들 수 있고 아니면 [툴바]에서 [PLS-SEM]을 클릭해 새로운 구조방정식모델 만들기를 수행할 수도 있다.

한편 각 구조방정식모델에서 서로 다른 [데이터 파일]을 사용할 수 있다.

제2장의 연습과 실습문제 >>>

01 SmartPLS 4.0 구조방정식모델링 프로그램은 CB-SEM 방식의 다른 프로그램에 비해서 어떤 점에서 우수한지를 설명하시오.

02 SmartPLS 4.0 구조방정식모델링 프로그램의 주요 창과 기능을 설명하시오.

03 SmartPLS 4.0 구조방정식모델링 프로그램의 기본 메뉴에는 어떤 것들이 있는지 설명하시오.

04 SmartPLS 4.0 구조방정식모델링 프로그램을 이용해 다음의 구조방정식모델을 그리시오.

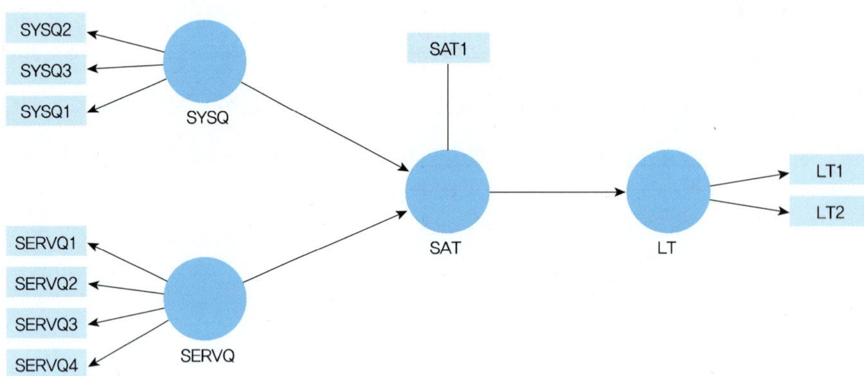

제2장의 핵심내용 정리

- SmartPLS가 구조방정식모델링 프로그램으로 널리 사용되는 이유는 사용용이성, 친숙성, 안정성 면에서 매우 우수하고 매우 적은 소표본에서도 활용할 수 있으며 정규분포 등의 엄격한 가정조건에 구애받지 않고 사용할 수 있기 때문이다. 물론 이제는 SmartPLS 4.0부터는 CB-SEM 모듈이 추가되어 대표본을 사용하는 CB-SEM분석도 가능하게 되었다.
- SmartPLS 프로그램의 주요 창은 프로젝트 탐색기 창, 지표관리 창, 모델 그리기 창으로 구성되어 있다.
- 수집된 데이터는 SPSS나 Excel 프로그램을 통해서 데이터 입력을 마친 후에는 파일의 확장자명을 [.csv]로 저장해서 사용하는 것이 좋다. 왜냐하면 SPSS로 만든 데이터를 SmartPLS 프로그램이 불러들일 수는 있지만 종종 변수명 등이 제대로 불러들여지지 않기 때문이다.

제 3 장

PLS-SEM 통계분석의 기초와 적용 절차

1 PLS-SEM 통계분석의 기초

1.1 PLS-SEM의 주요 용어와 기초통계이론

SmartPLS를 이용한 PLS-SEM을 학습하기 위해서는 사전에 통계분석의 주요 용어와 기초적인 통계이론을 이해할 필요가 있다. PLS-SEM에서 중요한 몇 가지 용어들에 대해서는 이미 제1장에서 설명하였기 때문에 중복되는 부분이므로 이 장에서는 생략하기로 한다.

1) 모집단과 표본

통계학(Statistics)이란 불확실한 상황에서 효과적인 의사결정을 할 수 있도록 자연현상이나 사회현상에 대한 데이터를 수집・정리・요약하는 이론과 방법을 연구하는 학문을 말한다. 이의 주된 목적은 [그림 3-1]과 같이 모집단으로부터 추출한 표본 데이터를 가지고 데이터집합의 특성을 파악하고, 모집단의 미지의 모수치에 대한 통계적 추론을 통해 모집단의 특성을 파악하여 결론을 도출하는 데 있다.

통계학은 크게 기술통계학(Descriptive statistics)과 추론통계학(Inferential statistics)으로 구분된다. 전자는 표나 그림, 대표값(Representative value),[1] 변동의 크기(산포도)[2] 등을 통해 데이터를 수집・정리・요약하는 방법을 다루는 분야이며, 후자는 모집단에서 추출한 표본의 정보를 이용하여 모집단의 여러 가지 특성을 과학적으로 추론하는 방법을 다루는

1) 대표값은 분포 위치를 설명하는 통계로 평균(Mean), 중앙값(Median), 최빈값(Mode) 등이 포함된다.

2) 산포도(Dispersion)란 데이터가 흩어진 정도를 말하며 데이터에 분포되어 있는 변동의 양을 측정하는 통계량이다. 이에는 표준편차, 분산, 범위, 최소값, 최대값, 평균의 표준오차 등이 포함된다.

▶ 그림 3-1 ▌통계분석과정의 이해

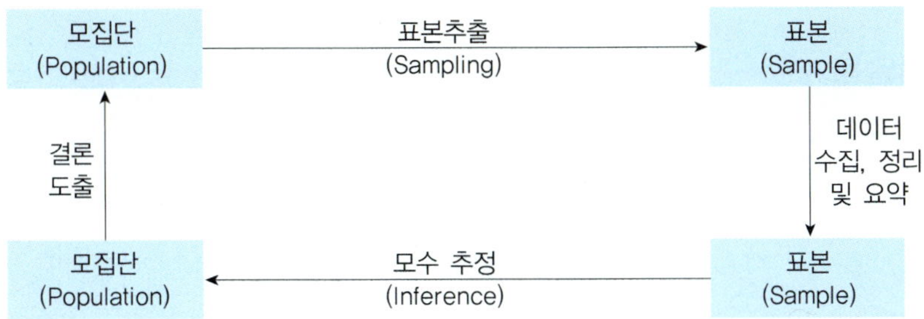

분야이다. 기술통계학의 대상이 되는 것은 모집단과 표본 데이터이며 기술통계학은 추론통계학의 전단계 분석과정으로 수행된다.

▶ 그림 3-2 ▌모집단과 표본의 관계

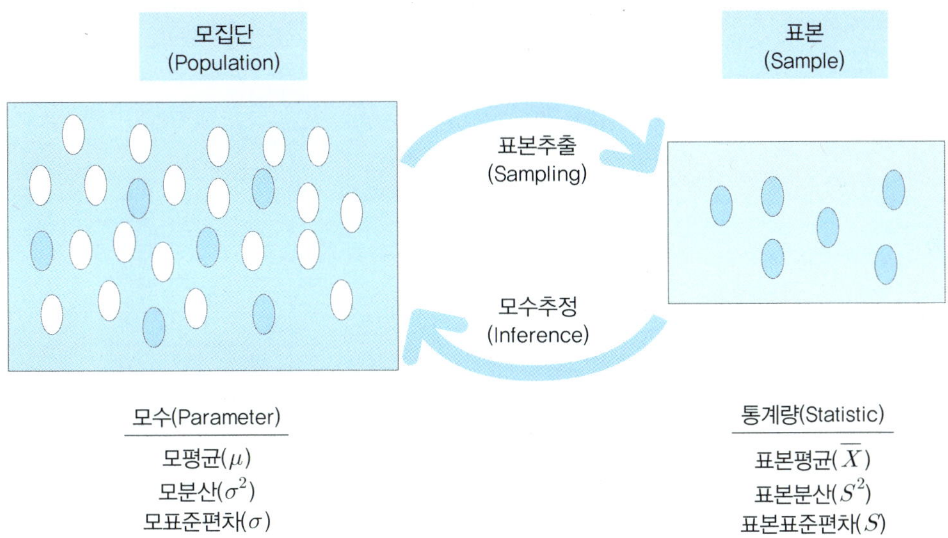

모집단(Population)이란 조사의 대상이 되는 데이터 전체를 말한다. 즉 연구자의 관심의 대상이 되는 개체(사람, 물체, 항목 등)의 전체집합을 의미한다. 표본(Sample)은 모집단에서 무작위로 추출한 그의 일부분(부분집합)을 말한다. 또한 모수(Parameter)는 모평균, 모표준편차, 모분산 등으로 모집단의 특성을 수치로 나타낸 값이며 통계량(Statistics)은 모집단으로

부터 추출된 표본의 평균, 표준편차, 분산 등으로 표본의 특성을 수치로 나타낸 것을 말한다.

2) 측도와 기술통계량

SmartPLS 4.0 프로그램은 기술통계량으로 평균, 중앙값, 최소값, 최대값, 표준편차, 첨도와 왜도를 기본적으로 제공하고 있다. 그러나 [그림 3-3]에 제시된 것처럼 SPSS에 의해 빈도분석을 이용하면 최빈값, 합계, 분산, 범위, 평균의 표준오차, 사분위수, 백분위수 통계량을 추가적으로 제공받을 수 있다.

그림 3-3 ▍SPSS에서 제공되는 기술통계량: 빈도분석

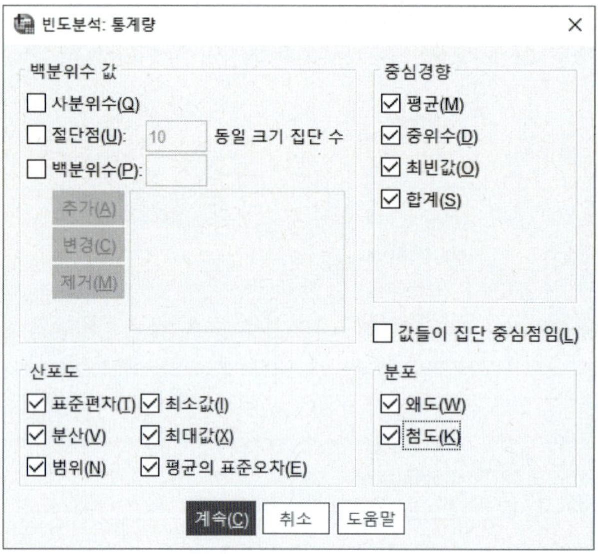

통계량

SYSQ1

N	유효	89
	결측	0
평균		3.33
평균의 표준오차		.078
중위수		3.00
최빈값		4
표준편차		.735
분산		.540
왜도		-.426
왜도의 표준오차		.255
첨도		-.743
첨도의 표준오차		.506
범위		3
최소값		2
최대값		5
합계		296

측도(Measure)란 데이터의 특성을 나타내 주는 가장 대표적인 값을 말한다. 이는 [표 3-1]과 같이 위치 측도, 변이 측도, 분포 측도 및 백분위수로 구분된다.

표 3-1 측도의 유형과 통계량

측도 유형	설명	통계량
위치 측도	분포의 중심 위치를 나타내는 측도 (분포 위치를 설명하는 통계)	평균, 중위수, 최빈값
변이 측도	데이터들이 중심 위치(대표값)에서 얼마나 퍼져 있는가를 나타내는 측도 (데이터에 분포되어 있는 변동의 양을 측정하는 통계)	분산, 표준편차, 평균의 표준오차, 범위, 최소값, 최대값, 사분위 범위
분포 측도	분포의 형태와 대칭을 설명하는 측도	왜도, 첨도
백분위수	데이터를 순서화하여 각 백분율에 위치하는 값	백분위수, 사분위수

▶ 위치 측도(Measure of location)는 중심경향 측도(Central tendency), 대표값이라고도 불리는 것으로 분포의 중심 위치를 나타내는 측도를 말한다. 이에는 평균, 중위수, 최빈값이 포함된다. 평균(Mean)은 일반적으로 산술평균(Arithmetic mean)이라고 말하는 것으로 모집단이 정규분포를 띠고 있을 때 가장 적합한 중심경향 측도로 모든 관측치들을 합한 후에 이를 관측치 수로 나눈 값으로 계산한다. 평균의 개념 중에는 기하평균(Geometric mean)도 있다. 이는 n개의 양수가 있을 때 이들 수의 곱의 n제곱근값($\sqrt[n]{a_1 \cdot a_2 \cdot a_3 \cdots a_n}$)을 말하며 산술평균보다 크지 않다. 중위수(Median 혹은 중앙값)는 데이터를 순서대로 나열할 때 중앙에 위치하고 있는 값을 말한다. 최빈값(Mode)은 데이터 중에서 가장 많이 발생한 관찰치를 말한다. 연속형 데이터의 경우에서 최빈값은 큰 의미가 없는 측도이다.

그림 3-4 평균과 표준편차의 관계

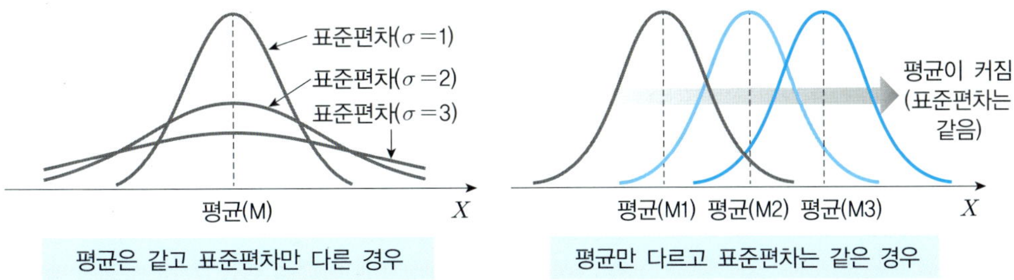

그림 3-5 ▌ 정규분포와 왜도 상황에서 평균, 최빈값 및 중위수 관계

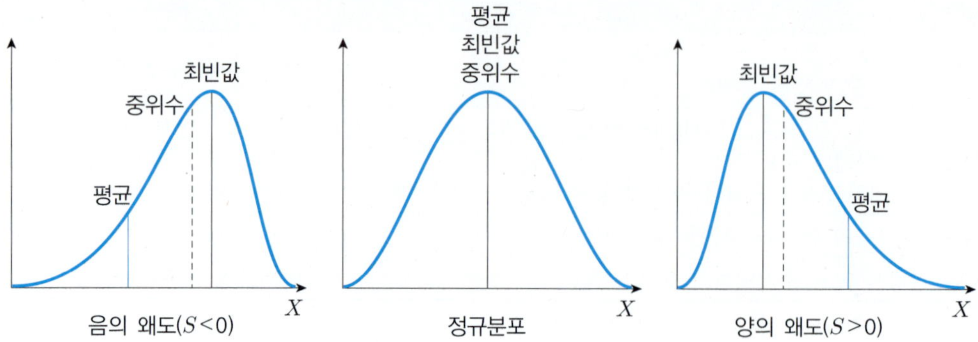

- **변이 측도(Measure of dispersion)**는 **산포 측도**라고도 불리는 것으로 데이터가 중심 위치에서 얼마나 흩어져 있는가 즉 데이터에 분포되어 있는 변동의 양을 측정하는 측도를 말한다. 이에는 **분산, 표준편차, 표준오차, 최소값, 최대값, 범위, 사분위 범위**가 포함된다. **최소값**(Minimum)은 숫자변수의 가장 작은 값을, **최대값**(Maximum)은 숫자변수의 가장 큰 값을 말한다. **분산**(Variance)은 평균에 대한 산포 측도로 데이터의 퍼진 정도를 표현하기 위해서 가장 많이 사용되는 통계량으로 각 편차제곱의 합을 관찰치의 수로 나눈 값을 말한다. 이는 원데이터와 단위가 달라지기 때문에 원데이터와 단위를 통일하기 위해서 표준편차를 계산해야 한다. **표준편차**(Standard deviation)는 데이터가 평균을 중심으로 퍼져 있는 정도로 분산의 제곱근(데이터평균으로부터의 평균거리)으로 계산한다. **평균의 표준오차**(Standard error)는 모집단평균이 표본평균에 의해서 얼마나 정확히 추정될 수 있는지를 반영하는 측도로 표본평균의 표준편차에 해당한다. 이는 표본표준편차를 표본 수의 제곱근으로 나눈 값이다. 평균의 표준오차는 표본 간의 변동성을 추정하는 반면 표준편차는 단일표본 내의 변동성을 측정한다. **범위**(Range)는 최대값에서 최소값을 뺀 값으로 퍼짐 정도를 나타낸다. **사분위 범위**(Inner Quartile Range: IQR)는 전체 데이터 중에서 중간에 위치하는 50%의 데이터의 범위로 3분위수(Q_3)에서 1분위수(Q_1)를 뺀 값을 말한다.
- **분포 측도(Measure of distribution)**란 분포의 형태와 대칭을 설명하는 측도를 말한다. 이에는 **왜도**와 **첨도**가 포함된다. **왜도**(Skewness)는 데이터의 비대칭성, 분포의 편중을 알아보는 측도로 데이터가 치우쳐진 정도를 말한다. **첨도**(Kurtosis)는 정규분포

대비 봉오리의 높이를 알아보는 척도로 데이터분포의 뾰족한 정도를 말한다.

- 백분위수(Percentile)는 데이터를 순서화하여 각 백분율에 위치하는 값을, 사분위수(Quartile)는 데이터를 순서화하여 25%(Q_1), 50%(Q_2), 75%(Q_3) 비율에 해당하는 값을 말한다.

표 3-2 주요 통계량의 계산공식: 평균, 분산, 표준편차

구분	계산공식	
	모집단인 경우	표본집단인 경우
평균 (Mean)	$\mu = \frac{1}{N}\sum_{i=1}^{N} x_i$	$\bar{x} = \frac{1}{n}\sum_{i=1}^{n} x_i$
분산 (Variance)	$\sigma^2 = \frac{1}{N}\sum_{i=1}^{N}(x_i - \mu)^2$	$S^2 = \frac{1}{n-1}\sum_{i=1}^{n}(x_i - \bar{x})^2$
표준편차 (Standard deviation)	$\sigma = \sqrt{\frac{1}{N}\sum_{i=1}^{N}(x_i - \mu)^2}$ 또는 $\sigma = \sqrt{\sigma^2}$	$S = \sqrt{\frac{1}{n-1}\sum_{i=1}^{n}(x_i - \bar{x})^2}$ 또는 $S = \sqrt{S^2}$
표준오차 (Standard error)		$SE = \frac{S}{\sqrt{N}}$

통계 실습 3-1 평균, 분산, 표준편차 및 표준오차 계산하기

[1] 10개의 수학퀴즈 점수 데이터를 가지고 표본평균, 분산, 표준편차 및 표준오차를 계산하시오.

8 9 7 8 10 8 7 6 9 8

[2] SPSS 프로그램에 의해 위의 데이터를 가지고 표본평균, 표본분산, 표준편차 및 표준오차를 확인하시오.

실습과정

[1] 수작업에 의한 계산하기

❶ 10개 데이터의 합계를 구한다.

데이터 합계=8+9+7+8+10+8+7+6+9+8=80점

❷ 평균은 산술평균으로 80점을 표본 수인 10개로 나누어서 계산한다.

평균 = 80점/10 = 8점

❸ 편차제곱을 구한다.

$$\text{편차제곱} = (8-8)^2+(9-8)^2+(7-8)^2+(8-8)^2+(10-8)^2+(8-8)^2+(7-8)^2 +(6-8)^2+(9-8)^2+(8-8)^2$$
$$= 0+1+1+0+4+0+1+4+1+0 = 12\text{점}$$

❹ 분산은 편차제곱값인 [12점]을 (n−1), 즉 (10−1)인 [9]로 나누어 계산한다.

분산 = 12점/9 = 1.333점

❺ 표준편차는 $\sqrt{1.333}$ 에 의해 계산한다.

표준편차 = $\sqrt{1.333} = 1.155$

❻ 표준오차는 $SE = \dfrac{S}{\sqrt{N}}$ 에 의해 계산한다. N은 모표본의 표본 수 10개이다.

표준오차(SE) = 1.155 / $\sqrt{10}$ = 0.365

[2] SPSS 프로그램으로 계산하기

❶ [Data Editor]에 변수명을 [수학점수]로 하여 입력한다.

❷ [분석–기술통계]에 들어가 옵션(합계, 평균, 분산, 표준편차)을 체크한 후 [확인]을 클릭해 통계분석을 완료한다. 그러면 기술통계량 출력물이 출력된다. 앞에서 수작업으로 계산한 통계량과 정확히 일치함을 알 수 있다.

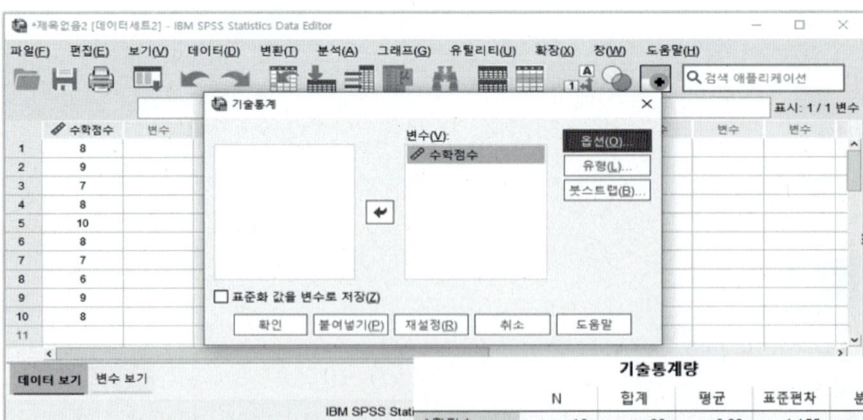

기술통계량

	N	합계	평균	표준편차	분산
수학점수	10	80	8.00	1.155	1.333
유효 N(목록별)	10				

3) 데이터분포와 검증통계량

(1) 데이터분포

데이터분포(Data distribution)는 **정규분포, t분포, F분포, χ^2분포** 등으로 구분된다. 이 책에서 다루는 PLS-SEM은 t분포를 이용한다.

정규분포(Normal distribution)는 마치 종을 엎어 놓은 것과 같은 종 모양으로 좌우대칭인 분포이다. 평균과 표준편차(분산)에 따라 구체적인 분포의 위치와 모양이 결정된다. 평균에 따라 그래프 위치가 결정되고, 표준편차의 크기에 따라 그래프의 퍼진 모양이 결정된다. 이와 같이 정규분포는 평균과 분산은 물론 측정단위에 의해 영향을 받는다. 따라서 모든 정규분포의 기준이 될 수 있는 정규분포가 필요하다. 이러한 요구를 충족시키기 위해서 탄생된 것이 바로 **표준정규분포**(Standard normal distribution) 혹은 **Z분포**이다.

그림 3-6 ▌ **정규분포의 표준화: 표준정규분포**

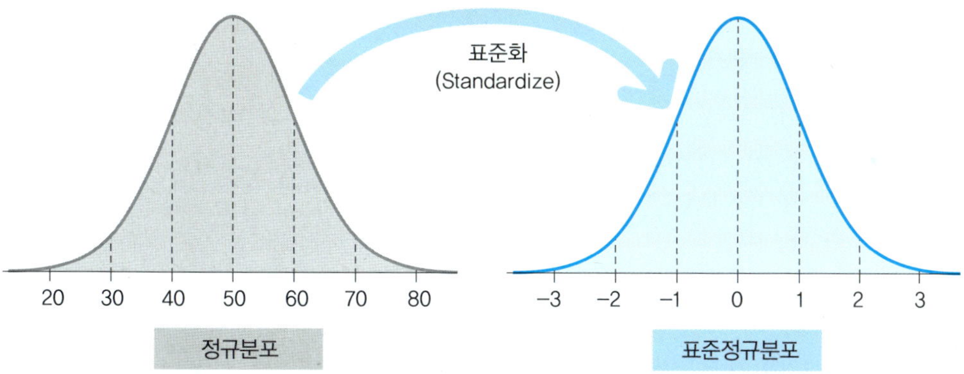

표준정규분포는 모든 정규분포를 **평균**이 0이고 **표준편차**가 1이 되도록 표준화시킨 것을 말한다. **표준화 Z-점수**는 개별값이 평균에서 표준편차를 단위로 하여 얼마만큼 멀리 떨어져 있는지를 나타내며 다음과 같은 공식에 의해서 계산된다. X(데이터값)$-\mu$(X의 평균)=평균으로부터의 거리이며 이를 표준편차의 단위(σ)로 나눈다.

$$Z = \frac{X - \mu}{\sigma}$$

t분포(t distribution)는 평균이 0, 표준편차가 1인 구릉이나 종모양의 좌우대칭인 분포이다. 자유도에 따라 그 모양이 변하고 자유도가 30 이상이면 표준정규분포(Z분포)와 거의 동일한 분포를 한다. t분포는 정규분포와 같이 좌우대칭의 모양이며 두터운 꼬리모양을 가지고 있다.

그림 3-7 정규분포와 t분포의 차이 비교

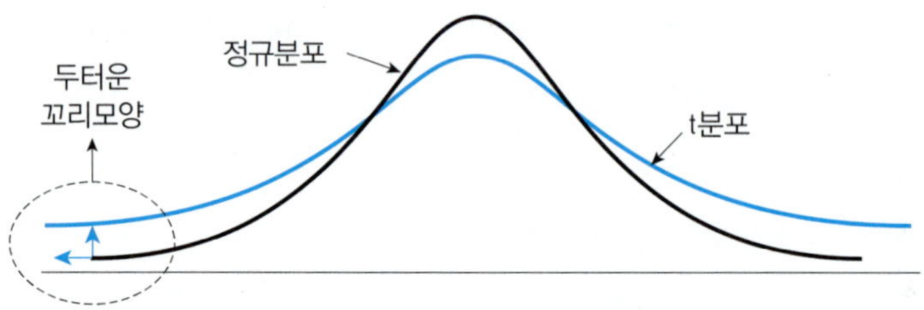

F분포(F distribution)는 χ^2분포와 유사한 오른쪽 꼬리를 갖는 비대칭적 분포이며 자유도가 증가함에 따라 점차 정규분포의 모양을 가진다. 이 분포의 모양은 분자의 자유도와 분모의 자유도에 따라 결정되며 χ^2분포와 다르게 2개의 자유도를 갖고 있다.

χ^2분포(Chi-square distribution)는 F분포와 유사하게 오른쪽 꼬리를 가진 비대칭적 분포이며, 자유도에 따라 모양이 변하며 자유도가 커질수록 정규분포에 가까워진다. 이 분포는 CB-SEM에서 관측 데이터와 설정모델 간의 차이에 대한 기준분포로 쓰이며 신뢰구간이나 가설검증 등의 모델에서 자주 등장한다.

(2) 분포와 검증통계량

검증통계량(Test statistic)은 귀무가설(Null hypothesis)과 연구가설(대립가설, Research hypothesis) 중에서 어느 하나를 선택하는 데 사용되는 통계량이다. 여기에서 귀무가설은 0가설이라고도 하며 보편적으로 옳다고 믿어지는 가설을, 그리고 대립가설(연구가설)은 귀무가설에 반대가 되는 새로운 주장을 하는 가설을 말한다.

[표 3-3]에서 제시된 것처럼 통계분석기법에 따라서 이용 확률분포와 유의수준 확인지표가 다름을 알 수 있다. 먼저, t검증과 PLS-SEM은 t분포를, 분산분석은 F분포를, 회귀분석은 F분포와 t분포를 그리고 교차분석은 χ^2분포를 검증통계량의 분포로 사용한다. 다음으로, t검증은 검증통계량으로 t값을, 분산분석은 F값을, 회귀분석은 F값과 t값을, 교차분석은 χ^2값을 그리고 PLS-SEM은 t값을 사용한다. 그러나 모든 통계기법에 있어서 공통적으로 유의수준을 판단하는 기준으로는 p값(혹은 유의확률)이 사용되고 있음을 알 수 있다. 일반적으로 검증통계량을 사용하여 가설 채택/기각 여부를 결정할 경우에는 개별 검증통계량의 분포표를 참조해야 하기 때문에 다소 번거로운 점이 있다. 그러나 최근에는 통계학의 발전에 따라 검증통계량에 해당하는 p값(Probability value, or p-value)을 통계프로그램들에서 거의 자동적으로 계산하여 제공하고 있기 때문에 편리하게 가설검증을 시행할 수가 있게 되었다.

표 3-3 통계분석기법, 이용 확률분포와 유의수준 확인지표(검증통계량, p)

통계분석기법	이용 확률분포	유의수준 확인지표	
		검증통계량	p값(유의확률)
t검증	t분포	t값	p값
분산분석	F분포	F값	
회귀분석	F분포, t분포	F값, t값	
교차분석	χ^2분포	χ^2값	
PLS-SEM	t분포	t값	

통계분석기법들은 이용하는 확률분포가 다르며 특정한 유의수준(Significance level)하에서 검증통계량 또는 유의확률(p값)을 이용하여 가설검증을 시행한다. 여기에서 유의수준(α)이란 연구자가 설정한 대립가설(연구가설)의 채택/기각 여부를 결정하는 판단기준으로 귀무가설이 옳은데도 불구하고 이를 기각하는 확률의 크기를 말한다. 이는 검증통계량을 구하는 것과는 무관하게 검증을 실시하는 사람의 판단에 따라 결정한다. 학문 분야에 따라 약간 달라질 수는 있으나 일반적으로 유의수준은 0.1%(0.001), 1%(0.01), 5%(0.05)로 구분할 수 있다. 의학, 자연과학 분야 등은 보다 엄격한 기준인 0.1%, 1%기준이 그리고 사회과학 분야에서는 보통 5%기준이 많이 사용되고 있다.

- 유의확률(p-value) ≥ 유의수준: 귀무가설 기각할 수 없음(Reject)
- 유의확률(p-value) < 유의수준: 대립가설(연구가설) 채택(Accept)

SmartPLS를 이용한 PLS-SEM은 검증통계량으로 t값을 사용한다. [표 3-4]는 검증통계량인 t값을 이용해 가설을 검증할 수 있는 기준을 제시하고 있다. 예컨대 양측검증(Two-sided test)[3]에서 t의 절대값≥1.96(임계치)이면 유의수준 5%(α =0.05)에서 대립가설(연구가설)이 유의적이라고 판단한다. 만약 어떤 계수의 t값이 [2.11]이라면 이 값은 검증통계량 t값 [1.96]보다 크므로 유의수준 5%에서 유의적이라고 말할 수 있다. 한편 단측검증이라면 t의 절대값≥1.645(임계치)이면 유의수준 5%(α =0.05)에서 대립가설(연구가설)이 유의적이라고 판단한다.

표 3-4 검증통계량 t값과 유의수준의 관계

t값(임계치)	양측검증	단측검증
|t|≥3.30	유의수준 0.1%(α =0.001)	유의수준 0.05%(α =0.0005)
|t|≥2.58	유의수준 1%(α =0.01)	유의수준 0.5%(α =0.005)
|t|≥2.33	유의수준 2%(α =0.02)	유의수준 1%(α =0.01)
|t|≥1.96	유의수준 5%(α =0.05)	유의수준 2.5%(α =0.025)
|t|≥1.645	유의수준 10%(α =0.10)	유의수준 5%(α =0.05)

유의수준과 신뢰수준(Confidence level)은 어떤 관계가 있을까?

유의수준은 α라고 하며 (1−α)는 신뢰수준이라 한다. 유의수준과 신뢰수준을 합하면 1이 된다. 신뢰수준은 허용오차수준인 유의수준에 따라서 결정된다. 신뢰수준이 결정되면 좌우 임계치(Critical value)[4]까지의 면적이 신뢰수준이 되도록 신뢰구간을 결정하게 된다. 유의수준 5%(α =0.05)라는 것은 신뢰수준이 95%라는 것을 의미한다. [그림 3-8]은 유의수준 5%

3) 단측검증(One-tailed test)은 검증통계량의 분포에서 기각 영역이 한쪽에 나타나는 가설검증이며 양측검증(Two-tailed test)은 기각 영역이 양쪽에 나타나는 형태의 가설검증이다. 단측검증은 좌측검증과 우측검증이 있다. SmartPLS는 기본적으로 양측검증을 위한 t값을 제공하며 만약 연구자가 단측검증을 하려면 별도의 임계치(예컨대, 유의수준이 5%를 적용하는 경우에는 임계치는 1.96이 아닌 1.645)를 적용해야 한다.

4) 임계치란 검증의 종류(단측검증, 양측검증)와 유의수준(α)을 고려해서 산출한 값으로 가설의 채택 여부를 결정짓는 경계값이다.

(α =0.05)를 가정하는 경우 검증통계량의 분포에서 유의수준 크기에 해당하는 영역(면적)은 기각역(Rejection region)이라고 하며, 임계치(−1.96, +1.96) 안의 구간은 귀무가설을 채택하는 채택역(Acceptance region)이라고 한다.

그림 3-8 ▌ t검증통계량의 분포, 신뢰수준 및 유의수준

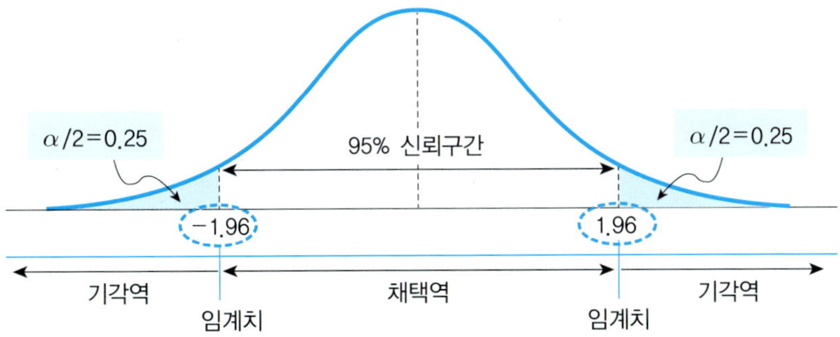

(3) 신뢰도와 타당도

PLS-SEM에 의한 분석은 측정모델과 구조모델을 동시에 분석한다. 그러나 구조모델에 대한 추정에 앞서서 사전에 연구자가 설정한 반영적 측정모델과 형성적 측정모델에 대한 신뢰도와 타당도검증이 이루어져야 한다. 만약 측정모델에 대한 검증 결과 신뢰도와 타당도가 입증되지 않는다면 구조모델의 결과도 신뢰할 수 없는 결과가 될 수밖에 없다.

신뢰도(Reliability)는 동일 개념에 대해 반복 측정했을 때 동일한 측정값을 얻을 가능성을, 타당도(Validity)는 측정하고자 하는 개념을 얼마나 정확히 측정했느냐에 대한 것이다. Mooi & Sarstedt(2011)는 3개의 과녁을 비교한 그림을 통하여 신뢰도와 타당도의 차이를 설명한다. [그림 3-9]에서 점(dot)은 과녁에 꽂힌 다섯 설문문항에 대한 화살로 설문지에 대한 응답자들의 응답값을, × 표시는 5개 응답치의 평균값을 나타낸 것이다. 과녁에 꽂힌 화살들 간의 간격이 가까울수록 타당도가 높음을 의미한다.

그림 3-9 ❚ 신뢰도와 타당도 비교

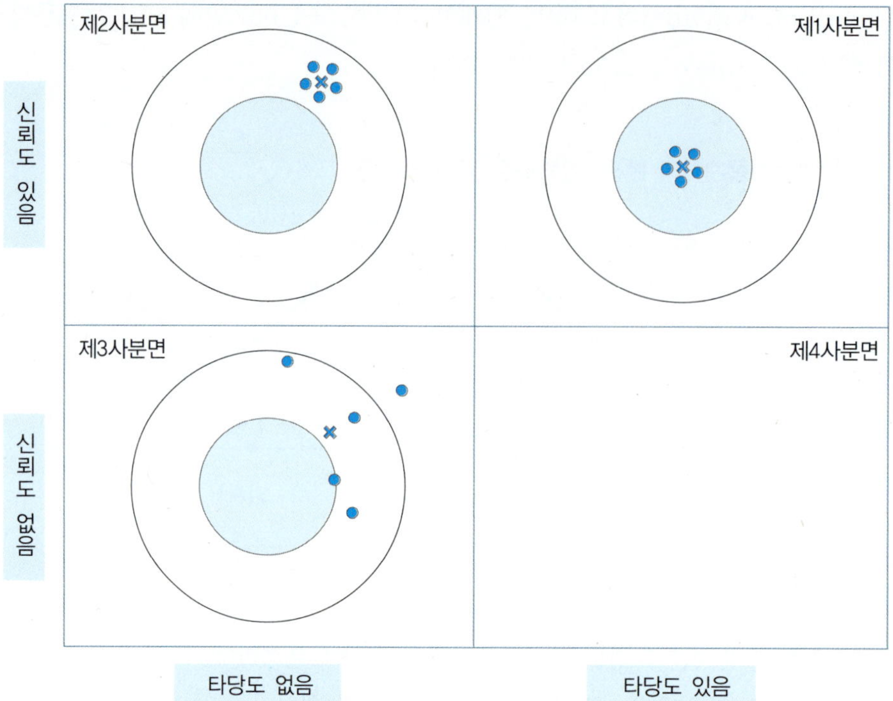

자료원: Mooi, E. and Sarstedt, M.(2011)을 참조함.

[그림 3-9]에서 **제2사분면**의 경우 응답값이 과녁의 정중앙에서 떨어져 있긴 하지만 신뢰도는 있으며 타당도는 없는 경우이다. **제1사분면**은 신뢰도와 타당도를 모두 확보한 경우이며 **제3사분면**은 신뢰도와 타당도를 모두 확보하지 못한 경우이다. 만약 제3사분면에서 × 표시가 과녁 정중앙에 위치한다 하더라도 여전히 타당도는 없다고 볼 수 있다. 왜냐하면 무작위오류와 체계적 오류를 구분할 수 없기 때문이다. 결국 개별 측정변수나 잠재변수가 신뢰도를 확보하지 못했다면 타당도를 확보할 수 없게 된다. 그러므로 신뢰도는 타당도를 위한 필수요건이라고 볼 수 있다. 이것이 또한 제4사분면에 해당하는 부분이 없는 이유이다.

SmartPLS를 이용한 PLS-SEM에서는 반영적 측정모델과 형성적 측정모델을 가지고 있다.

- **반영적 측정모델**에서는 측정변수 신뢰도(Indicator reliability), 내적 일관성(Internal consistency), 집중타당도(Convergent validity), 판별타당도(Discriminant validity) 등을 평가한다.

- **형성적 측정모델**에서는 형성적 측정모델의 집중타당도, 공선성, 형성적 측정변수들의 유의성(Significance)과 적합도(Relevance) 등을 평가한다.
- **내용타당도**(Content validity)는 측정하고자 하는 문항이나 내용이 조사대상의 주요 국면을 어느 정도 대표하는지를 말한다. 이는 연구자가 조사문항의 내용이 목적에 비추어 적절한지에 대해 경험 혹은 전문지식을 바탕으로 주관적으로 판단한다.

(4) 탐색적 요인분석과 확인적 요인분석

요인분석(Factor analysis)은 연속형 데이터를 가지고 여러 변수들 간의 공분산이나 상관관계 등을 분석해서 이들 간에 공통적으로 작용하고 있는 요인을 추출하여 전체 데이터를 대변할 수 있도록 변수의 수를 축약하는 기법이다. 일반적으로 SPSS 등을 통해 요인분석하는 것은 거의가 **탐색적 요인분석(EFA)**에 해당되며 CB-SEM에서는 **확인적 요인분석(CFA)**을 통해서 측정모델의 신뢰도와 타당도를 검증한다. PLS-SEM은 EFA와 관련이 있으며 CFA를 사용하지 않는다. 한편 요인의 추출방법으로 주성분분석(Principal Components Analysis)과 공통요인분석이 사용된다.

그림 3-10 | 탐색적 요인분석과 확인적 요인분석의 비교

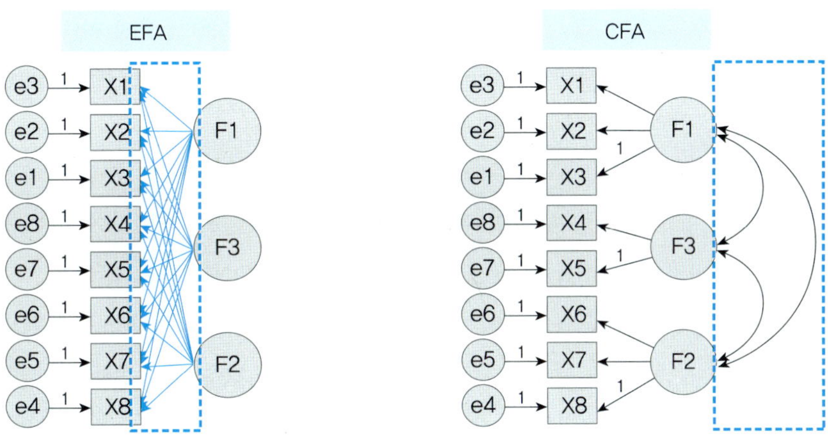

주: 1) F: 요인(잠재변수), X: 측정변수, e: 측정오차
2) EFA는 요인과 측정변수 간 인과관계로 모두 연결, 요인 간 연결은 없음.
3) CFA는 요인(잠재변수)별로 측정변수와 인과관계로 연결, 요인(잠재변수) 간은 상관관계로 연결됨.

EFA는 연구모델에 대한 아무런 기존의 이론적인 구성이나 사전적인 지식이 없는 상태에서 요인이나 잠재변수를 추출하는 방법으로 분석하기 전에는 축약될 요인의 수나 어떤 측정변수들이 어떤 요인으로 축약될지를 전혀 알 수 없다. 반면에 CFA는 조사자가 이론적 근거나 선행연구를 바탕으로 데이터분석 전에 잠재변수를 구성하는 측정변수들이 지정(혹은 확정)이 되어 있는 상태에서 분석하는 방법이다.

[그림 3-10]에 제시된 것처럼 EFA에서는 요인과 측정변수 간을 모두 인과관계로 연결시키고 있지만 CFA는 요인(잠재변수)과 측정변수 간을 EFA처럼 모두 연결시키지 않고 요인별(잠재변수)로 측정변수와 인과관계를 연결시키고 있는 것이 차이점이다. 특히 CFA에서는 요인(잠재변수) 간을 상관관계로 연결시키고 있음에 유의할 필요가 있다.

(5) 회귀분석

회귀분석(Regression analysis)은 독립변수와 종속변수 간의 관련성을 파악하고 나아가 **종속변수**가 **독립변수**에 의해 어떻게 설명 혹은 예측되는지를 분석하는 통계분석기법이다. 회귀분석에서 독립변수는 설명변수, 예측변수(Predictor variable), 선행변수, 인자(요인)로, 종속변수는 결과변수, 반응변수(Response variable), 특성값으로 불린다. 회귀분석은 시간에 따라 변화하는 데이터나 독립변수가 종속변수에 미치는 영향, 가설적 실험, 인과관계의 모델링 등의 통계적 예측에 이용될 수 있다. 그러나 많은 경우 회귀분석의 **기본가정**(Basic assumptions)인 독립변수와 종속변수 간의 **선형성**, **오차항의 정규성**, **독립성** 및 **등분산성**이 충족되었는지를 검토하지 않고 사용됨으로써 그 결과가 오용되는 경우도 있다.

하나의 종속변수와 하나의 독립변수 사이의 관계를 분석하는 경우를 **단순회귀분석**(Simple regression analysis), 하나의 종속변수와 여러 독립변수 사이의 관계를 규명하고자 할 경우를 **다중회귀분석**(Multiple regression analysis)이라고 한다.

독립변수가 1개 이상인 다중회귀분석 시 독립변수들 간의 상관관계가 높아지면 독립변수의 영향력을 올바르게 추정할 수 없으며 **다중공선성**의 문제가 발생된다. 이러한 경우에는 **결정계수**(R^2)가 지나치게 높게 나올 수 있고 각 회귀계수의 유의성에 대한 검증통계량이 유의하지 않음에도 불구하고 모형에 대한 분산분석 결과가 유의한 경우에는 다중공선성을 의심해야 한다. 다중공선성의 통계량은 **분산팽창인자**(Variance Inflation Factor: VIF)와 **공차한계**(Tolerance: TOL)가 사용된다. 회귀분석에서는 통상적으로 **VIF가 10 이상(PLS-SEM에서는**

5 이상)이거나, TOL이 0.1보다 작으면 다중공선성이 존재한다고 판단한다. 회귀분석과정에서 다중공선성이 탐지된 경우에는 다중공선성이 발생한 변수 중 하나를 삭제하거나 변수들의 결합으로 새로운 변수를 생성해서 분석하면 된다. 또한 다중공선성이 존재하는 경우에는 주성분회귀분석, 능형회귀분석(Ridge regression analysis), PLS(Partial Least Square)회귀분석을 사용해야 한다.

회귀분석의 유형은 [표 3-5]에 제시된 것처럼 회귀분석의 기본 가정 위배, 회귀분석의 변수 투입방식, 독립변수와 종속변수의 수와 측정척도 등에 따라서 다양하게 분류할 수 있다.

표 3-5 다양한 회귀분석의 유형들

적용 상황	적용 가능한 회귀분석 유형
독립변수의 수	1개이면 단순회귀분석(Simple regression analysis), 2개 이상이면 다중회귀분석(Multiple regression analysis)
변수의 선형관계(선형성 가정 위배 시)	선형성이 충족되면 선형회귀분석(Linear regression analysis), 그렇지 않으면 비선형회귀분석(Non-linear regression analysis). (자연로그변환, 상용로그변환, 제곱근변환, 역변환 등의 데이터변환을 통해 선형성이 만족되면 선형회귀분석 적용)
위계의 존재 여부	위계적 회귀분석[통제변수가 존재하고 위계가 존재할 때, 영향력이 큰 독립변수를 하나씩 투입(Hierarchical multiple regression analysis)], 통제회귀분석(통제변수가 존재하고 위계가 없을 때, Multiple regression analysis with control variables)
독립변수가 범주형 데이터(명목척도, 서열척도)인 경우(더미변수가 포함되어 있을 때)	더미회귀분석(Dummy regression analysis)
종속변수가 범주형 변수일 때	다항로지스틱회귀분석(종속변수가 명목척도이고 3수준 이상, Multinomial logistic regression analysis), 순서형 로지스틱회귀분석(종속변수가 서열척도이고 3수준 이상, Ordinal logistic regression analysis), 이분형 로지스틱회계분석(종속변수가 명목척도이고 2수준일 때, Binary logistic regression analysis). 단 독립변수는 모든 척도 가능함.
조절변수와 매개변수가 존재할 때	조절변수가 있으면 조절회귀분석(Moderated regression analysis), 매개변수가 있으면 매개회귀분석(Mediated regression analysis)
다중공선성이 존재할 때	주성분회귀분석(Principal components regression), 능형회귀분석, PLS회귀분석
등분산성 가정이 만족되지 않을 때	가중회귀분석(Weighted regression analysis)

오차항의 독립성 가정이 만족되지 않을 때	시계열분석방법의 하나인 **자기회귀분석**(Autoregression), 최적화척도법의 하나인 **범주형 회귀분석**(독립변수와 종속변수가 모두 범주형인 경우에 사용)
이상값(Outlier)이 존재할 때	**로버스트 회귀분석**(Robust regression analysis)
종속변수의 정규성이 존재하지 않을 때(종속변수의 왜도가 2 이상으로 왼쪽으로 치우쳐진 경우)	**포아송회귀분석**(Poisson regression analysis), **감마회귀분석**(Gamma regression analysis), **음이항회귀분석**(Negative binomial regression analysis) : SPSS의 일반화선형모형에서 분석 가능
종속변수가 매출액과 같이 하한이 존재하거나 상한과 하한이 동시에 존재하는 경우)	**토빗회귀분석**(Tobit regression analysis)
오차항의 자기상관(Autocorrelation)이 존재하는 경우	**시계열분석**(Time series analysis)

단순회귀분석의 회귀방정식은 $y = \alpha + \beta_1 x_1 + \epsilon$이며, 이의 통계프로그램에 의한 추정식은 $\hat{y} = \hat{\alpha} + \hat{\beta_1} x_1$이다. **다중회귀분석의 회귀방정식**은 $y = \alpha + \beta_1 x_1 + \beta_2 x_2 + \cdots + \beta_p x_p + \epsilon$이며, 이의 추정식은 $\hat{y} = \hat{\alpha} + \hat{\beta_1} x_1 + \hat{\beta_2} x_2 + \cdots + \hat{\beta_p} x_p$이다. 회귀방정식에서는 오차항이 있지만 추정식에서는 오차항이 존재하지 않는다. 여기에서 α는 절편(Intercept), β는 기울기(Slope), ϵ는 오차(잔차),[5] y는 실제값, $\hat{y}$는 예측값이다. 오차 ϵ는 실제값과 예측값($y - \hat{y}$)의 차이이다. **회귀분석의 절차**는 ① 회귀방정식(회귀식)의 추정, ② 결정계수, ③ 추정된 회귀방정식의 유의성검증, ④ 회귀계수의 통계적 유의성검증 순으로 수행하면 된다. 회귀식의 추정방법으로 가장 널리 사용되는 것은 모든 잔차의 제곱합을 최소화하는 **최소제곱법**이다. 회귀방정식의 유의성은 분석 결과에서 분산분석표의 F검증을, 회귀계수의 통계적 유의성검증은 t분포를 이용한다.

회귀분석에서 종속변수(y)의 값을 회귀방정식으로 추정했을 때 실제값 y의 총편차(A)는 회귀방정식으로 설명할 수 있는 편차(B)와 설명되지 않는 편차(C)로 나눌 수 있다. **결정계수(R^2)**는 총편차 중에서 회귀방정식에 의해 설명되는 편차(R^2=B/A)로 정의된다. R^2은 0에서 1 사이($0 \le R^2 \le 1$)에 존재하며 단순회귀분석에서는 상관계수의 제곱과 같다. R^2이 높다는 것은 오차가 작다는 것이며 이것은 예측을 했을 때 예측오차가 작다는 것을 의미한다. 그러므

5) 모집단에서는 **오차**(Error)라 하며, 표본에서는 **잔차**(Residual)라 한다.

로 R^2은 회귀방정식이 데이터를 설명할 수 있는 정도인 설명력(예측 정확도)이라고 볼 수 있다.

(6) 평균중심화

평균중심화(Mean centering)란 각 변수에서 해당 변수의 평균값을 빼주는 것을 말한다. 예컨대 변수 X가 있다면 X변수의 평균값을 구해서 [X−평균값]을 빼면 된다.

조절회귀분석을 하게 될 경우 독립변수(X)와 조절변수(M)의 곱인 **상호작용항**(X×M)을 만들어 분석을 하게 된다. 이와 같이 상호작용항(Interaction term)을 만들면 다중공선성이 발생되어 문제가 될 수 있다. 변수에 대한 평균중심화를 하지 않고 통계분석을 수행하는 경우에는 새로운 변수로 생성된 상호작용항의 VIF가 매우 높게 나타난다. 일반적으로 분석 결과가 이렇게 나오면 연구자들은 다중공선성의 문제를 해결하려는 마음이 생긴다. 이러한 이유로 학계에서는 평균중심화의 문제점에 대한 많은 지적이 있음에도 불구하고 평균중심화를 하는 것이 옳다는 생각을 하게 된다. 그러나 Dalal & Zickar(2012), Hayes(2013)는 이러한 생각이 오랫동안 잘못 알려진 오해에 불과하다고 주장하였다.

조절효과분석이나 PLS-SEM분석에서 평균중심화를 한 경우와 그렇지 않은 경우로 구분해 통계분석을 실시하면 양자의 경우는 동일한 분석 결과(상호작용항의 회귀계수, 표준오차, t, p값)를 얻게 되며 조절효과분석에 아무런 영향을 미치지 못한다고 알려져 있다. 이에 대해 Dalal & Zicker(2012)는 평균중심화가 비본질적 다중공선성을 줄이나 본질적 다중공선성에는 영향을 주지 않음을 증명하였다. 그러나 이들은 평균중심화가 조절효과분석 결과의 해석 가능성(Possibility of the interpretation)을 높일 수 있고 구조방정식모델과 다수준모형 분석에서는 별도의 중요성을 갖는다고 주장하였다.

통계 실습 3-2 변수값의 평균중심화하기

5점 척도로 측정된 모바일만족도(SAT)에 대한 10명의 응답치를 가지고 SPSS 프로그램에 의해 **평균중심화(Mean centering)**를 하시오.

4 5 3 4 5 2 4 3 4 2

실습과정

❶ SPSS 프로그램의 Data Editor를 이용해서 변수 SAT에 주어진 데이터를 입력한다.

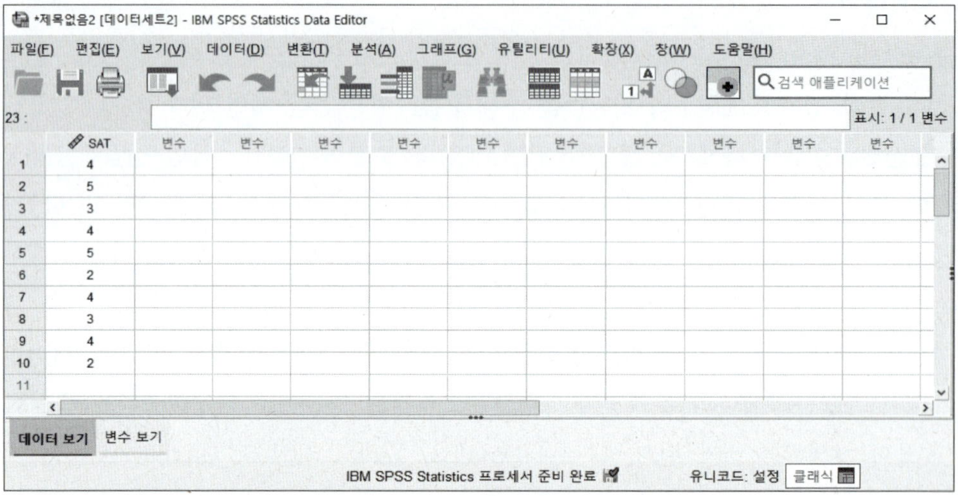

❷ [분석-기술통계량-기술통계]에 들어가서 [평균값]을 출력한다.

기술통계량

	N	합계	평균
SAT	10	36	3.60
유효 N(목록별)	10		

❸ [변환-변수계산]에 들어가서 [목표변수]에 [SAT_mc]을 입력하고 오른쪽 [숫자표현식]에 [SAT-3.60]을 입력한다.

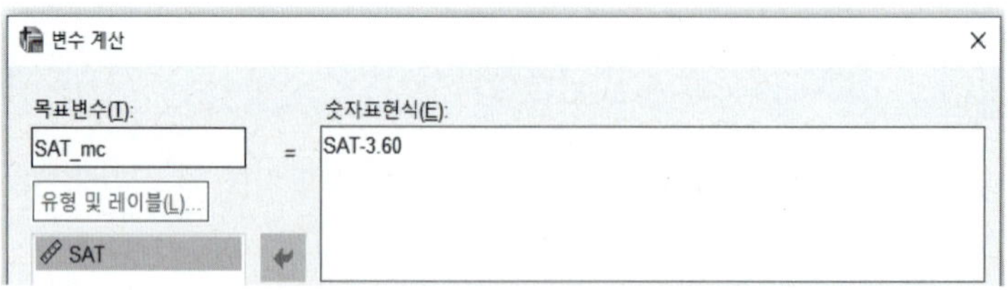

❹ 최종적으로 [SAT]를 평균중심화한 값이 [SAT_mc]라는 새로운 변수로 출력된다. 필요 시 평균중심화한 값을 이용해서 통계분석하면 된다.

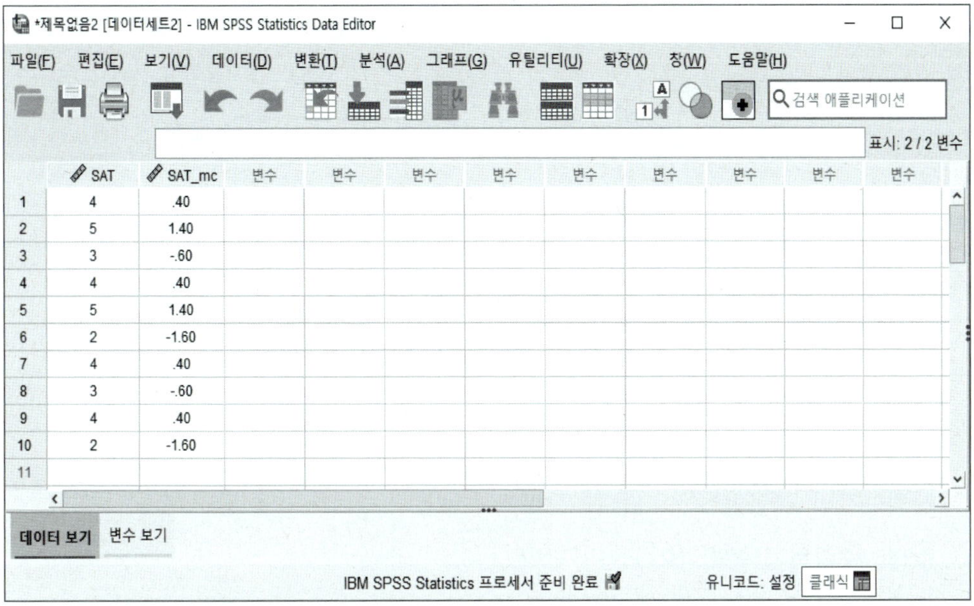

(7) 추정과 신뢰구간

추정(Estimation)이란 모집단에 대한 어떠한 정보도 없는 상태에서 모집단을 대표할 수 있는 표본을 추출하여 추출된 표본의 통계량을 구한 다음 이를 이용해서 모집단의 모수를 예측하는 것을 말한다(이훈영, 2010). 추정의 방법으로는 점추정(Point estimation)과 신뢰구간 추정(Confidence interval estimation)이 있다. 전자는 추정하고자 하는 모수를 하나의 수치로 추정하는 것을 후자는 추정하고자 하는 모수가 존재하리라고 예상되는 신뢰구간을 정하여 추정하는 방법이다. 일반적으로 신뢰구간 추정에서는 Z분포 대신 t분포를 이용한다.

그림 3-11 ▌추정과 신뢰구간(하한값, 상한값)

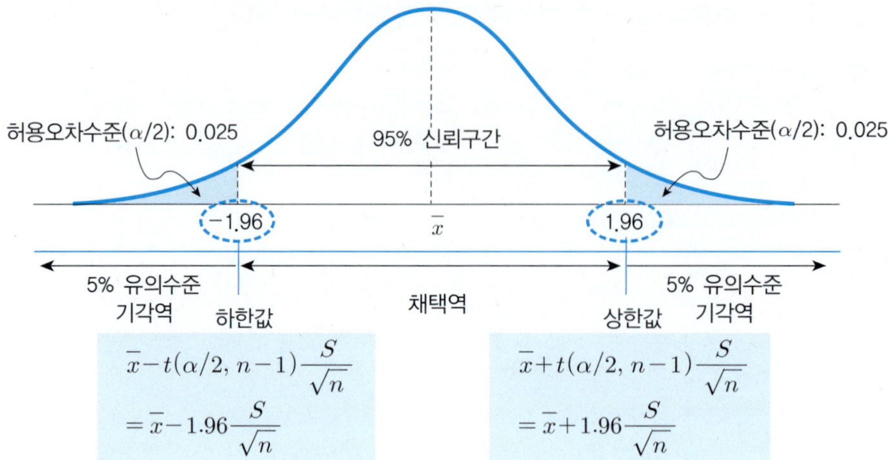

신뢰구간의 결정방법은 다음과 같다.

첫째, 추출된 표본평균($\bar{x}$)을 구한다.

둘째, 표본평균($\bar{x}$)의 표준편차인 표준오차(Standard error)를 산출한다.

셋째, 신뢰수준($1-\alpha$)에 따른 t값을 구한다.

마지막으로, 표본평균($\bar{x}$)을 중심으로 표준오차와 t값을 곱한 값만큼 좌우(±)로 떨어진 값($\bar{x} \pm t(\alpha/2, n-1)S/\sqrt{n}$)으로 이루어진 구간이 신뢰구간이 된다.

(8) PLS-SEM 알고리즘

SmartPLS에서 **PLS-SEM Algorithm**을 실행하면 **잠재변수 점수**는 물론 이를 이용해 측정모델의 **외부가중치**(Outer weights), **외부적재치**(Outer loadings)와 구조모델의 **경로계수**(Path coefficients), 내생잠재변수의 R^2 등의 추정이 가능하며, 이는 단순회귀분석과 다중회귀분석의 반복적인 실행과정을 통해서 이루어진다. 따라서 PLS-SEM Algorithm은 SmartPLS에서 다양한 추정치를 계산하기 위한 **실행 명령**으로 볼 수 있다.

그림 3-12 | SmartPLS에서 PLS-SEM Algorithm의 실행

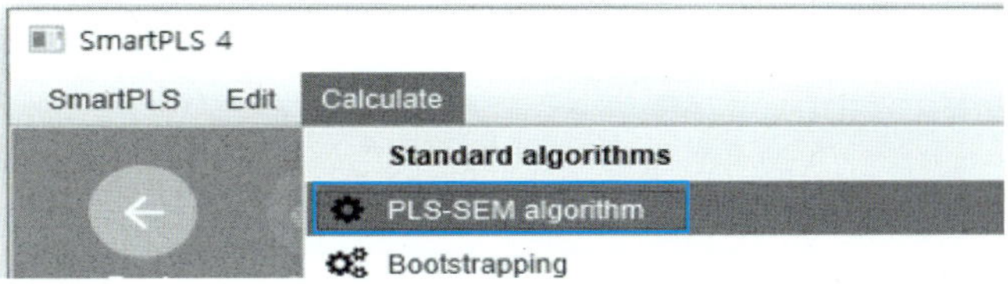

SmartPLS의 메뉴에서 [그림 3-12]와 같이 [Calculate-PLS-SEM Algorithm]을 클릭하거나 툴바에서 [Calculate](실행)을 좌 클릭하여 [PLS-SEM Algorithm]으로 들어가서 옵션 지정은 그대로 두고 [Start Calculation]을 좌 클릭하면 PLS-SEM Algorithm이 실행된다(이에 대한 자세한 설명은 제6장 구조방정식모델의 추정을 참조하면 된다).

(9) 부트스트래핑

PLS-SEM은 데이터가 정규분포를 이룬다고 가정하지 않으며 모수적 검증을 통해 계수의 유의성을 검증하지 않는다. 대신에 PLS-SEM은 계수의 유의성검증을 위해서 비모수적 부트스트래핑 절차를 이용한다. 부트스트래핑(Bootstrapping)은 원래 표본에서 추출된 가상모집단으로부터 복원 추출을 통해 많은 표본추출 분포를 추정하는 방법으로, PLS-SEM에서 부트스트래핑은 검증통계량인 t값(t value) 등을 추정하는 실행 명령이다. 부트스트래핑은 앞에서 살펴본 PLS-SEM Algorithm과 함께 SmartPLS에서 매우 중요하고 핵심적인 실행 명령이라고 볼 수 있다.

SmartPLS의 메뉴에서 [그림 3-13]과 같이 [Calculate-Bootstrapping]을 클릭하거나 툴바에서 [Calculate](실행)을 좌 클릭하여 [Bootstrapping]으로 들어가서 필요한 옵션을 선택한 후 [Start Calculation]을 좌 클릭하면 Bootstrapping이 실행된다(이에 대한 보완적 설명은 제8장 형성적 측정모델의 평가를 참조하면 된다). 부트스트래핑 절차는 원데이터(Raw data)로부터 많은 수의 부표본(Subsamples)인 부트스트랩 표본을 복원추출하여 반복적인 회귀분석과정을 통해서 t값을 산출한다. 일반적으로 부트스트랩 표본은 5,000개를 필요로 한다.

그림 3-13 SmartPLS에서 Bootstrapping 절차의 실행

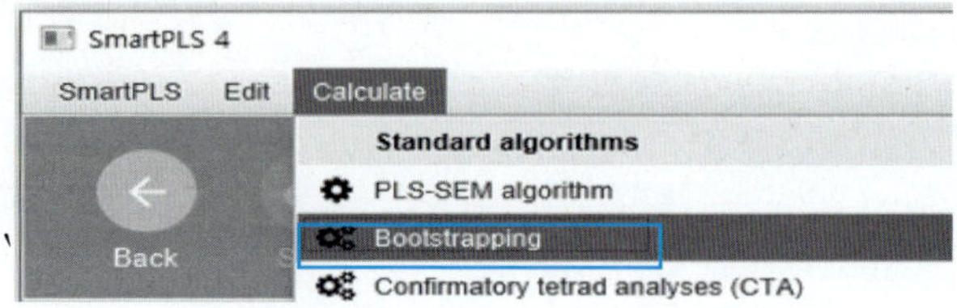

우리는 산출된 t값을 이용해서 계수의 유의성을 판단할 수 있다. 예컨대 5% 유의수준(양측검증)에서 특정 경로계수에 대해 산출된 t값이 ±1.96보다 크면 통계적으로 유의한 차이를 나타낸다고 해석할 수 있다. 유의수준이 1%($\alpha=0.01$, 양측검증)와 10%($\alpha=0.10$, 양측검증)인 경우에는 각각 t값이 ±2.57, ±1.65 이상일 때 해당 경로계수값이 유의적이라고 판단한다.

(10) 외부가중치, 외부적재치 및 경로계수

SmartPLS에 의한 구조방정식모델에서 계수들은 [그림 3-14]에 제시된 것처럼 세 가지 유형을 가지고 있다. 먼저, 구조모델에서 잠재변수 간 계수(가설경로)는 P_{12}, P_{23}로 표시하며 경로계수(Path coefficient)라 한다. 이는 표준화된 회귀계수이다. 물론 SmartPLS 프로그램은 비표준화회귀계수도 제공한다. 다음으로, 형성적 측정모델(SYSQ, SERVQ)에서 계수는 외부가중치(Outer weight)로 잠재변수와 형성적 측정변수 간 표준화 회귀계수를 의미한다. 외부가중치의 계수들(W_{11}, W_{12}, W_{23}, W_{24})은 Weight의 약어로 W를 사용하기로 한다. 반영적 측정모델(SAT)에서 계수는 외부적재치(Outer loading)로 잠재변수와 반영적 측정변수 간 표준화 회귀계수를 의미한다. 외부적재치의 계수들(L_{35}, L_{36}, L_{37})은 Loading의 약어로 L을 사용하기로 한다. 모든 표준화회귀계수는 -1과 $+1$ 사이의 값을 가진다.

그림 3-14 ▌ 구조방정식모델에서 외부가중치, 외부적재치 및 경로계수

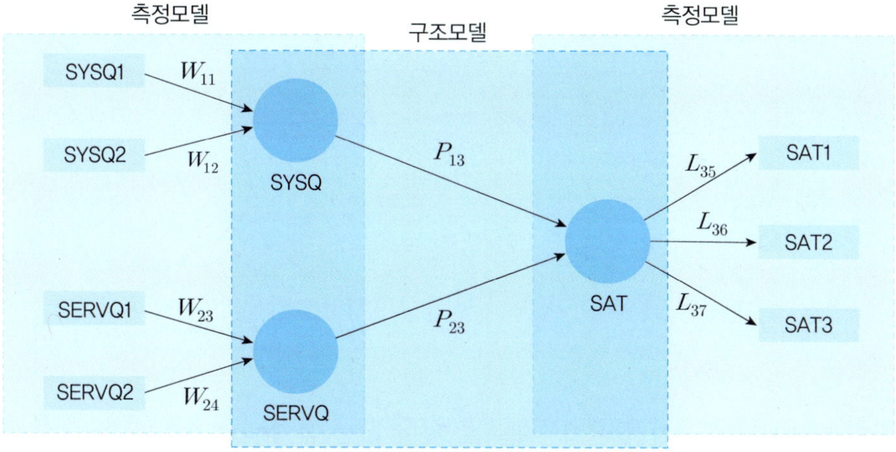

형성적 측정모델: SYSQ, SERVQ / 반영적 측정모델: SAT
W: 형성적 측정모델의 외부가중치(Outer weights)=잠재변수와 형성적 측정변수 간 표준화 회귀계수
L: 반영적 측정모델의 외부적재치(Outer loadings)=잠재변수와 반영적 측정변수 간 표준화 회귀계수
P: 구조모델의 경로계수=잠재변수(가설경로) 간 표준화 회귀계수

(11) 단일항목과 다수항목의 사용

연구자들은 [그림 3-15]와 같이 측정모델의 측정변수(혹은 지표들)를 단일항목(Single item measures)과 다수항목(Multi-item measures) 중에서 선택해 사용할 수 있다.

단일항목의 측정모델은 설문지법 등을 통해 처음부터 한 개의 측정변수(단일항목)로 측정할 수도 있고 처음에는 특정 잠재변수의 측정을 위해 몇 개의 측정변수들(다수항목)로 측정했으나 후에 단일항목으로 합산하여 사용할 수도 있다.

항목합산(Item parceling)은 항목묶기로도 불리는 것으로 이는 잠재변수를 구성하는 둘 이상의 측정변수들(지표변수들)을 합산하거나 평균하는 것을 말한다. CB-SEM에서는 특정 잠재변수의 하위요인이 3개 미만인 경우에는 항목합산하는 경우 측정변수가 3개 미만이 될 수 있어서 식별 문제가 발생되며 아예 CB-SEM을 적용할 수 없는 상황이 발생되기도 한다. 이러한 경우에는 연구자는 항목합산의 방법을 사용하지 않는 것이 좋다. 일반적으로 항목합산이 가능하려면 타당한 이론적인 근거가 필요하며 측정변수들의 신뢰도와 타당도가 검증되고 단일차원성(Unidimensionality)을 가지고 있다는 가정이 충족되어야 한다.

그림 3-15 측정모델의 구성: 단일항목/다수항목의 사용

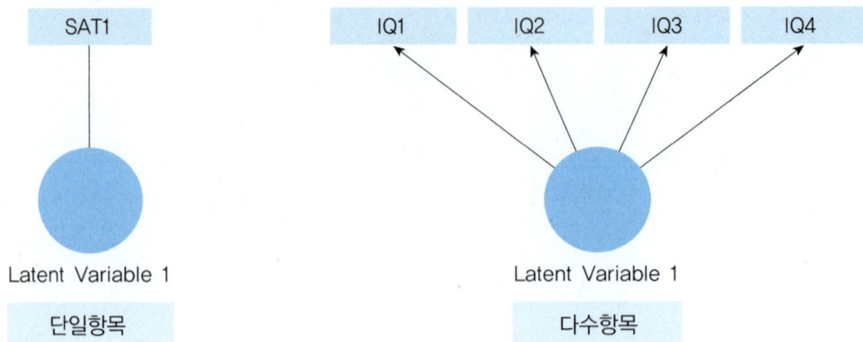

PLS-SEM에서는 항목합산이 사용되어도 거의 식별 문제가 발생하지 않는다. 왜냐하면 PLS-SEM에서는 여러 측정변수들을 단일항목으로 합산하는 경우에도 별다른 문제 없이 사용할 수 있기 때문이다.

항목합산의 방법은 [표 3-6]과 같이 ① 전체 측정변수(측정항목들)를 단일항목으로 합산하는 경우, ② 이론적 근거를 토대로 잠재변수의 하위차원별로 합산하는 경우, ③ 탐색적 요인분석 결과를 이용하여 합산하는 경우가 있다(우종필, 2014).

표 3-6 항목합산의 방법

구분	합산방법
전체 측정변수(측정항목들)를 단일항목으로 합산하는 경우	신뢰도와 타당도검증 후 모든 측정변수(측정지표)를 평균이나 총점으로 합산하여 단일항목으로 합산하는 방법
이론적 근거를 토대로 잠재변수의 하위차원별로 합산하는 경우	잠재변수의 하위차원을 기준으로 신뢰도와 타당도검증 후 하위차원별로 합산하는 방법
탐색적 요인분석 결과를 이용하여 합산하는 경우	탐색적 요인분석(EFA)을 통해 추출한 요인을 대상으로 신뢰도와 타당도검증을 한 후 요인별로 합산하는 방법

가능하면 측정모델을 구성하는 측정변수들은 단일항목이 선호되는 경우는 없으며 다수항목을 사용하는 것이 바람직하다. 그럼에도 불구하고 일부 연구 상황에서 단일항목의 사용이 요구되거나 필요할 수도 있다. Diamantopoulos et al.(2012)가 제시한 단일항목 사용지침에 의하면 ① 소표본(N<50), ② 약한 효과 예상(경로계수<0.30), ③ 항목들의 높은 동질성

(측정변수 간 상관관계>0.80 Cronbach's Alpha>0.9), ④ 측정변수들(항목들)이 의미상 불필요한 경우에 단일항목을 사용할 수 있다.

(12) 예측력

구조모델 평가에서 예측력(Predictive power) 혹은 예측적 적합성(Predictive relevance)에 대한 기준에는 Q^2, RMSE,[6] MAE[7] 등이 있다. 이들 값은 SmartPLS 4.0에서 PLSpredict/CVPAT를 사용해서 얻을 수 있다. 보통 Q^2이 0보다 크면 외생잠재변수가 내생잠재변수에 대해서 예측력을 가지고 있다고 보며, 0보다 작으면 예측력이 없다고 평가한다.

PLSpredict의 대안으로 Liengaard et al.(2021)이 개발한 CVPAT(Cross-validated predictive ability test)를 사용하기도 한다. 이는 분석 결과에서 평균손실차이(Average loss differences)가 -(Negative)이고 유의적이면 외생잠재변수들이 내생잠재변수에 대한 예측력을 가지고 있다고 평가한다.

SmartPLS의 메뉴에서 [그림 3-16]과 같이 [Calculate-PLSpredict/CVPAT]를 클릭하거나 툴바에서 [Calculate]를 좌 클릭하여 [PLSpredict]로 들어가서 필요한 옵션을 선택한 후 마지막으로 [Start calculation]을 좌 클릭하면 분석이 실행된다.

그림 3-16 ▌SmartPLS에서 PLSpredit 절차의 실행

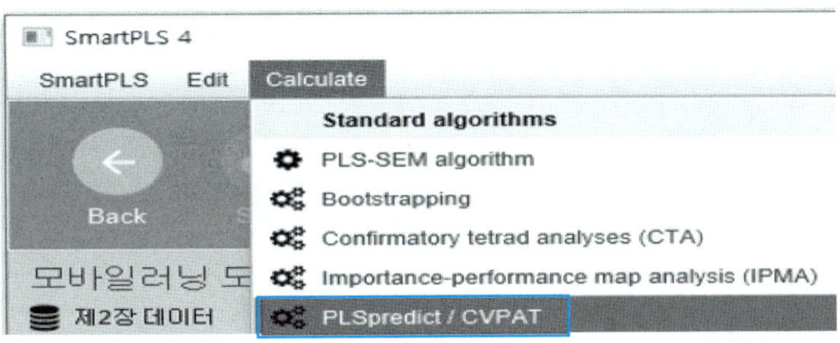

6) RMSE(Root Mean Squared Error)는 평균제곱근오차로 예측모델에서 예측한 값과 실제값 간의 평균 차이를 의미하며 예측모델이 얼마나 잘 예측하는지를 추정한 것이다.
7) MAE(Mean Absolute Error)는 평균절대오차로 실제 정답값과 예측값의 차이를 절대값으로 변환한 뒤 합산하여 평균을 구한 값이다.

(13) 효과크기(f^2)

구조모델 평가에서 **효과크기 f^2**은 외생잠재변수의 내생잠재변수에 대한 R^2에 기여하는 정도를 평가하는 척도이다. 이 값은 SmartPLS에서 제공된다. **효과크기 f^2 0.02**는 내생잠재변수에 대한 외생잠재변수의 작은 효과, **0.15**는 중간 정도의 효과, 그리고 **0.35**는 큰 효과를 의미한다(이에 대한 자세한 설명은 제9장 구조모델 결과의 평가: 가설검증을 참조하기 바란다).

(14) 위계적 성분모델(HCM)

SmartPLS는 **위계적 성분모델**(Hierarchical Components Model: HCM)을 이용할 수 있다. 어떤 연구자는 1차잠재변수로 개념을 조작화할 수 있고 이를 **1차성분모델**(혹은 1차요인모델, First-order components model)이라 한다. 예컨대 모바일러닝 만족도는 개별 속성을 담아낸 다수의 1차성분으로 표현된다. 모바일러닝 만족도는 ① 모바일러닝 학습만족도, ② 모바일러닝이 도움이 되는 정도, ③ 학습도구로의 모바일러닝 만족도로 측정할 수 있다. 그러나 어떤 잠재변수는 보다 고차의 성분(Higher-order components)을 가지게 되는 경우가 있다. SmartPLS는 **2차성분모델**(2차요인모델, Second-order components model)까지만 제한하고 있으며 3차성분 이상의 모델은 권장하지 않는다.

그림 3-17 ▌ 2차성분모델(2차요인모델)의 예시

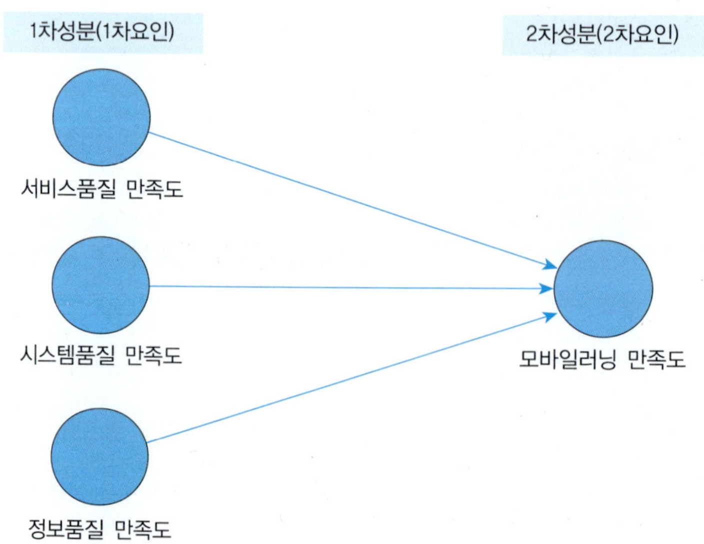

[그림 3-17]은 2차성분모델(2차요인모델)을 예시한 것이다. 서비스 맥락에서 볼 때 모바일러닝 만족도는 하위차원으로 서비스품질 만족도, 시스템품질 만족도, 정보품질 만족도를 포함할 수 있다. 이와 같이 2차성분모델은 응답자의 전반적인 만족에 대한 동인으로 1차의 단일차원으로 모델링하는 대신 다차원적인 HOC(Higher-order components)에 대해 몇 개의 하위차원인 LOCs(Lower-order components)로 요약한다. 그림에서 서비스품질 만족도, 시스템품질 만족도 및 정보품질 만족도는 1차성분(1차요인)이며 모바일러닝 만족도는 2차성분(2차요인)이다. HCM을 이용해 잠재변수의 개념을 조작화하면 모델의 복잡성(Complexity)을 감소시킬 수 있으며 모델의 간결성(Parsimony)도 확보할 수 있게 된다.

(15) 직접효과, 간접효과 및 총효과

PLS-SEM에서는 변수들 간의 다양한 인과관계 설정이 가능하여 직접효과, 간접효과 및 총효과를 추정할 수 있다.

그림 3-18 ▌ 총효과, 직접효과 및 간접효과의 관계

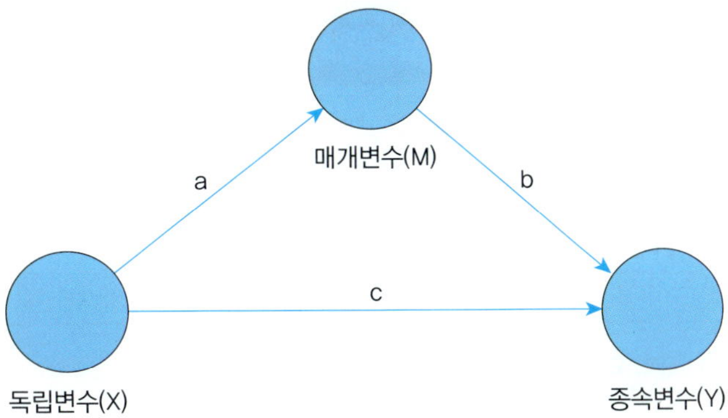

총효과(Total effect)는 직접효과(Direct effect)와 간접효과(Indirect effect)의 합이다. 여기에서 간접효과란 다른 변수에 의해 매개되어 두 변수들 간의 효과가 나타나는 것을 말한다. 즉 독립변수 X가 매개변수 M을 매개하여 종속변수 Y에 영향을 미치는 것을 말한다(X → M → Y). 첫 번째 경로계수(X → M) a와 두 번째 경로계수(M → Y) b를 곱하여 계산된다. 직접효과란 다른 변수의 매개 없이 직접적으로 두 변수 간에 효과가 나타나는 것을 말한다.

또한 **총효과**는 직접효과와 간접효과를 합한 것이다.

> 총효과 = 직접효과 + 간접효과 [총효과 = c + (a × b)]

(16) 매개효과와 조절효과

매개(Mediation)와 **조절**(Moderation)은 PLS-SEM에서 중요한 두 가지의 주제이다. 구조모델을 구축할 때 매개효과와 조절효과의 개념을 알아두면 유용하게 활용할 수 있다. **매개변수**(Mediator, or Mediating variable)는 독립변수와 종속변수 간의 관계를 설명하기 위해 개입되는 변수를 말한다. **조절변수**(Moderator, or Moderating variable)는 독립변수와 종속변수 간의 관계에 영향을 주는 제3의 독립변수를 말한다.

연구자들은 두 개의 잠재변수 간의 관계 강도에 **연속형 조절변수**가 영향을 미칠 것으로 믿는다. 또한 관계의 방향도 조절변수에 따라 달라질 수 있다. 한 개 이상의 연속형 조절변수가 포함되어 있는 경우에는 **군집분석**을 통해 비교집단을 구분할 수도 있다. 연속형 조절변수를 사용하여 조절효과를 분석할 경우에는 연속형 변수를 중앙값이나 평균값 등을 이용하여 범주형 변수로 전환한 후 **다중집단분석**(Multigroup Analysis: MGA)을 시행할 수도 있다. 아니면 연속형 조절변수를 가지고 **상호작용항**을 만들어 분석할 수도 있다.

일반적으로 PLS-SEM을 사용하여 조절효과를 분석할 경우에는 조절효과 변수에 대해서 평균중심화를 수행한다.

(17) 데이터 이질성과 다중집단분석

데이터가 집단 간에 이질적인 경우 연구자들은 기본적인 연구모델과 통합데이터를 가지고 통계분석을 시행하면 안 된다. 집단 간의 경로계수에 유의적인 차이가 있을 때, 기본분석만 하면 집단에 따른 특징적인 효과는 상쇄된다. 예컨대 성별 간에 **데이터 이질성**(Data heterogeneity)이 있다고 하자. 이런 경우에 성별이라는 집단변수를 구분하지 않고 분석한 **기본분석**과 성별을 남자집단과 여자집단으로 구분해 실시한 **다중집단분석(MGA)**은 다른 결과를 가져올 수 있다. 기본분석에서는 어떤 가설경로가 유의적인 영향을 미치는 것으로 분석되었지만 다중집단분석을 실시한 결과에서는 동일 가설경로에 대해 남자집단에서는 유의적이지 않았고 여자집단에서만 유의적인 경우가 발생할 수도 있다.

이상에서 살펴본 것처럼 연구자가 데이터의 이질성을 고려하지 못한다면 추정된 경로계수에 상당한 편의(Bias)가 내재되었을 가능성이 있을 뿐 아니라 잘못된 분석 결과를 보고할 수도 있다. 따라서 연구자들은 모델에서 이질적인 데이터 구조를 고려할 수 있도록 노력해야 한다. 데이터 이질성은 **성별, 산업, 문화, 소득수준, 지리적 변수** 등에 따라서 달라질 수 있다. 조절효과를 분석할 때 이들 변수들을 **집단형 조절변수**로 모델에 포함하는 것은 응답자들 간의 이질성을 규명하는 한 방법으로 이용된다. 또한 집단형 조절변수에 의한 다중집단분석은 집단 간의 심층적인 차별점을 발견하는 데 용이하며 관리자들이 미래전략을 수립하는 목적으로 사용될 수 있다.

1.2 통계적 가설검증

통계적 가설검증과 관련하여 이 장의 앞부분에서 데이터분포, 검증통계량, 유의수준과 유의확률, 기각역 등의 개념에 대해서는 이미 설명하였다. 여기에서는 이들 개념을 알고 있다는 전제하에서 SmartPLS를 이용한 **통계적 가설검증의 단계**를 간단히 제시하고자 한다.

그림 3-19 | 가설검증 단계

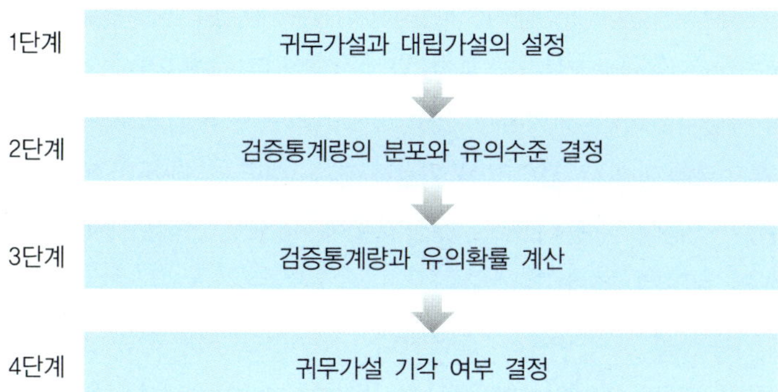

[그림 3-19]는 **통계적 가설검증 단계**를 요약한 것이다.

첫째, 1단계는 **귀무가설과 대립가설(혹은 연구가설)을 설정**한다. 일반적으로 가설설정은 선행연구의 검토과정을 통해서 이루어지며 귀무가설은 기술하지 않고 대립가설을 중심으로 설정한다. 연구가설은 방향적 검증(Directional test)과 비방향적 검증(Non-directional test)으로 구분된다. 전자는 효과의 방향을 예언하는 것으로 가설이 정(+)의 방향 혹은 부(-)의 방향 중에서 하나를 선택하여 검증하는 방법이다. 이에 반해 후자는 효과의 방향을 예언하지 않고 검증하는 방법이다. SmartPLS에서는 기본적으로 방향적 가설검증을 적용하는 것이 바람직하며, 통계적 검증에 대한 간단한 예시를 위해서 여기에서는 다음과 같은 두 가지 연구가설을 설정하기로 한다.

|가설 1| 모바일러닝의 시스템품질은 사용자들의 모바일 만족도에 정(+)의 유의적인 영향을 미칠 것이다.

|가설 2| 모바일러닝의 서비스품질은 사용자들의 모바일 만족도에 정(+)의 유의적인 영향을 미칠 것이다.

둘째, 검증통계량과 유의수준을 결정한다. 검증통계량은 F분포, t분포, χ^2분포 등이 있으나 SmartPLS는 t분포를 이용하고 있다. 따라서 앞에서 설정한 가설검증을 위해서는 t분포를 이용해야 한다. 유의수준은 의학, 보건학 등에서처럼 보다 엄격한 기준이 적용될 수도 있으나 사회과학 분야에서는 유의수준으로 0.1%(0.001), 1%(0.01), 5%(0.05) 등이 사용되고 있다. 일반적으로 가설검증에서는 5%기준이 많이 사용되고 있다. 양측검증에서 t의 절대값≥1.96(임계치)이면, 유의수준 5%($\alpha=0.05$)에서 연구가설(대립가설)이 유의적이라고 판단한다.

셋째, 검증통계량 t값과 유의확률 p값(p-value)은 수작업으로 계산할 수도 있으나 [표 3-7]과 같이 통계프로그램에서 점추정이 가능하도록 대부분 자동적으로 계산해 준다(표의 위쪽). 한편 신뢰구간 추정이 가능하도록 가설검증에 필요한 신뢰구간(Confidence intervals bias corrected)을 제공해 준다.

마지막으로, 귀무가설 기각 여부를 결정한다. 점추정을 사용하는 경우에는 각 가설의 경로계수에 대한 t값이나 p값을 보고 기각 여부를 결정할 수 있다. 유의확률 p값이 유의수준보다 작으면 귀무가설을 기각한다. [표 3-7]에서 점추정을 하는 경우에는 t값이나 p값 중 어느 것을 이용해서 귀무가설 기각 여부를 결정해도 문제가 없다. 예컨대 〈가설 1〉과 〈가설 2〉의 가설검증과 관련하여 추정된 경로계수에 대한 t값은 각각 [3.617]과 [3.968]로 나타났다. 모두 임계치인 1.96 이상이므로 귀무가설을 기각하고 연구가설을 채택할 수 있다. 또한 유의확률을 보면 〈가설 1〉과 〈가설 2〉의 추정된 경로계수에 대한 p값이 각각 [0.000]과 [0.000]로 나타났다. 모두 연구자가 설정한 유의수준 5%(α =0.05)보다 작으므로 연구가설을 채택할 수 있다.

▍표 3-7 ▍SmartPLS에 의한 검증통계량(t값)과 유의확률의 산출 결과: 경로계수에 대한 t값과 p값(上), 신뢰구간(下)

Path coefficients - Mean, STDEV, T values, p values

	Original sample (O)	Sample mean (M)	Standard deviation (STDEV)	T statistics (|O/STDEV|)	P values
SERVQ -> SAT	0.357	0.357	0.099	3.617	0.000
SYSQ -> SAT	0.389	0.395	0.098	3.968	0.000

Path coefficients - Confidence intervals

	Original sample (O)	Sample mean (M)	2.5%	97.5%
SERVQ -> SAT	0.357	0.357	0.157	0.540
SYSQ -> SAT	0.389	0.395	0.204	0.589

한편 〈가설 1〉과 〈가설 2〉의 기각 여부를 결정하기 위해서 신뢰구간 추정법을 적용해 보기로 하자(표의 아래쪽). [표 3-7]에 제시된 것처럼 추정된 경로계수에 대한 신뢰구간 [하한값, 상한값]은 각각 [0.157, 0.540]과 [0.204, 0.589]로 나타났다. 모두 하한값과 상한값 사이에 0을 포함하고 있지 않으므로 귀무가설을 기각할 수 있고 연구가설이 채택되어 모두 통계적으로 유의적인 영향을 미치는 것으로 판단할 수 있다.

▍표 3-8 ▍귀무가설 기각 여부 결정

구분	기각 여부
t값 이용 시	검증통계량 t값이 t의 절대값≥1.96(임계치)이면 귀무가설 기각하고 연구가설 채택(반대로 t값이 ±1.96보다 작으면 귀무가설을 기각할 수 없음)
p값 이용 시	유의확률 p값이 유의수준 α =0.05(5%)보다 작으면 귀무가설 기각하고 연구가설 채택(반대로 p값이 유의수준 0.05보다 크면 귀무가설을 기각할 수 없음)
신뢰구간 이용 시	신뢰구간 하한값과 상한값 사이에 제로(0)를 포함하고 있지 않으면 귀무가설 기각하고 연구가설 채택(0을 포함하고 있으면 귀무가설을 기각할 수 없음)

SmartPLS 통계분석 프로그램을 이용해 경로계수를 추정하면 매번 t값과 p값이 동일하지 않고 다르게 산출된다. 왜냐하면 매번 모델 추정을 실행할 때마다 다시 복원추출하여 만들어지는 부트스트랩 표본(Bootstrap samples)을 이용하기 때문이다. 저자와 독자들이 동일모델을 가지고 추정해 보아도 그 결과는 항상 다르게 나온다. 그렇다고 하여 매번 다르게 산출되는 t값과 p값이 통계적 유의성을 변경할 만큼은 아니라는 점이다. 따라서 연구자들은 산출된 t값과 p값을 이용하여 걱정할 필요 없이 가설검증을 수행하면 된다.

2 PLS-SEM의 일반적인 절차와 특유한 적용 절차

SmartPLS에 의한 PLS-SEM의 **일반적인 절차와 특유한 적용 절차**는 [그림 3-20]과 같다. 일반적인 절차는 어떤 통계분석 프로그램을 사용해도 동일한 절차로 수행되어야 하는 절차를 말한다. 그러나 PLS-SEM의 특유한 적용 절차는 SmartPLS를 이용하는 경우의 특유한 고유 절차라고 볼 수 있다.

그림 3-20 PLS-SEM의 일반적인 절차와 특유한 적용 절차

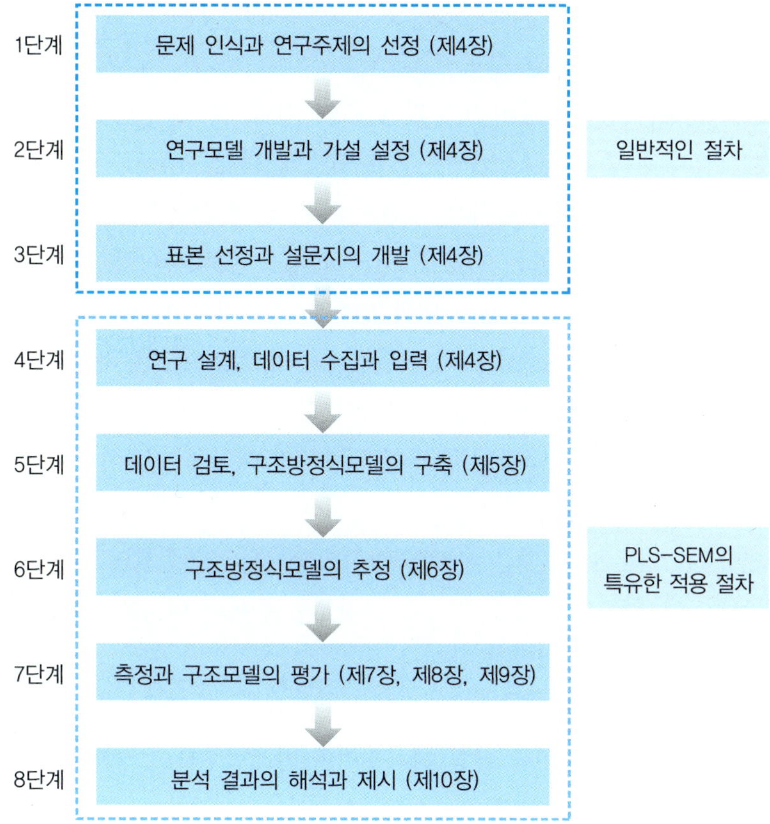

2.1 문제 인식과 연구주제의 선정

연구자는 연구대상의 결정과 문제 인식(Problem recognition)으로부터 출발하여 작성할 논문에 대한 아이디어를 생성하고 연구주제를 선정해야 한다. 모든 연구는 문제에 대한 인식으로부터 출발한다. 연구에 대한 문제 제기는 기존 이론이나 선행연구로부터 출발할 수도 있고 산업 현장이나 현실 세계에서 발생한 경험적 현상을 인식하여 연구 문제를 인식하기도 한다(신건권, 2016).

▶ 논문 준비를 한다는 것은 사실상 문제의식을 가지기 위한 탐색과정이라고 할 수 있다.

연구자는 자신의 공부하는 분야에 대한 문제 인식과 학문적으로 의미가 있는 쟁점(Issue)을 찾아내야 한다. 이러한 쟁점은 이론적 주장에 대한 것이거나 이론적 주장에 이르는 방법론에 관한 것일 수도 있다.

- **선행연구의 검토**는 연구논문의 바탕과 골격이 되며 연구모델이나 연구가설의 기초가 되기 때문에 매우 중요하다. 선행연구와 이론에 대한 검토가 이루어진 후 연구자는 선행연구들 간의 관계를 체계적으로 검토하고 각 연구의 문제점을 파악하여 자신의 연구를 통해 해결할 수 있는 가능한 연구 문제를 탐색하여야 한다.
- 연구주제가 선정되고 연구 문제에 대한 인식이 완료되면 **기존의 이론과 선행연구에 대한 검토**가 필요하다. 문헌조사에 의한 선행연구의 검토는 기존에 연구된 내용이나 현재까지 진행되어 왔던 연구의 흐름을 파악할 수 있도록 해준다. 또한 연구가설을 설정하기 위한 근거를 찾고 연구방법이나 연구 결과의 해석에 도움이 될 만한 내용과 자료를 얻을 수 있다.
- **연구주제의 선정기준**은 ① 많은 사람의 관심대상, ② 연구주제의 중요성, ③ 데이터 수집의 가능성, ④ 연구에 필요한 비용과 시간, ⑤ 주제의 새로움(Novelty), ⑥ 연구 결과의 학문적 및 실무적 기여점 등이다.
- SEM의 적용연구에서 중요한 것은 연구하고자 하는 잠재변수와 이를 측정하기 위한 측정변수(혹은 설문항목들)를 발견하는 것이며 잠재변수들이 상호 어떤 관련성을 가지고 있는가를 탐색하는 것이다.

2.2 연구모델 개발과 가설 설정

연구자는 기존의 이론이나 연구 결과를 토대로 **연구모델을 개발**해야 한다. 연구자는 기본적인 연구모델의 설정과 함께 추가적으로 대안적인 모델도 개발할 수 있다. **연구모델**(Research model)이란 제기된 연구 문제에 관련된 변수들(잠재변수) 간의 관계를 체계적인 그림으로 도식화한 것을 말한다. 이는 복잡한 것도 있으나 대체적으로 연구문제를 축약하여 간략하게 나타낸다.

- 연구모델은 [그림 3-21]과 같이 **개념적 모델(Conceptual model)**과 **통계적 모델(Statistical model)**로 구분된다. 전자는 연구에서 가설화된 잠재변수들(혹은 개념들) 간의 관계를 나타내며 후자는 모든 잠재변수와 측정변수들이 기술되어 있는 것으로 측

정모델과 구조모델 등에 대해 통계적으로 검증의 대상이 되는 연구모델을 말한다.

그림 3-21 | 개념적 연구모델과 통계적 연구모델의 비교

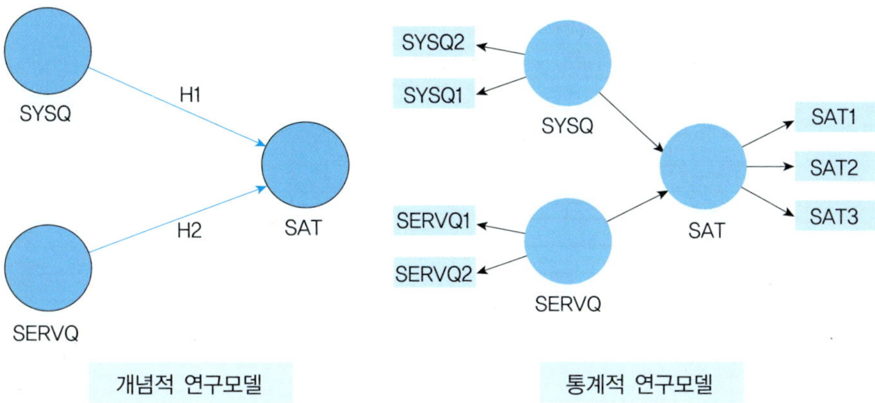

잠재변수: ① SYSQ: 시스템품질, ② SERVQ: 서비스품질, ③ SAT: 모바일러닝 만족도
측정변수: SYSQ1, SYSQ2, SERVQ1, SERVQ2, SAT1, SAT2, SAT3

- PLS-SEM에서는 연구모델을 측정모델과 구조모델로 구성되어 있지만 모델을 그리고 추정할 때는 양자를 구분하지 않고 단일모델로 구축한다.

연구자는 연구모델이 개발되면 이를 토대로 가설 설정(Hypothesis building)을 하여야 한다.

- 가설(Hypothesis)이란 실제 증명에 앞서서 설정되는 잠정적인 진술이며 후에는 논리적으로 검증되는 명제이다.
- 가설에는 기존에 일반적인 사실로 받아들여지고 있는 내용을 나타내는 귀무가설과 연구자가 새로이 주장하여 검증하고자 하는 연구가설이 있다.
- 연구가설은 두 변수 간의 관계에 대해 '더 많이 또는 더 적게' 혹은 '긍정적 혹은 부정적'인 것처럼 방향이 있는 방향적 가설(Directional hypothesis)과 변수 간 관계에 대한 방향이 제시되지 않은 비방향적 가설(Non-directional hypothesis)로 구분된다. 예컨대 "모바일러닝의 시스템품질은 사용자들의 모바일 만족도에 정(+)의 유의적인 영향을 미칠 것이다" 혹은 "모바일러닝의 시스템품질이 높아질수록 모바일러닝 만족도

는 높아질 것이다"라는 가설은 전자에 해당되지만 "모바일러닝의 시스템품질은 사용자들의 모바일 만족도에 유의적인 영향을 미칠 것이다"는 가설은 후자에 속한다고 볼 수 있다. 다음은 방향적 가설의 예시이다.

H1: 모바일러닝의 시스템품질은 사용자들의 모바일 만족도에 정(+)의 유의적인 영향을 미칠 것이다.
H2: 모바일러닝의 서비스품질은 사용자들의 모바일 만족도에 정(+)의 유의적인 영향을 미칠 것이다.

2.3 표본 선정과 설문지의 개발

1) 표본 선정

표본 선정(Sample selection)이란 모집단을 대표할 수 있는 조사대상을 결정하는 것이다(이훈영, 2010 등). 일반적으로 전수조사를 하기는 어려우며 모집단 중에서 일부를 표본으로 선정하는 표본조사를 사용하는 경우가 많다. 왜냐하면 전수조사에는 많은 시간과 비용이 투입되어야 하고 아예 전수조사 자체가 불가능한 경우도 있기 때문이다.

- 표본추출의 기본 목표는 모집단의 속성을 그대로 반영하는 표본을 추출하는 것이다. 왜냐하면 어떤 표본추출방법을 사용했느냐에 따라서 다른 결과를 가져올 가능성이 있기 때문이다.
- 표본추출방법에는 **확률표본추출법**(Probability sampling method)과 **비확률표본추출법**(Non-probability sampling method)이 있다. 전자는 표본으로 추출될 확률을 알 수 있는 상태에서 표본목록을 이용하여 무작위로 표본을 추출하는 방법이며 후자는 표본으로 추출될 확률을 모르는 상태에서 조사자가 주관적으로 표본을 추출하는 방법이다. 표본추출방법은 매우 중요한 내용이므로 개별적인 학습을 하는 것이 필요하다
- 표본추출방법은 각기 장단점과 특성이 다르므로 연구 상황에 적합한 추출방법을 선택하는 것이 필요하다. 비교적 정확한 표본목록의 입수가 가능하면 **확률표본추출법**을 사용할 수 있으나 모집단이 크고 표본목록을 입수할 수 없는 경우에는 **비확률표본추출법**을 이용하여야 한다. 또한 조사의 특성상 비확률표본추출법이 더 효과적인 경우도 있

다. 예컨대 조사 문제와 관련하여 전문지식을 가진 표본을 대상으로 조사하는 경우에는 비확률표본추출법을 이용해야 한다.

- 표본추출과정은 ① 모집단의 확정, ② 표본목록(Sample frame), ③ 표본추출방법의 결정, ④ 표본크기의 결정, ⑤ 표본추출의 다섯 단계로 구성되어 있다.

2) 설문지의 개발

연구에서 필요한 데이터를 수집하는 것은 매우 중요하다. 수집할 데이터는 1차데이터(Primary data)와 2차데이터(Secondary data)로 구분되며 각각의 데이터 수집방법은 다르다. 1차데이터를 수집하려면 관찰법과 의사소통법이 사용될 수 있다. 후자에는 설문지법, 면접법, 투사법 등이 있다. 2차데이터는 과거에 이미 다른 연구자나 기관에서 조사해 놓은 데이터를 여러 경로를 통해 입수하는 방법이다.

PLS-SEM에서는 설문지법(Questionnaire method)에 의한 데이터 수집이 가장 보편적으로 활용된다. 설문지법에서는 측정척도로 5점과 7점 리커트척도를 많이 사용한다. 설문지 초안은 수 차례의 사전조사과정을 통해서 최종적인 설문지로 완성된다.

PLS-SEM에서 설문지의 구성원칙은 다음과 같다.

- 설문지의 응답방식은 연구목적이나 통계분석방법에 부합해야 한다. 예컨대 범주형 변수와 연속형 변수가 사용될 수 있다. 가급적이면 연속형 변수를 사용하여 측정하는 것이 필요하다. 그러나 조절변수나 통제변수의 경우에는 각각 범주형 변수, 더미변수 등이 사용될 수도 있다.
- 설문지는 응답자가 성실한 응답이 가능하도록 가급적 너무 길지 않아야 한다. 또한 특정 잠재변수의 측정변수(설문문항)는 4~5개 이상인 것이 좋다. 그러나 SmartPLS에 의한 PLS-SEM에서는 단일항목 측정치의 사용도 단일항목 사용지침에 적합하다면 허용된다.
- 설문지는 사전조사(예비조사)를 통해서 응답자가 설문과정에서 어려움을 느끼는 부분이나 연구목적과 부합되지 않는 항목을 삭제하거나 수정해야 한다.
- 설문지는 선행연구에서 검증된 문항들로 구성하는 것이 바람직하다. 한편 자신이 연구하는 분야에서 적절한 설문문항이 개발되어 있지 않다면 다른 학문 분야의 설문문항을 수정해 활용하는 것도 좋은 방법이다. 필요한 경우에는 아예 연구자가 특정 잠재변수에 대한 설문문항을 개발하는 것도 검토해야 한다.

- 각 설문문항의 척도 구성은 응답번호가 커질수록 내용이 한 방향으로 긍정적으로 설정하는 것이 바람직하다. 특정 잠재변수에 대한 척도를 5점척도를 사용하였고 1점을 '전혀 그렇지 않다' 3점을 '보통이다' 5점을 '매우 그렇다'라고 했다면 다른 잠재변수에 대한 설문에서도 일관되게 척도의 응답번호에 대한 내용이 긍정적인 방향으로 적용되어야 한다.
- 설문은 간단하고 흥미로운 것을 앞에 위치시키고 복잡하고 민감한 설문은 뒤쪽에 그리고 인구통계학적 설문은 가급적 맨 뒤에 위치시킨다.

2.4 연구 설계, 데이터 수집과 저장

1) 연구 설계

연구 설계는 앞에서 살펴본 PLS-SEM의 일반적인 절차와 관련된다. 이 책에서는 ① 문제 인식과 연구주제의 선정, ② 연구모델 개발과 가설 설정, ③ 표본 선정과 설문지의 개발 절차로 구분하고 있다. 이에 대한 실제 문제의 제시와 상세한 절차는 제4장에서 다루기로 한다.

2) 데이터 수집, 입력 및 저장

표본추출과 표본크기가 정해졌으면 이제 분석에 사용할 최초의 데이터 수집(Data collection)이 필요하다. 데이터 수집방법은 앞에서도 설명한 것처럼 설문지법을 이용하는 것이 가장 일반적이다.

수집된 데이터는 SPSS나 Excel 프로그램 등을 이용하여 입력하고 확장자명을 csv [*.csv]로 하여 데이터 파일을 저장하면 된다. 물론 SPSS로 작성된 데이터 파일도 확장자를 csv로 변경하지 않고 그대로 사용해도 된다.

2.5 데이터 검토와 구조방정식모델의 구축

1) 데이터 검토

데이터는 정규분포, 결측치, 이상치, 다중공선성 등의 측면에서 체계적으로 검토되어야 한다. PLS-SEM에서는 분포에 대해서는 엄격한 적용이 요구되지 않으나 데이터가 정규분포를 이룬다면 보다 나은 분석이 가능하다.

- PLS-SEM에서는 자동적으로 기초적인 기술통계량을 산출해 준다. 왜도나 첨도 등을 이용해 데이터의 정규성을 검토하면 된다. 왜도의 절대값이 2 미만, 첨도의 절대값이 7 미만이면 정규분포를 따른다고 해석한다(Curran, West & Finch, 1996). 일반적으로 다변량 정규성이 충족되는 경우는 드물며 일변량 정규성에 문제가 없으면 다변량 정규성은 충족되는 것으로 보아도 된다.
- 결측치가 있으면 SmartPLS 프로그램이 실행되지 않는다. 결측치가 있으면 모든 결측치에 [-99]와 같은 숫자로 일괄적으로 입력한 후 [CSV Import 창]에서 처리해야 한다. 각 측정변수별로 5% 미만의 결측치가 있는 경우에는 평균값대체를, 5% 초과의 경우에는 사례별 제거방법을 사용한다. 사례별로 결측치가 15%를 초과하는 경우에는 그 사례(관측치)는 제거한다.
- 이상치가 있으면 검토한 후 조치해야 한다. 일반적으로 표준편차(혹은 Z값)가 ±3 이상인 경우는 이상치에 해당된다. 소수의 이상치가 있으면 해당 사례를 제거하면 된다. 영향력이 큰 이상치는 면밀한 검토와 조치가 필요하다.
- 다중공선성이 있으면 계수 추정을 부정확하게 만들거나 추정된 계수 부호가 반대로 나타난다. 보통 VIF값이 임계치인 5보다 작으면 공선성은 없다고 평가한다. 또한 공선성이 의심되면 잠재변수들을 통합시키거나 특정 잠재변수를 삭제해야 한다. 이외에도 측정변수 간 상관관계가 높은 경우에는 항목합산 등의 방법의 이용도 검토해야 한다.

2) 구조방정식모델의 구축

SmartPLS에서 구조방정식모델의 구축은 구조모델과 측정모델을 동시에 그리기를 하면 된다. 그러나 반드시 구축의 순서가 정해져 있는 것은 아니다. 측정모델은 반영적 측정모델과 형성적 측정모델로 구축할 수 있다. 만약 연구모델에 형성적 측정지표가 포함되어 있지 않다면 반영적 측정모델로만 구성할 수 있다(이는 제2장과 제5장 데이터 검토, 구조와 측정모델의 구축을 참조하면 된다).

2.6 구조방정식모델의 추정

SmartPLS 프로그램은 부트스트래핑 절차에 의해서 추출된 부트스트랩 표본을 이용하여 단순회귀분석과 다중회귀분석을 반복적으로 시행하여 구조방정식모델의 계수들을 추정한다. 이 장의 앞부분에서 이미 설명한 것처럼 [Calculate-PLS-SEM Algorithm] 혹은 툴바에서 [Calculate]를 좌 클릭하여 [PLS-SEM Algorithm]로 들어가서 실행하거나, 추가적으로 [Calculate-Bootstrapping] 혹은 툴바 [Calculate]를 좌 클릭하여 [Bootstrapping]에 들어가서 실행하면 잠재변수 점수(LVS), 외부가중치(Outer weight), 외부적재치(Outer loading), 경로계수(Path coefficient), R^2 등을 추정할 수 있다.

2.7 구조방정식모델의 평가

2.6에서 설명한 것처럼 구조방정식모델이 추정되면 측정모델과 구조모델을 평가할 수 있는 지표들을 산출할 수 있다. SmartPLS를 이용한 PLS-SEM에서는 CB-SEM과 같은 GFI, AGFI 등과 같은 전반적 적합도 평가지표가 제공되지 않고 있으며 평가지표로 활용될 수 있는 특유한 계수와 지표들을 제공하고 있다. 산출되는 지표들로는 크론바흐 알파값, CR, AVE, 외부적재치, 외부가중치, HTMT비율(heterotrait-monotrait ratio), 교차적재치(cross loading), VIF, t값, R^2, 효과크기 f^2, 예측력(Q^2) 등이 있다(제7장, 제8장, 제9장 참조).

2.8 분석 결과의 해석과 제시

최종적으로 측정모델에 대한 평가를 통해 모델의 신뢰도와 타당도에 대한 검증이 이루어지고 구조모델 평가를 통해서 최종적으로 선정된 모델을 이용해서 가설검증을 수행하여야 한다. 가설검증이 완료된 후에는 최종적인 분석 결과를 해석하고 그 결과를 논문 형식 혹은 기타 필요한 보고서 양식으로 제시하여야 한다(제10장 참조).

제3장의 연습과 실습문제

01 측도의 네 가지 유형과 관련 기술통계량을 설명하시오.

02 PLS-SEM에서 신뢰도와 타당도에 대해서 설명하시오.

03 통계적 가설검증 단계를 제시하고 간단히 설명하시오.

04 PLS-SEM의 일반적인 절차와 특유한 적용 절차를 설명하시오.

05 다음의 용어들을 간략히 설명하시오.

① 모집단, 표본, 모수, 통계량
② 평균, 분산, 표준편차, 표준오차
③ 유의수준과 신뢰수준, 유의확률, 검증통계량
④ 신뢰도와 타당도, 내용타당도, 집중타당도, 판별타당도
⑤ 탐색적 요인분석(EFA)과 확인적 요인분석(CFA)
⑥ 회귀분석, 단순회귀분석, 다중회귀분석
⑦ 평균중심화(Mean centering)
⑧ 점추정과 신뢰구간추정
⑨ 외부가중치, 외부적재치, 경로계수
⑩ 항목합산(Item parceling)
⑪ PLSpredict, CVPAT와 예측력
⑫ 효과크기 f^2
⑬ HCM(Hierarchical Components Model)
⑭ 직접효과, 간접효과, 총효과, 매개효과와 조절효과
⑮ 표본추출방법

06 다음의 영어 퀴즈점수를 이용하여 수작업으로 표본평균, 분산, 표준편차 및 표준오차를 계산하시오. 또한 수작업으로 계산한 통계량과 SPSS 프로그램에 의해서 출력한 통계량이 동일한지를 확인하시오.

70	80	75	85	90

| 정답 |

[1] 수작업에 의한 표본평균, 분산, 표준편차 및 표준오차 계산

① 5개 데이터의 합계를 구한다.

데이터 합계 = 70 + 80 + 75 + 85 + 90 = 400점

② 평균은 산술평균으로 400점을 표본 수인 5개로 나누어서 계산한다.

평균 = 400/5 = 80점

③ 편차제곱을 구한다.

편차제곱 $= (70-80)^2 + (80-80)^2 + (75-80)^2 + (85-80)^2 + (90-80)^2$

$= 100 + 0 + 25 + 25 + 100 = 250$점

④ 분산은 편차제곱값인 [250점]을 **(n–1)**, 즉 (5–1)인 [4]로 나누어 계산한다.

분산 = 250점/4개 = 62.5점

⑤ 표준편차는 $\sqrt{62.5}$ 에 의해 계산한다.

표준편차 = $\sqrt{62.5}$ = 7.91 (반올림)

⑥ 표준오차는 $SE = \dfrac{S}{\sqrt{N}}$ 에 의해 계산한다. N은 모표본의 표본 수 5개이다.

표준오차(SE) = 7.91/ $\sqrt{5}$ = 3.54 (반올림)

[2] SPSS 프로그램에 의한 통계량 출력

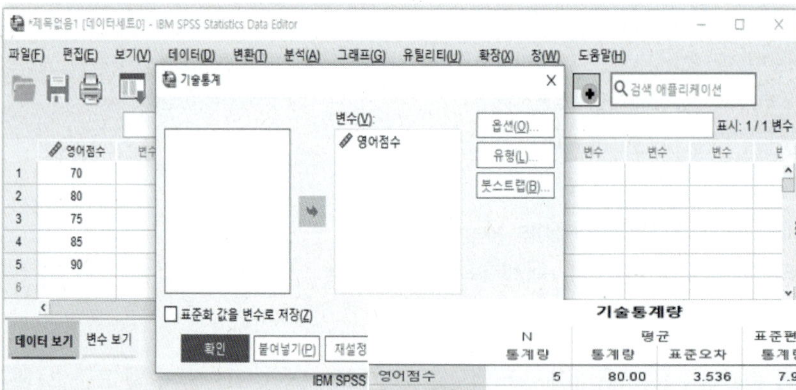

기술통계량

	N	평균		표준편차	분산
	통계량	통계량	표준오차	통계량	통계량
영어점수	5	80.00	3.536	7.906	62.500
유효 N(목록별)	5				

제3장의 핵심내용 정리

- 모집단(Population)이란 조사의 대상이 되는 자료 전체를 말한다. 표본(Sample)은 모집단에서 무작위로 추출한 그의 일부분(부분집합)을 말한다. 또한 모수(Parameter)는 모평균, 모표준편차, 모분산 등으로 모집단의 특성을 수치로 나타낸 값이며 통계량(Statistics)은 모집단으로부터 추출된 표본의 평균, 표준편차, 분산 등으로 표본의 특성을 수치로 나타낸 것을 말한다.
- 측도(Measure)란 데이터의 특성을 나타내 주는 가장 대표적인 값을 말한다. 이는 위치 측도, 변이 측도, 분포 측도 및 백분위수로 구분된다.
- 데이터분포(Data distribution)는 정규분포, t분포, F분포, χ^2분포 등으로 구분된다. PLS-SEM은 t분포를 이용한다.
- 정규분포(Normal distribution)는 마치 종을 엎어 놓은 것과 같은 종 모양으로 좌우대칭인 분포이다. 평균에 따라 그래프 위치가 결정되고 표준편차의 크기에 따라 그래프의 퍼진 모양이 결정된다. 이와 같이 정규분포는 평균과 분산은 물론 측정단위에 의해 영향을 받는다. 따라서 모든 정규분포의 기준이 될 수 있는 정규분포가 필요하다. 이러한 요구를 충족시키기 위해서 탄생된 것이 바로 표준정규분포(Standard normal distribution) 혹은 Z분포이다.
- 검증통계량은 귀무가설과 연구가설(대립가설) 중에서 어느 하나를 선택하는 데 사용되는 통계량이다. PLS-SEM은 t분포를, 검증통계량으로는 t값을 사용한다.
- 유의수준(α)이란 연구자가 설정한 대립가설(연구가설)을 채택/기각 여부를 결정하는 판단기준으로 귀무가설이 옳은데도 불구하고 이를 기각하는 확률의 크기를 말한다. 일반적으로 유의수준은 0.1%(0.001), 1%(0.01), 5%(0.05)로 구분할 수 있다. 의학, 자연과학 분야 등은 보다 엄격한 기준인 0.1%, 1%기준이 그리고 사회과학 분야에서는 보통 5%기준이 많이 사용되고 있다.
- 양측검증에서 t의 절대값≥1.96(임계치)이면, 유의수준 5%($\alpha = 0.05$)에서 대립가설(연구가설)이 유의적이라고 판단한다.
- 유의수준은 α라고 하며, (1−α)는 신뢰수준이라 한다. 유의수준과 신뢰수준을 합하면 1이 된다.
- 임계치란 검증의 종류(단측검증, 양측검증)와 유의수준(α)을 고려해서 산출한 값으로 가설의 채택 여부를 결정짓는 경계값이다.
- 유의수준 5%($\alpha = 0.05$)를 가정하는 경우 검증통계량의 분포에서 유의수준크기에 해당하는 영역(면적)을 기각역이라고 하며 임계치(−1.96, +1.96) 안의 구간은 귀무가설을 채택하는 채택역이라고 한다.

- 신뢰도(Reliability)는 동일 개념에 대해 반복 측정했을 때 동일한 측정값을 얻을 가능성을, 타당도(Validity)는 측정하고자 하는 개념을 얼마나 정확히 측정했느냐에 대한 것이다.
- SPSS 등을 통해 요인분석하는 것은 거의가 탐색적 요인분석(EFA)에 해당되며, CB-SEM에서는 확인적 요인분석(CFA)을 통해서 측정모델의 신뢰도와 타당도를 검증한다.
- 회귀분석은 독립변수와 종속변수 간의 관련성을 파악하고 나아가 종속변수가 독립변수에 의해 어떻게 설명 혹은 예측되는지를 분석하는 통계기법이다.
- 평균중심화(Mean centering)란 각 변수에서 해당 변수의 평균값을 빼주는 것을 말한다. 예컨대 변수 X가 있다면 X변수의 평균값을 구해서 [X-평균값]을 빼면 된다.
- 추정(Estimation)방법에는 점추정(Point estimation)과 신뢰구간추정(Confidence interval estimation)이 있다. 전자는 추정하고자 하는 모수를 하나의 수치로 추정하는 것을 후자는 추정하고자 하는 모수가 존재하리라고 예상되는 신뢰구간을 정하여 추정하는 방법이다. 일반적으로 신뢰구간추정에서는 Z분포 대신 t분포를 이용한다.
- PLS-SEM Algorithm은 SmartPLS에서 다양한 추정치를 계산하기 위한 실행 명령이며, 부트스트래핑(Bootstrapping)은 비모수적 접근을 통해서 각 계수들에 대한 검증통계량인 t값(t value)을 추정하는 실행 명령으로 볼 수 있다.
- 구조모델에서 잠재변수 간 경로(가설경로)는 경로계수(Path coefficient), 형성적 측정모델에서 잠재변수와 형성적 측정변수 간 계수는 외부가중치(Outer weight), 반영적 측정모델에서 계수는 외부적재치(Outer loading)라고 한다.
- 연구자들은 측정모델의 측정변수(혹은 지표들)를 단일항목(Single item measures)과 다수항목(Multi-item measures) 중에서 선택해 사용해야 한다.
- 항목합산(Item parceling)은 항목묶기로도 불리는 것으로, 이는 잠재변수를 구성하는 둘 이상의 측정변수들(측정항목들)을 합산하거나 평균하는 것을 말한다.
- 항목합산의 방법은 ① 전 측정변수(측정항목들)를 단일항목으로 합산하는 경우, ② 이론적 근거를 토대로 잠재변수의 하위차원별로 합산하는 경우, ③ 탐색적 요인분석 결과를 이용하여 합산하는 경우가 있다.
- 구조모델 평가에서 예측력 혹은 예측적 적합성(Predictive relevance)에 대한 기준으로 R^2과 함께 Stone-Geisser의 Q^2(Q^2 value)을 확인할 필요가 있다. 0보다 큰 Q^2값은 외생잠재변수가 내생잠재변수에 대해 예측력을 가지고 있음을 의미한다.
- 효과크기 f^2 0.02는 내생잠재변수에 대한 외생잠재변수의 작은 효과, 0.15는 중간 정도의 효과 그리고 0.35는 큰 효과를 의미한다.

- SmartPLS는 위계적 성분모델(Hierarchical Components Model: HCM)을 이용할 수 있다.
- 어떤 연구자는 1차잠재변수로 개념을 조작화할 수 있고 이를 1차성분모델이라 한다. SmartPLS는 2차성분모델까지만 제한하고 있으며 3차성분 이상의 모델은 권장하지 않는다.
- PLS-SEM에서는 변수들 간의 다양한 인과관계 설정이 가능하여 직접효과, 간접효과 및 총효과를 추정할 수 있다.
- 매개변수는 독립변수와 종속변수 간의 관계를 설명하기 위해서 개입되는 변수를 말한다. 조절변수는 독립변수와 종속변수 간의 관계에 영향을 주는 제3의 독립변수를 말한다.
- 연구모델은 개념적 모델(Conceptual model)과 통계적 모델(Statistical model)로 구분된다.
- 가설에는 기존에 일반적인 사실로 받아들여지고 있는 내용을 나타내는 귀무가설과 연구자가 새로이 주장하여 검증하고자 하는 연구가설이 있다.
- 표본추출방법에는 확률표본추출법과 비확률표본추출법이 있다.
- PLS-SEM에서는 설문지법에 의한 데이터 수집이 가장 보편적으로 활용된다. 설문지법에서 측정척도로 5점과 7점 리커트척도를 많이 사용한다.

제2부

PLS-SEM에 의한 논문 작성의 적용 절차

제 4 장 연구 설계, 데이터 수집과 입력

이 책의 제2부(제4장~제10장)는 하나의 SmartPLS 실습 사례인 스마트폰 프로젝트를 가지고 PLS-SEM에 의한 석박사학위와 학술논문 작성의 적용 절차를 순서대로 다루고 있다. 주요 내용에는 데이터의 준비와 저장, 구조방정식모델의 구축, 모델 추정과 평가 그리고 분석 결과의 제시 등이 포함되어 있다. 독자들은 각 장의 앞부분에서 설명하고 있는 이론적 부분을 숙독한 후 스마트폰 프로젝트를 가지고 '따라하기 방식'으로 실습하면 된다.

1 연구 설계

1.1 문제 제기와 연구 문제

사용자가 새로운 기술이나 시스템을 접하는 시점에서 실제 사용행동으로 이어지는 경로를 탐색하는 것은 매우 흥미로운 주제의 하나이다.

Davis(1989)가 제안한 기술수용모델(Technology Acceptance Model: TAM)은 [그림 4-1]에서 제시되고 있는 것처럼 수용자의 IT 수용과 사용행동을 설명하는 모델로 널리 인정받고 있다. TAM에서는 태도에 대한 주요 영향요인으로 지각된 사용용이성(Perceived ease of use: PEU)과 지각된 유용성(Perceived usefulness: PU)을 제시하였다. 이 모델은 PEU와 PU가 태도를 매개변수로 하여 행동의도(혹은 사용의도)와 실제 사용(Actual usage)에 영향을 미치는 것으로 가정하고 있다. 그러나 최근 연구에서는 태도변수는 일반적으로 제외하고 연구모델을 구축하는 경우가 주류를 이루고 있다.

그림 4-1 | Davis(1989)의 기술수용모델(TAM)

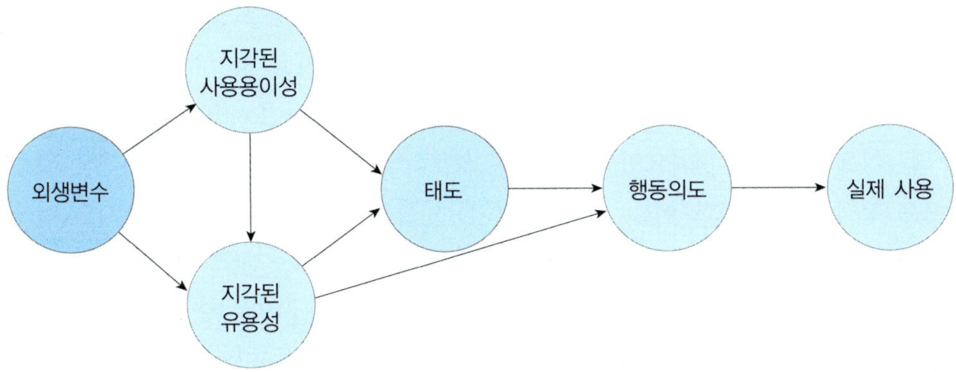

기업명성 혹은 평판(Corporate reputation)은 고객이 가지고 있는 특정 기업에 대한 명성 지각과 평판의 정도를 말한다. 인터넷 쇼핑몰과 스마트폰 그리고 세무대리서비스를 대상으로 수행된 선행연구들(김성엽과 주혜영, 2008; 박지형과 신건권, 2012a; 이명근, 2015 등)은 훌륭하고 높은 명성을 가진 기업일수록 고객충성도가 높다고 주장하였다. 또한 서비스기업이나 모바일러닝시스템 등을 대상으로 시행된 선행연구들은 거래기간(관계기간)이 연구변수간(기업이미지, 지각된 서비스가치, 서비스만족도와 충성도 간의 관계, 모바일러닝의 품질과 개인요인, 지각된 유용성과 사용자만족도 및 학습전이 간의 관계)에 조절효과가 있음을 검증하였다(정종준, 2014 등).

사용성(Usability)은 제품이나 시스템을 사용하기 위해 요구되는 노력으로 볼 수 있으며 "어떤 특정한 기술이나 시스템 혹은 제품을 사용자가 얼마나 쉽게, 학습하지 않고, 원하는 시스템에 접속하여 신속하게 사용할 수 있는가"로 정의된다. 만약 어떤 제품이나 시스템의 사용성이 좋지 못하다면 바로 사용자들은 그에 대한 사용을 즉각적으로 중단할 수도 있다. 사용성에 대한 연구는 최근에 웹사이트, 인터넷쇼핑몰 등을 대상으로 주로 수행되었으며 스마트폰을 대상으로 한 것은 미흡한 실정이다.[1] 선행연구들에 의하면 사용성의 평가요소로 학습용이성,

1) 선행연구에 대한 보다 자세한 정보를 원하는 독자들은 박지형과 신건권(2012b)의 논문을 참조하기 바란다.

사용효율성, 기억용이성, 오류빈도, 주관적 만족도, 콘텐츠, 항해용이성, 상호작용성, 다운로드 지연, 반응속도, 디자인, 개인화, 탐색가능성, 구조, 레이아웃 등이 포함되고 있다(박지형과 신건권, 2012b). 그러나 이들 요소 중에서는 정보시스템이나 웹사이트와 관련된 평가요소들이 많이 포함되어 있으며 스마트폰의 사용성 평가와 관련된 요소는 매우 제한적이라고 여겨진다. 따라서 이 책에서는 제2부의 설명을 위해서 실제 사용자의 제품 사용 경험에 영향을 미치는 요인으로 기존 모바일폰의 사용성 평가요인(Usability factors)으로 나타난 항해용이성과 웹사이트의 사용성 평가요인으로 적용된 상호작용성과 반응속도를 스마트폰의 사용성 평가요인으로 선정하였다. 또한 이들 세 가지 평가요인들은 사용성의 위계적 성분(Hierarchical components)을 구성한다고 볼 수 있다.

스마트폰 프로젝트에서는 앞에서 살펴본 이론적 배경과 선행연구의 결과에 기초하여 다음과 같은 연구목적을 설정하였다.

> 스마트폰 프로젝트의 연구목적은 외생변수(기업명성과 사용성요인인 항해용이성, 상호작용성, 반응속도), TAM의 기본 변수인 지각된 사용용이성과 유용성 그리고 고객충성도와 실제 사용 간의 관련성을 규명하는 것이다.

연구를 통해 스마트폰(혹은 스마트폰 제조사)에 대한 고객충성도와 실제 사용에 영향을 미치는 주요 결정요인이 무엇인지를 밝혀내어 스마트폰 제조사의 제품과 마케팅전략 수립에 필요한 기초정보를 제공하고자 한다.

1.2 연구모델 개발과 가설 설정

이 책에서는 제2부의 실습을 위해서 앞에서 살펴본 선행연구에 기초하여 [그림 4-2], [그림 4-3]과 같은 스마트폰 프로젝트의 연구모델을 개발하였다. [그림 4-2]는 잠재변수 간의 배열(Sequence)과 가설관계를 나타내는 개념적 연구모델(Conceptual research model)이며 [그림 4-3]은 잠재변수 간의 관계와 함께 각 잠재변수를 구성하는 측정변수들을 포함하고 있는 통계적 연구모델(Statistical research model)이다.

그림 4-2 스마트폰 프로젝트의 개념적 연구모델

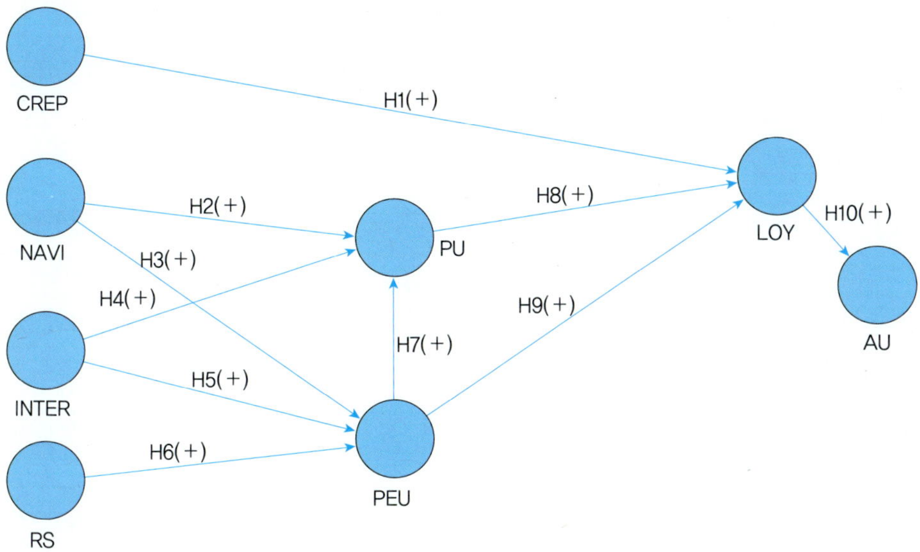

[그림 4-2]의 개념적 연구모델을 살펴보기로 하자.

- 개념적 연구모델에 포함된 잠재변수(연구변수)는 총 8개이다. 각 잠재변수와 약어는 다음과 같다.
- 외생변수 혹은 외생잠재변수는 4개(CREP, NAVI, INTER, RS), 내생변수 혹은 내생잠재변수는 4개(PEU, PU, LOY, AU)이다.

• 잠재변수

① CREP(Corporate reputation): 기업명성(혹은 기업평판)
② NAVI(Navigability): 항해용이성
③ INTER(Interactivity): 상호작용성
④ RS(Response speed): 반응속도
⑤ PEU(Perceived ease of use): 지각된 사용용이성
⑥ PU(Perceived usefulness): 지각된 유용성
⑦ LOY(Customer loyalty): 고객충성도
⑧ AU(Actual usage): 실제 사용

- PEU, PU, LOY는 내생잠재변수이면서 매개변수이며, AU는 내생잠재변수이면서 종속변수이다.
- 선행연구의 검토를 통해 설정된 스마트폰 프로젝트의 연구가설은 총 10개이며 다음과 같다.

|가설 1: H1| 스마트폰 제조사의 기업명성은 고객충성도에 정(+)의 유의한 영향을 미칠 것이다.

|가설 2: H2| 스마트폰의 항해용이성은 고객의 지각된 유용성에 정(+)의 유의한 영향을 미칠 것이다.

|가설 3: H3| 스마트폰의 항해용이성은 고객의 지각된 사용용이성에 정(+)의 유의한 영향을 미칠 것이다.

|가설 4: H4| 스마트폰의 상호작용성은 고객의 지각된 유용성에 정(+)의 유의한 영향을 미칠 것이다.

|가설 5: H5| 스마트폰의 상호작용성은 고객의 지각된 사용용이성에 정(+)의 유의한 영향을 미칠 것이다.

|가설 6: H6| 스마트폰의 반응속도는 고객의 지각된 사용용이성에 정(+)의 유의한 영향을 미칠 것이다.

|가설 7: H7| 스마트폰에 대한 고객의 지각된 사용용이성은 지각된 유용성에 정(+)의 유의한 영향을 미칠 것이다.

|가설 8: H8| 스마트폰에 대한 고객의 지각된 유용성은 고객충성도에 정(+)의 유의한 영향을 미칠 것이다.

|가설 9: H9| 스마트폰에 대한 고객의 지각된 사용용이성은 고객충성도에 정(+)의 유의한 영향을 미칠 것이다.

|가설 10: H10| 스마트폰에 대한 고객충성도는 실제 사용에 정(+)의 유의한 영향을 미칠 것이다.

그림 4-3 | 스마트폰 프로젝트의 통계적 연구모델

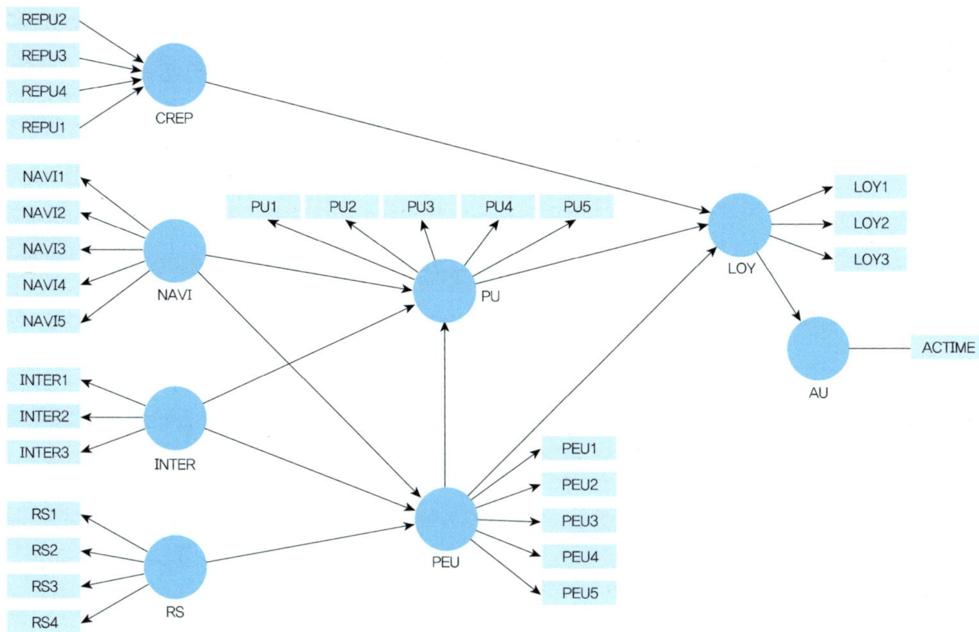

[그림 4-3]의 **통계적 연구모델**을 살펴보기로 하자.

- **측정모델**은 총 8개로 구성되어 있다.
- CREP는 연구모델에서 유일하게 **형성적 측정모델**이다.
- NAVI, INTER, RS, PU, PEU, LOY, AU는 **모두 반영적 측정모델**이다.
- AU는 **단일항목**의 측정변수를 가지고 있는 잠재변수이며 나머지(CREP, INTER, RS, PU, PEU, LOY)는 모두 **다수항목들**의 측정변수를 가지고 있는 잠재변수들이다.

> • **측정모델**
> ① 반영적 측정모델: 7개(NAVI, INTER, RS, PEU, PU, LOY, AU모델)
> ② 형성적 측정모델: 1개(CREP모델)

선행연구의 검토를 통해 연구모델이 개발되고 가설 설정이 완료되면 이제 가설에서 사용되는 잠재변수(혹은 연구변수, 구성개념)를 직접적으로 관찰 가능한 측정변수들을 이용해 다시 정의해야 하며 이를 변수의 조작적 정의(Operational definition)라 한다. 이는 추상적인 개념을 측정이 가능하도록 경험적으로 관찰이 가능한 수준까지 세밀하게 정의하는 것을 말한다. 예컨대 스마트폰 프로젝트에서 기업명성(CREP)은 "고객이 가지고 있는 특정 스마트폰 제조사에 대한 명성 지각과 평판의 정도"로 정의하고 ① 스마트폰 제조사에 대한 신뢰도, ② 스마트폰 제조사에 대한 존경할만한 정도, ③ 스마트폰 제조사가 높은 제품과 서비스 품질을 제공하는 정도, ④ 스마트폰 제조사의 시장변화에 대한 대응능력의 네 가지 측정변수(설문문항)에 대해 각각 동의하는 정도를 7점 리커트척도를 사용하여 측정하였다. 다만 CREP는 형성적 지표이기 때문에 형성적 측정모델에 대한 집중타당도를 평가할 목적으로 측정변수 1개(⑤ 스마트폰 제조사의 전반적인 명성의 정도)를 추가하였다. 따라서 CREP의 ⑤번 측정변수(설문문항)는 집중타당도의 분석 시에만 사용된다.

[표 4-1]은 실제의 논문에서 사용되고 있는 형태로 각각의 잠재변수에 대한 조작적 정의를 예시한 것이다.

표 4-1 잠재변수(연구변수)에 대한 조작적 정의

잠재변수	약어	조작적 정의	측정변수(측정항목, 설문문항)
기업명성 (CREP)	REPU1 REPU2 REPU3 REPU4 REPU5	고객이 가지고 있는 특정 스마트폰 제조사에 대한 명성 지각과 평판의 정도	① 스마트폰 제조사에 대한 신뢰도 ② 스마트폰 제조사에 대한 존경할만한 정도 ③ 스마트폰 제조사가 높은 제품품질과 서비스 품질을 제공하는 정도 ④ 스마트폰 제조사의 시장변화에 대한 대응능력 ⑤ 스마트폰 제조사의 전반적 명성 정도
항해용이성 (NAVI)	NAVI1 NAVI2 NAVI3 NAVI4 NAVI5	스마트폰을 이용해 쉽게 이동하거나 정보와 서비스를 탐색할 수 있는 정도	① 원하는 곳으로 쉽게 이동 가능 ② 별도 조작 없이도 초기 메뉴에서 필요한 기능을 제공 ③ 무선인터넷 기능을 통해 쉽게 필요한 정보를 탐색할 수 있음 ④ 처음 사용자도 쉽게 원하는 정보와 서비스를 찾을 수 있음 ⑤ 디스플레이 화면 내에서 나의 위치정보 제공
상호작용성 (INTER)	INTER1 INTER2 INTER3	스마트폰 사용이 상호작용을 가능하게 하는 정도	① 내가 통제할 수 있는 부분이 존재 ② 양방향 소통을 가능하게 함 ③ 원하는 콘텐츠의 자유로운 선택 가능

반응속도 (RS)	RS1 RS2 RS3 RS4	스마트폰의 접속과 로딩 및 반응정도	① 빠른 접속속도 ② 콘텐츠에 대한 빠른 로딩속도 ③ 메뉴 간 이동속도가 충분히 빠름 ④ 고객 요구에 대한 신속한 반응정도
지각된 사용용이성 (PEU)	PEU1 PEU2 PEU3 PEU4 PEU5	스마트폰 사용을 용이하게 할 수 있는 정도	① 쉬운 사용방법을 제공함 ② 쉬운 기능을 제공함 ③ 쉬운 서비스 이용이 가능함 ④ 누구나 쉽게 이용할 수 있음 ⑤ 쉬운 정보습득이 가능함
지각된 유용성 (PU)	PU1 PU2 PU3 PU4 PU5	스마트폰 사용이 나의 일과 업무수행에 유용한 정도	① 활용가치가 높음 ② 다양한 정보를 얻을 수 있음 ③ 내가 수행하는 일에 유용함 ④ 내 업무능력을 향상시킴 ⑤ 기능들이 나에게 유용함
고객충성도 (LOY)	LOY1 LOY2 LOY3	고객의 스마트폰에 대한 사용과 추천 의사의 정도	① 향후에 현재 스마트폰 구매의사가 있음 ② 타인에게 스마트폰 구매 추천의도 ③ 현재 사용 중인 스마트폰을 앞으로도 사용할 의사가 있음
성별 (GENDER)	GENDER	성별	① 남자 ② 여자
연령 (AGE)	AGE	연령	만 ( )세
사용기간 (UPERIOD)	UPERIOD	스마트폰 사용기간	① 1년 미만 ② 1년 ③ 2년 ④ 3년 ⑤ 3년 이상
실제 사용 (AU)	ACTIME	1일 동안의 평균 스마트폰 사용시간	하루 평균 스마트폰 사용시간

1.3 설문지 개발과 표본 선정

1) 설문지 개발

논문 작성의 데이터 수집방법으로는 설문지법이 가장 많이 사용된다. 설문지는 5점 리커트척도와 7점 리커트척도가 많이 사용되고 있다. 스마트폰 프로젝트에서는 7점 리커트척도를 사용하기로 한다.

▌표 4-2 ▌스마트폰 프로젝트의 설문지

스마트폰 고객의 스마트폰 사용에 대한 설문지

안녕하십니까? 바쁘신 중에도 이 설문에 귀중한 시간을 할애해 주셔서 깊이 감사드립니다. 이 설문의 모든 내용은 무기명으로 처리되며 오로지 통계목적으로만 활용할 것임을 약속드립니다.

조사자: 호서대학교 기술경영전문대학원 신건권

• [설문 Ⅰ~Ⅳ]에 대한 답변 요령

각 설문문항에 대한 응답은 1(전혀 그렇지 않다)부터 7(매우 그렇다)까지로 되어 있으며, 그 중에서 귀하가 스마트폰을 사용하시면서 느꼈던 것에 '✔' 표시를 해주시면 됩니다.

전혀 그렇지 않다	아니다	약간 아니다	보통이다	약간 그렇다	그렇다	매우 그렇다
1	2	3	4	5	6	7

Ⅰ. 기업명성

설문문항	귀하의 응답						
1. 내가 사용하는 스마트폰 제조사는 믿을만하다고 생각한다.	1	2	3	4	5	6	7
2. 내가 사용하는 스마트폰 제조사는 존경할만하다고 생각한다.	1	2	3	4	5	6	7
3. 내가 사용하는 스마트폰 제조사는 높은 제품품질과 서비스품질을 제공한다고 생각한다.	1	2	3	4	5	6	7
4. 내가 사용하는 스마트폰 제조사는 시장변화에 대한 우수한 대응능력을 가지고 있다고 생각한다.	1	2	3	4	5	6	7
5. 내가 사용하는 스마트폰 제조사는 전반적으로 높은 명성을 가지고 있다고 생각한다.	1	2	3	4	5	6	7

Ⅱ. 스마트폰 고객의 사용성

(1~5문항: 항해용이성, 6~8문항: 상호작용성, 9~12문항: 반응속도)

설문문항	귀하의 응답						
1. 나는 스마트폰의 서비스 안에서 원하는 곳으로 쉽게 이동할 수 있다.	1	2	3	4	5	6	7
2. 스마트폰은 별도 조작 없이도 초기 메뉴에서 필요한 기능을 제공한다.	1	2	3	4	5	6	7
3. 나는 스마트폰의 무선인터넷 기능을 이용해 쉽게 필요한 정보를 찾을 수 있다.	1	2	3	4	5	6	7

4. 스마트폰은 처음 사용하는 사람도 쉽게 원하는 정보와 서비스를 찾을 수 있다.	1	2	3	4	5	6	7
5. 내가 사용하는 스마트폰은 디스플레이 화면 내에서 나의 위치정보를 제공해 준다.	1	2	3	4	5	6	7
6. 내가 사용하는 스마트폰은 내가 통제(혹은 제어)할 수 있는 부분이 있다.	1	2	3	4	5	6	7
7. 내가 사용하는 스마트폰은 양방향 소통(사람과 사람, 사람과 시스템)을 가능하게 한다.	1	2	3	4	5	6	7
8. 내가 사용하는 스마트폰은 내가 원하는 콘텐츠(혹은 정보와 서비스)를 자유롭게 선택할 수 있도록 한다.	1	2	3	4	5	6	7
9. 나는 스마트폰의 접속속도가 빠르다고 생각한다.	1	2	3	4	5	6	7
10. 나는 스마트폰이 콘텐츠(제공정보)에 대한 로딩속도가 빠르다고 생각한다.	1	2	3	4	5	6	7
11. 나는 메뉴 간의 이동속도가 불편을 느끼지 않을 정도로 충분히 빠르다고 생각한다.	1	2	3	4	5	6	7
12. 나는 스마트폰이 고객의 요구에 신속하게 반응한다고 생각한다.	1	2	3	4	5	6	7

Ⅲ. 스마트폰 고객의 사용용이성과 유용성

(1~5문항: 사용용이성, 6~10문항: 유용성)

설문문항	귀하의 응답						
1. 나는 스마트폰의 사용방법이 쉽다고 생각한다.	1	2	3	4	5	6	7
2. 나는 스마트폰의 기능이 쉽다고 생각한다.	1	2	3	4	5	6	7
3. 나는 스마트폰으로 서비스를 이용하는 것이 쉽다.	1	2	3	4	5	6	7
4. 스마트폰은 누구나 쉽게 사용할 수 있다.	1	2	3	4	5	6	7
5. 나는 스마트폰을 사용하면 정보 습득(혹은 입수)을 쉽게 할 수 있다.	1	2	3	4	5	6	7
6. 나는 스마트폰의 활용가치가 높다고 생각한다.	1	2	3	4	5	6	7
7. 나는 스마트폰으로 다양한 정보를 얻을 수 있어서 유용하다고 생각한다.	1	2	3	4	5	6	7
8. 스마트폰은 내가 하는 일(혹은 업무)에 유용하다.	1	2	3	4	5	6	7
9. 스마트폰의 사용이 내 업무 수행능력을 향상시킨다.	1	2	3	4	5	6	7
10. 나는 스마트폰의 기능들이 나에게 유용하다고 생각한다.	1	2	3	4	5	6	7

Ⅳ. 스마트폰 고객충성도

설문문항	귀하의 응답						
1. 나는 향후 스마트폰 구매 시 현재의 스마트폰을 구입할 의사가 있다.	1	2	3	4	5	6	7
2. 나는 다른 사람이 스마트폰을 구입하려고 할 때 내가 사용하고 있는 스마트폰을 추천할 것이다.	1	2	3	4	5	6	7
3. 나는 현재 사용하고 있는 스마트폰을 앞으로도 계속 이용할 것이다.	1	2	3	4	5	6	7

Ⅴ. 응답자의 일반적 사항

각 설문문항에 '✔' 표시를 하거나 괄호 안에 기입해 주세요.

1. 귀하의 성별은? ① 남자 ② 여자
2. 귀하의 연령은? 만 ( )세
3. 귀하가 스마트폰을 사용한 기간은?
   ① 1년 미만 ② 1년 ③ 2년 ④ 3년 ⑤ 3년 이상
4. 귀하가 하루 평균 스마트폰을 사용하는 시간은? ( )분 혹은 ( )시간

2) 표본 선정

설문지 개발이 완료되면 모집단에서 연구자의 조사대상이 될 **표본추출과 표본크기**를 어느 정도로 해야 할 것인가를 결정해야 한다. 이 실습 프로젝트의 조사대상은 스마트폰 사용자들이며 표본추출방법으로 비확률표본추출법을 사용하였다.

SmartPLS 프로그램은 ① **상업용(전문가용)**과 ② **학생용**이 있다. 전자는 유료로 구입해야 하며 표본 수가 100개 이상인 경우에 사용할 수 있다. 후자는 무료로 사용할 수 있지만 표본 수를 100개 미만으로 제약하고 있다. 이 책에서는 학생용 버전을 주로 사용해도 실습할 수 있다. 하지만 SmartPLS가 제공하는 여러 가지 통계기법들은 유료 버전에서만 사용할 수 있기 때문에 일부의 내용에 대해서는 상업용 버전을 사용하기로 한다. 따라서 고급 PLS-SEM 분석을 원하는 독자들은 반드시 상업용 버전을 구입하여 사용할 것을 권유한다. 왜냐하면 상업용 버전은 모델의 색상 전환이 가능할 뿐만 아니라 출력 결과를 다양한 형태(Excel, HTML 파일 등)로 저장할 수 있어서 다양한 통계처리가 가능하다는 장점을 가지고 있기 때문이다.

2 데이터 수집과 입력

2.1 데이터 수집과 입력

표본추출대상과 조사할 표본 수가 결정되었으면 이제 설문조사를 시행해야 한다. 설문조사를 통해 수집된 데이터는 [그림 4-4], [그림 4-5]와 같이 SPSS Statistics Editor나 Excel 등을 사용하여 입력(Data entry)해야 한다. 입력한 후에는 [그림 4-4]와 같이 확장자명을 [*.csv]로 하여 파일을 저장하면 편리하다. 물론 SmartPLS 프로그램에서는 설문지를 통한 조사 데이터뿐 아니라 매출액, 영업이익, 당기순이익 등과 같은 재무 데이터(Financial data) 그리고 기타 과거에 이미 다른 연구자나 기관에서 조사해 놓은 2차데이터를 이용할 수도 있다.

그림 4-4 ▌Excel 프로그램을 이용한 입력과 저장방법

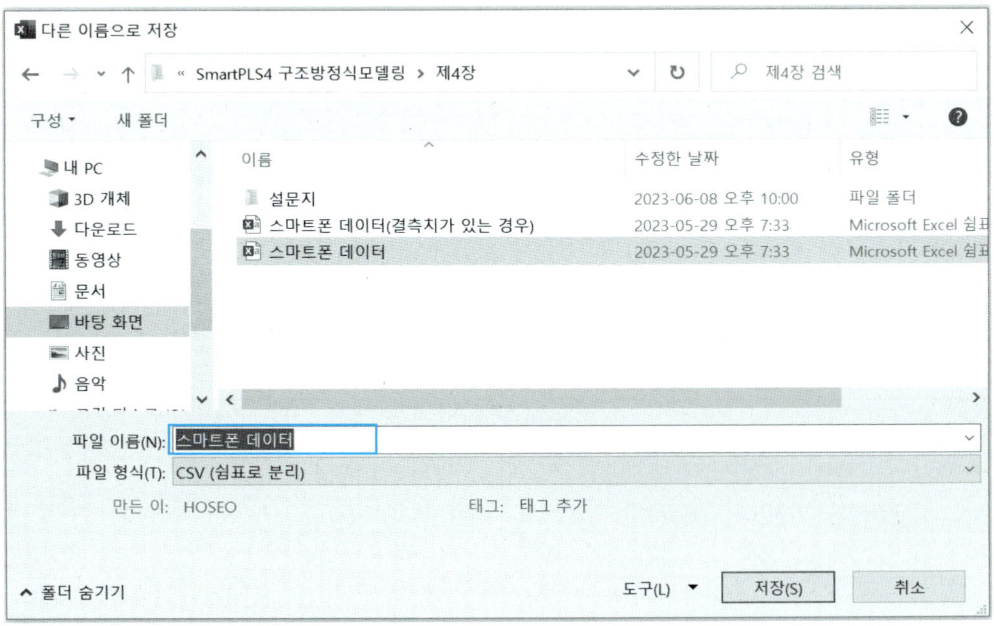

Excel 프로그램을 통해 수집된 데이터를 입력한 후 다른 이름으로 저장하기(Save as type)에서 파일명(File name)은 [스마트폰 데이터]로 하고 저장형식 확장자명을 CSV(쉼표로 분리)로 선택한 후 저장한다. 그러면 SmartPLS 프로그램에서 용이하게 사용할 수 있는 데이터 파일이 생성된다.

그림 4-5 ▎SPSS Statistics Editor 프로그램을 이용한 입력과 저장방법

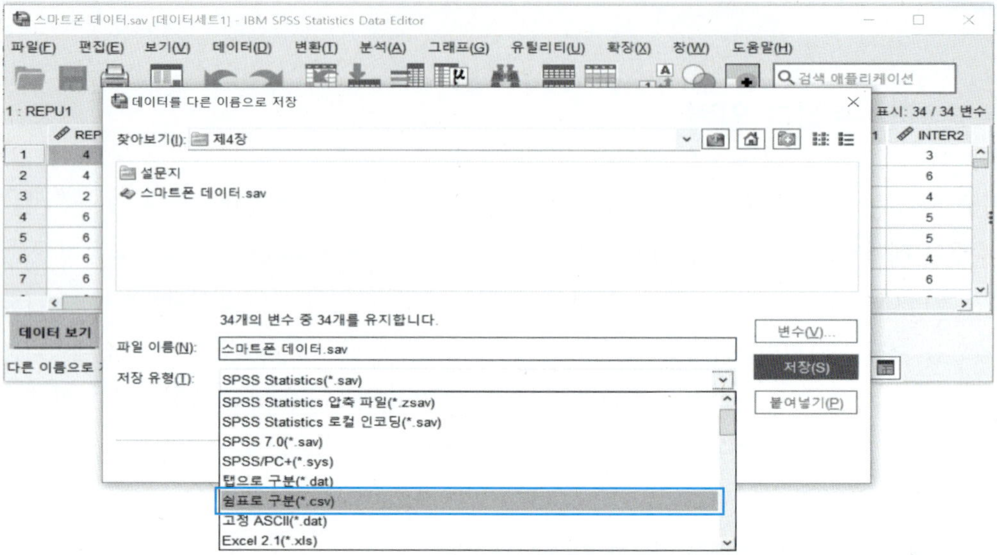

SPSS 프로그램을 통해 수집된 데이터를 입력한 후 [**다른 이름으로 저장하기**]에서 **파일명**(File name)은 [**스마트폰 데이터**]로 하고 저장형식 **확장자명**을 [**쉼표로 구분(*.csv)**]로 선택한 후 저장한다. 그러면 SmartPLS 프로그램에서 용이하게 사용할 수 있는 데이터 파일이 생성된다.

[표 4-3]은 각 측정변수(설문문항)와 사례별로 **데이터 행렬**(Data matrix)을 나타낸 것이다. 이 책의 제2부에 사용하는 [**스마트폰 데이터**]는 **총 34개의 측정변수**(REPU1부터 ACTIME까지)와 **99개의 사례**로 구성되어 있다([표 4-1] 참조할 것). 이러한 데이터 행렬은

표 4-3 ▎데이터 입력 시 참조할 수 있는 데이터 행렬

사례 수	측정변수명(설문문항 약어)								
	1	2	3	4	5	6	7	…	34
	REPU1	REPU2	REPU3	REPU4	REPU5	NAVI1	NAVI2	…	ACTIME
1	4	3	3	2	2	2	3	…	120
2	…	…	…	…	…	…	…	…	…
3	…	…	…	…	…	…	…	…	…
…	…	…	…	…	…	…	…	…	…
99	4	4	4	6	6	6	5	…	300

독자들이 SPSS나 Excel 등의 입력 창에서 데이터를 입력할 때 데이터 구조를 확정하기 위해서 참조할 수 있다.

2.2 결측치, 일관성이 없는 불성실한 응답치 및 이상치

결측치(missing value)는 각 측정변수별로 사례의 응답치가 없어서 값이 누락되어 있는 상태를 말한다. 데이터에 결측치가 있으면 SmartPLS 프로그램이 작동되지 않는다. 결측치가 각 측정변수별로 5% 미만이면 평균값대체(Mean replacement)를 하면 되고 5% 초과 시에는 사례별 제거방법(Casewise deletion)을 이용한다. 결측치가 사례별로 15%를 초과하면 그 사례(관측치)는 제거한다.

그림 4-6 CSV Import 창에서 결측치의 처리방법

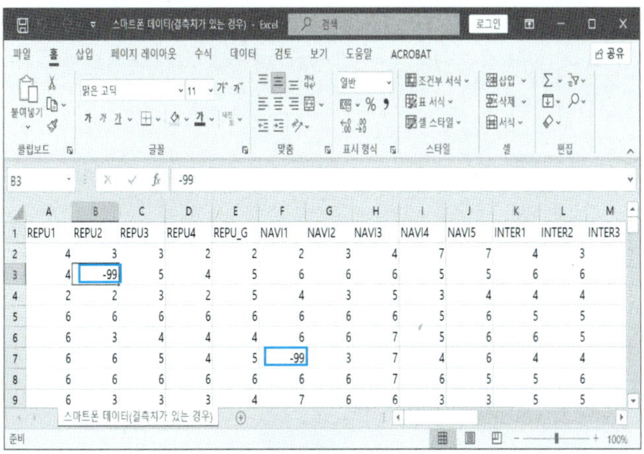

Excel 프로그램의 입력내용에서 결측치가 있는 칸에 [−99]를 입력한다. 물론 엑셀로 작성된 데이터 파일은 확장자명이 csv [*.csv]로 저장되어 있어야 한다. [SPSS Statistics Editor로 데이터 파일이 작성되어 있는 경우에도 결측치는 [−99]로 입력되어 있어야 하며 확장자명이 csv [*.csv]로 저장되어 있어야 한다.]

SmartPLS 프로그램 [CSV Import 창]의 [Missing value treatment]에서 [−99]를 입력하면 결측치가 처리된다.

결측치가 전혀 없으면 설문 응답치를 그대로 모두 입력해 데이터 파일을 생성하면 된다. 그러나 데이터에 결측치가 있는 경우에는 [그림 4-6]에 제시된 것처럼 결측치가 있는 칸에 나타난 다른 응답치와는 완전히 다른 [−99]와 같은 임의의 숫자를 입력하여 처리하는 방법이 있다. [CSV Import 창]의 [Missing value treatment]에서 [−99]를 입력한 후 [Import] 버튼을 클릭하면 처리된다.

설문조사를 시행한 후 응답자들의 응답치를 살펴보면 가끔씩 불성실하게 응답한 경우를 볼 수 있다. 이러한 문제를 SmartPLS에서는 의심스러운 응답패턴(Suspicious response patterns)이라고 한다. 가장 일반적인 경우는 리커트척도에서 특정 응답치를 모두 선택한 것이다. 예컨대 7점 리커트척도를 사용한 경우에서 모두 중간 응답치인 4를 선택하였거나 매우 극단적인 값인 1이나 7을 모두 선택(Straight lining)했다면 이는 의심스러운 응답패턴이라고 볼 수 있다. 이와 같이 응답치들이 불성실하게 응답된 경우로 판단되는 경우에는 연구자가 데이터 파일에서 해당 사례를 삭제하는 것이 필요하다.

그림 4-7 | SPSS에서 이상치 확인방법

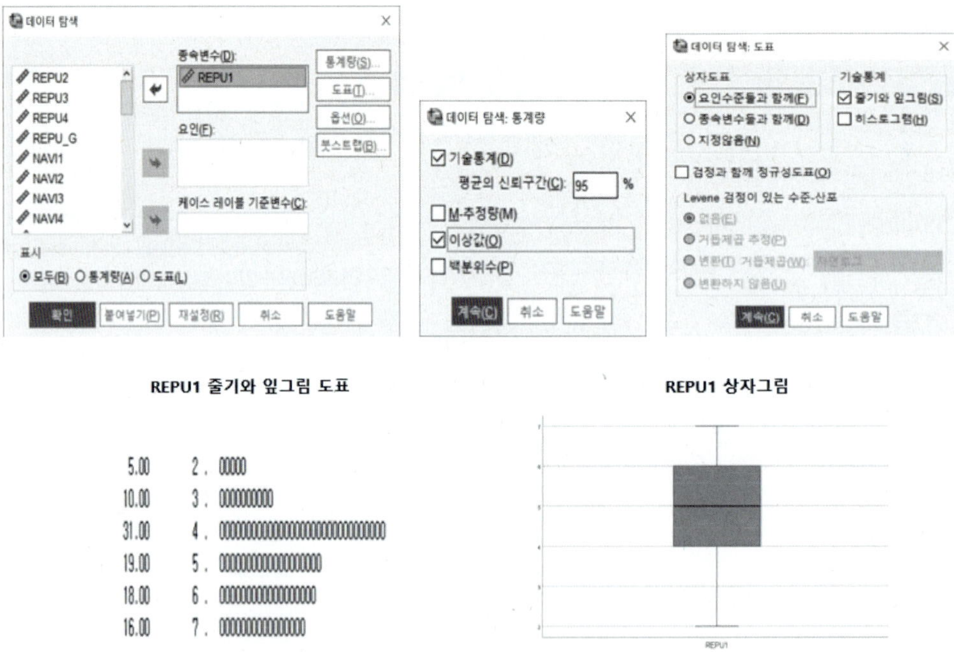

한편 설문조사의 결과를 입력할 때 입력자의 실수로 이상치(Outlier)가 발생할 수도 있다. 예컨대 어떤 응답 결과를 입력할 때 실제 응답치는 [6]인데 실수로 [66]을 입력했다면 이상치

가 된다. 또한 표준편차의 값이 ±3 이상인 경우는 이상치에 해당된다. 이상치는 [그림 4-7]에서 제시된 것처럼 SPSS 프로그램의 [분석-기술통계량-데이터탐색]에 들어가서 검증할 수 있다. 이를 위해서는 검증할 측정변수들을 선택한 후 [통계량] 옵션에서 [이상값] 그리고 [도표] 옵션에서 상자그림(Box plot)과 줄기와 잎그림(Stem-and-leaf plot)을 선택하면 된다. 응답치가 이상치로 판명되면 연구자들은 해당 데이터를 바른 응답치로 수정하거나 아예 데이터 파일에서 삭제하는 것도 검토해야 한다.

2.3 데이터 입력과 저장 실습

데이터 입력과 저장 실습에서는 결측치가 전혀 없는 경우와 결측치가 있는 경우로 구분하기로 한다. 이 책에서는 기본적으로 사전에 불성실한 응답치나 이상치들을 제거하였으며 결측치가 전혀 없는 경우에 해당한다.

통계 실습 4-1 데이터에 결측치가 전혀 없는 경우의 파일 생성하기

[1] SPSS 프로그램을 이용해 데이터를 입력하시오. 단, 이 실습 문제에서는 입력에 필요한 설문 응답자료를 현실적으로 제공하기 어렵기 때문에 저자가 [데이터 파일]에서 제공한 [제4장] 스마트폰 데이터를 가지고 실습하시오.
[2] SmartPLS 프로그램에 사용할 수 있도록 SPSS 프로그램으로 작성한 데이터 파일을 확장자명을 csv[*.csv]로 하여 [다른 이름으로 저장]을 통해 데이터 파일을 만드시오. 단, 데이터 파일명은 [스마트폰 데이터]로 하시오.

실습과정

[1] SPSS 프로그램으로 데이터 입력하고 저장하기

❶ [데이터 파일] 제4장 [스마트폰 데이터]를 각자가 인쇄한 후 동일하게 각자가 SPSS 프로그램에 입력한다. SPSS Editor의 [변수 보기]에서 설문지를 보고 측정변수명(이름), 유형, 너비, 측도 등을 정의한다.

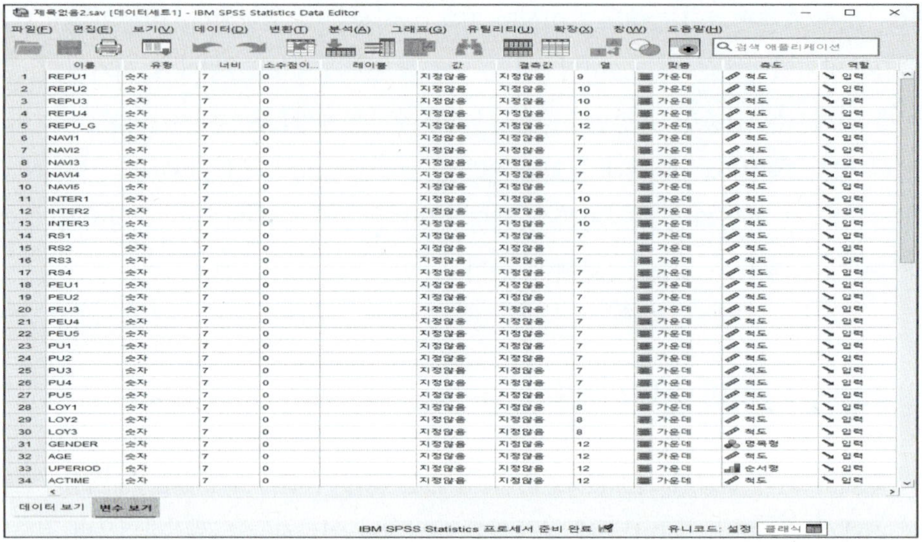

❷ SPSS Editor의 [데이터 보기]에서 앞에서 출력된 데이터를 보고 케이스 99번까지 계속해서 입력한다.

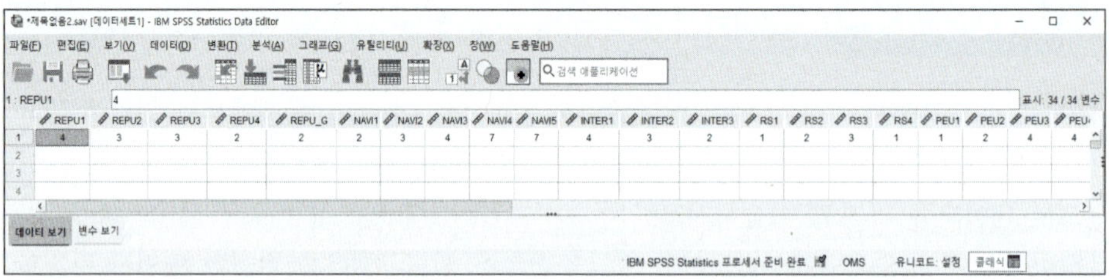

❸ 입력을 완료한 후에 [파일]-[다른 이름으로 저장]에서 파일이름을 [스마트폰 데이터.sav]로 저장한다. 이렇게 하면 SPSS 프로그램의 일반적인 확장자인 [스마트폰 데이터.sav]로 저장된다. SPSS 파일이 만들어지면 기본적인 통계분석을 SPSS 프로그램을 이용해 실습할 수 있게 된다.

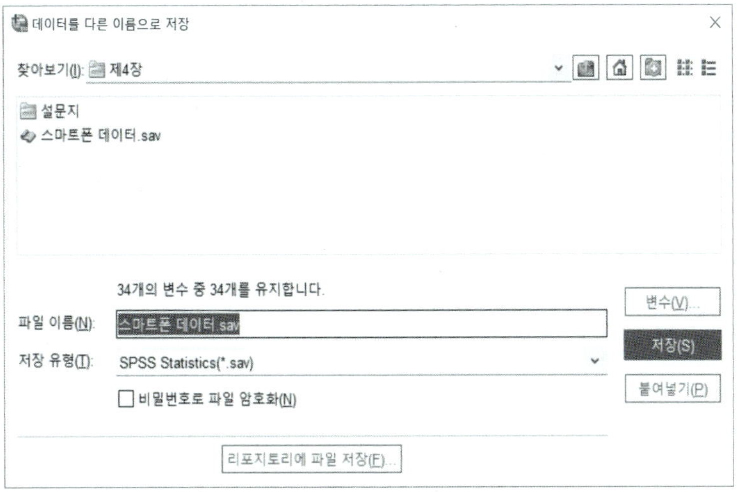

[2] SPSS 파일로 작성된 데이터 파일을 csv 파일로 바꾸기

❶ SmartPLS 프로그램에서 사용할 수 있도록 SPSS 파일인 [스마트폰 데이터.sav]를 확장자명이 csv인 [스마트폰 데이터.csv]로 저장한다. 이를 위해서 [저장 유형]에서 [쉼표로 구분(*.csv)]를 선택한 후 [파일이름]에 [스마트폰 데이터]를 입력한 후 저장하면 된다. 물론 SmartPLS 4.0의 상업용 라이센스가 있으면 SPSS로 만든 데이터 파일을 바로 불러들여서 작업할 수 있다.

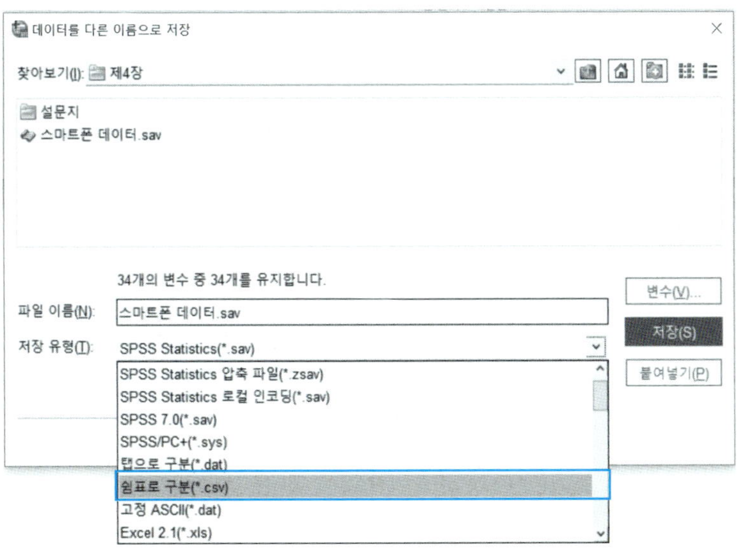

❷ 최종적으로 [스마트폰 데이터.csv]가 있는 [데이터 파일]–[제4장] 폴더로 가서 제대로 저장되었는지를 확인한 후 스마트폰 데이터.csv 를 클릭한다. 그러면 데이터 파일인 [스마트폰 데이터.csv]의 내용을 볼 수 있다. 이제 SmartPLS 프로그램에서는 [스마트폰 데이터.csv]를 불러들여 필요한 통계분석을 시행할 수 있게 되었다.

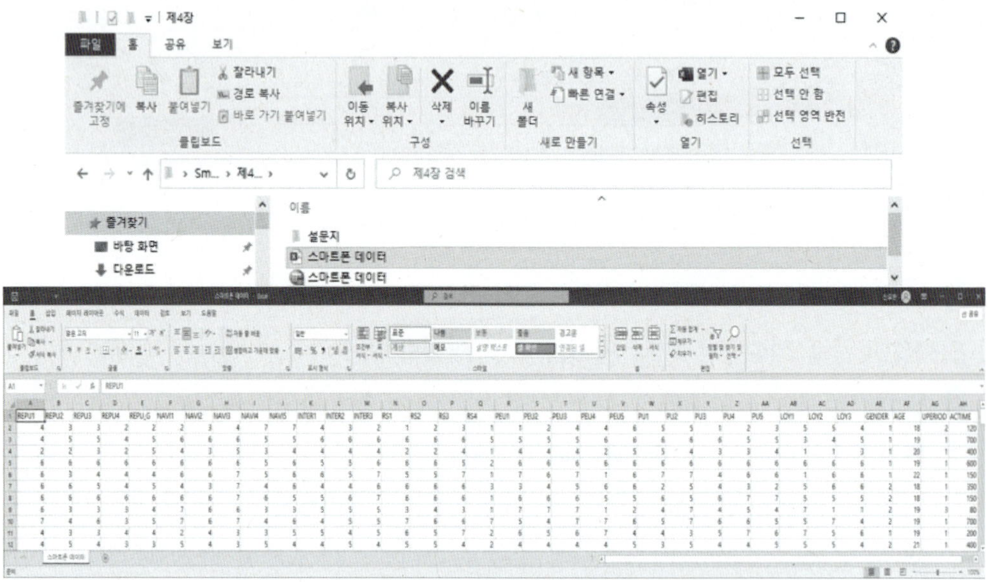

통계 실습 4-2 데이터에 결측치가 있는 경우의 파일 생성하기

[1] SPSS 프로그램을 이용해 데이터를 입력하시오. 단, 이 실습 문제에서는 앞의 통계 실습에서 저장한 제4장의 csv 파일인 [스마트폰 데이터.csv]를 불러들여 실습하시오. 결측치가 있는 경우의 실습을 위해서 이 책에서는 의도적으로 [스마트폰 데이터 파일.csv]에서 두 개의 입력 데이터(B3과 F7)를 삭제하여 결측치로 만든 후 실습하시오.

[2] 각 측정변수별로 결측치가 1개씩이므로 결측치는 5% 미만이라고 볼 수 있다. [CSV Import 창]에서 결측치를 처리하시오.

실습과정

[1] 결측치가 있는 경우의 데이터 입력하고 저장하기

❶ [데이터 파일] 제4장 [스마트폰 데이터.csv]를 불러들인 후 의도적으로 다음과 같이 [B3과 F7]의 데이터를 삭제하여 결측치로 만든다.

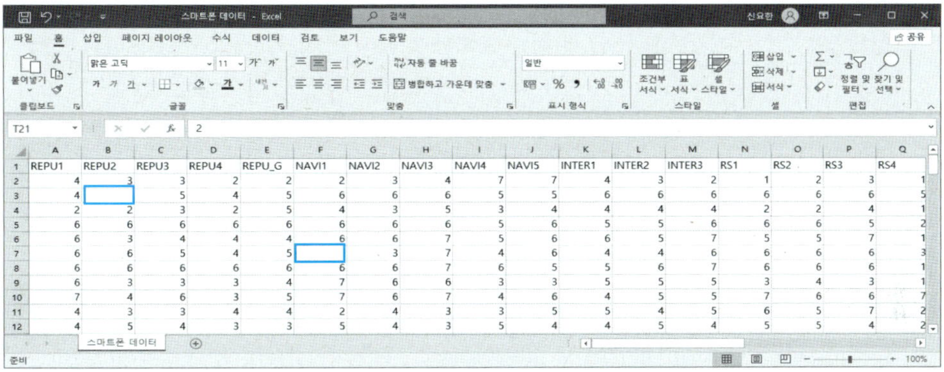

❷ 결측치 칸에 데이터 파일에서 나타나지 않은 다른 입력값과는 다른 값인 [−99]를 입력한다.

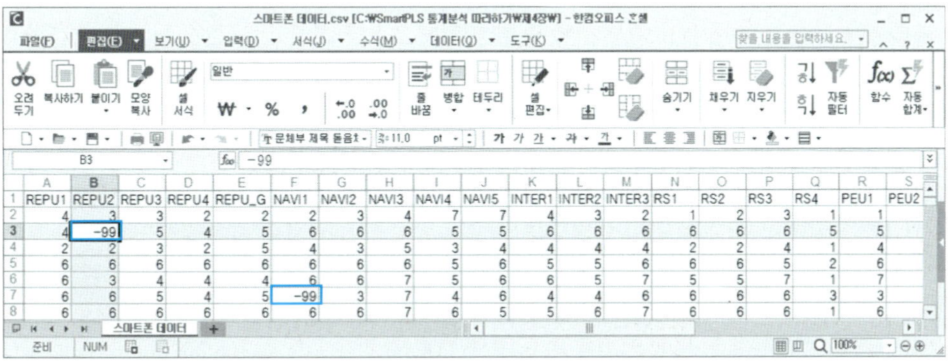

❸ 입력을 완료한 후에 [파일]−[다른 이름으로 저장]에서 파일이름을 [스마트폰 데이터(결측치가 있는 경우).csv]로 저장한다.

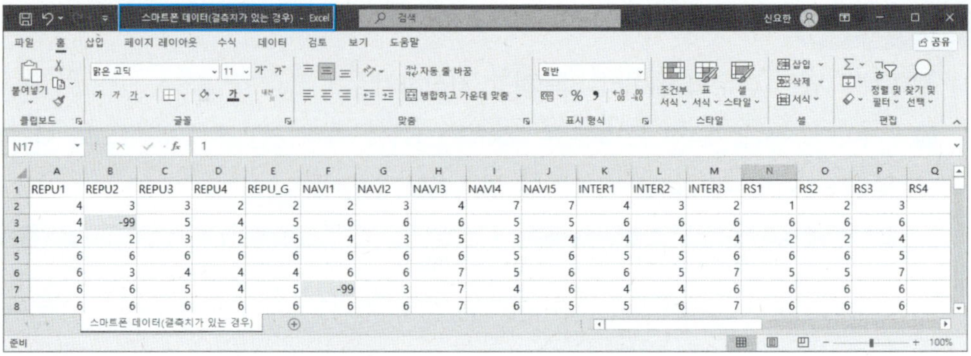

[2] SmartPLS 프로그램에서 PLS-SEM Algorithm 실행하기

❶ 이 장에서는 [스마트폰 프로젝트]에 대한 구조방정식모델이 아직 구축되어 있지 않은 상황이므로 현실적으로 이 실습을 하기 어렵다. 따라서 여기에서는 이론적인 측면에서 실습하는 방법만 제시하고 실제 실습은 제6장 실습을 할 때 독자들이 추가적으로 개인 실습을 해보기 바란다. 실습할 때는 데이터로 [스마트폰 데이터(결측치가 있는 경우).csv]를 불러들인 후 실습해야 한다. [New project]를 만들고 [CSV Import 창]에 들어가 보면 창 하단에 [Missing value marker]가 있다.

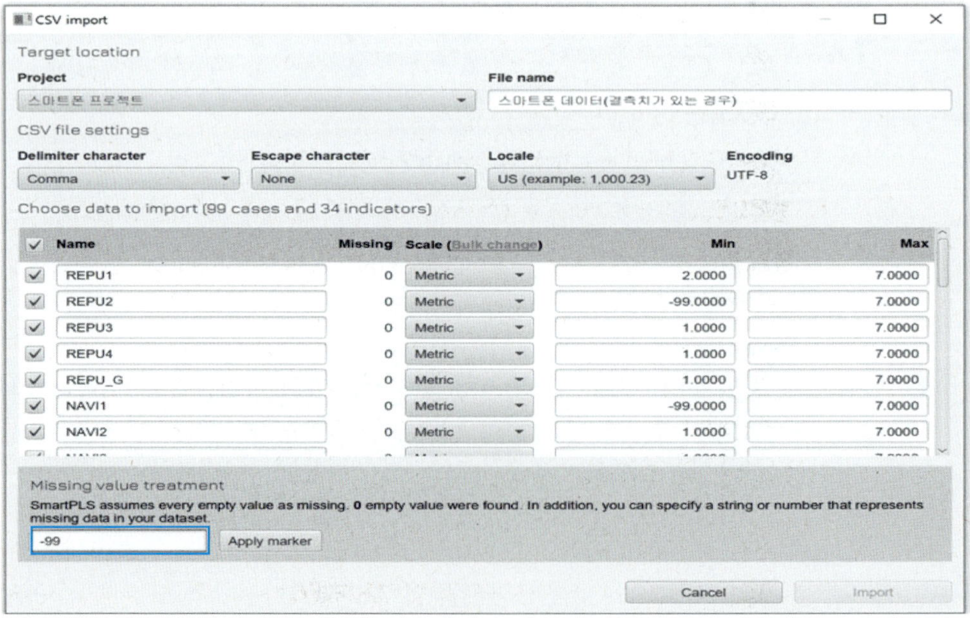

❷ 데이터 파일에서 결측치로 입력되어 있는 [-99]를 결측치로 처리하려면 [Missing value marker]에 [-99]를 입력하고 [Apply marker]를 클릭하고 [Import] 버튼을 클릭하면 된다.

제4장의 연습과 실습문제 >>>

01 연구 설계를 문제 제기와 연구 문제, 연구모델 개발과 가설 설정 그리고 설문지 개발과 표본 선정으로 구분해 설명하시오.

02 스마트폰 프로젝트를 가지고 개념적 연구모델과 통계적 연구모델의 차이를 기술하시오.

03 수집된 설문 데이터에서 결측치, 일관성이 없는 불성실한 응답치 및 이상치가 발생한 경우 처리방법을 제시하시오.

04 다음의 용어들을 간략히 설명하시오.

① 기술수용모델(TAM)
② 조작적 정의
③ 사용성(Usability)
④ 결측치
⑤ 일관성이 없는 불성실한 응답치
⑥ 이상치

05 SPSS 프로그램을 이용해 [스마트폰 데이터]에 불러들인 후 측정변수 INTER2에 대한 상자그림(Box plot)과 줄기와잎그림(Stem-and-leaf plot)을 출력하여 이상치가 있는지를 확인하시오.

| 정답 |

① 먼저 [데이터 파일] [제4장]에서 [스마트폰 데이터.sav]를 SPSS 프로그램으로 불러들인다.
② [분석]의 [기술통계량-데이터 탐색]에 들어간 후 [데이터 탐색 창]에서 종속변수에 [INTER2]를 선택한다.

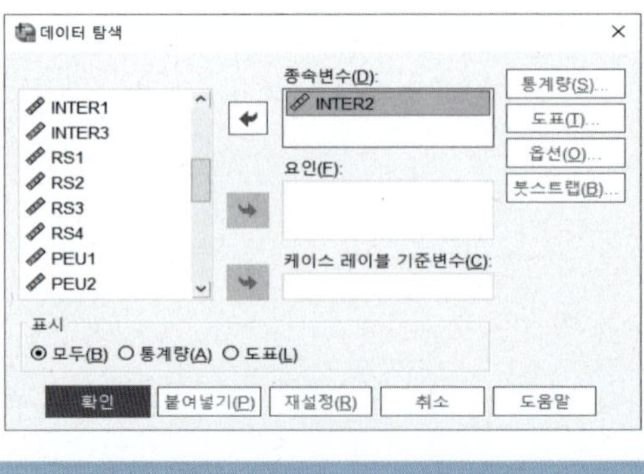

③ [통계량] 옵션에서 [기술통계]와 [이상값]을 체크하고 [계속] 버튼을 클릭한다. [도표] 옵션에 들어가서 [줄기와 잎그림]을 선택하고 [계속] 버튼을 클릭한다.

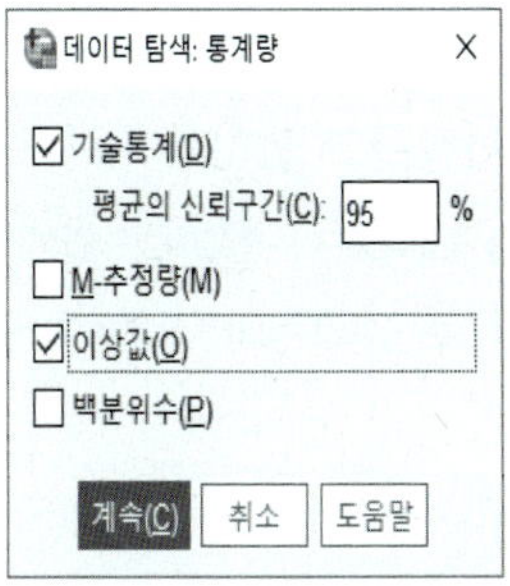

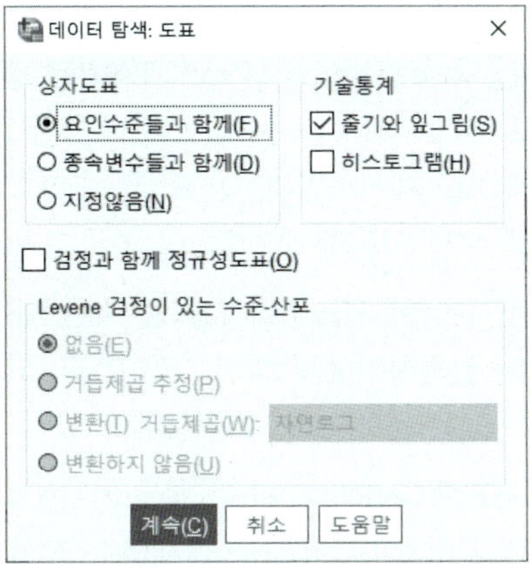

④ [확인] 버튼을 클릭하여 분석 결과를 출력한다. 분석 결과 이상치는 없는 것으로 나타났다(상자그림과 줄기와 잎그림을 확인할 것).

INTER2

INTER2 줄기와 잎그림 도표

```
 구매빈도 Stem &  잎

     3.00        1 .  000
     4.00        2 .  0000
    10.00        3 .  0000000000
    26.00        4 .  00000000000000000000000000
    23.00        5 .  00000000000000000000000
    23.00        6 .  00000000000000000000000
    10.00        7 .  0000000000
```

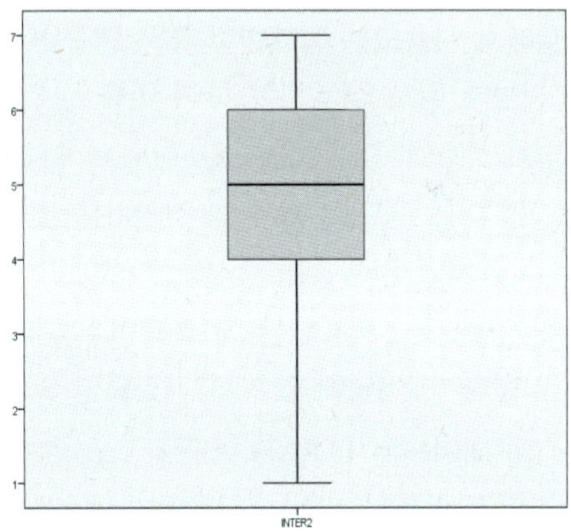

제4장의 핵심내용 정리

- 기술수용모델(Technology Acceptance Model: TAM)은 정보기술 수용과 사용행동을 설명하는 모델로 널리 인정받고 있다. TAM에서는 태도에 대한 주요 영향요인으로 지각된 사용용이성(PEU)과 지각된 유용성(PU)을 제시하였다. 이 모델은 PEU와 PU가 태도를 매개변수로 하여 행동의도(혹은 사용의도)와 실제 사용에 영향을 미치는 것으로 가정하고 있다.
- 사용성(Usability)은 "어떤 특정한 기술이나 시스템 혹은 제품을 사용자가 얼마나 쉽게, 학습하지 않고, 원하는 시스템에 접속하여 신속하게 사용할 수 있는가"로 정의된다. 이의 하위요인에 항해용이성, 상호작용성, 반응속도 등이 포함된다.
- 연구모델은 개념적 연구모델(Conceptual research model)과 통계적 연구모델(Statistical research model)로 구분할 수 있다. 전자는 잠재변수 간의 배열(Sequence)과 가설관계를 후자는 잠재변수 간의 관계와 함께 각 잠재변수를 구성하는 측정변수들을 포함하는 모델이다.
- 논문 작성의 데이터 수집방법으로는 설문지법이 가장 많이 사용된다. 설문지는 5점 리커트척도와 7점 리커트척도가 많이 사용되고 있다.
- 가설에서 사용되는 잠재변수(혹은 연구변수, 구성개념)를 직접적으로 관찰 가능한 측정변수들을 이용해 다시 정의해야 하며 이를 변수의 조작적 정의(Operational definition)라 한다.
- 설문지 개발이 완료되면 모집단에서 연구자의 조사대상이 될 표본추출과 표본크기(Sample size)를 어느 정도로 해야 할 것인가를 결정해야 한다. 또한 표본추출대상과 조사할 표본 수가 결정되었으면 이제 설문조사를 시행해야 한다.
- 결측치(Missing value)는 각 측정변수별로 사례의 응답치가 없어서 값이 없이 비어 있는 상태를 말한다. 데이터에 결측치가 있으면 SmartPLS 프로그램이 작동되지 않는다.
- 수집된 데이터는 결측치(Missing value)가 전혀 없는 경우와 결측치가 있는 경우로 구분해서 입력한다. 결측치가 있는 경우에는 데이터 파일에서 결측치에 [-99] 등과 같은 숫자를 입력하여 저장하고 [CSV Import]에 있는 [Missing value marker]에서 [-99]를 입력해야 한다.
- 데이터 입력 시 응답치들이 불성실하게 응답된 경우로 판단되는 경우에는 연구자가 데이터 파일에서 해당 사례를 삭제하는 것이 필요하다.
- 이상치(Outlier)가 발생한 경우에는 확인하고 삭제해야 한다.

제 5 장 데이터 검토와 구조방정식모델의 구축

1 데이터 검토

우리들은 이미 제4장에서 결측치, 일관성이 없는 불성실한 응답치 및 이상치의 처리방법에 대해서 살펴보았다. 이 장에서는 데이터분포(Data distribution)에 대한 통계분석 결과를 가지고 데이터의 정규성(Normality)에 대해서 검토하고자 한다.

SmartPLS를 이용한 SEM에서는 특별히 정규분포 가정(Normality assumption)에 대해서 강조하지 않으며 설사 비정규분포를 가지는 데이터라 하더라도 강건하게 모델 추정이 이루어진다. 그러나 데이터가 정규분포로부터 심각하게 벗어날 경우에는 체계적이고 주의 깊은 검토가 필요하다. 왜냐하면 PLS-SEM이 데이터의 정규성에 대한 분포 가정을 하지 않는다고 하여도 모든 분석은 데이터가 부적절하다면 의미가 없는 결과를 산출할 수 있고 결과 왜곡(Distortion)이 일어날 수 있기 때문이다. 예컨대 PLS-SEM에서는 데이터가 정규분포(Normal distribution)를 따르지 않고 극단적인 비정규분포를 보이면 부트스트래핑으로부터 얻어진 표준오차를 부풀리게 되고 이는 예측하고자 하는 변수 간의 관계에 대한 유의성을 감소시키게 된다.

데이터의 정규성 여부를 결정하기 위해서는 왜도(Skewness)와 첨도(Kurtosis)를 살펴보아야 한다. 전자는 변수에 대한 분포의 대칭 정도를 평가하며 후자는 분포가 뾰족한지 아닌지에 대한 측정이다. 왜도와 첨도가 0에 가까운 경우는 거의 일어나지는 않는 상황이지만 모두 0에 근접하거나 적어도 왜도의 절대값이 2 미만, 첨도의 절대값이 7 미만이면 정규분포를 따른다.

SmartPLS는 정규분포 가정으로부터 자유로우며 심지어 비정규분포를 하는 데이터인 경우에도 강건하게 통계분석이 이루어진다. 그러나 데이터가 심각하게 정규성을 위반하는 경우에는 결과 왜곡과 함께 의미 없는 분석 결과를 만들어내게 된다. 따라서 SmartPLS를 사용해 통계분석을 하는 경우에도 데이터의 정규성을 확보하는 것은 매우 중요한 문제이다.

통계 실습 5-1 새 프로젝트 만들기와 데이터 검증

[1] SmartPLS 프로그램을 이용해 [스마트폰 프로젝트]를 만드시오.

[2] 앞에서 생성한 [스마트폰 프로젝트]의 데이터로 [데이터 파일]에서 제공한 [제5장] 스마트폰 데이터 파일을 불러들여 데이터의 정규성을 검증하시오.

실습과정

[1] SmartPLS 프로그램을 이용한 새 프로젝트 만들기

❶ 파일 메뉴의 [New Project] 혹은 화면 상단의 툴바인 [New Project]를 클릭한 후 [Create a new project]이 나타나면 [Name]에 [스마트폰 프로젝트]를 입력하고 [Create] 버튼을 클릭하여 새 프로젝트를 생성한다.

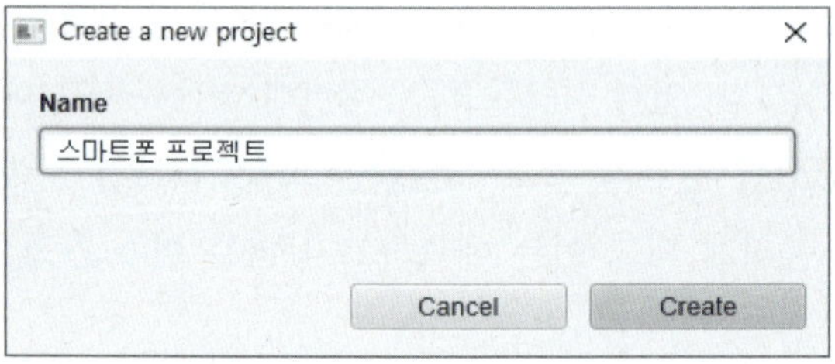

❷ 그러면 다음과 같이 화면 왼쪽 상단의 [Project Explorer 창]에 [스마트폰 프로젝트]가 생성된다.

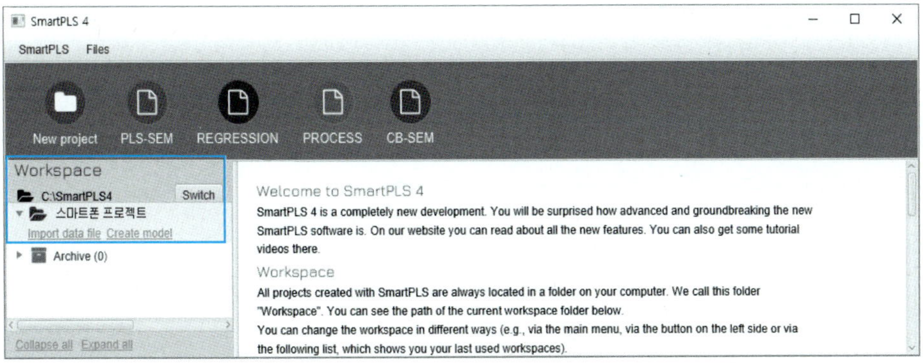

[2] 데이터 파일 불러들이기

❶ 프로젝트 탐색기 창의 [스마트폰 프로젝트]에서 [Import data file]을 더블클릭한다. 데이터 파일의 [제5장]에 이미 저장되어 있는 [스마트폰 데이터.csv]를 선택한 후 [열기] 버튼을 클릭한다.

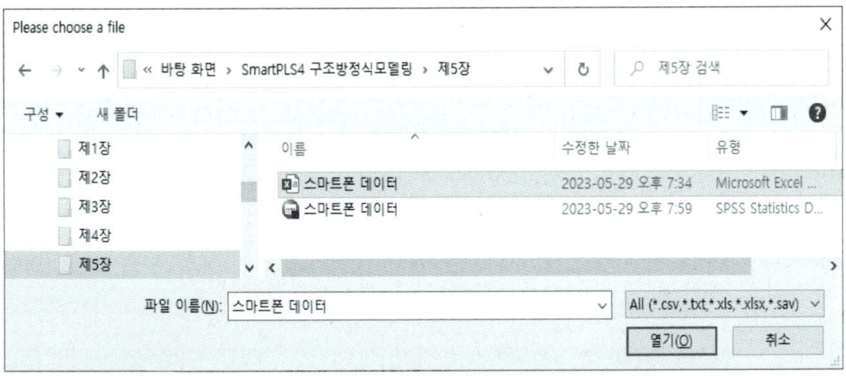

❷ 다음과 같은 [CSV import 창]이 나타나면 변수명, 측도, 최소값, 최대값 등이 올바로 지정되어 있는지 확인하고 이상이 없으면 화면 하단에 있는 [Import] 버튼을 클릭한다.

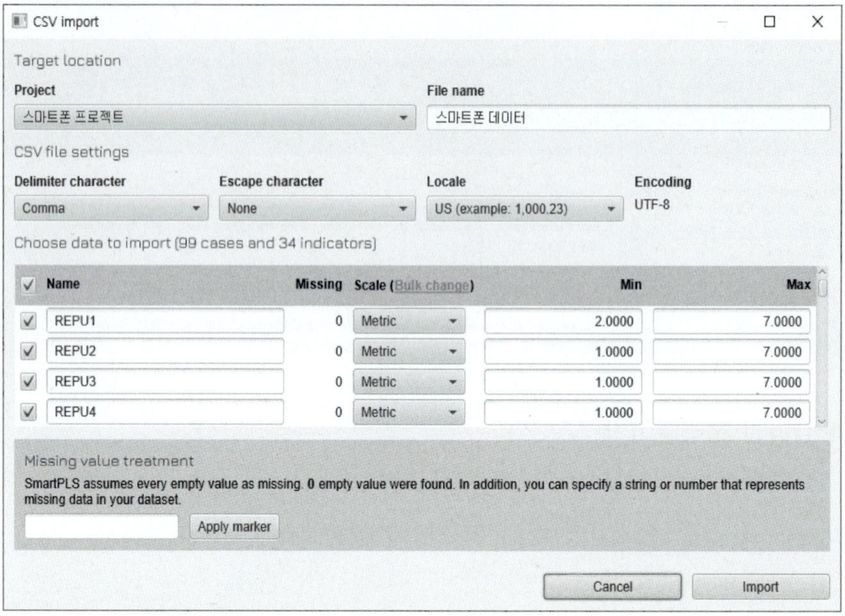

❸ 그러면 다음과 같은 [데이터 보기 창(Data View)]에 [기초통계량] 정보가 자동적으로 출력된다. 여기에는 결측치, 평균, 중앙값, 최소값, 최대값, 표준편차, 첨도와 왜도가 보고된다.

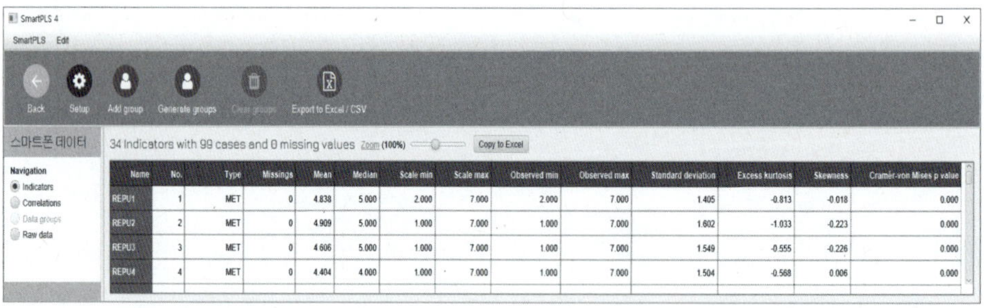

❹ 출력된 결과를 보고 데이터의 정규성을 검토한다(앞에서 제공한 ❸의 출력 결과를 한 화면에서 보기 위해 다음과 같이 다시 표 형태로 정리하였다).

	No.	Missing	Mean	Median	Min	Max	Standard Deviation	Excess Kurtosis	Skewness
REPU1	1	0	4.838	5	2	7	1.405	−0.813	−0.018
REPU2	2	0	4.909	5	1	7	1.602	−1.033	−0.223
REPU3	3	0	4.606	5	1	7	1.549	−0.555	−0.226
REPU4	4	0	4.404	4	1	7	1.504	−0.568	0.006
REPU_G	5	0	4.667	5	1	7	1.318	−0.371	−0.248
NAVI1	6	0	4.556	4	1	7	2.016	−1.365	−0.229
NAVI2	7	0	4.485	5	1	7	1.598	−0.754	−0.229
NAVI3	8	0	4.879	5	1	7	1.799	−0.853	−0.449
NAVI4	9	0	4.444	5	1	7	1.689	−0.608	−0.369
NAVI5	10	0	4.566	5	1	7	1.571	−0.527	−0.329
INTER1	11	0	4.788	5	1	7	1.313	0.468	−0.633
INTER2	12	0	4.727	5	1	7	1.441	−0.079	−0.455
INTER3	13	0	4.838	5	1	7	1.516	−0.262	−0.605
RS1	14	0	4.424	4	1	7	1.558	−0.269	−0.264
RS2	15	0	4.333	4	1	7	1.435	−0.143	−0.21
RS3	16	0	4.444	4	1	7	1.597	−0.545	−0.23
RS4	17	0	2.475	2	1	7	1.919	0.525	1.336
PEU1	18	0	4.313	4	1	7	1.709	−0.679	−0.119
PEU2	19	0	4.495	5	1	7	1.579	−0.413	−0.311
PEU3	20	0	4.687	5	1	7	1.606	−0.604	−0.278
PEU4	21	0	4.293	4	1	7	1.628	−0.592	−0.186
PEU5	22	0	4.808	5	1	7	1.555	−0.382	−0.492
PU1	23	0	5.101	5	1	7	1.63	−0.153	−0.705
PU2	24	0	5.051	5	1	7	1.623	−0.453	−0.601
PU3	25	0	4.707	5	1	7	1.479	−0.33	−0.318
PU4	26	0	4.939	5	1	7	1.34	0.274	−0.528
PU5	27	0	5.061	5	1	7	1.317	0.596	−0.653
LOY1	28	0	4.525	5	1	7	1.696	−0.348	−0.347
LOY2	29	0	4.586	5	1	7	1.7	−0.637	−0.344
LOY3	30	0	4.758	5	1	7	1.609	−0.122	−0.587
ACTIME	34	0	385.152	380	30	700	204.334	−1.229	0.023

〈기초통계량에 의한 정규성의 검토 결과〉

기초통계량 결과를 보면 결측치는 없다. 표준편차도 ±3 이상(리커트척도가 아닌 ACTIME의 표준편차는 의미가 없으므로 제외)은 없어서 이상치는 없는 것으로 판단된다. 또한 일반적인 설문문항을 제외하고 데이터의 정규성을 검토하기 위해 첨도와 왜도를 살펴본 결과 첨도와 왜도와 관련된 데이터의 비정규성은 문제가 되지 않는다. 대부분 왜도의 절대값이 2 미만이고 첨도의 절대값이 7 미만이므로 허용범위 내에 있다.[1] 따라서 스마트폰 프로젝트에서 채택한 모든 측정변수들(지표들)은 제거되지 않고 유지된다.

2 구조방정식모델의 구축

구조방정식모델은 이론과 논리에 기초하여 잠재변수(연구변수) 간의 가설적인 관계(Hypothetical relations)를 시각적으로 표시한 다이어그램을 말한다. 이는 잠재변수 간의 관계를 설명하는 구조모델(Structural model)과 잠재변수와 측정변수 간의 관계를 설명하는 측정모델(Measurement model)로 구성되어 있다(구조방정식모델=구조모델+측정모델). 보통 PLS-SEM에서는 구조모델은 내부모델, 측정모델은 외부모델이라고 불린다.

2.1 구조모델의 구축

구조모델을 구축하는 것을 보통 구조모델링(Structural modeling)이라 한다. 이를 위해서는 [그림 5-1]과 같이 구조모델과 설정된 가설적 관계에 대한 충분한 설정 근거가 있어야 한다. 다시 말해서 구조모델과 가설 설정은 이론과 논리, 질적 연구, 사례연구, 연구자의 판단 그리고 기타 원천 등을 근거로 이루어져야 한다.

구조모델을 구축하기 위해서는 크게 잠재변수(연구변수)의 배열순서(Sequence)와 잠재변수 간의 가설적 관계(단순 선형관계, 매개효과관계, 조절효과관계 포함)를 결정해야 한다. 전

1) Curran, West & Finch(1996)은 왜도의 절대값이 2, 첨도의 절대값이 7을 넘지 않으면 정규분포라고 하였다.

그림 5-1 구조모델과 가설의 설정 근거

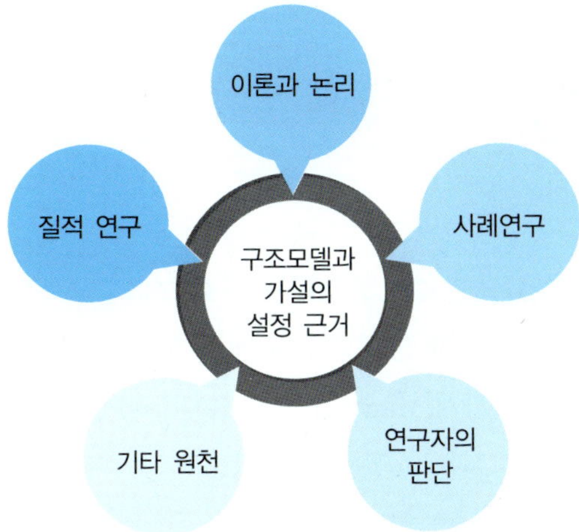

자는 연구변수로 채택된 잠재변수들을 구조모델의 어떤 위치에 놓을 것인가(선행변수와 후행변수 혹은 외생변수와 내생변수의 결정)와 관련된다. 이에 반해 후자는 잠재변수 간의 인과관계의 방향(연구모델에서 화살표) 그리고 매개와 조절관계를 결정하는 것과 관련된다. 구조모델에서 화살표는 보통 왼쪽에서 오른쪽으로 향하도록 되어 있다. 이것은 왼쪽의 잠재변수가 오른쪽의 잠재변수를 예측함을 의미한다.

연구자는 선행연구와 자신의 통찰력, 창의력 등을 바탕으로 구조모델을 구축해야 한다. 어떤 잠재변수를 선택할 것인가와 잠재변수 간의 관계를 어떻게 설정할 것인가를 결정해야 한다. 지금부터는 구조모델의 구축을 위해서 고려할 수 있는 예시적 모델을 제시하고자 한다. 예시적 구조모델은 크게 ① 선형적 관계만 존재하는 구조모델, ② 매개효과관계가 존재하는 구조모델, ③ 조절효과관계가 존재하는 구조모델 등으로 구분할 수 있다.

첫째, [그림 5-2]는 선형적 관계만 존재하는 구조모델의 구축을 예시한 것이다. 그림에서 왼쪽은 선행연구 결과 등에 기초하여 잠재변수의 배열 순서만을 나타낸 것이고, 오른쪽은 화살표를 통해 가설적인 관계도 표시한 것이다. 관계 결정에서 NAVI(항해용이성)는 외생잠재변수, PEU(지각된 사용용이성)와 LOY(고객충성도)는 내생잠재변수이다. NAVI는 PEU를 예측하며 PEU는 LOY를 예측하도록 모델링되었음을 알 수 있다. PEU는 NAVI의 종속변수이며 LOY의 독립변수의 역할을 한다.

그림 5-2 ▌선형적 관계만 존재하는 구조모델의 구축

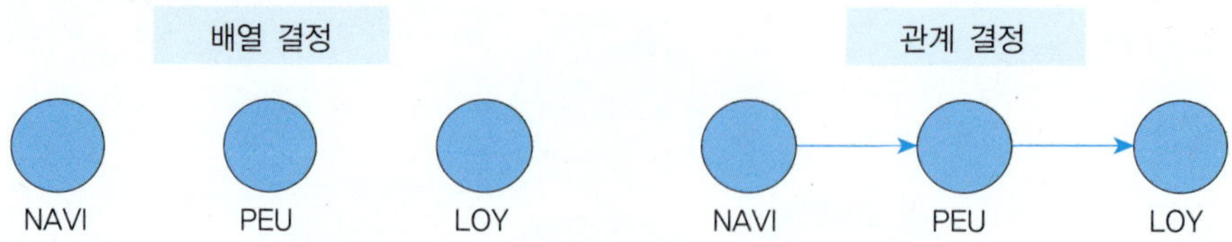

둘째, [그림 5-3]은 **매개효과관계가 존재하는 구조모델의 구축**을 예시한 것이다. 그림에서 왼쪽은 선행연구 결과 등에 기초하여 잠재변수의 배열 순서만을 나타낸 것이고 오른쪽은 화살표를 통해 **가설적인 관계**와 **매개관계**(Mediation relations)를 표시한 것이다. 관계 결정에서 NAVI는 외생잠재변수이며 PEU와 LOY는 내생잠재변수이다. 또한 NAVI는 외생잠재변수, PEU는 매개변수 그리고 LOY는 종속변수로도 볼 수 있다. NAVI와 LOY 간의 관계는 직접효과를 나타내며 PEU는 NAVI와 LOY의 관계에서 간접효과 즉 매개효과를 보여준다.

그림 5-3 ▌매개효과관계가 존재하는 구조모델의 구축

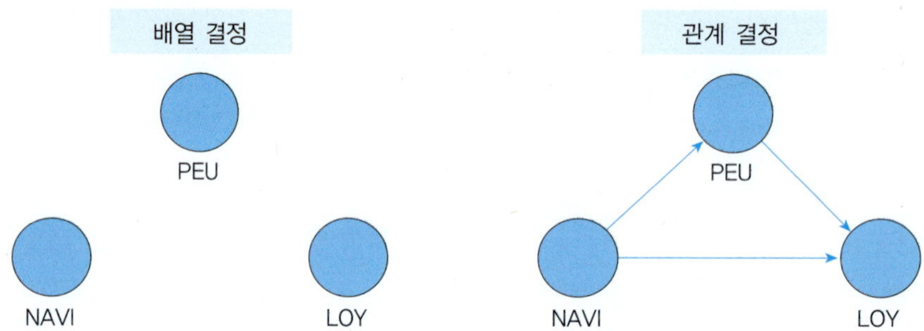

셋째, [그림 5-4]와 [그림 5-5]는 **조절효과관계가 존재하는 구조모델의 구축**을 예시한 것이다. 그림에서 왼쪽은 선행연구 결과 등에 기초하여 잠재변수의 배열 순서만을 나타낸 것이고 오른쪽은 화살표를 통해 **가설적인 관계**와 **조절관계**(Moderation relations)를 표시한 것이다. 조절효과는 조절변수가 연구모델의 두 잠재변수 간의 강도나 관계의 방향을 변하게 하는 것을 말한다. 조절효과관계는 **연속형 조절변수**와 **범주형 조절변수(집단형 조절변수)**의 두 가지 유형이 있다. 전자는 조절변수가 연속형인 경우로 이는 **상호작용효과분석**(Interaction effect analysis)을 통해 조절효과를 분석한다. 후자는 성별과 같이 조절변수가 범주형인 경우로 이는 다중집단분석(Multigroup Analysis: MGA)을 통해서 조절효과를 분석한다. 먼저, [그림 5-4]를 통해 조절변수가 연속형인 경우를 알아보자. 여기에서는 연속형 조절변수로 스마트폰의 사용기간(UPERIOD)이 채택되었다고 가정한다. PEU는 외생잠재변수이며 LOY는 내생잠재변수이다. 사용기간은 연속형 조절변수이다. PEU와 UPERIOD 간의 상호작용을 통해 LOY에 미치는 영향을 파악하기 위한 구조모델이다. 다음으로 [그림 5-5]를 통해 조절변수가 범주형(성별)인 경우를 알아보자. 여기에서는 범주형 조절변수로 성별이 채택되었다고 가정한다. PEU는 외생잠재변수이며 LOY는 내생잠재변수이다. 성별은 범주형 조절변수이다. PEU와 UPERIOD 간의 관계에 남자집단과 여자집단 간의 경로계수 차이가 유의적인 차이인가를 알아내기 위한 구조모델이다.

그림 5-4 ▌ 조절효과관계(연속형 조절관계)가 존재하는 구조모델의 구축

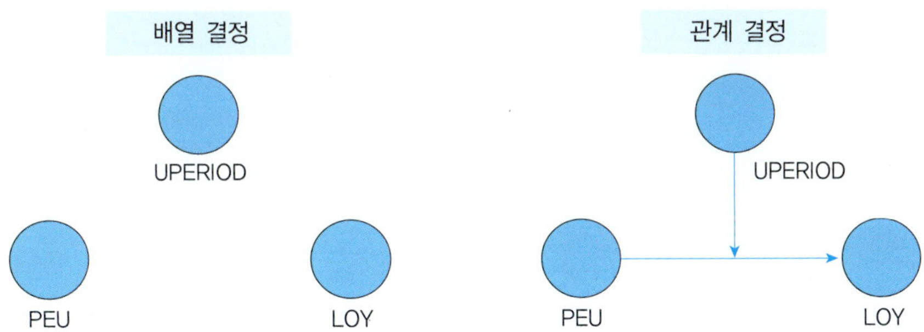

그림 5-5 ▌ 조절효과관계(범주형 조절관계)가 존재하는 구조모델의 구축

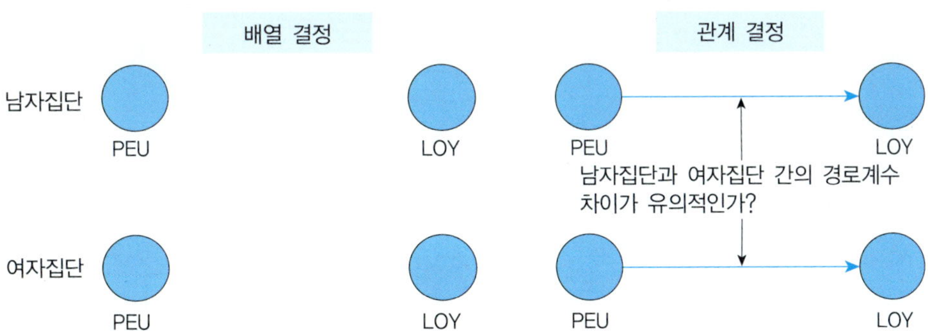

이외에도 우리는 구조모델을 구축할 때 잠재변수들에 대한 **위계적 성분모델**(HCM)을 고려할 수 있다. SmartPLS에서는 보통 **1차성분모델**과 **2차성분모델**까지만 권장되고 있다. [**스마트폰 사례**]에서 우리는 **사용성**이 **항해용이성, 상호작용성 및 반응속도 요인**으로 구성될 수 있음을 제4장에서 살펴보았다. [그림 5-6]은 사용성에 대한 2차성분모델을 예시한 것이다.

스마트폰 선행연구에서는 사용성(USABILITY)의 평가요소로 항해용이성, 상호작용성, 반응속도(시스템품질) 등을 고려하고 있다(박지형과 신건권, 2012b). 이와 같이 2차성분모델(2차 HCM)은 설문 응답자들의 사용성에 대한 동인으로 1차의 단일차원으로 모델링하는 대신 고차성분 **HOC**(Higher-Order Component)에 대해서 몇 개의 하위성분인 **LOCs**(Lower-Order Components)로 요약할 수 있다. [그림 5-6]에서 NAVI, INTER, RS는 1차성분(1차요인)이며 사용성은 2차성분(2차요인)이다. 이와 같이 HCM을 이용해 잠재변수의 개념을 조작화하면 **모델 복잡성의 단순화**를 추구할 수 있고 모델의 간결성도 확보할 수 있게 된다.

그림 5-6 | 사용성의 2차성분모델 구축

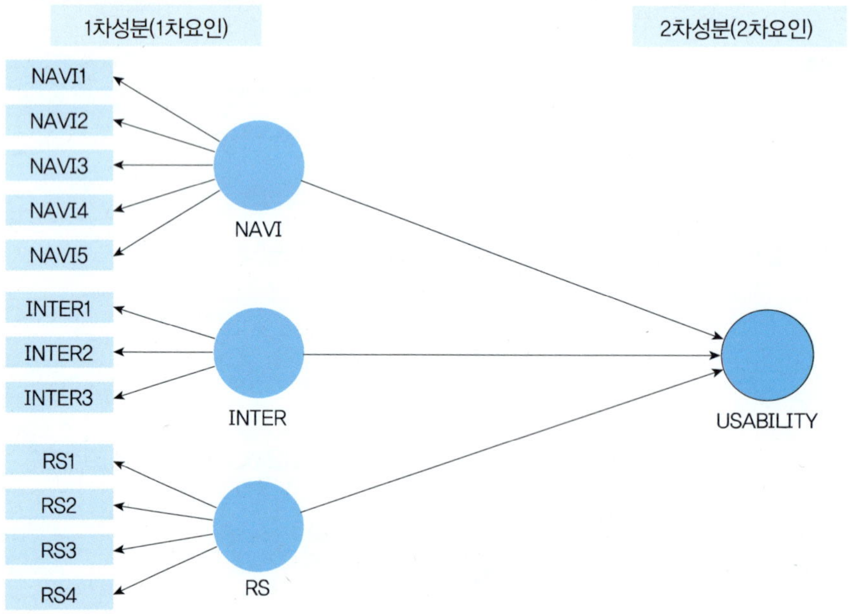

2.2 측정모델의 구축

측정모델(Measurement model)은 PLS-SEM에서 외부모델(Outer model)이라고도 불리는 것으로 잠재변수들과 그에 해당하는 측정변수(혹은 설문문항, 지표, 척도) 간의 관계를 나타낸다. 연구모델에서 각각의 잠재변수들에 대해 어떤 측정변수(반영적 측정변수/형성적 측정변수)를 사용하느냐에 따라 달라진다. 잠재변수를 측정하는 변수들(설문문항)로 반영적 측정변수를 사용했으면 반영적 측정모델(Reflective measurement model)이며, 형성적 측정변수를 사용했으면 형성적 측정모델(Formative measurement model)이 된다(반영적 측정변수와 형성적 측정변수 그리고 반영적 측정모델과 형성적 측정모델에 대해서는 이미 이 책의 제1장 1.2에서 자세히 설명했으므로 여기에서는 생략하기로 한다).

연구모델에서 잠재변수들은 직접 측정이 불가능한 것들이므로 이를 측정변수들을 통해서 간접적으로 측정하게 된다. 일반적으로 연구자들은 자신의 연구를 수행할 때 기존에 개발된 측정변수들을 약간 수정하거나 변형해서 잠재변수를 측정하게 된다. 대부분의 사회과학 연구에서는 선행연구에 대한 검토과정을 거쳐서 기존에 이미 개발된 측정변수들을 사용하는 경우가 많다. 그러나 기존에 개발된 측정변수들이 전혀 없는 경우에는 새로운 측정변수(혹은 척도)를 개발해야 한다.

그림 5-7 ▎측정모델의 구축 시 두 가지 고려사항

측정모델을 구축하는 것을 보통 측정모델링(Measurement modeling)이라고 한다. 측정모델을 구축할 때 연구자들이 고려해야 하는 두 가지 사항은 [그림 5-7]에 제시된 것과 같다. 첫째, 연구모델에서 잠재변수를 측정할 때 반영적 측정모델로 할 것인지 아니면 형성적 측정모델로 할 것인지를 결정해야 한다. 둘째, 잠재변수를 측정할 때 단일항목으로 할 것인지 아니면 다수항목으로 구성할지를 결정해야 한다.

[그림 5-8]은 연구자들이 **반영적 측정모델과 형성적 측정모델 중에서 어떤 것을 선택할 것인가를 결정할 수 있는 일반적인 지침**이다. 이러한 지침들은 단지 연구자들이 참조할 수 있는 지침일 뿐이며 연구자가 잠재변수에 대한 개념화와 연구목적 등에 따라서 결정해야 한다. 첫째, 잠재변수와 측정변수 간의 인과적 우선순위에 따라 측정변수가 원인이고 잠재변수가 결과라면 형성적 측정모델을, 잠재변수가 원인이고 측정변수들이 결과라면 반영적 측정모델을 선택한다. 둘째, 측정변수의 동질성이 없으면 형성적 측정모델을, 동질성이 있으면 반영적 측정모델을 선택한다. 마지막으로, 측정변수 간의 상호 교환가능성을 기준으로 선택할 수 있다. 예컨대 측정변수 간의 상호 교환이 불가능한 경우에는 형성적 측정모델을, 상호 교환이 가능한 경우에는 반영적 측정모델을 선택한다.

그림 5-8 반영적 측정모델과 형성적 측정모델의 선택 지침

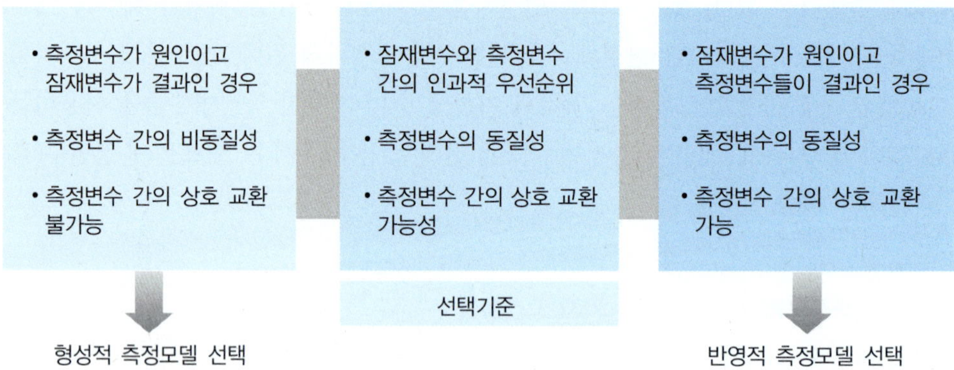

잠재변수를 측정할 때 **단일 측정변수**를 사용하는 것은 적용의 용이함, 간결성, 적은 비용, 설문조사 시 높은 응답률 유도 등의 장점이 있으나 신뢰도와 예측타당도가 낮아진다는 단점을 가지고 있다. 설문조사를 통해서 **인식이나 태도**(Perception, attitude) 등과 같이 직접적인 관찰이 불가능한 경우에는 **단일항목의 사용**이 거의 선호되지 않는다. 단일항목을 사용하는 경우에는 신뢰도와 타당도가 낮아질 수 있다는 점을 감안하여야 한다. 또한 **매출액, 수량, 이익 등**과 같이 직접적인 관찰이 가능한 특성을 측정하는 데는 단일항목의 사용이 고려될 수 있다.

그림 5-9 ▌단일항목과 다수항목의 선택 지침

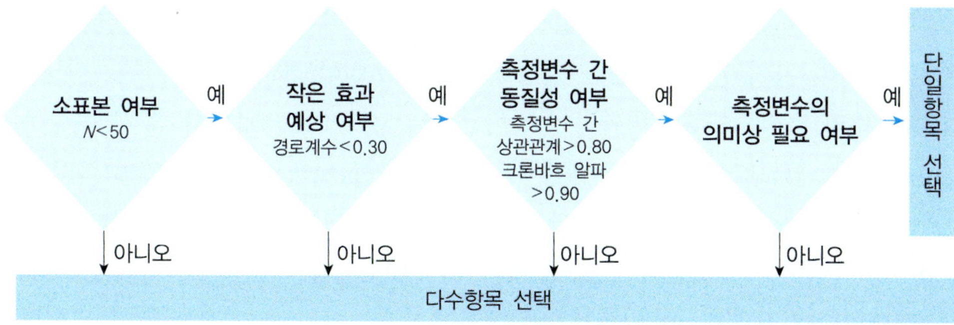

[그림 5-9]는 Diamantopoulos et al.(2012)가 제안한 **단일항목과 다수항목의 선택에 이용할 수 있는 일반적인 지침**이다. 다음과 같은 경우에만 단일항목의 사용을 고려해야 하며 그렇지 않은 경우에는 다수항목 척도를 사용해야 한다.

- 소표본인 경우: 표본 수가 **50개 미만**인 경우
- 약한 효과가 예상되는 경우: **경로계수**가 **0.30**보다 작을 것으로 예상되는 경우
- 측정변수 간 동질성(homogeneity)이 높은 경우: 측정변수 간 상관관계가 **0.80 이상** 혹은 크론바흐 알파가 **0.90 이상**인 경우
- 측정변수가 의미상 불필요한 경우

> SmartPLS 구조방정식모델링에서는 측정변수(설문문항)와 사례 수(관측치)가 커질수록 PLS-SEM의 추정 편의(Estimation bias)는 줄어든다. 일반적으로 표본 수가 많아지면 PLS-SEM과 CB-SEM의 추정 결과는 거의 차이가 없어진다.

Hair et al.(2017a)가 제안한 **구조방정식모델 준비를 위한 지침**은 다음과 같다.

- **개념적 연구모델**은 가설화된 관계(Hypothesized relationships)를 명확하게 설명할 수 있어야 한다. **가설화된 관계**는 선형적 관계만을 나타내는 단순모델인 경우도 있지만 매개 및 조절관계가 추가되면 복잡한 모델이 되기도 한다.
- **가설**은 이론과 논리, 질적 연구, 사례연구, 연구자의 판단 및 기타 원천 등에 기초하여

가설의 방향성(+와 -)을 포함하여 설정해야 한다. 또한 왜 그러한 가설적인 관계를 설정했는지에 대한 분명한 이유를 설명할 수 있어야 하며 이러한 설명은 분명한 이론, 논리, 선행연구, 기타 신뢰할만한 원천을 인용(Citation)하여야 한다.

- 잠재변수와 측정변수들은 명확히 식별되고 정의되어야 한다. 특히 측정변수들은 잠재변수를 잘 나타내고 있는가를 체계적으로 검토하여 내용타당도(Content validity)가 확보되었는지를 확인해야 한다. 왜냐하면 잠재변수의 개념을 설명하는 것과 동떨어진 성격의 측정변수가 포함되어 있을 수도 있기 때문이다.
- 구조모델에서 잠재변수들은 순서가 정해져야 한다. 어떤 변수는 외생잠재변수로 다른 변수는 내생잠재변수로 배열되며, 어떤 변수는 독립변수(외생변수)이면서 동시에 종속변수(내생변수)가 되기도 한다.
- 왜 측정 유형(반영적 측정모델과 형성적 측정모델) 중에서 하나를 선택했는지에 대해서 분명하게 기술되어야 한다.
- 측정변수로 단일항목을 선택하는 경우에는 Diamantopoulos et al.(2012)가 제안한 일반적인 지침을 따라야 한다.
- 구조모델을 구축할 때 잠재변수들이 위계적 성분(1차성분모델, 2차성분모델)으로 구성되어 있을 때는 이를 고려해야 한다.

2.3 구조방정식모델의 구축 실습

구조방정식모델의 구축은 먼저, 구조모델을 만들고 다음으로 측정모델을 구축하는 순서로 이루어진다. 반대로 측정모델을 먼저 구축하고 다음으로 구조모델을 만들어도 문제가 되지 않는다. 그러나 SmartPLS는 구조모델과 측정모델을 동시에 설정하는 방법을 채택하고 있다.

지금부터는 제4장에서 제시한 [스마트폰 프로젝트]와 [스마트폰 데이터]를 가지고 실습하기로 한다. 물론 각 장의 실습 사례는 이 책의 데이터 파일에서 제공하고 있으므로 독자들이 직접 모델 구축을 하지 않아도 언제든지 불러들여 실습할 수 있다.

[스마트폰 프로젝트]는 8개의 잠재변수와 측정모델 그리고 10개의 연구가설이 설정되어 있다. CREP(기업명성)는 형성적 측정모델이며 나머지 잠재변수(NAVI, INTER, RS, PEU, PU, LOY, AU)는 반영적 측정모델이다.

그림 5-10 ▌ 스마트폰 프로젝트의 측정모델 유형 예시

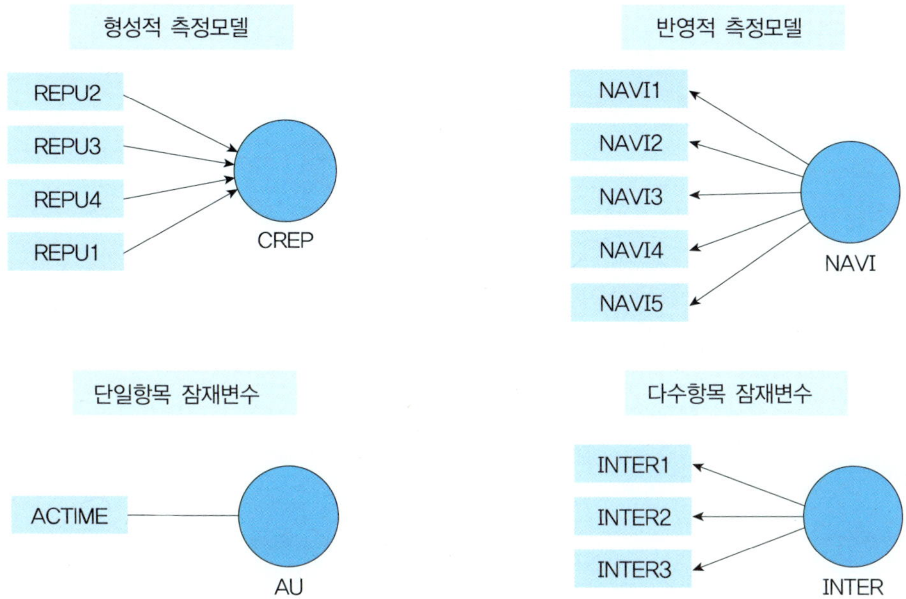

한편 CREP, NAVI, INTER, RS는 **외생잠재변수**이며 PEU, PU, LOY, AU는 **내생잠재변수**이다. 잠재변수 중에서 AU(실제 사용)는 **단일항목 측정변수**이며 나머지 잠재변수들(CREP, NAVI, INTER, RS, PEU, PU, LOY)은 모두 **다수항목 측정변수들**을 가지고 있다. 단일항목 측정의 경우인 AU는 측정모델의 유형을 고려하지 않아도 된다. 단일항목의 측정변수는 화살표가 아니라 (—)으로 연결된다.

통계 실습 5-2 구조방정식모델 구축하기

SmartPLS 프로그램을 이용해 [스마트폰 프로젝트]에 대한 구조방정식모델을 구축하시오. 단, 데이터는 [데이터 파일] 제5장에서 제공한 결측치가 전혀 없는 [스마트폰 데이터]를 가지고 실습하시오.

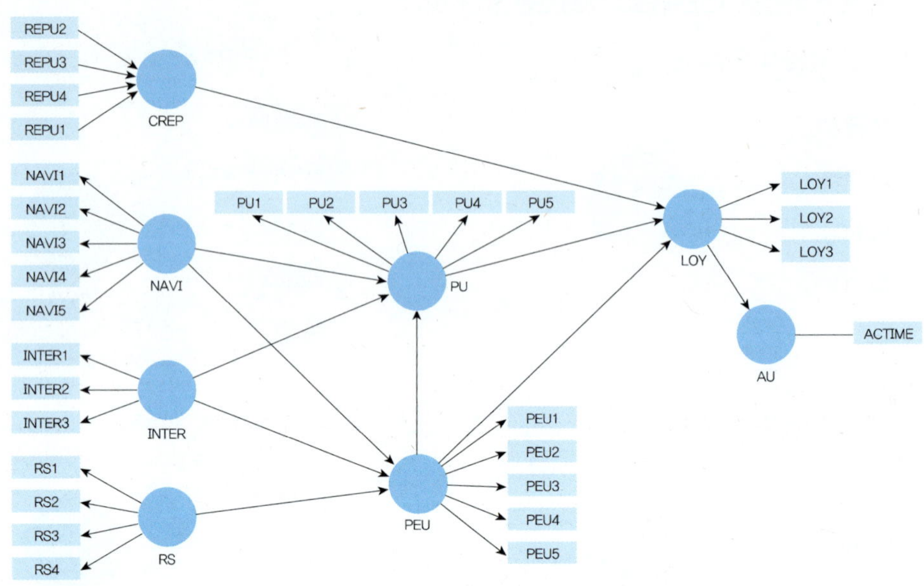

실습과정

[1] SmartPLS 프로그램을 이용한 새 프로젝트 만들기

통계 실습 5-1과 동일: [스마트폰 프로젝트] 생성

[2] 데이터 파일 불러들이기

통계 실습 5-1과 동일: [스마트폰 데이터] 불러들이기를 마친다. 완료되었으면 [툴바]인 [Back]을 클릭해 [프로젝트 탐색기 창]으로 돌아간다.

[3] 구조방정식모델 구축하기

앞의 [1]과 [2]의 실습과정은 이미 통계 실습 5-1에서 수행되었으므로 바로 **구조방정식 모델 구축**에 들어가면 된다.

❶ [프로젝트 탐색기 창]에서 [Create model]을 클릭한다. 그러면 [New model 창]이 나타난다. [Model type](모델 유형)에서 [PLS-SEM]을 선택하고 [Model name](모델명)에는 [스마트폰 모델]이라고 입력한 후 [Save] 버튼을 클릭한다. 그러면 PLS-SEM 모델의 기본 창이 나타난다. 이제는 연구모델 그리기 등을 실습할 준비가 완료되었다.

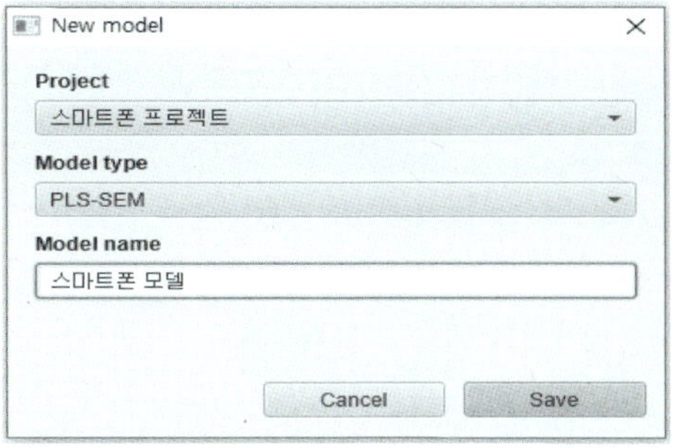

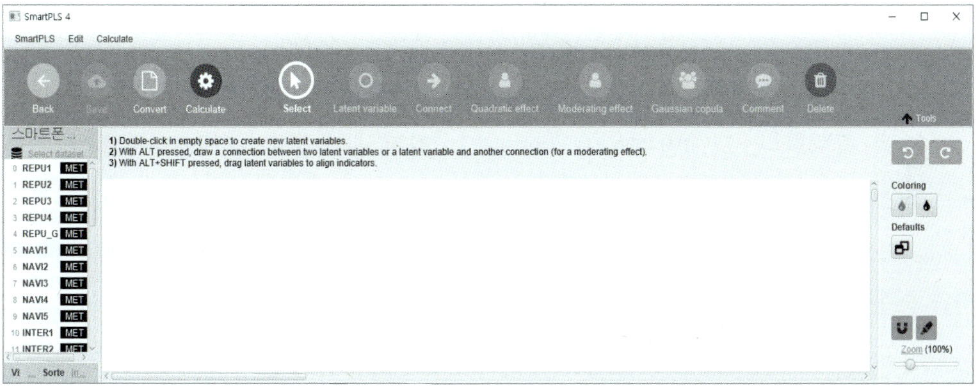

❷ [지표관리 창]에서 마우스로 [REPU1]을 선택한 후 Shift 키를 누른 상태에서 [REPU4]를 클릭한다. 그러면 REPU1부터 REPU4까지 선택된다. 선택된 부분을 마우스 왼쪽을 누른 상태에서 그리기 창의 적당한 위치로 드래그하여 가져다 놓는다. 그러면 [Alpha]라는 글자가 나타나며 이것을 [CREP]로 바꾼 후에 Enter↵ 키를 누른다. 잠재변수 [CREP]를 마우스로 클릭한 후 우측 상단에 있는 방향을 전환시키는 [사이드 툴바]를 사용해 측정변수들의 위치를 [왼쪽]으로 전환시킨다. 또한 CREP는 형성적 측정모델이므로 화살표의 [방향]이 [측정변수에서 잠재변수]로 향하도록 전환(측정변수 → 잠재변수)시켜야 한다. [CREP]에서 우 클릭하면 보조창이 나타나며 [Invert measurement model]을 좌 클릭하면 방향이 전환된다. 잠재변수 CREP의 측정모델이 그려진 화면은 다음과 같다.

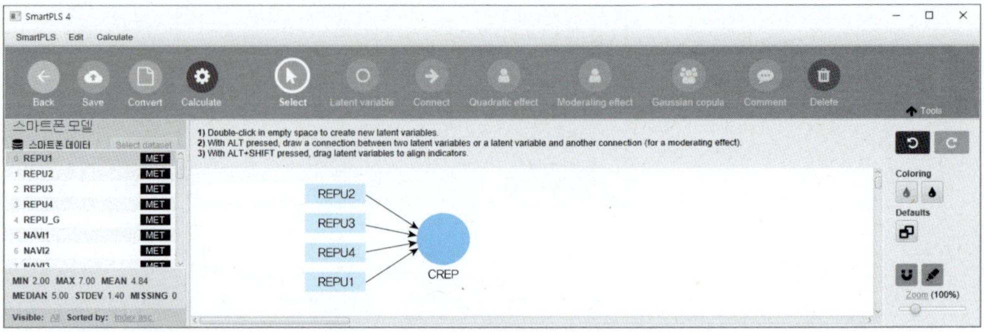

❸ [지표관리 창]에서 마우스로 [NAVI1]을 선택한 후 Shift 키를 누른 상태에서 [NAVI5]를 클릭한다. 그러면 NAVI1부터 NAVI5까지 선택된다. 선택된 부분을 마우스 왼쪽을 누른 상태에서 그리기 창의 적당한 위치로 드래그하여 가져다 놓는다. 그러면 [NAVI]라는 글자가 나타나며 Enter↵ 키를 누른다. 잠재변수 [NAVI]를 마우스로 좌 클릭한 후 우측 상단에 있는 [사이드 툴바]를 사용해 측정변수들의 위치를 [왼쪽]으로 전환시킨다. NAVI는 반영적 지표들로 구성된 반영적 측정모델이므로 화살표의 방향은 전환시키지 않아도 된다. 잠재변수 NAVI의 측정모델이 그려진 화면은 다음과 같다.

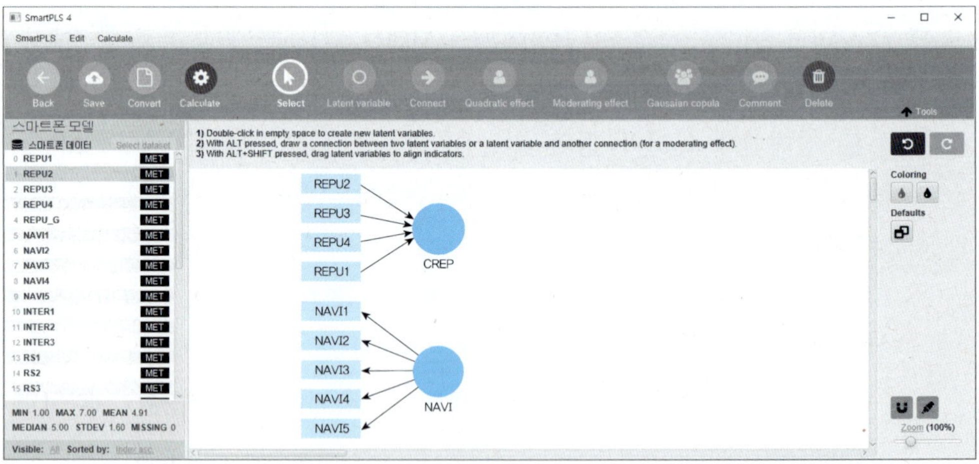

❹ [지표관리 창]에서 마우스로 [INTER1]을 선택한 후 Shift 키를 누른 상태에서 [INTER3]를 클릭한다. 그러면 INTER1부터 INTER3까지 선택된다. 선택된 부분을 마

우스 왼쪽을 누른 상태에서 그리기 창의 적당한 위치로 드래그하여 가져다 놓는다. 그러면 [INTER]라는 글자가 나타나며 Enter↵ 키를 누른다. 잠재변수 [INTER]를 마우스로 좌 클릭한 후 우측 상단에 있는 [사이드 툴바]를 사용해 측정변수들의 위치를 [왼쪽]으로 전환시킨다. INTER는 반영적 지표들로 구성된 반영적 측정모델이므로 화살표의 방향은 전환시키지 않아도 된다. 잠재변수 INTER의 측정모델이 그려진 화면은 다음과 같다.

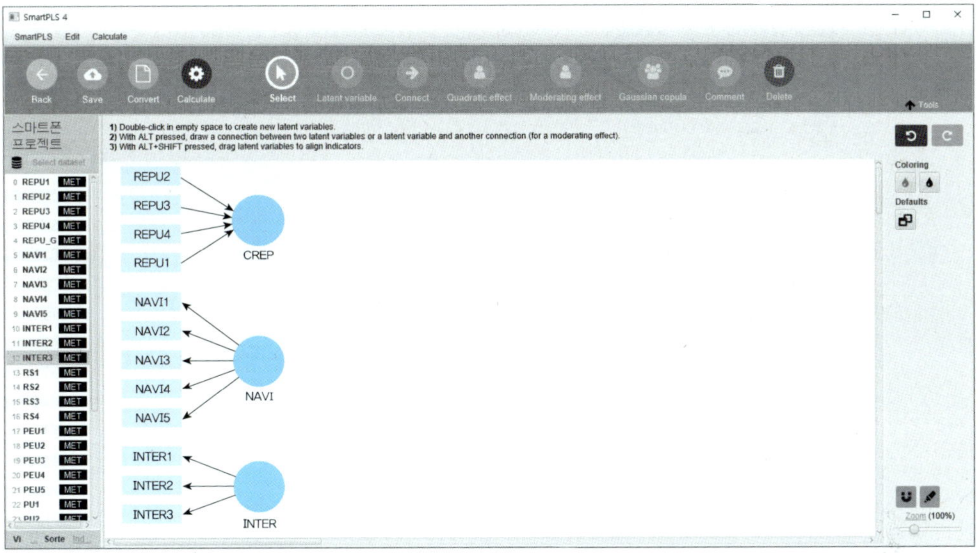

❺ [지표관리 창]에서 마우스로 [RS1]을 선택한 후 Shift 키를 누른 상태에서 [RS4]를 클릭한다. 그러면 RS1부터 RS4까지 선택된다. 선택된 부분을 마우스 왼쪽을 누른 상태에서 그리기 창의 적당한 위치로 드래그하여 가져다 놓는다. 그러면 [RS]라는 글자가 나타나며 Enter↵ 키를 누른다. 잠재변수 [RS]를 마우스로 좌 클릭한 후 우측 상단에 있는 [사이드 툴바]를 사용해 측정변수들의 위치를 [왼쪽]으로 전환시킨다. RS는 반영적 지표들로 구성된 반영적 측정모델이므로 화살표의 방향은 전환시키지 않아도 된다. 잠재변수 RS의 측정모델이 그려진 화면은 다음과 같다.

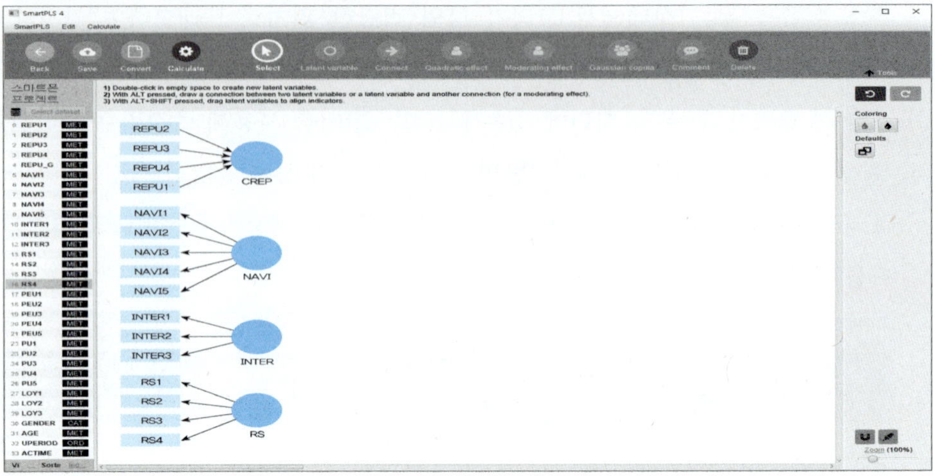

❻ [지표관리 창]에서 마우스로 [PU1]을 선택한 후 Shift 키를 누른 상태에서 [PU5]를 클릭한다. 그러면 PU1부터 PU5까지 선택된다. 선택된 부분을 마우스 왼쪽을 누른 상태에서 그리기 창의 적당한 위치로 드래그하여 가져다 놓는다. 그러면 [PU]라는 글자가 나타나며 Enter↵ 키를 누른다. 잠재변수 [PU]를 마우스로 좌 클릭한 후 우측 상단에 있는 [사이드 툴바]를 사용해 측정변수들의 위치를 [위쪽]으로 전환시킨다. RS는 반영적 지표들로 구성된 반영적 측정모델이므로 화살표의 방향은 전환시키지 않아도 된다. 잠재변수 PU의 측정모델이 그려진 화면은 다음과 같다.

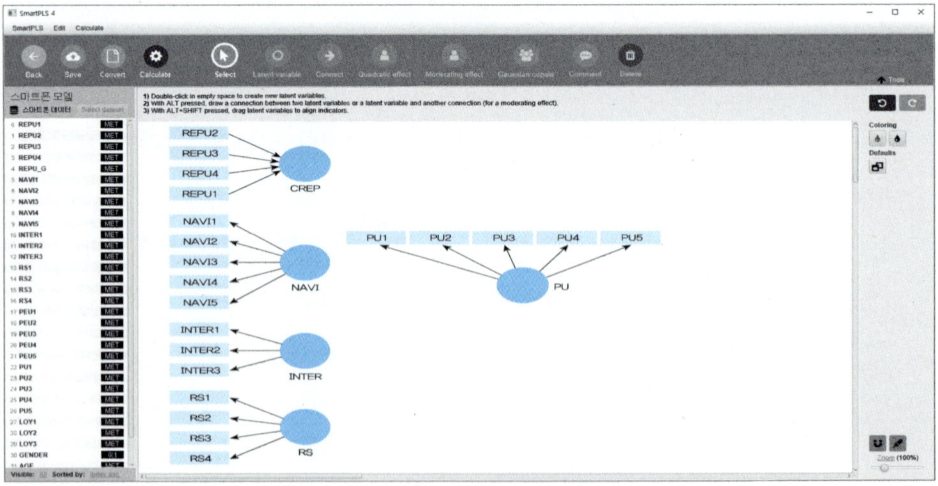

❼ [지표관리 창]에서 마우스로 [PEU1]을 선택한 후 Shift 키를 누른 상태에서 [PEU5]를 클릭한다. 그러면 PEU1부터 PEU5까지 선택된다. 선택된 부분을 마우스 왼쪽을 누른 상태에서 그리기 창의 적당한 위치로 드래그하여 가져다 놓는다. 그러면 [PEU]라는 글자가 나타나며 Enter↵ 키를 누른다. PEU는 반영적 지표들로 구성된 반영적 측정모델이므로 화살표의 방향은 전환시키지 않아도 된다. 잠재변수 PEU의 측정모델이 그려진 화면은 다음과 같다.

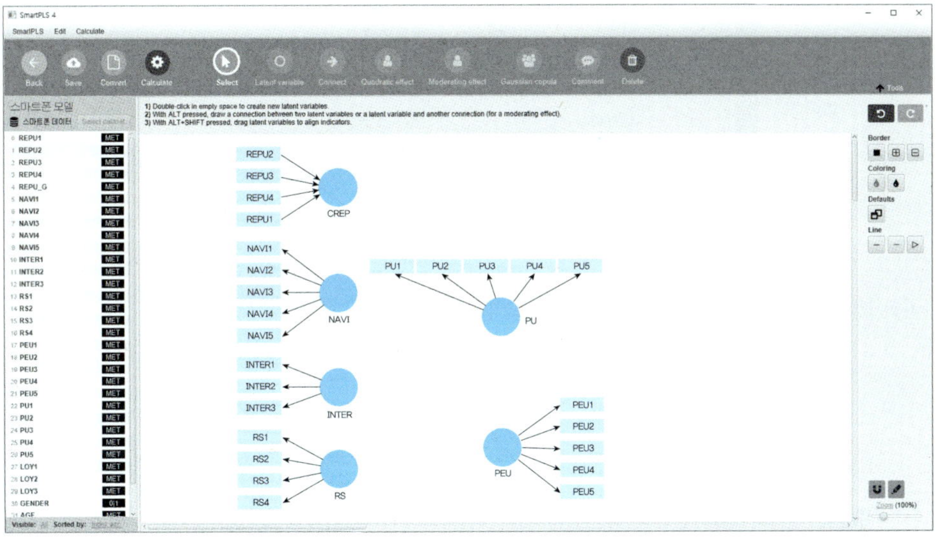

❽ [지표관리 창]에서 마우스로 [LOY1]을 선택한 후 Shift 키를 누른 상태에서 [LOY3]을 클릭한다. 그러면 LOY1부터 LOY3까지 선택된다. 선택된 부분을 마우스 왼쪽을 누른 상태에서 그리기 창의 적당한 위치로 드래그하여 가져다 놓는다. 그러면 [LOY]라는 글자가 나타나며 Enter↵ 키를 누른다. LOY는 반영적 지표들로 구성된 반영적 측정모델이므로 화살표의 방향은 전환시키지 않아도 된다. 잠재변수 LOY의 측정모델이 그려진 화면은 다음과 같다.

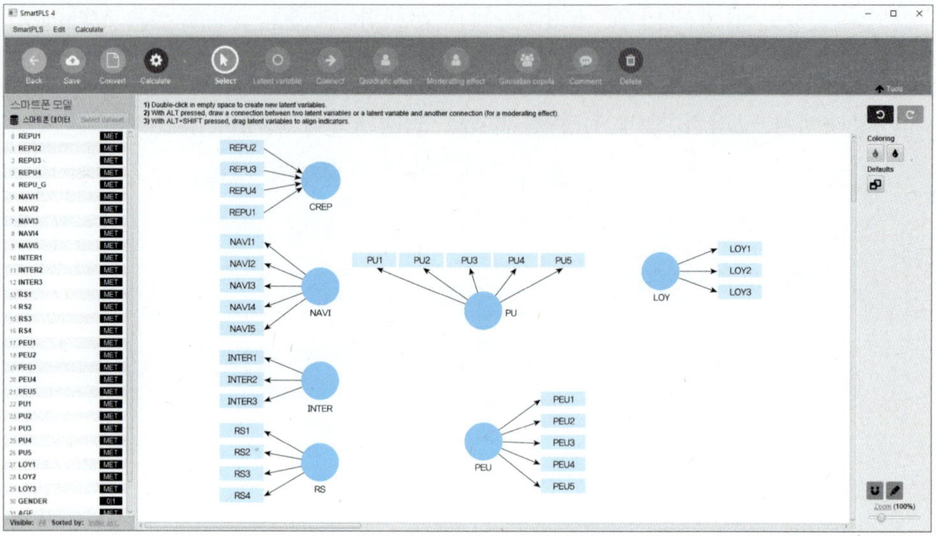

❾ [지표관리 창]에서 마우스로 [ACTIME]을 선택한 후 적당한 위치로 드래그하여 가져다 놓는다. 그러면 [ACTIME]이라는 글자가 나타나며 이것을 [AU]로 바꾼 후에 Enter↵ 키를 누른다. 잠재변수 AU는 단일 측정항목으로 구성되어 있으므로 화살표의 방향이 나타나지 않음에 유의해야 하며 방향 전환도 필요하지 않다. 잠재변수 AU의 측정모델이 그려진 화면은 다음과 같다.

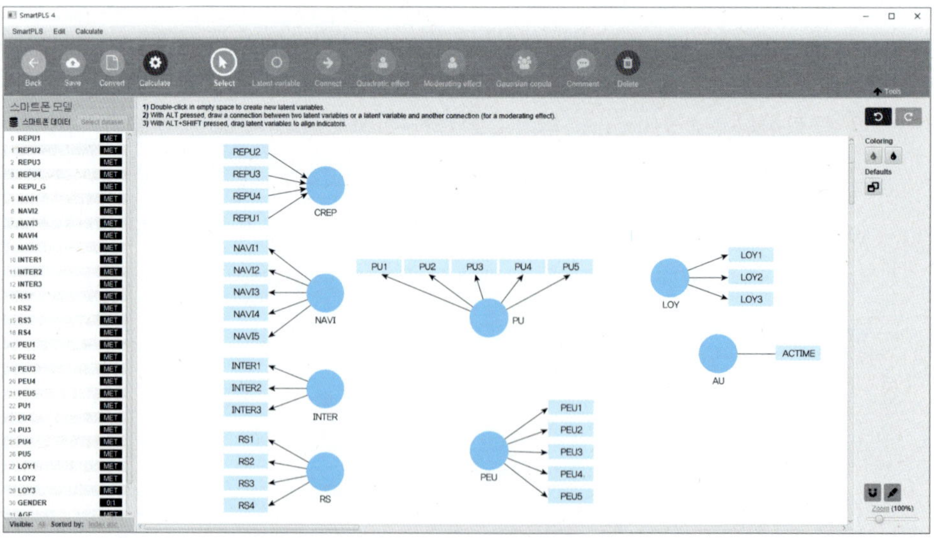

⑩ [모델 그리기 창]에서 잠재변수의 가설 관계를 [Connect](연결) 툴바를 사용하여 모두 연결한다. 연결 방법은 툴바의 [Connect]가 눌러져 있는 상태에서 가설의 [시작] 잠재변수를 왼쪽 마우스로 클릭한 상태에서 [종료] 잠재변수에 드래그하여 가져다 놓으면 된다. 이렇게 하여 최종적으로 그려진 구조방정식모델은 다음과 같다.

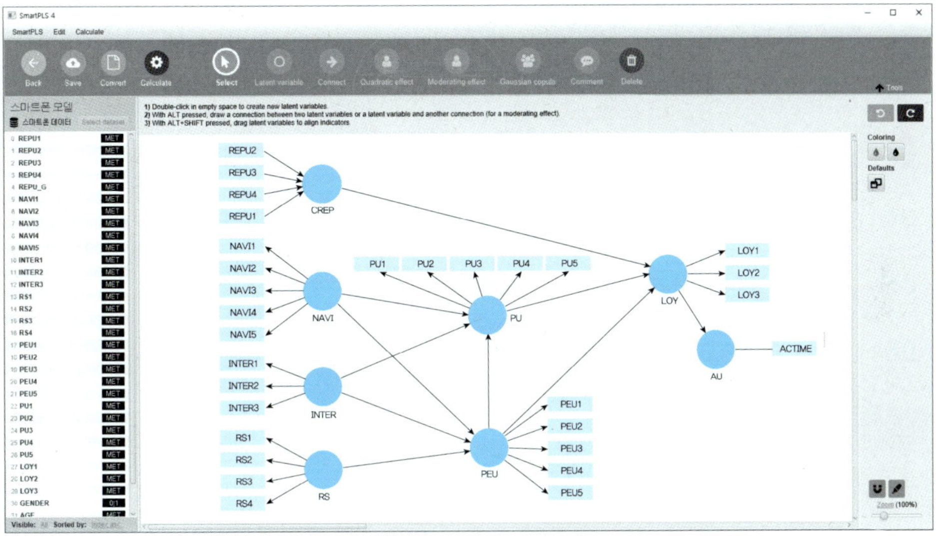

제5장의 연습과 실습문제

01 SmartPLS는 정규분포의 가정으로부터 자유롭다고 한다. 그러나 SmartPLS를 사용하는 경우에도 데이터의 정규성을 확보하는 것은 매우 중요하다고 볼 수 있다. 데이터의 정규성 확보가 왜 중요한지를 설명하시오.

02 구조방정식모델의 구축에 대해서 설명하시오.

03 반영적 측정모델과 형성적 측정모델의 선택 지침을 제시하고 설명하시오.

04 잠재변수의 측정에서 단일항목과 다수항목의 선택 지침을 제시하고 설명하시오.

05 구조방정식모델의 준비를 위한 지침을 제시하시오.

06 다음의 용어들을 간략히 설명하시오.

① 데이터분포
② 정규분포와 비정규분포
③ 구조방정식모델, 측정모델과 측정모델
④ 위계적 성분모델, 1차성분모델, 2차성분모델
⑤ 반영적 측정모델과 형성적 측정모델
⑥ 구조모델링과 측정모델링

제5장의 핵심내용 정리 >>>

- 데이터의 정규성 여부를 결정하기 위해서는 왜도(Skewness)와 첨도(Kurtosis)를 살펴보아야 한다.
- SmartPLS는 정규분포 가정으로부터 자유로우며 심지어 비정규분포를 하는 데이터인 경우에도 강건하게 통계분석이 이루어진다. 그러나 데이터가 심각하게 정규성을 위반하는 경우에는 결과 왜곡과 함께 의미 없는 분석 결과를 만들어내게 된다. 따라서 SmartPLS를 사용해 통계분석을 하는 경우에도 데이터의 정규성을 확보하는 것은 매우 중요한 문제이다.
- 구조방정식모델(SEM model)은 이론과 논리에 기초하여 잠재변수(연구변수) 간의 가설적인 관계(Hypothetical relations)를 시각적으로 표시한 다이어그램을 말한다. 이는 잠재변수 간의 관계를 설명하는 내부모델(Inner model)인 구조모델(Structural model)과 잠재변수와 측정변수 간의 관계를 설명하는 외부모델(Outer model)인 측정모델(Measurement model)로 구성되어 있다
- 구조모델과 가설 설정은 이론과 논리, 질적 연구, 사례연구, 연구자의 판단 그리고 기타 원천 등을 통해서 충분한 근거를 마련해야 한다.
- 구조모델을 구축하기 위해서는 크게 잠재변수(연구변수)의 배열순서(Sequence)와 잠재변수 간의 가설적 관계(단순 선형관계, 매개효과관계, 조절효과관계 포함)를 결정해야 한다.
- 구조모델은 크게 ① 선형적 관계만 존재하는 구조모델, ② 매개효과관계가 존재하는 구조모델, ③ 조절효과관계가 존재하는 구조모델 등으로 구분할 수 있다.
- 조절효과관계는 연속형 조절변수와 범주형 조절변수(집단형 조절변수)의 두 가지 유형이 있다. 전자는 조절변수가 연속형인 경우로 이는 상호작용효과분석(Interaction effect analysis)을 통해 조절효과를 분석한다. 후자는 성별과 같이 조절변수가 범주형인 경우로 이는 다중집단분석(Multigroup Analysis: MGA)을 통해서 조절효과를 분석한다.
- 선행연구에서는 사용성(Usability)의 평가요소로 항해용이성, 상호작용성, 반응속도(시스템품질) 등을 고려하고 있다
- 측정모델을 구축하는 것을 보통 측정모델링(Measurement modeling)이라고 한다. 측정모델을 구축할 때 연구자들이 고려해야 하는 두 가지 사항은 다음과 같다. 첫째, 연구모델에서 잠재변수를 측정할 때 반영적 측정모델로 할 것인지 아니면 형성적 측정모델로 할 것인지를 결정해야 한다. 둘째, 잠재변수를 측정할 때 단일항목으로 할 것인지 아니면 다수항목으로 구성할지를 결정해야 한다.

- 설문조사를 통해서 인식이나 태도(Perception, Attitude) 등과 같이 직접적인 관찰이 불가능한 경우에는 단일항목의 사용이 거의 선호되지 않는다. 반면에 매출액, 수량, 이익 등과 같이 직접적인 관찰이 가능한 특성을 측정하는 데는 단일항목의 사용이 고려될 수 있다.
- SmartPLS 구조방정식모델링에서는 측정변수(설문문항)와 사례 수(관측치)가 커질수록 PLS-SEM의 추정 편의(Estimation bias)는 줄어든다. 일반적으로 표본 수가 많아지면 PLS-SEM과 CB-SEM의 추정 결과는 거의 차이가 없어진다.
- Diamantopoulos et al.(2012)는 단일항목과 다수항목의 선택에 이용할 수 있는 일반적인 지침을 제안하였다. 이 지침에 의하면 소표본인 경우, 약한 효과가 예상되는 경우, 측정변수 간 동일성이 높은 경우, 측정변수가 의미상 불필요한 경우에는 단일항목의 사용을 고려해야 하며 그렇지 않은 경우에는 다수항목 척도를 사용해야 한다.

제 6 장 구조방정식모델의 추정

1 PLS-SEM Algorithm에 의한 모델 추정과 통계적 특성

1.1 PLS-SEM Algorithm의 기본 원리

PLS-SEM 알고리즘[1]은 Wold(1975)에 의해 개발되고 Lohmöller(1989)에 의해 확장된 분산 기반 SEM(Variance-Based SEM)이다. 이 알고리즘은 추정의 정확성보다는 오히려 반복적인 회귀분석 절차를 통해서 잠재변수(종속변수)의 분산을 최대한 설명하고 예측할 수 있는 경로계수(Path coefficients)와 기타 통계량을 탐색적으로 추정하는 것을 말한다.

지금부터는 [그림 6-1]의 예시적 구조방정식모델을 사용하여 PLS-SEM 알고리즘에 의한 모델 추정의 기본원리를 설명하고자 한다.

[그림 6-1]에서 제시된 예시적 구조방정식모델은 2개의 형성적으로 측정된 외생잠재변수(SYSQ, SERVQ)와 반영적으로 측정된 내생잠재변수(SAT)를 가지고 있다. SYSQ는 측정변수(측정지표)로 SYSQ1과 SYSQ2, SERVQ는 SERVQ1과 SERVQ2를 그리고 SAT는 SAT1, SAT2, SAT3을 가지고 있다. 7개의 측정변수들(SYSQ1, SYSQ2, SERVQ1, SERVQ2, SAT1, SAT2, SAT3)의 값은 3개 잠재변수(SYSQ, SERVQ, SAT)의 점수를 추정하기 위한 원데이터(Raw data)로 사용된다.

1) 알고리즘(Algorithm)이란 일반적으로 정확하게 적용되었다면 어떤 문제에 대한 해(Solution)를 보장할 수 있는 논리적인 계산 절차(a logical arithmetical or computational procedure that if correctly applied ensures the solution of a problem)를 말한다.

그림 6-1 ▌예시적 구조방정식모델과 데이터

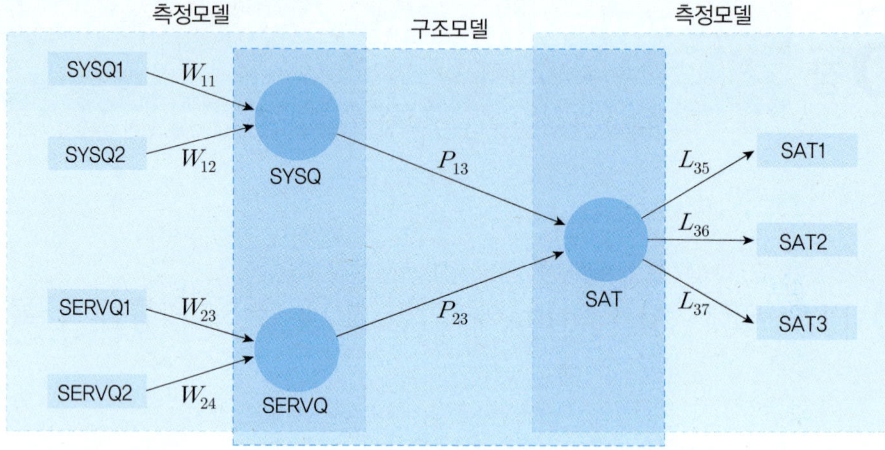

형성적 측정모델: SYSQ, SERVQ / 반영적 측정모델: SAT
W: 형성적 측정모델의 외부가중치(Outer weights)=잠재변수와 형성적 측정변수 간 표준화 회귀계수
L: 반영적 측정모델의 외부적재치(Outer loadings)=잠재변수와 반영적 측정변수 간 표준화 회귀계수
P: 구조모델의 경로계수=잠재변수(가설경로) 간 표준화 회귀계수

PLS-SEM 알고리즘은 [그림 6-2]에서 제시된 것처럼 2단계의 반복과정을 통해 잠재변수 점수와 회귀계수들을 추정한다. 제1단계에서는 측정변수들에 대한 원데이터 값을 이용하여 모든 잠재변수에 대한 점수(LVS)를 추정한다. 제2단계에서는 경로계수, 내생잠재변수에 대한 R^2, 반영적 측정모델에서의 외부적재치(Outer loading: L), 형성적 측정모델에서 외부가중치(Outer weight: W)를 추정한다.

그림 6-2 ▌PLS-SEM의 모델 추정의 절차

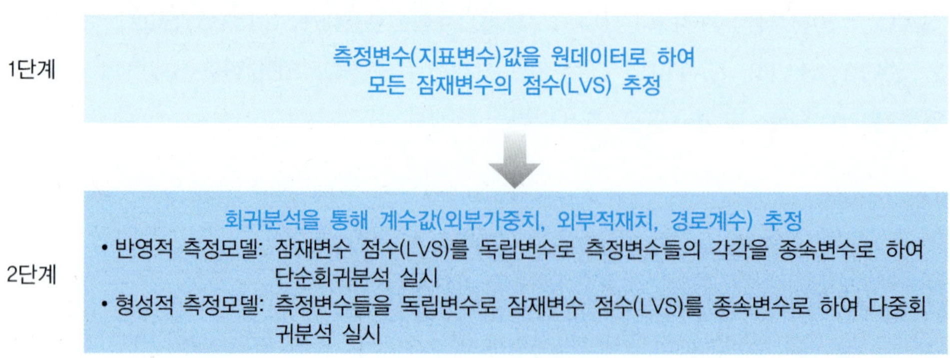

SmartPLS에 의한 구조방정식모델에서 계수들은 [그림 6-1]에 제시된 것처럼 세 가지 유형을 가지고 있다. 먼저, 구조모델에서 잠재변수 간 계수(가설경로)는 P_{12}, P_{23}로 표시하며 경로계수(Path coefficient)라 한다. 이는 표준화된 회귀계수(비표준화회귀계수, 평균중심화된 회귀계수)[2]이다. 다음으로, 형성적 측정모델(SYSQ, SERVQ)에서 계수는 외부가중치(Outer weight)로 잠재변수와 형성적 측정변수 간의 표준화 회귀계수(비표준화회귀계수, 평균중심화된 회귀계수)를 의미한다. 외부가중치의 계수들(W_{11}, W_{12}, W_{23}, W_{24})은 Weight의 약어로 W를 사용하기로 한다. 반영적 측정모델(SAT)에서 계수는 외부적재치(Outer loading)로 잠재변수와 반영적 측정변수 간 표준화 회귀계수(비표준화회귀계수, 평균중심화된 회귀계수)를 의미한다. 외부적재치의 계수들(L_{35}, L_{36}, L_{37})은 Loading의 약어로 L을 사용하기로 한다. 모든 표준화 계수는 −1과 +1 사이의 값을 가진다.

각 계수의 추정은 다음과 같이 단순회귀분석과 다중회귀분석을 통해서 이루어진다.

첫째, 형성적 측정모델에는 SYSQ점수(SYSQscore)를 종속변수로 $SYSQ_1$과 $SYSQ_2$를 독립변수로 하여 다중회귀분석을 수행하면 잠재변수 SYSQscore와 측정변수들($SYSQ_1$, $SYSQ_2$) 간의 표준화 회귀계수(비표준화회귀계수, 평균중심화된 회귀계수)인 외부가중치 W_{11}, W_{12}가 추정된다. 형성적 측정모델의 경우는 오차가 없는 것으로 가정된다.

$$SYSQscore = \alpha + W_{11}SYSQ_1 + W_{12}SYSQ_2$$

둘째, 형성적 측정모델에는 SERVQscore를 종속변수로 $SERVQ_1$과 $SERVQ_2$를 독립변수로 하여 다중회귀분석을 수행하면 잠재변수 SERVQscore와 측정변수들($SERVQ_1$, $SERVQ_2$) 간의 표준화 회귀계수(비표준화회귀계수, 평균중심화된 회귀계수)인 외부가중치 W_{23}, W_{24}가 추정된다. 형성적 측정모델의 경우는 오차가 없는 것으로 가정된다.

$$SERVQscore = \alpha + W_{23}SERVQ_1 + W_{24}SERVQ_2$$

2) SmartPLS 4.0부터는 분석 결과를 표준화회귀계수, 비표준화회귀계수 및 평균중심화된 회귀계수를 모두 제공한다.

셋째, 반영적 측정모델에서 SAT_1, SAT_2, SAT_3의 각각을 종속변수로 SATscore를 독립변수로 단순회귀분석을 수행하면 잠재변수 SATscore와 측정변수들(SAT_1, SAT_2, SAT_3) 간의 표준화 회귀계수(비표준화회귀계수, 평균중심화된 회귀계수)인 외부적재치 L_{35}, L_{36}, L_{37}이 추정된다. 반영적 측정모델의 경우는 측정오차가 포함되어 있다.

$$SAT_1 = \alpha + L_{35}SATscore + \epsilon$$
$$SAT_2 = \alpha + L_{36}SATscore + \epsilon$$
$$SAT_3 = \alpha + L_{37}SATscore + \epsilon$$

마지막으로, 구조모델에서 경로계수는 잠재변수 SYSQscore와 SERVQscore를 독립변수로 하고 잠재변수 SAT를 종속변수로 하여 다중회귀분석을 수행하면 경로계수(가설경로) 간의 표준화 회귀계수(비표준화회귀계수, 평균중심화된 회귀계수)인 경로계수 P_{12}, P_{23}이 추정된다. 구조모델에서는 구조오차가 포함되어 있다.

$$SATscore = \alpha + p_{12}SYSQscore + p_{23}SERVQscore + \epsilon$$

1.2 PLS-SEM Algorithm의 통계적 특성

PLS-SEM 알고리즘의 통계적 특성은 다음과 같다(Hair et al., 2017a).

- PLS-SEM은 외생잠재변수들(독립변수)에 의한 목표 내생잠재변수(종속변수)의 예측(Prediction)에 초점을 두고 있다. 특히 종속변수의 설명된 분산을 최대화하는 것을 목표로 한다. 이는 잔차(오차항)의 제곱합을 최소화시키는 방법인 OLS(Ordinary Least Squares) 기반 추정기법을 사용하는 것으로부터 나타나는 통계적 특성이다.
- CB-SEM은 모델적합도(Model fit)의 기준이 명확하게 존재하나(예: GFI, RMR 등), PLS-SEM은 SRMR 등의 일부 모델적합도를 제공한다. 다만 PLS-SEM을 적용할 때는 연구모델의 예측력을 나타내는 별도의 척도(예: R^2, Q^2 등)를 사용한다.

- CB-SEM은 초기단계에서 잠재변수 점수를 사용하지 않고 모수치(Parameter)를 추정하지만 PLS-SEM은 처음부터 잠재변수 점수(LVS)를 산출한다. PLS-SEM은 LVS를 측정변수의 완벽한 대체물(Perfect substitute)로 가정하고 있으며 LVS는 연관된 모든 측정변수들의 선형조합으로 계산된다.
- PLS-SEM은 데이터분포(정규분포)에 대한 어떤 가정도 하지 않는 비모수적 성격(Non-parametric nature)의 방법이며 부트스트래핑을 통해 t값을 산출한다. t값은 경로계수의 유의성을 검증하는 데 사용된다.
- 측정변수는 어느 정도의 측정오차를 포함하고 있으며, 이러한 오차는 LVS에 포함된다. 결국 LVS에 포함되어 있는 오차는 매우 적기는 하지만 모델 추정에 있어서 편의를 야기하게 된다(PLS-SEM bias). 즉 측정모델의 결과물(외부가중치, 외부적재치)이 과대추정되거나 구조모델의 결과(경로계수)가 과소추정되는 현상이 발생된다. 그러나 실제 연구 상황에서 이러한 문제는 거의 발생되지 않으며 매우 낮은 수준으로 나타난다. 또한 특정 잠재변수에 대한 관측치의 수나 잠재변수 당 측정변수의 수가 무한히 커진다면 PLS-SEM과 CB-SEM의 결과는 거의 차이가 발생되지 않게 된다. 특히 다양한 시뮬레이션 연구(Dijkstra & Hensler, 2015) 등에 의하면 일관된 PLS-SEM, 즉 PLSc (Consistent PLS-SEM)와 CB-SEM은 매우 유사한 모델 추정 결과를 보고하고 있다.

- PLS-SEM과 CB-SEM은 항상 다른 결과를 산출한다?
- PLS-SEM은 CB-SEM과 같이 모수통계에도 적용할 수 있다?

PLS-SEM과 CB-SEM은 항상 다른 결과가 산출된다. PLS-SEM에서는 CB-SEM과 비교해 볼 때 구조모델관계(경로계수)는 다소 낮게, 측정모델관계(외부적재치, 외부가중치)는 다소 높게 나타난다. CB-SEM의 옹호자들은 두 방법 간의 차이를 강조하지만 선행연구들의 시뮬레이션 결과에 의하면 결과물의 차이는 매우 미미하다. 특히 측정모델이 4개 이상의 측정변수를 가지고 있고 외부적재치(Outer loadings)가 0.7 이상($L \geq 0.70$)인 경우에는 양 방법의 추정된 계수값들은 거의 차이가 없었다. 한편 PLSc는 PLS-SEM의 잘 알려진 이점들을 유지하면서 이를 적용해 얻은 결과는 CB-SEM에 의해서 얻은 결과와 매우 유사하게 나타난다. 이와 같이 PLS-SEM은 탐색과 예측목적의 구조모델링에 사용하는 것이 적절한 방법론이지만 [일관된 PLS-SEM], 즉 PLSc를 적용하게 되면 CB-SEM과 같이 확인적 성격, 즉 이론검증(theory testing)의 목적으로도 사용할 수 있다.

▶ PLS-SEM에 의한 모델 추정치는 CB-SEM의 모델 추정치보다 매우 높은 수준의 통계적 검증력(Statistical power)을 나타낸다. 따라서 PLS-SEM은 탐색적 성격의 연구뿐만 아니라 모수적 통계분석에도 적용 가능한 매우 우수한 다변량통계분석 기법이라고 볼 수 있다.

2 PLS-SEM 알고리즘 실행을 위한 초기값 설정

[그림 6-3]에서는 PLS-SEM 알고리즘의 실행을 위한 알고리즘 옵션(Algorithmic option)과 모수치 설정(Parameter settings)의 초기값 기준을 제시하고 있다.

그림 6-3 ❚ PLS-SEM 알고리즘의 초기값 설정을 위한 화면

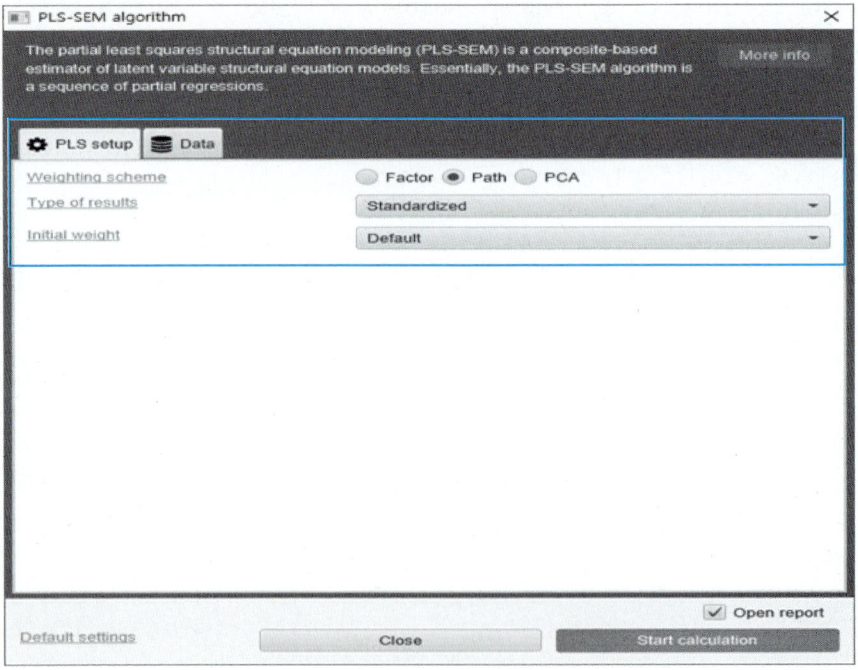

SmartPLS 프로그램 화면 상단에 있는 툴바인 [Calculate](실행)을 좌 클릭한 후 [PLS-SEM Algorithm]을 선택하면 초기값 설정을 위한 화면이 나타난다. 설정해야 할 초기값의 기본 내용으로는 구조모델 가중방법(Weighting Scheme), 분석 결과의 유형(Type of results) 그리고 초기가중치(Initial weight)가 포함되어 있다. 디폴트는 가중방법으로 경로가중법, 분석 결과 유형으로 표준화회귀계수, 초기가중치는 디폴트값으로 설정되어 있다.

- 가중방법은 ① 요인가중법(Factor weighting scheme), ② 경로가중법(Path weighting scheme), ③ 주성분요인분석법(PCA)의 세 가지가 제공된다. 이들 방법은 약간의 결과값의 차이를 가져올 수 있으나 가중방법으로는 디폴트값으로 설정되어 있는 경로가중법이 가장 우수한 R^2을 얻을 수 있다. 요인가중법은 잠재변수의 추정이 상관관계를 이용해 수행되며, 경로가중법은 잠재변수의 추정이 상관관계분석과 회귀분석을 이용해 이루어진다. PCA(Principal component factor analysis)는 PLS의 특수한 경우로 구조적 관계를 무시하며 적재치(혹은 가중치)를 각 잠재변수 내의 상관관계 구조에 기초해 추정하는 방법이다.
- 분석 결과의 유형은 ① 표준화회귀계수(Standardized), ② 비표준화회귀계수(Unstandardized), ③ 평균중심화된 회귀계수(Mean-centered)를 제공한다.
- 초기가중치는 모든 측정변수들에 대해서 디폴트로 1.0을 설정하여 PLS-SEM 알고리즘을 초기화한다.

초기값은 기본적으로 디폴트값이 설정되어 있으므로 특별한 경우가 아니면 별도의 설정을 하지 않고 그대로 사용하는 것이 좋다.

3 모델 추정 실습과 결과

3.1 PLS-SEM Algorithm 실행에 의한 모델 추정

앞에서 설명한 바와 같이 툴바인 [Calculate] 기능을 좌 클릭한 후 [PLS-SEM Algorithm]을 선택하면 초기값의 설정을 위한 화면이 나타난다. 실행을 위한 모든 초기값 설정이 완료되었다면 이제 [PLS-SEM Algorithm] 보조 창의 우측 하단에 있는 [Start Calculation]을 좌 클릭하여 모델 추정(Model estimation)을 실행한다. 그러면 구조방정식모델에 대한 추정 결과들이 모두 출력된다.

통계 실습 6-1 스마트폰 프로젝트를 이용하여 모델 추정하기

[1] 이 책의 제5장에서 만든 [스마트폰 프로젝트]를 이용해 모델 추정을 하시오.
[2] 앞에서 수행한 [스마트폰 프로젝트]의 모델 추정 결과를 제시하시오.

실습과정

[1] SmartPLS 프로그램을 이용하여 [스마트폰 프로젝트]의 모델 추정하기

❶ [데이터 파일]의 제6장에서 [스마트폰 프로젝트]를 SmartPLS 프로그램으로 불러들인다. 이미 [프로젝트 탐색기 창]에 [스마트폰 프로젝트]가 불러져 있다면 그대로 사용하면 된다. 프로젝트가 불러져 있지 않다면 [File-Import project from backup file]를 차례로 클릭해 [스마트폰 프로젝트]를 불러들인다. [스마트폰 프로젝트]의 [스마트폰 모델]을 좌 더블클릭하여 [통계적 연구모델]이 나타나게 한다.

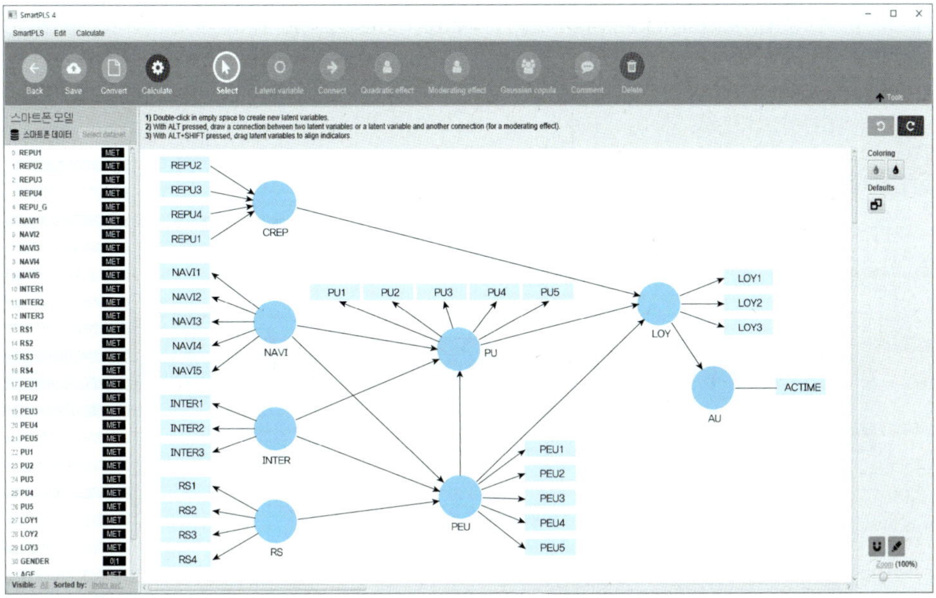

❷ 화면 상단의 우측에 있는 툴바인 [Calculate]를 좌 클릭한다. 그러면 다음과 같은 [PLS-SEM Algorithm]의 초기값 설정을 위한 화면이 나타난다. 이 실습에서는 기본 디폴트값으로 제공된 것을 그대로 사용하기로 하고 보조 창 우측 하단에 있는 [Start Calculation]을 클릭하여 모델 추정을 수행한다.

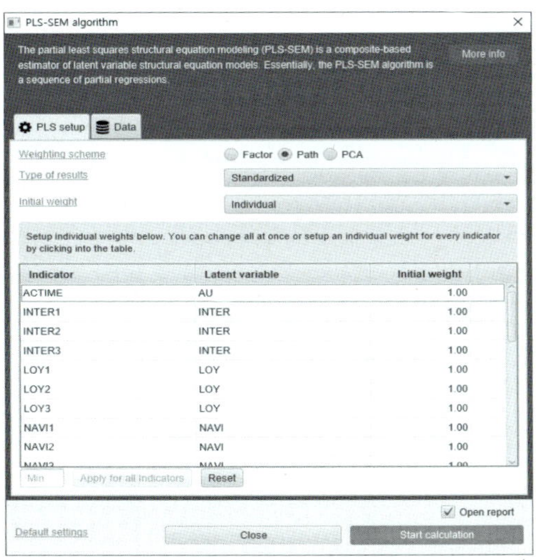

❸ 모델 추정이 완료되면 다음과 같은 화면이 나타난다. 구조방정식모델에 대한 추정이 완료되면 그림 형식의 출력 결과의 왼쪽에 있는 [출력 결과 보기 창]에 모델 추정 결과가 나타난다. 모델 추정 결과는 이 장의 3.2 PLS-SEM Algorithm에 의한 모델 추정 결과에서 상세히 제시하기로 하고 여기에서는 생략한다. 독자들은 각자 모델 추정 결과에 어떤 것들이 있는지를 살펴보기 바란다. 주요 결과물에 대한 평가와 해석은 제7장과 제8장에서 자세히 논의될 것이다.

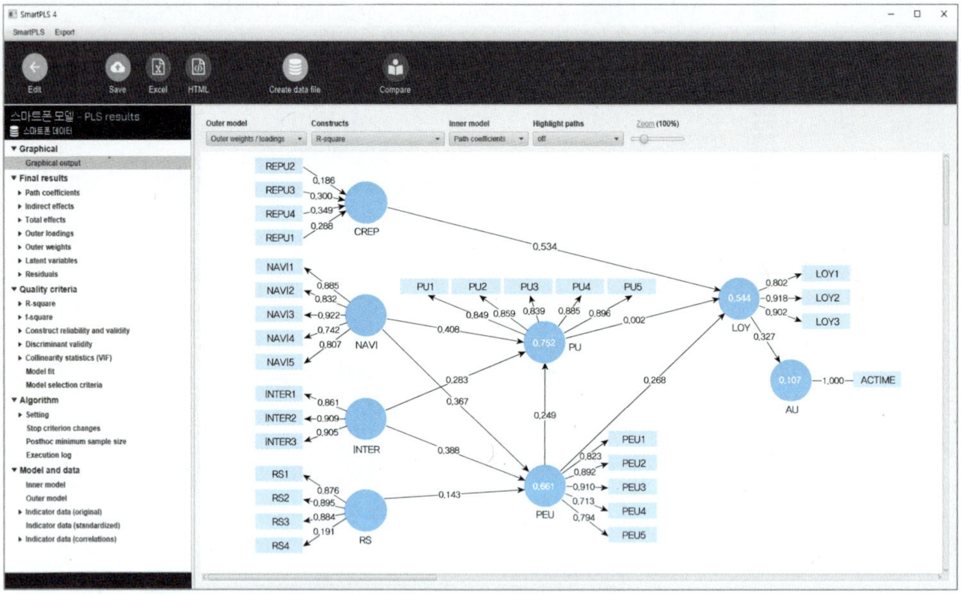

• PLS-SEM 알고리즘이 실행되지 않는다?

PLS-SEM 알고리즘은 [PLS-SEM Algorithm]의 [Start Calculation]을 통해 실행했는데도 작동되지 않는 경우가 발생할 수 있다. 이를 단일 데이터 행렬(Singular data matrix)의 문제라고 부른다. 이러한 문제의 기본적인 발생원인은 데이터 입력과정에서 측정변수가 동일하게 두 번 입력되었거나 하나의 측정변수와 다른 측정변수의 데이터 입력내용이 정확히 중복되는 경우(예 단위당 매출액과 천단위당 매출액)이다. 다른 원인으로는 다중집단분석을 할 경우 두 개(혹은 그 이상)의 집단 중 한 집단의 표본 수가 불균형적으로 소표본일 경우(Extremely small sample size)에 발생된다. 이러한 문제는 동일하거나 중복된 입력내용을 삭제하거나 표본 수를 증가시키는 방법 등을 통해 해결해야 한다.

• 데이터에 결측치가 있다면 어떻게 해야 할까?

이 절에서는 결측치가 없는 [스마트폰 데이터]를 사용하고 있다. 그러나 만약에 [스마트폰 데이터]에 결측치가 있다면 이것은 어떻게 처리해야 할까?

먼저 데이터 파일, 예컨대 [스마트폰 데이터]에 결측치가 있다면 결측치 칸에 이미 입력된 입력값과 전혀 다른 형태의 다른 입력값인 [−99]와 같은 값을 입력한다. [CSV Import] **보조 창의 하단**에는 [Missing value treatment]이 있다. 다음으로, [Missing value treatment]에 [−99]를 입력하고 [Apply marker]**를 적용하고** [Import] **버튼을 클릭하여 실행**한다. 이렇게 하면 결측치의 입력값인 [−99]에 **평균값**이 **대체 입력**되어 결측치가 없는 상태가 되고 비로소 통계처리가 실행될 수 있게 된다(자세한 것은 제4장 2.3 통계 실습 4-2를 참조하기 바란다).

3.2 PLS-SEM Algorithm에 의한 모델 추정 결과

1) 모델 추정의 주요 결과 제시

PLS-SEM Algorithm의 초기값이 설정되고 [Start Calculation]을 클릭하면 PLS-SEM Algorithm이 실행된다.

구조방정식모델을 추정한 후에는 왼쪽 [출력 결과 보기 창]에 모수 추정치를 비롯한 다양한 출력 결과들이 나타난다. 이렇게 출력된 결과들은 툴바인 [Create data file]을 클릭해 프로젝트 폴더에 저장할 수 있으며, 필요한 분석에 이용할 수 있다. PLS-SEM 알고리즘 실행 후에 [출력 결과 창]에는 그림 형식의 출력 결과가 나타난다. 출력 결과의 값들은 PLS-SEM 알고리즘의 설정을 어떻게 했느냐에 따라서 다르게 나타난다. [그림 6-4]는 [출력 결과 창]과 [출력 결과 보기 창]에 나타나는 출력물을 제시한 것이다.

그림 6-4 ▌그림 형태로 제공되는 구조방정식모델의 가장 중요한 출력물

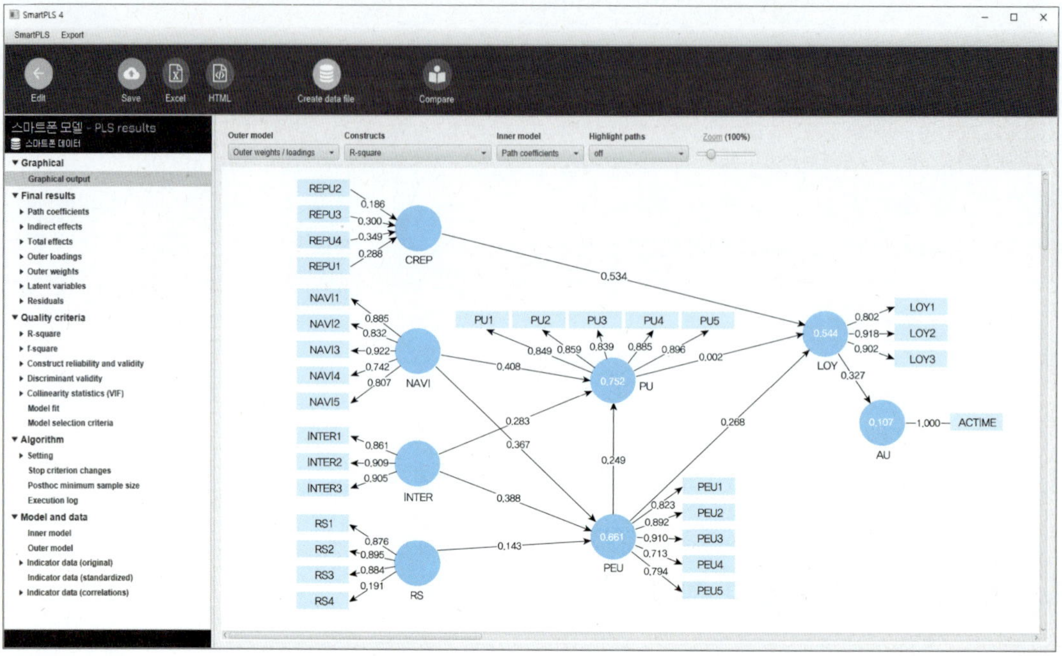

[그림 6-4]의 그림 형태로 제공된 출력 결과는 크게 ① 내생변수의 원 안에 표시된 잠재변수의 R^2, ② 측정모델인 외부모델의 외부가중치(Outer weight)와 적재치(Outer loading), ③ 내부모델의 경로계수(Path coefficient)가 나타나 있음을 확인할 수 있다. 그런데 이러한 출력 결과는 [출력 결과 창]의 상단에 있는 ① [Constructs], ② [Outer model], ③ [Inner model], ④ [Highlight paths]의 선택 버튼을 통해서 다양한 추정치들을 그림 형식의 출력 결과에 나타낼 수도 있다.

그림 6-5 ▎출력 결과에서 추정치를 선택할 수 있는 버튼의 종류와 내용

Constructs	Outer model	Inner model	Highlight paths
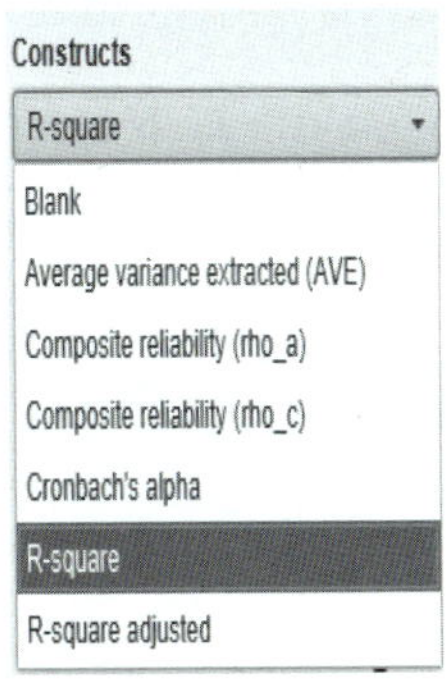	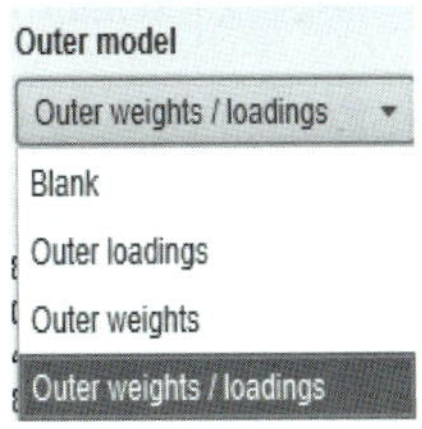	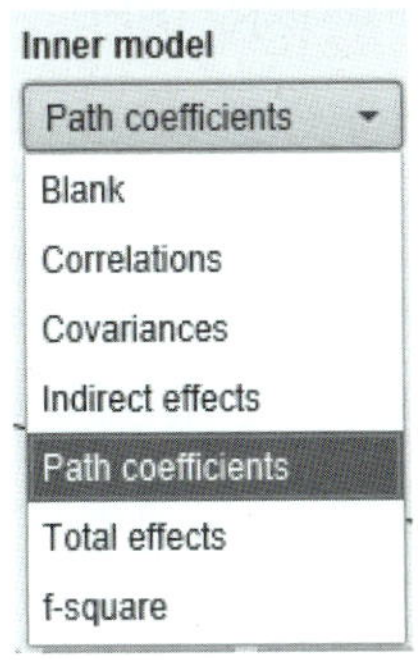	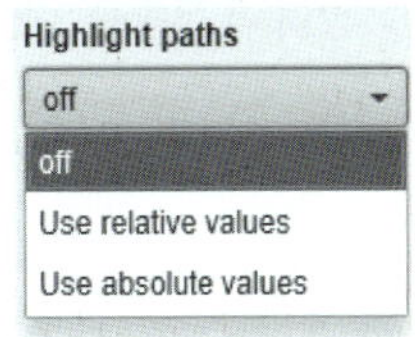

그림 6-6 ▎출력 결과에서 마우스를 그림의 잠재변수 위에 올려놓았을 때 표시

형성적 측정모델	반영적 측정모델 예시	
	NAVI	AU
아무 것도 나타나지 않음	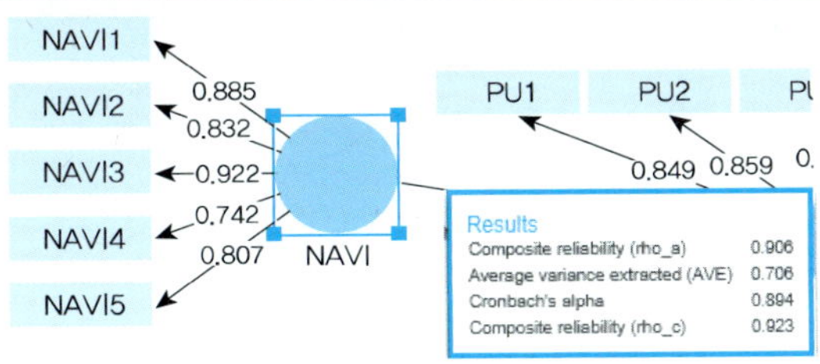	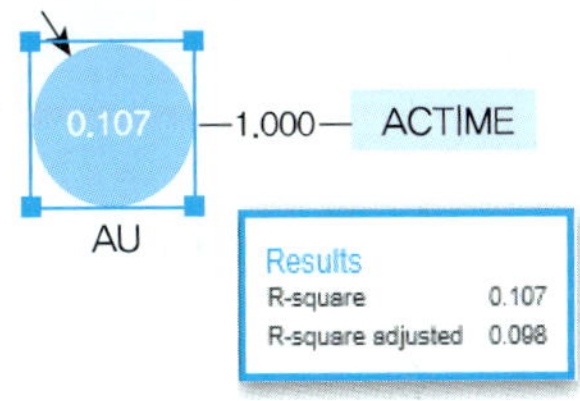

첫째, [Constructs](잠재변수)에서 선택할 수 있는 추정치는 ① 평균분산추정치(AVE), ② 합성신뢰도(CR), ③ 크론바흐 알파, ④ R^2, ⑤ 수정된 R^2 등을 선택할 수 있다. 이들을 선택하면 추정된 결과를 잠재변수의 [원] 안에 표시해준다. 한편 마우스를 잠재변수에 올려놓으면 반영적 측정모델의 경우 해당 잠재변수에서 출력될 수 있는 추정치들을 보여준다. 그러나 형성적 측정모델에서는 기본적으로 이와 같은 추정치들을 계산할 필요가 없으므로 추정치가 나타나지 않는다.

둘째, [Outer model](외부모델)에서 선택할 수 있는 추정치는 ① 외부가중치(Outer

weights)와 외부적재치(Outer loadings), ② 외부적재치(Outer loadings), ③ 외부가중치(Outer weights), ④ 추정치 보이지 않기(Blank)이다. 여기에서 외부가중치는 형성적 측정모델의 회귀계수이며, 외부적재치는 반영적 측정모델의 회귀계수이다.

셋째, [Inner model](내부모델)에서 선택할 수 있는 추정치는 ① 경로계수, ② 상관관계, ③ 공분산, ④ 간접효과, ⑥ 총효과, ⑦ 효과크기(f^2), ⑧ 추정치 보이지 않기(Blank)이다.

마지막으로, [Highlight paths](강조 경로)는 경로계수의 상대적 크기와 절대적 크기를 [선의 굵기]를 통해서 보여준다. 선이 굵으면 그 만큼 영향을 크게 미치고 있음을 의미한다. [off]를 선택하면 선의 굵기가 없이 보통 선으로 표시된다.

그림 6-7 강조 경로를 선택하지 않았을 때와 선택했을 때의 구조방정식모델 표시

강조 경로를 선택하지 않은 경우	강조 경로를 선택한 경우
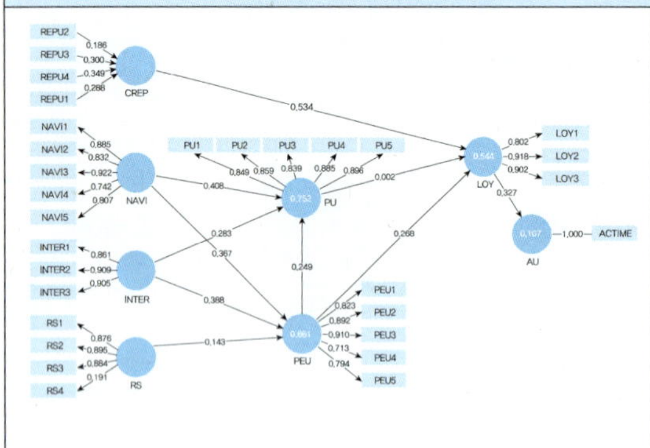	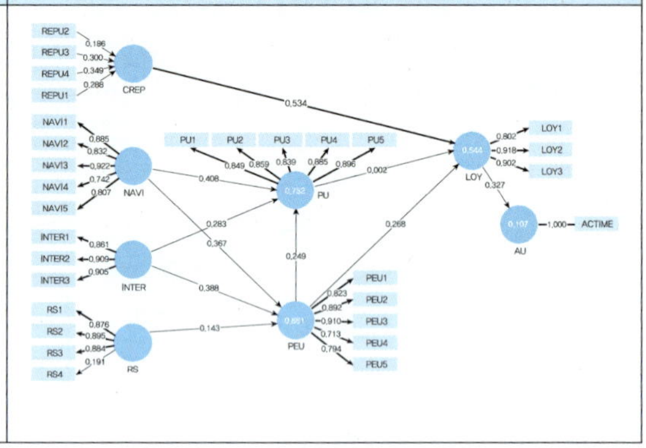

한편 PLS-SEM 알고리즘을 이용해 구조방정식모델에 대한 추정이 완료되면 출력 결과는 [출력 결과 창]의 왼쪽 부분에 있는 [출력 결과 보기 창]에 [그림 6-8]과 같이 ① 그림 형식의 출력 결과(Graphical output), ② 최종 결과(Final results), ③ 구조방정식모델의 평가를 위한 품질기준(Quality criteria), ④ 실행에 사용된 알고리즘(Algorithm), ⑤ 모델과 데이터(Model and data) 등으로 구분되어 나타난다.

그림 6-8 ▌[출력 결과 보기 창]에서 제공하는 다양한 추정치들

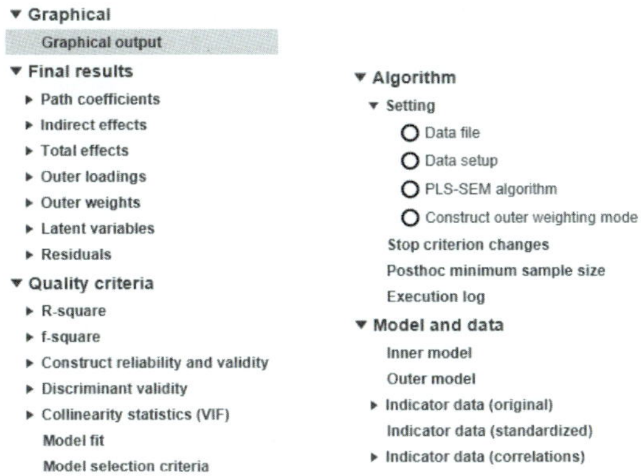

▶ 그림 형식의 출력 결과(Graphical output)는 [그림 6-9]와 같이 [출력 결과 창]에 나타난다. 그림에서는 회귀계수와 설명력을 나타내는 R^2을 보여준다. 화면 상단의 선택 버튼을 이용해 다양한 형태의 출력물을 검토할 수 있다.

그림 6-9 ▌그림 형태로 출력된 PLS-SEM 알고리즘 실행 결과

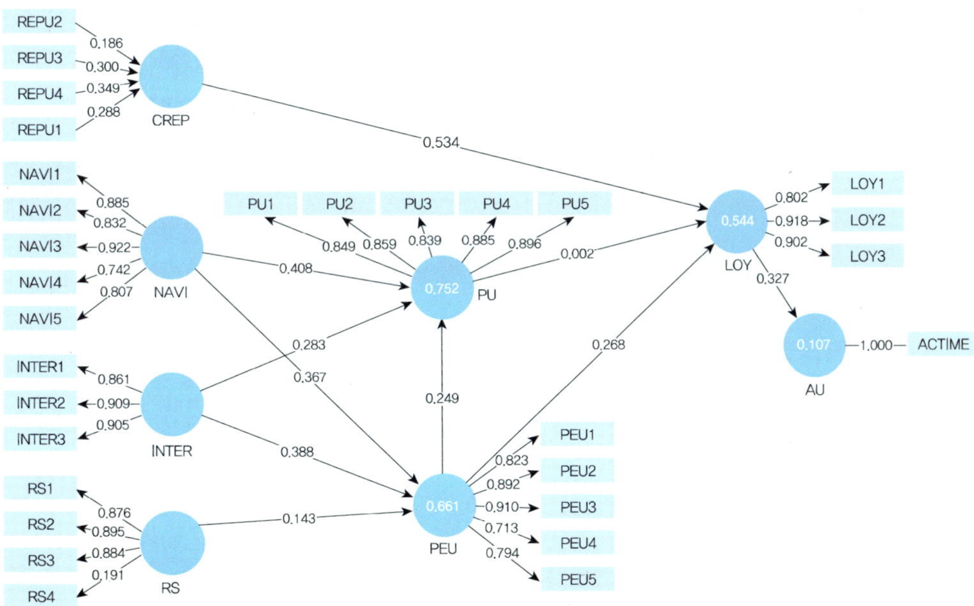

- 최종 결과(Final results)에서는 경로계수(Path coefficients), 간접효과(Indirect effects), 총효과(Total effects), 외부적재치(Outer loadings), 외부가중치(Outer weights), 잠재변수 점수(LVS), 잔차(Residuals)가 포함된다. 구조모델에서 잠재변수 간의 회귀계수는 PLS-SEM 알고리즘에서 결과 유형으로 무엇을 선택했는가에 따라서 표준화된 회귀계수, 비표준화된 회귀계수, 평균중심화된 회귀계수로 표시된다.
- 모델의 평가를 위한 품질기준(Quality criteria)에는 R^2(R square), f^2(f square), 잠재변수 신뢰도와 타당도(Construct reliability and validity), 판별타당도(Discriminant validity), 공선성 통계량(Collinearity statistics: VIF), 모델적합도(Model fit)가 제공된다.
- 실행에 사용된 알고리즘(Algorithm)에는 반복정지기준 변화(Stop criterion changes), 실행 기록(Execution log)이 포함된다. 이는 몇 번째에서 반복이 정지되었는가를 보고해 준다.
- 모델과 데이터(Model and data)에는 알고리즘의 초기값 설정(Setting), 초기가중치로 설정되는 기초 값(Inner model, Outer model)과 데이터를 원데이터(Original), 표준화된 데이터(Standardized), 상관관계 데이터(Correlations)의 세 가지 형태로 제공한다.

독자들은 [출력 결과 보기 창]에서 자신이 보고 싶은 출력물을 좌 클릭하면 [출력 결과 창]에 출력 결과가 표시된다. 출력물은 Excel이나 R 등으로도 복사할 수 있다. 출력물의 해석은 제7장부터 제10장까지의 내용을 설명할 때 제시할 것이며, 여기에서는 중요하다고 판단되는 주요 출력물을 중심으로 제시할 것이다.

표 6-1 모델 추정의 주요 출력물(1): 경로계수(Path coefficients)

Path coefficients - Matrix   Zoom (100%)   Copy to Excel   Copy to R

	AU	CREP	INTER	LOY	NAVI	PEU	PU	RS
AU								
CREP				0.534				
INTER						0.388	0.283	
LOY	0.327							
NAVI						0.367	0.408	
PEU				0.268			0.249	
PU				0.002				
RS						0.143		

표 6-2 모델 추정의 주요 출력물(2): 간접효과(Indirect effects)

Indirect effects - Total indirect effects   Zoom (100%)   Copy to Excel   Copy to R

	AU	CREP	INTER	LOY	NAVI	PEU	PU	RS
AU								
CREP	0.175							
INTER	0.034			0.104			0.097	
LOY								
NAVI	0.032			0.099			0.091	
PEU	0.088			0.000				
PU	0.001							
RS	0.013			0.038			0.036	

표 6-3 모델 추정의 주요 출력물(3): 총효과(Total effects)

Total effects - Matrix   Zoom (100%)   Copy to Excel   Copy to R

	AU	CREP	INTER	LOY	NAVI	PEU	PU	RS
AU								
CREP	0.175			0.534				
INTER	0.034			0.104		0.388	0.380	
LOY	0.327							
NAVI	0.032			0.099		0.367	0.499	
PEU	0.088			0.268			0.249	
PU	0.001			0.002				
RS	0.013			0.038		0.143	0.036	

▌표 6-4 ▌모델 추정의 주요 출력물(4): 외부적재치(Outer loadings)

Outer loadings - Matrix Zoom (100%) Copy to Excel Copy to R

	AU	CREP	INTER	LOY	NAVI	PEU	PU	RS
ACTIME	1.000							
INTER1			0.861					
INTER2			0.909					
INTER3			0.905					
LOY1				0.802				
LOY2				0.918				
LOY3				0.902				
NAVI1					0.885			
NAVI2					0.832			
NAVI3					0.922			
NAVI4					0.742			
NAVI5					0.807			
PEU1						0.823		
PEU2						0.892		
PEU3						0.910		
PEU4						0.713		
PEU5						0.794		

주: 출력물이 너무 길어 일부분만 제시함.

▌표 6-5 ▌모델 추정의 주요 출력물(5): 외부가중치(Outer weights)

Outer weights - Matrix Zoom (100%) Copy to Excel Copy to R

	AU	CREP	INTER	LOY	NAVI	PEU	PU	RS
ACTIME	1.000							
INTER1			0.360					
INTER2			0.366					
INTER3			0.395					
LOY1				0.316				
LOY2				0.418				
LOY3				0.402				
NAVI1					0.261			
NAVI2					0.240			
NAVI3					0.269			
NAVI4					0.193			
NAVI5					0.221			

주: 출력물이 너무 길어 일부분만 제시함.

▌표 6-6▐ 모델 추정의 주요 출력물(6): 잠재변수 점수(Latent variables score: LVS)

Latent variables - Scores

Zoom (100%) Copy to Excel Copy to R

	AU	CREP	INTER	LOY	NAVI	PEU	PU	RS
0	-1.298	-1.262	-1.394	0.001	-0.050	-0.781	-1.448	-1.763
1	1.541	-0.179	0.958	-0.368	0.706	0.633	0.444	1.200
2	0.073	-1.788	-0.619	-1.979	-0.522	-0.468	-0.944	-1.261
3	1.051	1.005	0.430	0.933	0.847	1.087	0.808	0.908
4	-1.151	-0.194	0.965	0.002	0.996	0.797	0.811	0.943
5	-0.172	0.347	-0.098	0.747	0.173	0.201	-1.466	1.179

주: 출력물이 너무 길어 일부분만 제시함.

▌표 6-7▐ 모델 추정의 주요 출력물(7): 잔차(Residuals)

Residuals - Outer model scores

Zoom (100%) Copy to Excel Copy to R

Case index	ACTIME	INTER1	INTER2	INTER3	LOY1	LOY2	LOY3	NAVI1	NAVI2	NAVI3
0	0.000	0.600	0.070	-0.611	0.279	0.243	-0.472	-1.223	-0.887	-0.442
1	-0.000	0.099	0.012	-0.101	-0.605	-0.007	0.482	0.091	0.360	-0.029
2	-0.000	-0.067	0.058	0.007	-0.492	-0.294	0.691	0.186	-0.495	0.548
3	-0.000	-0.209	-0.202	0.377	0.121	-0.025	-0.069	-0.033	0.243	-0.158
4	0.000	0.093	-0.689	0.553	-2.081	0.830	0.770	-0.165	0.119	0.260
5	0.000	-0.516	-0.416	0.855	-0.319	0.146	0.099	-0.428	-1.073	1.020
6	0.000	-0.651	0.024	0.571	0.079	0.013	-0.076	-0.142	0.141	0.284
7	0.000	0.016	0.035	-0.047	2.551	-0.860	-1.108	0.924	0.677	0.322
8	-0.000	-0.510	0.284	0.201	-0.116	0.968	-0.916	0.318	0.107	0.246
9	0.000	0.234	-0.428	0.183	0.759	-0.558	-0.015	-0.570	0.353	-0.317
10	-0.000	-0.286	0.522	-0.222	0.279	0.243	-0.472	0.496	-0.044	-0.757

주: 출력물이 너무 길어 일부분만 제시함.

▌표 6-8▐ 모델 추정의 주요 출력물(8): R^2

R-square - Overview

	R-square	R-square adjusted
AU	0.107	0.098
LOY	0.544	0.530
PEU	0.661	0.650
PU	0.752	0.745

▌표 6-9 ▌모델 추정의 주요 출력물(9): f^2

f-square - Matrix　　Zoom (100%)　　Copy to Excel　　Copy to R

	AU	CREP	INTER	LOY	NAVI	PEU	PU	RS
AU								
CREP				0.302				
INTER						0.155	0.102	
LOY	0.120							
NAVI						0.142	0.216	
PEU				0.059			0.088	
PU				0.000				
RS						0.035		

▌표 6-10 ▌모델 추정의 주요 출력물(10): 잠재변수 신뢰도와 타당도(Construct reliability and validity)

Construct reliability and validity - Overview　　Zoom (100%)　　Copy to Excel　　Copy to R

	Cronbach's alpha	Composite reliability (rho_a)	Composite reliability (rho_c)	Average variance extracted (AVE)
INTER	0.871	0.874	0.921	0.796
LOY	0.847	0.867	0.907	0.766
NAVI	0.894	0.906	0.923	0.706
PEU	0.885	0.894	0.916	0.688
PU	0.916	0.919	0.937	0.750
RS	0.741	0.873	0.834	0.597

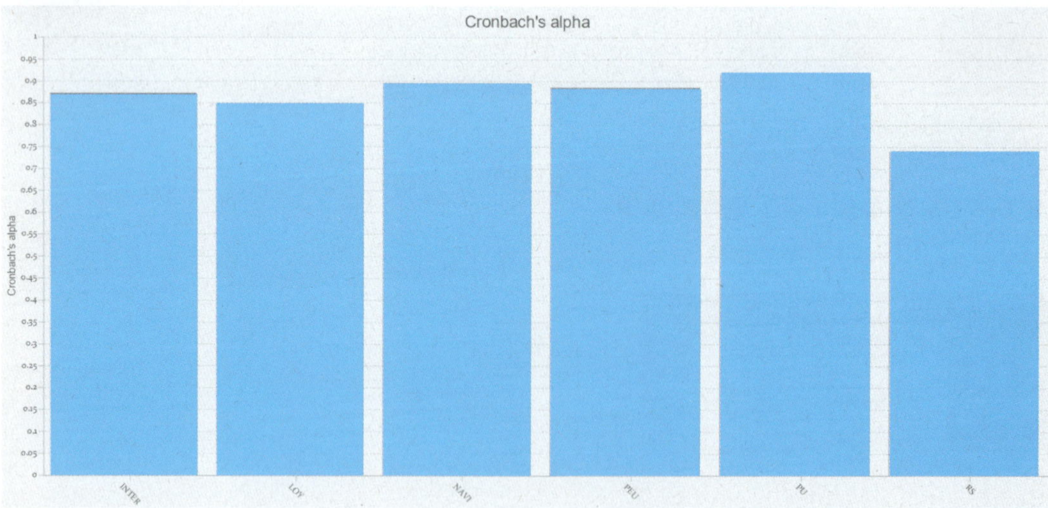

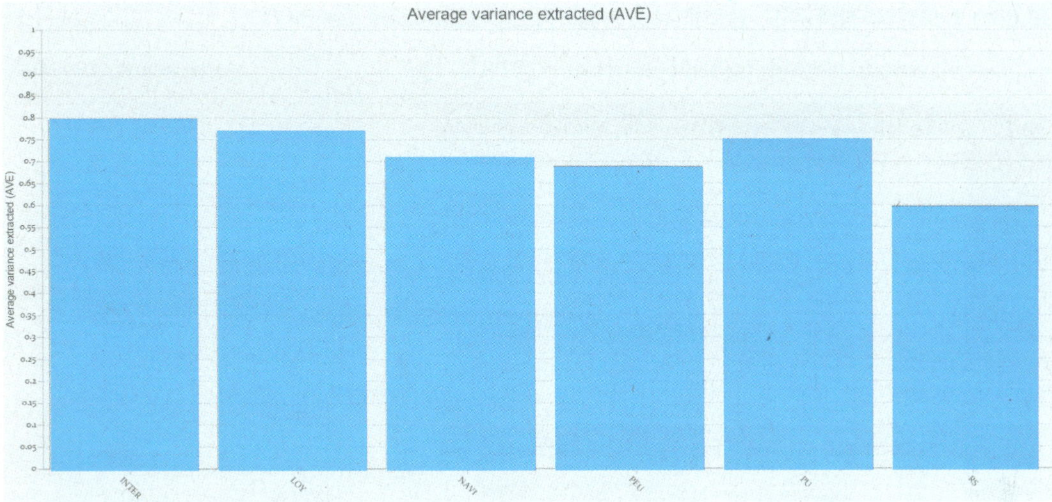
Average variance extracted (AVE)
Average variance extracted (AVE)
INTER
LOY
NAVI
PEU
PU
RS

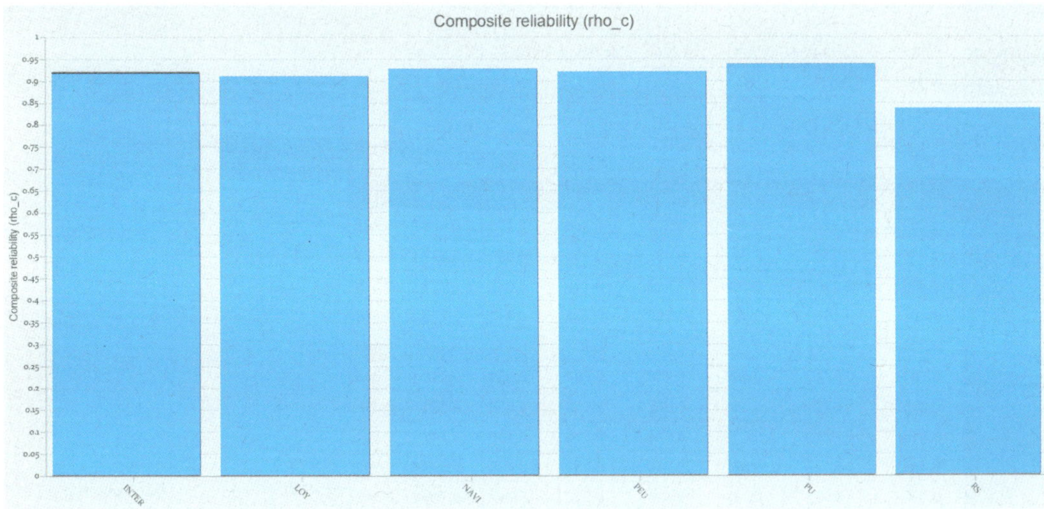
Composite reliability (rho_c)
Composite reliability (rho_c)
INTER
LOY
NAVI
PEU
PU
RS

▎표 6-11 ▎모델 추정의 주요 출력물(11): 판별타당도(Discriminant validity)

Discriminant validity - Heterotrait-monotrait ratio (HTMT) - Matrix Zoom (100%) Copy to Excel Copy to R

	AU	INTER	LOY	NAVI	PEU	PU	RS
AU							
INTER	0.430						
LOY	0.351	0.684					
NAVI	0.427	0.882	0.701				
PEU	0.460	0.856	0.706	0.842			
PU	0.506	0.886	0.656	0.898	0.848		
RS	0.362	0.694	0.786	0.678	0.688	0.684	

Discriminant validity - Fornell-Larcker criterion Zoom (100%) Copy to Excel Copy to R

	AU	INTER	LOY	NAVI	PEU	PU	RS
AU	1.000						
INTER	0.402	0.892					
LOY	0.327	0.598	0.875				
NAVI	0.409	0.787	0.612	0.840			
PEU	0.435	0.764	0.615	0.758	0.829		
PU	0.481	0.794	0.583	0.820	0.775	0.866	
RS	0.307	0.613	0.684	0.605	0.603	0.610	0.772

Discriminant validity - Cross loadings Zoom (100%) Copy to Excel Copy to R

	AU	CREP	INTER	LOY	NAVI	PEU	PU	RS
ACTIME	1.000	0.352	0.402	0.327	0.409	0.435	0.481	0.307
INTER1	0.296	0.572	0.861	0.497	0.608	0.661	0.677	0.526
INTER2	0.390	0.638	0.909	0.510	0.719	0.637	0.721	0.535
INTER3	0.387	0.701	0.905	0.590	0.771	0.742	0.727	0.578
LOY1	0.218	0.539	0.385	0.802	0.437	0.415	0.424	0.560
LOY2	0.344	0.677	0.596	0.918	0.604	0.556	0.542	0.621
LOY3	0.285	0.635	0.565	0.902	0.550	0.624	0.553	0.615
NAVI1	0.410	0.721	0.732	0.524	0.885	0.705	0.747	0.501
NAVI2	0.345	0.639	0.672	0.514	0.832	0.638	0.695	0.559
NAVI3	0.398	0.698	0.743	0.528	0.922	0.712	0.780	0.512
NAVI4	0.252	0.551	0.505	0.514	0.742	0.536	0.540	0.470
NAVI5	0.288	0.531	0.621	0.501	0.807	0.572	0.653	0.505

주: 출력물이 너무 길어 일부분만 제시함.

표 6-12 모델 추정의 주요 출력물(12): 공선성 통계량(Collinearity statistics)

Collinearity statistics (VIF) - Inner model - Matrix   Zoom (100%)   Copy to Excel   Copy to R

	AU	CREP	INTER	LOY	NAVI	PEU	PU	RS
AU								
CREP				2.073				
INTER						2.848	3.174	
LOY	1.000							
NAVI						2.799	3.110	
PEU				2.645			2.848	
PU				3.016				
RS						1.710		

Collinearity statistics (VIF) - Outer model - List   Zoom (100%)   Copy to Excel   Copy to R

	VIF
ACTIME	1.000
INTER1	1.978
INTER2	2.761
INTER3	2.567
LOY1	1.670
LOY2	2.670
LOY3	2.486
NAVI1	3.796
NAVI2	2.358
NAVI3	4.630
NAVI4	1.862
NAVI5	2.235

주: 출력물이 너무 길어 일부분만 제시함.

Collinearity statistics (VIF) - Inner model - List   Zoom (100%)   Copy to Excel   Copy to R

	VIF
CREP -> LOY	2.073
INTER -> PEU	2.848
INTER -> PU	3.174
LOY -> AU	1.000
NAVI -> PEU	2.799
NAVI -> PU	3.110
PEU -> LOY	2.645
PEU -> PU	2.848
PU -> LOY	3.016
RS -> PEU	1.710

▌표 6-13▌ 모델 추정의 주요 출력물(13): 모델적합도(Model fit)

Model fit

	Saturated model	Estimated model
SRMR	0.067	0.083
d_ULS	2.117	3.241
d_G	1.597	1.682
Chi-square	781.847	811.528
NFI	0.730	0.720

▌표 6-14▌ 모델 추정의 주요 출력물(14): 데이터 설정(Data setup)

Setting - Data setup

	Setting
Algorithm to handle missing data	Mean replacement
Weighting vector	-

▌표 6-15▌ 모델 추정의 주요 출력물(15): PLS-SEM 설정

Setting - PLS-SEM algorithm

	Setting
Initial weights	1.0
Max. number of iterations	3000
Stop criterion	10^{-7}
Type of results	Standardized
Use Lohmoeller settings?	No
Weighting scheme	Path

▌표 6-16▌ 모델 추정의 주요 출력물(16): 반복정지기준 변화

Stop criterion changes   Zoom (100%)   Copy to Excel   Copy to R

	ACTIME	INTER1	INTER2	INTER3	LOY1	LOY2	LOY3	NAVI1	NAVI2
Iteration 0	1.000	0.374	0.374	0.374	0.381	0.381	0.381	0.239	0.239
Iteration 1	1.000	0.360	0.365	0.396	0.317	0.418	0.402	0.261	0.241
Iteration 2	1.000	0.360	0.366	0.395	0.316	0.418	0.402	0.261	0.240
Iteration 3	1.000	0.360	0.366	0.395	0.316	0.418	0.402	0.261	0.240
Iteration 4	1.000	0.360	0.366	0.395	0.316	0.418	0.402	0.261	0.240
Iteration 5	1.000	0.360	0.366	0.395	0.316	0.418	0.402	0.261	0.240
Iteration 6	1.000	0.360	0.366	0.395	0.316	0.418	0.402	0.261	0.240
Iteration 7	1.000	0.360	0.366	0.395	0.316	0.418	0.402	0.261	0.240
Iteration 8	1.000	0.360	0.366	0.395	0.316	0.418	0.402	0.261	0.240

주: 출력물이 너무 길어 일부분만 제시함.

▌표 6-17▐ 모델 추정의 주요 출력물(17): 기초 데이터(표준화된 값)

Indicator data (standardized)

Case index	ACTIME	INTER1	INTER2	INTER3	LOY1	LOY2	LOY3	NAVI1	NAVI2	NAVI3	NAVI4
0	-1.298	-0.600	-1.198	-1.873	0.280	0.244	-0.471	-1.268	-0.929	-0.488	1.513
1	1.541	0.924	0.883	0.766	-0.899	-0.345	0.151	0.716	0.948	0.623	0.329
2	0.073	-0.600	-0.505	-0.553	-2.079	-2.110	-1.093	-0.276	-0.929	0.067	-0.855
3	1.051	0.162	0.189	0.766	0.870	0.832	0.772	0.716	0.948	0.623	0.329
4	-1.151	0.924	0.189	1.426	-2.079	0.832	0.772	0.716	0.948	1.179	0.329

주: 출력물이 너무 길어 일부분만 제시함.

▌표 6-18▐ 모델 추정의 주요 출력물(18): 기초 데이터(상관관계)

Indicator data (correlations) - Empirical correlation matrix

	ACTIME	INTER1	INTER2	INTER3	LOY1	LOY2	LOY3	NAVI1	NAVI2	NAVI3
ACTIME	1.000	0.296	0.390	0.387	0.218	0.344	0.285	0.410	0.345	0.398
INTER1	0.296	1.000	0.674	0.643	0.381	0.432	0.488	0.564	0.521	0.588
INTER2	0.390	0.674	1.000	0.761	0.298	0.564	0.446	0.650	0.623	0.661
INTER3	0.387	0.643	0.761	1.000	0.351	0.594	0.572	0.737	0.650	0.734
LOY1	0.218	0.381	0.298	0.351	1.000	0.612	0.572	0.381	0.376	0.349
LOY2	0.344	0.432	0.564	0.594	0.612	1.000	0.761	0.518	0.520	0.545
LOY3	0.285	0.488	0.446	0.572	0.572	0.761	1.000	0.465	0.443	0.471
NAVI1	0.410	0.564	0.650	0.737	0.381	0.518	0.465	1.000	0.691	0.845

주: 출력물이 너무 길어 일부분만 제시함.

2) 모델 추정 결과의 저장

추정된 모든 결과들은 ① Excel, ② HTML 파일로 내보내기(Export)할 수 있고, 새로운 데이터 파일로도 저장할 수 있다. 새로 만들어진 데이터는 [프로젝트 탐색기 창]의 폴더에 저장된다. 이렇게 저장된 새로운 데이터 파일은 고급통계 기법의 적용에 사용된다.

추정된 결과들은 SmartPLS 학생용인 무료 버전에서는 저장할 수 없으며 저장하려면 상업용 버전을 구입 설치해야 한다. 만약 연구자들이 분석 결과를 자유롭게 저장할 수 있다면 논문 작성을 하는 데 매우 편리하게 사용할 수 있다. 예컨대 Excel 파일로 저장된 출력 결과는 바로 표로 작성할 수도 있고 작성된 표는 한글 프로그램 등의 논문 파일에 바로 붙이기가 가능하다.

[그림 6-10]은 모델 추정 결과를 Excel 파일로 저장한 모습이다. [보기(Show)]를 클릭하면 원하는 출력물을 볼 수 있다. 저장되어 있는 출력물은 언제든지 다시 불러서 논문 작성을

할 때 원하는 모양으로 편집해서 바로 사용할 수 있다. [그림 6-11]은 HTML 파일로 저장한 모습이다. 저장되어 있는 HTML의 모든 출력물의 내용이 독자들이 볼 수 있도록 표시된다.

그림 6-10 Excel 파일로 출력물을 내보내기 하여 저장한 경우

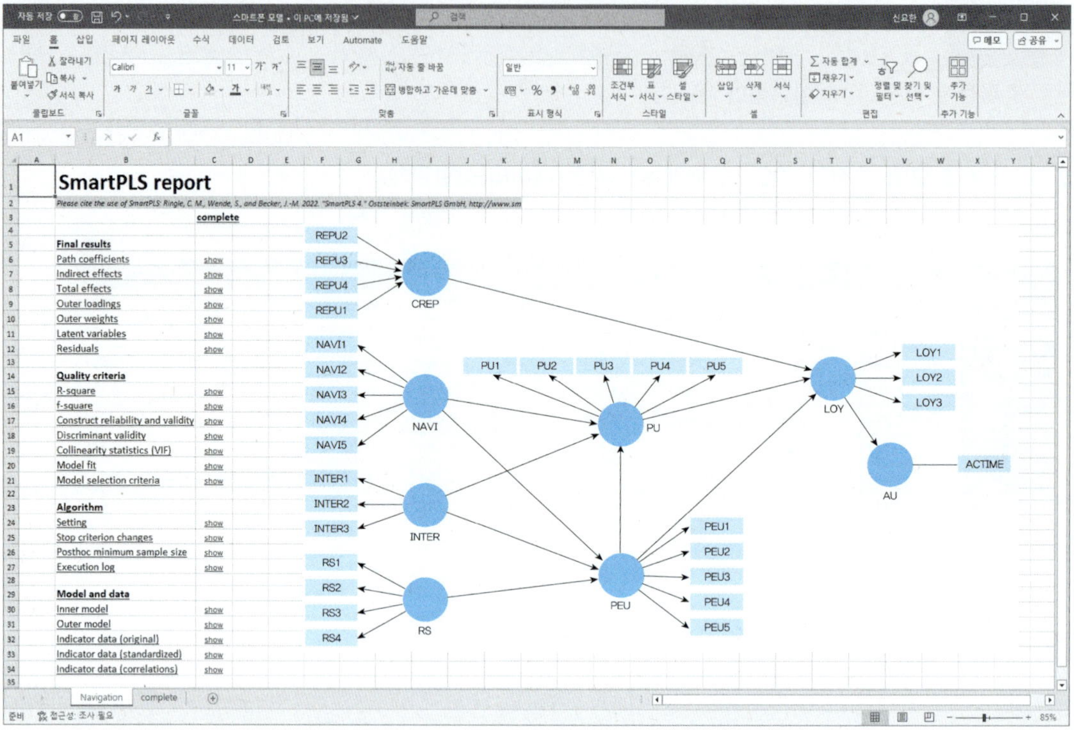

그림 6-11 ▌HTML 파일로 출력물을 내보내기 하여 저장한 경우

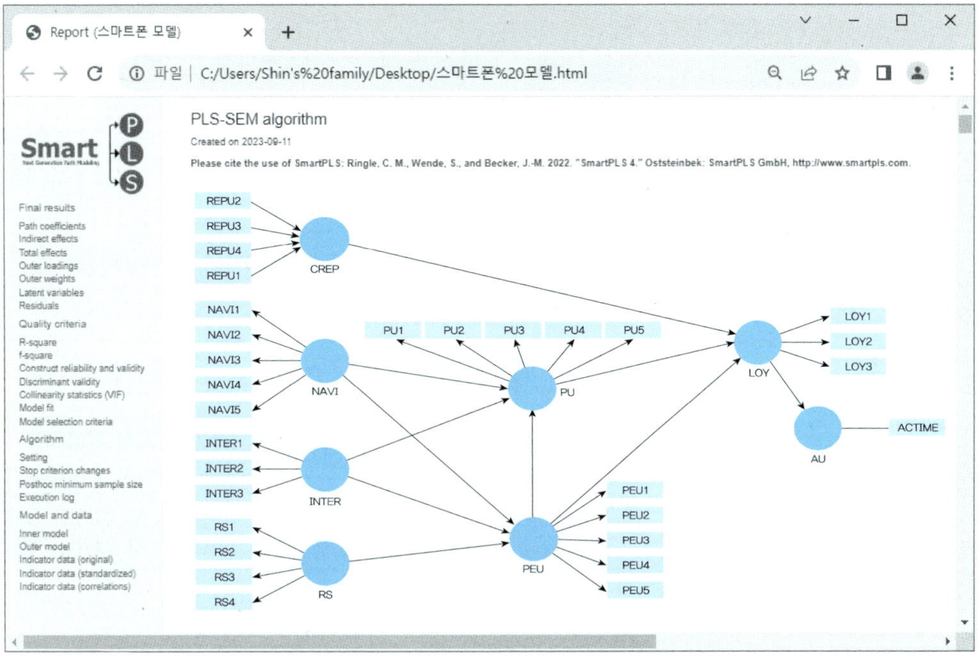

3) 모델 추정 결과에서 숫자의 색상 표시

모델 추정 결과는 임계치에 따라 다양한 색상의 숫자들로 표시해 제공한다. 추정 결과가 색상으로 표시되므로 한 눈에 분석 결과를 평가할 수 있다.

표 6-19 ▌모델 추정 결과의 임계치에 따른 색상 표시 기준

구분	추정 결과의 유형	임계치에 따른 색상 표시
PLS-SEM Algorithm	f^2	≥0.15(중간 효과크기): 초록색 ≥0.02(작은 효과크기): 검정색 <0.02(무시할만한 효과크기): 빨간색
	크론바흐 알파	≥0.7: 초록색, <0.7: 빨간색
	합성신뢰도 rho_a	≥0.7: 초록색, <0.7: 빨간색
	합성신뢰도 rho_c(CR)	≥0.7: 초록색, <0.7: 빨간색

	평균분산추출 AVE	≥0.5: 초록색, <0.5: 빨간색
	HTMT	≤0.85: 초록색, ≤0.9: 검정색, >0.9: 빨간색
	분산팽창인자 VIF	≤3: 초록색, ≤5: 검정색, >5: 빨간색
Bootstrapping, Consistent bootstrapping Bootstrap MGA, Consistent bootstrap MGA	유의수준 0.05	≤0.05: 초록색, >0.05: 빨간색
PLSpredict/CVPAT	MV prediction summary Q^2	≥0: 초록색, <0: 빨간색
	MV prediction summary: RMSE	PLS-SEM_RMSE≤LM_RMSE: 초록색 PLS-SEM_RMSE>LM_RMSE: 빨간색
	MV prediction summary: MAE	PLS-SEM_MAE≤LM_MAE: 초록색 PLS-SEM_MAE>LM_MAE: 빨간색
	LV prediction summary	색상 표시 없음
	Average loss difference (평균손실차이)	색상 표시 없음
Permutation MGA, Consistent permutation MGA	유의수준 0.05	≤0.05: 초록색, >0.05: 빨간색
MICOM	MICOM Step 2	≥0.05: 초록색, <0.05: 빨간색
	MICOM Step 3a, 3b	≤0.05: 초록색, >0.05: 빨간색

제6장의 연습과 실습문제

01 SmartPLS를 이용한 PLS-SEM의 모델 추정 절차를 설명하시오.

02 PLS-SEM Algorithm의 통계적 특성을 제시하고 설명하시오.

03 PLS-SEM이 모수통계에도 적용될 수 있는 이유를 제시하시오.

04 PLS-SEM Algorithm의 실행을 위한 초기값의 설정에 대해 설명하시오.

05 PLS-SEM Algorithm의 실행 결과 얻을 수 있는 정보에는 어떤 것들이 포함되어 있는지 제시하시오.

06 다음의 용어들을 간략히 설명하시오.

① 경로계수(Path coefficients)
② 외부적재치(Outer loading)
③ 외부가중치(Outer weights)
④ 잠재변수 점수(Latent variable score: LVS)

제6장의 핵심내용 정리 ›››

- PLS-SEM 알고리즘은 2단계의 반복과정을 통해 잠재변수 점수(Latent variable score: LVS)와 계수들을 추정한다. 제1단계에서는 측정변수들에 대한 원데이터 값을 이용하여 모든 잠재변수에 대한 점수(LVS)를 추정한다. 제2단계에서는 경로계수, 내생잠재변수에 대한 R^2, 반영적 측정모델에서의 외부적재치(Outer loading: *L*), 형성적 측정모델에서 외부가중치(Outer weight: *W*)를 추정한다.
- PLS-SEM은 데이터분포(정규분포)에 대한 어떤 가정도 하지 않는 비모수적 성격(Non-parametric nature)의 방법이며 부트스트래핑을 통해 t값을 산출한다. t값은 경로계수의 유의성을 검증하는 데 사용된다.
- 특정 잠재변수에 대한 관측치의 수나 잠재변수당 측정변수의 수가 무한히 커진다면 PLS-SEM과 CB-SEM의 모델 추정 결과는 거의 차이가 발생되지 않는다. 특히 PLSc(Consistent Partial Least Square)와 CB-SEM은 매우 유사한 모델 추정 결과를 보고하고 있다.
- PLS-SEM에 의한 모델 추정치는 CB-SEM의 모델 추정치보다 매우 높은 수준의 통계적 검증력(Statistical power)을 나타낸다. 따라서 PLS-SEM은 탐색적 성격의 연구뿐만 아니라 모수적 통계분석에도 적용 가능한 매우 우수한 다변량통계분석기법이라고 볼 수 있다.
- PLS-SEM Algorithm의 초기값이 설정되고 [Start calculation]을 클릭하면 PLS-SEM Algorithm이 실행된다. 실행이 완료되면 모델 추정 결과(Final results)와 구조방정식모델(측정모델과 구조모델)의 품질평가기준(Quality criteria)이 출력된다.

제 7 장

반영적 측정모델의 평가

1 PLS-SEM 분석 결과의 평가 단계와 기준

PLS-SEM의 분석과정에서 척도(측정변수와 잠재변수)의 신뢰도와 타당도를 확보하는 것은 매우 중요한 문제이다. 왜냐하면 측정모델을 구성하는 척도의 측정에 있어서 신뢰도와 타당도가 확보되지 않으면 구조방정식을 이용한 최종적인 모델 추정 결과가 아무런 의미가 없기 때문이다. 따라서 구조모델의 추정을 실행하려면 사전에 반드시 측정모델에 대한 평가과정을 통해서 척도의 신뢰도와 타당도가 확보되어야 한다.

신뢰도(Reliability)는 잠재변수의 측정에 있어서 얼마나 일관성이 있는가의 정도를 의미한다. 이는 측정하고자 하는 내용을 정확하게 오차 없이 측정하느냐 하는 검사도구의 일관성을 말한다. 여기에서 일관성이란 잠재변수를 여러 번에 걸쳐 측정했을 때 매번 같은 결과를 도출할 수 있는 정도이다. PLS-SEM에서는 신뢰도를 개별 측정변수의 신뢰도와 내적 일관성 신뢰도(Internal consistency reliability)로 평가한다. 후자는 동일한 잠재변수하에서 서로 다른 측정변수들 간의 일관성을 측정하는 것이다.

이에 반해 타당도(Validity)는 실제 측정하고자 하는 잠재변수를 정확하게 측정하고 있는 정도를 말한다. PLS-SEM에서는 타당도를 평가하기 위해서 집중타당도(Convergent validity)와 판별타당도(Discriminant validity)를 사용하고 있다. 전자는 하나의 잠재변수를 측정하기 위해 사용되는 척도의 구성항목들(예: 설문문항들) 간에는 상관관계가 높아야 집중타당도가 있다고 볼 수 있으며, 후자는 하나의 잠재변수를 측정하는 척도와 다른 잠재변수를 측정하는 척도 간의 상관관계에 관한 것으로 양 척도 간에 상관관계가 거의 없거나 상관관계가 낮을수록 판별타당도가 높다고 판단할 수 있다. 여기에서 판별타당도가 있다는 말은 연구모델에 포함된 잠재변수들이 독립적이고 완벽하게 다른 개념으로 적용될 수 있음을 의미한다.

신뢰도는 타당도의 필수적인 선행요건(Pre-requisite)이며 타당도가 높으려면 신뢰도가 높아야 한다. 그러나 역으로 신뢰도가 높다고 해도 반드시 타당도가 높은 것은 아니다. 그러면 신뢰도가 높은 측정척도를 개발하려면 어떻게 해야 할까? 이를 위해서는 연구자(혹은 관찰자)의 주관적인 개입을 최소한으로 해야 하며, 설문과정에서 모호하거나 부정확한 설문을 줄여야 하며, 정확한 배경지식을 가지고 설문에 응답할 수 있는 연구대상으로부터 데이터를 수집해야 한다. 이외에도 설문문항을 정확한 단어의 선택과 간결한 표현으로 구성해 응답자들이 잘못 이해하는 오류가 없도록 해야 한다.

일반적으로 사회과학 연구의 다변량분석기법에서 사용되는 측정도구들은 측정오차(Measurement error)를 포함하고 있으며 이는 분석 결과에 편의(Bias)를 초래할 수 있다. 이러한 측정오차들이 분석 결과에 미치는 영향을 최소화하기 위해서 사용될 수 있는 가장 좋은 방법은 각각의 잠재변수를 여러 측정변수들(Multiple indicators)에 의해 측정하는 것이다. 이렇게 되면 측정의 정확성과 타당도를 높여준다. 다변량 측정(Multivariate measurement)은 연구자들이 측정오차를 보다 세부적으로 살펴보도록 하며 연구 결과에서 이러한 오차에 대하여 설명할 수 있도록 한다.

지금부터는 고전적 검증이론(Classical test theory)에 의해서 신뢰도와 타당도 개념 간의 관련성을 알아보자. 이 이론은 측정오차가 없다면 모든 관찰은 정확히 관찰된 진점수(True score)를 가진다고 가정한다. (식 1)을 보면 관찰점수(Observed score: X)는 진점수(T)와 오차점수(ε)로 구성되어 있음을 알 수 있다. (식 2)는 관찰점수의 분산, 진점수의 분산, 오차점수의 분산으로 표현한 것이다. 또한 (식 3)과 (식 4)에 의하면 관찰점수는 진점수(X_t)와 측정오차(ε) [무작위오차 ε_r(Random error)+체계적오차 ε_s(Systematic error)]의 합으로 표현되고 있음을 알 수 있다. 여기에서 무작위오차는 잘 알려지지 않아 발견하기 어려우며 통제 불가능한 외생요인들이 무작위로 관찰점수에 영향을 미쳐 발생하며, 체계적오차는 타당도와 관련된 개념으로 이는 측정도구가 잘못되어 어느 대상을 측정해도 항상 동일한 크기와 방향으로 발생하는 오차를 말한다. 결국 측정도구가 낮은 신뢰도와 타당도를 보이는 것은 측정과정에서 무작위오차와 체계적오차가 존재하기 때문이다. 무작위오차는 신뢰도를 위협하며 체계적오차는 타당도를 위협하는 요인이 될 수 있다.

X(관찰점수)$=X_t$(진점수)$+\varepsilon$(오차점수) ………………………………………………………… (식 1)

관찰점수의 분산 var(X)=진점수의 분산 var(T)+오차점수의 분산 var(ε) ………………………… (식 2)

X(관찰점수)$=X_t$(진점수)$+\varepsilon$(측정오차) ………………………………………………………… (식 3)

X(관찰점수)$=X_t$(진점수)+무작위오차 ε_r +체계적오차 ε_s ………………………………………(식 4)

(식 1)에서 관찰점수가 진점수에서 차지하는 비중이 크고 오차점수가 차지하는 비중이 작으면 신뢰도는 높아진다. 한편 (식 2)에서 관찰점수의 분산에서 진점수의 분산이 차지하는 비율이 높고 오차점수의 분산이 차지하는 비율이 작다면 이는 일관성이 있게 측정된 것으로 볼 수 있으며 신뢰도는 높아지게 된다(성태제, 2013). 예컨대 오차점수의 분산이 0이면 측정오차가 없음을 의미하며 관찰점수의 분산이 진점수의 분산과 같기 때문에 신뢰도가 1이 된다. 반대로 진점수의 분산이 0이라면 모든 관찰점수의 분산이 오차점수의 분산으로 되어 있음을 의미하며 신뢰도는 0이 된다. 따라서 신뢰도는 관찰점수의 분산 중에서 진점수의 분산이 차지하는 비율임을 알 수 있다.

[그림 7-1]은 SmartPLS를 이용한 PLS-SEM분석을 하는 경우에 거쳐야 하는 측정과 구조모델의 평가 단계와 기준(Evaluation stage and criteria)을 제시한 것이다.

측정도구의 신뢰도와 타당도를 확보하기 위해서는 측정모델과 구조모델에 대한 적절한 평가과정을 거쳐야 한다. CB-SEM에 의한 평가과정에서는 전반적인 적합도 판정기준(예: GFI, AGFI, RMR 등)이 개발되어 사용되고 있으나 PLS-SEM의 분석 결과의 경우에는 하나의 기준(Criterion)으로 평가할 수는 없다. CB-SEM과 PLS-SEM의 측정과 구조모델 평가의 기준은 일부 유사한 것도 있으나 양자는 통계처리방법의 차이로 인해서 동일하지 않으며 차이를 보이고 있다. CB-SEM은 확인적 요인분석(Confirmatory Factor Analysis) 등을 통한 모수적 평가기준을 적용하고 있으나 PLS-SEM에서는 PLS-SEM 알고리즘과 부트스트래핑을 기반으로 하는 다양한 비모수적 평가기준(Nonparametric evaluation criteria)을 사용하고 있다.

SmartPLS에 의한 PLS-SEM의 평가 단계는 두 단계로 구성되어 있다. 제1단계에서는 측정모델(Outer model)을 평가하며 제2단계에서는 구조모델(Inner model)을 평가한다. 제1단계의 측정모델 평가 단계는 다시 반영적 측정모델과 형성적 측정모델 평가로 구분하

그림 7-1 ▌PLS-SEM 분석 결과의 체계적인 평가 단계

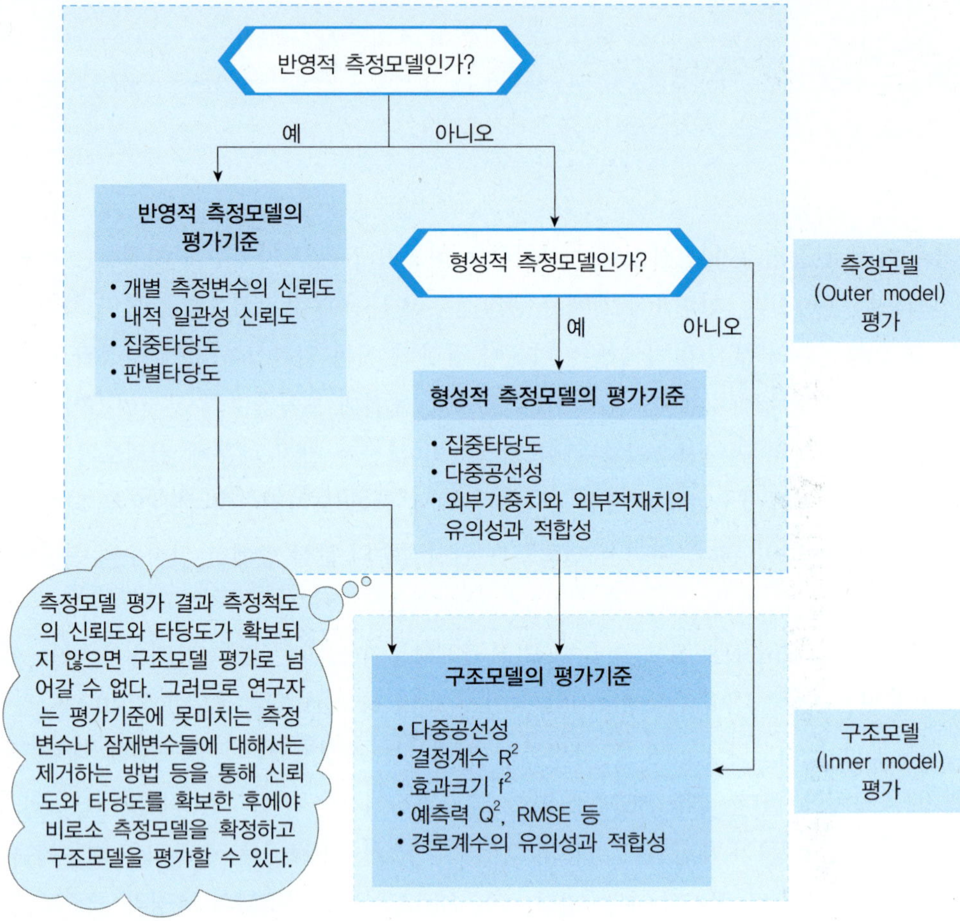

여 수행해야 한다. 제1단계의 평가목적은 측정도구(잠재변수와 측정변수)의 신뢰도와 타당도를 확인하는 과정이다. 이 단계에서는 평가기준에 적합한 측정도구는 유지시키고 그렇지 않은 경우는 삭제하는 방법도 고려해야 한다. 예컨대 측정변수 중에서 기준에 부합하지 않는 것이 있다면 삭제해야 한다. 잠재변수도 집중타당도와 판별타당도 등이 확보되지 않는다면 제거하거나 측정모델에 새로운 측정변수를 도입하여야 한다. 아니면 연구모델에 새로운 잠재변수를 도입하여 다시 평가과정을 진행하는 방법도 검토해야 한다.

측정모델에 대한 평가기준은 [그림 7-1]에 제시된 것을 적용하면 된다. 일반적으로 반영

적 측정모델의 경우에는 평가기준으로 개별 측정변수의 신뢰도, 내적 일관성 신뢰도,[1] 집중타당도 및 판별타당도를 적용하면 된다. 연구모델 속에 형성적 측정변수가 포함되어 있다면 형성적 측정모델의 평가기준을 적용해 측정모델을 평가해야 한다. 이러한 형성적 측정모델의 평가기준에는 집중타당도, 다중공선성, 외부가중치와 외부적재치의 유의성과 적합성이 포함된다.

제1단계의 평가과정을 통해 측정도구의 신뢰도와 타당도가 확보되었으면 제2단계의 구조모델 평가를 실시하고 연구자가 설정한 가설을 검증할 수 있다. 그러나 잠재변수와 측정변수들에 대한 평가 결과 신뢰도와 타당도가 확보되지 않았다면 다음 단계인 구조모델의 평가로 넘어갈 수 없다. 따라서 연구자들은 측정모델의 반복적인 평가과정을 통해서 신뢰도와 타당도를 확보할 수 있는 최종적인 측정모델을 채택해야 한다. 먼저 다양한 평가기준을 적용하여 반영적 측정모델과 형성적 측정모델에 대한 평가를 통해서 측정도구의 신뢰도와 타당도를 판단하여야 한다. 그런 다음 신뢰도와 타당도가 수용 가능한 수준이라면 구조모델의 평가로 넘어가면 된다. 구조모델 평가의 경우도 [그림 7-1]에서 제시된 평가기준인 다중공선성, 경로계수의 유의성과 적합성, 결정계수(R^2), 효과크기(f^2), 예측력(Q^2), RMSE 등, 경로계수의 유의성과 적합성을 적용하여 평가를 진행하여야 한다. 만약 구조모델에 대한 평가 결과, 수용 가능한 수준이라면 연구자는 최종적으로 구조모델로 선정한 후 연구가설을 검증하고, 분석 결과를 요약하고, 시사점 등을 제시하면 된다.

1) 반영적 측정변수에서 측정변수들은 해당 구성개념의 함수이므로 동일한 잠재변수의 측정변수값들 간에는 내적 일관성이 기대된다. 따라서 내적 일관성 신뢰도를 평가하거나 요인분석을 통해 측정변수의 타당도를 검토할 필요가 있다. 반면에 형성적 측정변수는 잠재변수에 의해 공통적으로 영향을 받아 측정변수의 값이 결정되는 것이 아니기 때문에 측정변수들 간의 높은 상관관계와 내적 일치도를 필요로 하지 않는다. 따라서 형성적 측정변수를 이루는 측정변수들은 내적 일관성 신뢰도 및 요인분석의 대상이 되지 않는다(강현철, 2013).

2 반영적 측정모델의 평가

2.1 반영적 측정모델의 평가와 수용기준

반영적 측정모델(Reflective measurement model)의 평가기준은 [그림 7-2]에서 제시된 것처럼 크게 개별 측정변수의 신뢰도, 내적 일관성 신뢰도, 집중타당도 및 판별타당도로 구분된다.

그림 7-2 ▮ 반영적 측정모델의 평가기준

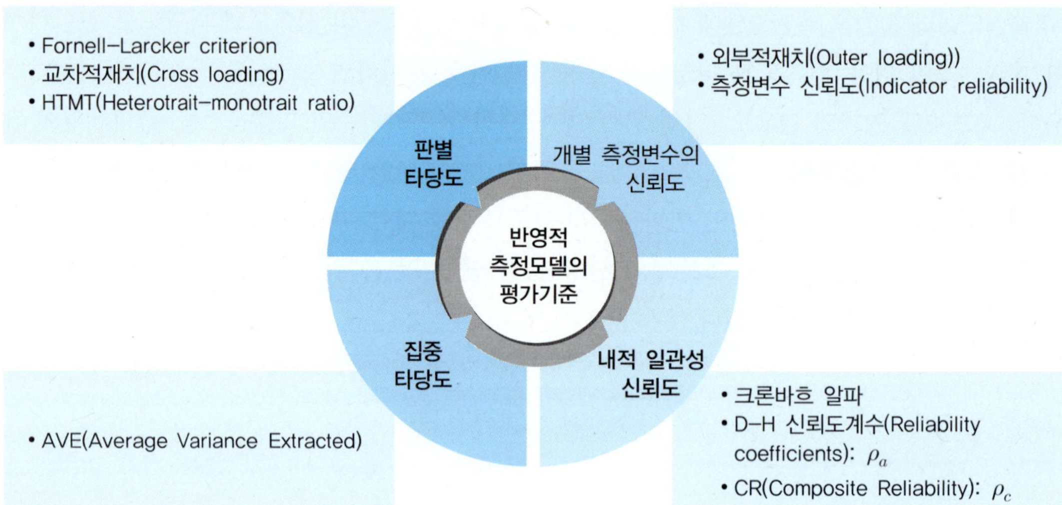

첫째, 개별 측정변수의 신뢰도(Indicator reliability)[2]를 평가한다. 둘째, 내적 일관성 신뢰도는 크론바흐 알파와 rho_a(ρ_a) 그리고 rho_c(ρ_c)로 평가한다. 셋째, 집중타당도는 AVE로 평가하며 마지막으로, 판별타당도는 Fornell-Larcker criterion, 교차적재치 및 HTMT를 이용해 평가할 수 있다.

[표 7-1]은 반영적 측정모델의 평가기준에 대한 각각의 수용기준을 제시한 것이다.

2) 측정변수 신뢰도는 표준화된 외부적재치의 제곱값으로 지표 신뢰도라고도 한다.

표 7-1 반영적 측정모델의 평가와 수용기준

평가기준		수용기준	관련 문헌
신뢰도(Reliability)			
개별 측정변수의 신뢰도 (Indicator reliability)	측정변수신뢰도	• ≥0.5 이상	Chin(1998)
	외부적재치(L) 적합성 (Outer loading relevance)	• L≥0.7 이상: 측정변수 유지 • L<0.4 미만: 측정변수 제거 • 0.4≤L<0.7: 해당 측정변수를 제거했을 때 잠재변수의 합성신뢰도(CR)와 AVE를 증가(개선)시키고 CR이 0.7 이상, AVE가 0.5 이상을 나타내는 경우: 해당 반영적 측정변수를 제거. 그러나 증가시키지 못하면 측정변수를 유지함	Bagozzi, Yi and Philipps(1991), Hair et al.(2011)
내적 일관성 신뢰도 (Internal consistency reliability)	크론바흐 알파 (Cronbach α)	• ≥0.7 이상: 바람직한 신뢰도	Cronbach(1951), Nunally and Bernstein(1994)
	합성신뢰도 rho_a(ρ_a)	• ≥0.7 이상: 바람직한 신뢰도	Dijkstra and Henseler(2015)
	합성신뢰도 rho_c(ρ_c)	• ≥0.7 이상: 바람직한 신뢰도	Werts et al.(1974), Nunally and Bernstein(1994)
타당도(Validity)			
집중타당도 (Convergent validity)	AVE (Average variance extracted: 평균분산추출)	• ≥0.5 이상: 바람직한 집중타당도	Fornell and Larcker(1981)
판별타당도 (Discriminant validity)	Fornell-Larcker criterion	• 각 잠재변수의 AVE 제곱근이 잠재변수들 간의 상관관계 중 가장 높은 값보다 큰 경우: 판별타당도가 있음	Fornell and Larcker(1981)
	교차적재치 (Cross loadings)	• 외부적재치(요인적재치)가 교차적재치를 초과하는 경우(잠재변수에 해당하는 측정변수의 외부적재치가 다른 잠재변수와의 교차적재치보다 큰 경우): 판별타당도가 있음	Chin(1998)

	HTMT (Heterotrait-monotrait ratio)	• 0.85(혹은 0.9) 미만: 판별타당도가 있음 • 0.85(혹은 0.9) 이상: 판별타당도가 부족 • 신뢰구간(Confidence Interval)에 1을 포함하고 있는 경우: 판별타당도가 부족함	Henseler, Ringle and Sarstedt(2015)

이 수용기준은 반영적 측정모델을 평가할 때 매우 중요한 기준이므로 연구자들은 반드시 숙지해야 하며 평가과정에서 바로 적용할 수 있도록 해야 한다.

2.2 개별 측정변수의 신뢰도

개별 측정변수는 외부적재치(Outer loading)가 0.7 이상 혹은 측정변수 신뢰도(Indicator reability)가 0.5 이상이어야 신뢰도가 있다고 평가한다.

측정변수 신뢰도(Indicator reliability)는 한 측정변수의 분산 중에서 얼마나 많은 분산이 해당 잠재변수에 의해 설명되는지를 나타내며 측정변수로부터 추출된 분산으로 표현된다. 이는 지표 신뢰도라고도 하며 표준화된 외부적재치의 제곱값(Square of a standardized indicator's outer loading)으로 계산된다. 개별 측정변수 신뢰도값이 0.5 이상이면 개별 측정변수들은 신뢰도가 있다고 판단할 수 있다. 여기에서 0.5라는 숫자의 의미는 한 측정변수의 분산 중에서 50%가 해당 잠재변수에 의해서 설명되고 있음을 의미한다.

외부적재치가 0.7 이상이면 해당 측정변수는 유지하며, 0.4 미만인 경우에는 해당 측정변수를 제거해야 한다. 외부적재치가 0.4~0.7 사이에 있는 경우에는 다음의 기준에 따라서 측정변수의 유지와 제거여부를 결정하면 된다. 만약 특정 측정변수를 제거해도 CR과 AVE가 증가(개선)되고 각각 임계치인 0.7과 0.5 이상으로 유지되는 경우에는 해당 반영적 측정변수를 제거한다. 반면에 특정 측정변수를 제거해도 CR과 AVE가 증가되지 않는 경우에는 해당 반영적 측정변수를 유지한다.

외부적재치 적합성에 대한 검증(Outer loading relevance testing)은 ① 외부적재치의 통계적 유의성, ② 외부적재치의 크기를 고려해서 결정해야 한다(Hair et al., 2017). 먼저, 개별 측정변수들의 외부적재치는 통계적으로 유의해야 한다. 다음으로, 외부적재치의 크기를 고려하여 적합성을 판단한다. 이를 위한 판단기준은 [그림 7-3]에 제시하였다.

그림 7-3 ▌ 외부적재치의 적합성검증

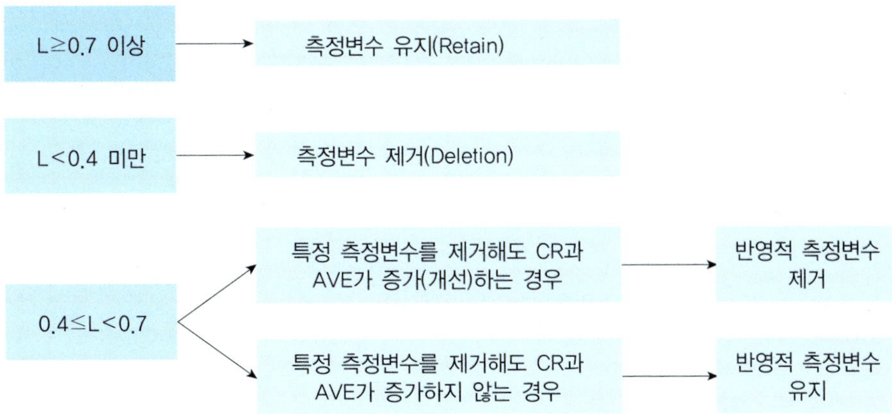

L: 외부적재치(Outer loading)

2.3 내적 일관성 신뢰도

내적 일관성 신뢰도(Internal consistency reliability)는 동일한 잠재변수를 측정하기 위해서 여러 개의 측정변수를 이용하는 경우에 신뢰도를 측정하는 방법이다. 이는 동일한 잠재변수를 측정하는 데 이용된 여러 개의 측정변수들 간의 일관성 정도로 신뢰도를 측정한다.

대표적인 내적 일관성 신뢰도의 평가기준으로는 ① 크론바흐 알파, ② Dijkstra-Henseler (D-H)의 신뢰도계수(Reliability coefficients)인 rho_a(ρ_a) ③ Bernstein(1994) 등에서 사용된 합성신뢰도(CR)인 rho_c(ρ_c)가 사용된다. 이 중에서 가장 전통적이고 보수적인 신뢰도 평가기준은 크론바흐 알파, 진보적인 평가기준은 ρ_c, 중간정도의 절충적인 기준은 ρ_a이다. 합성신뢰도(CR)인 ρ_c는 0과 1 사이의 분산을 가지며 값이 높을수록 높은 신뢰도를 나타낸다.

CR(ρ_c)은 PLS-SEM Algorithm을 이용하여 얻은 데이터를 이용하여 다음과 같은 산식에 의해서 계산할 수 있다. 여기에서 L_i는 특정 잠재변수의 측정변수 i에 대한 표준화된 외부적재치(Standardized outer loading)를 의미하며, e_i는 측정변수 i의 측정오차를 나타낸다. 그리고 var(e_i)는 측정오차의 분산을 가리키며 $1-L_i^2$으로 정의된다. M은 측정변수의 개수를 나타낸다.

$$CR(\rho_c) = \frac{\left(\sum_{i=1}^{M} L_i\right)^2}{\left(\sum_{i=1}^{M} L_i\right)^2 + \sum_{i=1}^{M} var(e_i)}$$

$$CR(\rho_c) = \frac{\left(\sum_{i=1}^{M} L_i\right)^2}{\left(\sum_{i=1}^{M} L_i\right)^2 + \sum_{i=1}^{M} (1 - L_i^2)}$$

[표 7-2]는 앞의 공식을 이용하여 CR을 계산하는 방법을 예시한 것이다.

SmartPLS에서는 측정오차의 분산인 $var(e_i)$를 측정모델을 분석한 보고서에서 제공하지 않으므로 여기에서는 두 번째 공식을 이용하여 잠재변수 INTER의 CR을 계산해 보기로 하자.

표 7-2 CR의 계산 예시

잠재변수	측정변수	내적 일관성 신뢰도	
		외부적재치(L_i)*	CR
INTER	INTER1	0.861	0.921
	INTER2	0.909	
	INTER3	0.905	

주: * 외부적재치는 PLS-SEM Algorithm을 통해 SmartPLS 프로그램의 보고서에서 주어지는 값임.

$$\mathrm{CR} = \frac{(0.861+0.909+0.905)^2}{(0.861+0.909+0.905)^2 + [\{1-(0.861)^2\}+\{1-(0.909)^2\}+\{1-(0.905)^2\}]}$$
$$= 7.156/(7.156+0.614) = 0.921$$

지금부터는 [표 7-1]에 제시된 반영적 측정모델의 평가와 수용기준에 따라서 내적 일관성 신뢰도를 살펴보기로 하자. 크론바흐 알파(α)의 일반적인 수용범위는 0.6~0.9이지만 바람직한 신뢰도는 0.7 이상이다. 그러나 이러한 수용기준이 모든 학문 분야에 적용될 수 있는 것은 아니며 학문 분야의 성격에 따라서 다소 느슨하거나 아니면 보다 엄격한 수용기준을 선택할 수도 있을 것이다. rho_a(ρ_a)는 0.7 이상이면 바람직한 신뢰도로 볼 수 있다. rho_c(ρ_c)의 일반적 수용범위는 0.6~0.9이지만 0.7 이상이면 바람직한 신뢰도이다. 학자에 따라서는 내적 일관성 신뢰도 평가기준들이 0.9(혹은 연구자에 따라서는 0.95) 이상이면 모든 측정변수들이 동일한 항목으로 측정되었다는 것을 의미하기 때문에 바람직하지 않은 것으로 평가하기도 한다.

연구자가 신뢰도를 향상시킬 수 있는 몇 가지 방법은 다음과 같다(이훈영, 2010).

- 설문지법을 사용하는 경우 측정문항을 분명하고 명확하게 작성하여 모호성을 제거해야 한다.
- 측정항목 수를 증가시킨다. 측정항목이 늘어날수록 신뢰도는 증가한다.
- 측정항목은 응답자가 알고 있어서 답변할 수 있는 내용으로 작성해야 한다. 응답자들이 알기 어려운 문항은 측정의 신뢰도를 감소시킨다.
- 다른 연구에서 이미 검증된 측정도구나 측정항목을 사용한다.

2.4 집중타당도

집중타당도(Convergent validity)는 동일한 잠재변수를 서로 상이한 측정방법으로 측정한 결과값들 간에는 높은 상관관계가 있어야 한다는 것을 의미한다.

대표적인 집중타당도의 평가기준으로는 AVE(평균분산추출)가 사용되고 있다. AVE는 PLS-SEM Algorithm을 이용하여 얻은 데이터를 이용하여 다음과 같은 산식에 의해서 계산할 수 있다. 여기에서 $\sum L_i^2$은 특정 잠재변수의 측정변수 i에 대한 표준화된 외부적재치(Standardized outer loading)의 제곱합을 의미한다. M은 측정변수의 개수이다.

$$AVE=\left(\frac{\sum_{i=1}^{M} L_i^2}{M}\right)$$

AVE(평균분산추출)는 0.5 이상이면 바람직한 집중타당도를 가지고 있다고 판단할 수 있다. 잠재변수의 AVE가 평균적으로 0.5 이상이라는 것은 그 잠재변수가 측정변수들의 분산의 절반 이상을 설명함을 의미한다. 반대로 AVE가 평균적으로 0.5보다 작다면 그 잠재변수가 측정변수들의 분산의 절반 미만을 설명하고 있고 집중타당도가 부족함을 의미한다.

[표 7-3]은 측정변수 신뢰도와 AVE의 계산을 예시한 것이다. 여기에서 외부적재치는 표준화된 외부적재치이며, 이 값은 PLS-SEM Algorithm을 통해서 구할 수 있다.

표 7-3 측정변수 신뢰도와 AVE의 계산 예시

잠재변수	측정변수	개별 측정변수 신뢰도		집중타당도
		외부적재치(L_i)*	측정변수 신뢰도(L_i^2)	AVE
INTER	INTER1	0.861	0.741	0.795
	INTER2	0.909	0.826	
	INTER3	0.905	0.819	

주: * 외부적재치는 PLS-SEM Algorithm을 통해 SmartPLS 프로그램의 보고서에서 주어지는 값임.

INTER1의 측정변수 신뢰도=(INTER1의 표준화된 외부적재치 0.861)^2=0.741
INTER2의 측정변수 신뢰도=(INTER2의 표준화된 외부적재치 0.909)^2=0.826
INTER3의 측정변수 신뢰도=(INTER3의 표준화된 외부적재치 0.905)^2=0.819
AVE=(INTER1의 측정변수 신뢰도+INTER2의 측정변수 신뢰도
+INTER3의 측정변수 신뢰도)/측정변수의 수
=(0.741+0.826+0.819)/3=0.795

2.5 판별타당도

판별타당도(Discriminant validity)는 잠재변수와 잠재변수를 잘 구분할 수 있는 정도를 말하며, 이는 잠재변수 간은 서로 독립적이어서 서로 상이한 잠재변수를 동일한 측정방법으로 측정할 경우 결과값들 간에 상관관계가 거의 없거나 낮아야 한다는 것을 의미한다.

판별타당도를 평가하는 기준에는 [표 7-1]에서 제시된 것처럼 ① Fornell-Larcker criterion, ② 교차적재치, ③ HTMT비율이 사용되고 있다.

먼저, Fornell-Larcker criterion에 의한 판별타당도의 평가방법을 알아보자. 표에서 각 잠재변수의 AVE 제곱근은 대각선에 나타내며([표 7-4]에서 색으로 표시된 부분), 대각선 구간을 제외한 나머지는 잠재변수들 간의 상관관계를 나타낸다.

표 7-4 Fornell-Larcker criterion에 의한 판별타당도 평가 예시

	INTER	LOY	NAVI	PEU	PU	RS
INTER	0.892					
LOY	0.598	0.875				
NAVI	0.787	0.612	0.840			
PEU	0.764	0.615	0.758	0.829		
PU	0.794	0.583	0.820	0.775	0.866	
RS	0.613	0.684	0.605	0.603	0.610	0.772

Fornell-Larcker criterion은 각 잠재변수의 AVE 제곱근과 잠재변수 간 상관관계를 비교하여 판별타당도를 검증하는 방법이다. 각 잠재변수의 AVE 제곱근이 잠재변수들 간의 상관관계 중 가장 높은 값보다 커야만 판별타당도가 있다고 판단된다. 각 잠재변수의 AVE 제곱근보다 오히려 잠재변수 간의 상관관계가 더 높은 값이 있는 경우에는 부분적인 판별타당도를 확보했다고 평가할 수 있다. 연구자들이 유의해야 하는 한 가지 사항은 Fornell-Larcker criterion이 반영적 측정변수로 구성된 잠재변수들만을 평가대상으로 하며 단일측정항목으로 구성된 잠재변수나 형성적 측정변수로 구성된 잠재변수는 평가대상에 해당되지 않는다는 점을 이해하는 것이다.

다음으로, 교차적재치분석(Cross loadings analysis)은 탐색적 요인분석(Exploratory Factor Analysis)의 일종으로 외부적재치(Outer loading)와 교차적재치(Cross loading)를 가지고 판별타당도를 평가하는 방법이다. 판별타당도가 있으려면 측정변수의 외부적재치가 교차적재치를 초과해야 한다. 즉 특정한 잠재변수와 관련된 한 측정변수의 외부적재치는 다른 잠재변수들과 연관된 측정변수들의 모든 교차적재치보다 커야 한다. [표 7-5]를 보면 교차적재치 분석 결과가 제시되어 있다. 가로 축에는 두 개의 잠재변수(INTER, LOY)가 있고 세로 축에는 각각의 잠재변수에 대해 세 개의 측정변수들이 포함되어 있음을 알 수 있다. 예컨대 측정변수 INTER1, INTER2, INTER3은 잠재변수 INTER에는 높게 적재되어 있고(외부적재치 0.861, 0.909, 0.905), LOY에는 낮게 적재되어 있음을 알 수 있다(교차적재치 0.497, 0.510, 0.590). 또한 측정변수 LOY1, LOY2, LOY3은 잠재변수 INTER에는 낮게 적재되어 있고(교차적재치 0.385, 0.596, 0.565) LOY에는 높게 적재되어 있음을 알 수 있다(외부적재치 0.802, 0.918, 0.902). 이 예시의 분석 결과에 의하면 모든 측정변수들의 모든 외부적재치가 교차적재치를 초과하고 있으므로 판별타당도가 확보되었다고 판단할 수 있다.

표 7-5 교차적재치분석에 의한 판별타당도 평가 예시

	INTER	LOY
INTER1	0.861	0.497
INTER2	0.909	0.510
INTER3	0.905	0.590
LOY1	0.385	0.802
LOY2	0.596	0.918
LOY3	0.565	0.902

주: 표에서 색으로 표시된 것은 외부적재치이며, 그렇지 않은 것은 교차적재치를 의미함.

앞에서 살펴본 교차적재치분석방법과 Fornell-Larcker criterion은 연구자들이 많이 사용해온 판별타당도의 평가기법이다. 그러나 이들 기법은 Henseler, Ringle and Sarstedt (2015)가 다특질다방법(Multitrait-multimethod: MTMM)[3]을 적용해 시뮬레이션연구를

3) MTMM 행렬(Matrix)은 측정변수들 간의 상관관계(Correlations)를 이용하여 잠재변수들의 집중타당도와 판별타당도를 평가하기 위해 Campbell and Fiske(1959)가 개발한 방법이다. 이 방법을 사용하려면

수행한 결과 일반적 연구 상황에서 판별타당도를 신뢰성 있게 평가하지 못한다고 보고하였다. 이러한 한계를 극복하기 위해서 PLS-SEM에서 최근에 개발된 새로운 판별타당도의 평가기준이 바로 HTMT비율(Heterotrait-monotrait ratio)이며 이는 교차타당도분석이나 Fornell-Larcker criterion방법과 비교해 볼 때 더 우수한 평가기준으로 알려져 있다.

표 7-6 축소된 형태의 MTMM 행렬의 구조

특질		Y_1			Y_2		
특질(Trait)	방법(Method)	x_1	x_2	x_3	x_4	x_5	x_6
Y_1	x_1	1	M-H 상관관계				
	x_2	$r_{1.2}$	1				
	x_3	$r_{1.3}$	$r_{2.3}$	1	H-H 상관관계		
Y_2	x_4	$r_{1.4}$	$r_{2.4}$	$r_{3.4}$	1	M-H 상관관계	
	x_5	$r_{1.5}$	$r_{2.5}$	$r_{3.5}$	$r_{4.5}$	1	
	x_6	$r_{1.6}$	$r_{2.6}$	$r_{3.6}$	$r_{4.6}$	$r_{5.6}$	1

[표 7-6]은 축소된 형식의 MTMM 행렬이다. 이 예시는 두 개의 잠재변수(Y_1, Y_2)를 가지고 있으며 각각의 잠재변수는 세 개씩의 측정변수(Y_1은 x_1, x_2, x_3 그리고 Y_2는 x_4, x_5, x_6)를 가지고 있다. 그림에서 ① 삼각형으로 되어 있는 두 부분은 M-H 상관관계(Monotrait-heteromethod correlations)이며, ② 직사각형으로 표시된 부분은 H-H 상관관계(Heterotrait-heteromethod correlations)이다. 이 그림은 MTMM 행렬과 측정치 간 상관이 무엇을 의미하는지를 보여준다. 그림에서 특질(Trait)은 PLS-SEM에서의 잠재변수이며, r로 표시된 것은 측정변수 간의 상관관계이며, 행렬의 대각은 측정치의 신뢰도계수(예: 크론바흐 알파계수)이다.

- Heterotrait-heteromethod correlations(H-H 상관관계): 다른 특질, 다른 방법으로 측정한 상관관계
- Monotrait-heteromethod correlations(M-H 상관관계): 동일 특질, 다른 방법으로 측정한 상관관계

일반적으로 최소 3개 이상의 특질과 방법을 사용해야 한다.

HTMT비율은 판별타당도의 평가기준으로 잠재변수들을 구성하는 측정변수들 간의 상관관계의 유형이라고 볼 수 있는 M-H 상관관계와 H-H 상관관계의 비율로 계산할 수 있다. HTMT값의 계산공식은 다음과 같다.

$$HTMT(\text{잠재변수 } Y_1, \text{ 잠재변수 } Y_2) = \frac{\text{H-H 상관관계의 평균치}}{\sqrt{(Y_1\text{의 M-H 상관관계의 평균치}) \times (Y_2\text{의 M-H 상관관계의 평균치})}}$$

HTMT비율에 의한 판별타당도의 수용기준은 [표 7-7]과 같이 요약할 수 있다.

표 7-7 HTMT비율에 의한 판별타당도의 수용기준

구분	수용기준과 해석	주창자	비고
$HTMT_{.85}$	• 임계치 0.85 미만: 판별타당도 있음 • 임계치 0.85 이상: 판별타당도 부족	Clark and Watson(1995), Kline(2011)	가장 보수적인 기준
$HTMT_{.90}$	• 임계치 0.90 미만: 판별타당도 있음 • 임계치 0.90 이상: 판별타당도 부족	Gold et al.(2001), Teo et al.(2008)	중간적인 기준
$HTMT_{추론}$ (부트스트래핑 신뢰구간 이용법)	신뢰구간 내에 • 1을 포함하고 있지 않은 경우: 판별타당도 있음 • 1을 포함하고 있는 경우: 판별타당도 부족	Shaffer(1995)	가장 자유로운 기준

HTMT비율에 의한 판별타당도의 수용기준은 세 가지가 사용되고 있다. 이들 기준들은 모두 판별타당도를 신뢰성 있게 탐지할 수 있도록 해준다. 임계치를 0.85로 하고 있는 $HTMT_{.85}$, 0.90을 임계치로 하는 $HTMT_{.90}$ 그리고 부트스트래핑(부트스트래핑 옵션에서 'Complete Bootstrapping'을 선택해야 함)을 통해서 신뢰구간(Confidence Interval: CI)의 하한선과 상한선을 추정해 판별타당도를 결정하는 $HTMT_{추론}$(부트스트래핑 신뢰구간 이용법)이 있다. 세 가지 기준 중에서 $HTMT_{.85}$가 가장 보수적인 기준이며 $HTMT_{추론}$이 가장 자유로운 기법으로 알려져 있다.

HTMT$_{.85}$와 HTMT$_{.90}$은 각각 임계치인 0.85와 0.90을 기준으로 임계치보다 작으면 판별타당도가 확보되었다고 보며 임계치 이상이면 판별타당도가 부족하다고 판단한다. HTMT$_{\text{추론}}$은 신뢰수준 95%($\alpha = 0.05$)에서 신뢰구간(CI) 내에 1을 포함하고 있지 않으면 판별타당도가 확보되었다고 판단하며 1을 포함하고 있으면 판별타당도가 부족하다고 본다.

판별타당도에 문제가 있는 경우에는 현재의 측정변수를 제거하거나 새로운 측정변수를 도입할 수 있다. 또한 판별타당도에 문제가 있는 잠재변수들을 병합(Merging)하거나 새로운 잠재변수로 대체하는 방안도 검토해야 한다.

통계 실습 7-1 HTMT비율 계산하기와 판별타당도 평가

[1] 주어진 자료를 이용하여 HTMT비율을 계산하시오. 잠재변수는 NAVI(스마트폰의 항해용이성)와 SAT(사용자만족도)이며 NAVI의 측정변수는 $NAVI_1$, $NAVI_2$, $NAVI_3$ 그리고 SAT의 측정변수는 SAT_1, SAT_2, SAT_3이다. 잠재변수를 구성하는 측정변수들 간의 상관관계 정보는 다음과 같다.

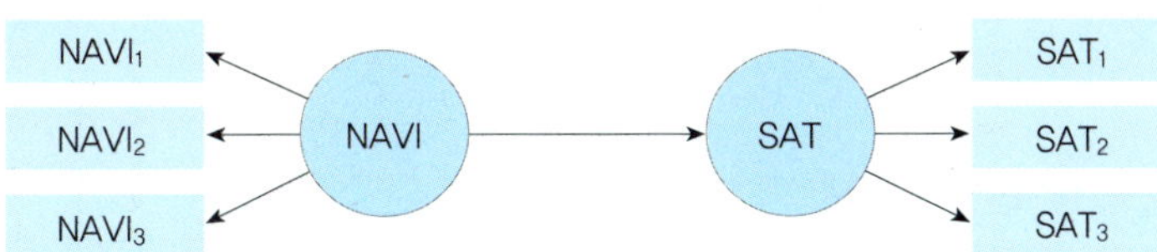

특질		NAVI			SAT		
특질(Trait)	방법(Method)	$NAVI_1$	$NAVI_2$	$NAVI_3$	SAT_1	SAT_2	SAT_3
NAVI	$NAVI_1$	1					
	$NAVI_2$	0.574	1				
	$NAVI_3$	0.318	0.335	1			
SAT	SAT_1	0.517	0.472	0.295	1		
	SAT_2	0.406	0.442	0.268	0.784	1	
	SAT_3	0.249	0.277	0.362	0.503	0.533	1

[2] 계산된 HTMT비율에 의해 두 잠재변수 간의 판별타당도를 평가하시오.

실습과정

[1] HTMT비율 계산하기

❶ **H-H 상관관계의 평균치**를 구한다. 색으로 표시된 부분의 상관관계치를 모두 합산한 후 평균치를 구한다.

H-H 상관관계 평균치 = (0.517 + 0.406 + 0.249 + 0.472 + 0.442 + 0.277 + 0.295 + 0.268 + 0.362)/97 = 0.365

❷ **M-H 상관관계 평균치(Y_1)**를 구한다.

M-H 상관관계 평균치(Y_1) = (0.574 + 0.318 + 0.335)/3 = 0.409

❸ **M-H 상관관계 평균치(Y_2)**를 구한다.

M-H 상관관계 평균치(Y_2) = (0.784 + 0.503 + 0.533)/3 = 0.607

❹ 각 계산요소별로 계산된 평균치를 **HTMT비율 계산식**에 넣는다. 이렇게 하면 최종적으로 HTMT비율이 계산된다.

$$HTMT(Y_1, Y_2) = \frac{0.365}{\sqrt{0.409 \times 0.607}} = 0.733$$

[2] HTMT비율에 의한 판별타당도 평가

두 잠재변수 Y_1과 Y_2 간의 HTMT비율 계산 결과는 0.733이다.

$HTMT_{.85}$와 **$HTMT_{.90}$**의 두 가지 수용기준에 의해 살펴보면 계산된 **HTMT값인 0.733**이 모두 임계치인 **0.85** 혹은 **0.90 미만**이므로 두 가지 기준 중에서 어떤 것을 사용하여도 **판별타당도는 확보**된 것으로 평가할 수 있다.

통계 실습 7-2 **HTMT비율에 의한 부트스트래핑 신뢰구간 이용법에 의한 잠재변수들 간의 판별타당도의 판단**

다음의 주어진 자료를 이용하여 **$HTMT_{추론}$(부트스트래핑 신뢰구간 이용법)**에 의한 **판별타당도**를 평가하시오.

▎terotrait-Monotrait Ratio(HTMT)

Path Coefficient	Original Sample(O)	Sample Mean(M)	Bias	2.5%	97.5%
CUSA → COMP	0.465	0.465	0.000	0.364	0.565
CUSL → COMP	0.532	0.533	0.000	0.421	0.638
CUSL → CUSA	0.755	0.754	-0.000	0.684	0.814

주: 신뢰수준은 α=0.05 수준임.
자료원: Hair et al., 2017a, p.132의 출력 결과 일부를 참조함.

실습과정

각 경로관계에 대한 신뢰구간의 하한값(2.5%)과 상한값(97.5%)을 확인한다. CUSA→COMP의 하한값은 0.364이고 상한값은 0.565이다. 따라서 신뢰구간 내에 1을 포함하고 있지 않음을 알 수 있다. 그러므로 두 잠재변수, 즉 CUSA와 COMP 간에는 판별타당도가 확보되었음을 알 수 있다. 나머지 경로관계(CUSL→COMP, CUSL→CUSA)에 대한 하한값과 상한값도 검토한 결과 모두 1을 포함하고 있지 않으므로 CUSL과 COMP 그리고 CUSL과 CUSA 간에도 판별타당도가 확보되었음을 알 수 있다.

통계 실습 7-3 반영적 측정모델의 평가

제6장에서 경로모델의 추정은 이미 완료하였다. 만약 [스마트폰 프로젝트]의 PLS-SEM Algorithm이 실행되지 않았다면 각자 다시 실행한 후 반영적 측정모델을 평가하시오.
[1] [데이터 파일]의 제6장 [스마트폰 프로젝트]를 불러들인 후 PLS-SEM Algorithm을 실행하시오.
[2] 개별 측정변수 신뢰도를 평가하시오.
[3] 내적 일관성 신뢰도를 평가하시오.
[4] 집중타당도를 평가하시오.
[5] 판별타당도를 평가하시오.

실습과정

[1] [스마트폰 프로젝트]의 불러들이기와 실행

❶ [데이터 파일]의 제6장에서 [스마트폰 프로젝트]를 SmartPLS 프로그램으로 불러들인다. 이미 [프로젝트 탐색기 창]에서 [스마트폰 프로젝트]가 있으므로 [스마트폰 모델]을 좌 클릭해 [통계적 연구모델]이 나타나게 하면 된다.

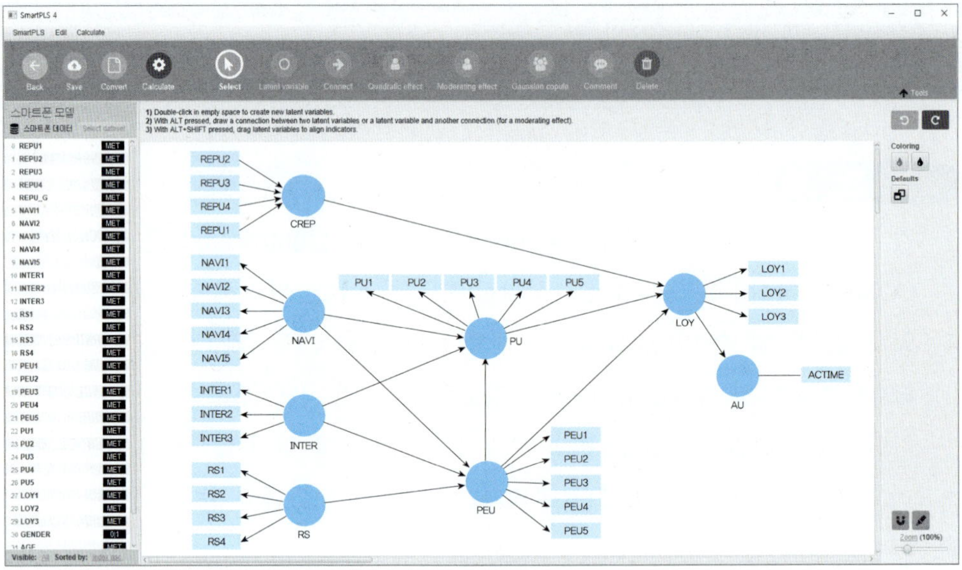

❷ 화면 상단의 우측에 있는 툴바인 [Calculate](실행)을 좌 클릭한 후 [PLS-SEM Algorithm]의 초기값 설정을 위한 화면으로 들어간다. [Weighting scheme]이 [Path]로, [Type of results]이 [Standardized]로 선택되어 있는지 확인한다. [PLS-SEM Algorithm 창]의 우측 하단에 있는 [Start calculation]을 클릭하여 모델 추정을 시행한다.

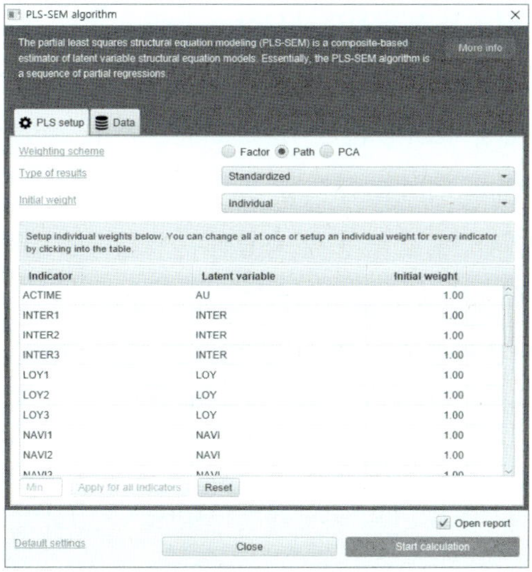

❸ 모델 추정을 실행하면 다음과 같은 결과 보고서 화면이 나타난다. 반영적 측정모델을 평가할 때 가장 먼저 할 일은 외부적재치가 삭제할 것이 없는지를 판단하는 일이다. 외부적재치가 0.4 미만이면 제거, 0.7 이상이면 유지, 0.4~0.7 사이에 있으면 제거 여부를 검토해야 한다.

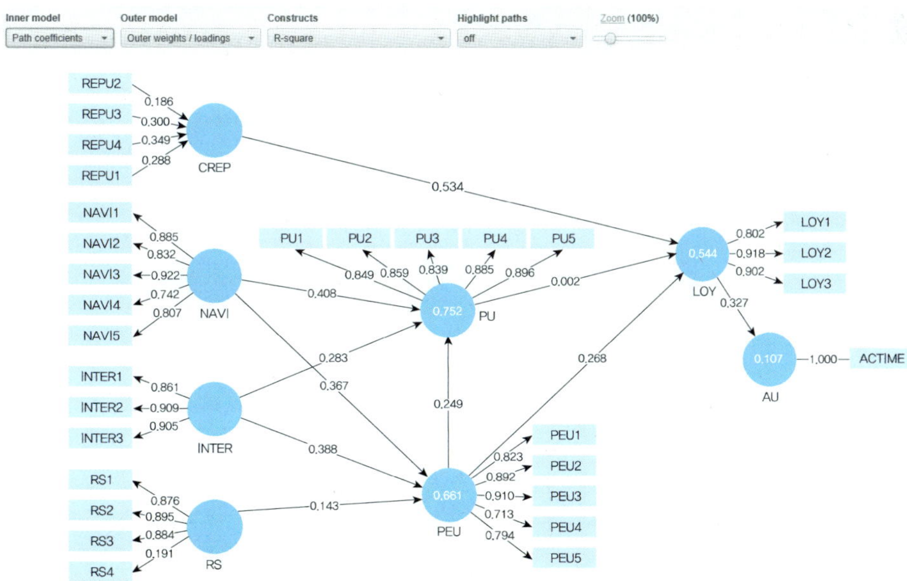

반영적 측정모델에서 외부적재치(Outer loading)는 표준화된 회귀계수로 적합성 평가를 통해서 개별 측정변수들의 신뢰도를 평가하는 기준이다. 여기에서 측정변수 REPU1, REPU2, REPU3, REPU4는 형성적 측정변수이므로 반영적 측정모델의 평가대상이 아니므로 결과치에 의미를 부여할 필요는 없으며 단일 측정변수인 ACTIME은 외부적재치 1.000이나 이 값을 통해 측정변수가 완벽한 신뢰도를 확보했다고 해석해서는 안 된다. 평가의 필요성이 없는 REPU의 측정변수들과 ACTIME을 제외한 나머지 변수들에 대한 외부적재치를 살펴보면 RS4의 경우 0.191로 나타나 외부적재치가 0.4 미만이므로 RS4는 측정변수에서 제거하여야 한다. 나머지 측정변수들의 외부적재치는 모두 0.7 이상이므로 유지한다.

❹ [툴바]에서 [Edit-Back]을 차례대로 클릭해 초기화면으로 간다. [스마트폰 모델]을 우 클릭한 후 [Duplicate]를 좌 클릭하면 [Paste file '스마트폰 모델' 창]이 나타난다. [Name]에 [스마트폰 모델(RS4 제거 후)]로 수정 입력한 후 [Create]를 클릭한다. 그러면 [프로젝트 탐색기 창]에 최초의 [스마트폰 모델]과 동일하게 [스마트폰 모델(RS4 제거 후)]가 복제된다.

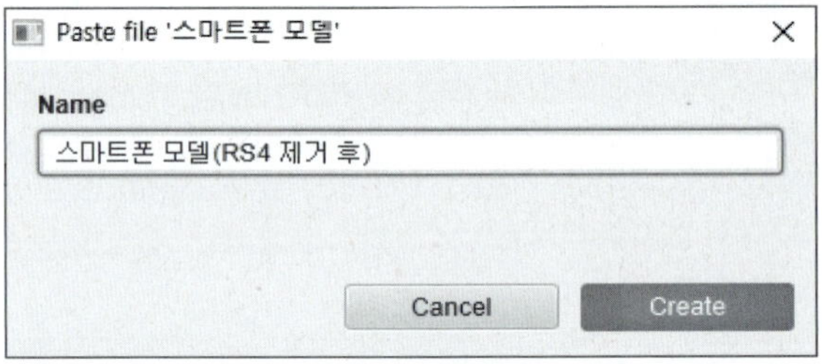

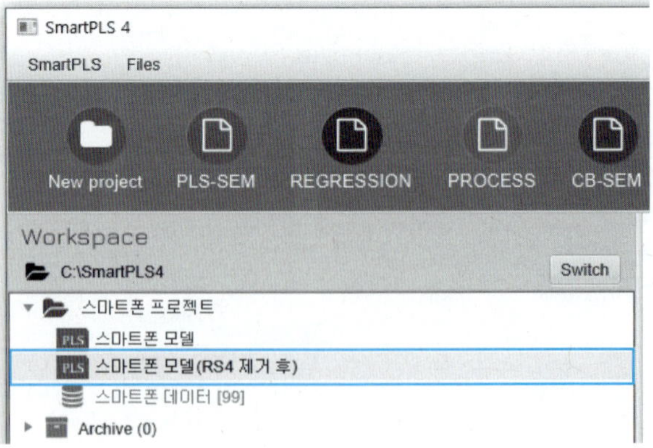

❺ [스마트폰 모델(RS4 제거 후)]을 좌 클릭해 들어간 후에 잠재변수 [RS]의 측정변수인 [RS4]를 삭제한다. 화면 상단의 [툴바]에 있는 [Save]를 클릭해 변경된 내용을 저장한다.

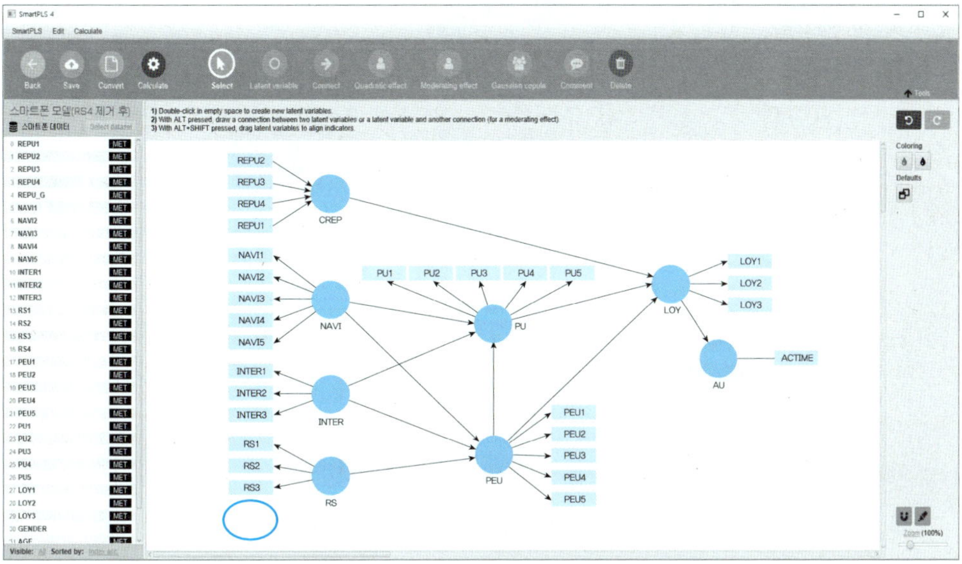

❻ 화면 상단의 우측에 있는 툴바인 [Calculate](실행)을 좌 클릭한 후 [PLS-SEM Algorithm]의 초기값 설정을 위한 화면으로 들어간다. 앞에서 설정은 이미 완료되어 있으므로 [PLS-SEM Algorithm 창]의 우측 하단에 있는 [Start calculation]을 클릭하여 모델 추정을 시행한다.

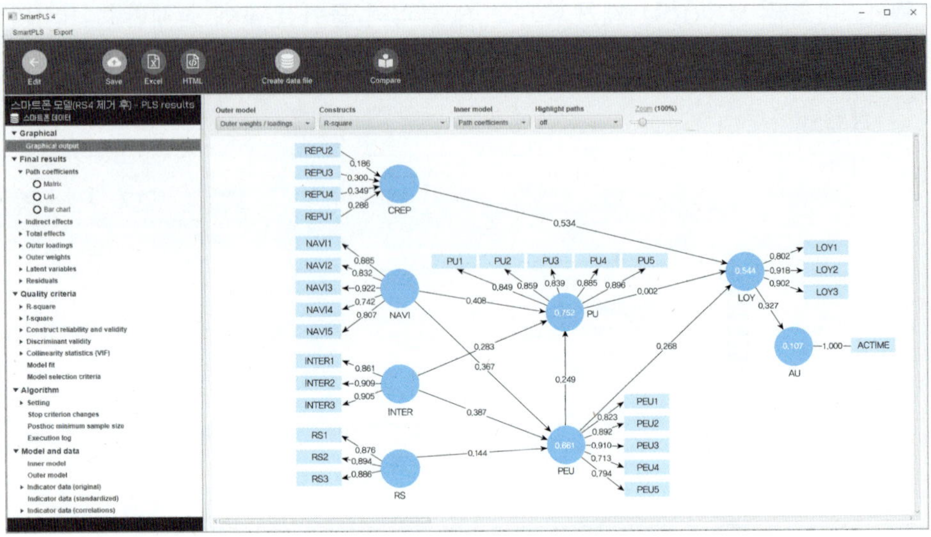

[2] 개별 측정변수의 신뢰도 평가

❶ [보고서 화면 창]의 [Final Results–Outer loadings]을 좌 클릭하여 들어가면 다음과 같은 화면이 나타난다. 반영적 측정모델에서 외부적재치(Outer loading)는 표준화된 회귀계수로 적합성 평가를 통해서 개별 측정변수들의 신뢰도를 평가하는 기준이다.

Outer loadings - Matrix

	AU	CREP	INTER	LOY	NAVI	PEU	PU	RS
ACTIME	1.000							
INTER1			0.861					
INTER2			0.909					
INTER3			0.905					
LOY1				0.802				
LOY2				0.918				
LOY3				0.902				
NAVI1					0.885			
NAVI2					0.832			
NAVI3					0.922			
NAVI4					0.742			
NAVI5					0.807			
PEU1						0.823		
PEU2						0.892		
PEU3						0.910		
PEU4						0.713		
PEU5						0.794		
PU1							0.849	
PU2							0.859	
PU3							0.839	
PU4							0.885	
PU5							0.896	
REPU2		0.853						
REPU3		0.902						
REPU4		0.916						
RS1								0.876
RS2								0.894
RS3								0.886
REPU1		0.873						

여기에서 측정변수 REPU1, REPU2, REPU3, REPU4는 형성적 측정변수이므로 평가대상이 아니므로 결과치에 의미를 부여할 필요는 없으며 단일 측정변수인 ACTIME은 외부적재치 1.000이나 이 값을 통해 측정변수가 완벽한 신뢰도를 확보했다고 해석해서는 안 된다. 평가의 필요성이 없는 REPU의 측정변수들과 ACTIME을 제외한 나머지 변수들에 대한 외부적재치를 살펴보면 외부적재치를 살펴보면 모두 0.7 이상으로 나타나 개별 측정변수들의 신뢰도가 확보된 것으로 나타났다.

❷ 측정변수 신뢰도는 프로그램이 바로 값을 제공하지 않으므로 연구자들이 직접 계산해야 한다. 일반적으로 측정변수 신뢰도값이 0.5 이상이면 개별 측정변수의 신뢰도가 있다고 평가한다. 이 부분에 대해서는 이 실습 프로젝트의 마지막 부분에서 결과를 요약할 때 제시하기로 한다.

[3] 내적 일관성 신뢰도 평가

❶ 보고서 화면 [Quality Criteria–Construct reliability and validity]를 좌 클릭하면 다음과 같은 화면이 나타난다. 여기에는 잠재변수의 신뢰도와 타당도를 평가할 수 있는 기준들이 제시되어 있다. Cronbach's Alpha, CR(합성신뢰도)인 rho_a(ρ_a)와 rho_c(ρ_c)가 나타나 있다. 이들은 내적 일관성 신뢰도를 평가할 수 있는 기준들이다. 그리고 Average variance extracted(AVE: 평균분산추출)는 집중타당도를 평가하는 기준이다.

Construct reliability and validity - Overview   Zoom (130%)   Copy to Excel   Copy to R

	Cronbach's alpha	Composite reliability (rho_a)	Composite reliability (rho_c)	Average variance extracted (AVE)
INTER	0.871	0.874	0.921	0.796
LOY	0.847	0.867	0.907	0.766
NAVI	0.894	0.906	0.923	0.706
PEU	0.885	0.894	0.916	0.688
PU	0.916	0.919	0.937	0.750
RS	0.863	0.870	0.916	0.784

❷ 크론바흐 알파(α)는 모두 0.7 이상으로 바람직한 신뢰도이다. PU는 0.916으로 일반적인 수용범위인 0.6~0.9를 약간 넘어서고 있지만 큰 문제는 없는 것으로 나타났다. 따라서 모든 잠재변수들은 내적 일관성을 확보한 것으로 판단된다. [출력 결과 보기 창]에서 [Cronbach's alpha-Bar chart]를 클릭하면 평가 결과를 그림으로 보여준다. 다만 형성적 지표인 CREP와 단일 측정변수를 가지고 있는 AU는 내적 일관성 신뢰도의 평가대상이 아니므로 그림에 표시되지 않았다. 결론적으로 크론바흐 알파값에 의하면 반영적 측정모델의 모든 잠재변수들은 높은 수준의 내적 일관성 신뢰도를 확보한 것으로 평가된다.

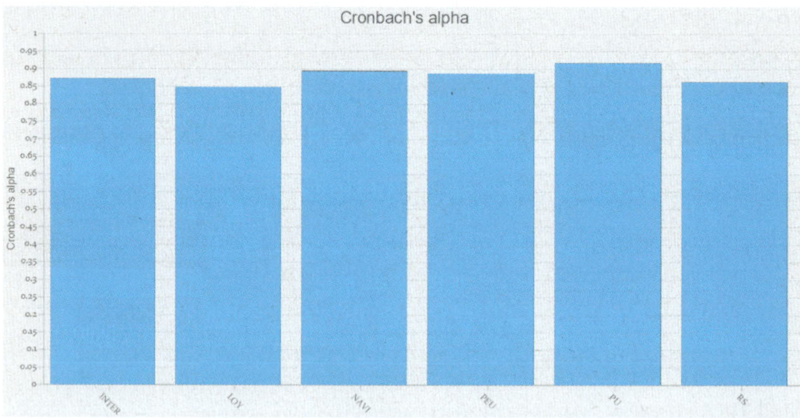

❸ 합성신뢰도(Composite reliability)인 Dijkstra-Henseler's rho_a(ρ_a)는 임계치인 0.7 이상으로 모든 잠재변수들이 내적 일관성 신뢰도를 가지고 있는 것으로 판단된다. [출력 결과 보기 창]에서 [Composite reliability(rho_a)-Bar chart]를 클릭하면 평가 결과를 그림으로 보여준다. 다만 형성적 지표인 CREP와 단일 측정변수를 가지고 있는 AU는 내적 일관성 신뢰도의 평가대상이 아니므로 그림에 표시되지 않았다. 결론적으로 rho_a(ρ_a)에 의하면 반영적 측정모델의 모든 잠재변수들은 높은 수준의 내적 일관성 신뢰도를 확보한 것으로 판단된다.

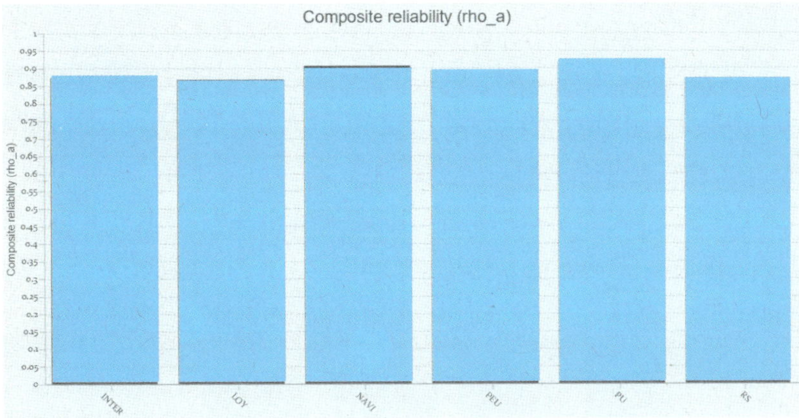

❹ 합성신뢰도(Composite reliability)인 rho_c(ρ_c)는 모두 임계치인 0.7 이상으로 바람직한 신뢰도로 보여진다. 따라서 모든 잠재변수들은 내적 일관성을 확보한 것으로 판단된다 [출력 결과 보기 창]에서 [Composite reliability(rho_c)–Bar chart]를 클릭하면 평가 결과를 그림으로 보여 준다. 다만 형성적 지표인 CREP와 단일 측정변수를 가지고 있는 AU는 내적 일관성 신뢰도의 평가대상이 아니므로 그림에 표시되지 않았다. 결론적으로 rho_c(ρ_c)에 의하면 반영적 측정모델의 모든 잠재변수들은 높은 수준의 내적 일관성 신뢰도를 확보한 것으로 평가된다.

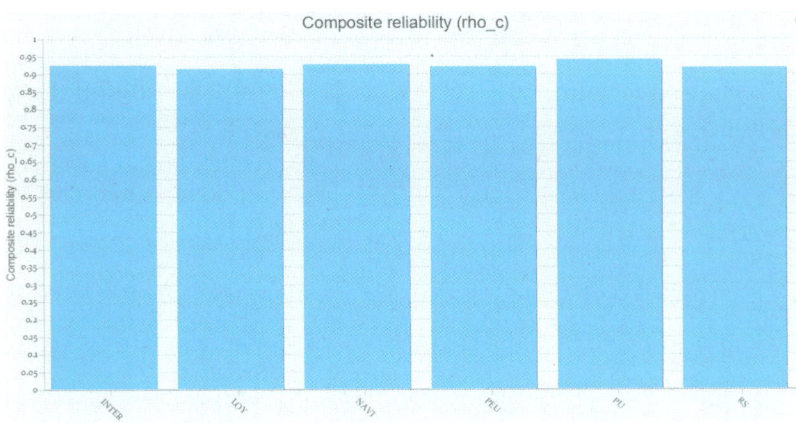

[4] 집중타당도 평가

❶ 모든 잠재변수의 AVE가 임계치인 0.5 이상으로 나타나 집중타당도를 확보한 것으로 나타났다. [Average variance extracted(AVE)−Bar chart]를 클릭하면 평가 결과를 그림으로 보여준다.

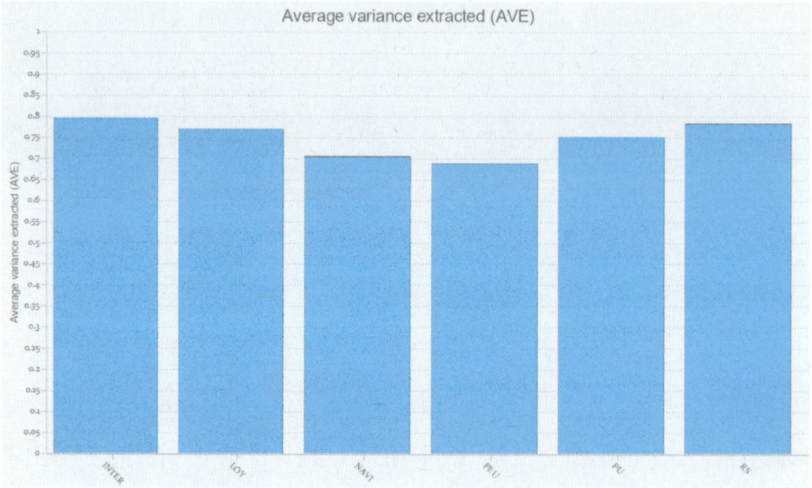

[5] 판별타당도 평가

❶ [출력 결과 보기 창]에서 [Quality criteria−Discriminant validity]을 좌 클릭하여 들어가면 다음과 같은 화면이 나타난다. 여기에는 반영적 측정모델의 판별타당도(Discriminant validity)를 판단하기 위한 기준으로 Fornell−Larcker Criterion, Cross Loadings, HTMT가 제시되어 있다.

❷ Fornell−Larcker Criterion은 판별타당도의 평가기준이다. 다음의 표에서 반영적 측정모델의 판별타당도 평가는 형성적 측정변수는 평가의 대상이 아니므로 제외되어 있다. 판별타당도의 평가는 대각선의 AVE 제곱근과 대각선 아래의 잠재변수 간 상관관계를 비교하여 이루어진다. 잠재변수 간 상관관계 중에서 가장 높은 값을 보인 것은 PU와 NAVI 간의 상관관계인 0.820인데 이 값보다 AVE 제곱근값이 크므로 반영적 측정모델의 잠재변수 간 판별타당도는 확립되었다고 평가된다. 즉 AVE 제곱근이 대각선 아래의 잠재변수 간 상관관계들보다 크면 잠재변수들 간에는 판별타당도가 확보된

것으로 볼 수 있다. 만약 상관관계값이 AVE 제곱근보다 큰 값이 하나라도 있다면 부분적인 판별타당도를 가지고 있는 것으로 해석해야 한다. 단일측정항목인 AU는 1.000이나 이 값을 통해 잠재변수가 완벽한 판별타당도를 확보했다고 해석해서는 안 된다.

Discriminant validity - Fornell-Larcker criterion   Zoom (140%)   Copy to Excel   Copy to R

	AU	INTER	LOY	NAVI	PEU	PU	RS
AU	1.000						
INTER	0.402	0.892					
LOY	0.327	0.598	0.875				
NAVI	0.409	0.787	0.612	0.840			
PEU	0.435	0.764	0.615	0.758	0.829		
PU	0.481	0.794	0.583	0.820	0.775	0.866	
RS	0.305	0.616	0.686	0.606	0.604	0.610	0.885

판별타당도의 결과는 위에서 나타난 결과를 이용하여 다음과 같은 표 형태로 보고를 하는 것이 필요하다.

	INTER	LOY	NAVI	PEU	PU	RS
INTER	0.892					
LOY	0.598	0.875				
NAVI	0.787	0.612	0.840			
PEU	0.764	0.615	0.758	0.829		
PU	0.794	0.583	0.820	0.775	0.866	
RS	0.616	0.686	0.606	0.604	0.610	0.885

주: 대각선은 AVE 제곱근임.

❸ 교차적재치(Cross loadings)는 다음과 같다.

Discriminant validity - Cross loadings Zoom (100%) Copy to Excel Copy to R

	AU	CREP	INTER	LOY	NAVI	PEU	PU	RS
ACTIME	1.000	0.352	0.402	0.327	0.409	0.435	0.481	0.305
INTER1	0.296	0.572	0.861	0.497	0.608	0.661	0.677	0.527
INTER2	0.390	0.638	0.909	0.510	0.719	0.637	0.721	0.536
INTER3	0.387	0.701	0.905	0.590	0.771	0.742	0.727	0.582
LOY1	0.218	0.539	0.385	0.802	0.437	0.415	0.424	0.562
LOY2	0.344	0.677	0.596	0.918	0.604	0.556	0.542	0.622
LOY3	0.285	0.635	0.565	0.902	0.550	0.624	0.553	0.617
NAVI1	0.410	0.721	0.732	0.524	0.885	0.705	0.747	0.502
NAVI2	0.345	0.639	0.672	0.514	0.832	0.638	0.695	0.561
NAVI3	0.398	0.698	0.743	0.528	0.922	0.712	0.780	0.513
NAVI4	0.252	0.551	0.505	0.514	0.742	0.536	0.540	0.473
NAVI5	0.288	0.531	0.621	0.501	0.807	0.572	0.653	0.505
PEU1	0.331	0.492	0.581	0.483	0.636	0.823	0.662	0.506
PEU2	0.297	0.512	0.677	0.488	0.591	0.892	0.639	0.486
PEU3	0.358	0.529	0.691	0.512	0.690	0.910	0.700	0.510
PEU4	0.328	0.479	0.425	0.531	0.492	0.713	0.441	0.447
PEU5	0.473	0.651	0.742	0.541	0.703	0.794	0.725	0.547
PU1	0.394	0.615	0.734	0.477	0.714	0.685	0.849	0.487
PU2	0.376	0.629	0.715	0.444	0.753	0.700	0.859	0.519
PU3	0.518	0.531	0.573	0.496	0.634	0.571	0.839	0.513
PU4	0.361	0.624	0.679	0.533	0.699	0.687	0.885	0.570
PU5	0.446	0.626	0.727	0.571	0.742	0.703	0.896	0.552
REPU2	0.330	0.853	0.663	0.605	0.622	0.575	0.616	0.428
REPU3	0.392	0.902	0.641	0.639	0.668	0.592	0.619	0.587
REPU4	0.286	0.916	0.649	0.649	0.692	0.601	0.623	0.517
RS1	0.270	0.528	0.529	0.646	0.589	0.534	0.592	0.876
RS2	0.227	0.482	0.450	0.575	0.445	0.471	0.467	0.894
RS3	0.304	0.537	0.637	0.597	0.562	0.587	0.551	0.886
REPU1	0.254	0.873	0.606	0.618	0.680	0.531	0.634	0.518

이 결과는 탐색적 요인분석의 결과로 보아도 된다. 측정변수들이 잠재변수에 제대로 적재되었는가를 평가하기 위해서 다음의 표를 보기 쉽게 Excel에서 정리하였다. 대각선의 색글자 부분이 외부적재치이고, 그렇지 않은 부분이 교차적재치이다. 잠재변수에 모든 측정변수들이 높게 적재되었으므로 판별타당도가 확보된 것으로 평가할 수 있다. 다만 단일측정항목이나 형성적 측정변수는 교차적재치의 평가대상이 아니므로 제외하였

다. 교차적재치 분석 결과는 제대로 잠재변수별로 잘 묶였는지를 살펴보기 위해서 편의상 다시 표 형태로 제시하기로 한다.

구분	INTER	LOY	NAVI	PEU	PU	RS
INTER1	0.861	0.497	0.608	0.661	0.677	0.527
INTER2	0.909	0.510	0.719	0.637	0.721	0.536
INTER3	0.905	0.590	0.771	0.742	0.727	0.582
LOY1	0.385	0.802	0.437	0.415	0.424	0.562
LOY2	0.596	0.918	0.604	0.556	0.542	0.622
LOY3	0.565	0.902	0.550	0.624	0.553	0.617
NAVI1	0.732	0.524	0.885	0.705	0.747	0.502
NAVI2	0.672	0.514	0.832	0.638	0.695	0.561
NAVI3	0.743	0.528	0.922	0.712	0.780	0.513
NAVI4	0.505	0.514	0.742	0.536	0.540	0.473
NAVI5	0.621	0.501	0.807	0.572	0.653	0.505
PEU1	0.581	0.483	0.636	0.823	0.662	0.506
PEU2	0.677	0.488	0.591	0.892	0.639	0.486
PEU3	0.691	0.512	0.690	0.910	0.700	0.510
PEU4	0.425	0.531	0.492	0.713	0.441	0.447
PEU5	0.742	0.541	0.703	0.794	0.725	0.547
PU1	0.734	0.477	0.714	0.685	0.849	0.487
PU2	0.715	0.444	0.753	0.700	0.859	0.519
PU3	0.573	0.496	0.634	0.571	0.839	0.513
PU4	0.679	0.533	0.699	0.687	0.885	0.570
PU5	0.727	0.571	0.742	0.703	0.896	0.552
RS1	0.529	0.646	0.589	0.534	0.592	0.876
RS2	0.450	0.575	0.445	0.471	0.467	0.894
RS3	0.637	0.597	0.562	0.587	0.551	0.886

❹ 판별타당도를 평가하기 위한 기준으로 HTMT를 사용할 수 있다. 다음의 표에서 HTMT비율은 모두 0.90 미만이므로 $\text{HTMT}_{.90}$에서 모든 잠재변수 간에 판별타당도를 확보한 것으로 평가할 수 있다.

Discriminant validity - Heterotrait-monotrait ratio (HTMT) - Matrix

Zoom (97%) Copy to Excel Copy to R

	AU	INTER	LOY	NAVI	PEU	PU	RS
AU							
INTER	0.430						
LOY	0.351	0.684					
NAVI	0.427	0.882	0.701				
PEU	0.460	0.856	0.706	0.842			
PU	0.506	0.886	0.656	0.898	0.848		
RS	0.325	0.700	0.801	0.687	0.685	0.682	

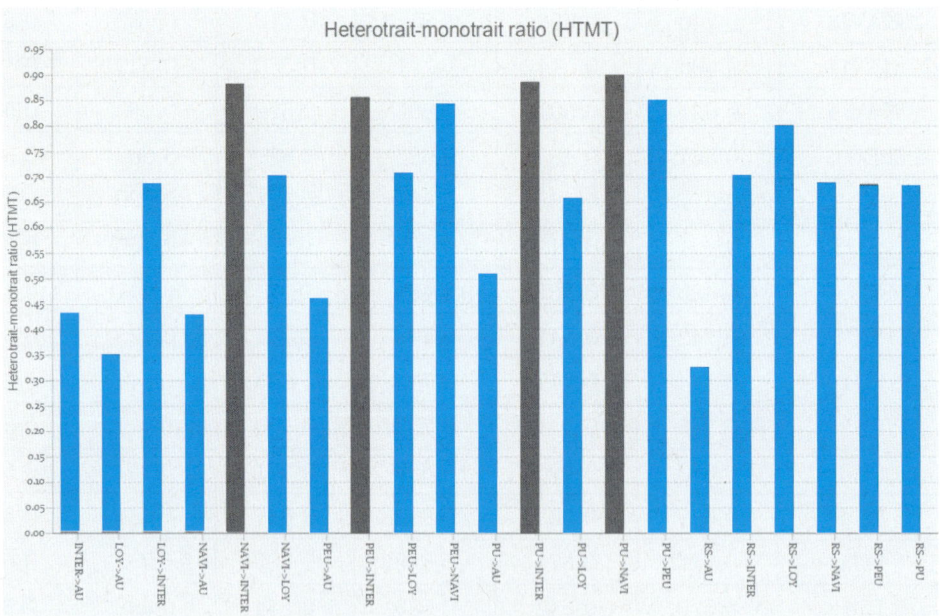

❺ 부트스트래핑 신뢰구간 이용법인 $\text{HTMT}_{\text{추론}}$($\text{HTMT}_{\text{inference}}$)을 적용하려면 Bootstrapping을 실행해야 한다. 프로젝트 탐색기 창으로 가서 [스마트폰 모델]을 좌 클릭하여 들어간 후 [Calculate-Bootstrapping]을 차례대로 클릭하면 보조 창이 나타

나며 다음과 같이 옵션을 선택한다. [Subsamples]에 [5000]을 입력하고 [Amount of results]에서 [Complete(slower)]을 그리고 [Confidence Interval Method]에서 [Percentile bootstrap]을 선택하고 [Start calculation]을 클릭하여 실행한다. 참고로 [Amount of results]에서 [Generate results per sample]은 부트스트랩 표본의 추정 결과를 원할 때 체크하면 된다.

Bootstrapping 실행시 분석의 양(Amount of results)을 결정하는 방법으로 [Complete(slower)]와 [Most important (faster)]를 선택할 수 있다. 양 방법의 선택은 분석의 속도(Speed)뿐만 아니라 분석 결과의 양에 있어서도 매우 큰 차이를 보인다. [Complete(slower)]을 선택하면 [Most important (faster)]에서 얻을 수 없는 추가적인 [Quality criteria] 결과를 얻을 수 있다. 만약 분석자가 **추가적으로 신뢰구간법으로 HTMT를 추정하여 정보를 얻고자 한다면** [Complete(slower)]를 **선택**해야 한다.

❻ [출력 결과 보기 창]에서 [Quality criteria–Heterotrait–monotrait ratio(HTMT)]를 좌 클릭하여 들어가면 [Confidence intervals]가 나타난다. 하한값(2.5%)과 상한값(97.5%) 사이에 1을 포함하고 있는 경우는 없으므로 판별타당도는 확보된 것으로 평가할 수 있다.

Heterotrait-monotrait ratio (HTMT) - Confidence intervals   Zoom (132%)   Copy to Excel   Copy to R

	Original sample (O)	Sample mean (M)	2.5%	97.5%
INTER <-> AU	0.430	0.433	0.247	0.585
LOY <-> AU	0.351	0.349	0.149	0.532
LOY <-> INTER	0.684	0.685	0.472	0.865
NAVI <-> AU	0.427	0.429	0.244	0.591
NAVI <-> INTER	0.882	0.880	0.768	0.961
NAVI <-> LOY	0.701	0.701	0.508	0.859
PEU <-> AU	0.460	0.464	0.292	0.604
PEU <-> INTER	0.856	0.856	0.741	0.960
PEU <-> LOY	0.706	0.704	0.537	0.843
PEU <-> NAVI	0.842	0.840	0.731	0.932
PU <-> AU	0.506	0.508	0.352	0.638
PU <-> INTER	0.886	0.882	0.783	0.960
PU <-> LOY	0.656	0.655	0.433	0.828
PU <-> NAVI	0.898	0.898	0.821	0.958
PU <-> PEU	0.848	0.845	0.725	0.933
RS <-> AU	0.325	0.323	0.098	0.519
RS <-> INTER	0.700	0.703	0.528	0.872
RS <-> LOY	0.801	0.798	0.671	0.914
RS <-> NAVI	0.687	0.684	0.517	0.813
RS <-> PEU	0.685	0.680	0.435	0.867
RS <-> PU	0.682	0.679	0.496	0.834

지금까지 살펴본 반영적 측정모델의 평가 결과를 요약하면 [표 7-8]과 같다. 표에서 보는 바와 같이 반영적 측정모델의 모든 평가기준을 충족하고 있으므로 측정모델(개별 측정변수와 잠재변수)은 신뢰도와 타당도를 확보하였다고 판단된다.

표 7-8 반영적 측정모델 평가 결과의 요약

잠재변수	측정변수	개별 측정변수 신뢰도		내적 일관성 신뢰도			집중타당도	판별타당도
		외부적재치	측정변수 신뢰도	크론바흐 알파	rho_a (ρ_a)	rho_c (ρ_c)	AVE	HTMT비율
		>0.70	>0.50	>0.70	>0.70	>0.70	>0.50	신뢰구간에 1을 포함하지 않음
NAVI	NAVI1	0.885	0.783*	0.894	0.906	0.923	0.706	예
	NAVI2	0.832	0.692					
	NAVI3	0.922	0.850					
	NAVI4	0.742	0.551					
	NAVI5	0.807	0.651					
INTER	INTER1	0.861	0.741	0.871	0.874	0.921	0.796	예
	INTER2	0.909	0.826					
	INTER3	0.905	0.819					
RS	RS1	0.876	0.767	0.863	0.870	0.916	0.784	예
	RS2	0.894	0.799					
	RS3	0.886	0.785					
PU	PU1	0.849	0.721	0.916	0.919	0.937	0.750	예
	PU2	0.859	0.738					
	PU3	0.839	0.704					
	PU4	0.885	0.783					
	PU5	0.896	0.803					
PEU	PEU1	0.823	0.677	0.885	0.894	0.916	0.688	예
	PEU2	0.892	0.796					
	PEU3	0.910	0.828					
	PEU4	0.713	0.508					
	PEU5	0.794	0.630					
LOY	LOY1	0.802	0.643	0.847	0.867	0.907	0.766	예
	LOY2	0.918	0.843					
	LOY3	0.902	0.814					

주: * 측정변수 신뢰도(Indicator reliability)는 수작업으로 (외부적재치)^{2}를 통해 계산함.

제7장의 연습과 실습문제 >>>

01 PLS-SEM 분석 결과의 평가단계를 설명하시오.

02 PLS-SEM에서 반영적 측정모델의 평가와 수용기준을 설명하시오.

03 다음의 주어진 자료를 이용하여 HTMT비율을 계산하시오. 잠재변수는 Y_1과 Y_2이며, Y_1의 측정변수는 x_1, x_2, x_3 그리고 Y_2의 측정변수는 x_4, x_5, x_6이다. 잠재변수를 구성하는 측정변수들 간의 상관관계 정보는 다음과 같다. HTMT비율을 계산하고 두 잠재변수 간의 판별타당도를 평가하시오.

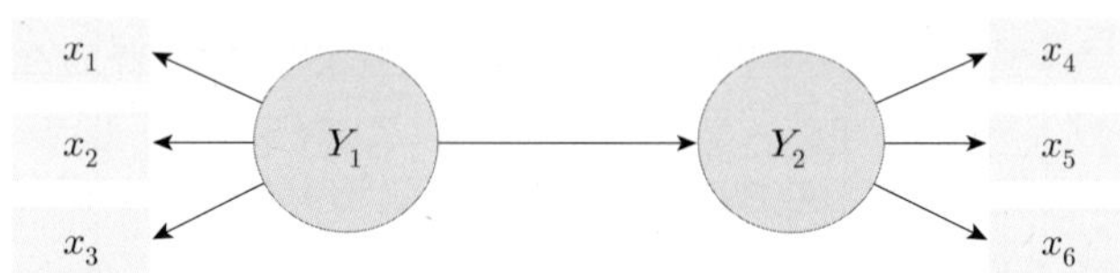

특질		Y_1			Y_2		
특질(Trait)	방법(Method)	x_1	x_2	x_3	x_4	x_5	x_6
Y_1	x_1	1					
	x_2	0.770	1				
	x_3	0.701	0.665	1			
Y_2	x_4	0.426	0.339	0.393	1		
	x_5	0.423	0.345	0.385	0.574	1	
	x_6	0.274	0.235	0.250	0.318	0.335	1

자료원: Hair et al., 2017a, p.119의 내용을 참조함.

| 정답 |

[1] HTMT비율 계산하기

① H-H 상관관계의 평균치를 구한다. 색으로 표시된 부분의 상관관계치를 모두 합산한 후 평균치를 구한다.

H-H 상관관계 평균치 $= (0.426 + 0.423 + 0.274 + 0.339 + 0.345 + 0.235 + 0.393 + 0.385 + 0.250)/9 = 0.341$

② M–H 상관관계 평균치(Y_1)를 구한다.

M–H 상관관계 평균치(Y_1) $= (0.770 + 0.701 + 0.665)/3 = 0.712$

③ M–H 상관관계 평균치(Y_2)를 구한다.

M–H 상관관계 평균치(Y_2) $= (0.574 + 0.318 + 0.335)/3 = 0.409$

④ 각 계산요소별로 계산된 평균치를 HTMT비율 계산식에 넣는다. 이렇게 하면 최종적으로 HTMT비율이 계산된다.

$$HTMT(Y_1, Y_2) = \frac{0.341}{\sqrt{0.712 \times 0.409}} = 0.632$$

[2] HTMT비율에 의한 판별타당도 평가

두 잠재변수 Y_1과 Y_2 간의 HTMT비율 계산 결과는 0.632이다.

$HTMT_{.85}$와 $HTMT_{.90}$의 두 가지 수용기준에 의해 살펴보면 계산된 HTMT값인 0.632가 모두 임계치인 0.85 혹은 0.90 미만이므로 두 가지 기준 중에서 어떤 것을 사용하여도 판별타당도는 확보된 것으로 판단할 수 있다.

04 다음의 용어들을 간략히 설명하시오.

① CR(Composite reliability)

② AVE(Average variance extracted)

③ 내적 일관성 신뢰도

④ 집중타당도

⑤ 판별타당도

⑥ 외부적재치(Outer loading), 교차적재치(Cross loading)

⑦ 측정변수 신뢰도(Indicator reliability)

⑧ 신뢰도와 타당도

제7장의 핵심내용 정리 >>>

- 신뢰도(Reliability)는 잠재변수의 측정에 있어서 얼마나 일관성이 있는가의 정도를 의미한다. 이에 반해 타당도(Validity)는 실제 측정하고자 하는 잠재변수를 정확하게 측정하고 있는 정도를 말한다.
- 측정도구가 낮은 신뢰도와 타당도를 보이는 것은 측정과정에서 무작위오차와 체계적오차가 존재하기 때문이다. 무작위오차는 신뢰도를 위협하며, 체계적오차는 타당도를 위협하는 요인이 될 수 있다.
- CB-SEM에 의한 평가과정에서는 전반적인 적합도 판정기준(예: GFI, AGFI, RMR 등)이 개발되어 사용되고 있으나 PLS-SEM의 분석 결과의 경우에는 하나의 기준(Criterion)으로 평가할 수는 없다. 양자의 적합도 평가기준은 통계처리방법의 차이로 인해서 동일하지 않으며 큰 차이를 보이고 있다. CB-SEM은 확인적 요인분석(CFA) 등을 통한 모수적 평가기준을 적용하고 있으나 PLS-SEM에서는 PLS 알고리즘, 부트스트래핑(Bootstrapping)과 PLSpredict를 기반으로 하는 비모수적 평가기준(Nonparametric evaluation criteria)을 사용하고 있다.
- SmartPLS에 의한 PLS-SEM에서는 제1단계에서 측정모델(Outer model)을 평가하고 제2단계에서 구조모델(Inner model)을 평가한다. 제1단계의 평가과정을 통해 측정도구의 신뢰도와 타당도가 확보되었으면 구조모델의 평가를 실시하고 연구자가 설정한 가설을 검증할 수 있다. 그러나 잠재변수와 측정변수들에 대한 평가 결과 신뢰도와 타당도가 확보되지 않았다면 다음 단계인 구조모델의 평가로 넘어갈 수 없다.
- 내적 일관성 신뢰도(Internal consistency reliability)는 동일한 잠재변수를 측정하기 위해서 여러 개의 측정변수를 이용하는 경우에 신뢰도를 측정하는 방법이다. 이는 동일한 잠재변수를 측정하는 데 이용된 여러 개의 측정변수들 간의 일관성 정도로 신뢰도를 측정한다.
- 집중타당도(Convergent validity)는 동일한 잠재변수를 서로 상이한 측정방법으로 측정한 결과값들 간에는 높은 상관관계가 있어야 한다는 것을 의미한다.
- 판별타당도(Discriminant validity)는 잠재변수와 잠재변수를 잘 구분할 수 있는 정도를 말하며 이는 잠재변수 간은 서로 독립적이어서 서로 상이한 잠재변수를 동일한 측정방법으로 측정할 경우 결과값들 간에 상관관계가 거의 없거나 낮아야 한다는 것을 의미한다.
- 반영적 측정모델(Reflective measurement model)의 평가기준은 개별 측정변수 신뢰도, 내적 일관성 신뢰도, 집중타당도 및 판별타당도로 구분된다. 내적 일관성 신뢰도는 크론바흐 알파, rho_a, rho_c로 평가한다. 개별 측정변수의 신뢰도는 외부적재치(Outer loading), 측정변수 신뢰

도(Indicator reliability)로 평가한다. 집중타당도는 AVE(평균분산추출)로 평가한다. 판별타당도는 Fornell-Larcker criterion, 교차적재치(Cross loading) 및 HTMT(Heterotrait-monotrait ratio)를 이용해 평가할 수 있다.

- PLS-SEM에서 최근에 개발된 새로운 판별타당도의 평가기준이 바로 HTMT비율(Heterotrait-monotrait ratio)이며 이는 교차타당도분석이나 Fornell-Larcker criterion 방법과 비교해 볼 때 보다 우수한 평가기준으로 알려져 있다.

제 8 장 형성적 측정모델의 평가

1 형성적 측정모델의 평가와 수용기준

제7장에서 살펴본 반영적 측정모델의 평가기준과 이 장의 형성적 측정모델의 평가와 수용기준은 동일하지 않으며 완전히 다르게 적용되어야 한다. 왜냐하면 형성적 측정변수들은 측정오차로부터 자유로울 뿐 아니라 잠재변수의 서로 독립적인 원인변수들로서 높은 상관관계가 필수적으로 요구되지 않기 때문이다. 따라서 형성적 측정모델의 평가는 반영적 측정모델의 평가에서 사용된 내적 일관성 신뢰도, CR, AVE 등의 평가기준을 사용할 수 없으며 별도의 새로운 기준이 요구된다.

형성적 측정모델(Formative measurement model)의 평가기준은 [그림 8-1]과 같이 크게 형성적 측정모델의 집중타당도, 다중공선성 및 형성적 측정변수의 외부가중치와 외부적재치의 유의성과 적합성 평가로 구분된다. 연구자들은 실증적 분석을 시행하기 전에 측정변수들을 개발하고 선택하는 과정에서 잠재변수를 구성하는 측정변수들에 대한 현재까지 정립된 이론이나 선행연구의 검토 그리고 전문가 의견이나 평가 등을 고려하여야 한다. 또한 측정변수들이 특정 잠재변수를 측정하기 위한 내용 영역(Content domain)을 제대로 반영하고 있는가를 충분히 검토해야 한다. 이러한 노력은 연구자들이 형성적 측정변수들로 구성된 잠재변수가 충분히 내용타당도(Content validity)를 확보하고 있는지를 검토하는 중요한 과정이라고 볼 수 있다. 만약 잠재변수를 측정하는 과정에서 잠재변수를 구성하는 내용영역에 반드시 포함되어야 하는 측정변수들을 모두 고려하지 못하였다면 기본적으로 내용타당도를 확보하지 못했다고 보아야 한다. 한편 연구에서 사용된 측정변수들 중에서 어느 하나가 형성적 측정모델의 평가과정에서 수용기준에 미치지 못하여 제거해야 한다면 측정하고자 하는 잠재변수의 내용타당도에 문제가 없는지를 검토해야 한다.

▶ 그림 8-1 ▎형성적 측정모델의 평가와 수용기준

1단계	집중타당도 평가	**중복성분석**(Redundancy analysis) (형성적 잠재변수와 반영적 잠재변수*의 중복성분석) 경로계수가 0.7 이상(이상적인 임계치는 0.8 이상)이 되어야 집중타당도 있음
2단계	다중공선성 평가	**다중공선성분석**(Multicollinearity analysis) 외부VIF(Variance Inflation Factor)<5, 혹은 TOL(Tolerance, 공차)>0.20이면 다중공선성 없음
3단계	형성적 측정변수들의 유의성과 적합성 평가	**외부가중치**(Outer weights), **외부적재치**(Outer loading)의 유의성과 적합성 평가

* 반영적 잠재변수: 단일의 전반적 측정변수(Global items) 사용

1.1 집중타당도

형성적 측정모델의 집중타당도(Convergent validity)란 동일한 잠재변수(The same construct)에 대하여 형성적 측정변수들로 측정된 잠재변수와 반영적 측정변수들로 측정된 잠재변수 간의 정적인 상관관계 정도를 의미한다. 형성적 측정모델의 집중타당도 평가는 형성적 측정변수로 측정된 특정 잠재변수와 반영적 측정변수들로 구성된 동일한 잠재변수 간에 얼마나 높은 상관관계

▶ 그림 8-2 ▎중복성분석을 통한 형성적 측정모델의 집중타당도 평가(기본분석)

주: CREP_F는 형성적 측정변수들로 측정된 잠재변수를, CREP_R은 반영적 측정변수들로 측정된 잠재변수를 의미함.

가 가지고 있는지를 분석한다(Chin, 1988; Hair et al., 2017a). 이러한 유형의 분석은 중복성분석(Redundancy analysis)이라고 알려져 있다.

형성적 측정모델들의 집중타당도를 평가하기 위한 중복성분석의 예시는 [그림 8-2]와 같다. 이 예시에서는 동일한 잠재변수인 기업명성(CREP)에 대하여 형성적 측정변수들로 측정한 경우(왼쪽)와 잠재적 측정변수로 측정한 경우(오른쪽)를 보여주고 있다. 잠재변수(왼쪽)와 잠재변수(오른쪽) 간의 경로계수 크기는 화살표로 표시되어 있는데 이는 형성적 측정모델의 집중타당도를 가리킨다. 형성적으로 측정된 잠재변수와 반영적으로 측정된 잠재변수 간을 연결하고 있는 경로계수의 크기가 0.70 이상(이상적으로는 0.80 이상)이면 형성적 측정모델이 집중타당도를 확보한 것으로 평가할 수 있다. 여기에서 경로계수의 크기 0.70(0.80)를 R^2으로 나타내면 0.50(0.64)이 된다. 만약 경로계수의 크기가 0.70 미만(R^2이 0.50 미만)이면 집중타당도가 부족하다고 평가할 수 있다. 이는 형성적 측정변수들이 잠재변수의 내용 영역을 제대로 반영하고 있지 못하여 내용타당도를 확보하고 있지 못함을 시사해준다고 볼 수 있다.

지금까지는 중복성분석을 통한 형성적 측정모델의 집중타당도 평가를 기본분석 중심으로 설명하였다. 그러나 현실적으로 반영적 측정변수들로 측정된 잠재변수([그림 8-2]에서 오른쪽)는 다항목 측정변수를 사용하는 것보다 형성적 측정변수들로 측정되는 잠재변수의 본질을 잘 반영할 수 있는 단일의 전반적 측정변수(Global items)를 사용하는 대안적 접근방법이 선호되고 있다(Sarstedt et al., 2013; Hair et al., 2017; Hair et al., 2021). 왜냐하면 전반적인 측정변수로 측정된 잠재변수(오른쪽)는 단일항목을 사용하지 않으면 다항목으로 측정

표 8-1 스마트폰 프로젝트의 설문지 중에서 기업명성 부분 예시

설문문항	귀하의 응답						
1. 내가 사용하는 스마트폰 제조사는 믿을만하다고 생각한다.	1	2	3	4	5	6	7
2. 내가 사용하는 스마트폰 제조사는 존경할만하다고 생각한다.	1	2	3	4	5	6	7
3. 내가 사용하는 스마트폰 제조사는 높은 제품품질과 서비스품질을 제공한다고 생각한다.	1	2	3	4	5	6	7
4. 내가 사용하는 스마트폰 제조사는 시장변화에 대한 우수한 대응능력을 가지고 있다고 생각한다.	1	2	3	4	5	6	7
5. 내가 사용하는 스마트폰 제조사는 전반적으로 높은 명성을 가지고 있다.	1	2	3	4	5	6	7

되는 경우가 많기 때문에 설문지의 길이가 길어져 응답자들의 성실한 응답을 유도하기 어렵기 때문이다. 단일의 전반적 측정변수를 이용해서 중복성분석을 시행하려면 연구자가 특정 잠재변수(예: CREP)에 대한 설문지를 설계할 때부터 전반적 측정변수를 설문지에 포함시켜야 한다.

[표 8-1]은 [스마트폰 프로젝트]의 설문지 중에서 기업명성(CREP) 부분을 예시한 것이다. 설문문항 1부터 4까지는 형성적 측정변수들이며 설문문항 5는 형성적 측정모델의 집중타당도의 중복성분석을 위해서 추가된 단일항목의 전반적 측정변수이다. 여기에서 단일항목의 전반적 측정변수는 중복성분석에서 내생단일항목 잠재변수(Endogenous single item construct)에 해당한다.

그림 8-3 중복성분석을 통한 형성적 측정모델의 집중타당도 평가: 단일의 전반적 측정변수를 사용한 분석

단일의 전반적 측정변수를 사용한 형성적 측정모델의 집중타당도 평가를 위한 중복성분석의 예시는 [그림 8-3]과 같다. 그림에서 왼쪽은 형성적 측정변수들로 측정한 기업명성(CREP_F)이며, 오른쪽은 단일항목의 전반적 측정변수(Global item)로 측정한 기업명성(CREP_G)이다. 여기에서 CREP_F는 기업명성을 형성적 측정변수로 측정한다는 의미로 F(Formative)를 그리고 CREP_G는 기업명성을 단일의 전반적 측정변수로 측정한다는 의미로 G(Global)를 잠재변수명에 붙인 것이다. 중복성분석의 측정모델을 작성할 때 한 가지 유의할 점은 잠재변수명을 다르게 붙여야 한다는 것이다. 이러한 원칙에 따라서 동일한 잠재변수명을 사용하지 않고 CREP_F와 CREP_G로 다르게 명칭을 부여하였다.

1.2 다중공선성

형성적 측정변수들 간에도 높은 상관성을 나타낼 수 있는데 이를 다중공선성(Multicollinearity)이라고 한다. 측정변수들 간에 완벽한 상관관계(상관관계가 1, 즉 $r=1$)를 나타내는 경우도 발생

되는데 이는 동일한 측정변수가 두 번 입력되는 경우에 발생된다. 예컨대 단위당 매출액과 1,000 단위당 매출액이 동시에 입력되는 경우가 이에 해당한다. 또한 측정변수들 간에 높은 상관관계로 인해 다중공선성의 문제가 발생되면 외부가중치를 추정한 결과는 부호가 반대(−)로 나타나기도 하며[1] 아예 외부가중치 자체가 잘못 추정되기도 한다. 이외에도 다중공선성은 결정계수(R^2)를 과대하게 만들어 설명력을 높이지만 예측력을 떨어뜨릴 수 있다.

연구자들은 다중공선성이 발생하면 해결방법을 모색해야 한다. 일반적으로 적용 가능한 다중공선성의 해결방법은 다음과 같다(Hair et al., 2017a).

- 외부VIF(Outer VIF value)가 5 이상인 경우에는 측정변수 중에서 하나를 제거해야 한다. 그러나 이 경우에도 남아 있는 측정변수가 이론적인 측면에서 여전히 관련 잠재변수를 충분하게 설명할 수 있을 때 가능하다. 즉 내용타당도가 확보되어야 한다.
- 2차 성분 이상을 가지는 위계적 성분모델(Hierarchical components model)로 구성한다.
- 유사한 측정변수들을 조합(측정변수들의 평균값, 요인점수 등을 사용)하여 하나의 새로운 측정변수를 개발한다.

다중공선성을 파악하기 위한 척도로는 공차한계(Tolerance: TOL), 분산팽창인자(Variance Inflation Factor: VIF) 등이 사용된다. SmartPLS 프로그램에서는 분산팽창인자(VIF)를 많이 사용한다. 측정모델의 평가에서 TOL은 한 측정변수가 다른 측정변수들에 의해서 설명되지 않는 부분(분산량)을 의미한다. TOL이 0.20 이하이면 잠재적으로 다중공선성 문제가 있다고 판단하며 일반적으로 TOL이 작을수록 다중공선성이 높다고 본다. VIF는 공차한계인 TOL의 역수이다. 예컨대 측정변수 X_1의 공차한계(TOL_{X1}) 0.10을 VIF로 환산하면 1/0.10=10이 된다. PLS-SEM에서는 외부VIF가 5 이상이면 잠재적으로 다중공선성 문제가 있다고 평가한다.[2]

1) 측정변수들 간에 높은 상관관계가 존재하면 약한 설명력을 가진 측정변수들의 부호가 반대(−)로 변하는 현상이 나타난다.

2) 일반적인 회귀분석에서는 TOL이 0.10 이하, VIF가 10 이상이면 다중공선성이 심하다고 본다. 그러나 다중공선성의 존재 여부는 연구자들이 적절한 수준에서 판단해야 한다. PLS-SEM에서도 연구자에 따라서 다중공선성의 수용기준으로 VIF가 10 미만이면 수용할 수 있다고 본다(Cassel and Hackl, 2000; Fornell and Bookstein, 1982; Gujarati, 2003).

$$VIF = 1/TOL$$

외부VIF를 이용한 **형성적 측정모델의 다중공선성의 평가와 수용기준은** [그림 8-4]와 같다.

그림 8-4 ▎외부VIF를 이용한 형성적 측정모델의 다중공선성 평가

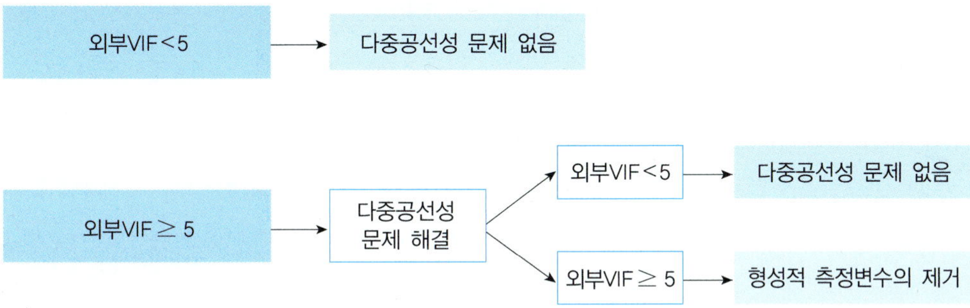

형성적 측정모델의 평가를 위한 **수용기준**은 **외부VIF 5**이다. **외부VIF가 5 이상**인 경우가 있다면 형성적 측정모델의 측정변수들 간에는 다중공선성의 문제가 발생된다. 이런 경우에는 다중공선성의 문제를 해결하는 것이 필요하다.

구체적으로 **외부VIF**에 의한 **형성적 측정모델의 다중공선성 평가와 수용기준에 의한 측정변수의 유지와 제거 여부의 결정 기준**을 제시하면 다음과 같다(Hair et al., 2017a).

- **외부VIF가 5 미만**이면 **다중공선성의 문제가 없다**고 판단한다. 이 경우에는 외부가중치(Outer weights)의 유의성을 확인하고 형성적 측정변수들의 외부가중치에 의해 상대적 기여도를 그리고 외부적재치에 의해서 절대적 기여도를 해석한다.
- **외부VIF가 5 이상**이면 **다중공선성 문제에 대해 먼저 조치**해야 한다. 다중공선성을 해결하기 위한 조치를 한 이후에 ① **외부VIF가 5 미만**이면 형성적 측정변수들의 상대적 기여도(외부가중치)와 절대적 기여도(외부적재치)를 해석한다. ② **외부VIF가 5 이상**이면 해당 **형성적 측정변수를 제거**한다. 이때 제거된 형성적 측정변수가 잠재변수의 내용타당도에 심각한 영향을 준다고 판단되면 해당 형성적 측정모델을 포기해야 한다.

반영적 측정모델은 잠재변수와 측정변수 간의 단순회귀분석을 통해 외부적재치(Outer loading)를 추정하며 반영적 측정변수들 간에는 높은 상관관계가 기대되며 모델 평가 시 다중공선성에 대한 제시가 불필요하다. 그러나 형성적 측정모델과 구조모델의 경우에는 다중회귀분석에 의해 각각 외부가중치(Outer weight)와 경로계수(Path coefficient)를 추정하므로 모델 평가 시 다중공선성에 대한 평가 결과를 제시해야 한다.

1.3 외부가중치와 적재치의 유의성과 적합성

형성적 측정모델의 외부가중치(Outer weights)를 평가하려면 부트스트래핑을 실행하여야 한다. 먼저, 부트스트래핑 실행 결과를 통해 얻은 t값을 이용해 외부가중치의 유의성을 분석한다. 만약 분석 결과 외부가중치가 유의적이면 해당 형성적 측정변수를 유지하고 결과를 해석한다. 다음으로, 외부가중치가 비유의적인 경우에는 형성적 측정변수들의 외부적재치에 대한 유의성과 적합성 평가를 통해 해당 측정변수의 유지와 제거 여부를 결정한다.

형성적 측정모델에서 잠재변수를 측정하기 위해서 많은 수의 측정변수들이 사용되면 외부가중치는 비유의적일 가능성이 높아진다. 이러한 것을 방지하려면 위계적 성분모델(HCM)을 이용하여 2개 이상으로 구분되는 하위 잠재변수를 가지도록 측정변수들을 그룹핑(Grouping)해야 한다.

PLS-SEM은 외부가중치와 외부적재치의 유의성검증을 위해서 비모수적 부트스트래핑 절차를 이용한다. 프로그램 측면에서 볼 때 부트스트래핑은 비모수적 접근을 통해서 각 계수들에 대한 검증통계량인 t값(t value)을 추정하는 실행 명령으로 볼 수 있다. 부트스트래핑은 모집단에서 추출한 본표본(Original data)으로부터 부표본(Subsamples)을 복원추출(Sampling with replacement)[3]하며 이러한 과정은 대개 5,000개의 부표본이 추출될 때까지 계속된

3) 부트스트래핑(Bootstrapping)에서는 많은 수의 표본들을 대체(Replacement)를 통해서 연구자가 추출한 최초표본에서 부표본을 추출한다. 매번 최초표본으로부터 무작위적으로 부표본을 추출하고 다시 최초표본 집단에 돌려놓는다. 복원추출할 때 어떤 관측치는 한 번 이상 추출될 수도 있고 다른 관측치는 한 번도 추출되지 않을 수도 있다.

다. 이를 통해 추정된 부트스트랩 표준오차와 t값을 이용해 외부가중치와 외부적재치에 대한 유의성을 평가할 수 있다.

SmartPLS의 메뉴에서 [Calculate-Bootstrapping]을 클릭하거나 툴바에서 [Calculate](실행)을 좌 클릭하여 [Bootstrapping]으로 들어가서 필요한 옵션을 선택한 후 마지막으로 [Start calculation]을 좌 클릭하면 Bootstrapping이 실행된다. 실행이 완료되면 외부가중치와 외부적재치의 유의성 평가에 필요한 t값과 p값 그리고 신뢰구간이 산출된다.

그림 8-5 ▌ **부트스트래핑(Bootstrapping) 절차와 t값 추정**

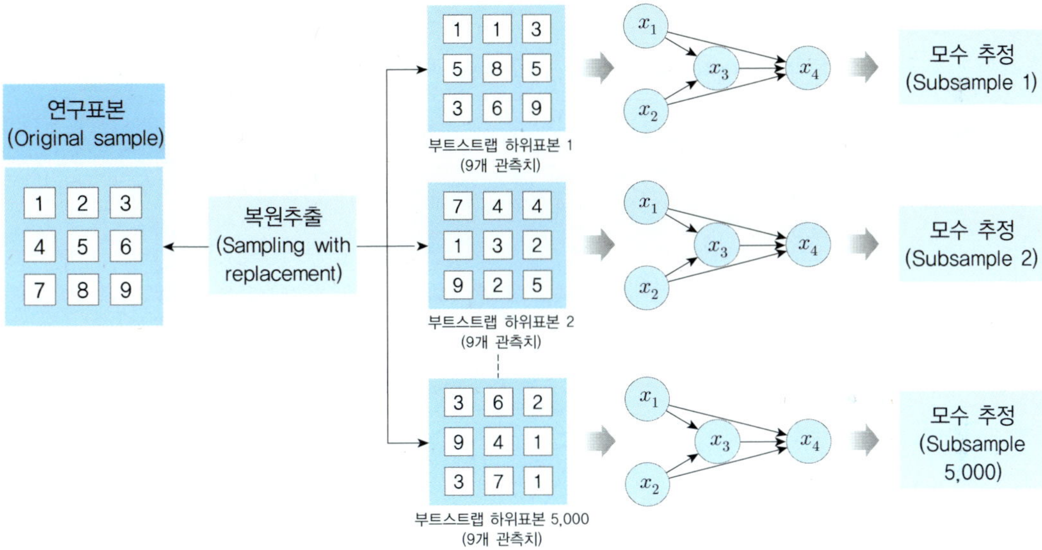

PLS-SEM에서 t값은 다음과 같은 방법으로 산출된다. 외부가중치를 부트스트래핑을 통해 얻은 **부트스트랩 표준오차**(Bootstrap standard error)로 나누면 된다.

t-value = 외부가중치/부트스트랩 표준오차

우리는 산출된 t값을 이용해서 계수의 유의성을 판단할 수 있다. 예컨대 5% 유의수준(양측검증)에서 특정 경로계수에 대해 산출된 t값이 ±1.96보다 크면 통계적으로 유의한 차이를 나타낸다고 해석할 수 있다. 유의수준이 1%($\alpha=0.01$, 양측검증)와 10%($\alpha=0.10$, 양측검증)인 경우에는 각각 t값이 ±2.57, ±1.65 이상일 때 해당 경로계수값이 유의적이라고 판단한다.

이외에도 신뢰구간(하한값, 상한값)을 이용해서 유의성을 평가할 수 있다. 신뢰구간 내에 0을 포함하고 있지 않으면 해당 외부가중치나 외부적재치가 유의적이라고 판단할 수 있다.

부트스트래핑을 위한 옵션 지정방법은 [그림 8-6]과 같다.

▶ [Subsamples]에 [5000]을 입력한다. 이는 부표본을 5,000개 복원추출한다는 의미이다.

그림 8-6 ▌부트스트래핑(Bootstrapping)을 위한 옵션 지정

▶ [Amount of results]는 [Complete(slower)]와 [Most important(faster)]가 있다. 전자는 모델 평가에 필요한 상세내용을 제공해 주는 방법이며, 후자는 최초 모델 추정 시 사용하며 빠르게 결과를 산출해 주는 방법이다. 여기에서는 형성적 측정모델의 평가를 위한 부트스트래핑 실행이므로 [Complete(slower)]를 선택하기로 한다.

▶ [Confidence interval method]는 ① Percentile bootstrap, ② Studentized bootstrap, ③ Bias-corrected and accelerated(BCa) bootstrap 중에서 선택할 수 있다. 최근에는 많은 연구자들이 ①번이 가장 좋은 추정을 한다는 것에 동의하고 있다. 따라서 이 책에서도 디폴트인 [Percentile bootstrap]을 사용하기로 한다.

형성적 측정변수들의 유의성과 적합성을 평가하기 위한 기준은 [그림 8-7]과 같이 요약할 수 있다. 기본적으로 외부가중치에 대한 유의성을 검토해야 하며 보완적으로 형성적 측정변수들의 외부적재치를 이용해 분석해야 한다. 형성적 측정모델의 평가 결과는 결국 형성적 측정변수의 유지(Retain)와 제거(Deletion)의 여부 결정에도 이용된다.

그림 8-7 ▌ 형성적 측정변수의 유지와 제거 여부 결정

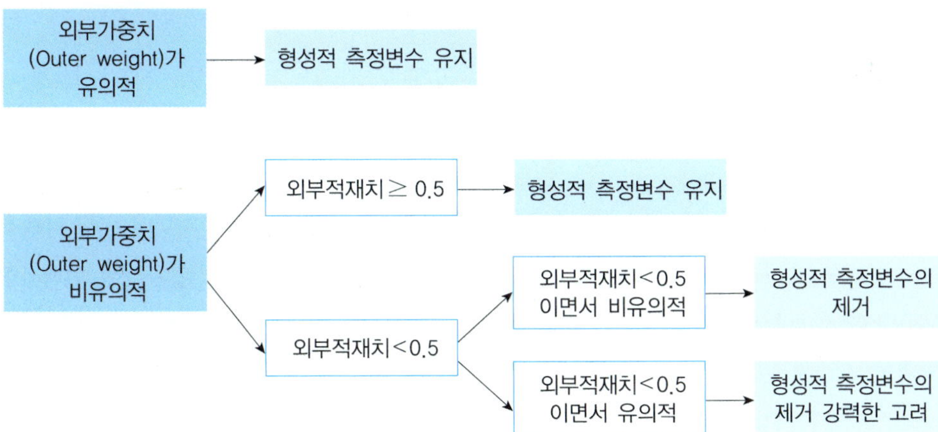

형성적 측정모델의 유의성과 적합성의 평가기준은 다음과 같다(Hair et al., 2017a).

▶ 외부가중치의 유의성을 분석하기 위해서는 부트스트래핑의 실행을 통해 각 외부가중치의 t값을 구하여야 한다. 외부가중치가 유의적이면 해당 측정변수는 유지하며 이의 상대

적 기여도(외부가중치)와 절대적 기여도(외부적재치)를 해석한다.

▶ 외부가중치가 비유의적이면 형성적 측정변수들의 외부적재치를 분석해야 한다.

① 외부가중치가 비유의적이지만 외부적재치가 0.5 이상이면 해당 측정변수는 유지하며 외부가중치(상대적 기여도)가 아닌 외부적재치(절대적 기여도)로 해석해야 한다.

② 외부가중치가 비유의적이고 외부적재치가 0.5 미만이면서 비유의적이면 해당 형성적 측정변수는 적합성을 뒷받침할 수 없다고 보고 제거한다.

③ 외부가중치가 비유의적이고 외부적재치가 0.5 미만이면서 유의적이면 해당 형성적 측정변수는 제거 여부를 고려해야 한다. 그러나 이 경우에도 무조건 해당 측정변수를 제거해서는 안 되며 해당 측정변수의 제거가 잠재변수의 내용타당도에 미치는 영향을 검토하여 적합성을 확인할 필요가 있다.

2 형성적 측정모델의 평가

형성적 측정모델의 평가는 앞에서 살펴본 것처럼 크게 세 가지 단계로 이루어진다. 먼저, 형성적 측정모델의 잠재변수에 대한 집중타당도를 평가해야 한다. 이를 위해서는 형성적 잠재변수와 단일의 전반적 측정변수(Global scale)를 사용하는 중복성분석을 시행해야 한다. 다음으로, 형성적 측정모델에서 형성적 측정변수들 간에 존재하는 다중공선성을 평가해야 한다. 이를 위해서는 외부VIF를 이용한다. 마지막으로, 형성적 측정변수들의 유의성과 적합성을 평가해야 한다. 이는 외부가중치와 외부적재치의 유의성과 적합성 평가를 통해서 형성적 측정변수들의 상대적 기여도(외부가중치)와 절대적 기여도(외부적재치)에 대한 결과를 제시하고 형성적 측정변수들의 유지와 제거 여부를 결정하는 단계이다.

지금부터는 [스마트폰 프로젝트]를 이용해 형성적 측정모델을 평가하는 과정과 그 결과를 제시하는 방법을 살펴보기로 한다.

통계 실습 8-1 형성적 측정모델의 평가

제7장에서 우리는 반영적 측정모델의 평가과정에서 RS의 측정변수인 RS4를 제거하였으며 [스마트폰 프로젝트(RS4 제거 후)]로 프로젝트 파일명을 변경 저장하였다. 이 실습을 위해서는 이 책의 [데이터 파일]의 제7장 [스마트폰 프로젝트(RS4 제거 후)]를 불러들여 PLS-SEM Algorithm을 실행해야 한다. 만약 앞 장에서 PLS-SEM Algorithm을 실행한 결과를 가지고 있지 않다면 각자 다시 실행한 후 형성적 측정모델을 평가하시오.

[1] [데이터 파일]의 제7장 [스마트폰 프로젝트(RS4 제거 후)]를 불러들인 후 PLS-SEM Algorithm을 실행하시오.

[2] 형성적 잠재변수의 집중타당도를 평가하시오.

[3] 형성적 측정변수들 간의 다중공선성을 평가하시오.

[4] 형성적 측정변수들의 외부가중치와 외부적재치의 유의성과 적합성을 평가하시오.

실습과정

[1] [스마트폰 프로젝트]의 불러들이기와 실행

[데이터 파일]의 제7장에서 [스마트폰 프로젝트(RS4 제거 후)]를 SmartPLS 프로그램으로 불러들인다. RS4 제거 후의 [스마트폰 프로젝트(RS4 제거 후)]를 불러들인 모습은 다음과 같다. 이미 [스마트폰 프로젝트(RS4 제거 후)]가 불러져 있다면 이 과정은 생략한다. [제7장]의 [스마트폰 프로젝트(RS4 제거 후)]를 [Files–Export project]를 차례대로 클릭하여 [데이터 파일]의 [제8장]에 저장한다.

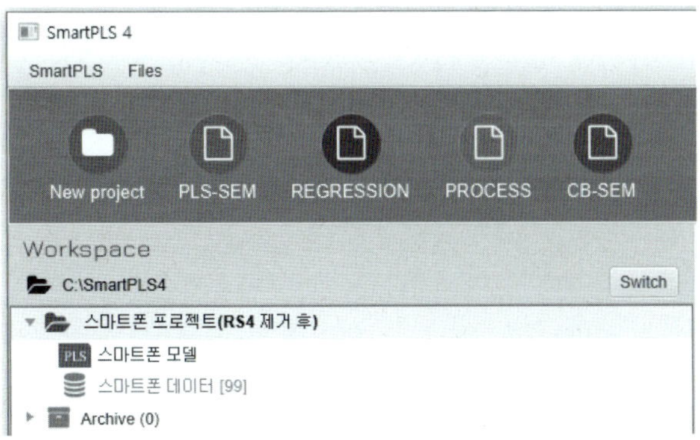

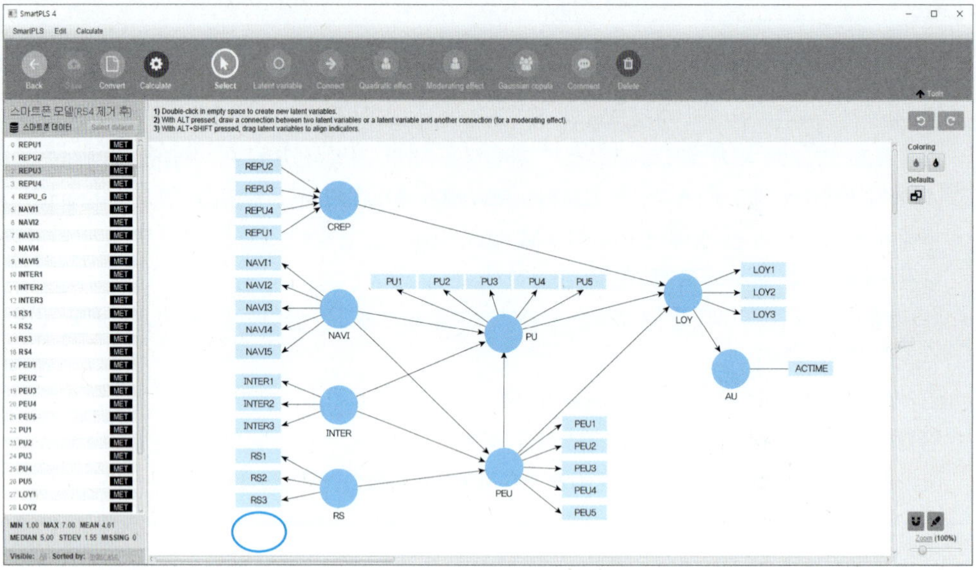

주: 최초 [스마트폰 프로젝트]에서 잠재변수(RS)의 측정변수 RS4가 제거되어 있는 측정모델임.

[2] 집중타당도의 평가

❶ 프로젝트 탐색기의 [스마트폰 프로젝트(RS4 제거 후)]를 선택한 후 화면 상단에 있는 툴바인 [PLS-SEM]을 클릭한다. 그러면 [New model 창]이 나타난다. [Model name](모델명)으로 [Redundancy analysis CREP]를 입력한다. 입력한 후에는 [Save] 버튼을 클릭하여 새로운 모델을 생성한다. 그러면 [모델 그리기 창]이 나타난다.

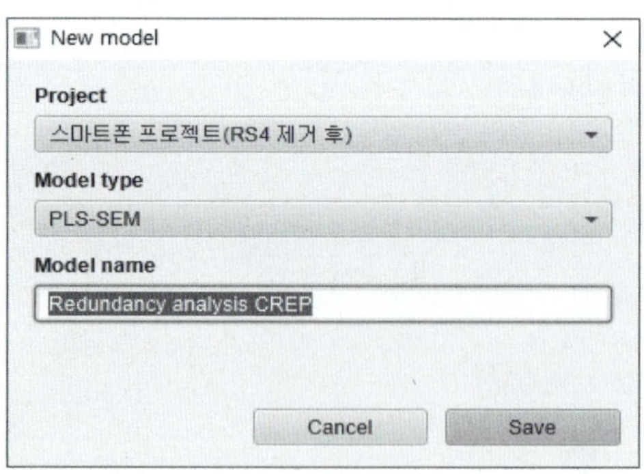

❷ [모델 그리기 창]에서 집중타당도의 평가를 위한 경로모델을 다음과 같이 만들고 [툴바]의 [Save]를 클릭해 저장한다.

❸ 화면 우측 상단의 툴바인 [Calculate]에 있는 [PLS-SEM Algorithm]을 좌 클릭한다. 옵션 선택은 디폴트값을 그대로 사용하기로 한다. 우측 하단에 있는 [Start calculation]을 클릭하여 PLS-SEM Algorithm을 실행한다.

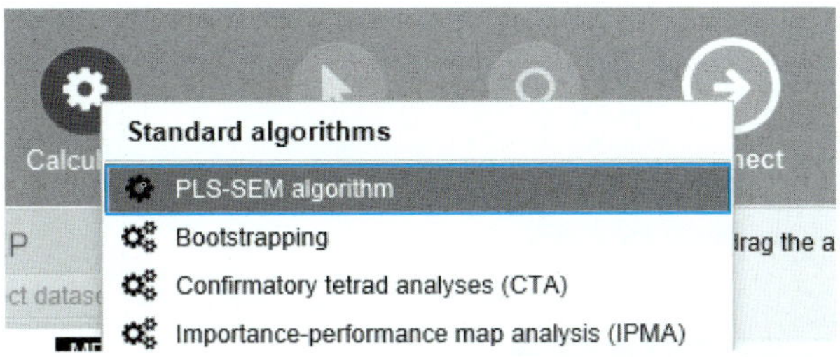

❹ [출력 결과 창]에서 실행 결과를 보고 형성적 측정모델의 집중타당도를 평가한다. 다음 경로모델의 결과에서 제시된 것처럼 형성적 잠재변수(CREP_F)와 단일의 전반적 측정변수(CREP_G) 간의 경로계수는 0.896으로 나타났고, 이는 임계치인 0.80을 초과하므로 형성적 잠재변수의 집중타당도는 확보된 것으로 볼 수 있다.

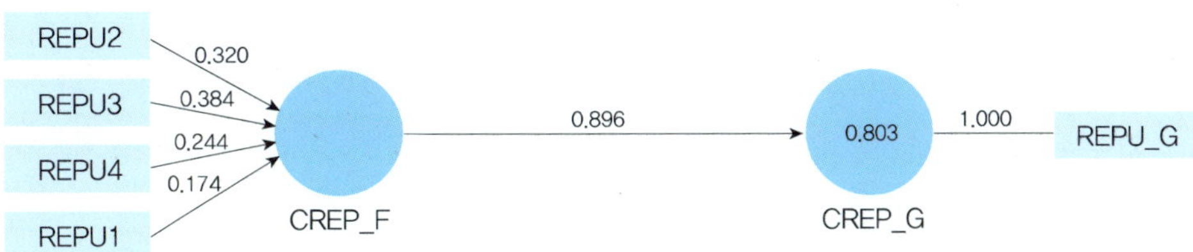

[3] 다중공선성의 평가

❶ [출력 결과 보기 창]에서 [Collinearity statistics(VIF)]를 클릭한다. 그러면 다음과 같은 공선성 통계량인 [외부모델]의 VIF가 나타난다. CREP(기업명성)의 형성적 측정변수인 REPU1, REPU2, REPU3, REPU4의 VIF값을 보면 모두 임계치인 5보다 낮

으므로 다중공선성이 발견되지 않았다고 결론을 내릴 수 있다.

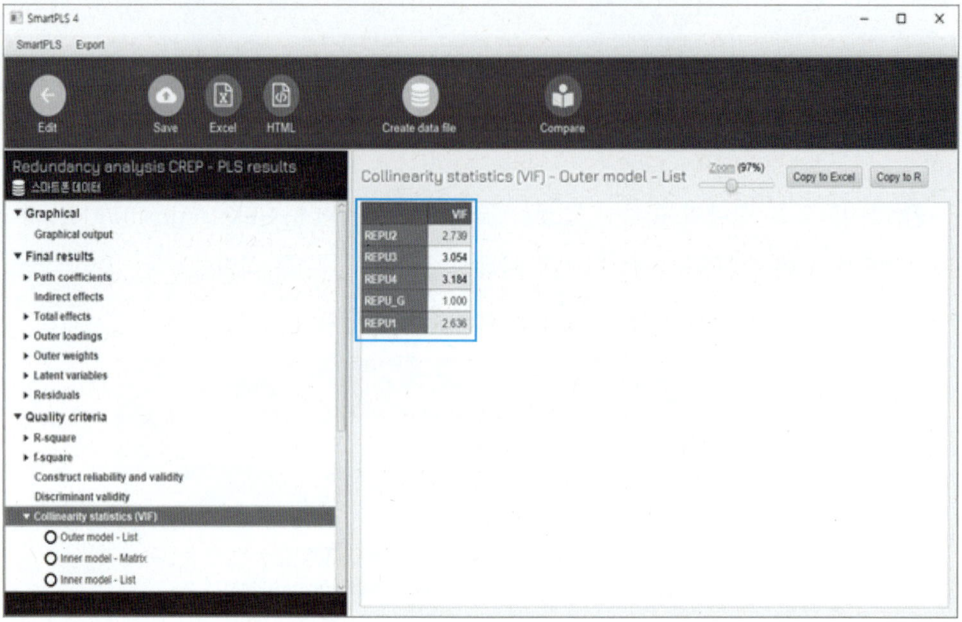

[4] 외부가중치와 적재치의 유의성과 적합성 평가

❶ PLS-SEM Algorithm 실행은 외부가중치(Outer weights)와 외부적재치(Outer loading) 값만을 산출한다. 이들 값은 회귀계수이며 유의성을 평가할 수 있는 정보는 아니다. 따라서 형성적 측정변수들의 외부가중치와 외부적재치의 유의성과 적합성을 평가하려면 이들에 대한 t값과 유의확률을 산출해야 한다. PLS-SEM에서는 외부가중치와 외부적재치의 t값과 유의확률을 산출하기 위해서 Bootstrapping 절차를 실행해야 한다. 이미 앞에서 PLS-SEM Algorithm은 실행했으므로 여기에서는 생략하고 다음과 같이 바로 Bootstrapping의 실행으로 넘어가기로 한다.

❷ 탐색기 창에서 [스마트폰 프로젝트(RS4 제거 후)]의 [스마트폰 모델]을 좌 클릭하여 들어간다.

❸ 화면 상단의 우측에 있는 툴바인 [Calculate] 기능에 있는 [Bootstrapping]을 좌 클릭한다. 그러면 [Bootstrapping]의 초기값 설정을 위한 화면이 나타난다. 옵션 지정 창에서 [Subsamples]에 [5000]을 입력하고 나머지는 그대로 디폴트로 두고 보조 창 우측 하단에 있는 [Start calculation]을 클릭하여 부트스트래핑을 시행한다.

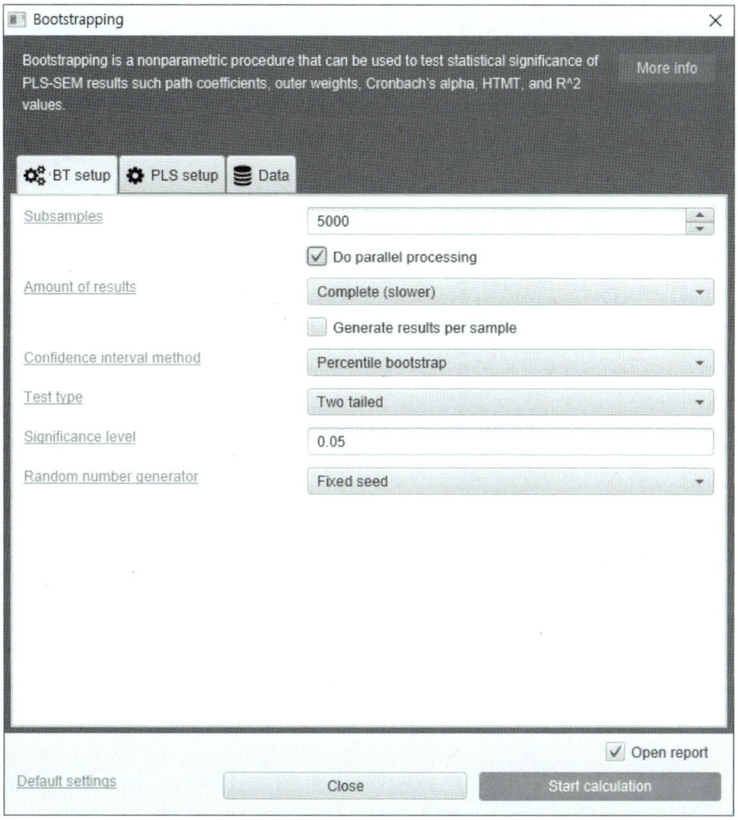

❹ [출력 결과 보기 창]의 [Final results]에 있는 [Outer weights]를 좌 클릭해 들어간다. 형성적 측정변수 중에서 REPU4만 유의적(p=0.040)이고 나머지 REPU1(p=0.087), REPU2(p=0.294), REPU3(p=0.148)은 비유의적인 것으로 나타났다. 분석 결과에 의하면 형성적 측정변수 중에서 REPU4만 측정변수를 유지할 수 있음을 알 수 있다. 나머지 비유의적인 형성적 측정변수들은 [Outer loadings] 값을 분석해야 한다.

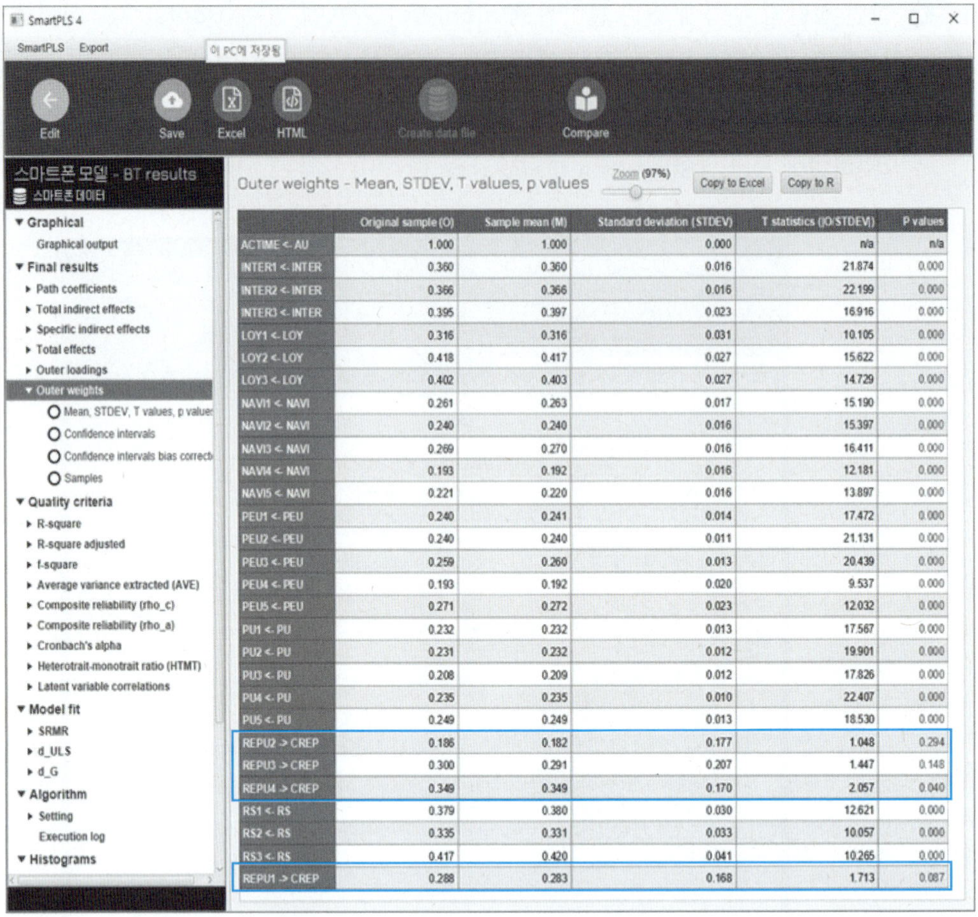

	Original sample (O)	Sample mean (M)	Standard deviation (STDEV)	T statistics (|O/STDEV|)	P values
ACTIME <- AU	1.000	1.000	0.000	n/a	n/a
INTER1 <- INTER	0.360	0.360	0.016	21.874	0.000
INTER2 <- INTER	0.366	0.366	0.016	22.199	0.000
INTER3 <- INTER	0.395	0.397	0.023	16.916	0.000
LOY1 <- LOY	0.316	0.316	0.031	10.105	0.000
LOY2 <- LOY	0.418	0.417	0.027	15.622	0.000
LOY3 <- LOY	0.402	0.403	0.027	14.729	0.000
NAVI1 <- NAVI	0.261	0.263	0.017	15.190	0.000
NAVI2 <- NAVI	0.240	0.240	0.016	15.397	0.000
NAVI3 <- NAVI	0.269	0.270	0.016	16.411	0.000
NAVI4 <- NAVI	0.193	0.192	0.016	12.181	0.000
NAVI5 <- NAVI	0.221	0.220	0.016	13.897	0.000
PEU1 <- PEU	0.240	0.241	0.014	17.472	0.000
PEU2 <- PEU	0.240	0.240	0.011	21.131	0.000
PEU3 <- PEU	0.259	0.260	0.013	20.439	0.000
PEU4 <- PEU	0.193	0.192	0.020	9.537	0.000
PEU5 <- PEU	0.271	0.272	0.023	12.032	0.000
PU1 <- PU	0.232	0.232	0.013	17.567	0.000
PU2 <- PU	0.231	0.232	0.012	19.901	0.000
PU3 <- PU	0.208	0.209	0.012	17.826	0.000
PU4 <- PU	0.235	0.235	0.010	22.407	0.000
PU5 <- PU	0.249	0.249	0.013	18.530	0.000
REPU2 -> CREP	0.186	0.182	0.177	1.048	0.294
REPU3 -> CREP	0.300	0.291	0.207	1.447	0.148
REPU4 -> CREP	0.349	0.349	0.170	2.057	0.040
RS1 <- RS	0.379	0.380	0.030	12.621	0.000
RS2 <- RS	0.335	0.331	0.033	10.057	0.000
RS3 <- RS	0.417	0.420	0.041	10.265	0.000
REPU1 -> CREP	0.288	0.283	0.168	1.713	0.087

❺ [출력 결과 보기 창]의 [Final results]에 있는 [Outer loadings]를 좌 클릭해 들어간다. 비유의적인 형성적 측정변수 중에서 REPU1(0.873), REPU2(0.853), REPU3(0.902)은 외부적재치가 임계치인 0.5보다 모두 크므로 형성적 측정변수를 유지할 수 있음을 알 수 있다. 결론적으로 형성적 측정변수들에 대한 유의성검증 결과 REPU4만 유의적인 것으로 나타났다. 보완적으로 외부가중치가 비유의적임에도 불구하고 외부적재치를 살펴본 결과 REPU1, REPU2, REPU3도 모두 외부적재치가 임계치인 0.5 이상이므로 형성적 측정변수로서 그 적합성이 인정된다고 볼 수 있다.

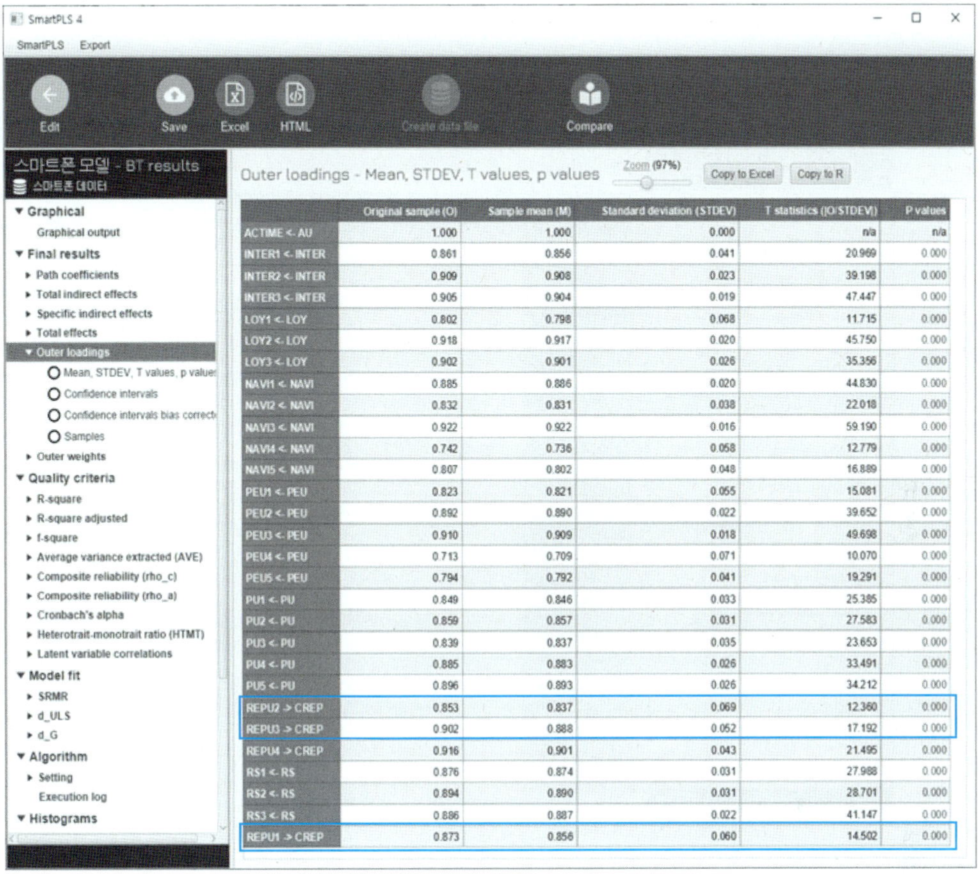

	Original sample (O)	Sample mean (M)	Standard deviation (STDEV)	T statistics (|O/STDEV|)	P values
ACTIME <- AU	1.000	1.000	0.000	n/a	n/a
INTER1 <- INTER	0.861	0.856	0.041	20.969	0.000
INTER2 <- INTER	0.909	0.908	0.023	39.198	0.000
INTER3 <- INTER	0.905	0.904	0.019	47.447	0.000
LOY1 <- LOY	0.802	0.798	0.068	11.715	0.000
LOY2 <- LOY	0.918	0.917	0.020	45.750	0.000
LOY3 <- LOY	0.902	0.901	0.026	35.356	0.000
NAVI1 <- NAVI	0.885	0.886	0.020	44.830	0.000
NAVI2 <- NAVI	0.832	0.831	0.038	22.018	0.000
NAVI3 <- NAVI	0.922	0.922	0.016	59.190	0.000
NAVI4 <- NAVI	0.742	0.736	0.058	12.779	0.000
NAVI5 <- NAVI	0.807	0.802	0.048	16.889	0.000
PEU1 <- PEU	0.823	0.821	0.055	15.081	0.000
PEU2 <- PEU	0.892	0.890	0.022	39.652	0.000
PEU3 <- PEU	0.910	0.909	0.018	49.698	0.000
PEU4 <- PEU	0.713	0.709	0.071	10.070	0.000
PEU5 <- PEU	0.794	0.792	0.041	19.291	0.000
PU1 <- PU	0.849	0.846	0.033	25.385	0.000
PU2 <- PU	0.859	0.857	0.031	27.583	0.000
PU3 <- PU	0.839	0.837	0.035	23.653	0.000
PU4 <- PU	0.885	0.883	0.026	33.491	0.000
PU5 <- PU	0.896	0.893	0.026	34.212	0.000
REPU2 -> CREP	0.853	0.837	0.069	12.360	0.000
REPU3 -> CREP	0.902	0.888	0.052	17.192	0.000
REPU4 -> CREP	0.916	0.901	0.043	21.495	0.000
RS1 <- RS	0.876	0.874	0.031	27.988	0.000
RS2 <- RS	0.894	0.890	0.031	28.701	0.000
RS3 <- RS	0.886	0.887	0.022	41.147	0.000
REPU1 -> CREP	0.873	0.856	0.060	14.502	0.000

❻ 외부가중치는 신뢰구간 추정법을 사용해서도 유의성을 검증할 수 있다. [출력 결과 보기 창]의 [Final results]에 있는 [Outer weights]의 [Confidence intervals]를 좌클릭해 들어간다. 신뢰구간(하한값, 상한값) 내에 0을 포함하고 있지 않으면 각 외부가중치는 유의적이라고 판단할 수 있다. 신뢰구간 추정법에 의한 신뢰구간 추정 결과를 제시하면 다음과 같다. [Outer weights]의 신뢰구간을 보면 REPU1[−0.059, 0.600], REPU2[−0.183, 0.528], REPU3[−0.131, 0.679], REPU4 [0.036, 0.715]으로 나타났다. 따라서 신뢰구간 내에 0을 포함하고 있지 않는 측정변수는 REPU4이며 이는 유의수준 0.05($\alpha=0.05$)에서 유의적임을 알 수 있다.

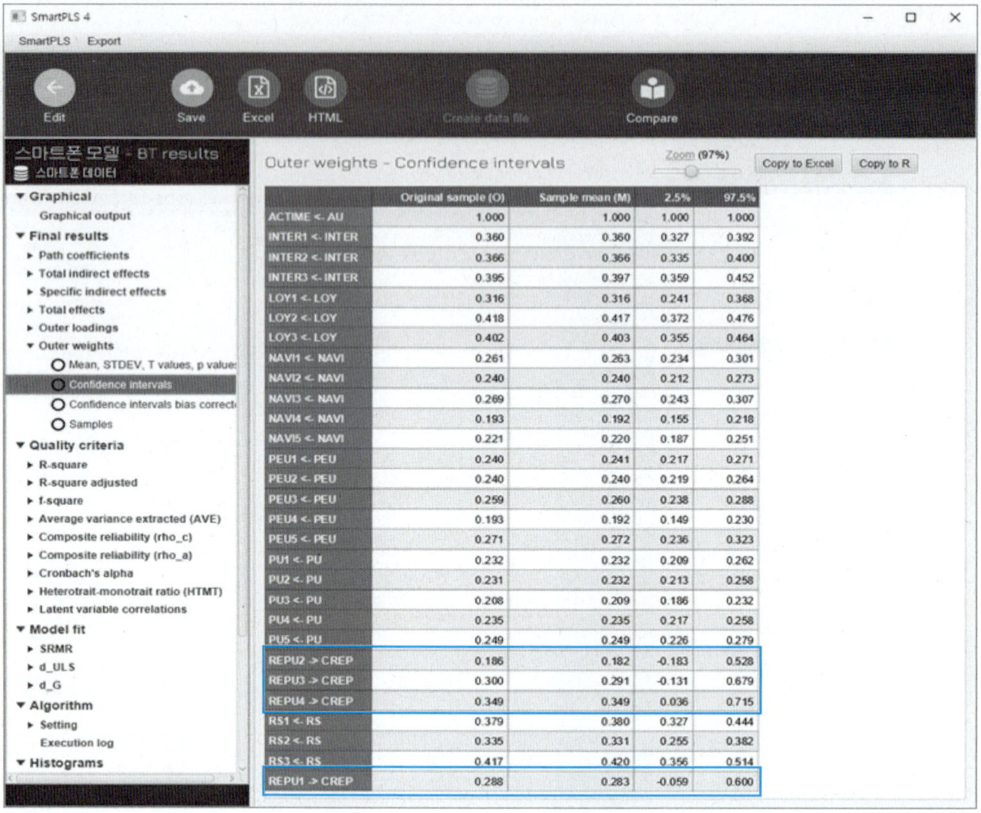

	Original sample (O)	Sample mean (M)	2.5%	97.5%
ACTIME <- AU	1.000	1.000	1.000	1.000
INTER1 <- INTER	0.360	0.360	0.327	0.392
INTER2 <- INTER	0.366	0.366	0.335	0.400
INTER3 <- INTER	0.395	0.397	0.359	0.452
LOY1 <- LOY	0.316	0.316	0.241	0.368
LOY2 <- LOY	0.418	0.417	0.372	0.476
LOY3 <- LOY	0.402	0.403	0.355	0.464
NAVI1 <- NAVI	0.261	0.263	0.234	0.301
NAVI2 <- NAVI	0.240	0.240	0.212	0.273
NAVI3 <- NAVI	0.269	0.270	0.243	0.307
NAVI4 <- NAVI	0.193	0.192	0.155	0.218
NAVI5 <- NAVI	0.221	0.220	0.187	0.251
PEU1 <- PEU	0.240	0.241	0.217	0.271
PEU2 <- PEU	0.240	0.240	0.219	0.264
PEU3 <- PEU	0.259	0.260	0.238	0.288
PEU4 <- PEU	0.193	0.192	0.149	0.230
PEU5 <- PEU	0.271	0.272	0.236	0.323
PU1 <- PU	0.232	0.232	0.209	0.262
PU2 <- PU	0.231	0.232	0.213	0.258
PU3 <- PU	0.208	0.209	0.186	0.232
PU4 <- PU	0.235	0.235	0.217	0.258
PU5 <- PU	0.249	0.249	0.226	0.279
REPU2 -> CREP	0.186	0.182	-0.183	0.528
REPU3 -> CREP	0.300	0.291	-0.131	0.679
REPU4 -> CREP	0.349	0.349	0.036	0.715
RS1 <- RS	0.379	0.380	0.327	0.444
RS2 <- RS	0.335	0.331	0.255	0.382
RS3 <- RS	0.417	0.420	0.356	0.514
REPU1 -> CREP	0.288	0.283	-0.059	0.600

❼ 외부적재치는 신뢰구간 추정법을 사용해서도 유의성을 검증할 수 있다. [출력 결과 보기 창]의 [Final results]에 있는 [Outer loadings]의 [Confidence intervals]를 좌클릭해 들어간다. 신뢰구간(하한값, 상한값) 내에 0을 포함하고 있지 않으면 각 외부적재치는 유의적이라고 판단할 수 있다. 신뢰구간 추정법에 의한 신뢰구간 추정 결과를 제시하면 다음과 같다. 한편 [Outer loadings]의 신뢰구간을 보면 REPU1[0.715, 0.946], REPU2[0.679, 0.948], REPU3[0.766, 0.969]로 나타났다. 따라서 신뢰구간 내에 0을 모두 포함하고 있지 않지 않으므로 모든 형성적 측정변수들의 외부적재치는 유의수준 0.05($\alpha=0.05$)에서 유의적임을 알 수 있다.

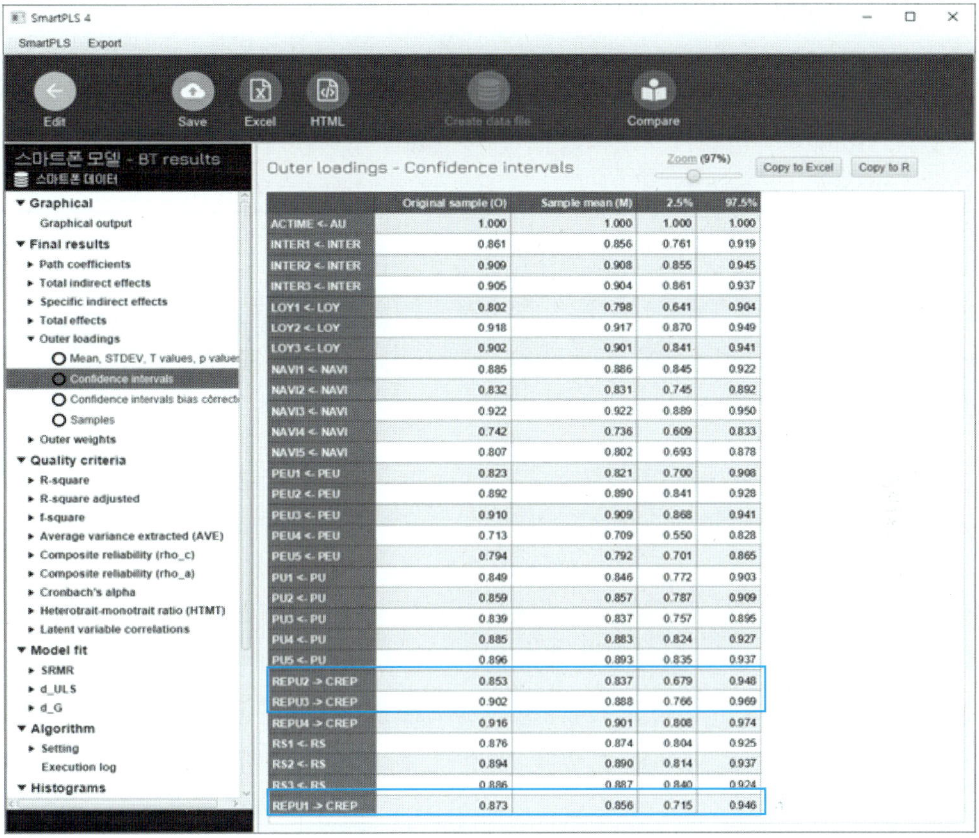

8 지금까지 반영적 및 형성적 측정모델에 대한 신뢰도와 타당도를 살펴보았다. 평가 결과에 의하면 반영적 측정모델과 형성적 측정모델의 잠재변수와 측정변수들은 모두 신뢰도와 타당도를 확보한 것으로 평가된다. 지금까지 실습한 **외부가중치와 외부적재치의 유의성과 적합성에 대한 평가 결과**를 표로 요약하면 다음과 같다.

형성적 잠재변수	형성적 측정변수	외부가중치	t값	유의확률	95% PC 신뢰구간	유의성 ($p<0.05$)
CREP (기업 명성)	REPU1	0.288	1.713	0.087	[−0.059, 0.600]	아니오
	REPU2	0.186	1.048	0.294	[−0.183, 0.528]	아니오
	REPU3	0.300	1.447	0.148	[−0.131, 0.679]	아니오
	REPU4	0.349	2.057	0.040	[0.036, 0.715]	예

형성적 잠재변수	형성적 측정변수	외부적재치	t값	유의확률	95% PC 신뢰구간	유의성 ($p<0.05$)
CREP (기업 명성)	REPU1	0.873	14.502	0.000	[0.715, 0.946]	예
	REPU2	0.853	12.360	0.000	[0.679, 0.948]	예
	REPU3	0.902	17.192	0.000	[0.766, 0.969]	예

부트스트래핑 결과는 복원추출방법을 사용하고 있으므로 **매번 실행할 때마다 다른 결과값(경로계수, t값)을 산출**한다. 또한 여러분들이 실행한 결과와 이 책의 저자가 실행한 결과는 항상 다름에 유의해야 한다. 그러나 결과치는 유의성 평가를 뒤집을 만큼 다른 결과가 산출되는 것은 아니며 매우 작은 차이를 보여준다. 따라서 연구자들은 부트스트래핑 결과 약간 차이가 있는 다른 통계치를 얻더라도 전혀 당황할 필요가 없으며 실행한 결과에 따라 보고하고 해석하면 된다.

지금까지 우리들은 제7장과 제8장에서 **반영적 측정모델과 형성적 측정모델(측정변수들과 잠재변수들)의 신뢰도와 타당도**에 대해서 살펴보았다. 평가 결과에 의하면 반영적 측정모델과 형성적 측정모델은 모두 신뢰도와 타당도가 확보된 것으로 결론을 내릴 수 있다. 따라서 이제 **구조모델의 평가 절차**로 넘어갈 수 있다. 하지만 측정모델의 평가 결과 신뢰도와 타당도가 확보되지 않았다면 구조모델의 평가 단계로 넘어갈 수 없다. 이러한 경우에는 신뢰도와 타당도를 확보할 수 있는 여러 가지 방법을 계속해서 강구하고 조치해야 한다.

제8장의 연습과 실습문제 >>>

01 형성적 측정모델의 평가와 수용기준을 설명하시오.

02 형성적 잠재변수의 집중타당도를 평가하기 위한 중복성분석(Redundancy analysis)에 대해 설명하시오.

03 다중공선성이란 무엇이며 이의 해결방법을 제시하시오.

04 형성적 측정변수의 외부가중치와 외부적재치의 유의성과 적합성 평가에 대해서 설명하시오.

05 부트스트래핑이란 무엇이며, 이를 사용하는 목적이 무엇인지 설명하시오.

06 형성적 측정변수의 유지와 제거를 결정하기 위한 기준을 설명하시오.

07 다음의 용어들을 간략히 설명하시오.

① 부트스트래핑(Bootstrapping)
② 공선성(Collinearity)
③ 내용타당도(Content validity)
④ 형성적 잠재변수의 집중타당도
⑤ 중복성분석(Redundancy analysis)
⑥ VIF(Variance Inflation Factor)
⑦ TOL(Tolerance)

제8장의 핵심내용 정리 >>>

- 형성적 측정모델의 평가는 반영적 측정모델의 평가에서 사용된 내적 일관성 신뢰도, CR, AVE 등의 평가기준을 사용할 수 없으며 완전히 다른 새로운 기준이 요구된다.
- 형성적 측정모델(Formative measurement model)의 평가기준은 크게 형성적 측정모델의 집중타당도(Convergent validity), 다중공선성(Multicollinearity) 및 형성적 측정변수의 외부가중치(Outer weight)와 외부적재치(Outer loading)의 유의성과 적합성 평가로 구분된다.
- 집중타당도(Convergent validity)란 동일한 잠재변수(The same construct)에 대하여 형성적 측정변수들로 측정된 잠재변수와 반영적 측정변수들로 측정된 잠재변수 간의 정적인 상관관계 정도를 의미한다.
- 형성적 측정모델의 집중타당도를 평가하려면 형성적 측정변수로 측정된 특정 잠재변수와 반영적 측정변수들로 구성된 동일한 잠재변수 간에 얼마나 높은 상관관계를 가지고 있는지를 분석해야 한다. 이러한 유형의 분석은 중복성분석(Redundancy analysis)이라고 한다.
- 형성적 측정변수들 간에도 높은 상관성을 나타낼 수 있는데 이를 다중공선성(Multicollinearity)이라고 한다.
- 다중공선성을 파악하는 데 사용되는 척도로는 공차한계(Tolerance: TOL), 분산팽창인자(Variance Inflation Factor: VIF) 등이 있다. SmartPLS 프로그램에서는 분산팽창인자(VIF)를 많이 사용한다. VIF가 5 이상이면 잠재적으로 다중공선성 문제가 있다고 판단한다.
- 형성적 측정모델의 외부가중치(Outer weights)를 평가하려면 부트스트래핑(Bootstrapping)을 실행하여야 한다. 먼저, 부트스트래핑 실행 결과를 통해 얻은 t값을 이용해 외부가중치의 유의성을 분석한다. 만약 분석 결과 외부가중치가 유의적이면 해당 형성적 측정변수를 유지하고 결과를 해석한다. 다음으로, 외부가중치가 비유의적인 경우에는 형성적 측정변수들의 외부적재치(Outer loading)에 대한 유의성과 적합성 평가를 통해 해당 측정변수의 유지와 제거 여부를 결정한다.
- PLS-SEM은 외부가중치와 외부적재치의 유의성검증을 위해서 비모수적 부트스트래핑 절차를 이용한다. 부트스트래핑(Bootstrapping)은 비모수적 접근을 통해서 각 계수들에 대한 검증통계량인 t값(t value)을 추정하는 실행 명령으로 볼 수 있다.
- 부트스트래핑(Bootstrapping)에서는 많은 수의 표본들을 대체(Replacement)를 통해서 연구자가 추출한 최초표본(Original sample)에서 부표본(Subsamples)을 추출한다. 매번 최초표본으로부터 무작위적으로 부표본을 추출하고 다시 최초표본집단에 돌려놓는다. 복원추출할 때 어떤

관측치는 한 번 이상 추출될 수도 있고 다른 관측치는 한 번도 추출되지 않을 수도 있다.

- 신뢰구간(하한값, 상한값)을 이용해서 외부가중치와 적재치의 유의성을 평가할 수 있다. 신뢰구간 내에 0을 포함하고 있지 않으면 해당 외부가중치나 외부적재치가 유의적이라고 판단할 수 있다.
- 반영적 측정모델과 형성적 측정모델의 평가 결과 모두 신뢰도와 타당도가 확보되면 구조모델의 평가 절차로 넘어갈 수 있다. 하지만 신뢰도와 타당도가 확보되지 않으면 구조모델의 평가 단계로 넘어갈 수 없다. 이러한 경우에는 신뢰도와 타당도를 확보할 수 있는 여러 가지 방법을 계속해서 강구하고 조치해야 한다.

제 9 장 구조모델 결과의 평가: 가설검증

1 구조모델의 결과 평가와 수용기준

반영적 측정모델과 형성적 측정모델의 평가 결과 **측정변수들과 잠재변수들의 신뢰도와 타당도가 존재하는 것으로 확인**되었다면 이제 **구조모델의 평가**로 넘어갈 수 있다. 구조모델의 평가는 경로계수의 유의성과 적합성검증을 통해 가설검증을 하며, PLS-SEM에서는 **별도의 평가기준**을 통해서 외생잠재변수(혹은 예측변수, 독립변수)의 내생잠재변수에 대한 예측력, 설명력 그리고 내생잠재변수들에 대한 외생잠재변수(혹은 예측변수, 독립변수)의 상대적 영향력(Relative effect, or impact)을 나타내는 효과크기(Effect size)와 예측력(Predictive power)을 평가하는 단계이다. 결국 구조모델의 평가는 연구자가 설계하고 개발한 연구모델을 최종적으로 확정하고 이 구조모델이 적합한 모델임을 확인하는 절차라고 볼 수 있다. 연구자는 **구조모델이 적합한 모델로 확인**되면 비로소 **가설검증을 수행**할 수 있게 된다.

CB-SEM은 제1장에서도 설명한 것처럼 공분산행렬의 적합 최대화, 즉 각 사례로부터 구한 표본공분산행렬과 연구모델의 추정을 통해 얻은 모집단공분산행렬 간의 차이를 최대한 작게 하여 전체 구조모델을 최적화시키는 것을 목적으로 한다. 따라서 두 행렬의 차이값이 0이 되면 두 행렬은 같은 것이며 모델과 데이터는 잘 적합된다고 볼 수 있다. CB-SEM은 **모델적합도**(Model fit)를 평가하기 위한 다양한 지수들을 개발하여 적용하고 있다. **대표적인 적합도 지수**에는 χ^2(Chi squres), Q값, SRMR, TLI, RMSEA 등이 있다. 그러나 PLS-SEM에서는 **이러한 적합도 지수들을 사용할 수 없다**. 왜냐하면 CB-SEM과 PLS-SEM은 서로 다른 통계적 목표를 가지고 있기 때문이다. 즉 CB-SEM은 공분산행렬 간의 차이를 최소화하는 것이 목표이지만 PLS-SEM은 외생잠재변수(혹은 예측변수, 독립변수)에 의해서 내생잠재변수의 설명분산을 최대화하는 것을 목표로 한다. 따라서 PLS-SEM의 구조모델 평가에서는 CB-SEM에서 사용하는 적합도 지수 대신에 모델의 예측력을 검증하는 데 초점을 두고 있는 별도의 평가기준을 적용해야 한다. PLS-SEM에 의한 구조모델의 평가는 구조모델의 외생잠재변수(혹은 예측변수, 독립변수)가 내생잠재변수를 얼마나 잘 예측하는가의 관점에서 수행되어야 한다.

표 9-1 PLS-SEM이 제공하는 적합도 지수들

Model fit

	Saturated model	Estimated model
SRMR	0.066	0.084
d_ULS	1.909	3.037
d_G	1.542	1.627
Chi-square	756.546	786.254
NFI	0.736	0.726

[표 9-1]에 제시된 것처럼 PLS-SEM의 경우도 CB-SEM에서 제공되는 적합도 지수와 유사한 지수들(SRMR, d_ULS, d_G, χ^2, NFI 등)을 개발하여 제공하고 있다. SRMR (Standardized root mean sqare residual)이 0.10(혹은 보수적 기준 0.08) 미만이면 좋은 적합도(Good fit)로 판단한다. 그러나 이 책의 저자는 Hair et al.(2017a)의 주장에 근거해 볼 때 현재 PLS-SEM에서 제공하고 있는 적합도 지수는 사용치 않는 것이 좋으며 PLS-SEM 알고리즘과 일관된 PLS-SEM 알고리즘의 선택 등과 같은 일부의 목적으로만 사용하는 것이 바람직하다고 판단하고 있다. 왜냐하면 SmartPLS에서 제공하는 적합도 지수들은 타당한 모델과 그렇지 않을 모델을 구분하지 못할 뿐만 아니라 이 지수들의 사용이 오히려 PLS-SEM의 통계적 목표 달성에 해(害)가 될 수도 있음에 유의해야 한다.

이상에서 살펴본 것처럼 PLS-SEM에서는 CB-SEM에서 사용하는 적합도 지수들을 사용하지 않는 것이 좋다. 따라서 PLS-SEM에서는 아직 SRMR 등의 일부의 적합도 지수만을 제공하고 있으며 대신에 적합도 지수를 대체할 수 있도록 구조모델을 평가하기 위한 별도의 평가기준을 적용하고 있다.

PLS-SEM에서는 구조모델의 평가를 위해 CB-SEM에서 사용하고 있는 적합도 지수를 적용할 수 없다. 많은 학자들이 PLS-SEM에서 적용 가능한 적합도 지수를 개발하기 위해서 노력해 왔지만 완전한 해결책을 찾지 못하고 있는 상황이다. 따라서 PLS-SEM에서는 구조모델의 평가를 위한 **별도의 대안적인 평가기준(VIF, R^2, f^2, Q^2, 평균손실차이 등)**을 사용하는 것이 필요하다.

표 9-2 구조모델의 평가와 수용기준

구조모델의 평가기준
- 다중공선성
- 결정계수 R^2
- 효과크기 f^2
- 예측력 Q^2, 평균손실차이
- 경로계수의 유의성과 적합성

단계	평가기준	의미	수용기준
1	다중 공선성	잠재변수 간의 다중공선성	잠재변수들(혹은 예측변수들, 독립변수들) 간의 내부VIF < 5: 잠재변수 간 다중공선성이 없음 내부VIF ≥ 5: 다중공선성 존재 공선성 통계량(VIF) 결과에서 [내부VIF값 탭(Inner VIF Values)]에서 확인
2	결정계수 (R^2)	외생잠재변수(혹은 예측변수, 독립변수)에 의해서 설명되는 내생잠재변수의 분산비율로, 이 값이 높을수록 독립변수에 의해서 내생잠재변수의 설명력이 높다고 평가	외생잠재변수들(혹은 예측변수, 독립변수)의 내생잠재변수에 대한 R^2 0.25: 약한 설명력 R^2 0.50: 중간 정도의 설명력 R^2 0.75: 내생잠재변수에 대한 큰 설명력
3	효과크기 (f^2)	내생잠재변수에 대한 외생잠재변수의 상대적 영향력(Relative effect, or impact), 즉 외생잠재변수들이 내생잠재변수의 R^2값에 기여하는 정도	외생잠재변수의 내생잠재변수에 대한 f^2 0.02: 작은 효과크기 f^2 0.15: 중간 효과크기 f^2 0.35: 큰 효과크기
4	예측력 (Q^2, 평균손실차이)	내생잠재변수에 대한 외생잠재변수의 예측력 혹은 예측적 적합성(Predictive power, or Relevance) 척도	외생잠재변수의 내생잠재변수에 대한 $Q^2 > 0$: 예측력이 있음 $Q^2 \leq 0$: 예측력이 없음 평균손실차이 ≤ 0: 예측력이 있음 평균손실차이 > 0: 예측력이 없음
5	경로계수의 유의성과 적합성	구조모델 경로계수 결과의 유의성과 적합성검증(가설검증)	유의성을 확인하려면 부트스트래핑을 실행해야 한다. 유의성 평가의 임계치(양측검증) t값 1.65: 유의수준 10%(α=0.1) t값 1.96: 유의수준 5%(α=0.05) t값 2.57: 유의수준 1%(α=0.01)

[표 9-2]는 PLS-SEM에서 연구자들이 구조모델의 평가에 사용할 수 있는 주요 평가기준들과 수용기준을 제시한 것이다. 구조모델의 평가는 다섯 단계로 구성되어 있다. 여기에서는 주요 평가기준을 중심으로 간략히 소개하고 평가기준의 의미와 수용기준에 대해서는 뒤에서 설명하기로 한다.

- 제1단계는 잠재변수 간의 다중공선성을 평가하는 단계이다. 이를 위한 평가기준으로는 내부모델(구조모델)의 내부VIF값(Inner VIF Values)을 사용한다.
- 제2단계는 외생잠재변수(혹은 예측변수, 독립변수)의 내생잠재변수에 대한 설명력을 평가하는 단계이다. 이를 위한 평가기준으로는 결정계수 R^2을 사용한다.
- 제3단계는 내생잠재변수에 대한 외생잠재변수(혹은 예측변수, 독립변수)의 상대적 영향력, 즉 외생잠재변수들이 내생잠재변수의 R^2에 기여하는 정도를 평가하는 단계이다. 이를 위한 평가기준으로는 효과크기(f^2)를 사용한다.
- 제4단계는 구조모델에서 외생잠재변수들이 특정 내생잠재변수에 대해 예측력(Predictive ability), 혹은 예측적 적합성(Predictive relevance)을 가지고 있는지의 여부를 평가하는 단계이다. 이를 위한 평가기준으로는 Q^2, RMSE, MAE 및 평균손실차이(The difference of the average loss values)를 사용한다.
- 제5단계는 부트스트래핑의 실행을 통해 산출한 t값을 이용해 경로계수의 유의성과 적합성을 평가하는 단계이다. 이를 통해 연구자들은 가설검증을 시행할 수 있다.

2 다중공선성

내생잠재변수에 대한 잠재변수(혹은 예측변수, 독립변수) 간의 다중공선성의 판단은 내부VIF값을 이용한다(Hair et al., 2017a). 다중공선성의 판단은 구조모델의 각 부분에서 독립적으로 잠재변수를 확인해야 한다. [그림 9-1]에서 종속변수가 화살표를 하나만 받은 경우는 잠재변수가 하나이므로 다중회귀분석의 대상이 아니다.

그림 9-1 스마트폰 프로젝트(RS4 제거 후)의 구조모델과 다중공선성의 분석이 필요한 부분

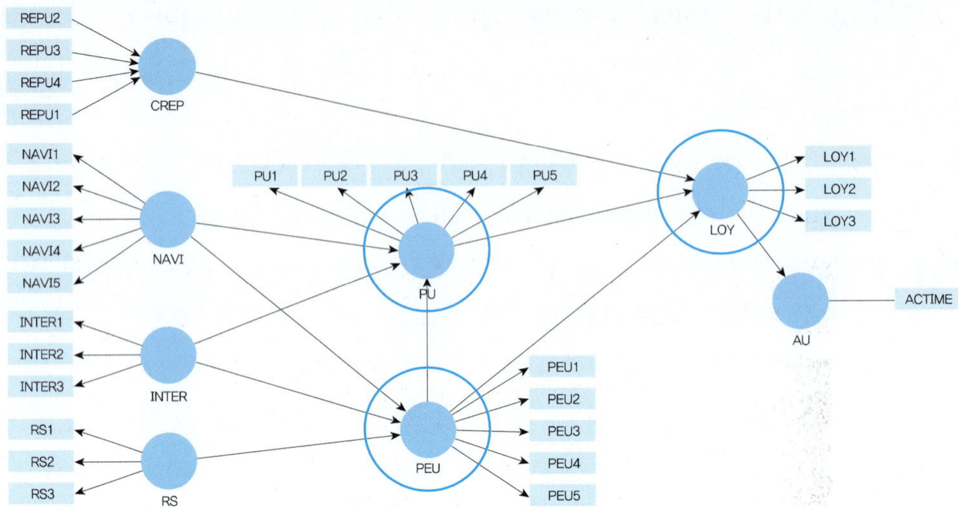

[그림 9-1]은 [스마트폰 프로젝트(RS4 제거 후)]의 구조모델과 다중회귀분석이 필요한 부분을 제시한 것이다. 색 원은 종속변수(PEU, PU, LOY)이며 각 종속변수가 화살표를 받은 수는 바로 잠재변수(혹은 예측변수, 독립변수)임을 알 수 있다. 만약 종속변수 PU가 화살표 세 개를 받았다면 잠재변수가 세 개임을 말하며 이들 잠재변수 간에는 다중공선성이 발생될 수 있다. [표 9-3]은 다중회귀분석이 필요한 부분을 요약한 것이다.

표 9-3 다중회귀분석에서 잠재변수 간의 관계

구조모델에서 다중회귀분석이 필요한 부분	잠재변수 (혹은 예측변수, 독립변수)	영향관계	종속변수
1	CREP, PEU, PU	⇨	LOY
2	INTER, NAVI, RS	⇨	PEU
3	INTER, NAVI, PEU	⇨	PU

주: 색글자로 되어 있는 것들은 다중회귀분석에서 독립변수로 투입됨.

[PLS-SEM Algorithm]을 실행한 후 보고서에서 [Collinearity statistics(VIF)]의 [Inner VIF values]를 좌 클릭해서 들어가면 [표 9-4]와 같은 결과가 제시되어 있음을 알

수 있다. 구조모델의 각 부분별(직사각형 안)로 내부VIF값을 보면 모두 5 미만임을 알 수 있다. 따라서 종속변수를 예측하기 위한 잠재변수들(혹은 예측변수, 독립변수) 간에는 다중공선성이 존재하지 않음을 알 수 있다.

표 9-4 구조모델에서의 다중공선성 평가

Collinearity statistics (VIF) - Inner model - Matrix Zoom (97%) Copy to Excel Copy to R

	AU	CREP	INTER	LOY	NAVI	PEU	PU	RS
AU								
CREP				2.073				
INTER						2.854	3.174	
LOY	1.000							
NAVI						2.799	3.110	
PEU				2.645			2.848	
PU				3.016				
RS						1.719		

구조모델에 대한 다중공선성의 평가 결과 다중공선성이 존재한다고 판단되면 다음과 같은 조치를 해야 한다.

- ▶ 해당 잠재변수를 제거한다.
- ▶ 잠재변수들(혹은 예측변수들, 독립변수들)을 단일의 잠재변수로 병합한다.
- ▶ 위계적 성분모델(HCM)을 만든다.

3 결정계수(R^2)

결정계수(Coefficient of determination)는 구조모델 평가 시 가장 많이 사용되는 평가기준이며 R^2으로 표시된다. PLS-SEM 알고리즘은 구조방정식모델에서 내생잠재변수들의 R^2을 극대화하는 것이 목적이며 모든 내생잠재변수에 대해서 산출된다. 일반적으로 선형회귀분석에서는 피어

손상관관계(r)의 제곱(r^2)을 결정계수라 하며 이는 종속변수가 가지는 총변량 중에서 회귀모델을 통해서 설명할 수 있는 분산의 비율을 말한다. PLS-SEM의 구조모델에서 R^2은 내생잠재변수에 대한 외생잠재변수들의 결합된 영향을 나타내며 내생잠재변수에 연결되어 있는 모든 외생잠재변수들에 의해서 설명되는 내생잠재변수의 분산 비율을 의미한다.

결정계수 R^2은 모델의 예측력(Predictive power), 즉 설명력을 의미하는 것으로 해석된다. R^2은 0~1의 값을 가지며 이 값이 1에 가까울수록 예측정확성이 높고 모델의 유용성이 높다고 할 수 있다. 반면에 0에 가깝다면 모델의 유용성이 낮다고 할 수 있다. 수용 가능한 R^2은 모델의 복잡성과 연구 분야에 따라 달라지기 때문에 일률적인 기준을 제시하기는 어렵다. 일반적으로 사회과학 분야의 PLS-SEM 연구에서는 내생잠재변수들에 대한 R^2이 0.25이면 약한 값(Weak value), 0.50이면 중간값(Moderate value) 그리고 0.75이면 큰 값(Substantial value)을 나타낸다(Hair et al., 2011; Henseler et al., 2009).

R^2만을 가지고 모델을 선택하는 것은 바람직한 접근이 아니다. 왜냐하면 모델에서 비록 비유의적인 잠재변수라 할지라도 외생잠재변수(혹은 예측변수들, 독립변수들)의 수를 늘리면 언제나 R^2이 높아지기 때문이다. 연구자들은 모델의 간명성(Parsimony)을 높이기 위해서 데이터를 잘 설명할 수 있는 R^2이 높은 모델을 선호하며 외생잠재변수의 수가 적은 것을 선호한다. 그러므로 연구자들은 무조건 외생잠재변수의 수를 늘리는 것은 가급적 피하는 것이 좋다. 이러한 이유 때문에 복잡한 모델을 사용하는 경우에는 수정된 R^2을 사용하기도 한다. 이는 R^2 값을 표본크기와 외생잠재변수의 수에 의해 조정된 값이다.

4 효과크기(f^2)

효과크기(Effect size) f^2은 내생잠재변수에 대한 외생잠재변수들의 상대적 영향에 대한 측정치로 외생잠재변수들이 내생잠재변수의 R^2에 기여하는 정도를 말한다.

구조모델 평가에서 효과크기 f^2은 R^2과 함께 외생잠재변수의 내생잠재변수에 대한 공헌을 측정하는 데 사용되는 평가기준이다. 이 값은 SmartPLS에서 자동적으로 제공된다. 효과크기

f^2 0.02는 내생잠재변수에 대한 외생잠재변수의 **작은 효과크기**, 0.15는 **중간 정도의 효과크기** 그리고 0.35는 **큰 효과크기**를 의미한다(Cohen, 1988; Chin, 1998).

효과크기 f^2은 다음과 같은 산식에 의해서 계산된다. 여기에서 R^2의 변화는 선택된 외생잠재변수가 포함되었을 때와 제거되었을 때로 구분해 두 번의 추정(① **선택된 외생잠재변수가 포함된 상태에서 추정했을 때의 내생잠재변수의 R^2(전체 구조모델의 추정 결과)**: $R^2_{\text{선택된 외생잠재변수 포함}}$, ② **선택된 외생잠재변수가 제거된 상태에서 재추정했을 때의 내생잠재변수의 R^2**: $R^2_{\text{선택된 외생잠재변수 제거}}$)를 통해 계산된다. 이 값은 SmartPLS 프로그램에서 자동적으로 산출해준다.

$$f^2 = \frac{R^2_{\text{선택된 외생잠재변수 포함}} - R^2_{\text{선택된 외생잠재변수 제거}}}{1 - R^2_{\text{선택된 외생잠재변수 포함}}}$$

그림 9-2 ▌ 효과크기 f^2의 계산 예시

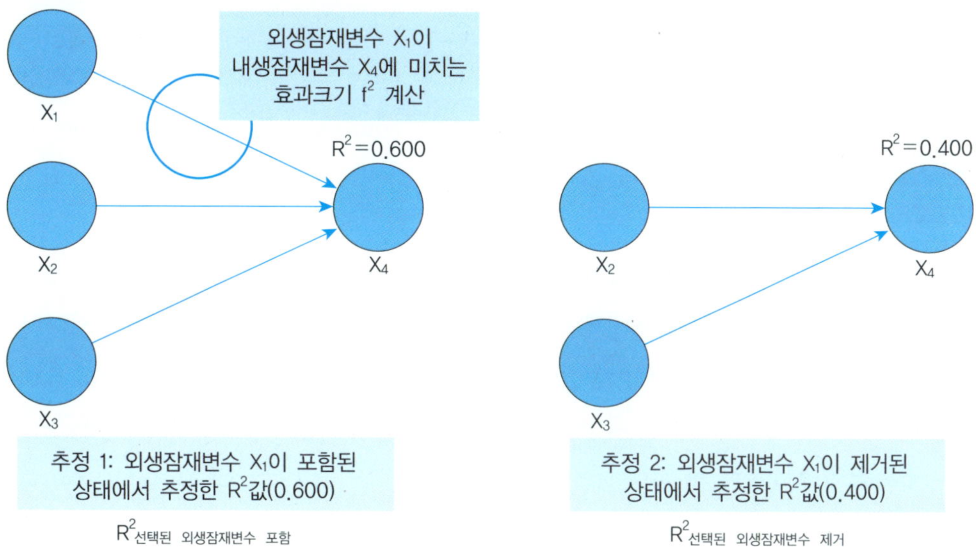

[그림 9-2]는 효과크기 f^2을 계산하는 방법을 예시한 것이다. 여기에서는 외생잠재변수 X_1이 내생잠재변수 X_4에 미치는 경로계수에 대한 효과크기, 즉 f^2의 계산과정만 제시한다. 나머지 효과크기(f^2) 계산 즉 X_2의 X_4에 대한 효과크기, X_3의 X_4에 대한 효과크기의 계산은 생략한다. 이를 위해서는 두 번의 PLS Algorithm의 실행을 해야 한다. 추정 1은 외생잠재변수 X_1이 구조모델에 포함된 상태에서 추정된 R^2(0.600)이고, 추정 2는 외생잠재변수 X_1이 구조모델에서 제거된 상태에서 재추정된 R^2(0.400)이다. 따라서 외생잠재변수인 X_1이 내생잠재변수인 X_4에 미치는 f^2은 $(0.600-0.400)/(1-0.600)=0.5$가 계산된다. f^2이 0.5이면 외생잠재변수 X_1은 내생잠재변수 X_4에 대해서 높은 효과크기를 가지고 있다고 평가할 수 있다.

5 예측력(Q^2과 평균손실차이)

구조방정식모델의 예측력(Predictive power, or Ability) 혹은 예측적 적합성(Predictive relevance)을 평가하려면 PLSpredict와 CVPAT(Cross-validated prediction ability test)를 실행해야 한다. 전자는 Shmueli et al.(2016)이 개발한 것으로 예측력을 평가하기 위한 값으로 Q^2, RMSE(Root mean square error), MAE(Mean absolute error)를 제공한다. 여기에서 Stone-Geisser의 Q^2은 누락거리(Omission distance)에 의한 PLSpredict를 사용해 얻을 수 있다. Q^2은 구조방정식모델에서 외생잠재변수가 특정 내생잠재변수에 대해 얼마나 예측력을 가지고 있는지의 여부만 판단할 수 있는 평가기준이다. 후자는 Liengaard et al.(2021)이 개발하고 Sharma et al.(2022)가 확장한 것으로 예측력을 평가하기 위한 값으로 평균손실차이(Difference of the average loss values)를 제공한다. 이는 PLS-SEM algorithm을 통해 예측오차를 계산하여 PLS-SEM의 평균손실예측치를 구하고, 이에서 측정변수 평균(Indicator average)을 사용해 계산된 평균손실예측치를 빼서 계산한다.

5.1 PLSpredict를 이용한 예측력 평가

SmartPLS 4.0에서는 구조방정식모델에서 PLSpredict를 통해 외생잠재변수의 반영적 내생잠재변수나 측정변수 그리고 단일 측정항목에 대한 예측력을 평가하는 지표로 Q^2, RMSE, MAE를 제공하고 있다. RMSE와 MAE는 PLS-SEM으로 추정한 결과와 LM(Linear Model, 선형모델)으로 추정된 결과를 모두 제공하고 있다. 추정 결과를 전자는 PLS-SEM_RMSE, PLS-SEM_MAE로, 후자는 LM_RMSE, LM_MAE로 제공하고 있다.

툴바의 [Calculate]에서 [PLSpredict와 CVPAT]을 선택한 후 옵션 지정 창에서 디폴트 그대로 두고 [Start calculation]을 클릭하면 PLSpredict와 CVPAT가 실행된다.

그림 9-3 SmartPLS 4.0에서 PLSpredict/CVPAT의 실행

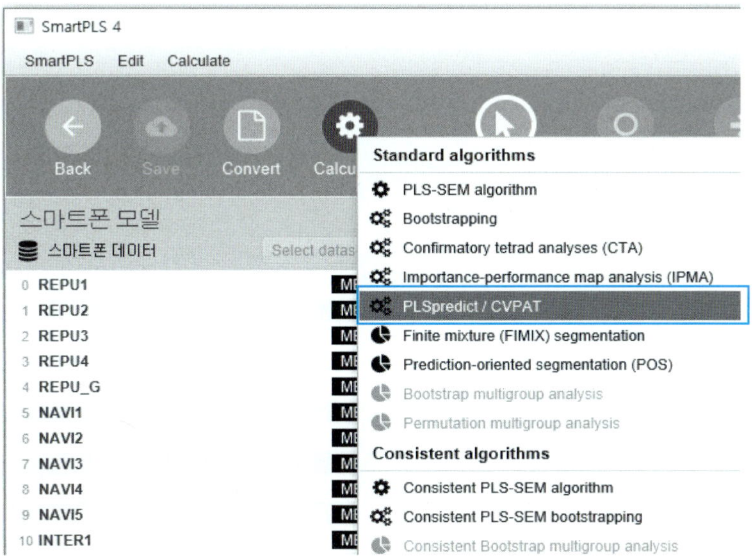

▶ 그림 9-4 ▌SmartPLS 4.0에서 PLSpredict/CVPAT의 옵션 지정 창

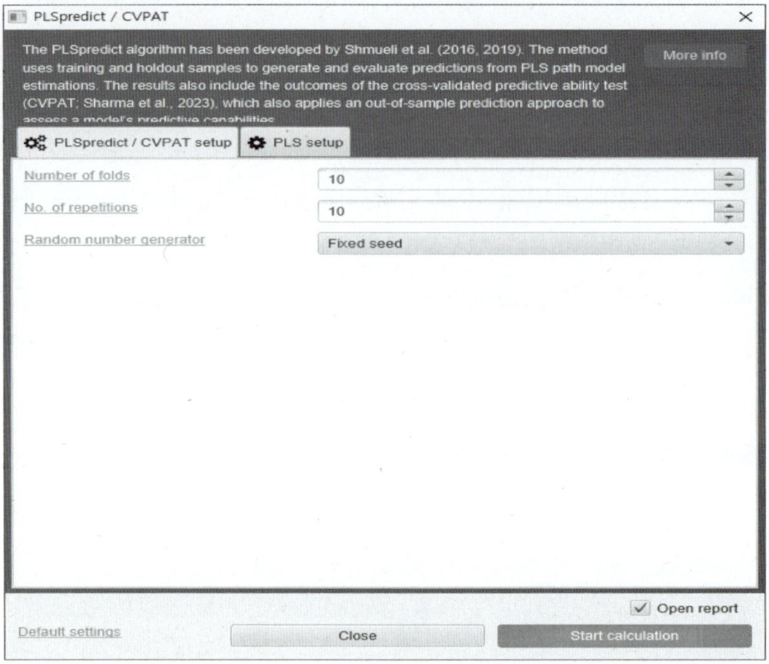

먼저, 구조방정식모델에서 반영적 측정모델에 포함된 내생잠재변수의 측정변수들과 단일 측정항목들에 대한 예측력을 평가하는 기준은 다음과 같다.

- 구조방정식모델의 내생잠재변수를 구성하는 측정변수들의 Q^2이 0보다 크면 반영적 측정모델에 포함된 측정변수들은 외생잠재변수에 대해서 예측력이 있다고 해석하고, Q^2이 0보다 작으면 구조방정식모델의 내생잠재변수에 포함된 측정변수들은 예측력이 없다고 평가한다.
- 반영적 측정모델의 Q^2이 0보다 큰 경우에는 예측오차가 매우 체계적으로 분포되었는가를 [출력 결과 보기 창]의 히스토그램을 보고 평가한다. 만약 체계적으로 분포되었다고 판단되면 RMSE를 사용하고, 그렇지 않으면 MAE를 사용해서 평가한다.

  ① 내생잠재변수들의 모든 측정변수들이 PLS-SEM_RMSE>LM_RMSE이거나, 혹은 모든 측정변수들이 PLS-SEM_MAE>LM_MAE이면 구조방정식모델의 외생잠재변수들은 내생잠수변수에 포함된 측정변수에 대해서 예측력이 없다(No predictive power)고 판단한다. 이 경우에는 데이터와 측정모델의 문제가 무엇인지를 파악하여 해결해야 한다.

② 내생잠재변수에 포함된 반영적 측정변수나 단일 항목 중에서 소수가 PLS-SEM_RMSE < LM_RMSE이거나, 혹은 소수가 PLS-SEM_MAE < LM_MAE이면 구조방정식모델의 외생잠재변수들은 내생잠수변수에 포함된 측정변수에 대해서 낮은 예측력(Low predictive power)을 가지고 있다고 해석한다.

③ 내생잠재변수에 포함된 측정변수들 중에서 대다수가 PLS-SEM_RMSE < LM_RMSE이거나, 혹은 대다수가 PLS-SEM_MAE < LM_MAE이면 구조방정식모델의 외생잠재변수들은 내생잠수변수에 포함된 측정변수에 대해서 중간정도의 예측력(Medium predictive power)을 가지고 있다고 해석한다.

④ 내생잠재변수들의 모든 측정변수들이 PLS-SEM_RMSE < LM_RMSE이거나, 혹은 모든 측정변수들이 PLS-SEM_MAE < LM_MAE이면 구조방정식모델의 외생잠재변수들은 내생잠수변수에 포함된 측정변수에 대해서 높은 예측력(High predictive power)을 가지고 있다고 해석한다.

[표 9-5]는 PLSpredict를 사용해 구조방정식모델에서 내생잠재변수의 측정변수들에 대한 예측력을 추정한 결과이다. 이는 [출력 결과 보기 창]의 [Final results]에 있는 [MV prediction Summary]에서 확인할 수 있다. 모든 측정변수들의 Q^2이 0보다 큰 것으로 나타났다. 따라서 구조방정식모델의 외생잠재변수들은 내생잠재변수에 포함된 측정변수들에 대해서 예측력이 있다고 평가할 수 있다. 또한 모든 내생잠재변수의 측정변수들이 PLS-SEM_RMSE가 LM_RMSE보다 모두 작으므로 구조방정식모델에서 외생잠재변수들은 내생잠재변수들의 측정변수에 대해서 높은 예측력(High predictive power)을 가지고 있다고 평가할 수 있다.

표 9-5 구조모델에서 내생잠재변수의 측정변수들에 대한 예측력 평가

MV prediction summary - Overview

Zoom (97%) Copy to Excel Copy to R

	Q^2predict	PLS-SEM_RMSE	PLS-SEM_MAE	LM_RMSE	LM_MAE
ACTIME	0.118	193.726	166.171	209.186	173.878
LOY1	0.257	1.476	1.105	1.535	1.185
LOY2	0.453	1.269	1.000	1.437	1.091
LOY3	0.390	1.268	0.915	1.304	0.994
PEU1	0.392	1.345	0.986	1.461	1.095
PEU2	0.416	1.220	0.919	1.382	1.030
PEU3	0.498	1.150	0.833	1.325	1.001
PEU4	0.213	1.457	1.152	1.533	1.188
PEU5	0.556	1.047	0.821	1.080	0.827
PU1	0.572	1.078	0.830	1.242	0.940
PU2	0.592	1.049	0.826	1.255	0.963
PU3	0.395	1.163	0.947	1.260	1.010
PU4	0.523	0.935	0.738	0.995	0.775
PU5	0.590	0.854	0.672	0.966	0.727

다음으로, 구조방정식모델의 외생잠재변수들이 내생잠재변수들에 대해서 가지는 예측력을 평가하는 기준은 다음과 같다. 잠재변수의 경우에는 LM 결과는 제공하지 않으므로 Q^2만 보고 평가하면 된다.

- ▶ 내생잠재변수의 Q^2이 0보다 크면 예측력이 있다고 평가한다.
- ▶ 내생잠재변수의 Q^2이 0보다 작으면 예측력이 없다고 평가한다.

[표 9-6]은 PLSpredict를 사용해 구조방정식모델에서 내생잠재변수들의 예측력을 추정한 결과이다. 이는 [출력 결과 보기 창]의 [Final results]에 있는 [LV prediction Summary]에서 확인할 수 있다. 모든 잠재변수들의 Q^2이 0 이상이어서 외생잠재변수들은 내생잠재변수들에 대한 예측력을 가지고 있는 것으로 나타났다.

❙ 표 9-6 ❙ 구조모델에서 Q^2을 이용한 내생잠재변수들의 예측력 평가

LV prediction summary - PLS-SEM

	Q^2predict	RMSE	MAE
AU	0.119	0.953	0.816
LOY	0.482	0.736	0.530
PEU	0.621	0.629	0.437
PU	0.723	0.541	0.414

5.2 CVPAT를 이용한 예측력 평가

SmartPLS 4.0에서는 PLSpredict의 대안으로 CVPAT를 통해 구조방정식모델에서 내생잠재변수들의 예측력을 평가할 수 있는 평균손실차이를 제공하고 있다. 이 값이 부적(−)인 값을 갖고 통계적으로 유의하면 구조모델의 외생잠재변수들은 내생잠재변수에 대해서 예측력이 좋다고 평가할 수 있다. 툴바의 [Calculate]에서 [PLSpredict와 CVPAT]을 선택한 후 옵션 지정 창에서 디폴트 그대로 두고 [Start calculation]을 클릭하면 CVPAT가 실행된다.

[표 9-7]은 CVPAT를 사용해 구조방정식모델에서 외생잠재변수들의 내생잠재변수들에 대한 예측력을 추정한 결과이다. 이는 [출력 결과 보기 창]의 [Final results]에서 [CVPAT]에서 확인할 수 있다. 모든 잠재변수들의 평균손실차이(Difference of the average loss values)가 부적인 값을 가지고 있고 유의수준 0.05에서 모두 통계적으로 유의하여 외생잠재변수들은 내생잠재변수들에 대해서 예측력이 있는 것으로 나타났다.

❙ 표 9-7 ❙ 구조모델에서 평균손실차이를 이용한 내생잠재변수들의 예측력 평가

CVPAT - PLS-SEM vs. Indicator average (IA)

	Average loss difference	t value	p value
AU	-5,031.655	2.754	0.007
LOY	-1.038	3.543	0.001
PEU	-1.099	4.264	0.000
PU	-1.208	4.470	0.000
Overall	-360.450	2.760	0.007

6 경로계수의 유의성과 적합성

6.1 경로계수의 유의성검증

PLS-SEM은 크게 PLS-SEM Algorithm과 부트스트래핑의 실행을 통해서 경로계수의 유의성 검증에 필요한 정보를 얻는다. 먼저, 우리는 PLS-SEM Algorithm의 실행을 통해 경로계수의 추정치(Estimates of path coefficients)를 얻을 수 있다. 경로계수는 표준화된 회귀계수(비표준화회귀계수, 평균중심화된 회귀계수)가 출력된다. 특히 표준화회귀계수는 −1에서 +1의 값을 가진다. 이 값이 +1과 −1에 가깝다면 가설경로로 표현된 잠재변수 간의 관계가 대부분 통계적으로 강한 정(+)과 부(−)의 관계임을 의미한다. 반면에 경로계수가 0에 가깝다면 가설경로로 표현된 잠재변수 간의 관계가 통계적으로 비유의적이며 약한 관계를 나타낸다. 다음으로, 부트스트래핑의 실행을 통해서 가설검증에 필요한 부트스트랩 표준오차, t값, p값(유의확률)을 산출할 수 있다. 일반적으로 t값은 경로계수값을 표준오차로 나눈 것으로 계산된다. 따라서 표준오차는 경로계수의 유의성 여부를 결정하는 중요한 요소라고 볼 수 있다.

경로계수에 대한 유의성검증을 위해서는 t값이나 p값 혹은 부트스트래핑 신뢰구간(CI)을 알아야 한다(Huber et al., 2007; Hair, et al., 2017a). SmartPLS에서는 이러한 정보를 부트스트래핑과정을 통해 자동적으로 산출해 주며 우리는 어떤 결과치를 사용하더라도 동일하게 경로계수의 유의성에 대한 검토를 통해 가설검증을 시행할 수 있다(자세한 것은 제3장 1.2 통계적 가설검증을 참조하기 바란다).

먼저, t값을 사용해 경로계수의 유의성을 검토하는 방법을 알아보자.

▶ 산출된 t값이 임계치(Critical values)보다 크면 해당 경로계수는 통계적으로 유의하며, 이는 귀무가설을 기각하고 연구가설(대립가설)을 채택함을 의미한다.

t값 > 임계치(Critical value): 연구가설 채택

- 일반적으로 사용되는 임계치는 양측검증을 사용하는 경우 ±1.65(유의수준 10% 즉 $\alpha=0.1$), ±1.96(유의수준 5%, $\alpha=0.05$), ±2.57(유의수준 1%, $\alpha=0.01$)이다. 단측검증을 사용하는 경우의 임계치는 ±1.28(유의수준 10%, 즉 $\alpha=0.1$), ±1.65(유의수준 5%, $\alpha=0.05$), ±2.33(유의수준 1%, $\alpha=0.01$)이다.
- 사회과학 연구에서는 유의수준 5%를 많이 사용한다. 반면에 실험법을 적용하는 연구들에서는 유의수준 1%를 선택한다. 임계치의 선택은 연구의 분야나 목적에 따라서 달라지며 일률적으로 적용할 수는 없다.

다음으로, 경로계수의 유의성검증을 위해서 p값을 사용할 수도 있다. 예컨대 유의수준을 5%로 가정하는 경우 유의확률 p값이 유의수준 $\alpha=0.05$(5%)보다 작으면 귀무가설을 기각하고 연구가설을 채택한다. 반대로 p값이 유의수준 0.05보다 크면 귀무가설을 기각할 수 없음을 의미한다.

p값(유의확률) < 유의수준(Significance level): 연구가설 채택

마지막으로, 부트스트랩 신뢰구간을 이용해서도 경로계수의 유의성을 검토할 수 있다. 특정 경로계수의 신뢰구간(CI)은 다음과 같이 계산된다.

신뢰구간 = 특정 경로계수 ± 임계치($Z_{1-\alpha/2}$)·특정 경로의 표준오차

예컨대, 유의수준 5%를 가정할 때 가설경로 CREP(기업명성)→LOY(고객충성도)의 경로계수가 0.40이고, 부트스트랩 표준오차가 0.230이라고 하자. 그러면 신뢰구간의 하한값(Lower bound)은 −0.051(0.40−1.96×0.230)이며 상한값(Upper bound)은 0.851(0.40+1.96×0.230)로 계산된다. 따라서 신뢰구간은 [−0.051, 0.851]이다. 유의수준 5%에서 신뢰구간 내에 0을 포함하고 있으므로 경로계수는 통계적으로 비유의적(Non-significant)이라고 판단할 수 있다. 그러나 만약 신뢰구간에 계산된 하한값과 상한값 사이에 0을 포함하고

있지 않다면 통계적으로 유의적(Significant)이라고 해석할 수 있을 것이다.

PLS-SEM의 실행과 부트스트래핑을 통해서 구조모델의 경로계수에 대한 유의성을 검증하는 간단한 예시는 [표 9-8]과 같다. 이 표는 보고서 중에서 경로계수의 출력 결과를 기초로 일부 내용을 합하여 통합한 것이다. 이 책의 제4장 연구 설계, 데이터 수집과 입력의 [그림 4-2]에서는 총 10개의 연구가설을 제시하였다. 그 중에서 〈가설 1〉과 〈가설 6〉만을 선택하여 제시하면 다음과 같다.

|가설 1: H1| 스마트폰 제조사의 기업명성은 고객충성도에 정(+)의 유의한 영향을 미칠 것이다.

|가설 6: H6| 스마트폰의 반응속도는 고객의 지각된 사용용이성에 정(+)의 유의한 영향을 미칠 것이다.

표 9-8 구조모델 경로계수의 유의성검증 결과 일부 예시: 가설검증

가설경로	경로계수	t값	p값	95% 신뢰구간	유의성(p<0.05)?
H1(CREP → LOY)	0.534	3.673	0.000	[0.238, 0.799]	예
H6(RS → PEU)	0.249	0.146	0.252	[−0.099, 0.382]	아니오

주: 보고서 경로계수(Path coefficients)에서 Original Sample(O)는 이 표에서 경로계수를 의미하며 표준화된 회귀계수임.

〈가설 1〉의 검증 결과 유의수준 5%에서 t값 3.673>임계치 1.96, p값 0.000<유의수준 0.05이며 95% 신뢰구간 내에 0을 포함하고 있지 않으므로 세 가지 어떤 기준에 의해서도 기업명성(CREP)은 고객충성도(LOY)에 정의 유의한 영향을 미치고 있음을 알 수 있다. 또한 〈가설 6〉은 유의수준 5%에서 t값 0.146<임계치 1.96, p값 0.252>유의수준 0.05이며 95% 신뢰구간 내에 0을 포함하고 있으므로 세 가지 어떤 기준에 의해서도 스마트폰의 반응속도(RS)는 지각된 사용용이성(PEU)에 정의 유의한 영향을 미치고 있지 않음을 알 수 있다. 따라서 〈가설 1〉은 채택되며 〈가설 6〉은 기각되었음을 알 수 있다.

가설검증의 결과를 보고할 때는 t값, p값, 95% 신뢰구간을 모두 제시할 필요는 없다. 연구자가 선택적으로 이 중에 한 가지 기준만을 이용해도 좋다. 왜냐하면 이들 모든 기준은 동일한 결과를 보여주기 때문이다.

한편 연구자들은 앞에서 살펴본 잠재변수 간의 직접효과(Direct effect)뿐 아니라 총효과(Total effect)와 한 개 이상의 매개변수를 통한 간접효과(Indirect effect)의 평가에 대해서도 많은 관심을 가지고 있다.

총효과 = 직접효과 + 간접효과

총효과의 검증과 해석은 외생잠재변수들(혹은 예측변수, 독립변수)이 하나 이상의 매개변수를 통해서 종속변수에 미치는 차별적인 영향을 탐색하고자 하는 연구들에서 매우 유용하다고 볼 수 있다. 예컨대 세 개의 잠재변수로 이루어진 어떤 연구모델에서 잠재변수 X_1이 X_3에 미치는 직접효과 P_{13}는 0.15인데, 간접효과는 0.63[(X_1과 X_2 간의 직접효과 P_{12} 0.9)×(X_2와 X_3의 직접효과 P_{23} 0.7)]이라고 하자. 그러면 총효과는 직접효과(0.15)+간접효과(0.63)이므로 0.78이 된다. 비록 직접효과는 강하지 않지만 X_3을 설명하는 데 있어서 X_1의 관련성을 설명하는 총효과는 상당히 높다는 것을 확인할 수 있다. 이러한 결과는 X_1과 X_3의 직접적인 관계가 X_2에 의해서 매개되고 있음을 시사해 주는 것이다.

그림 9-5 ▍ 직접효과, 간접효과 및 총효과의 예시

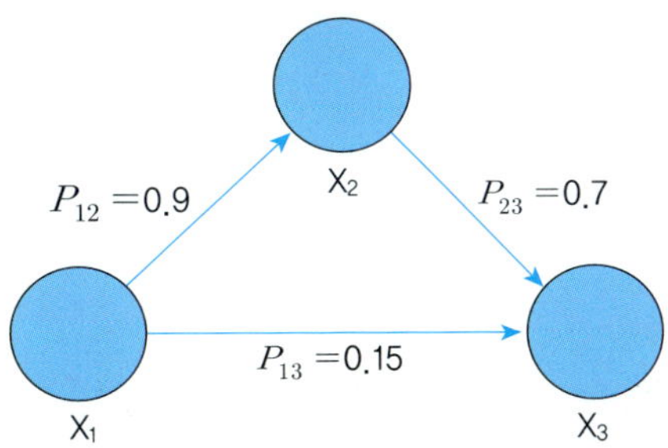

6.2 경로계수의 적합성 평가

앞에서 살펴본 경로계수의 유의성 검토와 함께 가설경로 간 유의적인 관계(Significant relationships)를 평가하는 것은 중요하다. 대다수의 연구자들은 경로계수의 유의성의 검토와 검증에만 집중하고 가설경로의 유의적인 관계에 대한 적합성(Relevance)의 문제에 대해서는 소홀히 다루는 경향이 있다. 그러나 구조모델에서 경로계수들은 유의적이나 그 크기가 작은 경우도 있다. 대개의 경우 경로계수의 크기가 너무 작으면 연구자들의 관심을 받기가 어려워진다. 그러므로 연구자들은 경로계수 간의 상대적인 기여도인 효과크기를 주의 깊게 분석하고 그 결과를 제시해야 한다. 이러한 노력은 연구 결과를 해석하고 결론을 도출하는 데 있어서 매우 중요하다고 볼 수 있다.

통계 실습 9-1 구조모델의 평가

제8장에서 우리는 반영적 측정모델의 평가과정에서 RS의 측정변수인 RS4를 제거하였으며 [스마트폰 프로젝트(RS4 제거 후)]로 프로젝트 파일명을 변경 저장하였다. 이 실습을 위해서는 이 책의 [데이터 파일] 제9장에 제공된 [스마트폰 프로젝트(RS4 제거 후)]를 불러들여 PLS Algorithm을 실행해야 한다. 만약 앞 장에서 PLS Algorithm을 실행한 결과를 가지고 있지 않다면 각자 다시 실행한 후 구조모델을 평가한다. 구조모델을 평가하기 위해서는 ① PLS Algorithm, ② Bootstrapping, ③ PLSpredict/CVPAT 절차를 수행해야 한다.

[1] [데이터 파일] 제9장 [스마트폰 프로젝트(RS4 제거 후)]를 불러들인 후 PLS Algorithm을 실행하고 그 결과를 확인하시오.
[2] 구조모델의 다중공선성을 평가하시오.
[3] 구조모델에서 결정계수(R^2)를 평가하시오.
[4] 구조모델에서 효과크기(f^2)를 평가하시오.
[5] 구조모델에서 예측력을 평가하시오.
[6] 구조모델에서 경로계수의 유의성과 적합성을 평가하시오.

실습과정

[1] [스마트폰 프로젝트]의 불러들이기와 실행

❶ [데이터 파일] 제9장에서 [스마트폰 프로젝트(RS4 제거 후)]를 SmartPLS 프로그램으로 불러들인다. 그러면 프로젝트 탐색기 창에 다음과 같이 나타난다. 이미 불러져 있다면 이 과정은 생략한다. 여기에서 [스마트폰 데이터(99 records)]의 바로 위에 있는 [스마트폰 모델]을 좌 클릭한다.

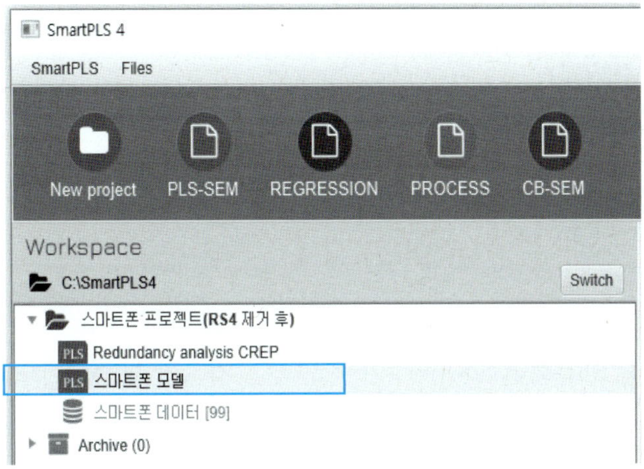

❷ 화면 상단의 우측에 있는 툴바인 [Calculate](실행) 기능을 좌 클릭한 후 PLS-SEM Algorithm의 보조 창 우측 하단에 있는 [Start calculation]을 클릭하여 모델 추정을 실행한다. 그러면 다음과 같은 그림 형태의 실행 결과가 [출력 결과 창]에 나타난다. 그림에서 화살표로 표시된 선 안에 숫자는 외부가중치(Outer weights), 외부적재치(Outer loading) 및 경로계수(Path coefficients)이다. 이들 모두는 표준화된 회귀계수(Standardized regression coefficients)이며 이는 단위를 통일시킨 표준화된 값이기 때문에 서로 비교가 가능하며 이 값이 더 크면 영향력이 더 크다고 볼 수 있다. 표준화 회귀계수인 beta는 이론적으로 −1∼+1 사이의 값을 가지며 ±1을 넘는 값이 나와서는 안 된다.[1]

1) 표준화된 회귀계수(Standardized regression coefficient)와는 달리 비표준화회귀계수(Unstandardized regression coefficient)로 출력된 경우에는 결과값이 ±1을 초과해도 문제가 있는 것이 아님을 유의해야 한다.

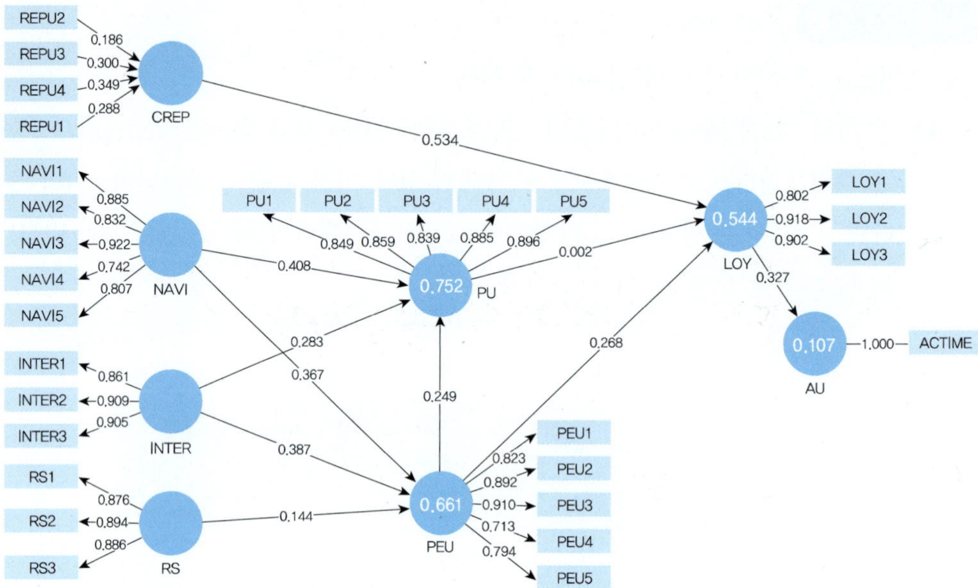

예컨대 간혹 표준화된 회귀계수가 1을 넘는 경우가 발생되기도 하는데, 이는 ① 구조방정식모델에서 다중공선성이 존재하거나 ② 자기상관이 있거나 ③ 과적합되는 경우에 발생된다. 그러므로 표준화된 회귀계수가 1을 넘는 경우에는 모델을 수정해서 재분석하는 것이 필요하다. CREP(기업명성)은 형성적 측정모델이므로 화살표 선 안의 숫자들은 외부가중치이며 나머지 잠재변수들(NAVI, INTER, RS, PEU, PU, LOY, AU)은 반영적 측정모델이므로 화살표 선 안의 숫자들은 외부적재치라고 볼 수 있다. 잠재변수와 잠재변수 간의 선 안에 표시된 숫자들은 경로계수이다. 내생잠재변수 원 안에 표시된 숫자는 R^2이다. 물론 분석 결과에서 원 안에 표시될 내용이 R^2이 아닌 다른 것(크론바흐 알파, rho_a, rho_c, AVE)을 지정할 수 있다.

[2] 다중공선성의 평가

❶ 구조모델의 다중공선성은 [출력 결과 보기 창]에서 [Quality criteria]에 있는 [Collinearity statistics]에 들어간 후 [내부모델](Inner model)의 [Collinearity statistics]를 확인해야 한다. 내부VIF가 5 미만이면 다중공선성이 없다고 판단할 수

있다.

❷ [Inner model−Matrix]의 내부VIF값을 보면 모두 5 미만이므로 구조모델의 잠재변수 간에는 다중공선성은 없다고 평가할 수 있다.

Collinearity statistics (VIF) - Inner model - Matrix

	AU	CREP	INTER	LOY	NAVI	PEU	PU	RS
AU								
CREP				2.073				
INTER						2.854	3.174	
LOY	1.000							
NAVI						2.799	3.110	
PEU				2.645			2.848	
PU				3.016				
RS						1.719		

[3] 결정계수(R^2) 평가

❶ R^2은 PLS−SEM Algorithm 실행 결과에서 [Quality Criteria]의 [R square]를 클릭해 보면 다음과 같은 결과를 확인할 수 있다. 여기에서는 R^2(R Square)보다는 수정된 R^2을 사용하기로 한다. R^2이 0.25이면 약한 설명력, 0.50이면 중간 정도의 설명력 그리고 0.75이면 큰 설명력으로 평가한다.

R-square - Overview

	R-square	R-square adjusted
AU	0.107	0.098
LOY	0.544	0.530
PEU	0.661	0.650
PU	0.752	0.745

❷ 내생잠재변수 LOY(0.530), PEU(0.650), PU(0.745)에 대한 R^2은 0.50 이상으로 중간값 이상의 설명력을 보여주고 있다. 그러나 내생잠재변수 AU(0.098)의 R^2은 매우 약한 설명력을 나타냈다. 특히 내생잠재변수인 PU의 R^2이 0.745로 나타나 매우 큰 설명력을 보이고 있다고 평가할 수 있다.

[4] 효과크기(f^2) 평가

❶ 효과크기(f^2)는 외생잠재변수들(혹은 예측변수들, 독립변수들)이 내생잠재변수의 R^2에 기여하는 정도를 평가하는 척도이다. f^2은 PLS-SEM Algorithm 실행 결과에서 [Quality Criteria]의 [f Square]를 클릭해 보면 다음과 같은 결과를 확인할 수 있다.

f-square - Matrix

Zoom (97%) Copy to Excel Copy to R

	AU	CREP	INTER	LOY	NAVI	PEU	PU	RS
AU								
CREP				0.302				
INTER						0.155	0.102	
LOY	0.120							
NAVI						0.142	0.216	
PEU				0.059			0.088	
PU				0.000				
RS						0.035		

❷ 앞에서 제시한 f^2을 보면 CREP가 내생잠재변수 LOY의 R^2에 기여하는 f^2은 0.302로 이는 중간 정도의 기여도이지만 이 프로젝트에서는 가장 큰 기여를 하는 것으로 나타났다. 다음으로 INTER의 PEU에 대한 기여도(0.155), NAVI의 PU에 대한 기여도(0.216)는 중간 정도의 효과크기이었다.

❸ PU(0.000)는 LOY의 R^2에 전혀 기여를 하고 있지 않은 것으로 평가되었다.

[5] PLSpredict/CVPAT와 예측력 평가

❶ PLSpredict를 사용해 반영적 내생잠재변수들의 측정변수에 대한 평가 결과 모든 측정변수들에 대한 Q^2은 0 이상이어서 외생잠재변수들은 내생잠재변수들의 측정변수에 대해서 예측력을 가지고 있는 것으로 나타났다. 또한 모든 측정변수들의 PLS-SEM_RMSE(PLS-MAE)이 LM_RMSE(LM_MAE)보다 작게 나타나 구조방정식모델에서 외생잠재변수들은 내생잠재변수들의 측정변수에 대해서 높은 예측력(High predictive power)을 가지고 있다고 해석할 수 있다.

MV prediction summary - Overview

Zoom (97%) Copy to Excel Copy to R

	Q²predict	PLS-SEM_RMSE	PLS-SEM_MAE	LM_RMSE	LM_MAE
ACTIME	0.118	193.726	166.171	209.186	173.878
LOY1	0.257	1.476	1.105	1.535	1.185
LOY2	0.453	1.269	1.000	1.437	1.091
LOY3	0.390	1.268	0.915	1.304	0.994
PEU1	0.392	1.345	0.986	1.461	1.095
PEU2	0.416	1.220	0.919	1.382	1.030
PEU3	0.498	1.150	0.833	1.325	1.001
PEU4	0.213	1.457	1.152	1.533	1.188
PEU5	0.556	1.047	0.821	1.080	0.827
PU1	0.572	1.078	0.830	1.242	0.940
PU2	0.592	1.049	0.826	1.255	0.963
PU3	0.395	1.163	0.947	1.260	1.010
PU4	0.523	0.935	0.738	0.995	0.775
PU5	0.590	0.854	0.672	0.966	0.727

❷ PLSpredict를 사용해 **잠재변수에 대한 평가** 결과 모든 잠재변수들의 **Q^2이 0 이상**이어서 외생잠재변수들은 내생잠재변수들에 대한 예측력을 가지고 있는 것으로 나타났다.

LV prediction summary - PLS-SEM

	Q²predict	RMSE	MAE
AU	0.119	0.953	0.816
LOY	0.482	0.736	0.530
PEU	0.621	0.629	0.437
PU	0.723	0.541	0.414

❸ CVPAT를 사용해 **잠재변수에 대한 평가** 결과 모든 잠재변수들의 **평균손실차이**(Difference of the average loss values)가 부적인 값을 가지고 있고 유의수준 0.05에서 모두 통계적으로 유의하여 외생잠재변수들은 내생잠재변수들에 대해서 예측력이 있는 것으로 나타났다.

CVPAT - PLS-SEM vs. Indicator average (IA)

	Average loss difference	t value	p value
AU	-5,031.655	2.754	0.007
LOY	-1.038	3.543	0.001
PEU	-1.099	4.264	0.000
PU	-1.208	4.470	0.000
Overall	-360.450	2.760	0.007

[6] 경로계수의 유의성과 적합성 평가

❶ SmartPLS의 툴바에서 [Calculate]를 좌 클릭하여 [Bootstrapping]으로 들어간다. [옵션 창 Bootstrapping]에서 [Subsamples]에서 [5000], [Amount of results]에서 [Complete(slower)], [Confidence interval method]에서 [Percentile bootstrap]을 선택한 후 [Start calculation]을 좌 클릭하여 실행한다. 그러면 실행 결과가 나타난다. 그림으로 나타낸 출력 결과의 화면 상단의 [Constructs]에서 [R-square], [Inner model]에서 [Path coefficient and p values], [Outer model]에서 [T values], [Highlight]에서 [Use relative values]를 각각 지정하여 지정한 결과값들을 반영시킨다. 이와 같이 부트스트래핑 절차를 통해 t값을 산출할 수 있고 이외에도 p값, 신뢰구간 등의 결과를 얻을 수 있다. 각 잠재변수에 마우스를 위치시키면 R^2, 수정된 R^2, 크론바흐 알파, CR(rho_a, rho_c), AVE를 보여준다. 그래프의 잠재변수인 [원] 안에는 [Constructs]에서 지정한 값이 출력되며, 여기에서는 [R-square]를 지정했으므로 R^2이 나타나 있음을 확인할 수 있다. 우리들은 산출된 t값을 이용하여 가설검증을 수행할 수 있다.

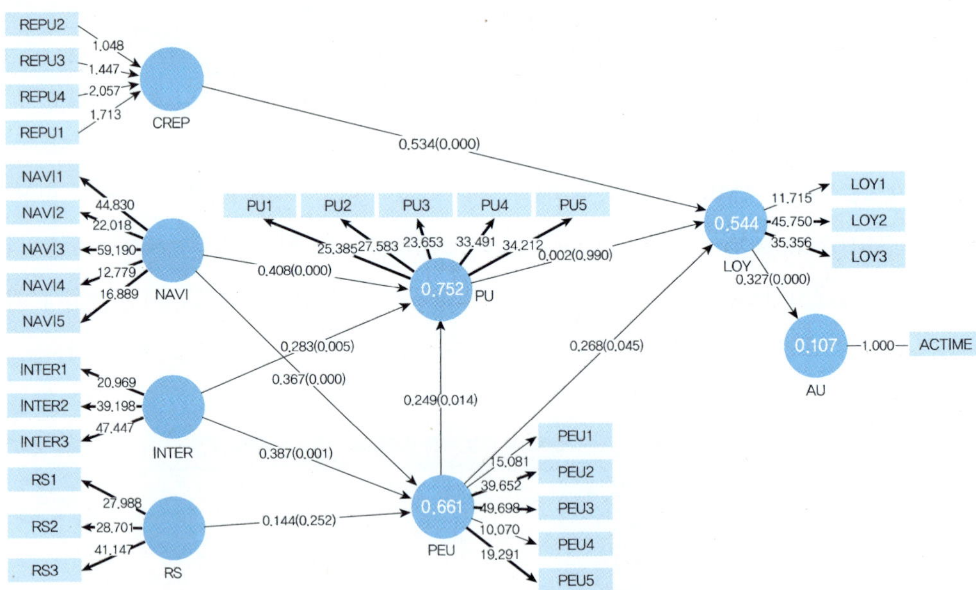

❷ 실행 결과에서 [Final Results]의 [Path coefficients]를 클릭해 보면 다음과 같은 결과를 확인할 수 있다. 이는 가설검증에 필요한 내용(t값, p값)을 포함하고 있다. 구조모델에 대한 경로계수의 추정 결과를 학술연구들에서 가설검증 결과를 제시하는 형식으로 정리하는 것이 요구된다.

Path coefficients - Mean, STDEV, T values, p values　Zoom (97%)　Copy to Excel　Copy to R

	Original sample (O)	Sample mean (M)	Standard deviation (STDEV)	T statistics (|O/STDEV|)	P values
CREP -> LOY	0.534	0.545	0.145	3.673	0.000
INTER -> PEU	0.387	0.383	0.111	3.470	0.001
INTER -> PU	0.283	0.286	0.100	2.833	0.005
LOY -> AU	0.327	0.327	0.091	3.580	0.000
NAVI -> PEU	0.367	0.362	0.103	3.575	0.000
NAVI -> PU	0.408	0.407	0.100	4.072	0.000
PEU -> LOY	0.268	0.254	0.134	2.002	0.045
PEU -> PU	0.249	0.245	0.101	2.467	0.014
PU -> LOY	0.002	0.012	0.138	0.012	0.990
RS -> PEU	0.144	0.154	0.125	1.146	0.252

❸ 앞의 [Path coefficients] 결과에서 [Confidence intervals]를 클릭하면 유의수준 0.05에서의 신뢰구간 추정 결과를 보여준다.

Path coefficients - Confidence intervals　Zoom (97%)　Copy to Excel　Copy to R

	Original sample (O)	Sample mean (M)	2.5%	97.5%
CREP -> LOY	0.534	0.545	0.238	0.799
INTER -> PEU	0.387	0.383	0.170	0.604
INTER -> PU	0.283	0.286	0.096	0.487
LOY -> AU	0.327	0.327	0.142	0.502
NAVI -> PEU	0.367	0.362	0.155	0.555
NAVI -> PU	0.408	0.407	0.197	0.591
PEU -> LOY	0.268	0.254	-0.001	0.515
PEU -> PU	0.249	0.245	0.052	0.449
PU -> LOY	0.002	0.012	-0.238	0.304
RS -> PEU	0.144	0.154	-0.086	0.395

❹ [Path coefficients]에 대한 결과(신뢰구간 포함)를 논문에 넣을 표 형식으로 재구성하면 다음과 같다. 표에 의하면 **〈가설 6〉과 〈가설 8〉은 기각되었으며, 나머지 가설들은 채택되었음**을 알 수 있다. 가설검증 결과에 의하면 고객충성도(LOY)에는 기업명성(CREP)과 지각된 사용용이성(PEU)이 유의한 정의 영향을 미쳤으나 지각된 유용성(PU)은 영향을 미치지 않았다. 지각된 유용성(PU)에는 항해용이성(NAVI)과 상호작용성(INTER) 그리고 지각된 사용용이성(PEU)이 정의 유의한 영향을 미쳤다. PEU에는 NAVI, INTER가 정의 유의한 영향을 미쳤으나 반응속도(RS)는 통계적으로 유의한 영향을 미치지 못했다. 최종적으로 LOY는 고객들의 실제 사용(AU)에 정의 유의한 영향을 미치고 있음을 확인할 수 있다.

가설경로	경로계수	t값	p값	95% PC 신뢰구간	유의성 ($p<0.05$)
〈가설 1〉 CREP → LOY	0.534	3.673	0.000	[0.238, 0.799]	예
〈가설 2〉 NAVI → PU	0.408	4.072	0.000	[0.197, 0.591]	예
〈가설 3〉 NAVI → PEU	0.367	3.575	0.000	[0.155, 0.555]	예
〈가설 4〉 INTER → PU	0.283	2.833	0.005	[0.096, 0.487]	예
〈가설 5〉 INTER → PEU	0.387	3.470	0.001	[0.170, 0.604]	예
〈가설 6〉 RS → PEU	0.144	1.146	0.252	[−0.086, 0.395]	아니오
〈가설 7〉 PEU → PU	0.249	2.467	0.014	[0.052, 0.449]	예
〈가설 8〉 PU → LOY	0.002	0.012	0.990	[−0.238, 0.304]	아니오
〈가설 9〉 PEU → LOY	0.268	2.002	0.045	[−0.001, 0.515]	예
〈가설 10〉 LOY → AU	0.327	3.580	0.000	[0.142, 0.502]	예

참고로 〈가설 9〉는 p값이 0.045로 유의수준 0.05보다 작으므로 통계적으로 유의적이다. 그런데 신뢰구간법을 적용한 경우에는 [−0.001,0.515]로 하한값이 부적으로 나와서 신뢰구간 하한값과 상한값 사이에 0이 포함되어 있어서 기각되었다. 그러나 하한값이 0에 가깝고 p값이 0.045이므로 가설이 채택된 것으로 해석하였다. 이러한 결과는 부트스트래핑 절차를 통해 부트스트랩 부표본에서 표본추출한 값에서 얻은 것으로, 이 경우와 같이 기각되기도 하지만 다시 반복해서 부트스트래핑을 수행해 보면 하한값이 0을 넘는 경우도 발생될 수 있음에 유의할 필요가 있다.

❺ 추가적으로 총효과(Total effects)와 총효과의 유의성을 알 수 있는 결과를 제시한다. 총효과는 PLS Algorithm의 실행 결과에서 [Final results]의 [Total effects]를 좌 클릭하면 총효과의 유의성 검증 결과를 확인할 수 있다.

Total effects - Mean, STDEV, T values, p values   Zoom (97%)   Copy to Excel   Copy to R

	Original sample (O)	Sample mean (M)	Standard deviation (STDEV)	T statistics (|O/STDEV|)	P values
CREP -> AU	0.175	0.179	0.072	2.439	0.015
CREP -> LOY	0.534	0.545	0.145	3.673	0.000
INTER -> AU	0.034	0.033	0.023	1.472	0.141
INTER -> LOY	0.104	0.098	0.058	1.784	0.074
INTER -> PEU	0.387	0.383	0.111	3.470	0.001
INTER -> PU	0.379	0.376	0.095	4.012	0.000
LOY -> AU	0.327	0.327	0.091	3.580	0.000
NAVI -> AU	0.032	0.033	0.027	1.215	0.225
NAVI -> LOY	0.099	0.097	0.069	1.443	0.149
NAVI -> PEU	0.367	0.362	0.103	3.575	0.000
NAVI -> PU	0.500	0.499	0.089	5.597	0.000
PEU -> AU	0.088	0.085	0.046	1.906	0.057
PEU -> LOY	0.268	0.260	0.119	2.254	0.024
PEU -> PU	0.249	0.245	0.101	2.467	0.014
PU -> AU	0.001	0.008	0.048	0.011	0.991
PU -> LOY	0.002	0.012	0.138	0.012	0.990
RS -> AU	0.013	0.016	0.016	0.765	0.444
RS -> LOY	0.038	0.048	0.048	0.806	0.420
RS -> PEU	0.144	0.154	0.125	1.146	0.252
RS -> PU	0.036	0.037	0.035	1.015	0.310

Total effects - Confidence intervals

Zoom (97%) Copy to Excel Copy to R

	Original sample (O)	Sample mean (M)	2.5%	97.5%
CREP -> AU	0.175	0.179	0.052	0.325
CREP -> LOY	0.534	0.545	0.238	0.799
INTER -> AU	0.034	0.033	-0.001	0.088
INTER -> LOY	0.104	0.098	-0.003	0.225
INTER -> PEU	0.387	0.383	0.170	0.604
INTER -> PU	0.379	0.376	0.193	0.564
LOY -> AU	0.327	0.327	0.142	0.502
NAVI -> AU	0.032	0.033	-0.008	0.096
NAVI -> LOY	0.099	0.097	-0.030	0.245
NAVI -> PEU	0.367	0.362	0.155	0.555
NAVI -> PU	0.500	0.499	0.317	0.666
PEU -> AU	0.088	0.085	0.009	0.191
PEU -> LOY	0.268	0.260	0.033	0.499
PEU -> PU	0.249	0.245	0.052	0.449
PU -> AU	0.001	0.008	-0.073	0.116
PU -> LOY	0.002	0.012	-0.238	0.304
RS -> AU	0.013	0.016	-0.004	0.057
RS -> LOY	0.038	0.048	-0.011	0.166
RS -> PEU	0.144	0.154	-0.086	0.395
RS -> PU	0.036	0.037	-0.022	0.116

❻ 총간접효과(Total Indirect Effects)의 경로계수와 이의 유의성을 알 수 있는 결과를 제시한다. 먼저, 총간접효과와 통계적 유의성은 [Bootstrapping]을 실행한 후 [출력 결과 보기 창]에서 [Final results]의 [Total indirect effects]를 좌 클릭하면 볼 수 있다. 총간접효과만으로는 세부적인 가설경로에 대한 매개효과검증(Mediation test)을 할 수 없다. 예컨대 연구모델에서 INTER→LOY의 경로는 총간접효과의 경로계수는 0.104인데 이는 총간접효과의 경로계수를 의미할 뿐이지 NAVI와 LOY 간의 개별간접효과(INTER→PU→LOY, INTER→PEU→LOY, INTER→PEU→PU→LOY) 중에서 구체적으로 어느 가설경로에 해당되는지에 대해서는 전혀 알 수 없다. 따라서 세부적인 가설경로에 대한 매개효과검증을 하고 싶다면 개별간접효과의 크기와 유의성을 검토해야 한다.

Total indirect effects - Mean, STDEV, T values, p values

Zoom (97%) Copy to Excel Copy to R

	Original sample (O)	Sample mean (M)	Standard deviation (STDEV)	T statistics (|O/STDEV|)	P values
CREP -> AU	0.175	0.179	0.072	2.439	0.015
INTER -> AU	0.034	0.033	0.023	1.472	0.141
INTER -> LOY	0.104	0.098	0.058	1.784	0.074
INTER -> PU	0.096	0.090	0.041	2.336	0.020
NAVI -> AU	0.032	0.033	0.027	1.215	0.225
NAVI -> LOY	0.099	0.097	0.069	1.443	0.149
NAVI -> PU	0.091	0.092	0.052	1.749	0.080
PEU -> AU	0.088	0.085	0.046	1.906	0.057
PEU -> LOY	0.000	0.006	0.038	0.011	0.991
PU -> AU	0.001	0.008	0.048	0.011	0.991
RS -> AU	0.013	0.016	0.016	0.765	0.444
RS -> LOY	0.038	0.048	0.048	0.806	0.420
RS -> PU	0.036	0.037	0.035	1.015	0.310

Total indirect effects - Confidence intervals

Zoom (97%) Copy to Excel Copy to R

	Original sample (O)	Sample mean (M)	2.5%	97.5%
CREP -> AU	0.175	0.179	0.052	0.325
INTER -> AU	0.034	0.033	-0.001	0.088
INTER -> LOY	0.104	0.098	-0.003	0.225
INTER -> PU	0.096	0.090	0.020	0.180
NAVI -> AU	0.032	0.033	-0.008	0.096
NAVI -> LOY	0.099	0.097	-0.030	0.245
NAVI -> PU	0.091	0.092	0.013	0.211
PEU -> AU	0.088	0.085	0.009	0.191
PEU -> LOY	0.000	0.006	-0.060	0.100
PU -> AU	0.001	0.008	-0.073	0.116
RS -> AU	0.013	0.016	-0.004	0.057
RS -> LOY	0.038	0.048	-0.011	0.166
RS -> PU	0.036	0.037	-0.022	0.116

❼ 개별간접효과(Specific indirect effects)의 경로계수와 이의 유의성을 알 수 있는 결과를 제시한다. 먼저, 개별간접효과는 [Bootstrapping]을 실행한 후 [출력 결과 보기 창]에서 [Final results]의 [Specific indirect effects]를 좌 클릭하면 볼 수 있다. 개별간접효과의 분석 결과를 보면 세부적인 가설경로에 대한 매개효과검증이 가능하다. 예컨대 개별간접효과의 경로계수의 크기와 유의성을 보면 쉽게 매개효과검증을 수행할 수 있다. 개별간접효과에 대한 분석 결과, 전체 간접경로 중에서 개별간접효과가 존재하는 경로는 INTER → PEU → PU, CREP → LOY → AU로 나타났다. 따라서 상호작용성은 지각된 사용용이성을 매개로 지각된 유용성에 유의한 영향을 미

친 것으로 볼 수 있다. 또한 기업명성은 고객충성도를 매개로 실제 사용에 유의한 영향을 미친 것으로 해석할 수 있다. 나머지 개별 간접경로들은 모두 통계적인 유의성이 없으며 매개효과가 존재하지 않았음을 알 수 있다.

Specific indirect effects - Mean, STDEV, T values, p values   Zoom (97%)   Copy to Excel   Copy to R

	Original sample (O)	Sample mean (M)	Standard deviation (STDEV)	T statistics (|O/STDEV|)	P values
INTER -> PEU -> PU	0.096	0.090	0.041	2.336	0.020
INTER -> PEU -> LOY	0.104	0.093	0.053	1.954	0.051
RS -> PEU -> LOY -> AU	0.013	0.016	0.017	0.746	0.456
NAVI -> PU -> LOY -> AU	0.000	0.003	0.020	0.011	0.991
RS -> PEU -> PU -> LOY	0.000	-0.001	0.007	0.008	0.993
INTER -> PU -> LOY -> AU	0.000	0.002	0.014	0.011	0.991
CREP -> LOY -> AU	0.175	0.179	0.072	2.439	0.015
PEU -> PU -> LOY	0.000	0.006	0.038	0.011	0.991
PEU -> PU -> LOY -> AU	0.000	0.003	0.014	0.010	0.992
NAVI -> PEU -> LOY	0.098	0.090	0.053	1.838	0.066
PU -> LOY -> AU	0.001	0.008	0.048	0.011	0.991
RS -> PEU -> PU	0.036	0.037	0.035	1.015	0.310
NAVI -> PEU -> LOY -> AU	0.032	0.029	0.019	1.652	0.099
NAVI -> PU -> LOY	0.001	0.004	0.057	0.012	0.991
RS -> PEU -> PU -> LOY -> AU	0.000	-0.000	0.002	0.008	0.994
INTER -> PEU -> LOY -> AU	0.034	0.030	0.020	1.736	0.083
INTER -> PU -> LOY	0.000	0.002	0.041	0.011	0.991
INTER -> PEU -> PU -> LOY	0.000	0.003	0.015	0.011	0.991
PEU -> LOY -> AU	0.088	0.082	0.049	1.787	0.074
RS -> PEU -> LOY	0.038	0.049	0.050	0.775	0.439
INTER -> PEU -> PU -> LOY -> AU	0.000	0.001	0.005	0.010	0.992
NAVI -> PEU -> PU -> LOY	0.000	0.003	0.015	0.010	0.992
NAVI -> PEU -> PU	0.091	0.092	0.052	1.749	0.080
NAVI -> PEU -> PU -> LOY -> AU	0.000	0.001	0.006	0.009	0.993

신뢰구간법을 사용한 경우에는 INTER → PEU → PU [0.020,0.180], CREP → LOY → AU [0.052,0.325], NAVI → PEU → PU [0.013,0.211]의 세 가지 개별 간접경로는 신뢰구간의 하한값과 상한값 사이에 0이 없으므로 유의수준 0.05에서 통계적으로 유의한 것으로 나타났다. 따라서 p값을 이용한 경우와 신뢰구간법을 이용한 경우에 가설검증 결과가 다르게 나타났음을 알 수 있다. 두 가지 경우에서 연구자는 어느 한 가지를 선택해 연구 결과를 보고하면 된다. 이 책에서는 p값을 가지고 가설검증을 수행하였다.

Specific indirect effects - Confidence intervals

Zoom (97%) Copy to Excel Copy to R

	Original sample (O)	Sample mean (M)	2.5%	97.5%
INTER -> PEU -> PU	0.096	0.090	0.020	0.180
INTER -> PEU -> LOY	0.104	0.093	-0.001	0.206
RS -> PEU -> LOY -> AU	0.013	0.016	-0.003	0.058
NAVI -> PU -> LOY -> AU	0.000	0.003	-0.032	0.047
RS -> PEU -> PU -> LOY	0.000	-0.001	-0.016	0.015
INTER -> PU -> LOY -> AU	0.000	0.002	-0.024	0.034
CREP -> LOY -> AU	0.175	0.179	0.052	0.325
PEU -> PU -> LOY	0.000	0.006	-0.060	0.100
PEU -> PU -> LOY -> AU	0.000	0.003	-0.018	0.039
NAVI -> PEU -> LOY	0.098	0.090	-0.001	0.210
PU -> LOY -> AU	0.001	0.008	-0.073	0.116
RS -> PEU -> PU	0.036	0.037	-0.022	0.116
NAVI -> PEU -> LOY -> AU	0.032	0.029	-0.000	0.075
NAVI -> PU -> LOY	0.001	0.004	-0.105	0.121
RS -> PEU -> PU -> LOY -> AU	0.000	-0.000	-0.005	0.006
INTER -> PEU -> LOY -> AU	0.034	0.030	-0.000	0.075
INTER -> PU -> LOY	0.000	0.002	-0.079	0.088
INTER -> PEU -> PU -> LOY	0.000	0.003	-0.020	0.040
PEU -> LOY -> AU	0.088	0.082	-0.001	0.188
RS -> PEU -> LOY	0.038	0.049	-0.010	0.175
INTER -> PEU -> PU -> LOY -> AU	0.000	0.001	-0.006	0.016
NAVI -> PEU -> PU -> LOY	0.000	0.003	-0.024	0.043
NAVI -> PEU -> PU	0.091	0.092	0.013	0.211
NAVI -> PEU -> PU -> LOY -> AU	0.000	0.001	-0.007	0.016

매개효과검증(Mediation effect analysis)을 위한 매개효과검증 결과에서는 모든 개별간접효과에 대한 분석 결과를 제시해 준다. 하지만 논문에 검증 결과를 제시할 때는 연구자가 선행연구를 통해 자신의 연구에서 설정한 가설만을 제시하고 논의하면 된다.

제9장의 연습과 실습문제

01 구조모델의 결과 평가와 수용기준을 제시하고 설명하시오.

02 PLS-SEM에서는 CB-SEM에서 사용하는 적합도 기준 중에서 일부만을 제공하고 있다. 이에 대한 대안적 기준들을 제시하고 설명하시오.

03 구조모델 결과의 평가 단계를 제시하고 논의하시오.

04 다음의 용어들을 간략히 설명하시오.

① PLSpredict/CVPAT
② 부트스트래핑(Bootstrapping)
③ 수정된 R^2(Adjusted R^2 value)
④ 구조모델에서 다중공선성
⑤ 효과크기(f^2)
⑥ 예측력(Q^2, 평균손실차이)
⑦ 표준화된 회귀계수, 비표준화된 회귀계수, 평균중심화된 회귀계수

제9장의 핵심내용 정리

- PLS-SEM에서는 구조모델 평가를 위해 CB-SEM의 적합도 지수를 사용하지 않는다. 따라서 PLS-SEM에서는 구조모델의 평가를 위한 별도의 대안적인 평가기준(VIF, R^2, f^2, Q^2, 평균손실차이 등)을 사용하고 있다.
- 내생잠재변수에 대한 외생잠재변수(혹은 예측변수, 독립변수) 간의 다중공선성의 평가는 내부 VIF값을 이용한다.
- 구조모델에 대한 다중공선성의 평가 결과 다중공선성이 존재한다고 판단되면 ① 해당 잠재변수를 제거한다. ② 외생잠재변수들(혹은 예측변수들, 독립변수들)을 단일의 잠재변수로 병합한다. ③ 위계적 성분모델(HCM)을 만든다.
- PLS-SEM은 크게 PLS-SEM Algorithm과 부트스트래핑의 실행을 통해서 경로계수의 유의성검증에 필요한 정보를 얻는다.
- 경로계수의 유의성을 검증하기 위해서는 t값이나 p값 혹은 부트스트래핑 신뢰구간(Confidence Intervals: CI)을 알아야 한다.
- 가설검증의 결과를 보고할 때는 t값, p값, 95% 신뢰구간을 모두 제시할 필요는 없다. 연구자가 선택적으로 이 중에 한 가지 기준만을 이용해도 좋다. 왜냐하면 이들 모든 기준은 동일한 결과를 보여주기 때문이다.
- PLS-SEM의 구조모델에서 R^2은 내생잠재변수에 대한 외생잠재변수들이 결합된 영향을 나타내며, 내생잠재변수에 연결되어 있는 모든 외생잠재변수들에 의해서 설명되는 내생잠재변수의 분산 비율을 의미한다.
- 일반적으로 사회과학 분야의 PLS-SEM 연구에서는 내생잠재변수들에 대한 R^2이 0.25이면 약한 값(Weak value), 0.50이면 중간값(Moderate value) 그리고 0.75이면 큰 값(Substantial value)을 나타낸다.
- 효과크기 f^2은 내생잠재변수에 대한 외생잠재변수들(혹은 예측변수들, 독립변수들)의 상대적 영향(Relative effect, or Impact) 측정치이며 외생잠재변수들이 내생잠재변수의 R^2에 기여하는 정도를 말한다.
- 효과크기 f^2 0.02는 내생잠재변수에 대한 외생잠재변수의 작은 효과크기, 0.15는 중간 정도의 효과크기 그리고 0.35는 큰 효과크기를 의미한다
- 구조모델 평가에서 예측력 평가척도로는 Q^2, RMSE, MAE, 평균손실차이가 사용된다.
- Q^2이 0보다 크면 외생잠재변수가 내생잠재변수에 대해 전체적으로 예측력을 가지고 있다고 판단한다. 반대로 0보다 작으면 예측력이 없다고 해석하면 된다.

제10장 분석 결과의 해석과 제시

1 분석 결과의 제시에서 요구되는 체크리스트

앞에서 우리들은 PLS-SEM 통계분석의 기초와 적용 절차들을 중심으로 **데이터 검토, 구조방정식모델의 구축**(제5장), **구조방정식모델의 추정**(제6장) 그리고 **측정모델과 구조모델의 평가**(제7장, 제8장, 제9장)를 수행하였다. 이 장에서는 분석 결과를 요약하여 어떻게 **학위와 학술논문에 표와 그림으로 제시**할 것인가에 대해서 살펴보기로 하자.

CB-SEM의 효율적 활용과 **CB-SEM의 분석 결과를 제시하기 위한 체크리스트**(checklists)는 여러 학자들에 의해서 개발되고 사용되어 왔다(김용겸, 2007; Schumacker와 Lomax, 2010; 신건권, 2023). 이러한 체크리스트의 개발은 연구자들이 반드시 필요한 연구 결과들을 보고하고 생산한 보고서들을 제대로 보고하여 발생할 수 있는 결과 제시의 오류와 부족을 해결하기 위한 목적으로 개발되었다. 그러므로 체크리스트를 잘 활용하게 되면 필요한 분석 결과를 충분히 제시하게 함은 물론 통계적 기법을 효율적으로 활용할 수 있게 해준다. 그러나 아직까지 SmartPLS 프로그램 등을 사용하는 PLS-SEM에 의한 분석 결과를 평가하고 보고하기 위한 체크리스트는 개발되지 못한 것이 현실이다.

따라서 이 책의 저자는 현재까지 기존에 CB-SEM을 이용한 연구 분야에서 개발된 체크리스트와 PLS 관련 서적을 참조(Hair et al., 2017a 등)하여 SmartPLS 구조방정식모델링(PLS-SEM)의 연구조사 설계와 통계분석 결과를 제시할 때 지침으로 활용할 수 있는 체크리스트를 개발하였다. 이 체크리스트의 공식 명칭은 '**SmartPLS 구조방정식모델링(PLS-SEM)의 연구조사 설계와 결과 제시에서 요구되는 체크리스트**'라고 부르기로 한다. 이 체크리스트는 연구자들이 공통적으로 적용할 수 있는 가장 이상적인 경우를 가정하여 제안한 것이다. 그러나 연구자들이 실제의 연구 상황에서 모든 체크리스트의 내용을 반영하여 논문을 작성한다는 것은 현실적으로 어렵다고 판단된다. 그러므로 이 책의 저자는 연구자들이 자신의 분석 결과의 제시에 가장 적합한 체크리스트를 준비하여 논문 작성에 활용할 것을 권유한다.

SmartPLS 구조방정식모델링(PLS-SEM)의 연구조사 설계와 결과 제시에서 요구되는 체크리스트

이 체크리스트는 2018년 2월에 최초 개발되었으며 2023년 7월에 개정된 것으로 SmartPLS 4.0 프로그램을 이용한 구조방정식모델링(Partial Least Squares Structural Equation Modeling: PLS-SEM)의 연구조사 설계와 통계분석 결과를 제시함에 있어서 기본적으로 점검되어야 할 가이드라인이다(신건권, 2023). 체크리스트에 의한 철저한 연구조사 설계의 검토와 통계분석 결과의 제시는 연구자들이 고품질의 논문과 보고서를 작성하는 데 기여할 수 있다.

1.1 연구조사 설계

연구조사 설계의 체크리스트에는 문제 제기와 연구목적, 이론적 배경, 연구모델과 가설, 변수의 조작적 정의, 데이터 수집방법, 표본크기의 결정 등이 포함된다.

- ▶ 선행연구와 이론에 근거하여 연구의 문제 제기와 연구목적을 기술하였는가?
- ▶ 선행연구와 이론에 근거하여 연구모델과 가설을 기술하였는가?
- ▶ 개념적 연구모델(Conceptual research model)과 통계적 연구모델(Statistical research model)을 제시하고 기술하였는가?
- ▶ 잠재변수(Latent variables)의 조작적 정의를 기술하였는가?
- ▶ 설문지법의 경우 사용된 측정변수(설문문항)의 척도에 대해 기술하였는가?
- ▶ 설문지를 사용하는 경우 해당 설문지의 개발과정과 내용을 기술하였는가?
- ▶ 데이터의 수집방법을 기술하였는가?
- ▶ 최소로 요구되는 표본크기(Minimum sample size)를 고려하고 기술하였는가?

- 표본의 일반적 특성에 대해 기술하였는가?
- 표본 선정과 표본추출방법에 대해 기술하였는가?

1.2 데이터의 준비와 검토

데이터 준비와 검토를 위한 체크리스트에는 데이터 입력의 정확성, 기술통계량, 의심스러운 응답 패턴, 정규성, 결측치, 다중공선성, 이상치, 이질성 등이 포함된다.

- 기술통계량(Descriptive statistics)의 분석 결과를 제시하고 기술하였는가?
- 빈도분석 결과를 제시하고 기술하였는가?
- 기술통계량 등을 통해 데이터 입력의 정확성을 검토하고 기술하였는가?
- 측정변수(Indicator, Measurement variables) 수의 적절성에 대해서 기술하였는가?
- 결측치(Missing value)를 점검하고 이의 처리방법에 대해 기술하였는가?
- 이상치(Outliers)를 점검하고 이의 처리방법에 대해 기술하였는가?
- 데이터의 다중공선성(Multicollinearity) 문제를 점검하고 이의 처리방법에 대해 기술하였는가?
- 설문조사 후 응답자들의 의심스러운 응답패턴(Suspicious response pattern)을 확인하고 이의 처리방법에 대해 기술하였는가?
- 데이터의 정규성(Normality) 혹은 정규분포를 점검하고 이의 처리방법에 대해 기술하였는가?
- 잠재변수 간 상관관계에 대해 기술하였는가?
- 측정변수 간 상관관계에 대해 기술하였는가?
- 데이터의 이질성(Data heterogeneity)에 대해 기술하였는가?

1.3 측정모델 평가

측정모델 평가(Measurement model, or Outer model evaluation)의 체크리스트에는 반영적 측정모델과 형성적 측정모델의 선택, 반영적 측정모델과 형성적 측정모델의 신뢰도와 타당도분석, 최종 측정모델의 확정 등이 포함된다.

(1) 공통사항

- ▶ PLS-SEM Algorithm의 실행을 위한 초기값 설정내용을 기술하였는가?
- ▶ PLS-SEM Algorithm의 실행 결과를 표와 그림 형태로 제시하였는가?
- ▶ 측정모델을 형성적 측정모델과 반영적 측정모델로 구분하여 기술하였는가?
- ▶ 측정모델에서 단일항목과 다수항목의 측정변수가 있는 경우 일반적인 선택 지침에 의하여 측정모델을 선택하고 기술하였는가?
- ▶ 측정모델에서 반영적 측정모델과 형성적 측정모델이 있는 경우 일반적인 선택 지침에 의하여 측정모델을 선택하고 기술하였는가?
- ▶ 측정모델의 신뢰도에 문제가 발생했을 경우 신뢰도를 향상시킬 수 있는 방법을 적용하고 기술하였는가?
- ▶ 잠재변수와 측정변수의 신뢰도와 타당도분석과정에서 측정모델을 수정한 경우 제거된 변수에 대해 기술하였는가?
- ▶ 최종적으로 확정된 측정모델에 대해 기술하였는가?

(2) 반영적 측정모델

- ▶ 반영적 측정모델(Reflective measurement model, or Reflective outer model)에서 크론바흐 알파(Cronbach α)에 의해 내적 일관성 신뢰도(Internal consistency reliability)를 평가하고 그 결과를 기술하였는가?
- ▶ 반영적 측정모델에서 합성신뢰도(Composite Reliability: CR)에 의해 내적 일관성 신뢰도를 평가하고 그 결과를 기술하였는가?
- ▶ 반영적 측정모델에서 외부적재치(Outer loading)의 적합성을 검토하고 기술하였는가?
- ▶ 반영적 측정모델에서 측정변수 신뢰도(Indicator reliability)에 의해 개별 측정변수의 신뢰도를 기술하였는가?
- ▶ 반영적 측정모델에서 평균분산추출(Average Variance Extracted: AVE)에 의해 집중타당도(Convergent validity)를 검토하고 기술하였는가?

- 반영적 측정모델에서 Fornell-Larcker기준에 의해 판별타당도(Discriminant validity)를 검토하고 기술하였는가?
- 반영적 측정모델에서 교차적재치(Cross loadings)분석에 의해 판별타당도를 검토하고 기술하였는가?
- 반영적 측정모델에서 HTMT비율(Heterotrait-monotrait ratio)에 의해 판별타당도를 검토하고 기술하였는가?

(3) 형성적 측정모델

- 형성적 측정모델(Formative measurement model, or Formative outer model)을 구성하는 잠재변수와 측정변수들의 내용타당도(Content validity)를 점검하고 기술하였는가?
- 중복성분석(Redundancy analysis)에 의해 형성적 측정모델의 집중타당도를 검토하고 기술하였는가?
- 다중공선성분석(Multicollinearity analysis)에 의해 형성적 측정모델의 다중공선성을 검토하고 기술하였는가?
- 형성적 측정모델에서 외부가중치(Outer weight)와 외부적재치(Outer loading)에 의해 형성적 측정변수들에 대한 유의성과 적합성을 평가하고 기술하였는가?
- 형성적 측정모델에서 부트스트래핑의 실행을 통해 외부가중치와 외부적재치의 유의성 평가에 필요한 부트스트랩 신뢰구간(Bootstrap confidence intervals)을 제시하고 기술하였는가?

1.4 구조모델 평가

구조모델 평가(Structural model, or Inner model evaluation)의 체크리스트에는 다중공선성, 결정계수, 효과크기, 예측력, 가설검증 결과, 모델 수정, 최종 구조모델의 확정 등이 포함된다.

- 사용한 PLS-SEM분석 프로그램과 버전이 무엇인지를 기술하였는가?
- 어떤 추정법을 사용했는지에 대해 기술하였는가?
- 부트스트래핑(Bootstrapping)의 실행을 위한 초기값 설정내용을 기술하였는가?

- 부트스트래핑의 실행 결과를 표와 그림 형태로 제시하였는가?
- 구조모델에서 잠재변수 간의 다중공선성(Multicollinearity)을 평가하고 기술하였는가?
- 구조모델에서 경로계수(Path coefficients)의 유의성과 적합성을 검토하고 가설검증 결과를 제시하였는가?
- 구조모델에서 결정계수(R^2)를 평가하고 기술하였는가?
- 구조모델에서 효과크기(f^2)를 평가하고 기술하였는가?
- PLSpredict/CVPAT의 실행을 위한 초기값 설정내용을 기술하였는가?
- 구조모델에서 PLSpredict/CVPAT의 실행 결과인 예측력(Predictive power) 혹은 예측적 적합성(Predictive relevance)을 평가하고 기술하였는가?
- 구조모델의 총효과, 직접효과 및 간접효과를 기술하였는가?
- 연구모델로 설정한 주요 가설에 대한 검증 결과(채택/기각)를 기술하였는가?
- 구조모델 경로계수의 부호가 가설화된 관계의 방향(+, −)과 일치하는지를 검토하고 기술하였는가?
- 구조모델 경로계수의 통계적 유의성(Statistical significance)을 기술하였는가?
- 구조모델의 경로계수가 ±1.0을 초과하는 경우는 없는지 기술하였는가?
- 최초모델(제안모델)부터 수정모델에 도달하는 과정을 명확히 기술하였는가?
- 구조모델을 수정한 경우 이에 대한 이론적 근거를 제시하고 기술하였는가?
- 연구모델 외에 대안모델(Alternative model) 혹은 경쟁모델(Rival model)을 제시하고 기술하였는가?
- 매개효과검증이 필요할 때 구조모델에 매개변수를 포함시키고 그에 대한 가설을 기술하였는가?
- 조절효과검증이 필요할 때 구조모델에 조절변수를 포함시키고 그에 대한 가설을 기술하였는가?
- 최종모델을 어떻게 확정하고 평가했는가를 기술하였는가?

2 주요 분석 결과의 해석과 제시

프로젝트에 대한 모든 통계자료분석이 완료되었으면 이제 쉽게 이해할 수 있는 방식으로 **분석 결과들을 해석하고 제시**해야 한다. 이때 앞에서 제시한 **체크리스트에 따라 중요한 결과가 누락되지 않도록 주의**해야 한다.

지금부터는 SmartPLS에 의한 PLS-SEM 연구에서 일반적으로 요구되는 주요 결과들을 중심으로 **표와 그림 형태(Table and Figure form)**로 요약하여 제시하고 간단한 해석을 제공할 것이다. 다만 연구와 관련된 이론이나 선행연구에 대한 자세한 검토 결과는 지면관계상 생략할 것이다.

2.1 문제 제기와 연구목적

논문에서 연구에 대한 문제 제기와 연구목적의 제시는 매우 중요하며 모든 논문의 출발점이기도 하다.[1] 연구자들은 이론과 논리 그리고 선행연구들에 근거하여 자신들의 연구 문제와 연구목적을 분명하게 제시해야 한다.

사용자가 새로운 기술이나 시스템을 접하는 시점에서 실제 사용행동으로 이어지는 경로를 탐색하는 것은 매우 흥미로운 주제의 하나라고 볼 수 있다. Davis(1989)의 **기술수용모델(TAM)**은 사용자들의 기술수용행동을 잘 예측할 수 있도록 설계된 것이다. TAM에서는 지각된 유용성과 사용용이성, 행동의도 그리고 실제사용 간의 관계를 모델화하고 있는데 이 연구에서도 이러한 이론의 기본적인 틀을 이용하기로 한다. 이 연구의 외생변수로 **기업명성**(Corporate Reputation)과 **사용성 요인**(Usability factors)을 채택하고 있다. 이를 통해 스마트폰 사용자들이 어떤 사용행동을 보이는가를 분석한다면 고객들의 충성도와 실제 사용을 제고할 수 있는 방안을 마련할 수 있을 것이다.

사용성에 대한 최근 연구들은 웹사이트, 인터넷쇼핑몰 등을 대상으로 주로 수행되었으며, 스마트폰을 대상으로 한 것은 거의 수행되지 않은 실정이다. 또한 사용성의 평가를 위해서는

1) 스마트폰 프로젝트의 문제 제기와 연구목적에 대해서는 이미 제4장에서 상세히 논의했으므로 여기에서는 간략하게 내용을 제시한다.

콘텐츠, 항해용이성, 상호작용성, 다운로드 지연, 반응속도, 디자인, 개인화, 탐색 가능성, 구조, 레이아웃 등의 요소가 포함되어야 한다(박지형과 신건권, 2012b). 그러나 이들 요소 중에는 정보시스템이나 웹사이트와 관련된 평가요소들이 많이 포함되어 있으며 스마트폰의 사용성 평가와 관련된 요소는 매우 제한적이라고 여겨진다. 따라서 이 프로젝트에서는 스마트폰 사용자의 고객충성도와 실제 사용에 영향을 미치는 요인으로 항해용이성과 상호작용성과 반응속도를 선정하였다. 스마트폰 프로젝트에서는 앞에서 살펴 본 이론적 배경과 선행연구의 결과에 기초하여 다음과 같은 연구목적을 설정하였다.

이 연구의 목적은 외생변수(기업명성과 사용성 요인인 항해용이성, 상호작용성, 반응속도)와 TAM의 기본 변수인 지각된 사용용이성과 유용성 그리고 고객충성도와 실제 사용 간의 관련성을 규명하는 것이다.

2.2 연구모델과 가설

연구모델과 가설 설정은 이론과 논리, 질적 연구, 사례연구, 연구자의 판단 그리고 기타 원천 등을 통해서 충분한 근거를 마련해야 한다. 또한 연구자는 선행연구와 자신의 통찰력, 창의력 등을 바탕으로 구조모델을 구축해야 한다. 어떤 잠재변수를 선택할 것인가와 잠재변수(연구변수)의 배열순서(Sequence)와 잠재변수 간의 가설적 관계(단순 선형관계, 매개효과관계, 조절효과관계 포함)를 결정해야 한다.

연구모델은 개념적 연구모델과 통계적 연구모델로 구분된다. 전자는 연구에서 가설화된 잠재변수들 간의 관계를 나타낸 것이며, 후자는 측정모델과 구조모델 등에 대해 통계적으로 검증의 대상이 되는 것을 말한다. 일반적으로 논문에서는 개념적 연구모델을 연구모델이라는 명칭으로 제시하는 경우가 많으며 통계분석 결과를 제시할 때 통계적 연구모델의 형식을 보완적으로 이용하는 경우가 있다. PLS-SEM에서 통계적 연구모델은 잠재변수, 측정변수, 인과관계(→) 등으로 구성되어 있으며 이를 통해서 최종적으로 어떤 잠재변수와 측정변수가 선택되었는가를 알 수 있다.

[그림 10-1]과 [그림 10-2]는 각각 스마트폰 모델의 개념적 연구모델과 통계적 연구모델을 제시한 것이다.

그림 10-1 ▌개념적 연구모델의 제시

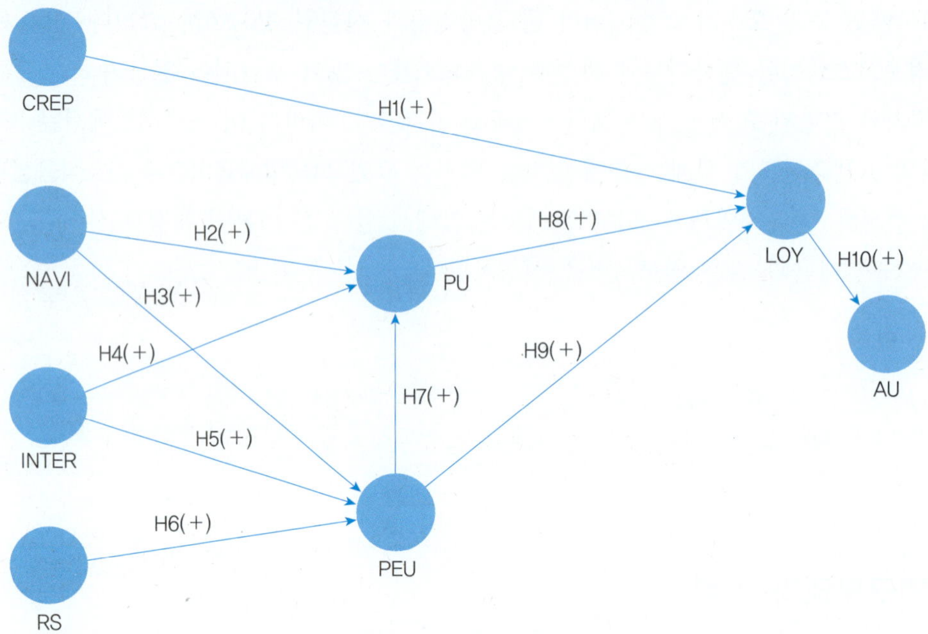

그림 10-2 ▌통계적 연구모델의 제시

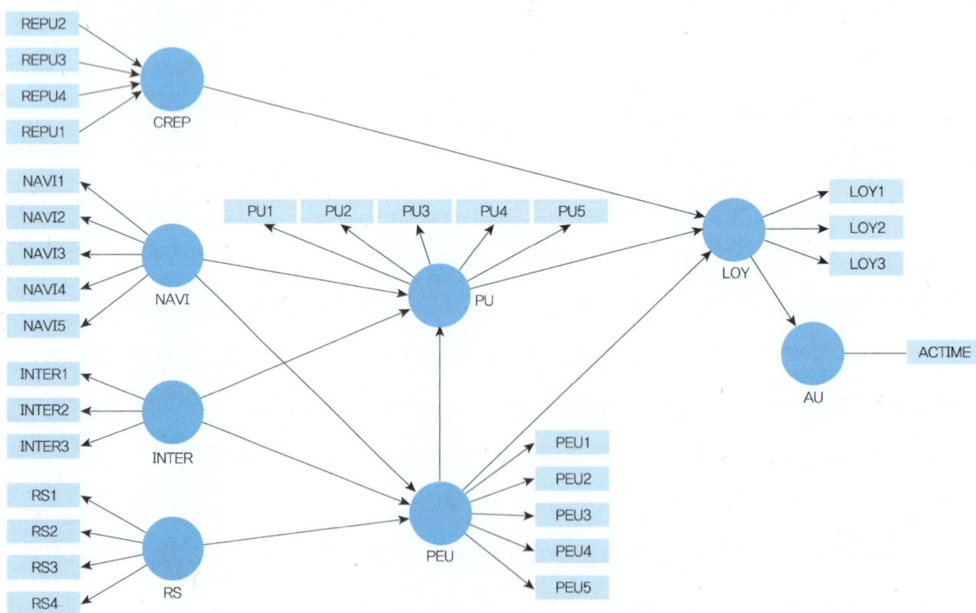

스마트폰 모델의 연구가설은 다음과 같다.

|가설 1: H1| 스마트폰 제조사의 기업명성은 고객충성도에 정(+)의 유의한 영향을 미칠 것이다.

|가설 2: H2| 스마트폰의 항해용이성은 고객의 지각된 유용성에 정(+)의 유의한 영향을 미칠 것이다.

|가설 3: H3| 스마트폰의 항해용이성은 고객의 지각된 사용용이성에 정(+)의 유의한 영향을 미칠 것이다.

|가설 4: H4| 스마트폰의 상호작용성은 고객의 지각된 유용성에 정(+)의 유의한 영향을 미칠 것이다.

|가설 5: H5| 스마트폰의 상호작용성은 고객의 지각된 사용용이성에 정(+)의 유의한 영향을 미칠 것이다.

|가설 6: H6| 스마트폰의 반응속도는 고객의 지각된 사용용이성에 정(+)의 유의한 영향을 미칠 것이다.

|가설 7: H7| 스마트폰에 대한 고객의 지각된 사용용이성은 지각된 유용성에 정(+)의 유의한 영향을 미칠 것이다.

|가설 8: H8| 스마트폰에 대한 고객의 지각된 유용성은 고객충성도에 정(+)의 유의한 영향을 미칠 것이다.

|가설 9: H9| 스마트폰에 대한 고객의 지각된 사용용이성은 고객충성도에 정(+)의 유의한 영향을 미칠 것이다.

|가설 10: H10| 스마트폰에 대한 고객충성도는 실제 사용에 정(+)의 유의한 영향을 미칠 것이다.

2.3 변수의 조작적 정의와 측정

연구모델이 개발되고 가설 설정이 완료되면 이제 가설에서 사용되는 잠재변수(혹은 연구변수, 구성개념)에 대한 변수의 조작적 정의를 내려야 한다. 각 잠재변수의 측정변수(설문항목)는 7점 리커트척도를 사용하여 측정하였다. 다만 CREP는 형성적 잠재변수이므로 형성적 측정모델의 집중타당도를 평가할 목적으로 잠재변수의 전반적인 단일문항(Global scale) 1개(⑤ 스마트폰 제조사의 전반적인 명성 정도)를 추가하였다. 따라서 이 문항은 CREP의 집중타당도의 분석 시에만 사용된다.

[표 10-1]은 각각의 잠재변수에 대한 조작적 정의를 예시한 것이다. 각 잠재변수와 측정변수들과 관련된 선행연구들은 이 표에 반드시 포함시키는 것이 바람직하지만 여기에서는 생략하였다. 연구자들이 실제 연구를 수행할 경우에는 생략하지 않기를 바란다.

표 10-1 잠재변수에 대한 조작적 정의

잠재변수	약어	조작적 정의	측정변수(설문문항)
기업명성 (CREP)	REPU1 REPU2 REPU3 REPU4 REPU5	고객이 가지고 있는 특정 스마트폰 제조사에 대한 명성 지각과 평판의 정도	① 스마트폰 제조사에 대한 신뢰도 ② 스마트폰 제조사에 대한 존경할만한 정도 ③ 스마트폰 제조사가 높은 제품과 서비스 품질을 제공하는 정도 ④ 스마트폰 제조사의 시장변화에 대한 대응능력 ⑤ 스마트폰 제조사의 전반적 명성 정도
항해용이성 (NAVI)	NAVI1 NAVI2 NAVI3 NAVI4 NAVI5	스마트폰을 이용해 쉽게 이동하거나 정보와 서비스를 탐색할 수 있는 정도	① 원하는 곳으로 쉽게 이동 가능 ② 별도 조작 없이도 초기 메뉴에서 필요한 기능을 제공 ③ 무선인터넷 기능을 통해 쉽게 필요한 정보를 탐색할 수 있음 ④ 처음 사용자도 쉽게 원하는 정보와 서비스를 찾을 수 있음 ⑤ 디스플레이 화면 내에서 나의 위치정보 제공
상호작용성 (INTER)	INTER1 INTER2 INTER3	스마트폰 사용이 상호작용을 가능하게 하는 정도	① 내가 통제할 수 있는 부분이 존재 ② 양방향 소통을 가능하게 함 ③ 원하는 콘텐츠의 자유로운 선택 가능
반응속도 (RS)	RS1 RS2 RS3 RS4	스마트폰의 접속과 로딩 및 반응 정도	① 빠른 접속속도 ② 콘텐츠에 대한 빠른 로딩속도 ③ 메뉴 간 이동속도가 충분히 빠름 ④ 고객 요구에 대한 신속한 반응 정도
지각된 사용용이성 (PEU)	PEU1 PEU2 PEU3 PEU4 PEU5	스마트폰 사용을 용이하게 할 수 있는 정도	① 쉬운 사용방법을 제공함 ② 쉬운 기능을 제공함 ③ 쉬운 서비스 이용이 가능함 ④ 누구나 쉽게 이용할 수 있음 ⑤ 쉬운 정보습득이 가능함

지각된 유용성 (PU)	PU1 PU2 PU3 PU4 PU5	스마트폰 사용이 나의 일과 업무수행에 유용한 정도	① 활용가치가 높음 ② 다양한 정보를 얻을 수 있음 ③ 내가 수행하는 일에 유용함 ④ 내 업무능력을 향상시킴 ⑤ 기능들이 나에게 유용함
고객충성도 (LOY)	LOY1 LOY2 LOY3	고객의 스마트폰에 대한 사용과 추천의사의 정도	① 향후에 현재 스마트폰 구매의사가 있음 ② 타인에게 스마트폰 구매 추천의도 ③ 현재 사용 중인 스마트폰을 앞으로도 사용할 의사가 있음
성별 (GENDER)	GENDER	성별	① 남자 ② 여자
연령 (AGE)	AGE	연령	만 ( )세
사용기간 (UPERIOD)	UPERIOD	스마트폰 사용기간	① 1년 미만 ② 1년 ③ 2년 ④ 3년 ⑤ 3년 이상
실제 사용 (AU)	ACTIME	1일 동안의 평균 스마트폰 사용시간	하루 평균 스마트폰 사용시간

2.4 설문지의 구성과 데이터 수집

스마트폰 프로젝트는 기업명성과 스마트폰 사용자의 사용성 요인이 고객충성도와 실제 사용에 미치는 영향을 분석하기 위하여 선행연구를 기반으로 최종 설문지를 완성하였다. 설문문항의 측정을 위해 7점 리커트척도를 사용하였다. 각 설문문항에 대한 응답은 1(전혀 그렇지 않다)부터 7(매우 그렇다)까지로 되어 있으며 응답자가 스마트폰을 사용하면서 느꼈던 것에 '✔' 표시를 하게 하였다.

▌표 10-2▐ 설문지의 구성과 측정척도

구분	문항 수	측정방법
기업명성	5	7점 리커트척도
항해용이성	5	
상호작용성	3	
반응속도	4	
지각된 사용용이성	5	
지각된 유용성	5	
고객혁신성	3	
고객충성도	3	
실제 사용	1	하루 평균 스마트폰 사용시간
인구 및 일반적 사항: 성별, 연령, 사용기간	3	성별은 남녀로 구분, 연령 만 나이, 사용기간은 5개 범주로 측정

설문 조사는 스마트폰 사용자 105명을 대상으로 실시하였다. 수집된 데이터 중에서 부실 기재로 판단된 설문지 6매를 제외시켰다. 최종적으로 통계분석에 포함된 **설문지는 99부**였다. 최종적으로 선정된 유효표본에 의해 만든 데이터 파일에는 이상치, 결측치 등이 포함되지 않았으며 정확하게 데이터 입력이 수행된 것으로 확인되었다.

2.5 표본 선정과 표본추출방법

설문지 개발이 완료되면 모집단에서 연구자의 조사대상이 될 **표본추출**과 **표본크기**를 어느 정도로 해야 할 것인가를 결정해야 한다. 연구모델에 적합한 표본 수를 계산하기 위해서 **G*Power 프로그램**을 사용하여 분석한 결과 통계적 검증력 80%, 중간효과크기 0.15, 예측변수의 수 4개, 유의수준 5%(α =0.05)에서 최소표본크기가 85개인 것으로 나타났다. 따라서 이 연구의 **유효표본이 99개**이고 **최소표본크기가 85개**라는 점을 감안해 볼 때 SmartPLS를 이용한 통계분석은 무리가 없는 것으로 판단된다(표본 수의 결정에 대해서는 제1장을 참조하기 바람).

한편 이 실습 프로젝트의 조사대상은 스마트폰을 활발하게 사용하는 젊은층을 대상으로 선정하였으며 표본추출방법으로 스마트폰 이용 경험이 있는 고객을 대상으로 비확률표본추출법 중 판단표본추출법을 이용하였다. 이는 조사 문제를 잘 알고 있거나 이용 경험이 있는 집단을 대상으로 표본을 추출하는 방법이다.

2.6 표본의 특성과 기초통계분석

SPSS 프로그램을 이용해 빈도분석을 수행한 결과 표본의 특성은 [표 10-3]과 같이 나타났다.

표 10-3 표본의 특성

구분		빈도	비율
성별	남자	52	52.5
	여자	47	47.5
합계		99	100
사용 기간	1년 미만	57	57.6
	1년	31	31.3
	2년	9	9.1
	3년	0	0.0
	3년 이상	2	2.0
합계		99	100

SmartPLS 프로그램을 이용해 산출한 측정변수들에 대한 기술통계량은 [표 10-4]와 같이 나타났다. [데이터 보기 창(Data View)]에 [기초통계량] 정보가 자동적으로 출력된다. 여기에는 결측치, 평균, 중앙값, 최소값, 최대값, 표준편차, 첨도와 왜도가 보고된다.

기초통계량 결과를 보면 결측치는 없다. 표준편차도 ±3 이상(리커트척도가 아닌 ACTIME의 표준편차는 의미가 없으므로 제외)은 없어서 이상치는 없는 것으로 판단된다. 또한 일반적인 설문문항을 제외하고 데이터의 정규성을 검토하기 위해 첨도와 왜도를 살펴본 결과 왜도의 절대값이 2 미만이고 첨도의 절대값이 7 미만이므로 데이터는 정규분포를 따르고 있음을 알 수 있다. 따라서 스마트폰 프로젝트에서 채택한 모든 측정변수들(지표들)은 제거되지 않고 유지된다.

표 10-4 측정변수의 기술통계량

측정변수	결측치	평균	중위수	최소값	최대값	표준편차	첨도	왜도
REPU1	0	4.838	5	2	7	1.405	−0.813	−0.018
REPU2	0	4.909	5	1	7	1.602	−1.033	−0.223
REPU3	0	4.606	5	1	7	1.549	−0.555	−0.226
REPU4	0	4.404	4	1	7	1.504	−0.568	0.006
REPU_G	0	4.667	5	1	7	1.318	−0.371	−0.248
NAVI1	0	4.556	4	1	7	2.016	−1.365	−0.229
NAVI2	0	4.485	5	1	7	1.598	−0.754	−0.229
NAVI3	0	4.879	5	1	7	1.799	−0.853	−0.449
NAVI4	0	4.444	5	1	7	1.689	−0.608	−0.369
NAVI5	0	4.566	5	1	7	1.571	−0.527	−0.329
INTER1	0	4.788	5	1	7	1.313	0.468	−0.633
INTER2	0	4.727	5	1	7	1.441	−0.079	−0.455
INTER3	0	4.838	5	1	7	1.516	−0.262	−0.605
RS1	0	4.424	4	1	7	1.558	−0.269	−0.264
RS2	0	4.333	4	1	7	1.435	−0.143	−0.210
RS3	0	4.444	4	1	7	1.597	−0.545	−0.230
RS4	0	2.475	2	1	7	1.919	0.525	1.336
PEU1	0	4.313	4	1	7	1.709	−0.679	−0.119
PEU2	0	4.495	5	1	7	1.579	−0.413	−0.311
PEU3	0	4.687	5	1	7	1.606	−0.604	−0.278
PEU4	0	4.293	4	1	7	1.628	−0.592	−0.186
PEU5	0	4.808	5	1	7	1.555	−0.382	−0.492
PU1	0	5.101	5	1	7	1.630	−0.153	−0.705
PU2	0	5.051	5	1	7	1.623	−0.453	−0.601
PU3	0	4.707	5	1	7	1.479	−0.330	−0.318
PU4	0	4.939	5	1	7	1.340	0.274	−0.528
PU5	0	5.061	5	1	7	1.317	0.596	−0.653
LOY1	0	4.525	5	1	7	1.696	−0.348	−0.347

LOY2	0	4.586	5	1	7	1.700	-0.637	-0.344
LOY3	0	4.758	5	1	7	1.609	-0.122	-0.587
ACTIME	0	385.15	380	30	700	204.334	-1.229	0.023

2.7 측정모델 평가

측정모델의 평가는 반영적 측정모델과 형성적 측정모델로 구분하여 수행되어야 한다. 만약 연구모델에 반영적 잠재변수만 포함되어 있다면 반영적 모델만 평가하면 된다. 그러나 스마트폰 모델은 연구모델 내에 반영적 측정모델과 형성적 측정모델이 모두 포함되어 있다. 그러므로 지금부터는 먼저 반영적 측정모델의 평가 결과를 제시하고 다음으로 형성적 측정모델의 평가 결과를 제시하기로 한다.

1) 반영적 측정모델의 평가

반영적 측정모델의 평가 결과는 개별 측정변수의 신뢰도, 내적 일관성 신뢰도, 집중타당도 그리고 판별타당도로 구분해 제시할 수 있다. 먼저, 개별적인 평가 결과를 제시하고 다음으로 반영적 측정모델의 종합적인 평가 결과를 제시하기로 한다. 물론 연구자가 세부적인 평가 결과를 제시하는 것을 원하지 않는 경우 종합적인 평가 결과만 제시해도 문제가 되지 않는다.

(1) 개별 측정변수의 신뢰도와 잠재변수의 집중타당도 평가 결과

개별 측정변수들의 신뢰도와 집중타당도의 평가 결과는 [표 10-5]와 같이 요약할 수 있다. 최초 PLS-SEM Algorithm 실행 결과를 살펴보면 RS4의 경우 0.191로 나타나 외부적재치가 0.4 미만이므로 RS4는 측정변수에서 제거하였다. RS4를 제거한 후에 다시 PLS-SEM Algorithm을 실행한 결과 외부적재치는 모두 0.7 이상이므로 개별 측정변수의 신뢰도가 확보된 것으로 볼 수 있다. 또한 측정변수 신뢰도(Indicator reliability)와 AVE값을 보면 모두 임계치인 0.50 이상이므로 개별 측정변수들의 신뢰도와 잠재변수의 집중타당도는 확보된 것으로 판단된다.

▌표 10-5 ▌개별 측정변수의 신뢰도와 집중타당도의 평가 결과 요약

잠재변수	측정변수	개별 측정변수 신뢰도		집중타당도
		외부적재치	측정변수 신뢰도	AVE
		>0.70	>0.50	>0.50
NAVI	NAVI1	0.885	0.783*	0.706
	NAVI2	0.832	0.692	
	NAVI3	0.922	0.850	
	NAVI4	0.742	0.551	
	NAVI5	0.807	0.651	
INTER	INTER1	0.861	0.741	0.796
	INTER2	0.909	0.826	
	INTER3	0.905	0.819	
RS	RS1	0.876	0.767	0.784
	RS2	0.894	0.799	
	RS3	0.886	0.785	
PU	PU1	0.849	0.721	0.750
	PU2	0.859	0.738	
	PU3	0.839	0.704	
	PU4	0.885	0.783	
	PU5	0.896	0.803	
PEU	PEU1	0.823	0.677	0.688
	PEU2	0.892	0.796	
	PEU3	0.910	0.828	
	PEU4	0.713	0.508	
	PEU5	0.794	0.630	
LOY	LOY1	0.802	0.643	0.766
	LOY2	0.918	0.843	
	LOY3	0.902	0.814	

주: * 측정변수 신뢰도는 수작업으로 (외부적재치)^{2}를 통해 계산함.

(2) 내적 일관성 신뢰도 평가 결과

내적 일관성 신뢰도의 평가 결과는 [표 10-6]과 같이 요약할 수 있다. 크론바흐 알파, rho_a 그리고 CR값이 모두 임계치인 0.7 이상이므로 모든 잠재변수들은 내적 일관성 신뢰도를 확보한 것으로 판단된다.

표 10-6 내적 일관성 신뢰도의 평가 결과 요약

잠재변수	측정변수	내적 일관성 신뢰도		
		크론바흐 알파	rho_a(ρ_a)	rho_c(ρ_c)
		0.60~0.90	>0.70	0.60~0.90
NAVI	NAVI1	0.894	0.906	0.923
	NAVI2			
	NAVI3			
	NAVI4			
	NAVI5			
INTER	INTER1	0.871	0.874	0.921
	INTER2			
	INTER3			
RS	RS1	0.863	0.870	0.916
	RS2			
	RS3			
PU	PU1	0.916	0.919	0.937
	PU2			
	PU3			
	PU4			
	PU5			
PEU	PEU1	0.885	0.894	0.916
	PEU2			
	PEU3			
	PEU4			
	PEU5			

LOY	LOY1	0.847	0.867	0.907
	LOY2			
	LOY3			

(3) 판별타당도 평가 결과

판별타당도의 평가 결과는 Fornell-Larcker기준, 교차적재치, HTMT의 세 가지로 구분된다.

① Fornell-Larcker기준

판별타당도의 평가 결과는 [표 10-7]과 같다. 잠재변수 간 상관관계 중에서 가장 높은 것은 PU와 INTER 간으로 0.820이다. 이 값보다 AVE 제곱근값이 크므로 반영적 측정모델의 잠재변수 간 판별타당도는 확립되었다고 볼 수 있다. 단일 측정항목의 경우에는 AVE의 제곱근이 1.000으로 나타났음을 확인할 수 있으며, 판별타당도의 평가에서는 제외시키는 것이 일반적이다.

표 10-7 Fornell-Larcker기준에 의한 판별타당도의 평가 결과 요약

구분	INTER	LOY	NAVI	PEU	PU	RS
INTER	0.892					
LOY	0.598	0.875				
NAVI	0.787	0.612	0.840			
PEU	0.764	0.615	0.758	0.829		
PU	0.794	0.583	0.820	0.775	0.866	
RS	0.616	0.686	0.606	0.604	0.610	0.885

주: 대각선은 AVE 제곱근임.

② 교차적재치분석

교차적재치의 평가 결과는 [표 10-8]과 같다. 색으로 표시된 부분이 외부적재치이고, 그렇지 않은 부분이 교차적재치이다. 잠재변수에 모든 측정변수들이 높게 적재되었으므로 판별타당도가 확보된 것으로 평가할 수 있다. 다만 단일측정항목은 교차적재치의 평가대상이 아니므로 아무런 관계가 없다. 따라서 교차적재치분석에는 이들 항목을 제외하여도 문제가 되지 않는다.

표 10-8 교차적재치분석에 의한 판별타당도의 평가 결과 요약

구분	INTER	LOY	NAVI	PEU	PU	RS
INTER1	0.861	0.497	0.608	0.661	0.677	0.527
INTER2	0.909	0.510	0.719	0.637	0.721	0.536
INTER3	0.905	0.590	0.771	0.742	0.727	0.582
LOY1	0.385	0.802	0.437	0.415	0.424	0.562
LOY2	0.596	0.918	0.604	0.556	0.542	0.622
LOY3	0.565	0.902	0.55	0.624	0.553	0.617
NAVI1	0.732	0.524	0.885	0.705	0.747	0.502
NAVI2	0.672	0.514	0.832	0.638	0.695	0.561
NAVI3	0.743	0.528	0.922	0.712	0.780	0.513
NAVI4	0.505	0.514	0.742	0.536	0.540	0.473
NAVI5	0.621	0.501	0.807	0.572	0.653	0.505
RS1	0.529	0.646	0.589	0.534	0.592	0.876
RS2	0.450	0.575	0.445	0.471	0.467	0.894
RS3	0.637	0.597	0.562	0.587	0.551	0.886
PEU1	0.581	0.483	0.636	0.823	0.662	0.506
PEU2	0.677	0.488	0.591	0.892	0.639	0.486
PEU3	0.691	0.512	0.690	0.910	0.700	0.510
PEU4	0.425	0.531	0.492	0.713	0.441	0.447
PEU5	0.742	0.541	0.703	0.794	0.725	0.547
PU1	0.734	0.477	0.714	0.685	0.849	0.487
PU2	0.715	0.444	0.753	0.700	0.859	0.519
PU3	0.573	0.496	0.634	0.571	0.839	0.513
PU4	0.679	0.533	0.699	0.687	0.885	0.570
PU5	0.727	0.571	0.742	0.703	0.896	0.552

③ HTMT

HTMT기준에 의한 판별타당도의 평가 결과는 [표 10-9]와 같다. 표에서 HTMT비율은 모두 0.90 미만이므로 $HTMT_{.90}$에서 모든 잠재변수 간에 판별타당도를 확보한 것으로 평가할 수 있다. [표 10-10]은 HTMT값에 대한 신뢰구간추정법의 결과를 제시한 것이다. 신뢰구간 내에 1을 포함하고 있지 않으므로 잠재변수 간의 판별타당도는 확보된 것으로 판단된다. 다만 단일측정 항목의 경우는 HTMT비율을 계산하지 않음에 유의하기 바란다.

표 10-9 HTMT기준에 의한 판별타당도의 평가 결과 요약(1)

구분	INTER	LOY	NAVI	PEU	PU
LOY	0.684				
NAVI	0.882	0.701			
PEU	0.856	0.706	0.842		
PU	0.886	0.656	0.898	0.848	
RS	0.700	0.801	0.687	0.685	0.682

표 10-10 HTMT기준에 의한 판별타당도의 평가 결과 요약(2)

가설경로	HTMT비율	표본평균	95% PC 신뢰구간	
			2.50%	97.50%
INTER → AU	0.430	0.428	0.237	0.588
LOY → AU	0.351	0.350	0.151	0.545
LOY → INTER	0.684	0.684	0.479	0.865
NAVI → AU	0.427	0.425	0.235	0.593
NAVI → INTER	0.882	0.882	0.782	0.961
NAVI → LOY	0.701	0.701	0.518	0.858
PEU → AU	0.460	0.456	0.271	0.615
PEU → INTER	0.856	0.855	0.728	0.962
PEU → LOY	0.706	0.705	0.531	0.859
PEU → NAVI	0.842	0.840	0.726	0.935
PU → AU	0.506	0.504	0.348	0.639

PU → INTER	0.886	0.883	0.776	0.960
PU → LOY	0.656	0.652	0.448	0.828
PU → NAVI	0.898	0.897	0.820	0.956
PU → PEU	0.848	0.844	0.721	0.941
RS → AU	0.325	0.323	0.098	0.528
RS → INTER	0.700	0.699	0.516	0.854
RS → LOY	0.801	0.802	0.674	0.913
RS → NAVI	0.687	0.685	0.515	0.827
RS → PEU	0.685	0.686	0.430	0.881
RS → PU	0.682	0.677	0.495	0.829

(4) 반영적 측정모델의 평가 결과 종합

반영적 측정모델의 평가 결과를 종합하면 [표 10-11]과 같다. 표에서 보는 바와 같이 반영적 측정모델의 모든 평가기준을 충족하고 있으므로 측정모델(개별 측정변수와 잠재변수)은 신뢰도와 타당도를 확보하였다고 판단된다.

▌표 10-11 ▌반영적 측정모델의 종합적 평가 결과의 요약

잠재변수	측정변수	개별 측정변수 신뢰도		내적 일관성 신뢰도			집중 타당도	판별 타당도
		외부 적재치	측정변수 신뢰도	크론바흐 알파	rho_a (ρ_a)	rho_c (ρ_c)	AVE	HTMT비율
		>0.70	>0.50	0.60 ~0.90	>0.70	0.60 ~0.90	>0.50	신뢰구간에 1을 포함하지 않음
NAVI	NAVI1	0.885	0.783*	0.894	0.906	0.923	0.706	예
	NAVI2	0.832	0.692					
	NAVI3	0.922	0.850					
	NAVI4	0.742	0.551					
	NAVI5	0.807	0.651					

INTER	INTER1	0.861	0.741	0.871	0.874	0.921	0.796	예
	INTER2	0.909	0.826					
	INTER3	0.905	0.819					
RS	RS1	0.876	0.767	0.863	0.870	0.916	0.784	예
	RS2	0.894	0.799					
	RS3	0.886	0.785					
PU	PU1	0.849	0.721	0.916	0.919	0.937	0.750	예
	PU2	0.859	0.738					
	PU3	0.839	0.704					
	PU4	0.885	0.783					
	PU5	0.896	0.803					
PEU	PEU1	0.823	0.677	0.885	0.894	0.916	0.688	예
	PEU2	0.892	0.796					
	PEU3	0.910	0.828					
	PEU4	0.713	0.508					
	PEU5	0.794	0.630					
LOY	LOY1	0.802	0.643	0.847	0.867	0.907	0.766	예
	LOY2	0.918	0.843					
	LOY3	0.902	0.814					

주: * 측정변수 신뢰도(indicator reliability)는 수작업으로 (외부적재치)^{2}를 통해 계산함.

2) 형성적 측정모델의 평가

형성적 측정모델의 평가 결과는 집중타당도, 다중공선성 평가 그리고 형성적 측정변수들의 유의성과 적합성 평가로 구분해 제시할 수 있다.

(1) 집중타당도 평가 결과

형성적 잠재변수의 집중타당도 평가를 위해 중복성분석을 수행한 결과, 형성적 잠재변수(CREP_F)와 단일의 전반적 측정변수(CREP_G) 간의 경로계수는 0.896으로 나타났다. 이는 임계치인 0.80을 초과하므로 형성적 잠재변수의 집중타당도는 확보된 것으로 볼 수 있다.

(2) 다중공선성 평가 결과

형성적 잠재변수인 CREP(기업명성)를 구성하는 측정변수들인 REPU1(2.636), REPU2(2.739), REPU3(3.054), REPU4(3.184)의 외부VIF값(Outer VIF Values)을 보면 모두 임계치인 5보다 낮으므로 다중공선성이 발견되지 않았다고 결론을 내릴 수 있다.

(3) 외부가중치와 외부적재치의 유의성과 적합성 평가 결과

외부가중치와 외부적재치의 유의성과 적합성 평가 결과는 [표 10-12], [표 10-13]과 같다. 형성적 잠재변수인 CREP의 측정변수들에 대한 외부가중치에 대한 평가 결과 REPU4만이 유의수준 5%에서 유의적이어서 측정변수를 유지할 수 있다. 보완적으로 나머지 측정변수들(REPU1, REPU2, REPU3)도 비유의적임에도 불구하고 외부적재치가 모두 임계치인 0.5 이상이므로 형성적 측정변수들로서 그 적합성이 인정된다.

표 10-12 외부가중치의 유의성 평가 결과의 요약

형성적 잠재변수	형성적 측정변수	외부가중치	t값	유의확률	95% PC 신뢰구간	유의성 ($p<0.05$)
CREP (기업명성)	REPU1	0.288	1.713	0.087	[−0.059, 0.600]	아니오
	REPU2	0.186	1.048	0.294	[−0.183, 0.528]	아니오
	REPU3	0.300	1.447	0.148	[−0.131, 0.679]	아니오
	REPU4	0.349	2.057	0.040	[0.036, 0.715]	예

표 10-13 외부적재치의 적합성 평가 결과의 요약

형성적 잠재변수	형성적 측정변수	외부적재치	t값	유의확률	95% PC 신뢰구간	유의성 ($p<0.05$)
CREP (기업명성)	REPU1	0.873	14.502	0.000	[0.715, 0.946]	예
	REPU2	0.853	12.360	0.000	[0.679, 0.948]	예
	REPU3	0.902	17.192	0.000	[0.766, 0.969]	예

측정모델에 대한 평가 결과 반영적 측정모델과 형성적 측정모델은 모두 신뢰도와 타당도를 확보한 것으로 결론을 내릴 수 있다. 따라서 이제 구조모델의 평가로 넘어갈 수 있다.

2.8 구조모델 평가

1) PLS-SEM Algorithm과 부트스트래핑 그리고 PLSpredict/CVPAT의 실행 결과

PLS-SEM Algorithm의 실행 결과는 [그림 10-3]과 같다. 그림에서 화살표 안에 표시된 모든 숫자는 외부적재치(외부가중치)와 경로계수인 표준화된 회귀계수를 의미한다.

그림 10-3 PLS-SEM의 실행 결과

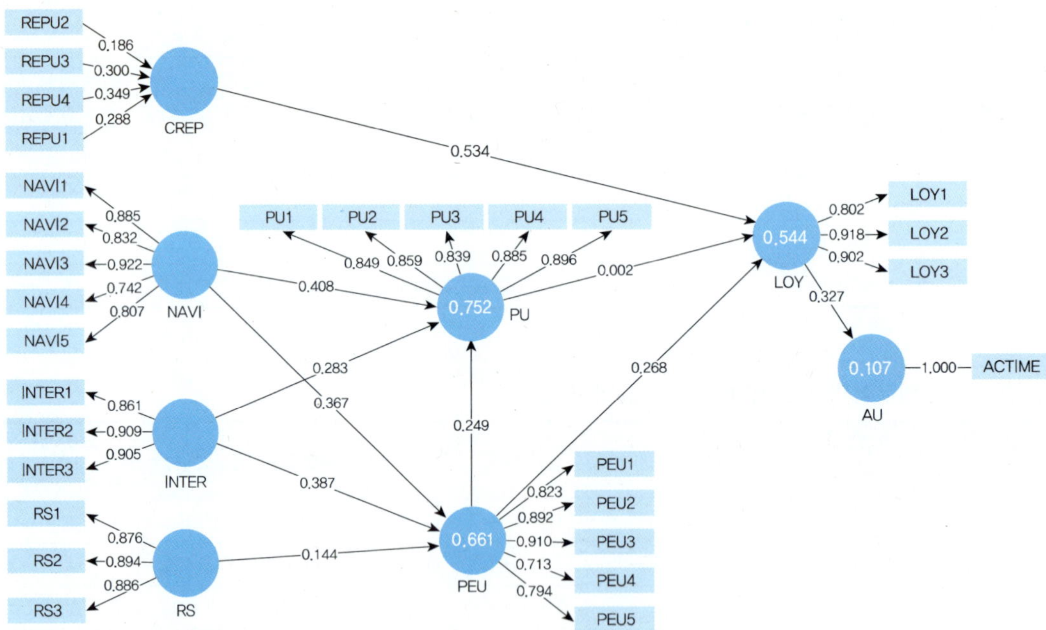

부트스트래핑의 실행 결과는 [그림 10-4]와 같다. 그림에서 화살표 안에 표시된 모든 숫자는 t값을 산출한 것이다. 잠재변수의 [원] 안에는 R^2이 출력되어 있다.

▶ 그림 10-4 ▌ 부트스트래핑의 실행 결과

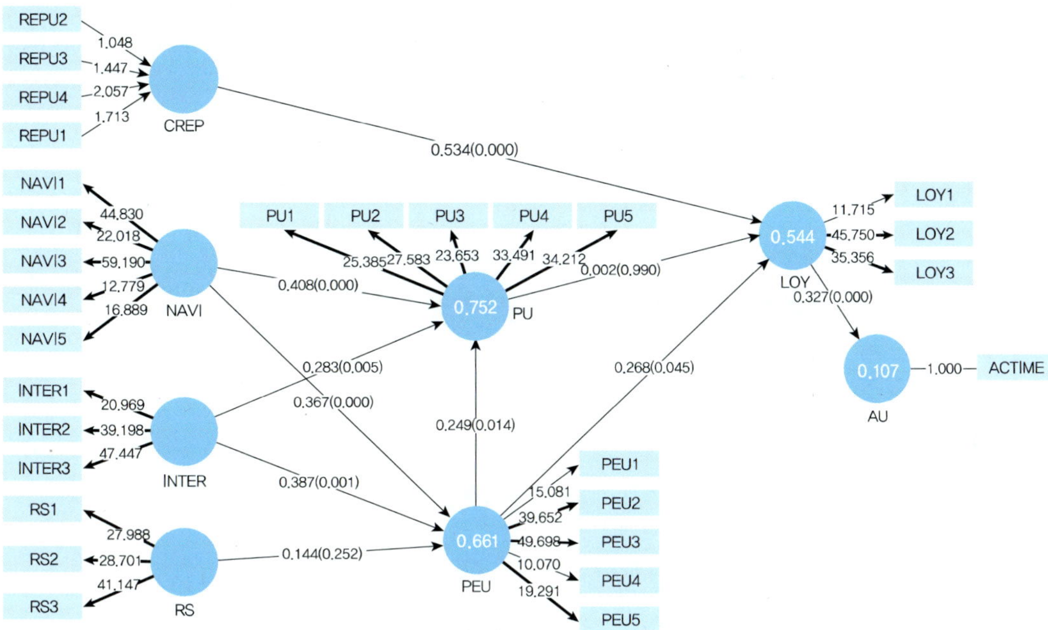

PLSpredict/CVPAT의 잠재변수와 측정변수들에 대한 실행 결과는 [그림 10-5]와 같다.

▶ 그림 10-5 ▌ PLSpredict/CVPAT의 실행 결과

MV prediction summary - Overview　　Zoom (97%)　　Copy to Excel　　Copy to R

	Q²predict	PLS-SEM_RMSE	PLS-SEM_MAE	LM_RMSE	LM_MAE
ACTIME	0.118	193.726	166.171	209.186	173.878
LOY1	0.257	1.476	1.105	1.535	1.185
LOY2	0.453	1.269	1.000	1.437	1.091
LOY3	0.390	1.268	0.915	1.304	0.994
PEU1	0.392	1.345	0.986	1.461	1.095
PEU2	0.416	1.220	0.919	1.382	1.030
PEU3	0.498	1.150	0.833	1.325	1.001
PEU4	0.213	1.457	1.152	1.533	1.188
PEU5	0.556	1.047	0.821	1.080	0.827
PU1	0.572	1.078	0.830	1.242	0.940
PU2	0.592	1.049	0.826	1.255	0.963
PU3	0.395	1.163	0.947	1.260	1.010
PU4	0.523	0.935	0.738	0.995	0.775
PU5	0.590	0.854	0.672	0.966	0.727

LV prediction summary - PLS-SEM

	Q^2predict	RMSE	MAE
AU	0.119	0.953	0.816
LOY	0.482	0.736	0.530
PEU	0.621	0.629	0.437
PU	0.723	0.541	0.414

CVPAT - PLS-SEM vs. Indicator average (IA)

	Average loss difference	t value	p value
AU	-5,031.655	2.754	0.007
LOY	-1.038	3.543	0.001
PEU	-1.099	4.264	0.000
PU	-1.208	4.470	0.000
Overall	-360.450	2.760	0.007

2) 다중공선성

잠재변수들(예측변수들) 간의 다중공선성 평가 결과는 [표 10-14]와 같다. 각 내생잠재변수별로 잠재변수들 간의 다중공선성을 평가하기 위해서 내부VIF값(Inner VIP Value)을 살펴본 결과 모두 5 미만으로 잠재변수들 간에는 다중공선성이 없는 것으로 나타났다.

표 10-14 잠재변수들(예측변수들) 간의 다중공선성 평가 결과 요약

구분	AU	CREP	INTER	LOY	NAVI	PEU	PU	RS
AU								
CREP				2.073				
INTER						2.854	3.174	
LOY	1.000							
NAVI						2.799	3.110	
PEU				2.645			2.848	
PU				3.016				
RS						1.719		

3) 결정계수(R^2)의 평가

결정계수의 평가 결과는 [표 10-15]와 같다. 내생잠재변수 LOY(0.530), PEU(0.650), PU(0.745)에 대한 수정된 R^2은 0.50 이상으로 중간값 이상의 설명력을 보여주고 있다. 내생잠재변수 AU(0.098)의 수정된 R^2은 매우 약한 설명력을 나타냈으나 내생잠재변수인 PU의 수정된 R^2이 0.745로 나타나 매우 큰 설명력을 보이고 있다고 평가할 수 있다.

표 10-15 결정계수(R^2)의 평가 결과 요약

내생잠재변수	R^2	수정된 R^2
AU	0.107	0.098
LOY	0.544	0.530
PEU	0.661	0.650
PU	0.752	0.745

4) 효과크기(f^2)의 평가

효과크기(f^2)의 평가 결과는 [표 10-16]과 같다. f^2값을 보면 CREP가 내생잠재변수 LOY의 R^2에 기여하는 f^2은 0.302로 이는 중간 정도의 기여도이지만 이 프로젝트에서는 가장 큰 기여를 하

표 10-16 효과크기(f^2)의 평가 결과 요약

구분	AU	CREP	INTER	LOY	NAVI	PEU	PU	RS
AU								
CREP				0.302				
INTER						0.155	0.102	
LOY	0.120							
NAVI						0.142	0.216	
PEU				0.059			0.088	
PU				0.000				
RS						0.035		

였다. 다음으로 INTER(0.155), NAVI(0.216)으로 중간 정도의 기여를 하고 있는 것으로 나타났다. 내생잠재변수별로 효과크기(f^2)를 살펴보기로 하자. LOY의 R^2에 CREP(0.302)가 가장 큰 기여를 하고 있으며 PEU(0.059)의 R^2에는 작은 효과크기가 있는 것으로 나타났다. 반면에 PU(0.000)는 LOY의 R^2에 거의 기여를 하고 있지 않은 것으로 평가되었다.

5) 예측력의 평가

내생잠재변수와 이의 측정변수들의 예측력의 평가 결과는 [표 10-17], [표 10-18] 및 [표 10-19]와 같다.

PLSpredict를 사용해 구조방정식모델에서 외생잠재변수들이 모든 내생잠재변수들의 측정변수들에 대해서 예측력을 가지고 있는지에 대한 평가 결과는 [표 10-17]과 같다. PLS-SEM_RMSE(PLS-MAE)이 LM_RMSE(LM_MAE)보다 작게 나타나 구조방정식모델

표 10-17 PLSpredict을 사용한 내생잠재변수의 측정변수들에 대한 예측력의 평가 결과 요약

구분	Q^2	PLS-SEM_RMSE	PLS-SEM_MAE	LM_RMSE	LM_MAE
ACTIME	0.118	193.726	166.171	209.186	173.878
LOY1	0.257	1.476	1.105	1.535	1.185
LOY2	0.453	1.269	1.000	1.437	1.091
LOY3	0.390	1.268	0.915	1.304	0.994
PEU1	0.392	1.345	0.986	1.461	1.095
PEU2	0.416	1.220	0.919	1.382	1.030
PEU3	0.498	1.150	0.833	1.325	1.001
PEU4	0.213	1.457	1.152	1.533	1.188
PEU5	0.556	1.047	0.821	1.080	0.827
PU1	0.572	1.078	0.830	1.242	0.940
PU2	0.592	1.049	0.826	1.255	0.963
PU3	0.395	1.163	0.947	1.260	1.010
PU4	0.523	0.935	0.738	0.995	0.775
PU5	0.590	0.854	0.672	0.966	0.727

에서 모든 외생잠재변수들은 모든 내생잠재변수들의 측정변수들에 대해서 높은 예측력(High predictive power)을 가지고 있다고 해석할 수 있다.

PLSpredict를 사용해 구조방정식모델에서 외생잠재변수들이 내생잠재변수들에 대해서 예측력을 가지고 있는지를 평가한 결과는 [표 10-18]과 같다. 모든 잠재변수들의 Q^2이 0 이상이어서 외생잠재변수들은 내생잠재변수들에 대한 예측력을 가지고 있는 것으로 나타났다.

표 10-18 PLSpredict을 사용한 내생잠재변수들의 예측력 평가 결과 요약

구분	Q^2	RMSE	MAE
AU	0.119	0.953	0.816
LOY	0.482	0.736	0.530
PEU	0.621	0.629	0.437
PU	0.723	0.541	0.414

CVPAT를 사용해 구조방정식모델에서 외생잠재변수의 내생잠재변수들에 대한 예측력을 평가한 결과는 [표 10-19]와 같다. 모든 잠재변수들의 평균손실차이(Difference of the average loss values)가 부적인 값을 가지고 있고 유의수준 0.05에서 모두 통계적으로 유의하여 외생잠재변수들은 내생잠재변수들에 대해서 예측력이 있는 것으로 나타났다.

표 10-19 CVPAT을 사용한 내생잠재변수들의 예측력 평가 결과 요약

구분	평균손실차이	t값	p값
AU	−5,031.655	2.754	0.007
LOY	−1.038	3.543	0.001
PEU	−1.099	4.264	0.000
PU	−1.208	4.470	0.000
전체	−360.450	2.760	0.007

6) 경로계수의 유의성과 적합성

경로계수의 유의성과 적합성 평가 결과는 [표 10-20]과 같다.

[표 10-21]의 가설검증 결과에 의하면 〈가설 6〉과 〈가설 8〉은 기각되었으며, 나머지 가설들은 채택되었음을 알 수 있다. 고객충성도(LOY)에는 기업명성(CREP)이 가장 큰 정의 유의한 영향을 미쳤으며 지각된 유용성(PU)보다는 지각된 사용용이성(PEU)이 중요한 영향을 미치고 있음을 확인할 수 있다. 지각된 유용성(PU)에는 항해용이성(NAVI)과 상호작용성(INTER) 그리고 지각된 사용용이성(PEU)이 정의 유의한 영향을 미쳤다. PEU에는 NAVI, INTER가 정의 유의한 영향을 미쳤으나 반응속도(RS)는 통계적으로 유의한 영향을 미치지 못했다. 최종적으로 LOY는 고객들의 실제사용도(AU)에 정의 유의한 영향을 미치고 있음을 확인할 수 있다.

표 10-20 경로계수의 유의성과 적합성 평가 결과 요약: 가설검증

가설경로	경로계수	t값	p값	95% PC 신뢰구간	유의성 ($p<0.05$)
〈가설 1〉 CREP → LOY	0.534	3.673	0.000	[0.238, 0.799]	예
〈가설 2〉 NAVI → PU	0.408	4.072	0.000	[0.197, 0.591]	예
〈가설 3〉 NAVI → PEU	0.367	3.575	0.000	[0.155, 0.555]	예
〈가설 4〉 INTER → PU	0.283	2.833	0.005	[0.096, 0.487]	예
〈가설 5〉 INTER → PEU	0.387	3.470	0.001	[0.170, 0.604]	예
〈가설 6〉 RS → PEU	0.144	1.146	0.252	[−0.086, 0.395]	아니오
〈가설 7〉 PEU → PU	0.249	2.467	0.014	[0.052, 0.449]	예
〈가설 8〉 PU → LOY	0.002	0.012	0.990	[−0.238, 0.304]	아니오
〈가설 9〉 PEU → LOY	0.268	2.002	0.045	[−0.001, 0.515]	예
〈가설 10〉 LOY → AU	0.327	3.580	0.000	[0.142, 0.502]	예

[표 10-21]은 개별간접효과(Specific indirect effect)에 대한 분석을 통해 매개효과를 검증한 것이다. 개별간접효과에 대한 분석 결과, 전체 간접경로 중에서 개별간접효과가 존재하는 경로는 INTER→PEU→PU, CREP→LOY→AU로 나타났다. 따라서 상호작용성은 지각된 사용용이성을 매개로 지각된 유용성에 유의한 영향을 미친 것으로 볼 수 있다. 또한 기업명성은 고객충성도를 매개로 실제 사용에 유의한 영향을 미친 것으로 해석할 수 있다. 나머지 개별 간접경로들은 모두 통계적인 유의성이 없으며 매개효과가 존재하지 않았음을 알 수

있다. 여기에서는 개별간접효과 분석 결과를 모두 제시했으나 연구자들은 자신이 선행연구의 검토를 통해 설정한 매개효과가설에 대해서만 결과 보고를 하면 된다.

표 10-21 개별간접효과분석에 의한 매개효과검증 결과

개별간접경로	경로계수	표준편차	t값	p값	유의성(p<0.05)
INTER → PEU → PU	0.096	0.041	2.336	0.020	예
INTER → PEU → LOY	0.104	0.053	1.954	0.051	아니오
RS → PEU → LOY → AU	0.013	0.017	0.746	0.456	아니오
NAVI → PU → LOY → AU	0.000	0.020	0.011	0.991	아니오
RS → PEU → PU → LOY	0.000	0.007	0.008	0.993	아니오
INTER → PU → LOY → AU	0.000	0.014	0.011	0.991	아니오
CREP → LOY → AU	0.175	0.072	2.439	0.015	예
PEU → PU → LOY	0.000	0.038	0.011	0.991	아니오
PEU → PU → LOY → AU	0.000	0.014	0.010	0.992	아니오
NAVI → PEU → LOY	0.098	0.053	1.838	0.066	아니오
PU → LOY → AU	0.001	0.048	0.011	0.991	아니오
RS → PEU → PU	0.036	0.035	1.015	0.310	아니오
NAVI → PEU → LOY → AU	0.032	0.019	1.652	0.099	아니오
NAVI → PU → LOY	0.001	0.057	0.012	0.991	아니오
RS → PEU → PU → LOY → AU	0.000	0.002	0.008	0.994	아니오
INTER → PEU → LOY → AU	0.034	0.020	1.736	0.083	아니오
INTER → PU → LOY	0.000	0.041	0.011	0.991	아니오
INTER → PEU → PU → LOY	0.000	0.015	0.011	0.991	아니오
PEU → LOY → AU	0.088	0.049	1.787	0.074	아니오
RS → PEU → LOY	0.038	0.050	0.775	0.439	아니오
INTER → PEU → PU → LOY → AU	0.000	0.005	0.010	0.992	아니오
NAVI → PEU → PU → LOY	0.000	0.015	0.010	0.992	아니오
NAVI → PEU → PU	0.091	0.052	1.749	0.080	아니오
NAVI → PEU → PU → LOY → AU	0.000	0.006	0.009	0.993	아니오

제10장의 연습과 실습문제

01 SmartPLS 구조방정식모델링(PLS-SEM)의 연구조사 설계와 통계분석 결과의 지침으로 활용될 수 있는 체크리스트의 내용이 무엇인지 제시하고 논의하시오.

02 PLS-SEM의 연구조사 설계에서 고려할 체크리스트의 내용에 대해 설명하시오.

03 PLS-SEM의 데이터 준비와 검토과정에서 고려할 체크리스트의 내용에 대해 설명하시오.

04 PLS-SEM의 측정모델 평가 결과를 제시할 때 고려할 체크리스트의 내용에 대해 설명하시오.

05 PLS-SEM의 구조모델 평가 결과를 제시할 때 고려할 체크리스트의 내용에 대해 설명하시오.

06 SPSS 프로그램을 이용하여 [데이터 파일] 제10장에 있는 [스마트폰 데이터]를 이용하여 빈도분석을 수행하고 그 결과를 제시하시오.

| 정답 |

[1] 빈도분석 수행하기

① 제10장의 [스마트폰 데이터]를 더블클릭하여 SPSS 프로그램의 [분석 메뉴]의 [기술통계량–빈도분석]에 들어간다.

② 빈도분석의 옵션 창에서 다음과 같이 분석할 [인구통계변수들]을 선택한 후 [확인] 버튼을 클릭해 실행한다.

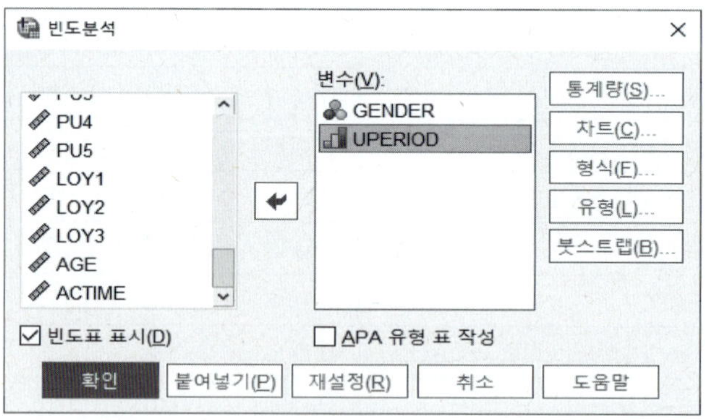

③ 빈도분석 실행 결과를 확인하고 제시한다.

빈도표

GENDER

		빈도	퍼센트	유효 퍼센트	누적 퍼센트
N	1	52	52.5	52.5	52.5
	2	47	47.5	47.5	100.0
	전체	99	100.0	100.0	

UPERIOD

		빈도	퍼센트	유효 퍼센트	누적 퍼센트
N	1	57	57.6	57.6	57.6
	2	31	31.3	31.3	88.9
	3	9	9.1	9.1	98.0
	5	2	2.0	2.0	100.0
	전체	99	100.0	100.0	

[2] 분석 결과 제시하기

빈도분석 결과를 표 형태로 요약하면 다음과 같다.

구분		빈도	비율
성별	남자	52	52.5
	여자	47	47.5
합계		99	100
사용 기간	1년 미만	57	57.6
	1년	31	31.3
	2년	9	9.1
	3년	0	0.0
	3년 이상	2	2.0
합계		99	100

제10장의 핵심내용 정리 >>>

- SmartPLS 구조방정식모델링(PLS-SEM)의 연구조사 설계와 결과 제시에서 요구되는 체크리스트는 연구자들이 통계분석 결과를 효과적으로 제시하는 데 지침으로 사용된다.
- 체크리스트에 의한 철저한 연구조사 설계의 검토와 통계분석 결과의 제시는 연구자들이 고품질의 논문과 보고서를 작성하는 데 기여할 수 있다.
- 연구조사 설계의 체크리스트에는 문제 제기와 연구목적, 이론적 배경, 연구모델과 가설, 변수의 조작적 정의, 데이터 수집방법, 표본크기의 결정 등이 포함된다.
- 데이터 준비와 검토를 위한 체크리스트에는 데이터 입력의 정확성, 기술통계량, 의심스러운 응답패턴, 정규성, 결측치, 다중공선성, 이상치, 이질성 등이 포함된다.
- 측정모델 평가(Measurement model, or Outer model evaluation)의 체크리스트에는 반영적 측정모델과 형성적 측정모델의 선택, 반영적 측정모델과 형성적 측정모델의 신뢰도와 타당도분석, 최종 측정모델의 확정 등이 포함된다.
- 구조모델 평가(Structural model, or Inner model evaluation)의 체크리스트에는 다중공선성, 결정계수, 효과크기, 예측력, 가설검증 결과, 모델 수정, 최종 구조모델의 확정 등이 포함된다.

제 3 부

PLS-SEM 기본 실습 따라하기

제 11 장 PLS-SEM의 기본 실습 (1) : 반영적 측정변수로만 구성된 모델

이 장은 기업전문성(Corporate professionalism) 프로젝트를 통해 논문 작성과 통계분석의 실질적인 절차들을 제시하고 있다. 주요 내용에는 논문 작성에 필요한 연구조사 설계, 데이터 수집과 입력 및 저장, 구조방정식모델의 구축과 데이터 검토, 측정모델의 평가(신뢰도와 타당도검증), 구조모델의 평가와 가설검증이 포함된다.

1 연구조사 설계

1.1 문제 제기와 연구 문제

세무사사무소의 기업전문성이 고객충성도에 미치는 영향

: 지각된 위험과 고객신뢰의 매개효과를 중심으로

The effect of corporate professionalism of tax accountant office on customer loyalty

: Focused on mediating effects of perceived risk and customer trust

세무사사무소의 세무사와 직원들은 세법과 세무회계에 대한 지식과 경험이라는 고도의 전문성을 바탕으로 의사결정을 내려야 한다. 고객에게 있어 기업전문성이란 세무사나 세무사사무소의 직원들이 제공하는 세무대리서비스에 대해 고객들이 지각하는 전문지식과 기술적 숙련도 등을 의미한다.

고객과의 접촉이 빈번한 세무대리서비스와 같은 전문서비스에서 직원의 높은 전문성은 고객의 행동을 변화시키는 데 있어서 매우 효과적이다. 세무사사무소의 기업전문성은 고객의 세무대리서비스에 대한 위험 지각 정도나 고객신뢰와 고객충성도에 영향을 미칠 수 있다. 예컨대 고객들이 세무사나 세무사사무소의 직원들에 대한 전문성품질을 높게 지각하면 고객들이 지각하는 위험 정도가 줄어들고 고객신뢰는 높아질 수 있으며, 전문성에 기반을 둔 고품질의 세무대리 전문서비스가 제공될수록 고객들이 세무사사무소가 제공하는 세무대리서비스를 다시 이용할 의도가 높아질 것이다.

세무대리서비스 연구 분야에서는 전문성이나 전문가 자질성, 세무인력의 전문성을 세무대리서비스 품질변수의 하나로 채택해 연구를 수행해 왔다(윤종원, 2006; 장용운, 2009; 이명근, 2015 등). 선행연구들에서 세무대리의 기업전문성은 중요한 연구변수로 채택되기 시작했으나 아직은 적은 수의 연구만이 수행되었다. 특히 선행연구에서는 세무사사무소의 세무사와 직원들을 대상으로 세무대리에 대한 기업전문성이 고객의 지각된 위험이나 고객신뢰를 매개로 고객충성도에 미치는 영향에 대해서는 거의 분석되지 않았다. 따라서 이 프로젝트에서는 세무사사무소의 세무대리의 기업전문성이 고객충성도에 미치는 영향을 규명하는 것을 목적으로 한다. 또한 세무대리의 기업전문성과 고객충성도 간에 고객의 지각된 위험(Perceived Risk: PR)과 고객신뢰가 매개 영향을 미치는 지를 알아내고자 한다. 이를 위해서 세무대리의 기업전문성, 지각된 위험, 고객신뢰 및 고객충성도 간의 구조적 관계모델을 개발하고 이들 간의 상호관계를 밝혀내고자 한다.

1.2 연구모델의 개발, 가설 설정 및 변수의 정의

1) 연구모델의 개발

이 책에서는 제3부 제11장의 실습을 위해서 선행연구에 기초하여 [그림 11-1], [그림 11-2]와 같은 연구모델을 개발하였다. [그림 11-1]은 연구변수(잠재변수) 간의 가설관계를 나타내는 개념적 연구모델이며 [그림 11-2]는 연구변수 간의 관계는 물론 각 연구변수의 측정변수들(설문문항)을 포함하고 있는 통계적 연구모델이다.

그림 11-1 ▌ 개념적 연구모델

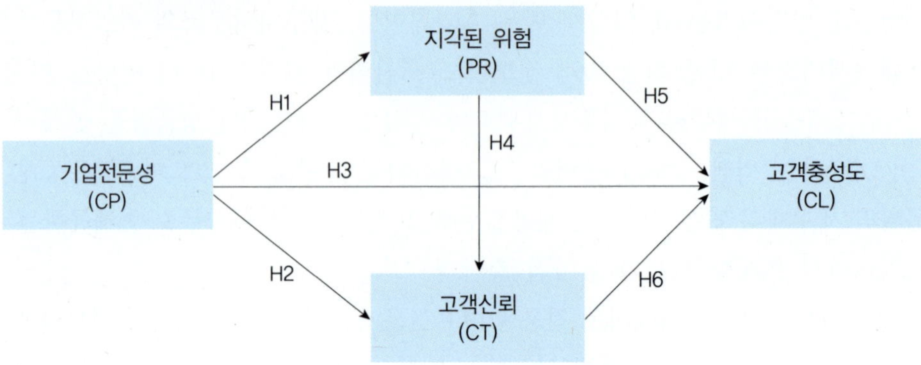

H7: 매개효과검증을 위한 가설

주: 1) 기업전문성(CP: Corporate Professionalism), 지각된 위험(PR: Perceived Risk), 고객신뢰(CT: Customer Trust), 고객충성도(CL: Customer Loyalty)

2) 기업전문성(CP)은 외생변수, 지각된 위험(PR)과 고객신뢰(CT)는 내생변수이면서 매개변수, 고객충성도(CL)는 내생변수이면서 종속변수임.

3) 모든 연구변수들은 반영적 측정변수(Reflective indicator)임.

그림 11-2 ▌ 통계적 연구모델

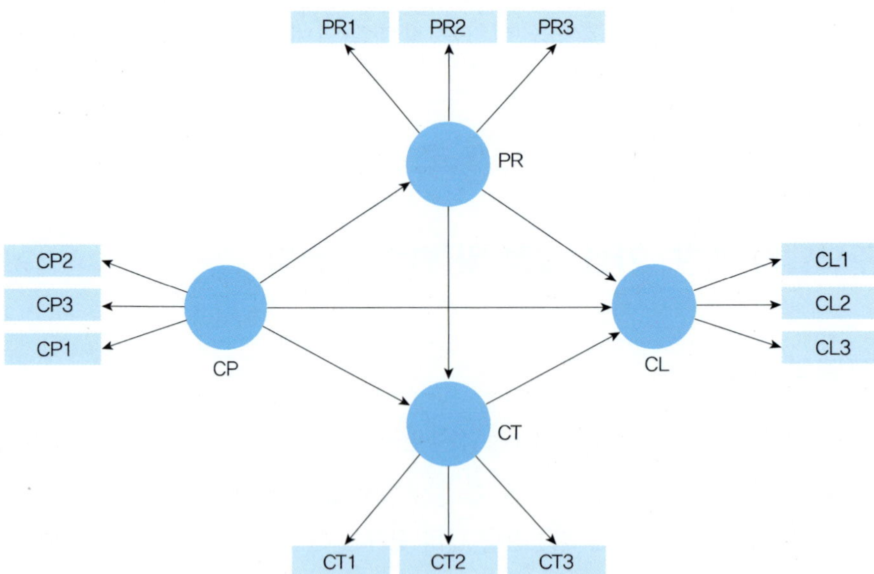

2) 가설 설정

선행연구의 검토를 통해 설정된 **세무대리 전문성 프로젝트의 세무대리 전문성 모델의 연구가설은 총 7개**이다. 가설 1(H1)부터 가설 6(H6)까지는 **기본 가설**이며 가설 7(H7)은 **매개효과검증을 위한 가설**이다.

|가설 1: H1| 세무사사무소의 기업전문성은 고객의 지각된 위험에 부(−)의 영향을 미칠 것이다.

|가설 2: H2| 세무사사무소의 기업전문성은 고객신뢰에 정(+)의 영향을 미칠 것이다.

|가설 3: H3| 세무사사무소의 기업전문성은 고객충성도에 정(+)의 영향을 미칠 것이다.

|가설 4: H4| 세무사사무소 고객의 지각된 위험은 고객신뢰에 부(−)의 영향을 미칠 것이다.

|가설 5: H5| 세무사사무소 고객의 지각된 위험은 고객충성도에 부(−)의 영향을 미칠 것이다.

|가설 6: H6| 세무사사무소의 고객신뢰는 고객충성도에 정(+)의 영향을 미칠 것이다.

|가설 7: H7| 세무사사무소의 기업전문성과 고객충성도 간에 고객의 지각된 위험과 고객신뢰는 매개영향을 미칠 것이다.

|가설 7-1: H7-1| 세무사사무소의 기업전문성은 고객의 지각된 위험을 매개로 고객신뢰에 유의적인 영향을 미칠 것이다.

|가설 7-2: H7-2| 세무사사무소의 기업전문성은 고객의 지각된 위험과 고객신뢰를 매개로 고객충성도에 유의적인 영향을 미칠 것이다.

|가설 7-3: H7-3| 세무사사무소 고객의 지각된 위험은 고객신뢰를 매개로 고객충성도에 유의적인 영향을 미칠 것이다.

|가설 7-4: H7-4| 세무사사무소의 기업전문성은 고객의 지각된 위험을 매개로 고객충성도에 유의적인 영향을 미칠 것이다.

|가설 7-5: H7-5| 세무사사무소의 기업전문성은 고객신뢰를 매개로 고객충성도에 유의적인 영향을 미칠 것이다.

3) 변수의 정의

세무대리 전문성 모델의 연구변수에 대한 조작적 정의는 [표 11-1]과 같다.

표 11-1 연구변수에 대한 조작적 정의

변수명	기호	조작적 정의	측정항목(설문문항)
기업전문성 (CP)	CP1 CP2 CP3	거래 사무소의 직원이 가지고 있는 전문성의 정도	① 직원의 납부세액의 정확한 계산 ② 직원의 세무관련 지식 보유 ③ 직원의 세무조사 감소 노력
지각된 위험 (PR)	PR1 PR2 PR3	거래 사무소에 대한 고객의 위험 지각정도	① 업무능력에 비해서 서비스비용이 비쌈 ② 나에게 금전적 손실 가능성 ③ 나에게 불필요한 시간 발생
고객신뢰 (CT)	CT1 CT2 CT3	거래 사무소에 대한 고객의 신뢰정도	① 거래 사무소에 대한 신뢰 ② 거래 사무소의 정직한 서비스 제공 ③ 직원의 성실함
고객충성도 (CL)	CL1 CL2 CL3	고객이 거래 사무소에 대해 구전의도, 타인 추천과 지속 거래의도	① 거래 사무소에 대한 구전의도 ② 거래 사무소에 대한 타인 추천의도 ③ 거래 사무소에 대한 지속거래의도

1.3 설문지 개발과 표본 선정

1) 설문지 개발

이 프로젝트의 설문지는 [표 11-2]와 같이 크게 연구변수와 응답자의 일반적 사항을 파악하기 위한 설문으로 구성되었다. 연구변수는 선행연구들에 기초해 선정하였고 5점 리커트척도를 사용하여 측정하였다. 여기에서 척도 1은 '전혀 그렇지 않다' 3은 '보통이다' 5는 '매우 그렇다'를 의미한다.

기업전문성, 지각된 위험, 고객신뢰 및 고객충성도는 모두 3개 설문문항으로 구성되었으며 반영적 측정변수이다. 응답자의 일반적 사항으로는 성별, 연령, 교육정도, 세무사사무소와의 거래기간이 포함되었다.

표 11-2 설문지의 구성

설문문항과 내용	문항 수	측정방법
Ⅰ. 기업전문성	3	5점 리커트척도
Ⅱ. 지각된 위험	3	
Ⅲ. 고객신뢰	3	
Ⅳ. 고객충성도	3	
Ⅴ. 응답자의 일반적 사항 – 성별, 연령, 교육정도, 거래기간	–	–

표 11-3 세무대리 전문성 프로젝트의 설문지

설문지

안녕하십니까?
본 설문 조사는 세무사사무소에 재직하고 있는 직원들을 대상으로 세무사사무소의 세무대리서비스 전문성이 지각된 위험, 고객신뢰 및 고객충성도에 미치는 영향을 파악하고자 실시하는 것입니다. 응답내용은 통계법 제33조에 의해 익명으로 처리되어 비밀이 보장되며 통계적 분석목적 이외에는 절대로 사용하지 않을 것임을 약속드립니다. 연구자의 연구목적이 성공적으로 달성될 수 있도록 여러분의 성실하고 솔직한 응답을 부탁드립니다. 감사합니다.

조사자: 호서대학교 기술경영전문대학원 신건권

• [설문 Ⅰ~Ⅳ]에 대한 답변 요령
각 설문문항에 대한 응답은 1(전혀 그렇지 않다)부터 5(매우 그렇다)까지로 되어 있으며, 그 중에서 귀하가 제공받은 세무사사무소의 세무대리서비스에 대해서 느꼈던 것에 '✔' 표시를 해주시면 됩니다.

Ⅰ. 기업전문성(Corporate Professionalism: CP)

설문문항	전혀 그렇지 않다		보통		매우 그렇다
1. 내가 거래하는 세무사사무소는 납부세액을 정확히 계산해 준다.	①	②	③	④	⑤
2. 내가 거래하는 세무사사무소는 세무관련 지식을 가지고 있다.	①	②	③	④	⑤
3. 내가 거래하는 세무사사무소는 세무조사 감소노력을 해준다.	①	②	③	④	⑤

Ⅱ. 지각된 위험(Perceived Risk: PR)

설문문항	전혀 그렇지 않다		보통		매우 그렇다
1. 내가 거래하는 세무사사무소는 업무능력에 비해 서비스비용이 비싸다.	①	②	③	④	⑤
2. 내가 거래하는 세무사사무소는 나에게 금전적 손실을 준다.	①	②	③	④	⑤
3. 내가 거래하는 세무사사무소는 나에게 불필요한 시간을 발생시킬 것 같다.	①	②	③	④	⑤

Ⅲ. 고객신뢰(Customer Trust: CT)

설문문항	전혀 그렇지 않다		보통		매우 그렇다
1. 내가 거래하는 세무사사무소에 대해 신뢰한다.	①	②	③	④	⑤
2. 내가 거래하는 세무사사무소는 정직한 서비스를 제공한다.	①	②	③	④	⑤
3. 내가 거래하는 세무사사무소의 직원은 성실하다	①	②	③	④	⑤

Ⅳ. 고객충성도(Customer Loyalty: CL)

설문문항	전혀 그렇지 않다		보통		매우 그렇다
1. 나는 기회가 되면 타인에게 내가 거래하는 세무사사무소에 대해 긍정적으로 말할 것이다.	①	②	③	④	⑤
2. 나는 앞으로 현재 거래하고 있는 세무사사무소를 타인에게 추천할 것이다.	①	②	③	④	⑤
3. 나는 다음에도 현재 거래하고 있는 세무사사무소와 계속해 거래할 것이다.	①	②	③	④	⑤

Ⅴ. 일반적 사항

각 설문응답의 해당 사항에 '✔' 표시를 해주세요.

1. 귀하의 성별은? ① 남자 ② 여자
2. 귀하의 연령은? ① 20대 ② 30대 ③ 40대 ④ 50대 ⑤ 50대 이상
3. 귀하의 교육정도는? ① 중졸 이하 ② 고졸 ③ 대졸 ④ 대학원졸
4. 귀하가 거래하는 세무사사무소의 거래기간은?
   ① 2년 미만 ② 2년 이상~4년 미만 ③ 4년 이상~6년 미만 ④ 6년 이상~8년 미만
   ⑤ 8년 이상

2) 표본 선정

설문지 개발이 완료되면 모집단에서 연구자의 조사대상이 될 표본추출과 표본크기를 어느 정도로 할 것인지를 결정해야 한다. SmartPLS는 비모수통계기법을 적용하는 프로그램으로 개발되었고 부트스트래핑을 사용하기 때문에 소규모 표본에도 적용할 수 있다. Chin(1988)이 제시했던 종속변수를 제외한 예측변수당 10개의 표본크기를 기준으로 계산할 경우 이 연구에서는 3개×10개=30개의 표본만 있으면 된다. G*Power 프로그램을 통해 필요한 표본크기를 계산하면 최소표본크기는 77개로 분석되었다(계산과정은 제1장 통계 실습 1-1 참조).

이 프로젝트의 대상은 국내 반도체 제조업체이며, 자료 수집방법은 설문지법을 사용하였다. 자료 수집을 위해 판단표본추출법을 적용하였다. 설문지는 국내의 세무사사무소 30개를 대상으로 총 110부를 직접방문 또는 우편으로 배포하고 105부를 회수하였다. 의심스러운 응답패턴을 보이거나 부실기재로 판단된 설문지 5부를 제외했으며 최종적으로 유효표본 100부를 통계분석에 사용하였다. 유효표본 100개는 G*Power 프로그램에 의한 최소표본크기인 77개보다 크므로 표본크기는 통계분석을 시행하기에 적절하다고 판단된다.

2 데이터 수집과 입력 및 저장

2.1 데이터 수집과 입력

데이터는 설문지나 2차 자료 등을 통해 수집할 수 있다. 수집된 데이터는 Excel이나 SPSS Editor 등을 통해 입력해야 한다. 입력 후에 연구자는 데이터에서의 ① 결측치, ② 일관성이 없는 불성실한 응답치, ③ 이상치(Outlier) 등이 없는지를 철저하게 검토해야 한다.

2.2 데이터 파일 만들기

입력할 데이터에 대한 점검이 완료되면 이제 입력하고 저장해 데이터 파일을 만들어야 한다. SmartPLS 프로그램에 입력할 데이터는 설문지를 통해 입수한 데이터일 경우도 있고 이미 입력이 완료되어 있는 2차 데이터를 사용할 수도 있다. 데이터 입력 프로그램으로 Excel이나 SPSS Editor 등의 어느 것을 사용하든 관계없지만 입력을 완료한 후에는 데이터 파일명의 확장자를 [파일명.csv]로 하여 [다른 이름으로 저장]하면 쉽게 불러들일 수 있다. 물론 SPSS 데이터 파일도 쉽게 불러들일 수 있다.

데이터 입력과 저장 실습에서는 결측치가 전혀 없는 경우와 결측치가 있는 경우로 구분해 입력할 수 있다(이 책의 제4장 참조). 세무대리 전문성 모델에서는 결측치가 전혀 없는 경우에 해당한다.

통계 실습 11-1 데이터 파일 만들기: 세무대리 전문성 데이터

[1] SPSS 프로그램을 이용해 데이터를 입력하시오. 단 이 실습 문제에서는 입력에 필요한 설문 응답자료를 현실적으로 제공하기 어렵기 때문에 저자가 [데이터 파일]에서 제공한 [제11장] 세무대리 전문성 데이터를 가지고 실습하시오.

[2] SmartPLS 프로그램에 사용할 수 있도록 SPSS 프로그램으로 작성한 데이터 파일을 확장자명을 csv[*.csv]로 하여 [다른 이름으로 저장]을 통해 데이터 파일을 만드시오. 단, 데이터 파일명은 [세무대리 전문성 데이터]로 하시오.

실습과정

[1] SPSS 프로그램으로 데이터 입력하고 저장하기

❶ 이 책의 [데이터 파일] 제11장 [세무대리 전문성 데이터]를 프린터로 인쇄한 후 동일하게 각자가 SPSS 프로그램에 입력한다. 물론 입력과정 따라하기를 원하지 않는 독자의 경우에는 이를 생략하고 이미 입력되어 있는 데이터 파일을 사용해도 된다. SPSS Editor의 [변수 보기]에서 설문지를 보고 측정변수명(이름), 유형, 너비, 측도 등을 정

의한다.

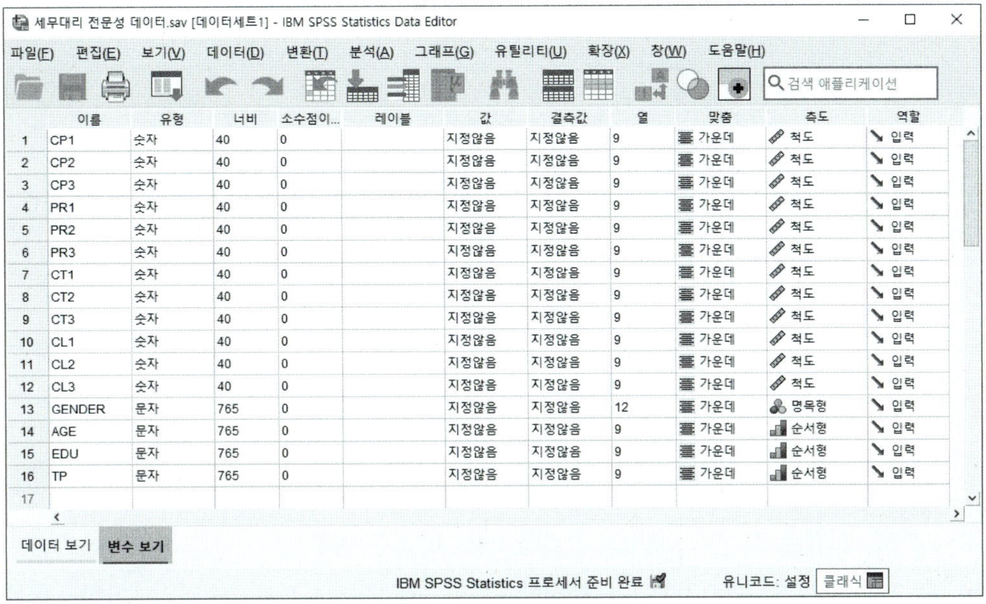

❷ SPSS Editor의 [데이터 보기] 탭에서 앞에서 출력된 데이터를 보고 케이스 100번까지 계속해서 입력한다.

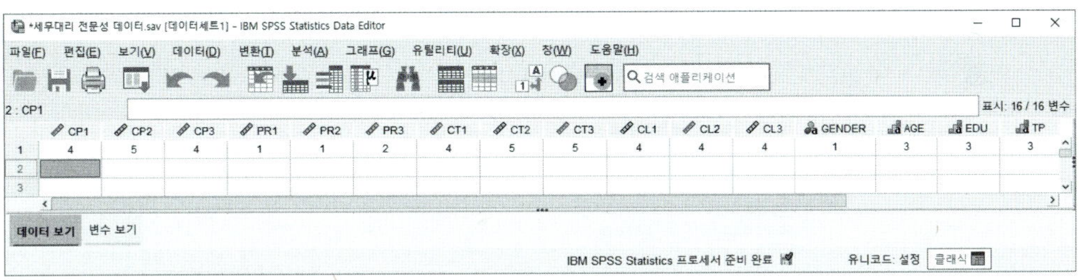

❸ 입력을 완료한 후에 [파일 – 다른 이름으로 저장]에서 파일명을 [세무대리 전문성 데이터.sav]로 하여 저장한다.

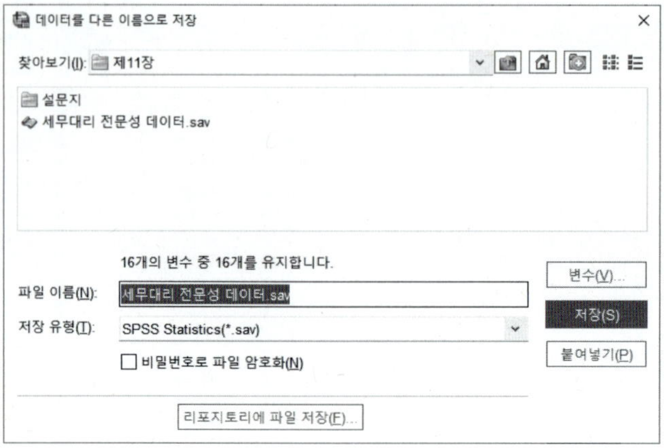

[2] SPSS 파일로 작성된 데이터 파일을 csv 파일로 바꾸기

❶ SmartPLS 프로그램에서 사용할 수 있도록 SPSS 프로그램에서 [파일 – 다른 이름으로 저장]으로 들어가서 SPSS 파일인 [세무대리 전문성 데이터.sav]를 확장자명이 csv인 [세무대리 전문성 데이터.csv]로 하여 저장한다. 이를 위해서 [저장 유형]에서 [쉼표로 구분(*.csv)]를 선택한 후 [파일이름]에 [세무대리 전문성 데이터]를 입력한 후 저장하면 된다.

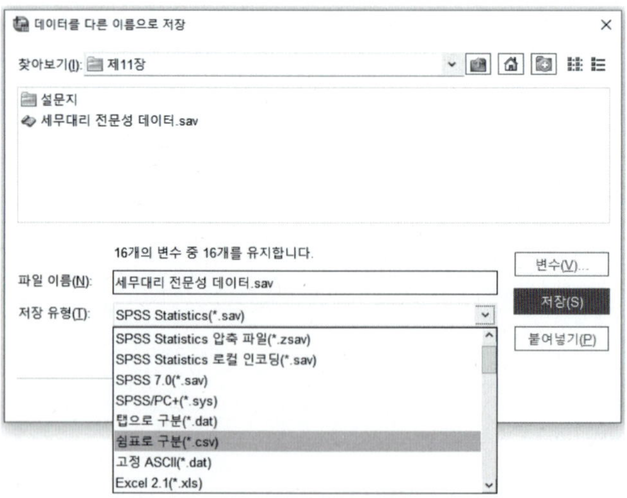

❷ 최종적으로 [세무대리 전문성 데이터.csv]가 있는 데이터 파일인 [제11장] 폴더로 가서 제대로 저장되었는지를 확인한 후 세무대리 전문성 데이터.csv 를 클릭한다. 그러면 데이터 파일인 [세무대리 전문성 데이터.csv]의 내용을 볼 수 있다. 이제 SmartPLS 프로그램에서는 [세무대리 전문성 데이터.csv]를 불러들여 필요한 통계분석을 시행할 수 있다.

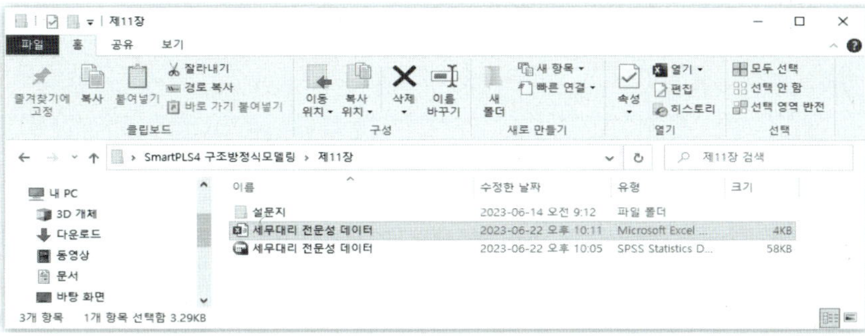

3 데이터의 검토와 구조방정식모델의 구축

3.1 데이터의 검토

1) 표본의 특성

표본의 일반적 특성을 분석하기 위해서 SPSS 프로그램을 사용해서 빈도분석을 시행하기로 한다.

통계 실습 11-2 표본의 일반적 특성: 빈도분석

SPSS 프로그램을 이용해 데이터 파일 [세무대리 전문성 데이터.sav]를 가지고 빈도분석을 하시오. 빈도분석은 명목척도에 대해서 수행한다.

실습과정

❶ SPSS 프로그램에서 [데이터 파일]에 있는 제11장 [세무대리 전문성 데이터]를 클릭하여 불러들인다.

❷ [분석-기술통계량-빈도분석]을 차례대로 클릭하여 [빈도분석 창]이 나타나면 [측정변수]인 [GENDER](성별), [AGE](연령), [EDU](교육정도), [TP](거래기간)을 Shift 키를 누른 상태에서 마우스 왼쪽 버튼을 클릭하여 선택한 후 [빈도분석 창]의 가운데에 있는 ➡을 클릭한다. 그러면 왼쪽 창에 있던 [측정변수]가 오른쪽으로 이동된다.

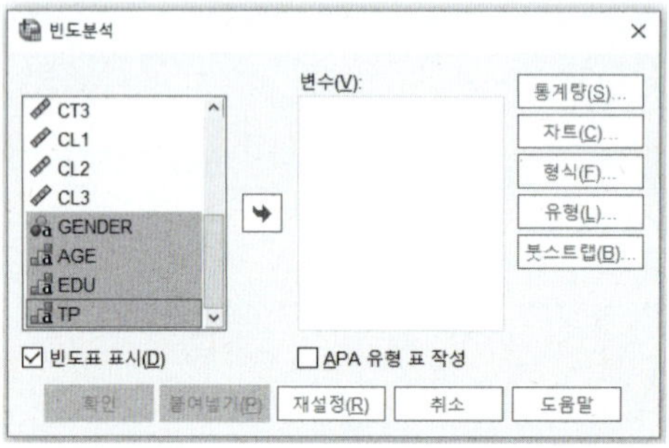

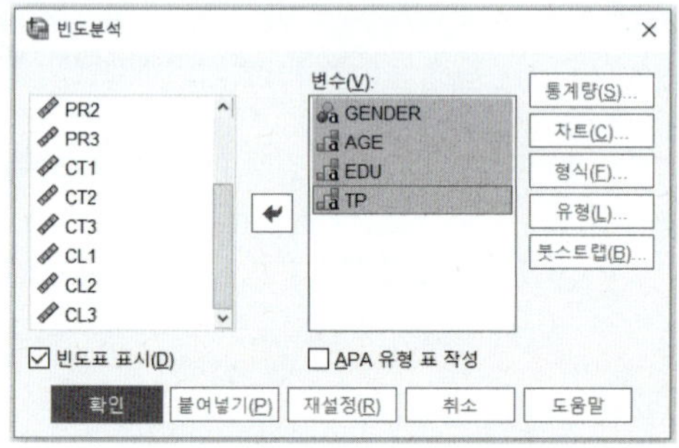

❸ [빈도분석 창]에서 [확인] 버튼을 클릭하여 빈도분석을 실행한다. 그러면 빈도분석 결과가 나타난다. 분석 결과를 요약하면 다음과 같다.

구분		빈도	비율	구분		빈도	비율
성별	남자	63	63.0	교육 정도	중졸 이하	6	6.0
	여자	37	37.0		고졸	33	33.0
					대졸	56	56.0
					대학원졸	5	5.0
합계		100	100	합계		100	100
연령	20대	5	5.0	거래 기간	2년 미만	8	8.0
	30대	29	29.0		2년 이상~4년 미만	31	31.0
	40대	44	44.0		4년 이상~6년 미만	45	45.0
	50대	18	18.0		6년 이상~8년 미만	10	10.0
	50대 이상	4	4.0		8년 이상	6	6.0
합계		100	100	합계		100	100

2) 기술통계량과 데이터 점검

기술통계분석은 연속형 변수(등간과 비율척도)에 대해서만 실시한다. 표준편차, 왜도와 첨도를 통해서 **데이터의 정규성**을 검토한다. SmartPLS는 정규분포 가정으로부터 자유로우며 심지어 비정규분포를 하는 데이터의 경우에도 강건하게 통계분석이 수행된다. 그러나 데이터가 심각하게 정규성을 위반하는 경우에는 결과 왜곡과 함께 의미 없는 분석 결과를 만들어 낼 수 있다. 따라서 SmartPLS 프로그램을 사용하는 경우에도 데이터의 정규성을 확보하는 것은 중요한 일이다.

통계 실습 11-3 새 프로젝트 만들기와 데이터 검증

[1] SmartPLS 프로그램을 이용해 프로젝트명은 [세무대리 전문성 프로젝트]로, 모델명은 [세무대리 전문성 모델]로 하여 연구모델을 만들고 실습하시오.
[2] 앞에서 생성한 [세무대리 전문성 모델]의 데이터로, [데이터 파일]의 [제11장] 세무대리 전문성 데이터 파일을 불러들여 데이터의 정규성을 검증하시오.

실습과정

[1] SmartPLS 프로그램을 이용한 새 프로젝트 만들기

❶ 파일 메뉴의 [New Project] 혹은 화면 상단의 툴바인 [New Project]를 클릭한 후 [Create a new project]이 나타나면 [Name]에 [세무대리 전문성 프로젝트]를 입력하고 [Create] 버튼을 눌러서 새 프로젝트를 생성한다.

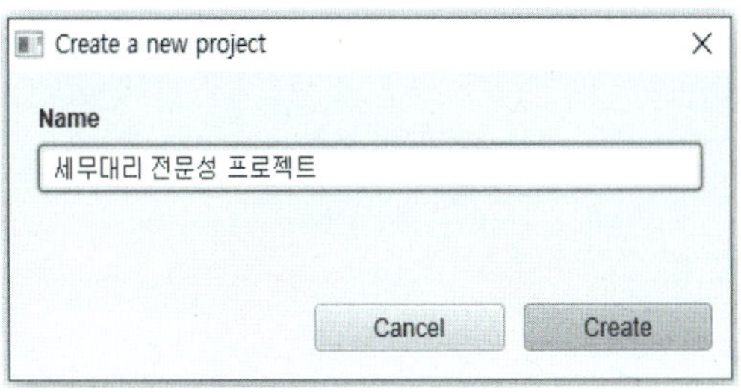

❷ 그러면 다음과 같이 화면 왼쪽 상단의 [Project Explorer 창]에 [세무대리 전문성 프로젝트]가 생성된다.

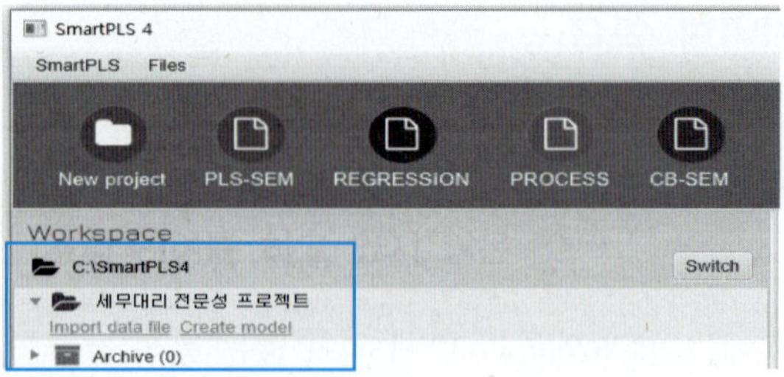

[2] 데이터 파일 불러들이기

❶ 프로젝트 탐색기 창의 [세무대리 전문성 프로젝트]에서 [Import data file]을 더블클릭한다. [데이터 파일]의 [제11장]에 이미 저장되어 있는 [세무대리 전문성 데이터.csv]를 선택한 후 [열기] 버튼을 클릭한다.

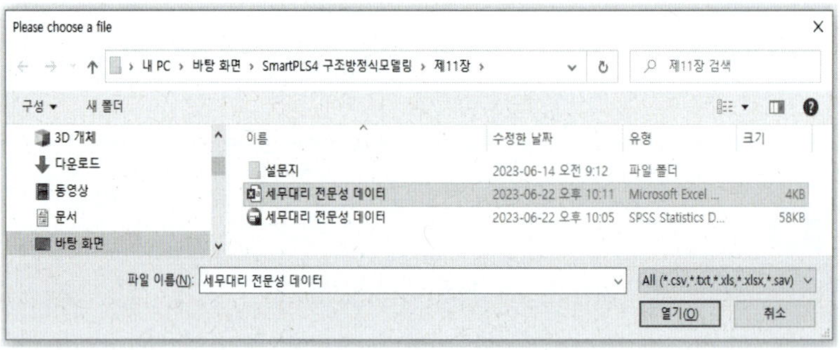

❷ 다음과 같은 [CSV import 창]에서 변수명, 측도, 최소값, 최대값 등이 올바로 지정되어 있으면 화면 하단에 있는 [Import] 버튼을 클릭한다.

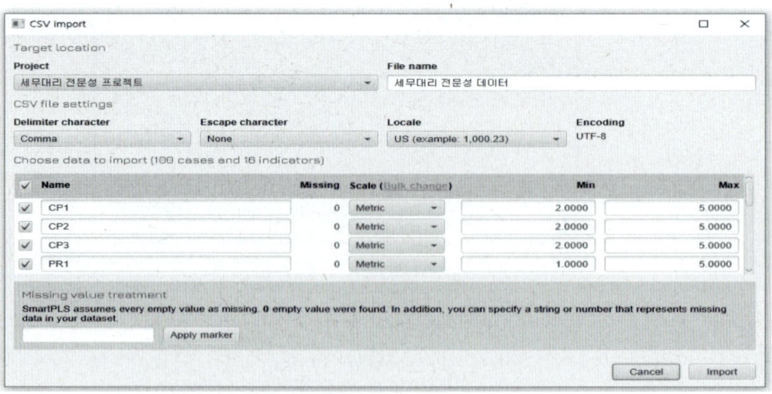

❸ 그러면 다음과 같은 [데이터 보기 창(Data View)]에 [기초통계량] 정보가 자동적으로 출력된다. 여기에는 결측치, 평균, 중앙값, 최소값, 최대값, 표준편차, 첨도와 왜도가 보고된다.

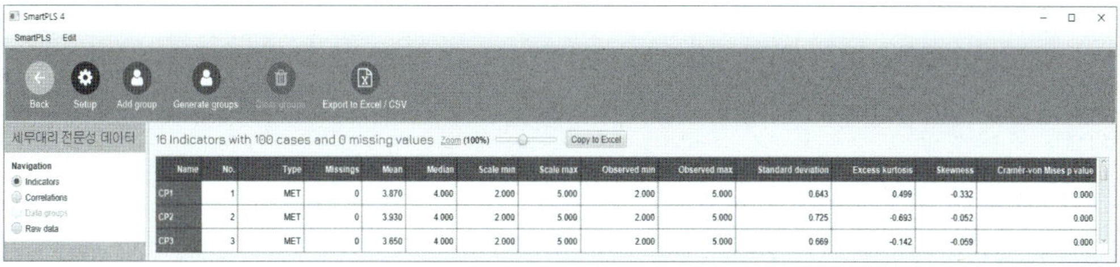

❹ [데이터 보기 창(Data View)]에서 [Back]을 클릭하면 다음과 같이 [프로젝트 탐색기 창]이 나타난다.

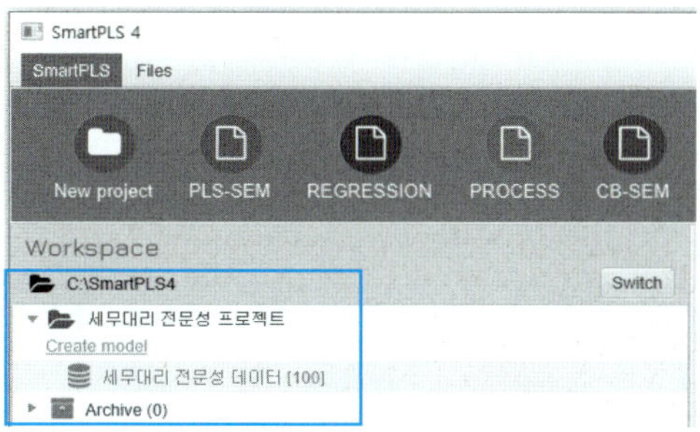

❺ [프로젝트 탐색기 창]에서 [Create model]을 클릭하면 [New model 창]이 나타난다. [Model type]에서 [PLS-SEM]을 선택한 후 [Model name]에 [세무대리 전문성 모델]을 입력한다. 화면 우 하단의 [Save]를 클릭하면 저장이 완료되고 [모델 그리기 창]이 나타나며 [세무대리 전문성 모델]의 통계적 연구모델을 그릴 수 있는 준비가 완료된다.

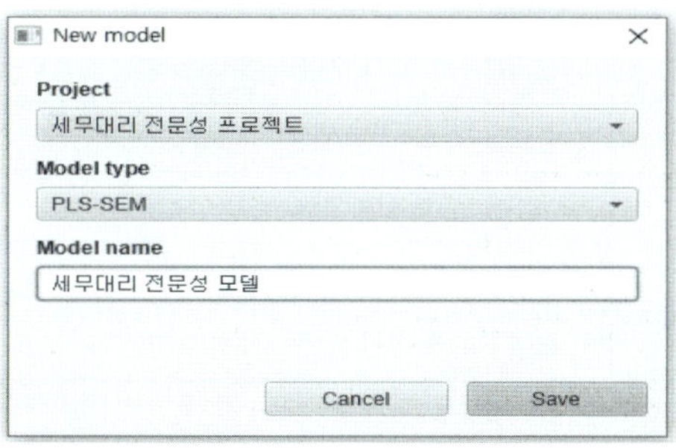

❻ ❸에서 출력된 결과를 보고 데이터의 정규성을 검토한다. 출력 결과를 다음과 같이 다시 표 형태로 정리하였다. 다만 명목척도인 경우는 이미 앞의 빈도분석에서 검토하였고 여기에서는 통계량이 출력은 되었으나 의미가 없으므로 삭제하여 제시한다.

〈기초통계량에 의한 정규성의 검토 결과〉

기초통계량을 보면 결측치는 없다. 측정변수들 중에서 PR은 평균값이 보통수준 이하로 나타났으며 나머지 연구변수들의 측정변수들은 모두 3.58 이상으로 평균치를 상회하는 것으로 나타났다. 표준편차는 ±3 이상이 없어서 이상치는 없는 것으로 판단된다. 또한 데이터의 정규성을 검토하기 위해 첨도와 왜도를 살펴본 결과, 모든 측정변수의 값들이 허용 범위(왜도의 절대값 2 미만, 첨도의 절대값 7 미만) 내에 있으므로 데이터의 정규성은 확보된 것으로 판단된다. 그러므로 세무대리 전문성 모델에서 채택한 모든 측정변수들(지표들)은 제거되지 않고 유지된다. 한 가지 유의사항은 리커트척도를 사용한 경우 정규성에 있어서 크게 문제가 되는 경우는 발생되지 않는다. 다만 리커트척도가 아닌 연속형 변수인 경우에는 정규성검증과 관련된 통계량을 주의 깊게 살펴보기 바란다.

측정변수	결측치	평균	표준편차	최소값	최대값	첨도	왜도
CP1	0	3.87	0.643	2	5	0.499	−0.332
CP2	0	3.93	0.725	2	5	−0.693	−0.052
CP3	0	3.65	0.669	2	5	−0.142	−0.059
PR1	0	2.92	0.880	1	5	0.150	0.069
PR2	0	2.42	1.022	1	5	−0.605	0.220
PR3	0	2.38	0.967	1	5	−0.598	0.245
CT1	0	3.65	0.684	2	5	−0.048	−0.179
CT2	0	3.76	0.776	1	5	0.746	−0.461
CT3	0	3.75	0.753	2	5	−0.139	−0.258
CL1	0	3.58	0.724	2	5	−0.188	−0.124
CL2	0	3.62	0.846	1	5	−0.086	−0.083
CL3	0	3.61	0.811	1	5	0.249	−0.306

3.2 구조방정식모델의 구축

SmartPLS 프로그램을 이용한 구조방정식모델링의 구축은 측정모델링과 구조모델링을 동시에 수행한다. 전자에서는 배열 결정(선행변수와 후행변수의 결정)과 관계 결정(가설관계의 방향)을 해야 한다. 후자에서는 반영적 측정모델인지 형성적 측정모델인지 아니면 반영적 측정모델과 형성적 측정모델을 모두 포함하는 측정모델인지를 결정해야 한다. 연구변수를 측정할 때도 단일 측정변수로 할 것인지 아니면 다수 측정변수로 할 것인지를 결정해야 한다.

통계 실습 11-4 구조방정식모델 구축하기

[세무대리 전문성 모델]에 대한 통계적 연구모델을 보고 SmartPLS 프로그램을 이용해 구조방정식모델을 구축하시오.

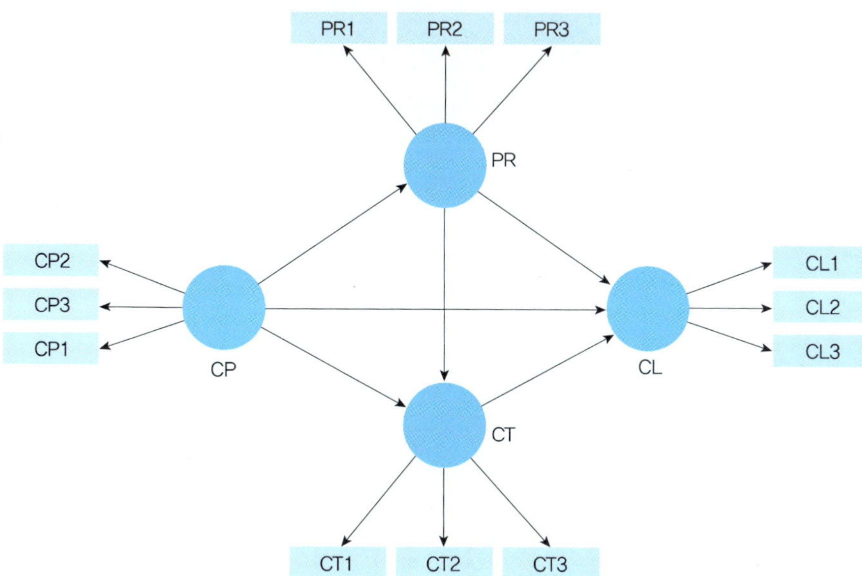

실습과정

❶ [통계 실습 11-3]에서 이미 [세무대리 전문성 프로젝트]의 모델명으로 [세무대리 전문성 모델]을 만들었다. 구조방정식모델을 그릴 수 있는 [모델 그리기 창]이 나타나 있음

을 확인할 수 있다. 만약 이 창이 보이지 않는다면 [세무대리 전문성 모델]을 좌 클릭하면 그리기 창이 나타난다.

❷ 실습 문제에서 모델을 보고 4개의 반영적 측정모델(CP, PR, CT, CL)이 있음을 확인한다. [지표관리 창]에서 마우스로 [CP1]을 선택한 후 Shift 키를 누른 상태에서 [CP3]을 클릭한다. 그러면 CP1부터 CP3까지 선택된다. 선택된 부분을 마우스 왼쪽을 누른 상태에서 그리기 창의 적당한 위치로 드래그하여 가져다 놓는다. 그러면 [Alpha] 혹은 [CP]라는 글자가 나타나며 이것을 [CP]로 바꾼 후에 Enter↵ 키를 누른다. 잠재변수 [CP]를 마우스로 클릭한 후 우측 상단에 있는 방향을 전환시키는 [사이드 툴바]를 사용해 측정변수들의 위치를 [왼쪽]으로 전환시킨다. 잠재변수 CP의 측정모델이 그려진 화면은 다음과 같다.

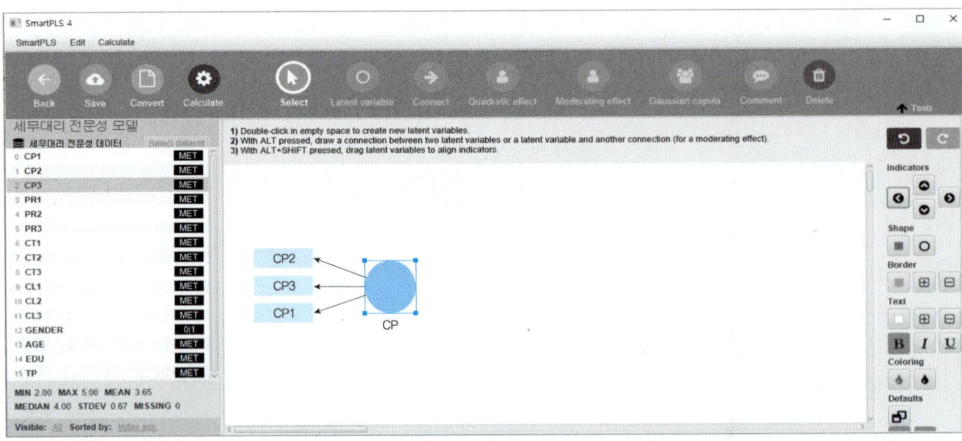

❸ [지표관리 창]에서 마우스로 [PR1]을 선택한 후 Shift 키를 누른 상태에서 [PR3]을 클릭한다. 그러면 PR1부터 PR3까지 선택된다. 선택된 부분을 마우스 왼쪽을 누른 상태에서 그리기 창의 적당한 위치로 드래그하여 가져다 놓는다. 그러면 [PR]이라는 글자가 나타나며 그대로 두고 Enter↵ 키를 누른다. 잠재변수 [PR]을 마우스로 클릭한 후 우측 상단에 있는 방향을 전환시키는 [사이드 툴바]를 사용해 측정변수들의 위치를 [위쪽]으로 전환시킨다. 잠재변수명인 [PR]을 마우스로 선택해 위치를 잠재변수의 오른쪽 약간 위쪽으로 이동시킨다. 이는 가설관계의 인과관계(→)를 연결할 때 잠재변수명이 잘 보이지 않는 것을 피하기 위한 목적에서 위치를 옮긴 것이며 큰 의미는 없다. 잠재

변수 PR의 측정모델이 그려진 화면은 다음과 같다.

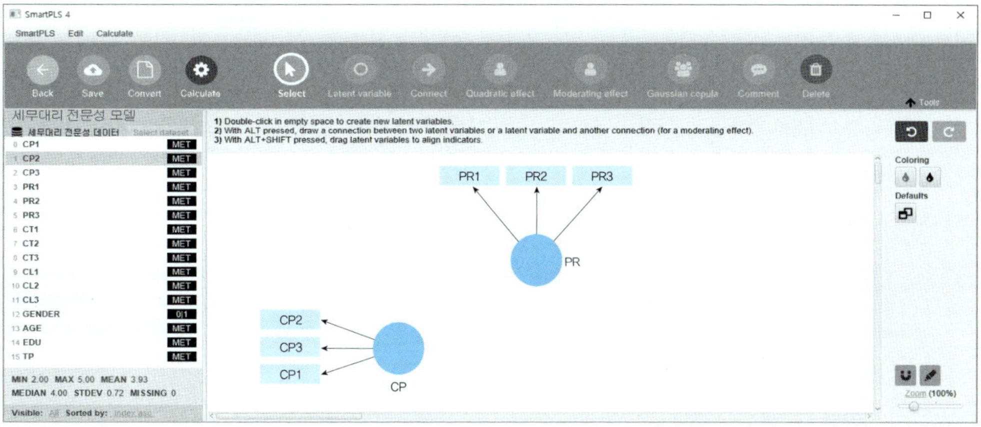

❹ [지표관리 창]에서 마우스로 [CT1]을 선택한 후 Shift 키를 누른 상태에서 [CT3]을 클릭한다. 그러면 CT1부터 CT3까지 선택된다. 선택된 부분을 마우스 왼쪽을 누른 상태에서 그리기 창의 적당한 위치로 드래그하여 가져다 놓는다. 그러면 [CT]라는 글자가 나타나며 그대로 두고 Enter↵ 키를 누른다. 잠재변수 [CT]를 마우스로 클릭한 후 우측 상단에 있는 방향을 전환시키는 [사이드 툴바]를 사용해 측정변수들의 위치를 [아래쪽]으로 전환시킨다. 잠재변수 CT의 측정모델이 그려진 화면은 다음과 같다. 잠재변수명인 [CT]를 마우스로 선택해 위치를 잠재변수의 오른쪽 약간 아래쪽으로 이동시킨다.

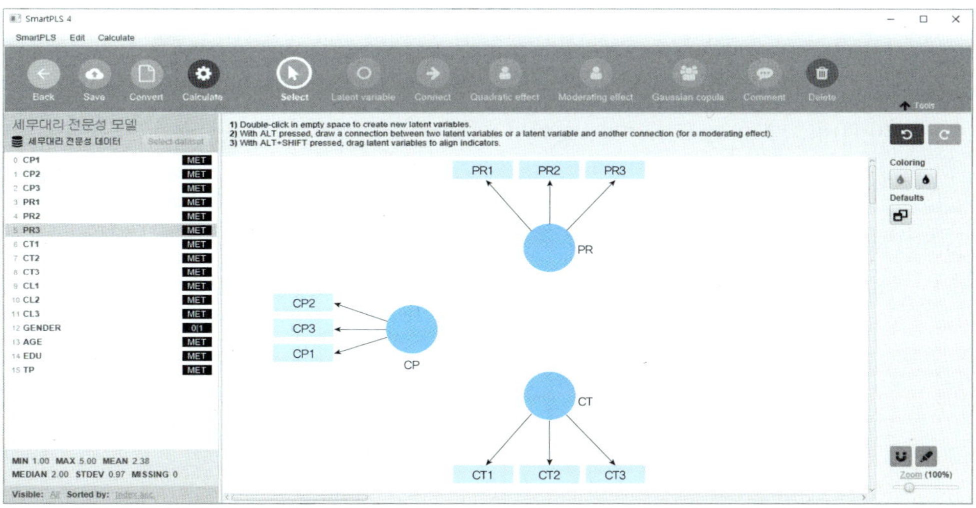

❺ [지표관리 창]에서 마우스로 [CL1]을 선택한 후 Shift 키를 누른 상태에서 [CL3]을 클릭한다. 그러면 CL1부터 CL3까지 선택된다. 선택된 부분을 마우스 왼쪽을 누른 상태에서 그리기 창의 적당한 위치로 드래그하여 가져다 놓는다. 그러면 [CL]이라는 글자가 나타나며 그대로 두고 Enter↵ 키를 누른다. 잠재변수 CL의 측정모델이 그려진 화면은 다음과 같다.

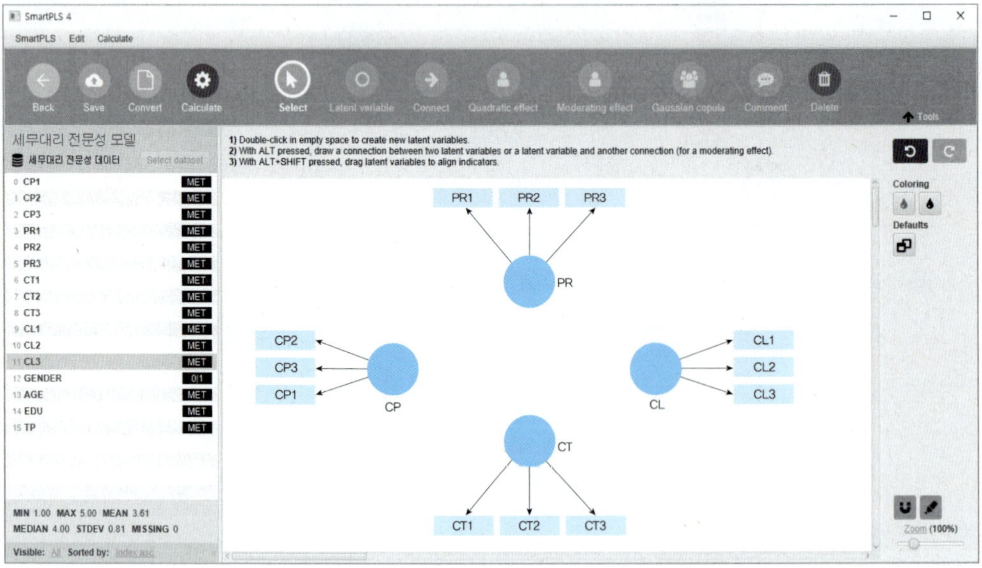

❻ [모델 그리기 창]에서 잠재변수의 가설 관계를 [Connect](연결) 툴바를 사용하여 모두 연결한다. 연결 방법은 툴바의 [Connect]가 눌러져 있는 상태에서 가설의 [시작] 잠재변수를 왼쪽 마우스로 클릭한 상태에서 [종료] 잠재변수에 드래그하여 가져다 놓으면 된다. 이렇게 하여 최종적으로 그려진 구조방정식모델은 다음과 같다. 최종적으로 구조방정식모델은 반영적 측정모형인 CP, PR, CT, CL(외부모델) 그리고 인과관계로 연결한 구조모델(내부모델)이 동시에 구축된 것을 확인할 수 있다.

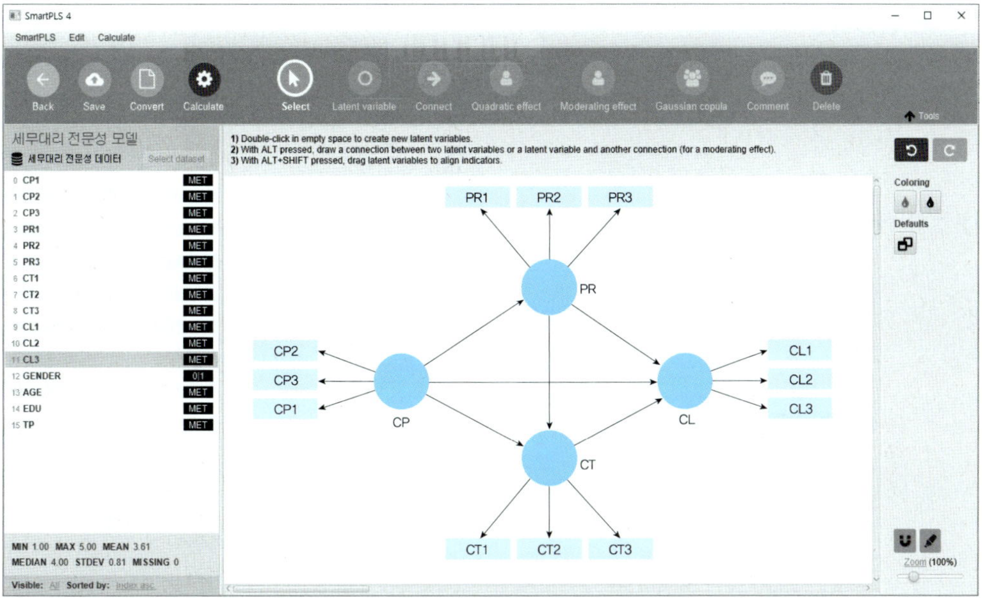

4 측정모델의 평가: 신뢰도와 타당도검증

세무대리 전문성 모델의 잠재변수들(연구변수들)은 모두 반영적 측정변수(Reflective indicators)로 구성되어 있다. 따라서 반영적 측정모델을 평가하기 위해서는 CP, PR, CT, CL모델을 살펴보면 된다. 반영적 측정모델(Reflective measurement model)은 [그림 11-3]과 같이 크게 개별 측정변수 신뢰도, 내적 일관성 신뢰도, 집중타당도 및 판별타당도로 구분해 평가해야 한다.

- 개별 측정변수 신뢰도는 외부적재치와 측정변수 신뢰도[1]를 가지고 평가한다.
- 내적 일관성 신뢰도는 크론바흐 알파, 합성신뢰도(Composite reliability: CR)인 rho_a(ρ_a)[2]와 rho_c(ρ_c)로 평가한다.

1) 측정변수 신뢰도는 표준화된 외부적재치의 제곱값으로 지표 신뢰도라고도 한다.
2) rho_a는 SmartPLS 프로그램에서 합성신뢰도(Composite reliability)라는 이름으로 출력된다. 이는 D-H 신뢰도계수이다. 그런데 연구자들은 rho_a보다는 합성신뢰도의 하나인 rho_c를 많이 사용한다.

- ▶ 집중타당도는 AVE로 평가한다.
- ▶ 판별타당도는 Fornell-Larcker criterion, 교차적재치 및 HTMT를 이용해 평가한다 (Hair et al., 2017a).

그림 11-3 ▌반영적 측정모델의 평가

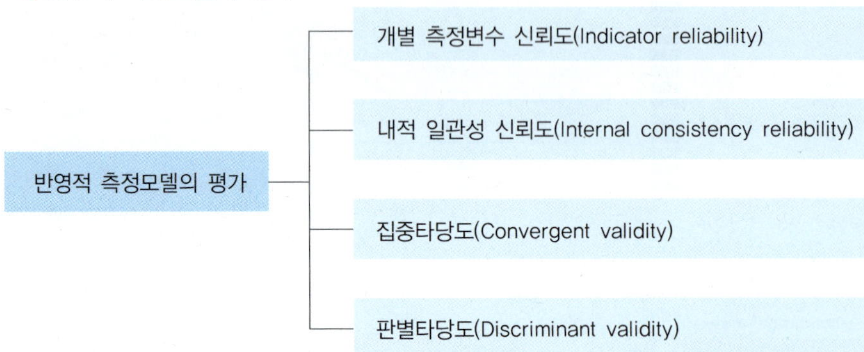

통계 실습 11-5 반영적 측정모델의 평가

[세무대리 전문성 모델]을 가지고 PLS-SEM Algorithm을 실행하여 반영적 측정모델을 평가하고 해석하시오.

[1] [세무대리 전문성 모델]에서 PLS-SEM Algorithm을 실행하시오.
[2] 개별 측정변수의 신뢰도를 평가하시오.
[3] 내적 일관성 신뢰도를 평가하시오.
[4] 집중타당도를 평가하시오.
[5] 판별타당도를 평가하시오.
[6] 반영적 측정모델의 평가의 주요 결과를 이용해 표준적인 요약 표를 작성하고 간단히 해석하시오.

실습과정

[1] [세무대리 전문성 모델]의 불러들이기와 실행

❶ [데이터 파일]의 제11장에서 [세무대리 전문성 프로젝트]를 SmartPLS 프로그램으로 불러들인다. 이미 불러져 있으면 생략한다. [세무대리 전문성 프로젝트]에서 [세무대리 전문성 모델]을 좌 클릭해 나타나게 한다.

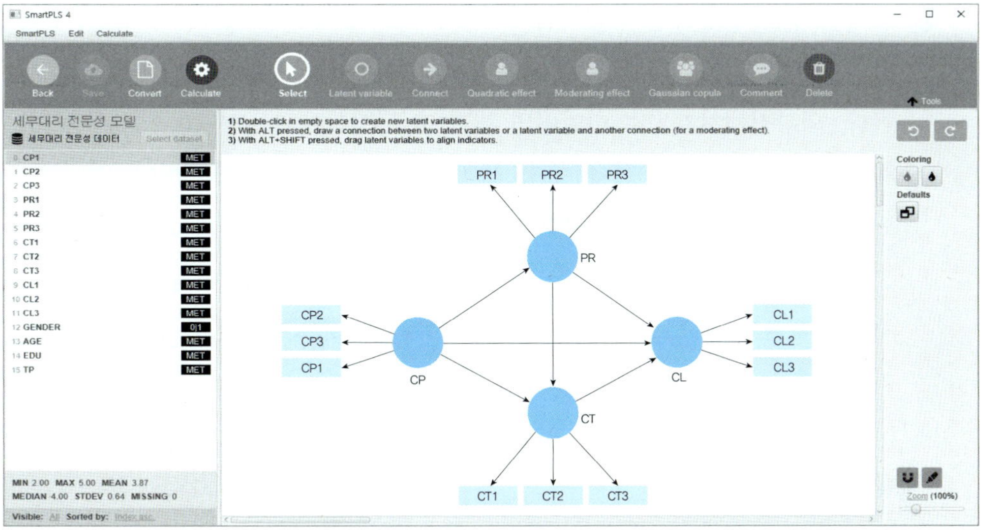

❷ 화면 상단의 우측에 있는 툴바인 [Calculate](실행)을 좌 클릭한 후 [PLS-SEM Algorithm]의 초기값 설정을 위한 화면으로 들어간다. [Weighting scheme]이 [Path]로, [Type of results]이 [Standardized]로 선택되어 있는지 확인한다. [PLS-SEM Algorithm 창]의 우측 하단에 있는 [Start calculation]을 클릭하여 모델 추정을 시행한다.

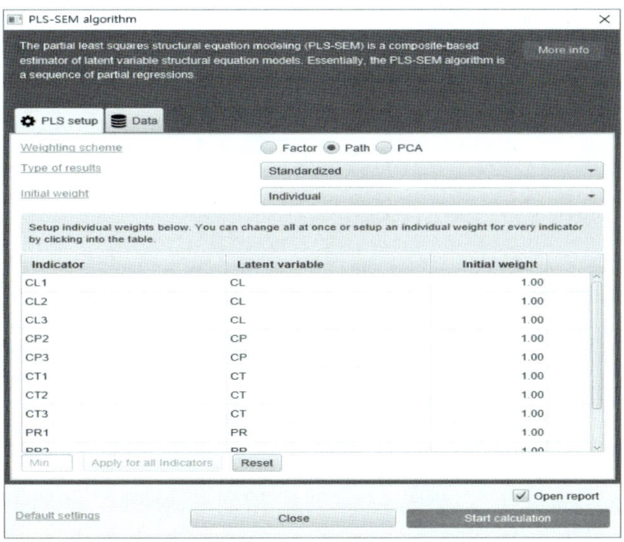

❸ 모델 추정을 실행하면 다음과 같은 결과 보고서 화면이 나타난다. 반영적 측정모델을 평가할 때 가장 먼저 할 일은 외부적재치 중에서 삭제할 것이 없는지를 판단하는 일이다. 외부적재치가 0.4 미만이면 제거, 0.7 이상이면 유지, 0.4~0.7 사이에 있으면 제거 여부를 검토해야 한다. 실행 결과를 보면 반영적 측정모델인 [CP], [CT], [CL]은 외부적재치(Outer loadings)가 모두 0.7 이상이어서 개별 측정변수 신뢰도가 있는 것으로 나타났다. 그러나 [PR]은 측정변수 [PR1]의 외부적재치가 0.642로 나타나 임계치 0.7 미만인 것으로 나타나 신뢰도가 부족한 것으로 나타났다. 그런데 [PR1]을 제거하면 합성신뢰도 rho_a와 rho_c 그리고 AVE를 크게 개선되는 것으로 확인되었다(rho_c는 0.885 → 0.956, AVE는 0.725 → 0.915). 따라서 이 실습에서는 [PR1]을 제거하기로 한다.

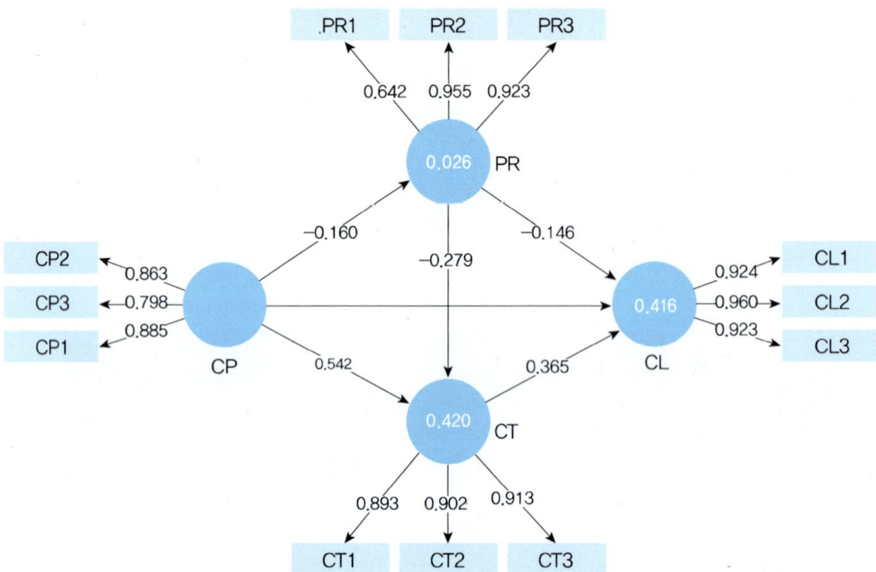

❹ [툴바]에서 [Edit-Back]을 차례대로 클릭해 초기화면으로 간다. [세무대리 전문성 모델]을 우 클릭한 후 [Duplicate]를 좌 클릭하면 [Paste file '세무대리 전문성 모델' 창]이 나타난다. [Name]에 [세무대리 전문성 모델(PR1 제거 후)]로 수정 입력한 후 [Create]를 클릭한다. 그러면 [프로젝트 탐색기 창]에 최초의 [세무대리 전문성 모델]과 동일하게 [세무대리 전문성 모델(PR1 제거 후)]가 복제된다.

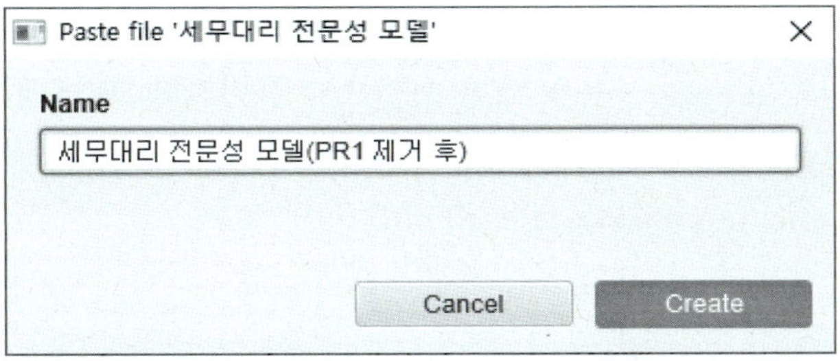

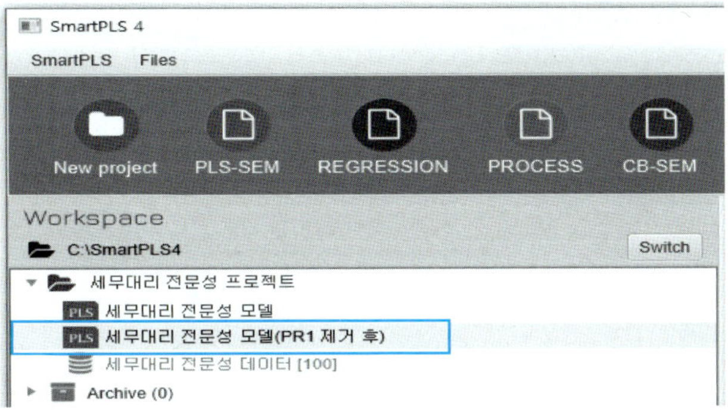

❺ [세무대리 전문성 모델(PR1 제거 후)]를 좌 클릭해 들어간 후에 잠재변수 [PR]의 측정변수인 [PR1]을 삭제한다. 화면 상단의 [툴바]에 있는 [Save]를 클릭해 변경된 내용을 저장한다.

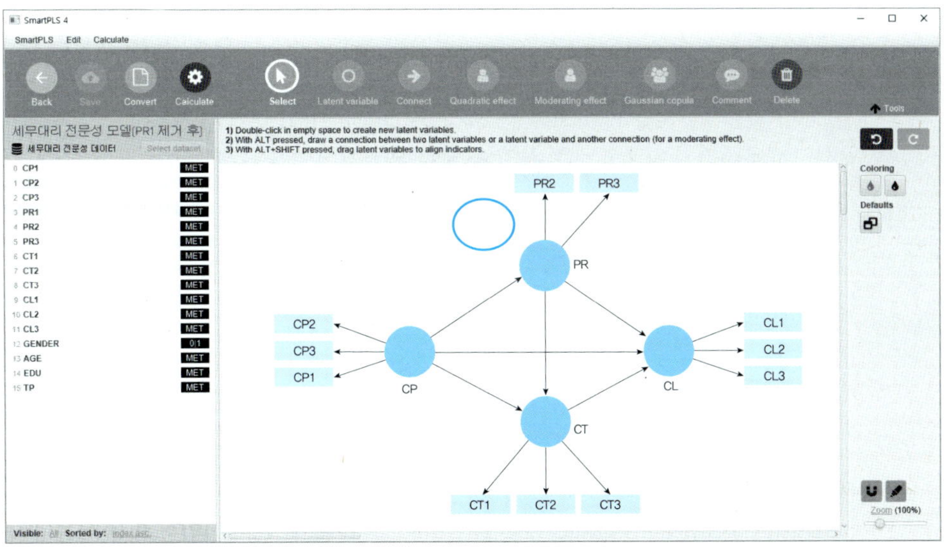

❻ 화면 상단의 우측에 있는 툴바인 [Calculate](실행)을 좌 클릭한 후 [PLS-SEM Algorithm]의 초기값 설정을 위한 화면으로 들어간다. 앞에서 설정은 이미 완료되어 있으므로 [PLS-SEM Algorithm 창]의 우측 하단에 있는 [Start calculation]을 클릭하여 모델 추정을 시행한다.

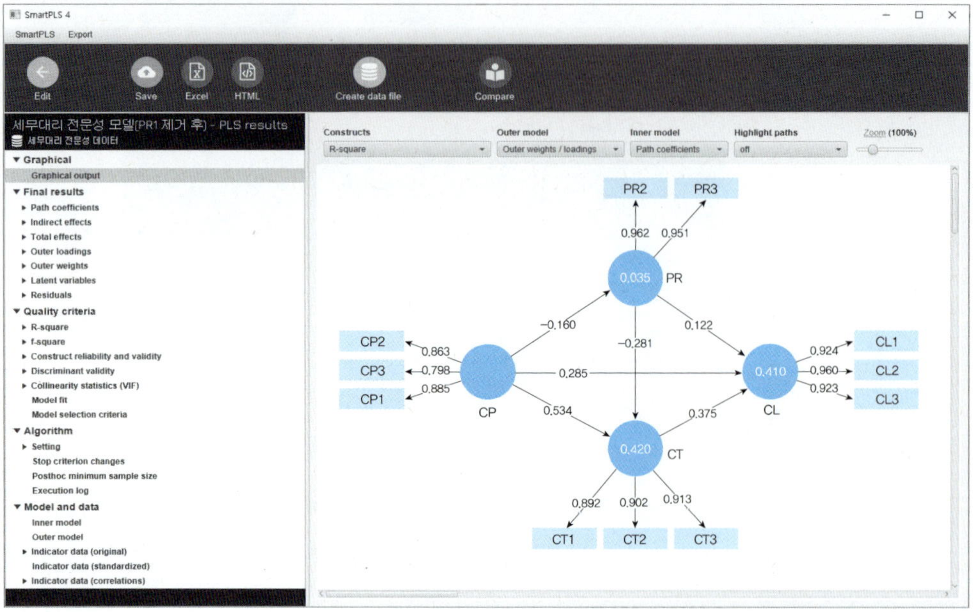

[2] 개별 측정변수 신뢰도 평가

❶ [보고서 화면 창]의 [Final Results-Outer Loadings]을 좌 클릭하여 들어가면 다음과 같은 화면이 나타난다. 반영적 측정모델에서 외부적재치(Outer loading)는 표준화된 회귀계수로 적합성 평가를 통해서 개별 측정변수들의 신뢰도를 평가하는 기준이다. 외부적재치를 살펴보면 모두 0.7 이상으로 나타나 개별 측정변수 신뢰도가 있는 것으로 나타났다.

Outer loadings - Matrix

	CL	CP	CT	PR
CL1	0.924			
CL2	0.960			
CL3	0.923			
CP2		0.863		
CP3		0.798		
CT1			0.892	
CT2			0.902	
CT3			0.913	
PR2				0.962
PR3				0.951
CP1		0.885		

② 측정변수 신뢰도는 프로그램이 바로 값을 제공하지 않으므로 연구자들이 직접 계산해야 한다. 일반적으로 측정변수 신뢰도값이 0.5 이상이면 개별 측정변수의 신뢰도가 있다고 평가한다. 이 부분에 대해서는 이 실습 프로젝트의 마지막 부분에서 결과를 요약할 때 제시하기로 한다.

[3] 내적 일관성 신뢰도 평가

① 보고서 화면 [Quality Criteria-Construct reliability and validity]를 좌 클릭하면 다음과 같은 화면이 나타난다. 여기에는 잠재변수의 신뢰도와 타당도를 평가할 수 있는 기준들이 제시되어 있다. Cronbach's Alpha, CR(합성신뢰도)인 rho_a(ρ_a)와 rho_c(ρ_c)가 나타나 있다. 이들은 내적 일관성 신뢰도를 평가할 수 있는 기준들이다. 그리고 Average Variance Extracted(AVE: 평균분산추출)는 집중타당도를 평가하는 기준이다.

Construct reliability and validity - Overview　Zoom (97%)　Copy to Excel　Copy to R

	Cronbach's alpha	Composite reliability (rho_a)	Composite reliability (rho_c)	Average variance extracted (AVE)
CL	0.929	0.929	0.955	0.876
CP	0.807	0.814	0.886	0.722
CT	0.886	0.886	0.929	0.815
PR	0.907	0.917	0.956	0.915

❷ 크론바흐 알파(α)는 모두 0.7 이상으로 바람직한 신뢰도이다. 따라서 모든 잠재변수들은 내적 일관성을 확보한 것으로 판단된다. [출력 결과 보기 창]에서 [Cronbach's alpha-Bar chart]를 클릭하면 평가 결과를 그림으로 보여준다. 결론적으로 크론바흐 알파값에 의하면 반영적 측정모델의 모든 잠재변수들은 높은 수준의 내적 일관성 신뢰도를 확보한 것으로 평가된다.

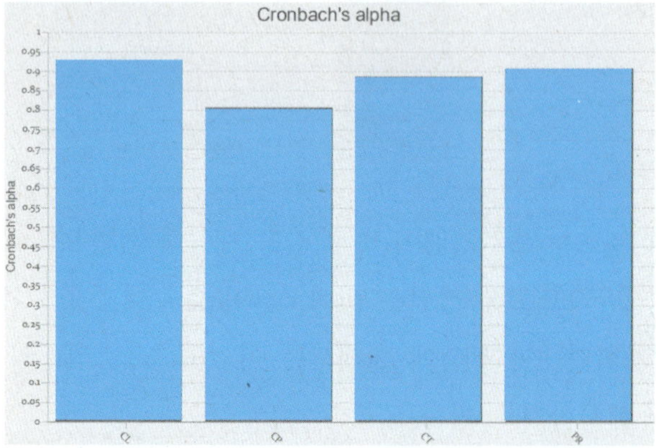

❸ 합성신뢰도(Composite reliability)인 Dijkstra-Henseler's rho_a(ρ_a)는 임계치인 0.7 이상으로 모든 잠재변수들이 내적 일관성 신뢰도를 가지고 있는 것으로 판단된다. [출력 결과 보기 창]에서 [Composite reliability(rho_a)-Bar chart]를 클릭하면 평가 결과를 그림으로 보여준다. 결론적으로 rho_a(ρ_a)에 의하면 반영적 측정모델의 모든 잠재변수들은 높은 수준의 내적 일관성 신뢰도를 확보한 것으로 판단된다.

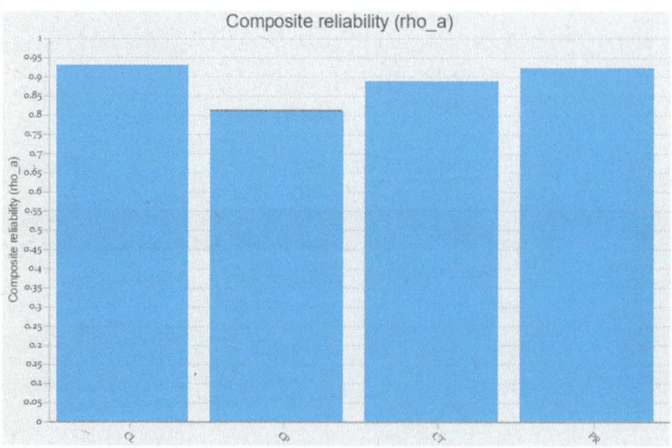

❹ 합성신뢰도(Composite reliability)인 rho_c(ρ_c)는 모두 임계치인 0.7 이상으로 바람직한 신뢰도로 보여진다. 따라서 모든 잠재변수들은 내적 일관성을 확보한 것으로 판단된다. [출력 결과 보기 창]에서 [Composite reliability(rho_c)-Bar chart]를 클릭하면 평가 결과를 그림으로 보여준다. 결론적으로 rho_c(ρ_c)에 의하면 반영적 측정 모델의 모든 잠재변수들은 높은 수준의 내적 일관성 신뢰도를 확보한 것으로 평가된다.

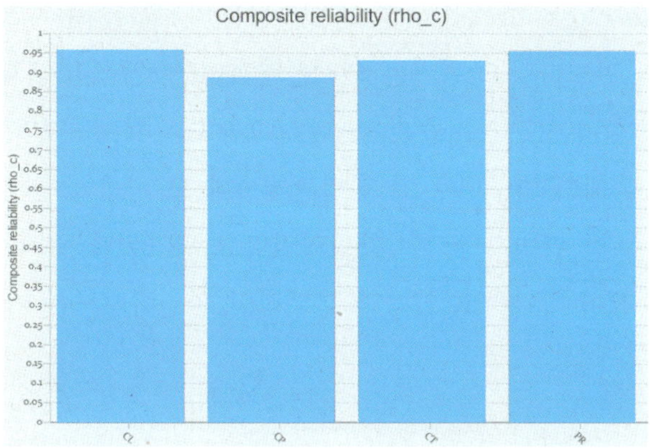

[4] 집중타당도 평가

❶ 모든 잠재변수의 AVE가 임계치인 0.5 이상으로 나타나 집중타당도를 확보한 것으로 나타났다. [Average variance extracted(AVE)-Bar chart]를 클릭하면 평가 결과를 그림으로 보여준다.

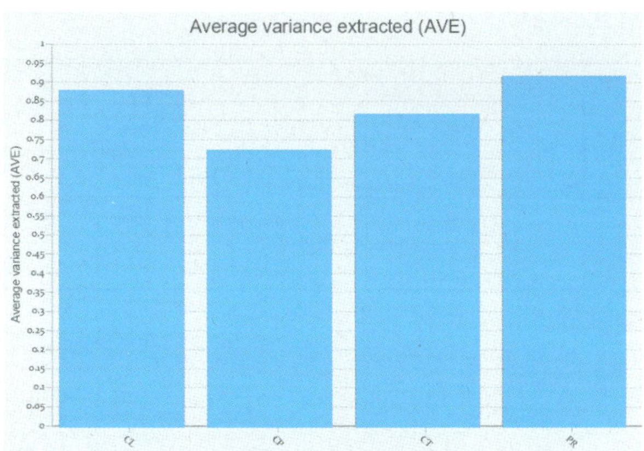

[5] 판별타당도 평가

❶ [출력 결과 보기 창]의 [Quality Criteria–Discriminant Validity]를 좌 클릭하여 들어가면 판별타당도 화면이 나타난다. 여기에는 반영적 측정모델의 판별타당도를 판단하기 위한 기준으로 Fornell–Larcker Criterion, Cross Loadings, HTMT (Heterotrait–Monotrait Ratio)가 제시되어 있다.

❷ Fornell–Larcker Criterion은 판별타당도의 평가기준이다. 다음의 표에서 반영적 측정모델의 판별타당도 평가는 **대각선의 AVE 제곱근이 대각선 아래의 연구변수 간 상관관계보다 크면 연구변수들 간에는 판별타당도가 확보되었다고 평가**한다. AVE 제곱근이 대각선 아래의 연구변수 간 상관관계보다 모두 큰 값을 보이므로 반영적 측정모델의 연구변수 간 판별타당도는 확립되었다고 평가된다. 만약 상관관계값이 AVE 제곱근보다 큰 값이 하나라도 있다면 부분적인 판별타당도를 가지고 있는 것으로 해석해야 한다.

Discriminant validity - Fornell-Larcker criterion

	CL	CP	CT	PR
CL	0.936			
CP	0.528	0.850		
CT	0.588	0.587	0.903	
PR	-0.319	-0.188	-0.381	0.956

판별타당도의 결과는 위에서 나타난 결과를 이용하여 다음과 같은 표 형태로 보고를 하는 것이 필요하다.

	CL	CP	CT	PR
CL	0.936			
CP	0.528	0.850		
CT	0.588	0.587	0.903	
PR	−0.319	−0.188	−0.381	0.956

주: 색으로 표시된 대각선은 AVE 제곱근을 의미함.

❸ 교차적재치의 분석 결과는 다음과 같다. 이 결과는 탐색적 요인분석의 결과로 보아도 된다. 측정변수들이 연구변수에 제대로 적재되었는가를 평가하기 위해서 교차적재치

의 결과를 보기 쉽게 표 형태로 정리하였다. **색으로 표시된 부분**이 **외부적재치**이고, 그렇지 않은 부분이 **교차적재치**이다. **연구변수에 모든 측정변수들이 높게 적재되었으므로 판별타당도가 확보된 것으로 평가**할 수 있다.

Discriminant validity - Cross loadings

	CL	CP	CT	PR
CL1	0.924	0.505	0.561	-0.280
CL2	0.960	0.495	0.531	-0.278
CL3	0.923	0.482	0.559	-0.336
CP2	0.483	0.863	0.539	-0.214
CP3	0.384	0.798	0.476	-0.166
CT1	0.593	0.513	0.892	-0.270
CT2	0.517	0.526	0.902	-0.392
CT3	0.482	0.549	0.913	-0.370
PR2	-0.322	-0.185	-0.388	0.962
PR3	-0.286	-0.174	-0.338	0.951
CP1	0.471	0.885	0.474	-0.094

측정변수 \ 연구변수	CL	CP	CT	PR
CL1	**0.924**	0.505	0.561	−0.280
CL2	**0.960**	0.495	0.531	−0.278
CL3	**0.923**	0.482	0.559	−0.336
CP2	0.483	**0.863**	0.539	−0.214
CP3	0.384	**0.798**	0.476	−0.166
CT1	0.593	0.513	**0.892**	−0.270
CT2	0.517	0.526	**0.902**	−0.392
CT3	0.482	0.549	**0.913**	−0.370
PR2	−0.322	−0.185	−0.388	**0.962**
PR3	−0.286	−0.174	−0.338	**0.951**
CP1	0.471	**0.885**	0.474	−0.094

❹ [출력 결과 보기 창]의 [Quality Criteria–Discriminant Validity]에 있는 [Heterotrait–Monotrait Ratio(HTMT)–Matrix]를 좌 클릭하면 판별타당도 결과가 나타난다. 그리고 [Heterotrait–Monotrait Ratio(HTMT)–Bar chart]를 좌 클릭하여 들어가면

그림 형태로 출력 결과를 보여준다. 판별타당도를 평가하기 위한 기준으로 HTMT비율을 사용할 수 있다. 다음의 표에서 HTMT비율은 모두 0.85 미만이므로 HTMT$_{.85}$에서 모든 연구변수 간에 판별타당도는 확보되었다고 평가할 수 있다.

Discriminant validity - Heterotrait-monotrait ratio (HTMT) - Matrix

	CL	CP	CT	PR
CL				
CP	0.607			
CT	0.647	0.692		
PR	0.345	0.217	0.424	

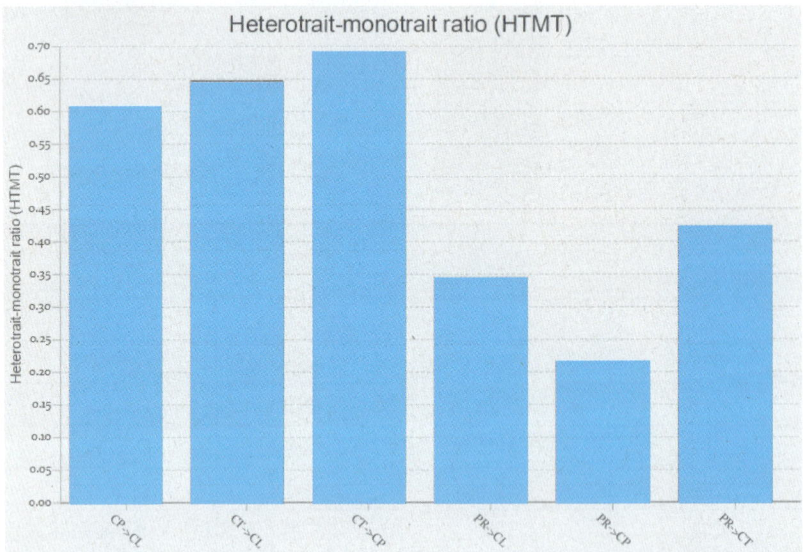

❺ 부트스트래핑 신뢰구간 이용법인 HTMT$_{\text{추론}}$(HTMT$_{\text{inference}}$)을 적용하려면 Bootstrapping을 실행해야 한다. 프로젝트 탐색기 창으로 가서 [세무대리 전문성 모델]을 좌 클릭하여 들어간 후 [Calculate-Bootstrapping]을 차례대로 클릭하면 보조 창이 나타나며 다음과 같이 옵션을 선택한다. [Subsamples]에 [5000]을 입력하고 [Amount of results]에서 [Complete(slower)]을 그리고 [Confidence Interval Method]에서 [Percentile bootstrap]을 선택하고 [Start calculation]을 클릭하여 실행한다.

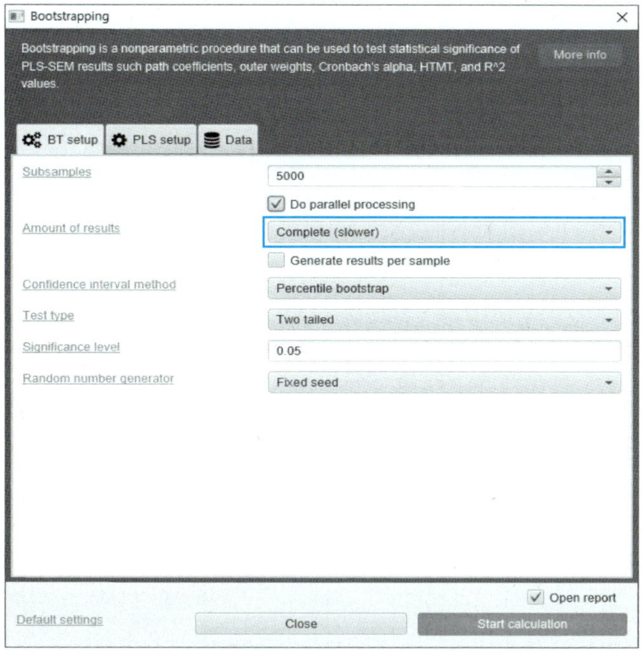

❻ [출력 결과 보기 창]에서 [Quality criteria–Heterotrait–monotrait ratio(HTMT)]를 좌 클릭하여 들어가면 [Confidence intervals]가 나타난다. 하한값(2.5%)과 상한값(97.5%) 사이에 1을 포함하고 있는 경우는 없으므로 유의수준 0.05에서 판별타당도는 확보된 것으로 평가할 수 있다.

Heterotrait-monotrait ratio (HTMT) - Confidence intervals

	Original sample (O)	Sample mean (M)	2.5%	97.5%
CP <-> CL	0.607	0.610	0.474	0.737
CT <-> CL	0.647	0.653	0.523	0.777
CT <-> CP	0.692	0.701	0.457	0.907
PR <-> CL	0.345	0.347	0.135	0.546
PR <-> CP	0.217	0.238	0.070	0.486
PR <-> CT	0.424	0.426	0.235	0.611

[6] 반영적 측정모델의 평가 결과와 해석

❶ 지금까지 살펴본 반영적 측정모델의 평가 결과를 요약하면 다음과 같다. 표에서 보는

바와 같이 반영적 측정모델의 모든 평가기준을 충족하고 있으므로 **측정모델(개별 측정변수와 잠재변수)은 신뢰도와 타당도를 확보**하였다고 판단된다.

연구변수	측정변수	개별 측정변수 신뢰도		내적 일관성 신뢰도			집중 타당도	판별 타당도
		외부 적재치	측정변수 신뢰도	크론바흐 알파	rho_a (ρ_a)	rho_c (ρ_c)	AVE	HTMT비율
		>0.70	>0.50	>0.70	>0.70	>0.70	>0.50	신뢰구간에 1을 포함하지 않음
CP	CP1	0.885	0.783*	0.807	0.814	0.886	0.722	예
	CP2	0.863	0.745					
	CP3	0.798	0.637					
PR	PR2	0.962	0.925	0.907	0.917	0.956	0.915	예
	PR3	0.951	0.904					
CT	CT1	0.892	0.796	0.886	0.886	0.929	0.815	예
	CT2	0.902	0.814					
	CT3	0.913	0.834					
CL	CL1	0.924	0.854	0.929	0.929	0.955	0.876	예
	CL2	0.960	0.922					
	CL3	0.923	0.852					

주: * 측정변수 신뢰도(Indicator reliability)는 수작업으로 $(외부적재치)^2$를 통해 계산함.

❷ 세부적으로 평가 결과를 요약하면, 먼저 외부적재치가 모두 임계치인 0.7 이상이고, 개별 측정변수들에 대한 측정변수 신뢰도도 0.5 이상이며, AVE도 임계치인 0.5 이상이므로 연구변수와 개별 측정변수의 신뢰도와 잠재변수의 집중타당도는 입증되었다. 다음으로, 크론바흐 알파가 임계치인 0.7 이상, rho_a도 0.7 이상 그리고 rho_c도 0.7 이상이므로 연구변수들의 내적 일관성 신뢰도는 확보되었다. 마지막으로, HTMT는 임계치인 0.85 미만이고 신뢰구간에 1을 포함하고 있지 않으므로 연구변수들의 판별타당도는 확보된 것으로 판단할 수 있다. 이상과 같이 반영적 측정모델인 CP, PR, CT 및 CL모델은 모두 평가기준을 충족하고 있으므로 **반영적 측정모델(개별 측정변수와 연구변수)의 신뢰도와 타당도는 확보**되었다고 볼 수 있다.

5 구조모델의 평가와 가설검증

5.1 구조모델의 평가

구조모델의 평가는 연구자가 설계하고 개발한 **연구모델**을 최종적으로 확정하고 **구조모델이 적합한 모델임을 확인하는 절차**라고 볼 수 있다. 연구자는 구조모델이 적합한 모델로 확인되면 비로소 **가설검증**을 수행할 수 있게 된다.

PLS-SEM에서는 구조모델의 평가를 위해서 [그림 11-4]와 같이 **다중공선성**, **결정계수**(R^2), **효과크기**(f^2) 그리고 **예측력**(Q^2, RMSE, MAE, 평균손실차이)을 검토해야 한다.

그림 11-4 ▌ 구조모델의 평가

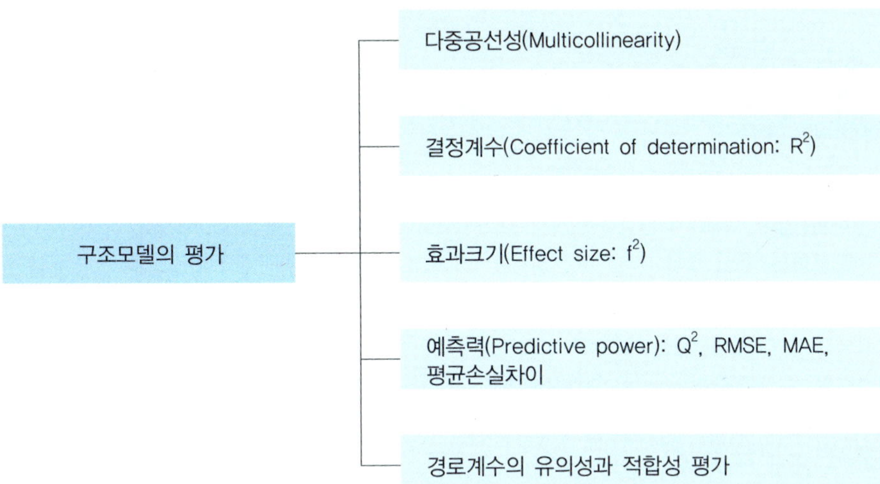

- 연구변수 간의 다중공선성을 평가한다. 이를 위한 평가기준으로는 구조모델(내부모델)의 **내부VIF값**을 사용한다. 내부VIF값이 5 미만이면 다중공선성이 없다고 평가한다.
- 외생연구변수(혹은 예측변수, 독립변수)의 내생연구변수에 대한 설명력을 평가한다. 이를 위한 평가기준으로는 **결정계수 R^2**을 사용한다. 외생연구변수들의 내생연구변수에 대한 R^2이 0.25이면 약한 설명력, 0.50이면 중간 정도의 설명력 그리고 0.75이면 큰

설명력이라고 평가한다.

- 외생연구변수(혹은 예측변수, 독립변수)의 내생연구변수에 대한 상대적 영향력, 즉 외생연구변수들이 내생연구변수의 R^2에 기여하는 정도인 효과크기를 평가한다. 이를 위한 평가기준으로는 효과크기(f^2)을 사용한다. 외생연구변수의 내생연구변수에 대한 f^2이 0.02이면 작은 효과크기, 0.15이면 중간 효과크기 그리고 0.35이면 큰 효과크기로 평가한다.
- 구조모델이 특정 내생연구변수에 대해 예측력을 가지고 있는지의 여부를 평가한다. 이를 위한 평가기준으로는 Q^2, RMSE, MAE, 평균손실차이를 사용한다. 구조모델이 특정 내생연구변수에 대해 Q^2이 0보다 크면 예측력이 있으며 0보다 작으면 예측력이 부족하다고 평가한다.
- 부트스트래핑의 실행을 통해 산출한 t값을 이용해 경로계수의 유의성과 적합성을 평가한다. 이를 통해 연구자들은 가설검증을 시행할 수 있다.

통계 실습 11-6 구조모델의 평가 (1)

구조모델을 평가하려면 ① PLS-SEM Algorithm, ② Bootstrapping, ③ PLSpredict/CVPAT 절차를 수행해야 한다. [통계 실습 11-4]에서 PLS-SEM Algorithm과 Bootstrapping은 이미 실행했으므로 그 결과를 활용하여 구조모델을 평가하기로 한다. 다만 예측력에 대한 평가를 위해서 PLSpredict/CVPAT는 이 통계 실습에서 실행하기로 한다.

[1] 구조모델의 다중공선성을 평가하시오.
[2] 구조모델에서 결정계수(R^2)을 평가하시오.
[3] 구조모델에서 효과크기(f^2)을 평가하시오.
[4] 구조모델에서 예측력을 평가하시오.

실습과정

[1] 다중공선성의 평가

❶ 구조모델의 다중공선성은 [출력 결과 보기 창]에서 [Quality criteria]에 있는 [Collinearity statistics(VIF)]에 들어간 후 [내부모델](Inner model)의 [Collinearity statistics]를 확인해야 한다. 내부VIF가 5 미만이면 다중공선성이 없다고 판단할

수 있다.

❷ [Inner model-Matrix]의 내부VIF값을 보면 모두 5 미만이므로 구조모델의 잠재변수 간에는 다중공선성은 없다고 평가할 수 있다.

Collinearity statistics (VIF) - Inner model - Matrix

	CL	CP	CT	PR
CL				
CP	1.528		1.037	1.000
CT	1.724			
PR	1.172		1.037	

[2] 결정계수(R^2) 평가

❶ R^2은 PLS-SEM Algorithm 실행 결과에서 [Quality Criteria]의 [R square]를 클릭해 보면 다음과 같은 결과를 확인할 수 있다. 여기에서는 R^2(R Square)보다는 수정된 R^2을 사용하기로 한다. R^2이 0.25이면 약한 설명력, 0.50이면 중간 정도의 설명력 그리고 0.75이면 큰 설명력으로 평가한다.

R-square - Overview

	R-square	R-square adjusted
CL	0.410	0.391
CT	0.420	0.408
PR	0.035	0.026

❷ 내생잠재변수 CL(0.391), CT(0.408)에 대한 R^2은 0.4 이상으로 중간 정도의 설명력을 보여주고 있다. 그러나 PR(0.026)에 대한 R^2은 매우 약한 설명력을 나타냈다.

[3] 효과크기(f^2) 평가

❶ 효과크기(f^2)는 외생잠재변수들(혹은 예측변수들, 독립변수들)이 내생잠재변수의 R^2에 기여하는 정도를 평가하는 척도이다. f^2은 PLS-SEM Algorithm 실행 결과에서 [Quality Criteria]의 [f square]를 클릭해 보면 다음과 같은 결과를 확인할 수 있다. f^2이 0.02이면 작은 효과크기, 0.15이면 중간 정도의 효과크기 그리고 0.35이면 큰 효과크기로 평가한다.

f-square - Matrix

	CL	CP	CT	PR
CL				
CP	0.090		0.474	0.037
CT	0.138			
PR	0.022		0.131	

❷ 앞에서 제시한 f^2을 보면, 먼저 CP의 내생연구변수에 대한 CT의 R^2에 기여하는 f^2은 0.474로 이는 큰 효과크기이며 이 모델에서는 가장 큰 기여를 하는 것으로 나타났다. 다음으로, CT의 내생연구변수에 대한 CL의 R^2에 기여하는 f^2은 0.138이고 PR의 내생연구변수에 대한 CT의 R^2에 기여하는 f^2은 0.131로 중간보다 약간 작은 효과크기임을 알 수 있다. 마지막으로, CP와 PR의 내생연구변수에 대한 CL의 R^2에 기여하는 f^2은 각각 0.090과 0.022 그리고 CP의 내생연구변수에 대한 PR의 R^2에 기여하는 f^2은 0.037로 작은 효과크기를 나타냈다.

[4] PLSpredict/CVPAT와 예측력 평가

❶ PLSpredict를 사용해 반영적 내생잠재변수들의 측정변수에 대한 평가 결과 모든 측정변수들에 대한 Q^2은 0 이상이어서 외생잠재변수들은 내생잠재변수들의 측정변수에 대해서 예측력을 가지고 있는 것으로 나타났다. 또한 내생잠재변수에 포함된 측정변수들 중에서 대다수가 PLS-SEM_RMSE(PLS-MAE)이 LM_RMSE(LM_MAE)보다 작게 나타나 구조방정식모델에서 외생잠재변수들은 내생잠재변수들의 측정변수에 대해서 중간정도의 예측력(Medium predictive power)을 가지고 있다고 해석할 수 있다.

MV prediction summary - Overview　Zoom (97%)　Copy to Excel　Copy to R

	Q^2predict	PLS-SEM_RMSE	PLS-SEM_MAE	LM_RMSE	LM_MAE
CL1	0.244	0.637	0.490	0.640	0.490
CL2	0.233	0.749	0.567	0.760	0.572
CL3	0.221	0.723	0.533	0.735	0.544
CT1	0.243	0.601	0.456	0.608	0.468
CT2	0.260	0.674	0.459	0.687	0.471
CT3	0.282	0.645	0.487	0.647	0.490
PR2	0.009	1.029	0.838	1.028	0.823
PR3	0.005	0.978	0.784	0.992	0.796

❷ PLSpredict를 사용해 잠재변수에 대한 평가 결과 모든 잠재변수들의 Q^2이 0 이상이어서 외생잠재변수들은 내생잠재변수들에 대한 예측력을 가지고 있는 것으로 나타났다.

LV prediction summary - PLS-SEM

	Q^2predict	RMSE	MAE
CL	0.264	0.882	0.672
CT	0.314	0.850	0.595
PR	0.003	1.022	0.815

❸ CVPAT를 사용해 잠재변수에 대한 평가 결과 잠재변수 [CT], [CL]은 평균손실차이(Difference of the average loss values)가 부적인 값을 가지고 있고 유의수준 0.05에서 모두 통계적으로 유의하여 외생잠재변수들은 내생잠재변수들에 대해서 예측력이 있는 것으로 나타났다. 그러나 [PR]의 평균손실차이는 부적이었으나 통계적인 유의성이 없어서 예측력이 없는 것으로 나타났다. 따라서 평균손실차이의 전체값을 기준으로 볼 때 부적이고 통계적인 유의성이 있어 잠재변수들은 예측력이 있다고 해석할 수 있다.

CVPAT - PLS-SEM vs. Indicator average (IA)

	Average loss difference	t value	p value
CL	-0.150	3.552	0.001
CT	-0.146	2.866	0.005
PR	-0.007	0.164	0.870
Overall	-0.113	3.349	0.001

5.2 가설검증

구조모델의 평가 결과 적합하다고 판정되면 이제 부트스트래핑을 통해 가설검증을 시행할 수 있다.

▶ 부트스트래핑의 실행을 통해 산출한 t값을 이용해 경로계수의 유의성과 적합성을 평가한다. 이를 통해 연구자들은 가설검증을 시행할 수 있다.

통계 실습 11-7 구조모델의 평가 (2): 기본 가설과 매개효과 가설검증

SmartPLS에서 구조모델의 평가를 통해 가설검증을 하려면 [Bootstrapping]을 실행해야 한다.
[1] 경로계수의 유의성과 적합성을 평가하여 기본 가설에 대한 가설검증을 하시오.
[2] 매개효과 가설을 검증하시오.

실습과정

[1] 경로계수의 유의성과 적합성 평가

❶ SmartPLS의 툴바에서 [Calculate]를 좌 클릭하여 [Bootstrapping]으로 들어간다. [옵션 창 Bootstrapping]에서 [Subsamples]에서 [5000], [Amount of results]에서 [Complete(slower)], [Confidence interval method]에서 [Percentile bootstrap]을 선택한 후 [Start calculation]을 좌 클릭하여 실행한다. 그러면 실행 결과가 나타난다. 그림으로 나타낸 출력 결과의 화면 상단의 [Constructs]에서 [R-square], [Inner model]에서 [Path coefficient and p values], [Outer model]에서 [T values], [Highlight]에서 [Use relative values]를 각각 지정하여 지정한 결과값들을 반영시킨다. 이와 같이 부트스트래핑 절차를 통해 t값을 산출할 수 있고 이외에도 p값, 신뢰구간 등의 결과를 얻을 수 있다. 우리들은 산출된 t값을 이용하여 가설검증을 수행할 수 있다.

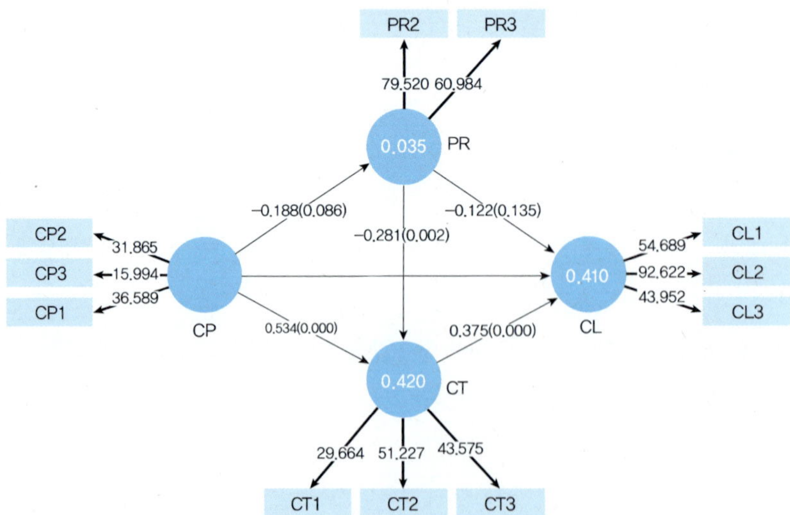

❷ 실행 결과에서 [Final Results]의 [Path coefficients]를 클릭해 보면 다음과 같은 결과를 확인할 수 있다. 이는 가설검증에 필요한 내용(t값, p값)을 포함하고 있다. 구조모델에 대한 경로계수의 추정 결과를 학술연구들에서 가설검증 결과를 제시하는 형식으로 정리하는 것이 요구된다.

Path coefficients - Mean, STDEV, T values, p values   Zoom (97%)   Copy to Excel   Copy to R

	Original sample (O)	Sample mean (M)	Standard deviation (STDEV)	T statistics (|O/STDEV|)	P values
CP -> CL	0.285	0.278	0.070	4.103	0.000
CP -> CT	0.534	0.543	0.103	5.159	0.000
CP -> PR	-0.188	-0.196	0.109	1.718	0.086
CT -> CL	0.375	0.384	0.068	5.538	0.000
PR -> CL	-0.122	-0.123	0.082	1.494	0.135
PR -> CT	-0.281	-0.278	0.090	3.115	0.002

❸ 앞의 [Path Coefficients] 결과에서 [Confidence intervals]를 좌 클릭하면 다음과 같은 신뢰구간(CI)에 대한 결과를 확인할 수 있다.

Path coefficients - Confidence intervals   Zoom (97%)

	Original sample (O)	Sample mean (M)	2.5%	97.5%
CP -> CL	0.285	0.278	0.130	0.401
CP -> CT	0.534	0.543	0.332	0.721
CP -> PR	-0.188	-0.196	-0.414	0.012
CT -> CL	0.375	0.384	0.255	0.518
PR -> CL	-0.122	-0.123	-0.282	0.040
PR -> CT	-0.281	-0.278	-0.451	-0.100

❹ [Path Coefficients]에 대한 결과(신뢰구간 포함)를 논문에 넣을 표 형식으로 재구성하면 다음과 같다. 표에 의하면 〈가설 2〉, 〈가설 3〉, 〈가설 4〉, 〈가설 6〉은 채택되었으며 〈가설 1〉, 〈가설 5〉는 기각되었음을 알 수 있다. 가설검증 결과에 의하면, 먼저 세무사사무소의 기업전문성은 고객신뢰와 고객충성도에는 정의 유의한 영향을 미쳤으나 지각된 위험에는 영향을 미치지 않았다. 다음으로, 세무사사무소 고객의 지각된 위험은 고객신뢰에 부의 유의한 영향을 미쳤으나 고객충성도에는 영향을 미치지 않았다. 마지막으로, 세무사사무소의 고객신뢰는 고객충성도에 정의 유의한 영향을 미치는 것으로 나타났다.

〈기본 가설검증 결과 요약〉

가설경로	경로계수	t값	p값	95% BCa 신뢰구간	유의성($p<0.05$)
〈가설 1〉 CP → PR	−0.188	1.718	0.086	[−0.414, 0.012]	아니오
〈가설 2〉 CP → CT	0.534	5.159	0.000	[0.332, 0.721]	예
〈가설 3〉 CP → CL	0.285	4.103	0.000	[0.130, 0.401]	예
〈가설 4〉 PR → CT	−0.281	3.115	0.002	[−0.451, −0.100]	예
〈가설 5〉 PR → CL	−0.122	1.494	0.135	[−0.282, 0.040]	아니오
〈가설 6〉 CT → CL	0.375	5.538	0.000	[0.255, 0.518]	예

❺ **총간접효과(Total indirect effects)**의 결과를 통해서는 개별적인 특정 경로에 대한 간접효과의 파악이 어렵다. 따라서 특정 경로에 대한 간접효과의 유의성검증을 통해 매개효과검증을 하려면 **개별간접효과(Specific Indirect Effects)의 경로계수와 이의 유의성**을 알아야 한다. 개별간접효과의 경로계수크기와 유의성검증에 필요한 결과는 Bootstrapping 실행 결과에서 [Specific indirect effects]를 좌 클릭하면 볼 수 있다. 개별간접효과의 분석 결과를 보면 세부적인 가설경로에 대한 **매개효과검증(Mediation test)**이 가능하다. 매개효과에 대한 가설검증 결과 〈가설 7-3〉, 〈가설 7-5〉는 **채택**되었으나 〈가설 7-1〉, 〈가설 7-2〉, 〈가설 7-4〉는 **기각**되었음을 알 수 있다. 첫째, 세무사사무소의 기업전문성은 고객신뢰를 매개로 고객충성도에 정의 유의한 영향을 미쳤다(CP → CT → CL). 둘째, 세무사사무소에 대한 지각된 위험은 고객신뢰를 매개로 고객충성도에 정의 유의한 영향을 미쳤다(PR → CT → CL). 셋째, 세무사사무소의 기업전문성과 고객충성도 간에 지각된 위험과 고객신뢰는 매개영향이 없는 것으로 나타났다(CP → PR → CT → CL). 넷째, 세무사사무소의 기업전문성과 고객신뢰 간에 지각된 위험은 매개영향이 없는 것으로 나타났다(CP → PR → CT). 마지막으로, 세무사사무소의 기업전문성과 고객충성도 간에 지각된 위험은 매개영향이 없는 것으로 나타났다(CP → PR → CL).

Specific indirect effects - Mean, STDEV, T values, p values

Zoom (100%) Copy to Excel Copy to R

	Original sample (O)	Sample mean (M)	Standard deviation (STDEV)	T statistics (|O/STDEV|)	P values
CP -> PR -> CT	0.053	0.052	0.034	1.565	0.118
CP -> PR -> CT -> CL	0.020	0.020	0.013	1.521	0.128
PR -> CT -> CL	-0.105	-0.105	0.037	2.879	0.004
CP -> PR -> CL	0.023	0.026	0.026	0.897	0.370
CP -> CT -> CL	0.200	0.209	0.058	3.459	0.001

Specific indirect effects - Confidence intervals

Zoom (130%) Copy to Excel Copy to R

	Original sample (O)	Sample mean (M)	2.5%	97.5%
CP -> PR -> CT	0.053	0.052	-0.004	0.128
CP -> PR -> CT -> CL	0.020	0.020	-0.002	0.049
PR -> CT -> CL	-0.105	-0.105	-0.183	-0.038
CP -> PR -> CL	0.023	0.026	-0.006	0.090
CP -> CT -> CL	0.200	0.209	0.108	0.333

〈매개효과 가설검증 결과 요약〉

가설경로	경로 계수	t값	p값	95% BCa 신뢰구간	유의성 (p<0.05)
〈가설 7-1〉 CP → PR → CT	0.053	1.565	0.118	[-0.004, 0.128]	아니오
〈가설 7-2〉 CP → PR → CT → CL	0.020	1.521	0.128	[-0.002, 0.049]	아니오
〈가설 7-3〉 PR → CT → CL	-0.105	2.879	0.004	[-0.183, -0.038]	예
〈가설 7-4〉 CP → PR → CL	0.023	0.897	0.370	[-0.006, 0.090]	아니오
〈가설 7-5〉 CP → CT → CL	0.200	3.459	0.001	[0.108, 0.333]	예

제12장 PLS-SEM의 기본 실습 (2) : 반영적 측정변수와 형성적 측정변수가 혼합된 모델

이 장은 진정성 리더십(Authenticity leadership) 프로젝트를 통해 논문 작성과 통계분석의 실질적인 절차들을 제시하고 있다. 주요 내용에는 논문 작성에 필요한 연구조사 설계, 데이터 수집과 입력 및 저장, 구조방정식모델의 구축과 데이터 검토, 측정모델의 평가(신뢰도와 타당도검증), 구조모델의 평가와 가설검증이 포함된다.

1 연구조사 설계

1.1 문제 제기와 연구 문제

반도체 제조업의 진정성 리더십이 팀성과에 미치는 영향
: 직무몰입과 직무만족의 매개효과를 중심으로
The impact of authenticity leadership in semiconductor manufacturing on team performance
: Focusing on mediating effect of job commitment and job satisfaction

리더십연구는 변혁적 리더십, 카리스마 리더십, 서번트 리더십 등으로 구분되어 연구가 수행되어 왔다. 그러나 이러한 리더십은 스킬중심의 유사리더십으로 분류되어 더 이상 상사의 부하 직원들에 대한 동기부여의 역할을 수행하지 못하게 됨에 따라 새로운 리더십의 한 유형으로 나타난 것이 바로 진정성 리더십이다. 또한 카리스마 리더십도 경제 성장기에 맞춰진 리더십으로 저성장 경제에서 더 이상 유효한 리더십이라고 보기 어려워졌다(정예지, 이수정 및 김문주, 2012; 탁진규와 노태우, 2016). 이러한 배경하에서 상사의 진정성 리더십이 부하 직원들의 팀성과에 미치는 영향을 규명하는 것은 의미가 있다고 본다. 따라서 이 프로젝트(SmartPLS에서는 연구를 '프로젝트'라고 부름)는 상사의 진정성 리더십이 부하 직원들의 팀성과에 미치는 영향관계를 종합적으로 분석하여 진정성 리더십의 시사점을 제시하는 데 연구목적이 있다.

구체적으로 이 연구의 목적을 세분하여 제시하면 다음과 같다.

첫째, 상사의 진정성 리더십이 부하 직원들의 팀성과에 미치는 영향을 분석한다.

둘째, 상사의 진정성 리더십과 부하 직원들의 팀성과 간에 직무몰입과 직무만족이 매개효과를 가지고 있는지를 분석한다.

1.2 연구모델의 개발, 가설 설정 및 변수의 정의

1) 연구모델의 개발

이 책에서는 제3부 제12장의 실습을 위해서 선행연구에 기초하여 [그림 12-1], [그림 12-2]와 같은 연구모델을 개발하였다.

▶ 그림 12-1 ▌ 개념적 연구모델

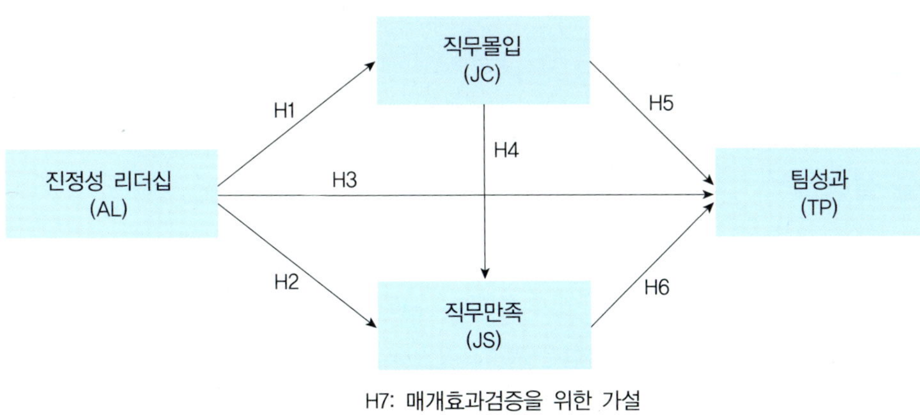

주: 1) 진정성 리더십(AL: Authenticity Leadership), 직무몰입(JC: Job Commitment), 직무만족(JS: Job Satisfaction), 팀성과(TP: Team Performance)
2) 진정성 리더십(AL)은 외생변수, 직무몰입(JC)과 직무만족(JS)은 내생변수이면서 매개변수, 팀성과(TP)는 내생변수이면서 종속변수임.
3) 진정성 리더십, 직무몰입, 직무만족은 반영적 측정변수(Reflective indicator)이며 팀성과는 형성적 측정변수(Formative indicator)임.

[그림 12-1]은 연구변수(잠재변수) 간의 가설관계를 나타내는 **개념적 연구모델**이며, [그림 12-2]는 연구변수 간의 관계는 물론 각 연구변수의 측정변수들(설문문항)을 포함하고 있는 **통계적 연구모델**이다.

그림 12-2 **통계적 연구모델**

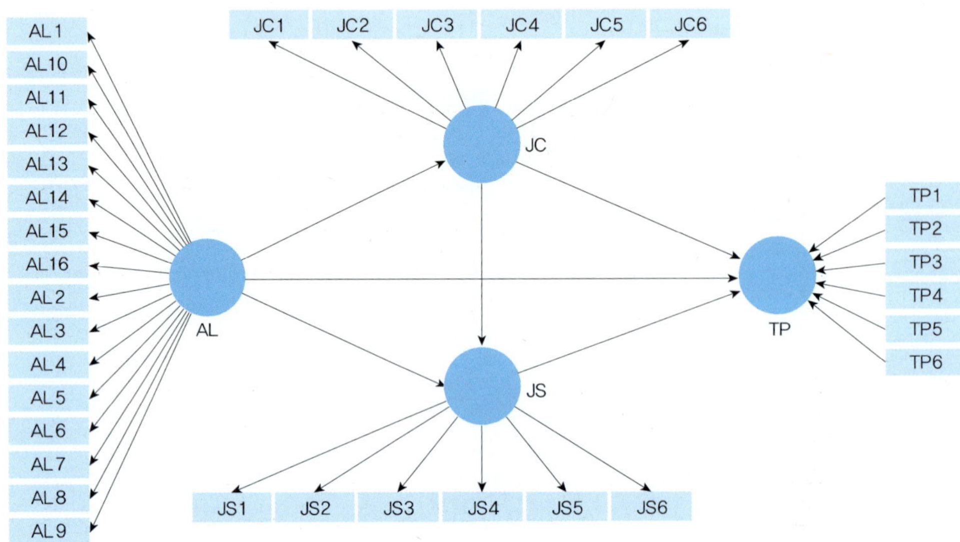

2) 가설 설정

선행연구의 검토를 통해 설정된 **진정성 리더십 프로젝트**의 연구가설은 총 7개이다. 〈가설 1(H1)〉부터 〈가설 6(H6)〉까지는 기본 가설이며 〈가설 7(H7)〉은 매개효과검증을 위한 가설이다.

|가설 1: H1| 상사의 진정성 리더십은 부하 직원들의 직무몰입에 정(+)의 영향을 미칠 것이다.

|가설 2: H2| 상사의 진정성 리더십은 부하 직원들의 직무만족에 정(+)의 영향을 미칠 것이다.

|가설 3: H3| 상사의 진정성 리더십은 부하 직원들의 팀성과에 정(+)의 영향을 미칠 것이다.

|가설 4: H4| 부하 직원들의 직무몰입은 직무만족에 정(+)의 영향을 미칠 것이다.

|가설 5: H5| 부하 직원들의 직무몰입은 팀성과에 정(+)의 영향을 미칠 것이다.

|가설 6: H6| 부하 직원들의 직무만족은 팀성과에 정(+)의 영향을 미칠 것이다.

|가설 7: H7| 상사의 진정성 리더십과 부하 직원들의 팀성과 간에 직무몰입과 직무만족은 매개영향을 미칠 것이다.

|가설 7-1: H7-1| 상사의 진정성 리더십은 직무몰입을 매개로 부하 직원들의 팀성과에 유의적인 영향을 미칠 것이다.

|가설 7-2: H7-2| 상사의 진정성 리더십은 직무몰입을 매개로 부하 직원들의 직무만족에 유의적인 영향을 미칠 것이다.

|가설 7-1: H7-3| 부하 직원의 직무몰입은 직무만족을 매개로 부하 직원들의 팀성과에 유의적인 영향을 미칠 것이다.

|가설 7-3: H7-4| 상사의 진정성 리더십은 직무몰입과 직무만족을 매개로 부하 직원들의 팀성과에 유의적인 영향을 미칠 것이다.

|가설 7-4: H7-5| 상사의 진정성 리더십은 직무만족을 매개로 부하 직원들의 팀성과에 유의적인 영향을 미칠 것이다.

3) 변수의 정의

이 프로젝트의 연구변수에 대한 **조작적 정의**를 제시하면 [표 12-1]과 같다.

▌표 12-1 ▌연구변수에 대한 조작적 정의

변수명	기호	조작적 정의	측정항목(설문문항)
진정성 리더십 (AL)	AL1 AL2 AL3 AL4 AL5 AL6 AL7 AL8 AL9 AL10 AL11 AL12 AL13 AL14 AL15 AL16	자신의 자아를 잘 인식하고 있으며 높은 도덕성과 품성을 기반으로 균형된 리더십을 발휘하는 리더의 행동	① 상사는 구성원들과 상호작용을 위해 피드백을 구함 ② 상사는 구성원들이 상사의 능력에 대해 어떻게 생각하는지 정확히 알고 있음 ③ 상사는 자신의 입장을 재고해야 할 때를 알고 있음 ④ 상사는 자신의 행동이 타인에게 어떤 영향을 미치는지 알고 있음 ⑤ 상사는 자신의 신념과 일관된 행동을 함 ⑥ 상사는 소신에 입각해 의사결정을 함 ⑦ 상사는 부하에게 스스로의 생각과 가치에 따르도록 강조함 ⑧ 상사는 어려운 결정의 경우 높은 수준의 윤리적 기준을 준수함 ⑨ 상사는 자신이 말하고자 하는 바를 솔직하게 말함 ⑩ 상사는 실수했을 때 솔직히 인정함 ⑪ 상사는 부하들이 자신의 생각을 이야기하도록 독려함 ⑫ 나는 말하기 곤란한 것도 상사에게 이야기함 ⑬ 상사는 자신의 감정을 솔직히 표현함 ⑭ 상사는 자신과 상충되는 의견도 많이 말해주기를 바람 ⑮ 상사는 결정 전에 관련 자료를 먼저 분석함 ⑯ 상사는 결론 전에 다른 관점도 주의깊게 경험함
직무 몰입 (JC)	JC1 JC2 JC3 JC4 JC5 JC6	부하 직원들이 자신의 직무(일)와 심리적으로 동화되는 정도	① 직장에서 즐기면서 일을 함 ② 자발적으로 시간외 근무를 함 ③ 일을 할 때 혼신의 노력을 다함 ④ 일에 몰두하다 보면 시간가는 줄을 모름 ⑤ 나에게 발생하는 모든 중요한 일들은 내가 현재하고 있는 업무와 연관되어 있음 ⑥ 나는 나의 직무에 강한 애착이 있음
직무 만족 (JS)	JS1 JS2 JS3 JS4 JS5 JS6	부하 직원들이 자신의 업무, 급여 등과 관련하여 만족하는 정도	① 현재 업무에 대한 만족 ② 현재 급여에 대한 만족 ③ 현재 승진 기회에 대한 만족 ④ 현재 직장 상사에 대한 만족 ⑤ 현재 직장 동료에 대한 만족 ⑥ 현재 직장 근무환경에 대한 만족
팀성과 (TP)	TP1 TP2 TP3 TP4 TP5 TP6 TP7	다른 팀과 비교해 우리 팀이 수행하고 있는 업무의 질과 효율성이 높은 정도	① 우리 부서는 높은 성과 달성 ② 우리 부서는 항상 목표 달성 ③ 우리 부서는 성과가 높은 팀으로 인식됨 ④ 우리 부서는 업무를 잘 수행 ⑤ 우리 부서는 매우 유능 ⑥ 우리 부서는 효과적으로 작업을 수행 ⑦ 우리 부서의 전반적인 높은 성과 정도*

주: * 이 항목은 형성적 측정변수의 집중타당도분석에 필요하여 설문지에 추가한 것임.

1.3 설문지 개발과 표본 선정

1) 설문지 개발

이 프로젝트의 설문지는 [표 12-2]와 같이 크게 연구변수와 응답자의 일반적 사항을 파악하기 위한 설문으로 구성되었다. 연구변수는 선행연구들에 기초해 선정하였고 리커트 7점척도를 사용하여 측정하였다. 척도에서 1은 '전혀 그렇지 않다,' 4는 '보통이다,' 7은 '매우 그렇다'를 의미한다.

진정성 리더십은 모두 16개 설문문항(반영적 지표), 직무몰입과 직무만족은 각각 6개 설문문항(반영적 측정변수), 팀성과는 7개 설문문항(형성적 측정변수)으로 구성되었다. 마지막으로 응답자의 일반적 사항으로는 성별, 연령, 회사 규모, 근무연수가 포함되었다.

표 12-2 설문지의 구성

설문문항과 내용	문항 수	측정방법
Ⅰ. 진정성 리더십	16	7점 리커트척도
Ⅱ. 직무몰입	6	
Ⅲ. 직무만족	6	
Ⅳ. 팀성과	7	
Ⅴ. 응답자의 일반적 사항 - 성별, 연령, 회사 규모, 근무연수	-	-

표 12-3 진정성 리더십 프로젝트의 설문지

설문지

안녕하십니까?
본 설문 조사는 반도체 업종에 근무하고 있는 직원들을 대상으로 팀장(그룹장)의 진정성 리더십이 팀성과에 미치는 영향을 파악하고자 실시하는 것입니다. 응답내용은 통계법 제33조에 의해 익명으로 처리되어 비밀이 보장되며 통계적 분석목적 이외에는 절대로 사용하지 않을 것임을 약속드립니다. 연구자의 연구목적이 성공적으로 달성될 수 있도록 여러분의 성실하고 솔직한 응답을 부탁드립니다.
감사합니다.

조사자: 호서대학교 기술경영전문대학원 신건권

• [설문 Ⅰ~Ⅳ]에 대한 답변 요령
각 설문문항에 대한 응답은 1(전혀 그렇지 않다)부터 7(매우 그렇다)까지로 되어 있으며, 그 중에서 귀하가 현재 직장생활 중에 느끼고 있는 것에 '✔' 표시를 해주시면 됩니다.

Ⅰ. 진정성 리더십

진정성 리더십(Authenticity leadership)이란 "자신의 자아를 잘 인식하고 있으며 높은 도덕성과 품성을 기반으로 균형된 리더십을 발휘하는 리더의 행동"을 말합니다.

설문문항	전혀 그렇지 않다			보통			매우 그렇다
1. 나의 상사는 구성원들과의 상호작용을 향상시키기 위해 피드백을 구한다.	①	②	③	④	⑤	⑥	⑦
2. 나의 상사는 구성원들이 상사 자신의 능력에 대해 어떻게 생각하는지 정확하게 알고 있다.	①	②	③	④	⑤	⑥	⑦
3. 나의 상사는 자신의 입장을 재고해야 하는 시점을 알고 있다.	①	②	③	④	⑤	⑥	⑦
4. 나의 상사는 자신의 행동이 다른 사람에게 어떤 영향을 끼치는지 잘 알고 있다.	①	②	③	④	⑤	⑥	⑦
5. 나의 상사는 자신의 신념과 일관된 행동을 한다.	①	②	③	④	⑤	⑥	⑦
6. 나의 상사는 소신에 입각해서 결정을 내린다.	①	②	③	④	⑤	⑥	⑦
7. 나의 상사는 부하들에게도 스스로의 생각과 가치에 따르도록 강조한다.	①	②	③	④	⑤	⑥	⑦
8. 나의 상사는 어려운 결정을 할 경우 높은 수준의 윤리적 기준에 따라 내린다.	①	②	③	④	⑤	⑥	⑦
9. 나의 상사는 자신이 말하고자 하는 바를 숨김없이 있는 그대로 이야기한다.	①	②	③	④	⑤	⑥	⑦
10. 나의 상사는 실수를 했을 때 이를 솔직하게 인정한다.	①	②	③	④	⑤	⑥	⑦
11. 나의 상사는 부하들이 자신의 생각을 이야기하도록 독려한다.	①	②	③	④	⑤	⑥	⑦
12. 나는 말하기 곤란한 것이라도 상사에게 사실대로 말해준다.	①	②	③	④	⑤	⑥	⑦
13. 나의 상사는 자신이 느끼는 감정을 솔직하게 표현한다.	①	②	③	④	⑤	⑥	⑦
14. 나의 상사는 자신이 고수하고 있는 입장에 상충되는 의견도 많이 말해주기를 바란다.	①	②	③	④	⑤	⑥	⑦
15. 나의 상사는 결정을 내리기 전에 관련 자료를 먼저 분석한다.	①	②	③	④	⑤	⑥	⑦
16. 나의 상사는 결론을 내리기 전에 다른 관점들도 주의 깊게 귀를 기울인다.	①	②	③	④	⑤	⑥	⑦

Ⅱ. 직무몰입

설문문항	전혀 그렇지 않다			보통			매우 그렇다
1. 나는 직장에서 즐기면서 일을 한다.	①	②	③	④	⑤	⑥	⑦
2. 나는 누가 요구하지 않아도 자발적으로 나의 일을 하기 위해 시간외 근무를 한다.	①	②	③	④	⑤	⑥	⑦
3. 나는 직장에서 일을 할 때마다 혼신의 노력을 다한다.	①	②	③	④	⑤	⑥	⑦
4. 나는 일에 몰두하다 보면 어떻게 시간이 지나갔는지 모를 정도로 빨리 지나간다.	①	②	③	④	⑤	⑥	⑦
5. 나에게 발생하는 모든 중요한 일들은 내가 현재 하고 있는 업무와 연관되어 있다.	①	②	③	④	⑤	⑥	⑦
6. 나는 나의 직무에 대하여 포기할 수 없는 강한 애착을 가지고 있다.	①	②	③	④	⑤	⑥	⑦

Ⅲ. 직무만족

설문문항	전혀 그렇지 않다			보통			매우 그렇다
1. 나는 현재 맡고 있는 업무에 대해 만족한다.	①	②	③	④	⑤	⑥	⑦
2. 나는 현재 받고 있는 급여에 대해 만족한다.	①	②	③	④	⑤	⑥	⑦
3. 나는 현재 직장의 승진 기회에 대해 만족한다.	①	②	③	④	⑤	⑥	⑦
4. 나는 현재 직장 상사에 대해 만족한다.	①	②	③	④	⑤	⑥	⑦
5. 나는 현재 직장 동료에 대해 만족한다.	①	②	③	④	⑤	⑥	⑦
6. 나는 현재 직장 근무환경에 대해 만족한다.	①	②	③	④	⑤	⑥	⑦

Ⅳ. 팀성과

설문문항	전혀 그렇지 않다			보통			매우 그렇다
1. 우리 부서는 높은 성과를 내고 있다.	①	②	③	④	⑤	⑥	⑦
2. 우리 부서는 항상 목표를 달성한다.	①	②	③	④	⑤	⑥	⑦
3. 우리 부서는 성과 높은 팀으로 인식되고 있다.	①	②	③	④	⑤	⑥	⑦
4. 우리 부서는 업무를 잘 수행한다고 생각한다.	①	②	③	④	⑤	⑥	⑦
5. 우리 부서는 매우 유능하다	①	②	③	④	⑤	⑥	⑦
6. 우리 부서는 작업을 매우 효과적으로 수행한다.	①	②	③	④	⑤	⑥	⑦
7. 우리 부서는 전반적으로 높은 성과를 내고 있다.	①	②	③	④	⑤	⑥	⑦

Ⅴ. 일반적 사항

각 설문응답의 해당 사항에 '✔' 표시를 하거나 괄호 안에 기입해주세요.

1. 귀하의 성별은? ① 남자 ② 여자
2. 귀하의 연령은? 만 (   )세
3. 귀하가 근무하는 회사의 규모는? ① 중소·중견기업 ② 대기업
4. 귀하의 근무연수는? (   )년

2) 표본 선정

설문지 개발이 완료되면 모집단에서 연구자의 조사대상이 될 표본추출과 표본크기를 어느 정도로 해야 할지를 정해야 한다. SmartPLS는 비모수통계기법을 적용하는 프로그램으로 개발되었고 부트스트래핑을 사용하기 때문에 소규모표본에도 적용할 수 있다. Chin(1988)이 제시했던 종속변수를 제외한 예측변수당 10개의 표본크기를 기준으로 계산할 경우 이 프로젝트에서는 3개×10개=30개의 표본만 있으면 된다. G*Power 프로그램을 통해 필요한 표본크기를 계산하면 최소표본크기는 77개로 분석되었다(계산과정은 제1장 통계 실습 1-1 참조).

이 프로젝트의 대상은 국내 반도체 제조업체이며, 자료 수집방법은 설문지법을 사용하였다. 자료 수집을 위해 판단표본추출법을 적용하였다. 설문지는 국내의 반도체 제조업체 40개를 대상으로 총 120부를 직접방문 또는 우편으로 배포하고 110부를 회수하였다. 의심스러운 응답패턴을 보이거나 부실기재로 판단된 설문지 10부를 제외했으며 최종적으로 유효표본 100부를 통계분석에 사용하였다. 유효표본 100개는 G*Power 프로그램에 의한 최소표본크기인 77개보다 크므로 표본크기는 통계분석을 시행하기에 적절하다고 판단된다.

2 데이터 수집과 입력 및 저장

2.1 데이터 수집과 입력

데이터는 설문지나 2차 자료 등을 통해 수집할 수 있다. 수집된 데이터는 Excel이나 SPSS Editor 등을 통해 입력한다. 입력 후에 연구자는 데이터에서의 ① 결측치, ② 일관성이 없는 불성실한 응답치 및 ③ 이상치 등이 없는지를 철저하게 검토해야 한다.

2.2 데이터 파일 만들기

입력할 데이터에 대한 점검이 완료되면 이제 입력하고 저장해 데이터 파일을 만들어야 한다. SmartPLS 프로그램에 입력할 데이터는 설문지를 통해 입수한 데이터일 경우도 있고 이미 입력이 완료되어 있는 2차 데이터를 사용할 수도 있다. 데이터 입력 프로그램으로 Excel이나 SPSS Editor 등의 어느 것을 사용하든 관계없지만 입력을 완료한 후에는 데이터 파일명의 확장자를 반드시 [파일명.csv]로 [다른 이름으로 저장하기]하면 쉽게 불러들일 수 있다.

데이터 입력과 저장 실습에서는 결측치가 전혀 없는 경우와 결측치가 있는 경우로 구분해 입력할 수 있다(이 책 제4장 참조). 이 프로젝트에서는 결측치가 전혀 없는 경우에 해당한다.

통계 실습 12-1 데이터 파일 만들기: 진정성 리더십 데이터

[1] SPSS 프로그램을 이용해 데이터를 입력하시오. 단 이 실습 문제에서는 입력에 필요한 설문 응답자료를 현실적으로 제공하기 어렵기 때문에 저자가 [데이터 파일]에서 제공한 [제12장] 진정성 리더십 데이터를 가지고 실습하시오.

[2] SmartPLS 프로그램에 사용할 수 있도록 SPSS 프로그램으로 작성한 데이터 파일을 확장자명을 csv[*.csv]로 하여 [다른 이름으로 저장]을 통해 데이터 파일을 만드시오. 단, 데이터 파일명은 [진정성 리더십 데이터]로 하시오.

실습과정

[1] SPSS 프로그램으로 데이터 입력하고 저장하기

❶ 이 책의 [데이터 파일] 제12장 [**진정성 리더십 데이터**]를 프린터로 인쇄한 후 동일하게 각자가 **SPSS 프로그램**에 입력한다. 물론 입력과정 따라하기를 원하지 않는 독자의 경우에는 이를 생략하고 이미 입력되어 있는 데이터 파일을 사용해도 된다. **SPSS Editor**의 [**변수 보기**]에서 설문지를 보고 **측정변수명(이름), 유형, 너비, 측도** 등을 정의한다.

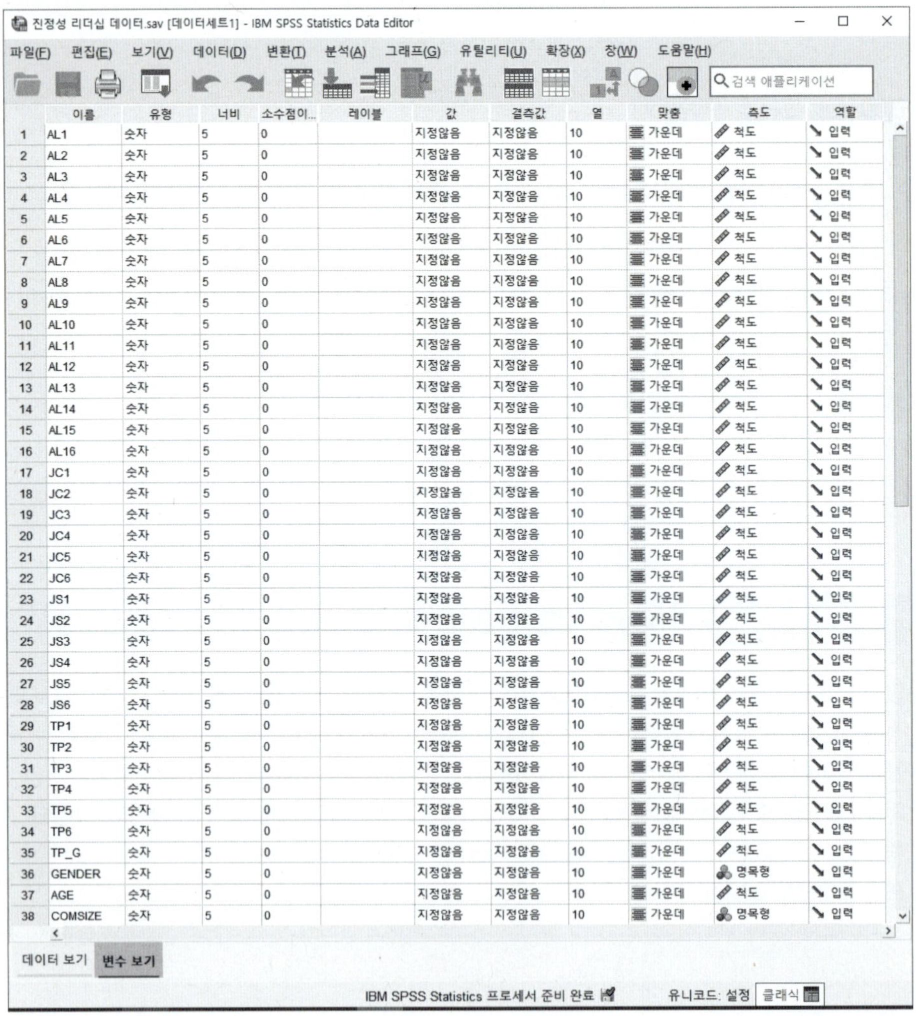

	이름	유형	너비	소수점이...	레이블	값	결측값	열	맞춤	측도	역할
1	AL1	숫자	5	0		지정않음	지정않음	10	가운데	척도	입력
2	AL2	숫자	5	0		지정않음	지정않음	10	가운데	척도	입력
3	AL3	숫자	5	0		지정않음	지정않음	10	가운데	척도	입력
4	AL4	숫자	5	0		지정않음	지정않음	10	가운데	척도	입력
5	AL5	숫자	5	0		지정않음	지정않음	10	가운데	척도	입력
6	AL6	숫자	5	0		지정않음	지정않음	10	가운데	척도	입력
7	AL7	숫자	5	0		지정않음	지정않음	10	가운데	척도	입력
8	AL8	숫자	5	0		지정않음	지정않음	10	가운데	척도	입력
9	AL9	숫자	5	0		지정않음	지정않음	10	가운데	척도	입력
10	AL10	숫자	5	0		지정않음	지정않음	10	가운데	척도	입력
11	AL11	숫자	5	0		지정않음	지정않음	10	가운데	척도	입력
12	AL12	숫자	5	0		지정않음	지정않음	10	가운데	척도	입력
13	AL13	숫자	5	0		지정않음	지정않음	10	가운데	척도	입력
14	AL14	숫자	5	0		지정않음	지정않음	10	가운데	척도	입력
15	AL15	숫자	5	0		지정않음	지정않음	10	가운데	척도	입력
16	AL16	숫자	5	0		지정않음	지정않음	10	가운데	척도	입력
17	JC1	숫자	5	0		지정않음	지정않음	10	가운데	척도	입력
18	JC2	숫자	5	0		지정않음	지정않음	10	가운데	척도	입력
19	JC3	숫자	5	0		지정않음	지정않음	10	가운데	척도	입력
20	JC4	숫자	5	0		지정않음	지정않음	10	가운데	척도	입력
21	JC5	숫자	5	0		지정않음	지정않음	10	가운데	척도	입력
22	JC6	숫자	5	0		지정않음	지정않음	10	가운데	척도	입력
23	JS1	숫자	5	0		지정않음	지정않음	10	가운데	척도	입력
24	JS2	숫자	5	0		지정않음	지정않음	10	가운데	척도	입력
25	JS3	숫자	5	0		지정않음	지정않음	10	가운데	척도	입력
26	JS4	숫자	5	0		지정않음	지정않음	10	가운데	척도	입력
27	JS5	숫자	5	0		지정않음	지정않음	10	가운데	척도	입력
28	JS6	숫자	5	0		지정않음	지정않음	10	가운데	척도	입력
29	TP1	숫자	5	0		지정않음	지정않음	10	가운데	척도	입력
30	TP2	숫자	5	0		지정않음	지정않음	10	가운데	척도	입력
31	TP3	숫자	5	0		지정않음	지정않음	10	가운데	척도	입력
32	TP4	숫자	5	0		지정않음	지정않음	10	가운데	척도	입력
33	TP5	숫자	5	0		지정않음	지정않음	10	가운데	척도	입력
34	TP6	숫자	5	0		지정않음	지정않음	10	가운데	척도	입력
35	TP_G	숫자	5	0		지정않음	지정않음	10	가운데	척도	입력
36	GENDER	숫자	5	0		지정않음	지정않음	10	가운데	명목형	입력
37	AGE	숫자	5	0		지정않음	지정않음	10	가운데	척도	입력
38	COMSIZE	숫자	5	0		지정않음	지정않음	10	가운데	명목형	입력

❷ SPSS Editor의 [데이터 보기] 탭에서 앞에서 출력된 데이터를 보고 케이스 100번까지 계속해서 입력한다.

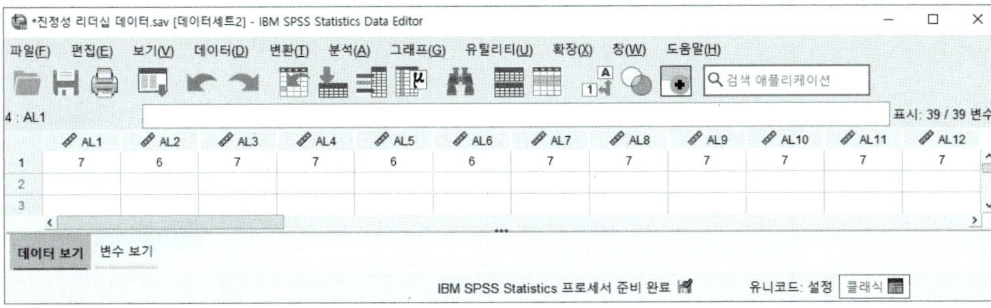

❸ 입력을 완료한 후에 [파일 – 다른 이름으로 저장]에서 파일명을 [진정성 리더십 데이터.sav]로 하여 저장한다.

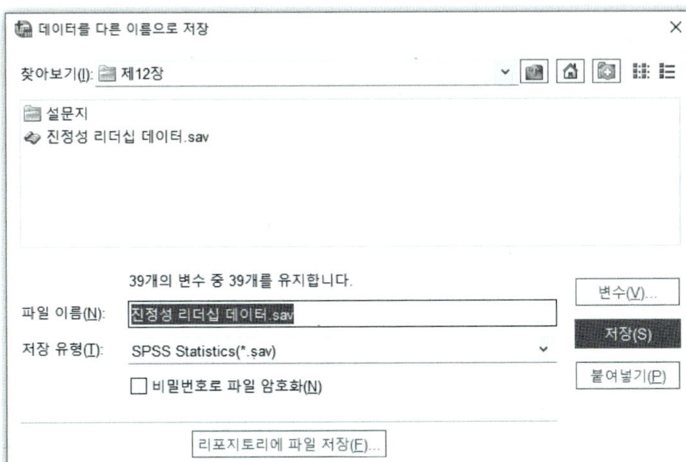

[2] SPSS 파일로 작성된 데이터 파일을 csv 파일로 바꾸기

❶ SmartPLS 프로그램에서 사용할 수 있도록 SPSS 프로그램에서 [파일 – 다른 이름으로 저장]으로 들어가서 SPSS 파일인 [진정성 리더십 데이터.sav]를 확장자명이 csv인 [진정성 리더십 데이터.csv]로 저장한다. 이를 위해서 [저장 유형]에서 [쉼표로 구분 (*.csv)]를 선택한 후 [파일이름]에 [진정성 리더십 데이터]를 입력한 후 저장하면 된다.

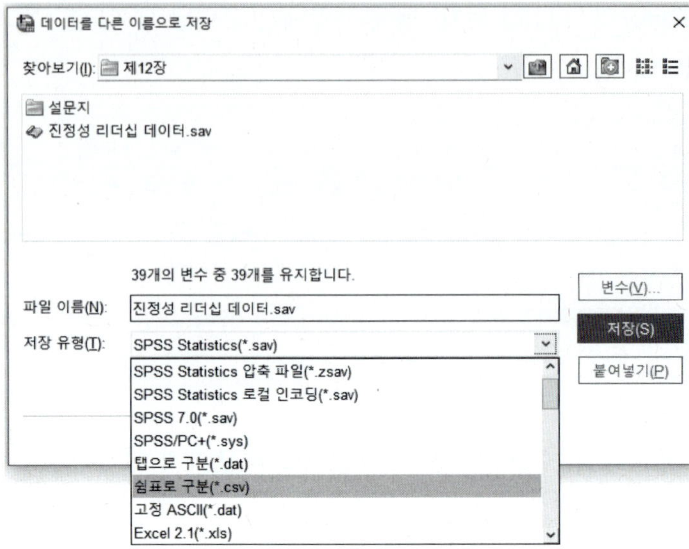

❷ 최종적으로 [진정성 리더십 데이터.csv]가 있는 데이터 파일이 있는 [제12장] 폴더로 가서 제대로 저장되었는지를 확인한 후 진정성 리더십 데이터.csv 를 클릭한다. 그러면 데이터 파일인 [진정성 리더십 데이터.csv]의 내용을 볼 수 있다. 이제 SmartPLS 프로그램에서는 [진정성 리더십 데이터.csv]를 불러들여 필요한 통계분석을 시행할 수 있다.

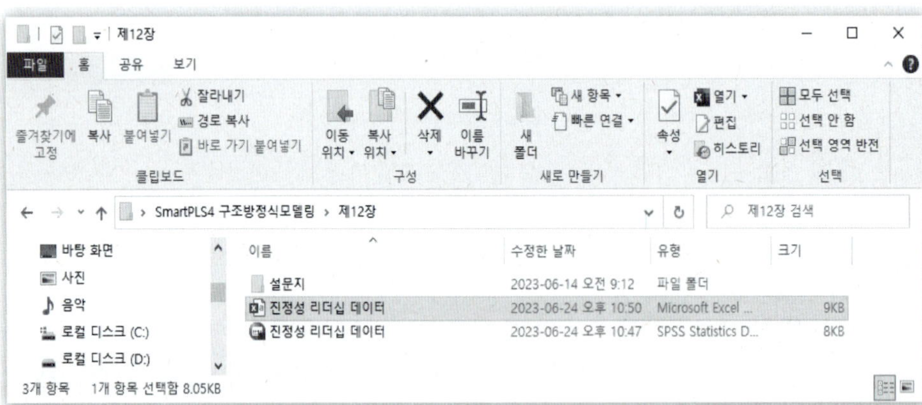

3 데이터의 검토와 구조방정식모델의 구축

3.1 데이터의 검토

1) 표본의 특성

표본의 일반적 특성을 분석하기 위해서 SPSS 프로그램을 사용해서 빈도분석을 시행하기로 한다.

통계 실습 12-3 G*Power를 이용한 최소표본크기 계산

SPSS 프로그램을 이용해 데이터 파일 [진정성 리더십 데이터.sav]을 가지고 빈도분석을 하시오. 빈도분석은 명목척도에 대해서만 실행한다.

실습과정

❶ SPSS 프로그램에서 [데이터 파일]에 있는 제12장 [진정성 리더십 데이터]를 클릭하여 불러들인다.

❷ [분석–기술통계량–빈도분석]을 차례대로 클릭하여 [빈도분석 창]이 나타나면 [측정변수]인 [GENDER](성별)과 [COMSIZE](회사규모)를 Ctrl 키를 누른 상태에서 마우스 왼쪽 버튼을 클릭하여 선택한 후 [빈도분석 창]의 가운데에 있는 ➡을 클릭한다. 그러면 왼쪽 창에 있던 [측정변수]가 오른쪽으로 이동된다.

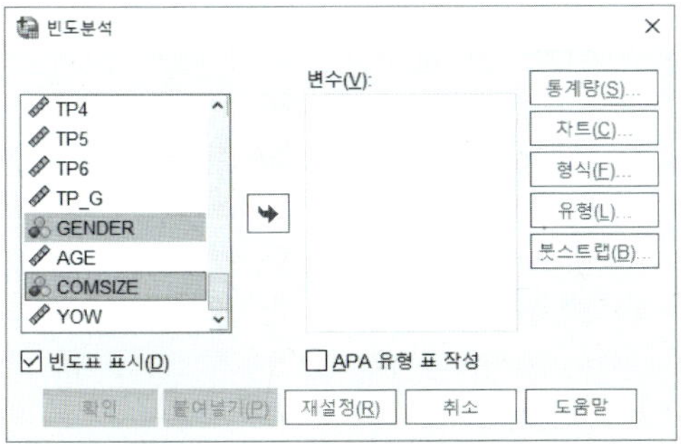

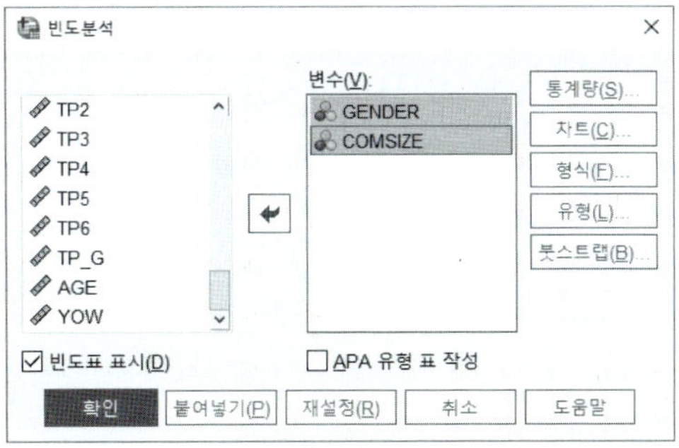

❸ [빈도분석 창]에서 [확인] 버튼을 클릭하여 빈도분석을 실행한다. 그러면 빈도분석 결과가 나타난다. 분석 결과를 요약하면 다음과 같다.

구분		빈도	비율	구분		빈도	비율
성별	남자	64	64.0	회사규모	중소·중견기업	78	78.0
	여자	36	36.0		대기업	22	22.0
합계		100	100	합계		100	100

2) 기술통계량과 데이터 점검

기술통계분석은 연속형 변수(등간과 비율척도)에 대해서만 실시한다. 표준편차, 왜도와 첨도를 통해서 데이터의 정규성을 검토한다. SmartPLS는 정규분포 가정으로부터 자유로우며 심지어 비정규분포를 하는 데이터의 경우에도 강건하게 통계분석이 수행된다. 그러나 데이터가 심각하게 정규성을 위반하는 경우에는 결과 왜곡과 함께 의미 없는 분석 결과를 만들어 낼 수 있다. 따라서 SmartPLS 프로그램을 사용하는 경우에도 데이터의 정규성을 확보하는 것은 중요한 일이다.

통계 실습 12-3 새 프로젝트 만들기와 데이터검증

[1] SmartPLS 프로그램을 이용해 프로젝트명은 [진정성 리더십 프로젝트]로, 모델명은 [진정성 리더십 모델]로 하여 연구모델을 만들고 실습하시오.
[2] 앞에서 생성한 [진정성 리더십 모델]의 데이터로, [데이터 파일]에서 제공하는 [제12장] 진정성 리더십 데이터 파일을 불러들여 데이터의 정규성을 검증하시오.

실습과정

[1] SmartPLS 프로그램을 이용한 새 프로젝트 만들기

❶ 파일 메뉴의 [New Project] 혹은 화면 상단의 툴바인 [New Project]를 클릭한 후 [Create a new project]이 나타나면 [Name]에 [진정성 리더십 프로젝트]를 입력하고 [Create] 버튼을 클릭하여 새 프로젝트를 생성한다.

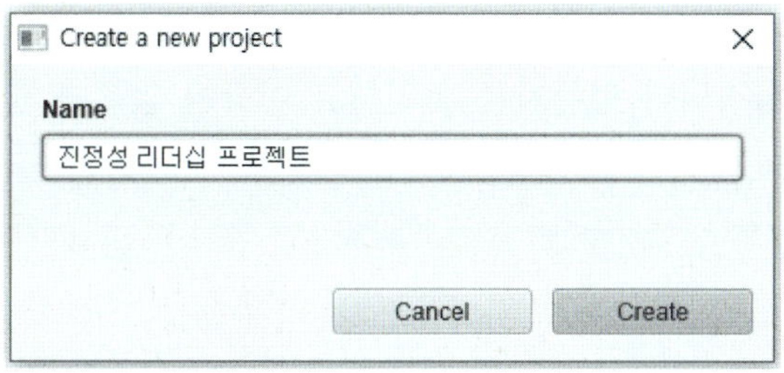

❷ 그러면 다음과 같이 화면 왼쪽 상단의 [Project Explorer 창]에 [진정성 리더십 프로젝트]가 생성된다.

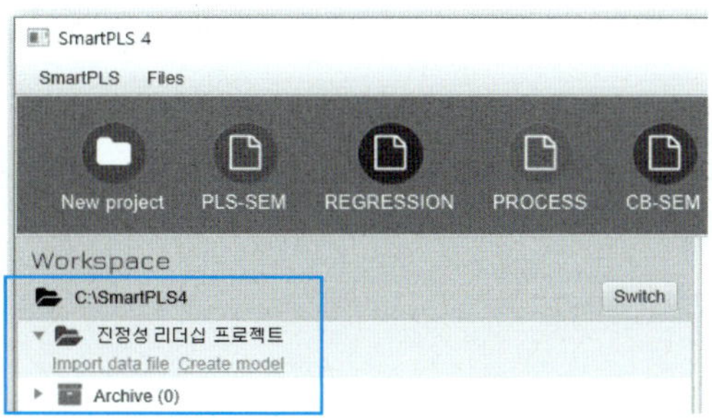

[2] 데이터 파일 불러들이기

❶ 프로젝트 탐색기 창의 [진정성 리더십 프로젝트]에서 [Import data file]을 더블클릭한다. [데이터 파일]의 [제12장]에 이미 저장되어 있는 [진정성 리더십 데이터.csv]를 선택한 후 [열기] 버튼을 클릭한다.

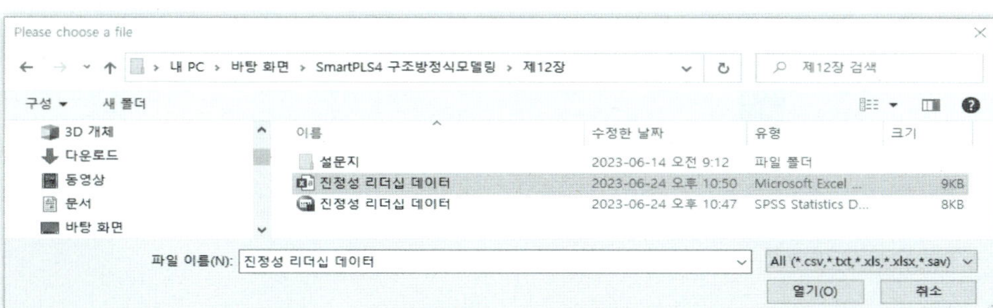

❷ 다음과 같은 화면이 나타나면 [CSV import 창]에서 변수명, 측도, 최소값, 최대값 등이 올바로 지정되어 있는지를 확인하고 이상이 없으면 화면 하단에 있는 [Import] 버튼을 클릭한다.

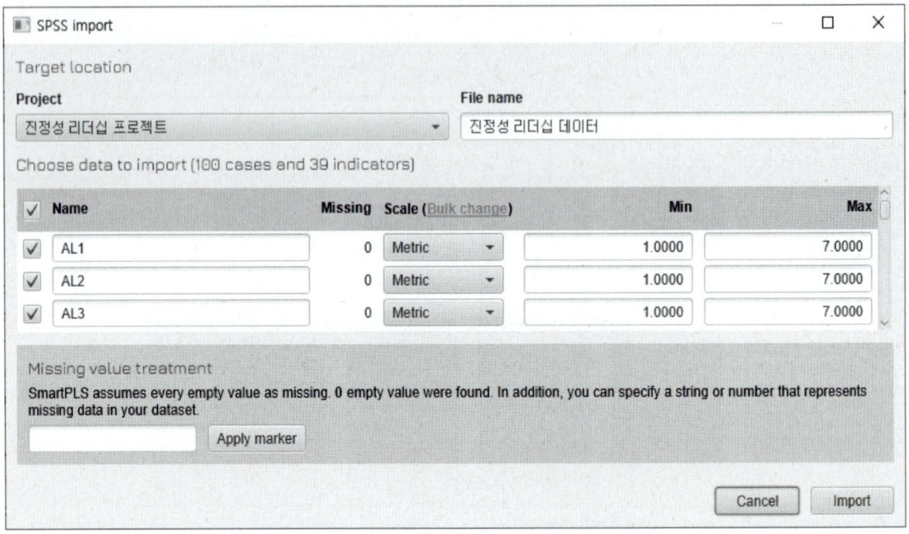

❸ 그러면 다음과 같은 [데이터 보기 창(Data View)]에 [기초통계량] 정보가 자동적으로 출력된다. 여기에는 결측치, 평균, 중앙값, 최소값, 최대값, 표준편차, 첨도와 왜도가 보고된다.

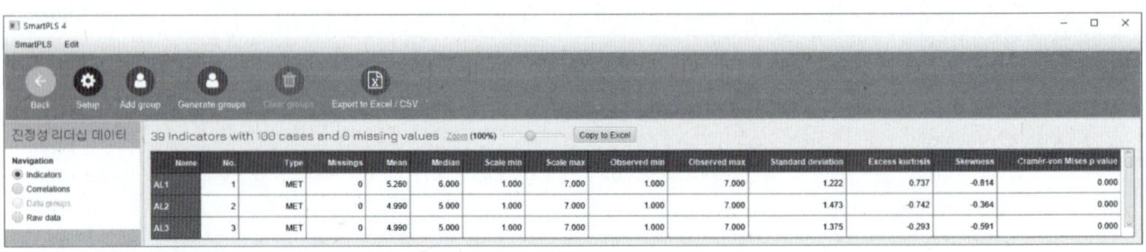

❹ [데이터 보기 창(Data View)]에서 [Back]을 클릭하면 다음과 같이 [프로젝트 탐색기 창]이 나타난다.

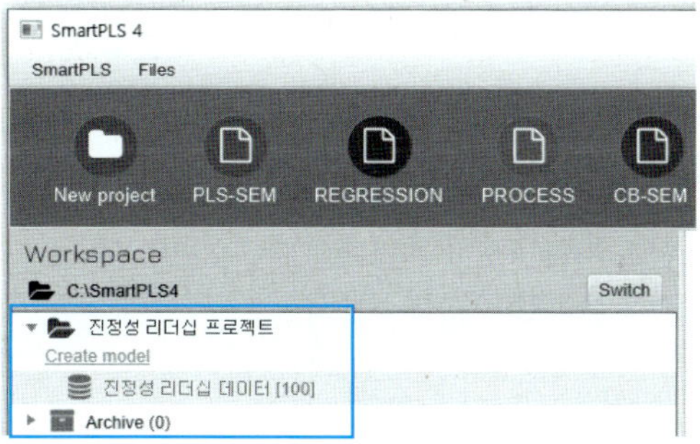

❺ [프로젝트 탐색기 창]에서 [Create model]을 클릭하면 [New model 창]이 나타난다. [Model type]에서 [PLS-SEM]을 선택한 후 [Model name]에 [진정성 리더십 모델]을 입력한다. 화면 우 하단의 [Save]를 클릭하면 저장이 완료되고 [모델 그리기 창]이 나타나며 [진정성 리더십 모델]의 통계적 연구모델을 그릴 수 있는 준비가 완료된다.

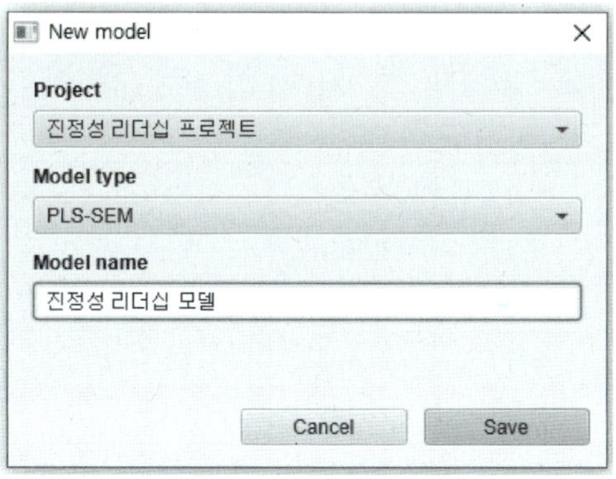

❻ ❸에서 출력된 결과를 보고 데이터의 정규성을 검토한다. 출력 결과를 다음과 같이 다시 표 형태로 정리하였다. 다만 명목척도인 경우는 이미 앞의 빈도분석에서 검토하였고 여기에서는 통계량이 출력은 되었으나 의미가 없으므로 삭제하여 제시한다.

〈기초통계량에 의한 정규성의 검토 결과〉

기초통계량을 보면 결측치는 없다. 측정변수들의 평균값은 4.67(JS3) 이상으로 보통수준인 4를 모두 넘고 있다. 표준편차는 ±3 이상이 없어서 이상치는 없는 것으로 판단된다. 또한 데이터의 정규성을 검토하기 위해 첨도와 왜도를 살펴본 결과 모든 측정변수의 값들이 허용 범위(왜도의 절대값 2 미만, 첨도의 절대값 7 미만) 내에 있으므로 데이터는 정규성을 확보한 것으로 판단된다. 그러므로 진정성 리더십 모델에서 채택한 모든 측정 변수들(지표들)은 제거되지 않고 유지된다.

	결측치	평균	표준편차	최소값	최대값	첨도	왜도
AL1	0	5.26	1.222	1	7	0.737	−0.814
AL2	0	4.99	1.473	1	7	−0.742	−0.364
AL3	0	4.99	1.375	1	7	−0.293	−0.591
AL4	0	5.30	1.315	1	7	0.574	−0.787
AL5	0	5.23	1.310	1	7	0.419	−0.815
AL6	0	5.31	1.412	2	7	−0.192	−0.719
AL7	0	4.93	1.639	1	7	−0.618	−0.634
AL8	0	5.23	1.341	2	7	−0.615	−0.481
AL9	0	5.21	1.351	1	7	0.112	−0.712
AL10	0	5.14	1.233	2	7	−0.708	−0.271
AL11	0	5.17	1.429	1	7	−0.488	−0.535
AL12	0	5.11	1.435	1	7	−0.445	−0.547
AL13	0	5.05	1.374	1	7	−0.074	−0.632
AL14	0	5.11	1.455	1	7	−0.282	−0.669
AL15	0	5.15	1.388	1	7	0.759	−0.934
AL16	0	5.15	1.465	1	7	−0.431	−0.555
JC1	0	5.01	1.204	2	7	−0.745	−0.054
JC2	0	4.79	1.564	1	7	−0.251	−0.632
JC3	0	5.34	1.051	2	7	−0.097	−0.407
JC4	0	5.47	1.153	2	7	−0.084	−0.562
JC5	0	5.43	1.168	2	7	0.114	−0.592
JC6	0	5.09	1.320	2	7	−0.313	−0.433
JS1	0	5.27	1.130	3	7	−0.743	−0.298
JS2	0	4.74	1.514	1	7	−0.764	−0.267
JS3	0	4.67	1.484	1	7	−0.655	−0.384
JS4	0	5.23	1.455	1	7	−0.563	−0.489

JS5	0	5.49	1.153	2	7	−0.466	−0.412
JS6	0	5.24	1.312	1	7	−0.161	−0.509
TP1	0	5.41	1.050	2	7	−0.123	−0.416
TP2	0	5.55	1.108	2	7	−0.059	−0.643
TP3	0	5.43	1.177	2	7	−0.548	−0.334
TP4	0	5.62	1.066	2	7	0.408	−0.697
TP5	0	5.50	1.091	2	7	0.660	−0.821
TP6	0	5.41	1.209	2	7	−0.126	−0.596
TPG	0	5.54	1.024	3	7	−0.845	−0.337
AGE	0	34.06	7.205	20	49	−0.718	0.286
YOW	0	8.93	7.431	1	25	−0.868	0.673

3.2 구조방정식모델의 구축

SmartPLS 프로그램을 이용한 구조방정식모델링의 구축은 측정모델링과 구조모델링을 동시에 수행한다. 전자에서는 배열 결정(선행변수와 후행변수의 결정)과 관계 결정(가설관계의 방향)을 해야 한다. 후자에서는 반영적 측정모델인지 형성적 측정모델인지 아니면 반영적 측정모델과 형성적 측정모델을 모두 포함하는 측정모델인지를 결정해야 한다. 연구변수를 측정할 때도 단일 측정변수로 할 것인지 아니면 다수 측정변수로 할 것인지를 결정해야 한다.

통계 실습 12-4 구조방정식모델의 구축하기

[진정성 리더십 모델]에 대한 통계적 연구모델을 보고 SmartPLS 프로그램을 이용해 구조방정식모델을 구축하시오.

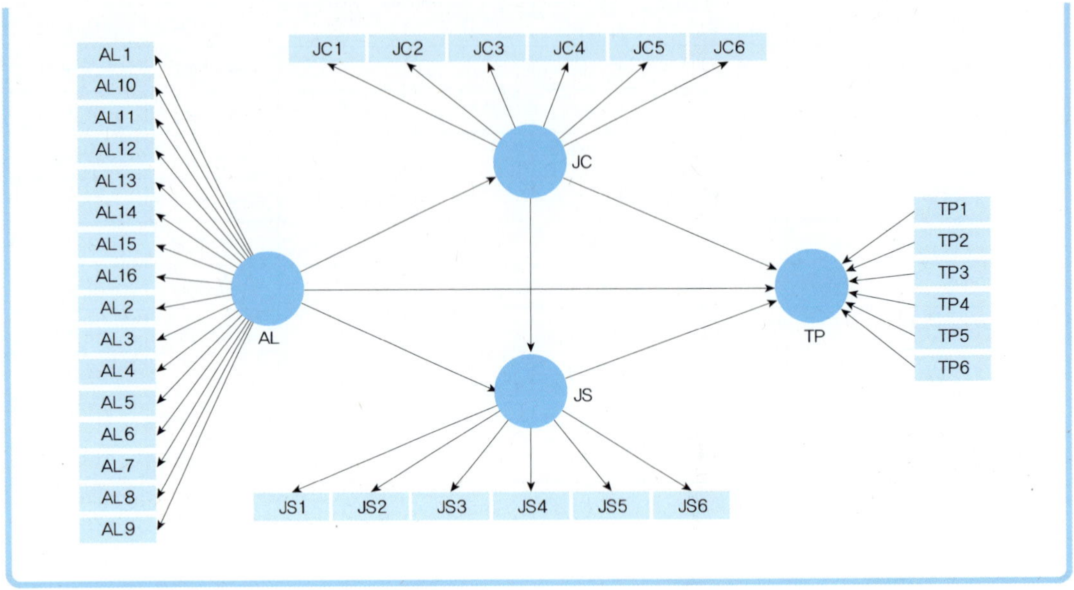

실습과정

❶ [통계 실습 12-3]에서 이미 [진정성 리더십 프로젝트]의 모델명으로 [진정성 리더십 모델]을 만들었다. 다음과 같이 구조방정식모델을 그릴 수 있는 [모델 그리기 창]이 나타나 있음을 확인할 수 있다. 만약 이 창이 보이지 않는다면 [진정성 리더십 모델]을 좌클릭하면 그리기 창이 나타난다.

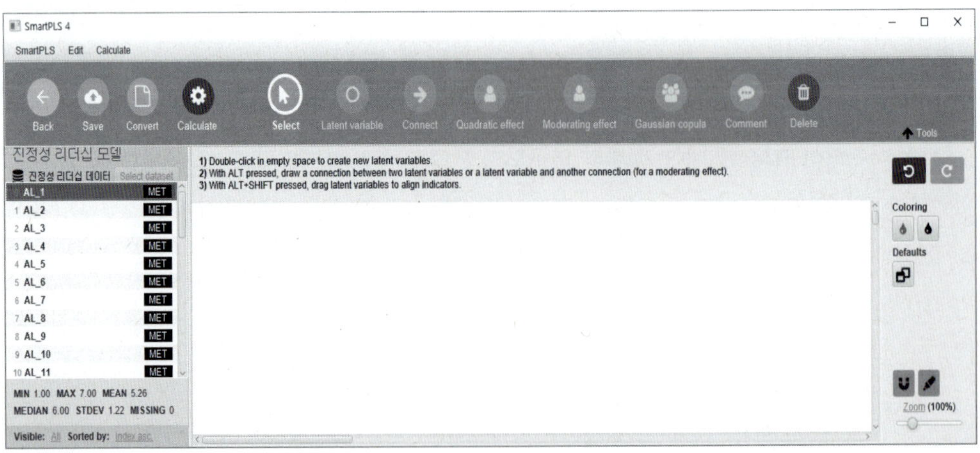

❷ 실습 문제에서 모델을 보고 3개의 반영적 측정모델(AL, JC, JS)과 1개의 형성적 측정모델(TP)이 있음을 확인한다. [지표관리 창]에서 마우스로 [AL1]을 선택한 후 Shift 키를 누른 상태에서 [AL16]을 클릭한다. 그러면 AL1부터 AL16까지 선택된다. 선택된 부분을 마우스 왼쪽을 누른 상태에서 그리기 창의 적당한 위치로 드래그하여 가져다 놓는다. 그러면 [Alpha] 혹은 [AL]이라는 글자가 나타나며 이것을 [AL]로 바꾼 후에 Enter↵ 키를 누른다. 잠재변수 [AL]을 마우스로 클릭한 후 우측 상단에 있는 방향을 전환시키는 [사이드 툴바]를 사용해 측정변수들의 위치를 [왼쪽]으로 전환시킨다. 반영적 잠재변수 AL의 측정모델이 그려진 화면은 다음과 같다.

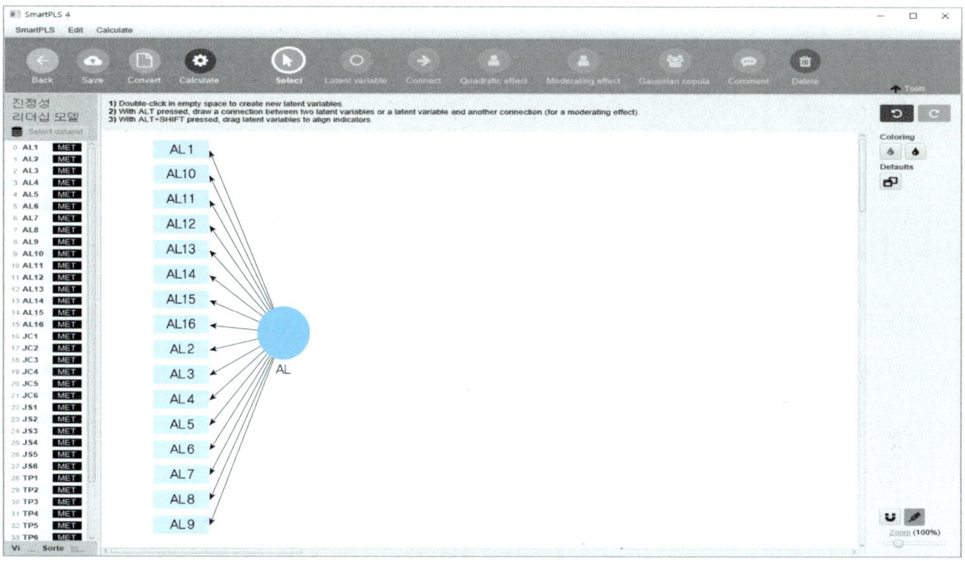

❸ [지표관리 창]에서 마우스로 [JC1]을 선택한 후 Shift 키를 누른 상태에서 [JC6]을 클릭한다. 그러면 JC1부터 JC6까지 선택된다. 선택된 부분을 마우스 왼쪽을 누른 상태에서 그리기 창의 적당한 위치로 드래그하여 가져다 놓는다. 그러면 [JC_]라는 글자가 나타나며 글자 뒤에 있는 [_]를 지우고 Enter↵ 키를 누른다. 잠재변수 [JC]를 마우스로 클릭한 후 우측 상단에 있는 방향을 전환시키는 [사이드 툴바]를 사용해 측정변수들의 위치를 [위쪽]으로 전환시킨다. 잠재변수명인 [JC]를 마우스로 선택해 위치를 잠재변수의 오른쪽으로 이동시킨다. 이는 가설관계의 인과관계(→)를 연결할 때 잠재

변수명이 잘 보이지 않는 것을 피하기 위한 목적에서 위치를 옮긴 것이며 큰 의미는 없다. 반영적 잠재변수 JC의 측정모델이 그려진 화면은 다음과 같다.

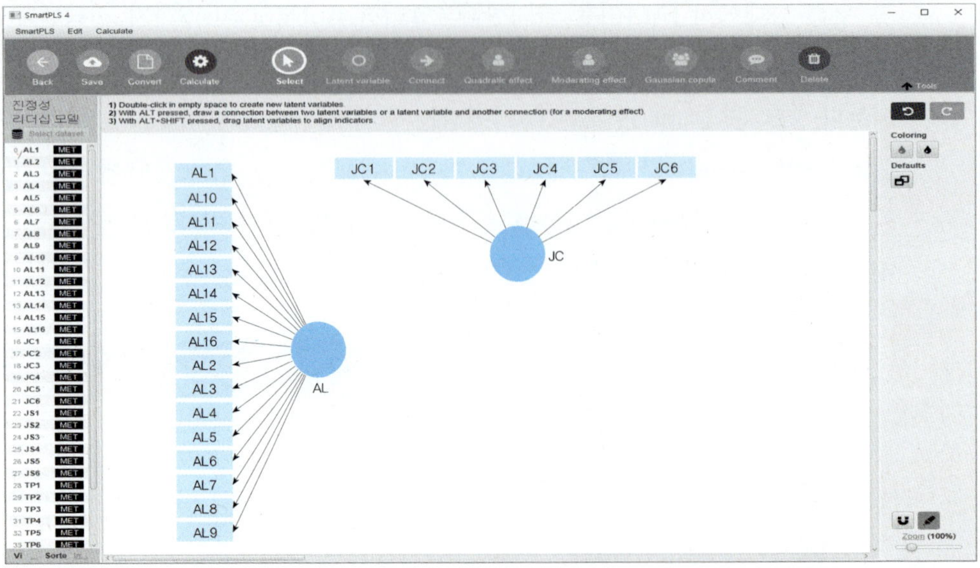

❹ [지표관리 창]에서 마우스로 [JS1]을 선택한 후 Shift 키를 누른 상태에서 [JS6]을 클릭한다. 그러면 JS1부터 JS6까지 선택된다. 선택된 부분을 마우스 왼쪽을 누른 상태에서 그리기 창의 적당한 위치로 드래그하여 가져다 놓는다. 그러면 [JS_]라는 글자가 나타나며 글자 뒤에 있는 [_]를 지우고 Enter↵ 키를 누른다. 잠재변수 [JS]를 마우스로 클릭한 후 우측 상단에 있는 방향을 전환시키는 [사이드 툴바]를 사용해 측정변수들의 위치를 [아래쪽]으로 전환시킨다. 반영적 잠재변수 JS의 측정모델이 그려진 화면은 다음과 같다. 잠재변수명인 [JS]를 마우스로 선택해 위치를 잠재변수의 오른쪽으로 이동시킨다.

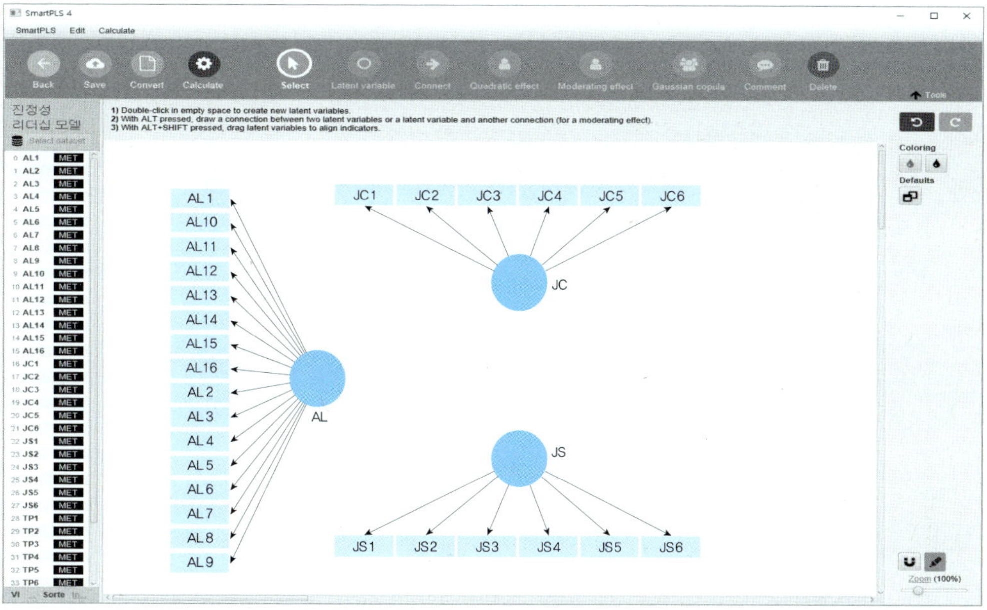

❺ [지표관리 창]에서 마우스로 [TP1]을 선택한 후 Shift 키를 누른 상태에서 [TP6]을 클릭한다. 그러면 TP1부터 TP6까지 선택된다. 선택된 부분을 마우스 왼쪽을 누른 상태에서 그리기 창의 적당한 위치로 드래그하여 가져다 놓는다. 그러면 [TP_]라는 글자가 나타나며 글자 뒤에 있는 [_]를 지우고 Enter↵ 키를 누른다. TP는 형성적 측정모델이므로 화살표의 [방향]이 [측정변수에서 잠재변수]로 향하도록 전환(측정변수→잠재변수)시켜야 한다. [TP]에서 우 클릭하면 보조 창이 나타나며 [Invert measurement model]을 좌 클릭하면 방향이 전환된다. 형성적 잠재변수 TP의 측정모델이 그려진 화면은 다음과 같다.

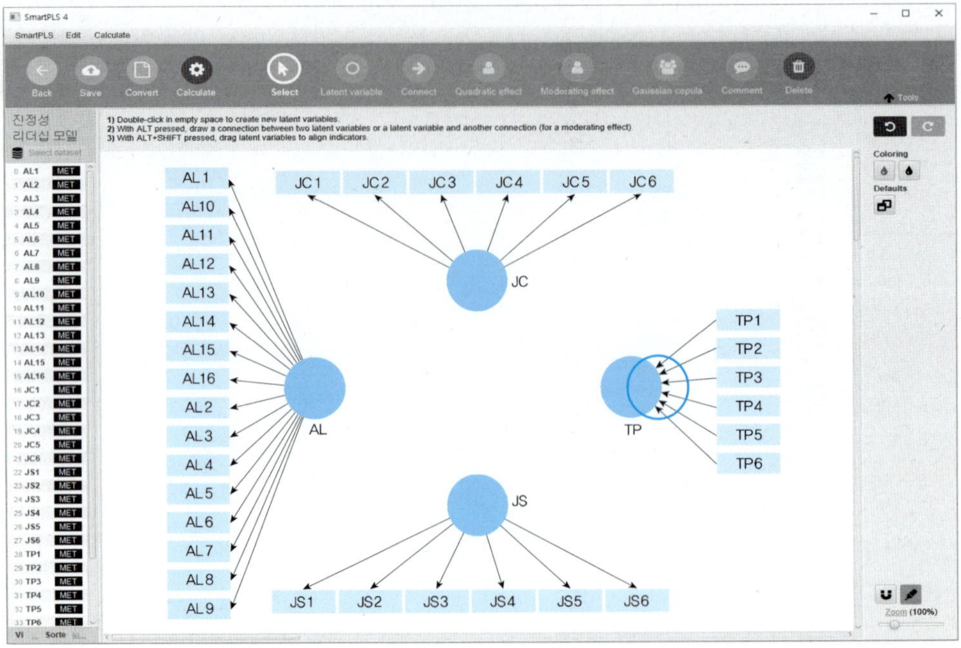

❻ [모델 그리기 창]에서 잠재변수의 가설 관계를 [Connect](연결) 툴바를 사용하여 모두 연결한다. 연결 방법은 툴바의 [Connect]가 눌러져 있는 상태에서 가설의 [시작] 잠재변수를 왼쪽 마우스로 클릭한 상태에서 [종료] 잠재변수에 드래그하여 가져다 놓으면 된다. 이렇게 하여 최종적으로 그려진 구조방정식모델은 다음과 같다. 최종적으로 구조방정식모델은 반영적 측정모델인 [AL], [JC], [JS]와 형성적 측정모델인 [TP](외부모델) 그리고 인과관계로 연결한 구조모델(내부모델)이 동시에 구축된 것을 확인할 수 있다.

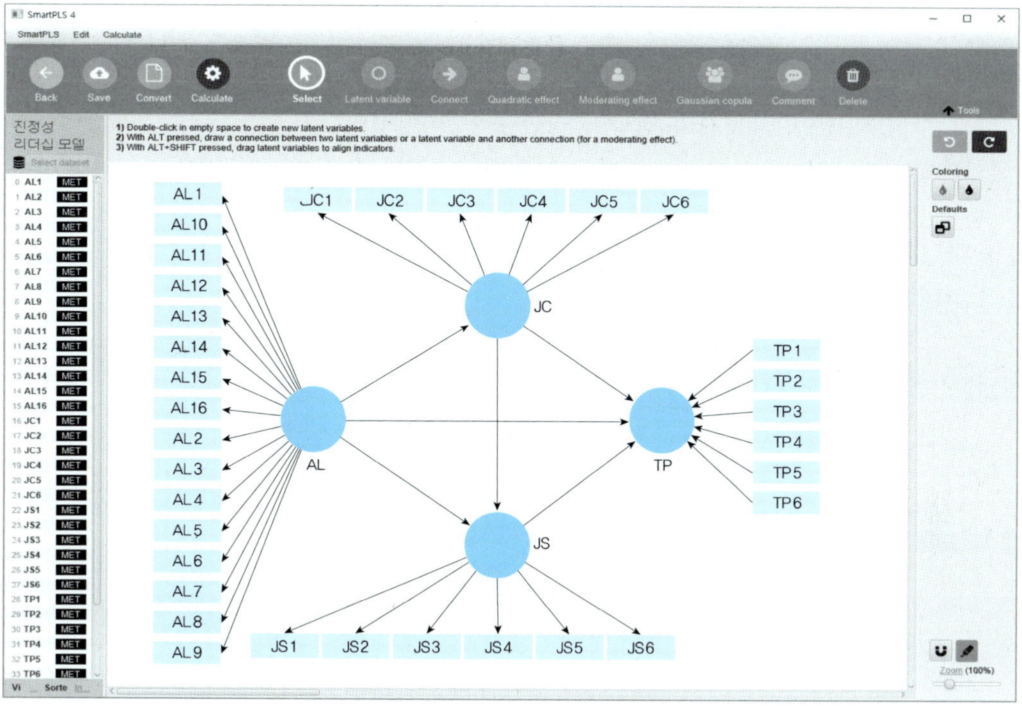

4 측정모델의 평가: 신뢰도와 타당도검증

측정모델(Measurement model)은 PLS-SEM에서 연구변수들(잠재변수들)과 그에 해당하는 측정변수(혹은 설문문항) 간의 관계를 나타낸다. 연구변수를 측정하는 설문문항들이 반영적 측정변수를 사용했으면 반영적 측정모델이며, 형성적 측정변수를 사용했으면 형성적 측정모델이 된다.

이 프로젝트의 연구모델은 반영적 측정변수와 형성적 측정변수가 한 모델 내에 있는 경우이다. 모델에서 진정성 리더십(AL), 직무몰입(JC) 및 직무만족(JS)은 반영적 측정변수이며 팀성과(TP)는 형성적 측정변수에 해당된다. 여기에서 반영적 측정변수는 연구변수(잠재변수)가 원인이 되고 측정변수들이 결과가 되는 경우이며, 형성적 측정변수는 측정변수가 원인이 되고 잠재변수(연구변수)가 결과가 되는 경우를 말한다. 한 가지 유의할 점은 반영적 측정모델과 형성적 측정모델은 인과관계의 방향이 정반대라는 것이다.

지금부터는 반영적 측정모델의 평가와 형성적 측정모델의 평가로 구분하여 제시한다.

4.1 반영적 측정모델의 평가

반영적 측정모델(Reflective measurement model)은 [그림 12-3]과 같이 크게 개별 측정변수 신뢰도, 내적 일관성 신뢰도, 집중타당도 및 판별타당도로 구분해 평가해야 한다.

그림 12-3 ▌반영적 측정모델의 평가

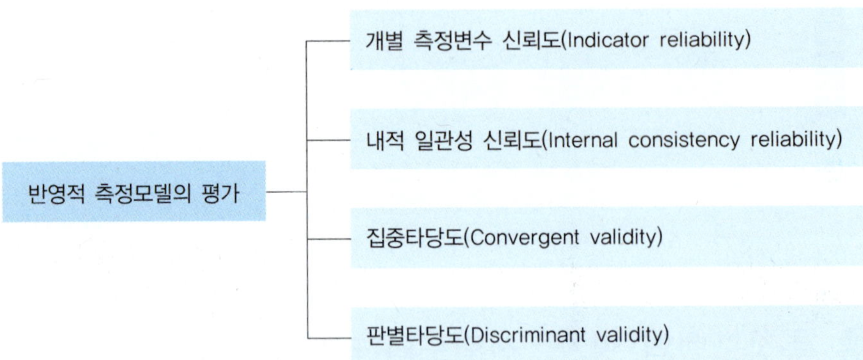

- 개별 측정변수 신뢰도는 외부적재치와 측정변수 신뢰도[1]를 사용해 평가한다.
- 내적 일관성 신뢰도는 크론바흐 알파, 합성신뢰도(Composite Reliability: CR)인 rho_a(ρ_a)와 rho_c(ρ_c)로 평가한다.
- 집중타당도는 AVE로 평가한다.
- 판별타당도는 Fornell-Larcker criterion, 교차적재치 및 HTMT를 이용해 평가한다(Hair et al., 2017a).

1) 측정변수 신뢰도는 표준화된 외부적재치의 제곱값으로 지표 신뢰도라고도 한다.

통계 실습 12-5 반영적 측정모델의 평가

[진정성 리더십 모델]을 가지고 PLS-SEM Algorithm을 실행하여 반영적 측정모델을 평가하고 해석하시오.

[1] [진정성 리더십 모델]에서 PLS-SEM Algorithm을 실행하시오.

[2] 개별 측정변수 신뢰도를 평가하시오.

[3] 내적 일관성 신뢰도를 평가하시오.

[4] 집중타당도를 평가하시오.

[5] 판별타당도를 평가하시오.

[6] 반영적 측정모델의 평가의 주요 결과를 이용해 표준적인 요약 표를 작성하고 간단히 해석하시오.

실습과정

[1] [진정성 리더십 모델]의 실행

❶ [데이터 파일]의 제12장에서 [진정성 리더십 프로젝트]를 SmartPLS 프로그램으로 불러들인다. 이미 불러져 있으면 생략한다. [진정성 리더십 프로젝트]에서 [진정성 리더십 모델]을 좌 클릭해 나타나게 한다.

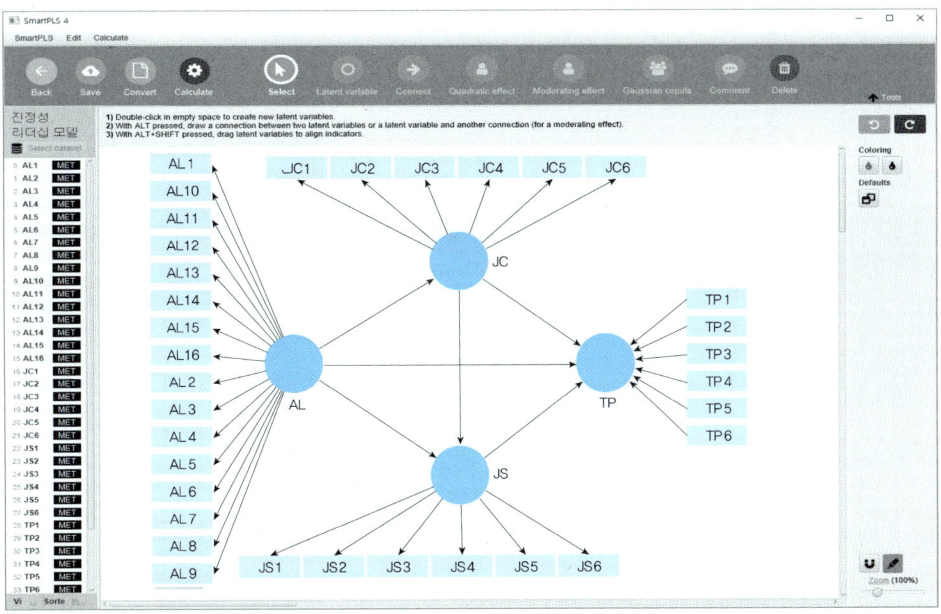

❷ 화면 상단의 우측에 있는 툴바인 [Calculate](실행)을 좌 클릭한 후 [PLS-SEM Algorithm]의 초기값 설정을 위한 화면으로 들어간다. [Weighting scheme]이 [Path]로, [Type of results]이 [Standardized]로 선택되어 있는지 확인한다. [PLS-SEM Algorithm 창]의 우측 하단에 있는 [Start calculation]을 클릭하여 모델 추정을 시행한다.

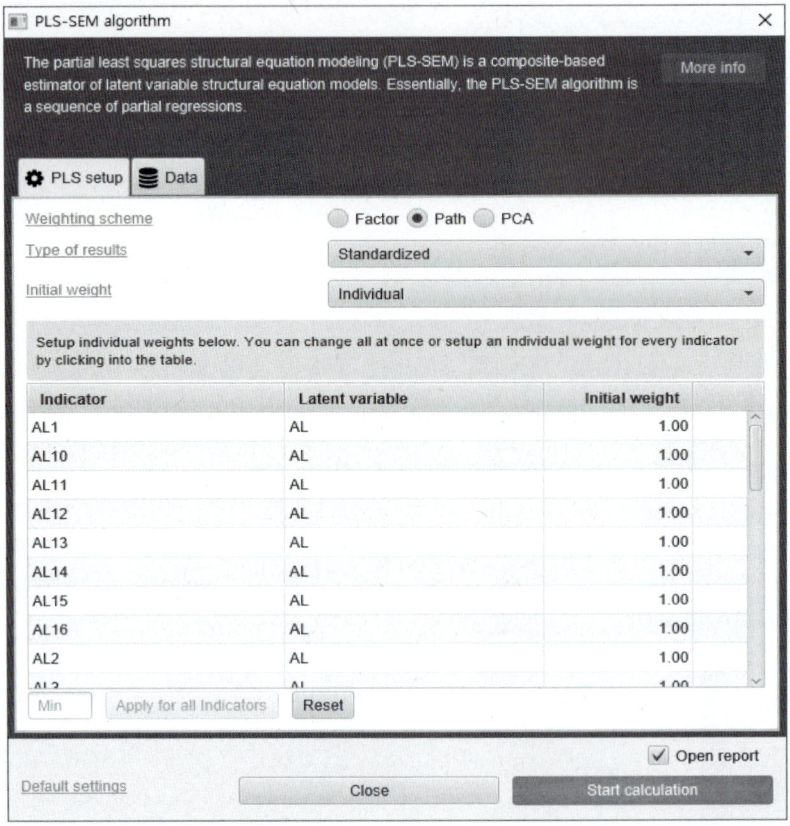

❸ 모델 추정을 실행하면 다음과 같은 결과 보고서 화면이 나타난다. 외부적재치가 0.4 미만이면 제거, 0.7 이상이면 유지, 0.4~0.7 사이에 있으면 제거 여부를 검토해야 한다. 실행 결과를 보면 반영적 측정모델인 [AL], [JC], [JS]는 외부적재치(Outer loadings)가 모두 0.7 이상이어서 개별 측정변수 신뢰도가 있는 것으로 나타났으며, 삭제할 측정변수는 없었다.

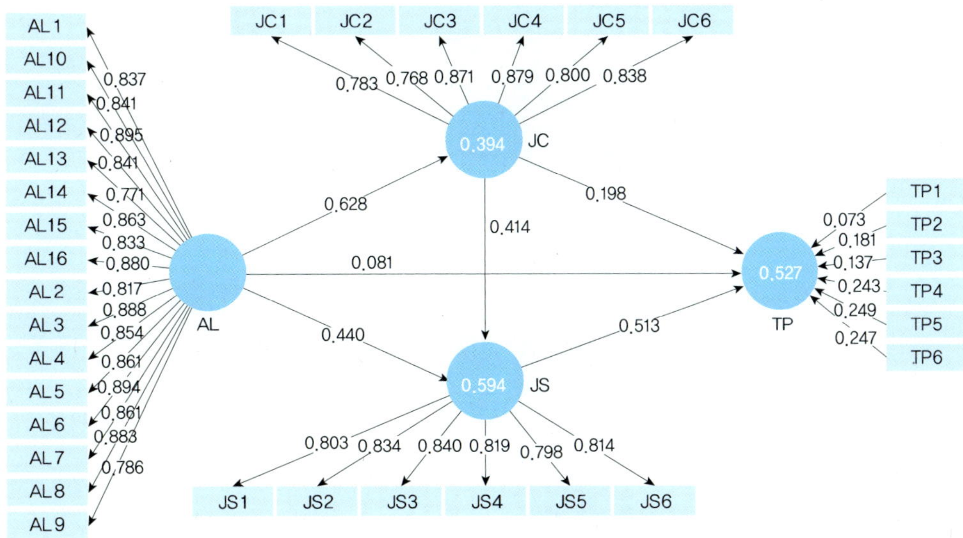

[2] 개별 측정변수 신뢰도 평가

❶ [보고서 화면 창]의 [Final Results–Outer loadings]을 좌 클릭하여 들어가면 다음과 같은 화면이 나타난다. 반영적 측정모델에서 외부적재치(Outer Loading)는 표준화된 회귀계수로 적합성 평가를 통해서 개별 측정변수들의 신뢰도를 평가하는 기준이다. 외부적재치를 살펴보면 모두 0.7 이상으로 나타나 개별 측정변수의 신뢰도가 있는 것으로 나타났다.

Outer loadings - Matrix

	AL	JC	JS	TP
AL1	0.837			
AL10	0.841			
AL11	0.895			
AL12	0.841			
AL13	0.771			
AL14	0.863			
AL15	0.833			
AL16	0.880			
AL2	0.817			
AL3	0.888			
AL4	0.854			
AL5	0.861			
AL6	0.894			
AL7	0.861			
AL8	0.883			
AL9	0.786			
JC1		0.783		
JC2		0.768		
JC3		0.871		
JC4		0.879		
JC5		0.800		
JC6		0.838		
JS1			0.803	
JS2			0.834	
JS3			0.840	
JS4			0.819	
JS5			0.798	
JS6			0.814	
TP1				0.824
TP2				0.895
TP3				0.848
TP4				0.899
TP5				0.890
TP6				0.895

❷ 측정변수 신뢰도는 프로그램이 바로 값을 제공하지 않으므로 연구자들이 직접 계산해야 한다. 일반적으로 측정변수 신뢰도값이 0.5 이상이면 개별 측정변수의 신뢰도 있다고 평가한다. 이 부분에 대해서는 이 실습 프로젝트의 마지막 부분에서 결과를 요약할 때 제시하기로 한다.

[3] 내적 일관성 신뢰도 평가

❶ 보고서 화면 [Quality Criteria–Construct reliability and validity]를 좌 클릭하면 다음과 같은 화면이 나타난다. 여기에는 잠재변수의 신뢰도와 타당도를 평가할 수 있는 기준들이 제시되어 있다. Cronbach's Alpha, CR(합성신뢰도)인 rho_a(ρ_a)[2]와

2) 측정변수 신뢰도는 표준화된 외부적재치의 제곱값으로 지표 신뢰도라고도 한다.

rho_c(ρ_c)가 나타나 있다. 이들은 내적 일관성 신뢰도를 평가할 수 있는 기준들이다. 그리고 Average variance extracted(AVE: 평균분산추출)는 집중타당도를 평가하는 기준이다.

Construct reliability and validity - Overview Zoom (132%) Copy to Excel Copy to R

	Cronbach's alpha	Composite reliability (rho_a)	Composite reliability (rho_c)	Average variance extracted (AVE)
AL	0.974	0.976	0.977	0.724
JC	0.905	0.910	0.927	0.679
JS	0.901	0.903	0.924	0.669

❷ 크론바흐 알파(α)는 모두 0.7 이상으로 바람직한 신뢰도이다. 따라서 모든 잠재변수들은 내적 일관성을 확보한 것으로 판단된다. [출력 결과 보기 창]에서 [Cronbach's alpha–Bar chart]를 클릭하면 평가 결과를 그림으로 보여준다. 결론적으로 크론바흐 알파값에 의하면 반영적 측정모델의 모든 잠재변수들은 높은 수준의 내적 일관성 신뢰도를 확보한 것으로 평가된다.

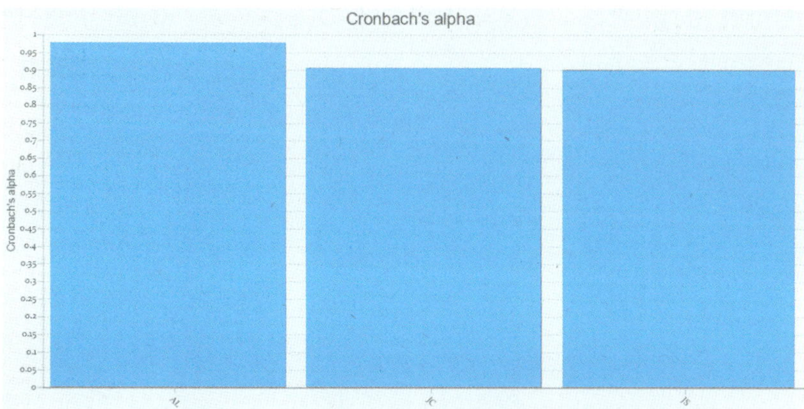

❸ 합성신뢰도(Composite reliability)인 Dijkstra–Henseler's rho_a(ρ_a)는 임계치인 0.7 이상으로 모든 잠재변수들이 내적 일관성 신뢰도를 가지고 있는 것으로 판단된다. [출력 결과 보기 창]에서 [Composite reliability(rho_a)–Bar chart]를 클릭하면 평가 결과를 그림으로 보여준다. 결론적으로 rho_a(ρ_a)에 의하면 반영적 측정모델의 모든 잠재변수들은 높은 수준의 내적 일관성 신뢰도를 확보한 것으로 판단된다.

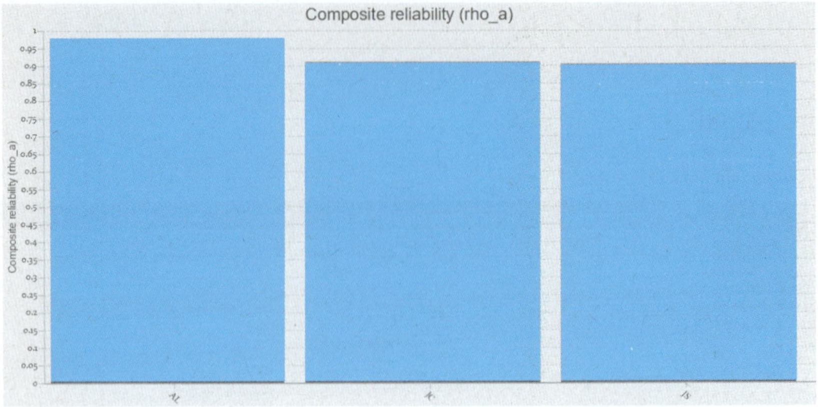

❹ 합성신뢰도(Composite reliability)인 rho_c(ρ_c)는 모두 임계치인 0.7 이상으로 바람직한 신뢰도로 보여진다. 따라서 모든 잠재변수들은 내적 일관성을 확보한 것으로 판단된다. [출력 결과 보기 창]에서 [Composite reliability(rho_c)-Bar chart]를 클릭하면 평가결과를 그림으로 보여준다. 결론적으로 rho_c(ρ_c)에 의하면 반영적 측정 모델의 모든 잠재변수들은 높은 수준의 내적 일관성 신뢰도를 확보한 것으로 평가된다.

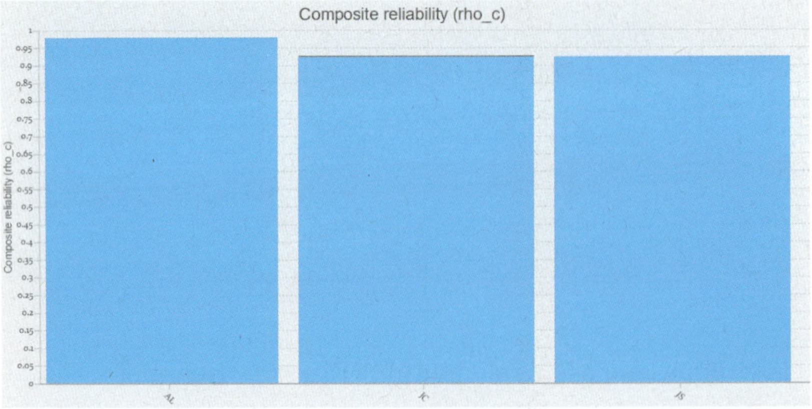

[4] 집중타당도 평가

❶ 모든 잠재변수의 AVE가 임계치인 0.5 이상으로 나타나 집중타당도를 확보한 것으로 나타났다. [Average variance extracted(AVE)-Bar chart]를 클릭하면 평가 결과를 그림으로 보여준다.

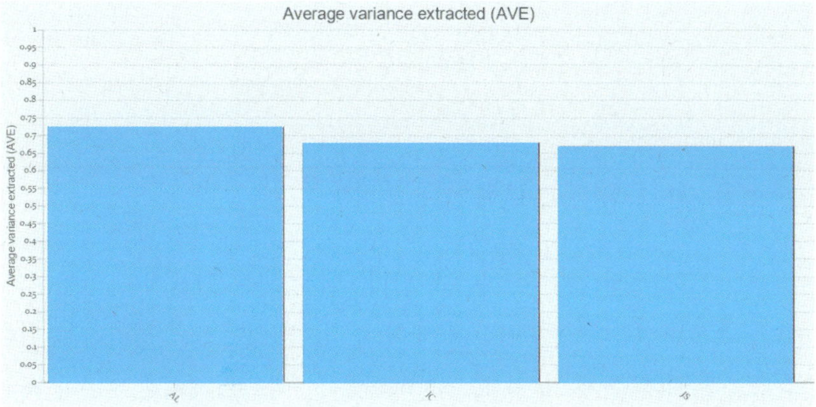

[5] 판별타당도 평가

❶ [출력 결과 보기 창]의 [Quality Criteria-Discriminant Validity]를 좌 클릭하여 들어가면 판별타당도 화면이 나타난다. 여기에는 반영적 측정모델의 판별타당도를 판단하기 위한 기준으로 Fornell-Larcker Criterion, Cross Loadings, HTMT (Heterotrait-Monotrait Ratio)가 제시되어 있다.

❷ Fornell-Larcker Criterion은 판별타당도의 평가기준이다. 다음의 표에서 반영적 측정모델의 판별타당도 평가는 **대각선의 AVE 제곱근이 대각선 아래의 연구변수 간 상관관계보다 크면 연구변수들 간에는 판별타당도가 확보되었다고 평가**한다. AVE 제곱근이 대각선 아래의 연구변수 간 상관관계보다 모두 큰 값을 보이므로 반영적 측정모델의 연구변수 간 판별타당도는 확립되었다고 평가된다. 만약 상관관계값이 AVE 제곱근보다 큰 값이 하나라도 있다면 부분적인 판별타당도를 가지고 있는 것으로 해석해야 한다.

Discriminant validity - Fornell-Larcker criterion

	AL	JC	JS
AL	0.851		
JC	0.628	0.824	
JS	0.700	0.690	0.818

판별타당도의 결과는 위에서 나타난 결과를 이용하여 다음과 같은 표 형태로 보고를 하는 것이 필요하다.

	AL	JC	JS
AL	0.851		
JC	0.628	0.824	
JS	0.700	0.690	0.818

주: 색으로 표시된 대각선은 AVE 제곱근을 의미함.

❸ 교차적재치의 분석 결과는 다음과 같다. 이 결과는 탐색적 요인분석의 결과로 보아도 된다. 측정변수들이 연구변수에 제대로 적재되었는가를 평가하기 위해서 교차적재치의 결과를 보기 쉽게 표 형태로 정리하였다. 색으로 표시된 부분이 외부적재치이고, 그렇지 않은 부분이 교차적재치이다. 연구변수에 모든 측정변수들이 높게 적재되었으므로 판별타당도가 확보된 것으로 평가할 수 있다.

Discriminant validity - Cross loadings

	AL	JC	JS	TP
AL1	0.837	0.565	0.621	0.518
AL10	0.841	0.588	0.636	0.484
AL11	0.895	0.544	0.588	0.490
AL12	0.841	0.520	0.593	0.449
AL13	0.771	0.485	0.582	0.386
AL14	0.863	0.574	0.579	0.502
AL15	0.833	0.529	0.539	0.476
AL16	0.880	0.556	0.548	0.490
AL2	0.817	0.669	0.664	0.489

주: 내용이 길어서 일부만 보여줌.

연구변수 / 측정변수	AL	JC	JS	TP
AL10	0.841	0.588	0.636	0.484
AL11	0.895	0.544	0.588	0.490
AL12	0.841	0.520	0.593	0.449
AL13	0.771	0.485	0.582	0.386
AL14	0.863	0.574	0.579	0.502
AL15	0.833	0.529	0.539	0.476
AL16	0.880	0.556	0.548	0.490

AL2	0.817	0.669	0.664	0.489
AL3	0.888	0.544	0.617	0.519
AL4	0.854	0.439	0.562	0.497
AL5	0.861	0.451	0.582	0.485
AL6	0.894	0.506	0.560	0.464
AL7	0.861	0.537	0.588	0.526
AL8	0.883	0.566	0.663	0.528
AL9	0.786	0.410	0.580	0.335
JC1	0.339	0.783	0.548	0.465
JC2	0.502	0.768	0.506	0.458
JC3	0.491	0.871	0.578	0.560
JC4	0.610	0.879	0.575	0.565
JC5	0.632	0.800	0.627	0.440
JC6	0.490	0.838	0.572	0.484
JS1	0.505	0.647	0.803	0.574
JS2	0.509	0.582	0.834	0.566
JS3	0.558	0.564	0.840	0.550
JS4	0.715	0.572	0.819	0.650
JS5	0.483	0.536	0.798	0.579
JS6	0.643	0.482	0.814	0.533
TP1	0.479	0.487	0.583	0.824
TP2	0.523	0.521	0.636	0.895
TP3	0.470	0.497	0.605	0.848
TP4	0.509	0.513	0.645	0.899
TP5	0.482	0.581	0.615	0.890
TP6	0.510	0.547	0.628	0.895
AL1	0.837	0.565	0.621	0.518

❹ [출력 결과 보기 창]의 [Quality Criteria–Discriminant Validity]에 있는 [Heterotrait–Monotrait Ratio(HTMT)–Matrix]를 좌 클릭하면 판별타당도 결과가 나타난다. 그리고 [Heterotrait–Monotrait Ratio(HTMT)–Bar chart]를 좌 클릭하여 들어가면 그림 형태로 출력 결과를 보여준다. 판별타당도를 평가하기 위한 기준으로 HTMT를 사용할 수 있다. 다음의 표에서 HTMT비율은 모두 0.85 미만이므로 $HTMT_{.85}$에서 모든 연구변수 간에 판별타당도는 확보되었다고 평가할 수 있다.

Discriminant validity - Heterotrait-monotrait ratio (HTMT) - Matrix

	AL	JC	JS
AL			
JC	0.656		
JS	0.740	0.762	

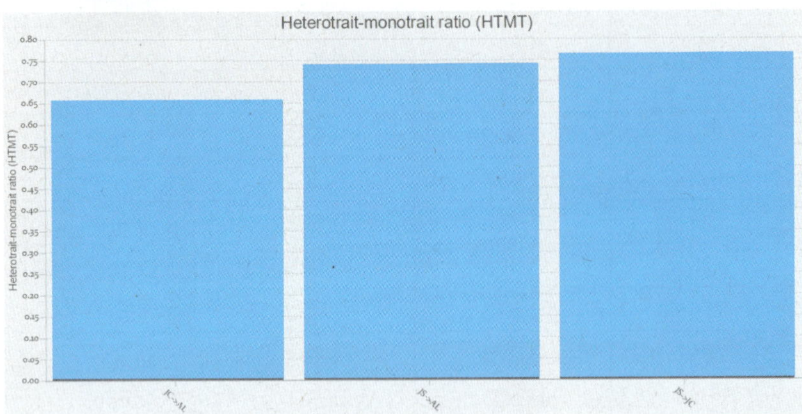

❺ 부트스트래핑 신뢰구간 이용법인 $\text{HTMT}_{\text{추론}}$($\text{HTMT}_{\text{inference}}$)을 적용하려면 Bootstrapping을 실행해야 한다. 프로젝트 탐색기 창으로 가서 [진정성 리더십 모델]을 좌 클릭하여 들어간 후 [Calculate–Bootstrapping]을 차례대로 클릭하면 보조 창이 나타나며 다음과 같이 옵션을 선택한다. [Subsamples]에 [5000]을 입력하고 [Amount of results]에서 [Complete(slower)]을 그리고 [Confidence Interval Method]에서 [Percentile bootstrap]을 선택하고 [Start calculation]을 클릭하여 실행한다.

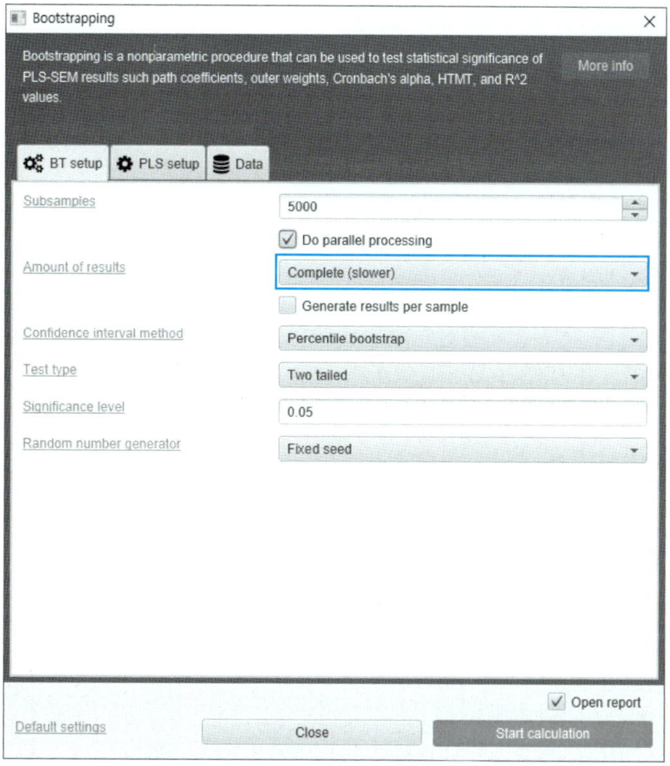

❻ [출력 결과 보기 창]에서 [Quality criteria–Heterotrait–monotrait ratio(HTMT)]를 좌 클릭하여 들어가면 [Confidence intervals]가 나타난다. 하한값(2.5%)과 상한값(97.5%) 사이에 1을 포함하고 있는 경우는 없으므로 유의수준 0.05에서 판별타당도는 확보된 것으로 평가할 수 있다.

Heterotrait-monotrait ratio (HTMT) - Confidence intervals

	Original sample (O)	Sample mean (M)	2.5%	97.5%
JC <-> AL	0.656	0.659	0.522	0.781
JS <-> AL	0.740	0.739	0.623	0.833
JS <-> JC	0.762	0.762	0.639	0.858

[6] 반영적 측정모델의 평가 결과와 해석

❶ 지금까지 살펴본 **반영적 측정모델의 평가 결과**를 **요약**하면 다음과 같다.

<table>
<tr><th rowspan="3">연구
변수</th><th rowspan="3">측정
변수</th><th colspan="2">개별 측정변수 신뢰도</th><th colspan="3">내적 일관성 신뢰도</th><th>집중
타당도</th><th>판별
타당도</th></tr>
<tr><th>외부
적재치</th><th>측정변수
신뢰도</th><th>크론바하
알파</th><th>rho_a
(ρ_a)</th><th>rho_c
(ρ_c)</th><th>AVE</th><th>HTMT비율</th></tr>
<tr><th>>0.70</th><th>>0.50</th><th>>0.70</th><th>>0.70</th><th>>0.70</th><th>>0.50</th><th>신뢰구간에 1을
포함하지 않음</th></tr>
<tr><td rowspan="16">AL</td><td>AL1</td><td>0.837</td><td>0.701*</td><td rowspan="16">0.974</td><td rowspan="16">0.976</td><td rowspan="16">0.977</td><td rowspan="16">0.724</td><td rowspan="16">예</td></tr>
<tr><td>AL2</td><td>0.817</td><td>0.667</td></tr>
<tr><td>AL3</td><td>0.888</td><td>0.788</td></tr>
<tr><td>AL4</td><td>0.854</td><td>0.729</td></tr>
<tr><td>AL5</td><td>0.861</td><td>0.741</td></tr>
<tr><td>AL6</td><td>0.894</td><td>0.799</td></tr>
<tr><td>AL7</td><td>0.861</td><td>0.741</td></tr>
<tr><td>AL8</td><td>0.883</td><td>0.735</td></tr>
<tr><td>AL9</td><td>0.786</td><td>0.618</td></tr>
<tr><td>AL10</td><td>0.841</td><td>0.707</td></tr>
<tr><td>AL11</td><td>0.895</td><td>0.801</td></tr>
<tr><td>AL12</td><td>0.841</td><td>0.707</td></tr>
<tr><td>AL13</td><td>0.771</td><td>0.594</td></tr>
<tr><td>AL14</td><td>0.863</td><td>0.745</td></tr>
<tr><td>AL15</td><td>0.833</td><td>0.694</td></tr>
<tr><td>AL16</td><td>0.880</td><td>0.774</td></tr>
<tr><td rowspan="6">JC</td><td>JC1</td><td>0.783</td><td>0.613</td><td rowspan="6">0.905</td><td rowspan="6">0.910</td><td rowspan="6">0.927</td><td rowspan="6">0.679</td><td rowspan="6">예</td></tr>
<tr><td>JC2</td><td>0.768</td><td>0.590</td></tr>
<tr><td>JC3</td><td>0.871</td><td>0.759</td></tr>
<tr><td>JC4</td><td>0.879</td><td>0.773</td></tr>
<tr><td>JC5</td><td>0.800</td><td>0.640</td></tr>
<tr><td>JC6</td><td>0.838</td><td>0.702</td></tr>
</table>

JS	JS1	0.803	0.645	0.901	0.903	0.924	0.669	예
	JS2	0.834	0.696					
	JS3	0.840	0.706					
	JS4	0.819	0.670					
	JS5	0.798	0.637					
	JS6	0.814	0.663					

주: * 측정변수 신뢰도(Indicator reliability)는 수작업으로 (외부적재치)^{2}를 통해 계산함.

❷ 세부적으로 평가 결과를 요약하면, 먼저 외부적재치가 모두 임계치인 0.7 이상이고 개별 측정변수들에 대한 측정변수 신뢰도가 임계치인 0.5 이상이며 AVE도 임계치인 0.5 이상이므로 연구변수와 개별 측정변수의 신뢰도와 잠재변수의 집중타당도는 입증되었다. 다음으로, 크론바흐 알파가 임계치인 0.7 이상, rho_a도 0.7 이상 그리고 rho_c도 0.7 이상이므로 연구변수들의 내적 일관성 신뢰도는 확보되었다. 마지막으로, HTMT비율은 임계치인 0.85 미만이고 신뢰구간에 1을 포함하고 있지 않으므로 연구변수들의 판별타당도는 확보된 것으로 판단할 수 있다. 이상과 같이 반영적 측정모델인 AL, JC 및 JS모델은 모두 평가기준을 충족하고 있으므로 반영적 측정모델(개별 측정변수와 연구변수)의 신뢰도와 타당도는 확보되었다고 볼 수 있다.

4.2 형성적 측정모델의 평가

형성적 측정모델(Formative measurement model)의 평가는 [그림 12-4]와 같이 크게 형성적 측정모델의 집중타당도, 다중공선성 및 형성적 측정변수들의 외부가중치와 외부적재치의 유의성과 적합성 평가로 구분된다.

그림 12-4 ▮ 형성적 측정모델의 평가

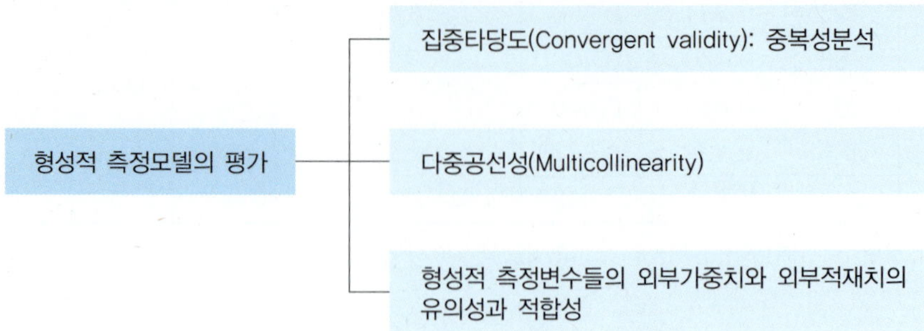

- 형성적 지표로 구성된 형성적 측정모델에 대한 집중타당도를 평가하려면 중복성분석(Redundancy analysis)을 시행해야 한다. 형성적 연구변수와 반영적 연구변수(단일의 전반적 측정변수를 사용) 간의 경로계수가 임계치인 0.7 이상이어야 집중타당도가 있다고 판단할 수 있다. 이 프로젝트에서는 팀성과 변수만 형성적 측정변수이므로 이에 대해서만 형성적 측정모델에 대한 평가를 수행하면 된다.
- 다중공선성은 일반적으로 외부VIF가 5 미만이면 다중공선성이 없다고 판단하지만 연구자에 따라서는 외부VIF가 10 미만인 경우에도 수용할 수도 있다.
- 형성적 측정모델의 외부가중치(Outer weights)를 평가하려면 부트스트래핑을 실행하여야 한다. 먼저, 부트스트래핑 실행 결과를 통해 얻은 t값을 이용해 외부가중치의 유의성을 분석한다. 만약 분석 결과 외부가중치가 유의적이면 해당 형성적 측정변수를 유지하고 결과를 해석한다. 다음으로, 외부가중치가 비유의적인 경우에는 형성적 측정변수들의 외부적재치(Outer loading)에 대한 유의성과 적합성 평가를 통해 해당 측정변수의 유지와 제거 여부를 결정한다. 외부적재치가 0.5 이상이면 해당 형성적 측정변수는 유지한다. 외부적재치가 0.5 미만이면서 비유의적이면 해당 형성적 측정변수를 제거한다. 반면에 외부적재치가 0.5 미만이면서 유의적이면 해당 형성적 측정변수는 제거를 강력히 고려한다.

통계 실습 12-6 형성적 측정모델의 평가

[진정성 리더십 모델]을 가지고 [통계 실습 12-5]에서 이미 우리들은 PLS-SEM Algorithm과 부트스트래핑을 실행하였다. 연구모델에서 형성적 측정모델은 TP모델 하나이므로 이에 대해서만 형성적 측정모델을 평가하기로 하자.

[1] 형성적 연구변수의 집중타당도를 평가하시오.

[2] 형성적 측정변수들 간의 다중공선성을 평가하시오.

[3] 형성적 측정변수들의 외부가중치와 외부적재치의 유의성과 적합성을 평가하시오.

실습과정

[1] [진정성 리더십 프로젝트]의 불러들이기와 실행

[데이터 파일]의 제12장에서 [진정성 리더십 프로젝트]를 SmartPLS 프로그램으로 불러들인다. [진정성 리더십 프로젝트]를 불러들인 모습은 다음과 같다. 이미 프로젝트가 불러져 있다면 이 과정은 생략한다.

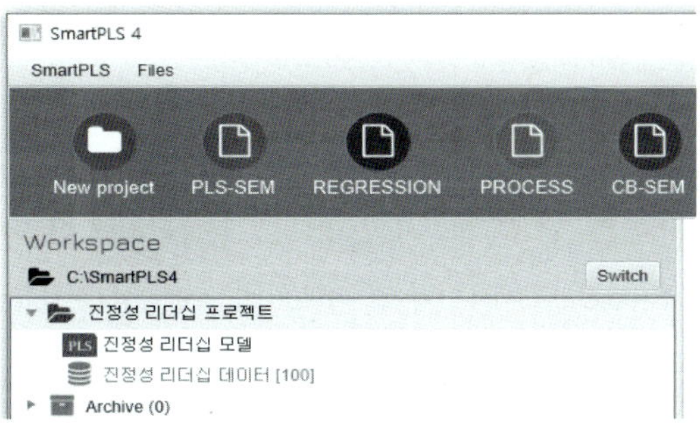

[2] 집중타당도의 평가

❶ 프로젝트 탐색기의 [진정성 리더십 프로젝트]를 선택한 후 화면 상단에 있는 툴바인 [PLS-SEM]을 클릭한다. 그러면 [New model 창]이 나타난다. [Model name](모델명)으로 [Redundancy analysis TP]를 입력한다. 입력한 후에는 [Save] 버튼을 클릭하여 새로운 모델을 생성한다. 그러면 [모델 그리기 창]이 나타난다.

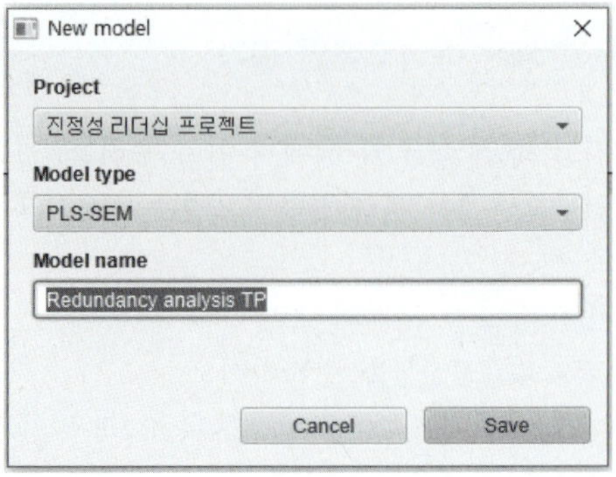

❷ [모델 그리기 창]에서 집중타당도의 평가를 위한 경로모델을 다음과 같이 만들고 [툴바]의 [Save]를 클릭해 저장한다.

❸ 화면 우측 상단의 툴바인 [Calculate]에 있는 [PLS-SEM Algorithm]을 좌 클릭한다. 옵션 선택은 디폴트 그대로 두고 우측 하단에 있는 [Start calculation]을 클릭하여 PLS-SEM Algorithm을 실행한다.

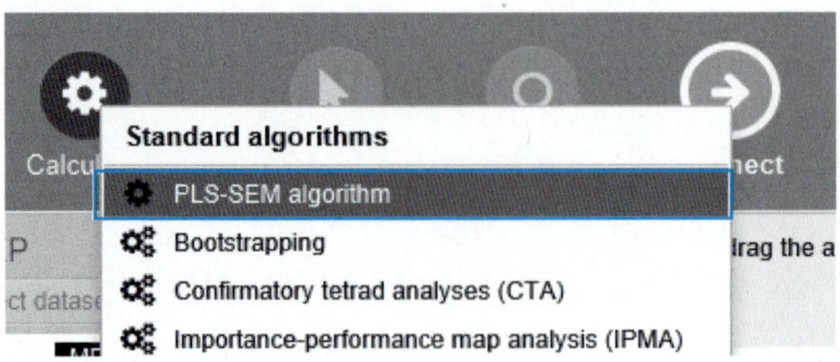

❹ [출력 결과 창]에서 실행 결과를 보고 형성적 측정모델의 집중타당도를 평가한다. 다음 경로모델의 결과에서 제시된 것처럼 형성적 잠재변수(TP_F)와 단일의 전반적 측정변수(TP_G) 간의 경로계수는 0.840으로 나타났고 이는 임계치인 0.80을 초과하므로 형성적 잠재변수의 집중타당도는 확보된 것으로 볼 수 있다.

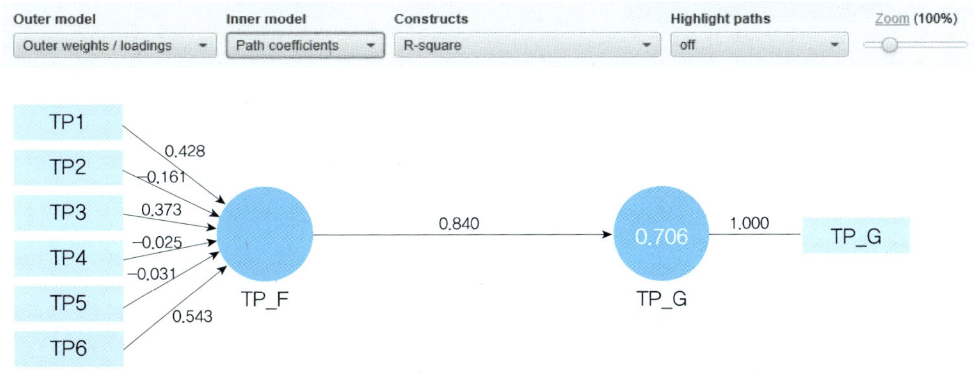

[3] 다중공선성의 평가

❶ [프로젝트 탐색기 창]에서 [진정성 리더십 모델]을 좌 클릭한 후 우측 상단의 툴바인 [Calculate]에 있는 [PLS-SEM Algorithm]을 좌 클릭한다. 옵션 선택은 디폴트 그대로 두고 우측 하단에 있는 [Start calculation]을 클릭하여 PLS-SEM Algorithm을 실행한다. 그러면 모델의 실행 결과가 나타난다.

❷ [출력 결과 보기 창]에서 [Quality criteria–Collinearity statistics(VIF)]를 차례대로 클릭한다. 그러면 다음과 같은 공선성 통계량인 [외부모델](Outer model)의 VIF가 나타난다. TP(팀성과)의 형성적 측정변수인 TP1, TP2, TP3, TP4, TP5, TP6의 VIF값을 보면 모두 임계치인 5보다 낮으므로 다중공선성이 발견되지 않았다고 결론을 내릴 수 있다.

[4] 외부가중치와 적재치의 유의성과 적합성 평가

❶ PLS-SEM Algorithm 실행은 외부가중치(Outer weights)와 외부적재치(Outer loading)값만을 산출한다. 이들 값은 회귀계수이며 유의성을 평가할 수 있는 정보는 아니다. 따라서 형성적 측정변수들의 외부가중치와 외부적재치의 유의성과 적합성을 평가하려면 이들에 대한 t값과 유의확률을 산출해야 한다. PLS-SEM에서는 외부가중치와 외부적재치의 t값과 유의확률을 산출하기 위해서 Bootstrapping 절차를 실행해야 한다.

❷ [툴바]에서 [Edit]을 클릭해 [출력 결과 창]으로 가서 화면 상단의 우측에 있는 [툴바]인 [Calculate] 기능에 있는 [Bootstrapping]을 좌 클릭한다. 그러면 [Bootstrapping]의 초기값 설정을 위한 화면이 나타난다. 옵션 지정 창에서 [Subsamples]에 [5000]을 입력하고 [Amount of results]에서 [Complete (slower)]을 그리고 [Confidence Interval Method]에서 [Percentile bootstrap]을 선택하고 [Start calculation]을 클릭하여 실행한다.

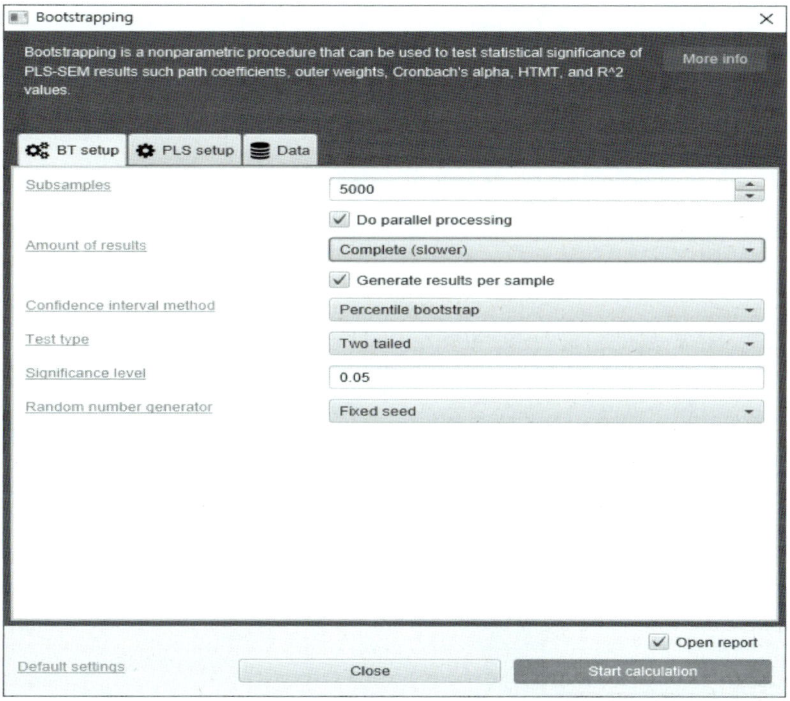

❸ [출력 결과 보기 창]의 [Final results]에 있는 [Outer weights]를 좌 클릭해 들어간다. 형성적 측정변수의 모든 외부가중치가 비유의적인 것으로 나타났다. 그러므로 이러한 결과만을 가지고 측정변수의 제거/유지 여부를 결정할 수 없으며, 비유의적인 형성적 측정변수에 대한 [Outer loadings] 값을 분석해야 한다.

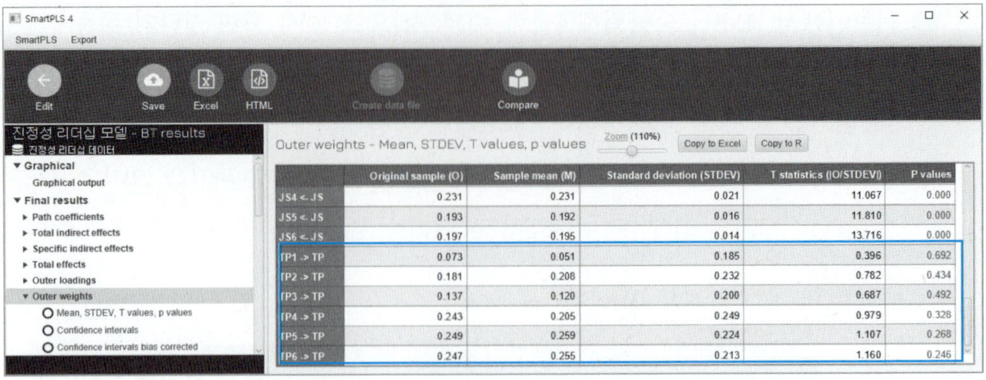

❹ [출력 결과 보기 창]의 [Final results]에 있는 [Outer loadings]를 좌 클릭해 들어간다. 모든 비유의적인 형성적 측정변수들의 외부적재치가 임계치인 0.5 이상이고 유의적인 것으로 나타나 모든 형성적 측정변수를 유지할 수 있고 그 적합성이 인정된다고 볼 수 있다.

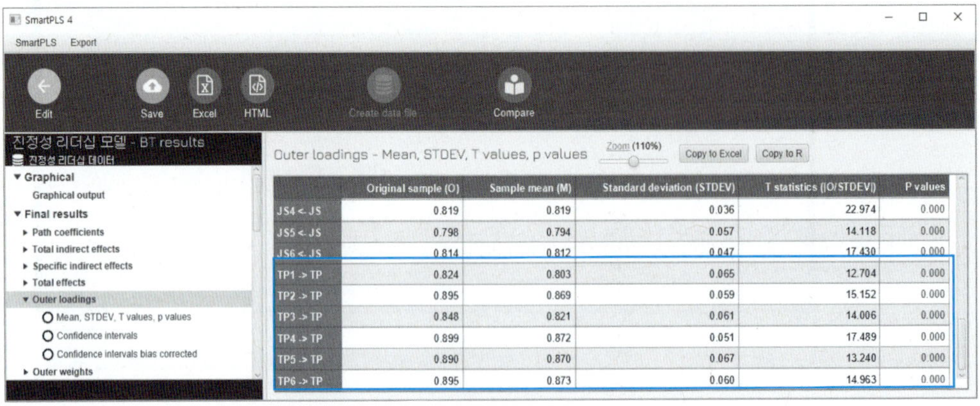

❺ 외부가중치(Outer weight)는 신뢰구간 추정법을 사용해서도 유의성을 검증할 수 있다. [출력 결과 보기 창]의 [Final results]에 있는 [Outer weights]의 [Confidence intervals]를 좌 클릭해 들어간다. 신뢰구간(하한값, 상한값) 내에 0을 포함하고 있으므로 각 외부가중치는 비유의적이라고 판단할 수 있다. 그러므로 이러한 결과만을 가지고 측정변수의 제거/유지 여부를 결정할 수 없으며, 비유의적인 경우에는 형성적 측정변수에 대한 [Outer loadings] 값을 분석해야 한다.

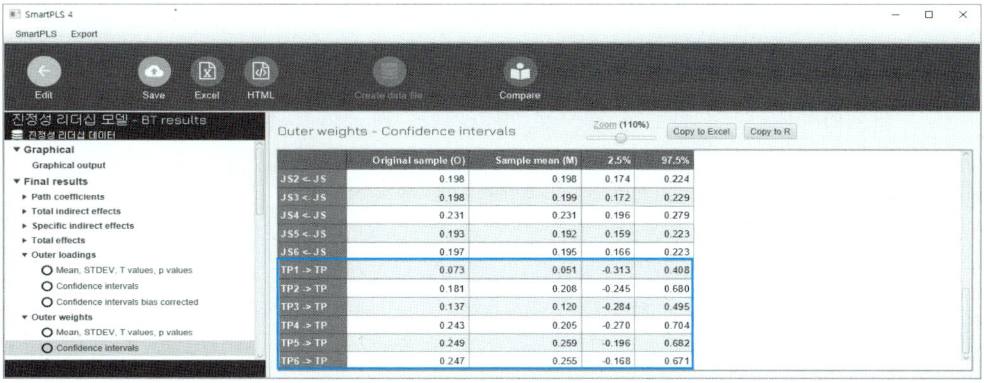

	Original sample (O)	Sample mean (M)	2.5%	97.5%
JS2 <- JS	0.198	0.198	0.174	0.224
JS3 <- JS	0.198	0.199	0.172	0.229
JS4 <- JS	0.231	0.231	0.196	0.279
JS5 <- JS	0.193	0.192	0.159	0.223
JS6 <- JS	0.197	0.195	0.166	0.223
TP1 -> TP	0.073	0.051	-0.313	0.408
TP2 -> TP	0.181	0.208	-0.245	0.680
TP3 -> TP	0.137	0.120	-0.284	0.495
TP4 -> TP	0.243	0.205	-0.270	0.704
TP5 -> TP	0.249	0.259	-0.196	0.682
TP6 -> TP	0.247	0.255	-0.168	0.671

❻ 외부적재치(Outer loadings)는 신뢰구간 추정법을 사용해서도 유의성을 검증할 수 있다. [출력 결과 보기 창]의 [Final results]에 있는 [Outer loadings]의 [Confidence intervals]를 좌 클릭해 들어간다. 신뢰구간(하한값, 상한값) 내에 0을 포함하고 있지 않으면 각 외부적재치는 유의적이라고 판단할 수 있다. 분석 결과에 의하면 외부적재치가 모두 0.5 이상이고 신뢰구간 내에 0을 포함하고 있지 않지 않으므로 유의수준 0.05에서 유의적임을 알 수 있다. 따라서 신뢰구간법을 이용해도 모든 형성적 측정변수를 유지할 수 있고 그 적합성이 인정된다고 볼 수 있다.

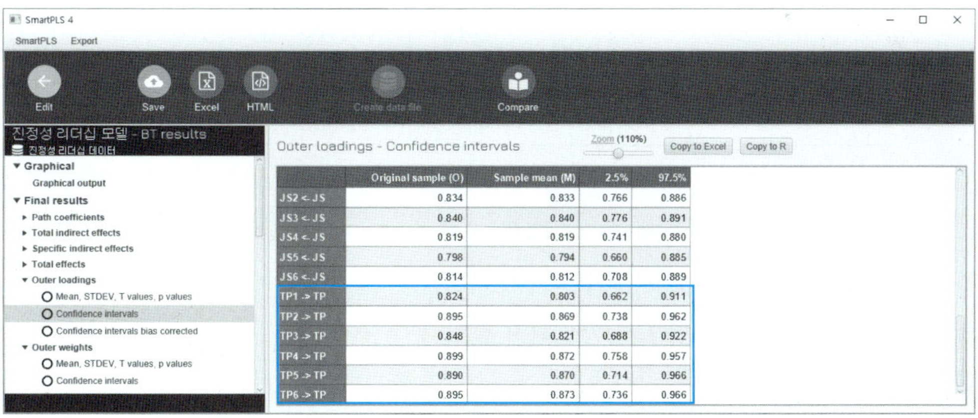

	Original sample (O)	Sample mean (M)	2.5%	97.5%
JS2 <- JS	0.834	0.833	0.766	0.886
JS3 <- JS	0.840	0.840	0.776	0.891
JS4 <- JS	0.819	0.819	0.741	0.880
JS5 <- JS	0.798	0.794	0.660	0.885
JS6 <- JS	0.814	0.812	0.708	0.889
TP1 -> TP	0.824	0.803	0.662	0.911
TP2 -> TP	0.895	0.869	0.738	0.962
TP3 -> TP	0.848	0.821	0.688	0.922
TP4 -> TP	0.899	0.872	0.758	0.957
TP5 -> TP	0.890	0.870	0.714	0.966
TP6 -> TP	0.895	0.873	0.736	0.966

❼ 지금까지 반영적 및 형성적 측정모델에 대한 신뢰도와 타당도를 살펴보았다. 평가 결과에 의하면 반영적 측정모델과 형성적 측정모델의 잠재변수와 측정변수들은 모두 신뢰도와 타당도를 확보한 것으로 평가된다. 지금까지 실습한 **외부가중치와 외부적재치의 유의성과 적합성에 대한 평가 결과**를 표로 요약하면 다음과 같다.

형성적 연구변수	형성적 측정변수	외부가중치	t값	유의확률	유의성($p < 0.05$)
TP (팀성과)	TP1	0.073	0.396	0.692	아니오
	TP2	0.181	0.782	0.434	아니오
	TP3	0.137	0.687	0.492	아니오
	TP4	0.243	0.979	0.328	아니오
	TP5	0.249	1.107	0.268	아니오
	TP6	0.247	1.160	0.246	아니오

형성적 연구변수	형성적 측정변수	외부적재치	t값	유의확률	유의성($p < 0.05$)
TP (팀성과)	TP1	0.824	12.704	0.000	예
	TP2	0.895	15.152	0.000	예
	TP3	0.848	14.006	0.000	예
	TP4	0.899	17.489	0.000	예
	TP5	0.890	13.240	0.000	예
	TP6	0.895	14.963	0.000	예

반영적 측정모델과 형성적 측정모델의 잠재변수와 측정변수들이 모두 신뢰도와 타당도가 확보하였으므로 이제는 **구조모델의 평가와 가설검증 절차**로 넘어갈 수 있다. 하지만 측정모델의 평가 결과 신뢰도와 타당도가 확보되지 않았다면 구조모델의 평가와 가설검증 단계로 넘어갈 수 없다. 이러한 경우에는 신뢰도와 타당도를 확보할 수 있는 여러 가지 방법을 계속해서 강구하고 조치해야 한다.

5 구조모델의 평가와 가설검증

5.1 구조모델의 평가

구조모델의 평가는 연구자가 설계하고 개발한 **연구모델**을 최종적으로 확정하고 **구조모델이 적합한 모델임을 확인하는 절차**라고 볼 수 있다. 연구자는 구조모델이 적합한 모델로 확인되면 비로소 **가설검증**을 수행할 수 있게 된다.

PLS-SEM에서는 구조모델의 평가를 위해서 [그림 11-5]와 같이 **다중공선성**, **결정계수**(R^2), **효과크기**(f^2) 그리고 **예측력**(Q^2, RMSE, MAE, 평균손실차이)을 검토해야 한다.

그림 12-5 ▌구조모델의 평가

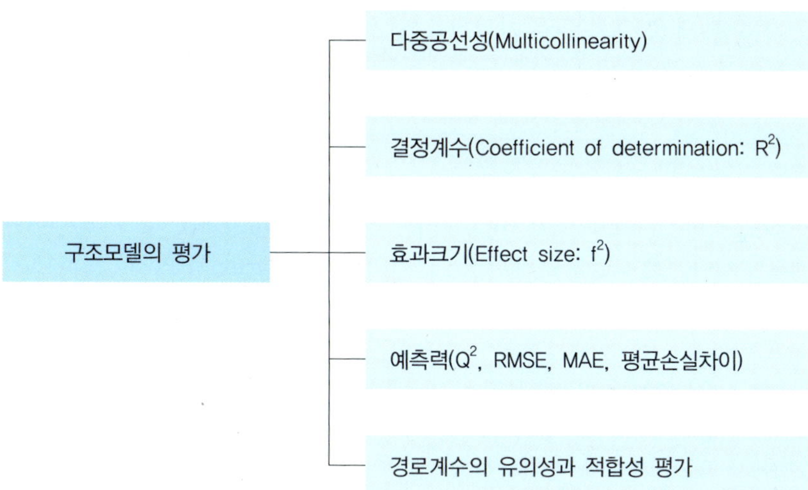

- 연구변수 간의 다중공선성을 평가한다. 이를 위한 평가기준으로는 구조모델(내부모델)의 **내부VIF값**을 사용한다. 내부VIF값이 5 미만이면 다중공선성이 없다고 평가한다.
- 외생연구변수(혹은 예측변수, 독립변수)의 내생연구변수에 대한 설명력을 평가한다. 이를 위한 평가기준으로는 **결정계수 R^2**을 사용한다. 외생연구변수들의 내생연구변수에

대한 R^2이 0.25이면 약한 설명력, 0.50이면 중간 정도의 설명력 그리고 0.75이면 큰 설명력이라고 평가한다.

- 외생연구변수(혹은 예측변수, 독립변수)의 내생연구변수에 대한 **상대적 영향력**, 즉 외생연구변수들이 내생연구변수의 R^2에 기여하는 정도인 효과크기를 평가한다. 이를 위한 평가기준으로는 **효과크기(f^2)**을 사용한다. 외생연구변수의 내생연구변수에 대한 f^2이 0.02이면 작은 효과크기, 0.15이면 중간 효과크기 그리고 0.35이면 큰 효과크기로 평가한다.
- 구조모델이 특정 내생연구변수에 대해 **예측력**을 가지고 있는지의 여부를 평가한다. 이를 위한 평가기준으로는 **Q^2, RMSE, MAE, 평균손실차이**를 사용한다. 구조모델이 특정 내생연구변수에 대해 Q^2이 0보다 크면 예측력이 있으며 0보다 작으면 예측력이 부족하다고 평가한다.
- **부트스트래핑의 실행**을 통해 산출한 **t값**을 이용해 경로계수의 유의성과 적합성을 평가한다. 이를 통해 연구자들은 **가설검증**을 시행할 수 있다.

통계 실습 12-7 구조모델의 평가 (1)

구조모델을 평가하려면 ① **PLS-SEM Algorithm**, ② **Bootstrapping**, ③ **PLSpredict/CVPAT 절차**를 수행해야 한다. [**통계 실습 12-6**]에서 PLS-SEM Algorithm과 Bootstrapping은 이미 실행했으므로 그 결과를 활용하여 구조모델을 평가하기로 한다. 다만 예측력에 대한 평가를 위해서 PLSpredict/CVPAT는 이 통계 실습에서 실행하기로 한다.

[1] 구조모델의 **다중공선성**을 평가하시오.
[2] 구조모델에서 **결정계수(R^2)**을 평가하시오.
[3] 구조모델에서 **효과크기(f^2)**을 평가하시오.
[4] 구조모델에서 **예측력**을 평가하시오.

실습과정

[1] 다중공선성의 평가

❶ 구조모델의 다중공선성은 [출력 결과 보기 창]에서 [Quality criteria]에 있는 [Collinearity statistics(VIF)]에 들어간 후 [내부모델](Inner model)의 [Inner model-Matrix]를 확인해야 한다. 내부VIF가 5 미만이면 다중공선성이 없다고 판단할 수 있다.

❷ [Inner model-Matrix]의 내부VIF값을 보면 모두 5 미만이므로 구조모델의 잠재변수 간에는 다중공선성은 없다고 평가할 수 있다.

Collinearity statistics (VIF) - Inner model - Matrix

	AL	JC	JS	TP
AL		1.000	1.650	2.127
JC			1.650	2.072
JS				2.462
TP				

[2] 결정계수(R^2) 평가

❶ R^2은 PLS-SEM Algorithm 실행 결과에서 [Quality Criteria]의 [R square]를 클릭해 보면 다음과 같은 결과를 확인할 수 있다. 여기에서는 R^2(R Square)보다는 수정된 R^2을 사용하기로 한다. R^2이 0.25이면 약한 설명력, 0.50이면 중간 정도의 설명력 그리고 0.75이면 큰 설명력으로 평가한다.

R-square - Overview

	R-square	R-square adjusted
JC	0.394	0.388
JS	0.594	0.586
TP	0.527	0.512

❷ 내생잠재변수 JC(0.388), JS(0.586), TP(0.512)에 대한 수정된 R^2을 보면 중간 정도의 설명력을 가지고 있다고 평가할 수 있다.

[3] 효과크기(f^2) 평가

❶ 효과크기(f^2)는 외생잠재변수들(혹은 예측변수들, 독립변수들)이 내생잠재변수의 R^2에 기여하는 정도를 평가하는 척도이다. f^2은 PLS-SEM Algorithm 실행 결과에서 [Quality Criteria]의 [f square]를 클릭해 보면 다음과 같은 결과를 확인할 수 있다. f^2이 0.02이면 작은 효과크기, 0.15이면 중간 정도의 효과크기 그리고 0.35이면 큰 효과크기로 평가한다.

f-square - Matrix

	AL	JC	JS	TP
AL		0.650	0.289	0.007
JC			0.256	0.040
JS				0.225
TP				

❷ 앞에서 제시한 f^2을 보면, 먼저 AL의 내생연구변수에 대한 JC의 R^2에 기여하는 f^2은 0.650으로 이는 큰 효과크기이며 이 모델에서는 가장 큰 기여를 하는 것으로 나타났다. 다음으로, AL과 JC의 내생연구변수에 대한 JS의 R^2에 기여하는 f^2은 각각 0.289와 0.256으로 중간 효과크기임을 알 수 있다. 마지막으로, AL과 JC 그리고 JS의 내생연구변수에 대한 TP의 R^2에 기여하는 f^2은 각각 0.007과 0.040 그리고 0.255로 나타났다. 따라서 TP에 대해서 AL과 JC는 작은 효과크기를 보이며 JS는 TP에 대해서 중간 정도 이상의 효과크기를 나타냈다고 평가된다.

[4] PLSpredict/CVPAT와 예측력 평가

❶ PLSpredict를 사용해 반영적 내생잠재변수들의 측정변수에 대한 평가 결과 모든 측정변수들에 대한 Q^2은 0 이상이어서 외생잠재변수들은 내생잠재변수들의 측정변수에 대해서 예측력을 가지고 있는 것으로 나타났다. 또한 내생잠재변수에 포함된 측정변수들 중에서 대다수가 PLS-SEM_RMSE(PLS-MAE)이 LM_RMSE(LM_MAE)보다 작게 나타나 구조방정식모델에서 외생잠재변수들은 내생잠재변수들의 측정변수에 대해서 중간 정도의 예측력(Medium predictive power)을 가지고 있다고 해석할 수 있다.

MV prediction summary - Overview

	Q²predict	PLS-SEM_RMSE	PLS-SEM_MAE	LM_RMSE	LM_MAE
JC1	0.066	1.175	0.901	1.216	0.973
JC2	0.234	1.382	1.109	1.383	1.049
JC3	0.211	0.942	0.712	0.935	0.726
JC4	0.343	0.943	0.714	0.951	0.724
JC5	0.365	0.940	0.725	0.989	0.746
JC6	0.224	1.176	0.939	1.200	0.965
JS1	0.244	0.994	0.761	1.113	0.878
JS2	0.246	1.330	1.101	1.507	1.227
JS3	0.303	1.253	1.006	1.295	1.023
JS4	0.486	1.058	0.878	1.139	0.890
JS5	0.212	1.035	0.791	1.200	0.908
JS6	0.404	1.025	0.827	1.151	0.921
TP1	0.213	0.943	0.737	1.069	0.846
TP2	0.250	0.972	0.765	1.104	0.874
TP3	0.202	1.064	0.870	1.175	0.962
TP4	0.237	0.943	0.722	1.032	0.813
TP5	0.209	0.982	0.745	1.106	0.835
TP6	0.236	1.072	0.830	1.210	0.959

❷ PLSpredict를 사용해 **잠재변수에 대한 평가** 결과 모든 잠재변수들의 **Q^2이 0 이상**이어서 외생잠재변수들은 내생잠재변수들에 대한 예측력을 가지고 있는 것으로 나타났다.

LV prediction summary - PLS-SEM

	Q²predict	RMSE	MAE
JC	0.362	0.817	0.635
JS	0.483	0.734	0.580
TP	0.245	0.900	0.681

❸ CVPAT를 사용해 **잠재변수에 대한 평가** 결과 잠재변수 [JC], [JS], [TP]는 **평균손실차이**(Difference of the average loss values)가 부적인 값을 가지고 있고 유의수준 0.05에서 모두 통계적으로 유의하여 외생잠재변수들은 내생잠재변수들에 대해서

예측력이 있는 것으로 나타났다. 또한 평균손실차이의 전체값을 기준으로 볼 때 부적이고 통계적인 유의성이 있어 잠재변수들은 예측력이 있다고 해석할 수 있다.

CVPAT - PLS-SEM vs. Indicator average (IA) Zoom (122%)

	Average loss difference	t value	p value
JC	-0.382	3.423	0.001
JS	-0.606	4.955	0.000
TP	-0.288	2.897	0.005
Overall	-0.425	5.086	0.000

5.2 가설검증

구조모델의 평가 결과 적합하다고 판정되면 이제 부트스트래핑을 통해 가설검증을 시행할 수 있다.

▶ 부트스트래핑의 실행을 통해 산출한 t값을 이용해 경로계수의 유의성과 적합성을 평가한다. 이를 통해 연구자들은 가설검증을 시행할 수 있다.

통계 실습 12-8 구조모델의 평가 (2): 기본 가설과 매개효과 가설검증

SmartPLS에서 구조모델의 평가를 통해 가설검증을 하려면 [Bootstrapping]을 실행해야 한다.
[1] 경로계수의 유의성과 적합성을 평가하여 기본 가설에 대한 가설검증을 하시오.
[2] 매개효과 가설을 검증하시오.

실습과정

[1] 경로계수의 유의성과 적합성 평가

❶ SmartPLS의 툴바에서 [Calculate]를 좌 클릭하여 [Bootstrapping]으로 들어간다. [옵션 창 Bootstrapping]에서 [Subsamples]에서 [5000], [Amount of results]에서 [**Complete(slower)**], [Confidence interval method]에서 [Percentile bootstrap]을 선택한 후 [Start calculation]을 좌 클릭하여 실행한다. 그러면 실행 결과가 나타

난다. 그림으로 나타낸 출력 결과의 화면 상단의 [Constructs]에서 [R-square], [Inner model]에서 [Path coefficient and p values], [Outer model]에서 [T values], [Highlight]에서 [Use relative values]를 각각 지정하여 지정한 결과값들을 반영시킨다. 이와 같이 부트스트래핑 절차를 통해 t값을 산출할 수 있고 이외에도 p값, 신뢰구간 등의 결과를 얻을 수 있다. 우리들은 산출된 t값을 이용하여 가설검증을 수행할 수 있다.

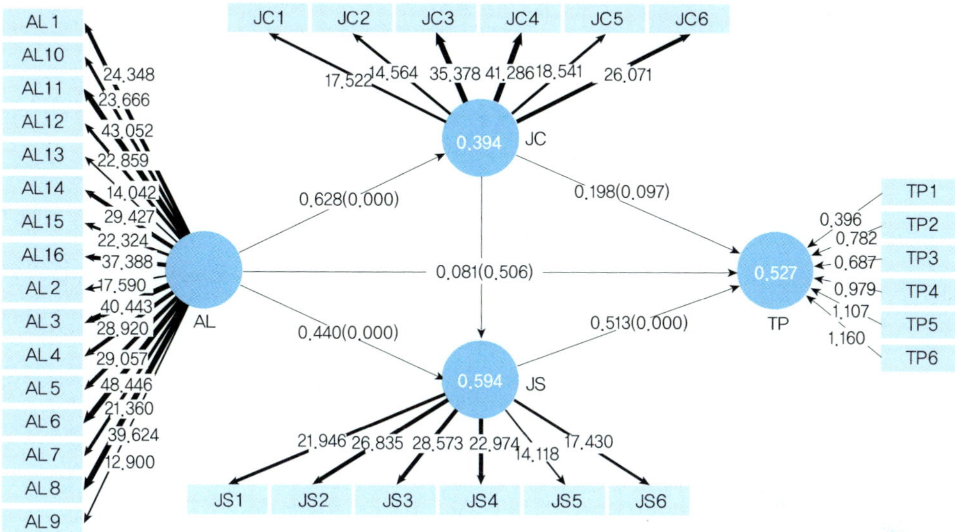

❷ 실행 결과에서 [Final Results]의 [Path coefficients]를 클릭해 보면 다음과 같은 결과를 확인할 수 있다. 이는 가설검증에 필요한 내용(t값, p값)을 포함하고 있다. 구조모델에 대한 경로계수의 추정 결과를 학술연구들에서 가설검증 결과를 제시하는 형식으로 정리하는 것이 요구된다.

Path coefficients - Mean, STDEV, T values, p values   Zoom (122%)   Copy to Excel   Copy to R

	Original sample (O)	Sample mean (M)	Standard deviation (STDEV)	T statistics (|O/STDEV|)	P values
AL -> JC	0.628	0.637	0.060	10.420	0.000
AL -> JS	0.440	0.434	0.090	4.905	0.000
AL -> TP	0.081	0.095	0.122	0.666	0.506
JC -> JS	0.414	0.421	0.087	4.767	0.000
JC -> TP	0.198	0.192	0.119	1.658	0.097
JS -> TP	0.513	0.525	0.127	4.034	0.000

❸ 앞의 [Path Coefficients] 결과에서 [Confidence intervals]를 좌 클릭하면 다음과 같은 신뢰구간(CI)에 대한 결과를 확인할 수 있다.

Path coefficients - Confidence intervals   Zoom (100%)

	Original sample (O)	Sample mean (M)	2.5%	97.5%
AL -> JC	0.628	0.637	0.513	0.748
AL -> JS	0.440	0.434	0.244	0.591
AL -> TP	0.081	0.095	-0.128	0.343
JC -> JS	0.414	0.421	0.246	0.592
JC -> TP	0.198	0.192	-0.048	0.421
JS -> TP	0.513	0.525	0.276	0.776

❹ [Path Coefficients]에 대한 결과(신뢰구간 포함)를 논문에 넣을 표 형식으로 재구성하면 다음과 같다. 표에 의하면 〈가설 1〉, 〈가설 2〉, 〈가설 4〉, 〈가설 6〉은 채택되었으며, 〈가설 3〉, 〈가설 5〉는 기각되었음을 알 수 있다. 가설검증 결과에 의하면, 먼저 상사의 진정성 리더십은 부하 직원들의 직무몰입과 직무만족에 정의 유의한 영향을 미쳤으나 팀성과에는 영향을 미치지 않은 것으로 나타났다. 다음으로, 부하 직원들의 직무몰입은 직무만족에는 정의 유의한 영향을 미쳤으나 팀성과에는 유의한 영향을 미치지 않았다. 마지막으로, 부하 직원들의 직무만족은 팀성과에 정의 유의한 영향을 미치는 것으로 나타났다.

〈기본 가설검증 결과 요약〉

가설경로	경로계수	t값	p값	95% BCa 신뢰구간	유의성($p<0.05$)
〈가설 1〉 AL → JC	0.628	10.420	0.000	[0.513, 0.748]	예
〈가설 2〉 AL → JS	0.440	4.905	0.000	[0.244, 0.591]	예
〈가설 3〉 AL → TP	0.081	0.666	0.506	[−0.128, 0.343]	아니오
〈가설 4〉 JC → JS	0.414	4.767	0.000	[0.246, 0.592]	예
〈가설 5〉 JC → TP	0.198	1.658	0.097	[−0.048, 0.421]	아니오
〈가설 6〉 JS → TP	0.513	4.034	0.000	[0.276, 0.776]	예

❺ 총간접효과(Total indirect effects)의 결과를 통해서는 개별적인 특정 경로에 대한 간접효과의 파악이 어렵다. 따라서 특정 경로에 대한 간접효과의 유의성검증을 통해 매개효과검증을 하려면 개별간접효과(Specific Indirect Effects)의 경로계수와 이의 유의성을 알아야 한다. 개별간접효과의 경로계수크기와 유의성검증에 필요한 결과는 Bootstrapping 실행 결과에서 [Specific indirect effects]를 좌 클릭하면 볼 수 있다. 개별간접효과의 분석 결과를 보면 세부적인 가설경로에 대한 매개효과검증(Mediation test)이 가능하다. 매개효과에 대한 가설검증 결과 〈가설 7-1〉은 기각되었으나 〈가설 7-2〉, 〈가설 7-3〉, 〈가설 7-4〉, 〈가설 7-5〉는 채택되었다. 첫째, 상사의 진정성 리더십과 팀성과 간의 관계에서 직무몰입은 매개영향이 없는 것으로 나타났다(AL → JC → TP). 둘째, 상사의 진정성 리더십은 직무몰입을 매개로 직무만족에 정의 유의한 영향을 미쳤다(AL → JC → JS). 셋째, 부하 직원들의 직무몰입은 직무만족을 매개로 팀성과에서 유의한 영향을 미쳤다(JC → JS → TP). 넷째, 상사의 진정성 리더십은 직무몰입과 직무만족을 매개로 팀성과에 정의 유의한 영향을 미쳤다(AL → JC → JS → TP). 마지막으로, 상사의 진정성 리더십은 직무만족을 매개로 팀성과에 정의 유의한 영향을 미쳤다(AL → JS → TP)

Specific indirect effects - Mean, STDEV, T values, p values Zoom (100%) Copy to Excel Copy to R

	Original sample (O)	Sample mean (M)	Standard deviation (STDEV)	T statistics (|O/STDEV|)	P values
AL -> JC -> TP	0.124	0.121	0.077	1.622	0.105
AL -> JC -> JS	0.260	0.269	0.064	4.046	0.000
JC -> JS -> TP	0.212	0.223	0.078	2.738	0.006
AL -> JC -> JS -> TP	0.133	0.142	0.052	2.568	0.010
AL -> JS -> TP	0.226	0.226	0.069	3.290	0.001

Specific indirect effects - Confidence intervals Zoom (92%)

	Original sample (O)	Sample mean (M)	2.5%	97.5%
AL -> JC -> TP	0.124	0.121	-0.034	0.277
AL -> JC -> JS	0.260	0.269	0.151	0.403
JC -> JS -> TP	0.212	0.223	0.093	0.397
AL -> JC -> JS -> TP	0.133	0.142	0.059	0.260
AL -> JS -> TP	0.226	0.226	0.101	0.374

〈매개효과 가설검증 결과 요약〉

가설경로	경로 계수	t값	p값	95% BCa 신뢰구간	유의성 ($p<0.05$)
〈가설 7-1〉 AL → JC → TP	0.124	1.622	0.105	[−0.034, 0.277]	아니오
〈가설 7-2〉 AL → JC → JS	0.260	4.046	0.000	[0.151, 0.403]	예
〈가설 7-3〉 JC → JS → TP	0.212	2.738	0.006	[0.093, 0.397]	예
〈가설 7-4〉 AL → JC → JS → TP	0.133	2.568	0.010	[0.059, 0.260]	예
〈가설 7-5〉 AL → JS → TP	0.226	3.290	0.001	[0.101, 0.374]	예

| 참고문헌 |

〈논문과 책〉

강현철. (2013). 구성타당도 평가에 있어서 요인분석의 활용. *대한간호학회지*, 43(5), 587-594.

김성엽, 주혜영. (2008). 항만 물류 서비스품질, 항만 평판과 선사의 항만 고객충성도의 구조적 관계. *무역학회지*, 33(3), 1-30.

김용겸. (2007). 구조방정식모형의 효율적 활용을 위한 점검표의 개발. *기업경영연구*, 24, 19-34.

박지형, 신건권. (2012a). 지각된 디자인품질과 브랜드 명성이 스마트폰의 고객충성도에 미치는 영향. *경영교육연구*, 27(4), 111-136.

박지형, 신건권. (2012b). 사용성요인이 스마트폰 사용자의 만족도와 충성도에 미치는 영향. *대한경영학회지*, 25(2), 811-831.

성태제. (2013). 타당도와 신뢰도. 학지사.

신건권. (2023). 석박사학위와 학술논문 작성 중심의 Amos 29 구조방정식모델링, 도서출판 청람.

신건권. (2023). 석박사학위와 학술논문 작성 중심의 SPSS 29 논문통계분석. 도서출판 청람.

신건권. (2023). SPSS 29와 PROCESS macro 4.0을 이용한 회귀분석 따라하기. 도서출판 청람.

신건권. (2023). SmartPLS 구조방정식모델링(PLS-SEM)의 연구조사 설계와 결과 제시에 요구되는 체크리스트.

우종필. (2014). 우종필교수의 구조방정식모델 개념과 이해, 한나래출판사.

윤종원. (2006). 세무대리서비스의 품질이 이용자만족도, 불평의도 및 고객충성도에 미치는 영향. *세무와 회계저널*, 7(4), 175-199.

이명근. (2015). 세무대리서비스 전문성이 세무대리인 명성, 고객신뢰 및 고객충성도에 미치는 영향. 가천대학교 대학원 박사학위논문.

이일현. (2014). EasyFlow 회귀분석. 한나래출판사.

이훈영. (2010). 이훈영교수의 연구조사방법론, 도서출판 청람.

장용운. (2009). 세무대리인의 서비스품질, 관계품질, 계속거래 의도 간의 탐색적 구조관계 연구. *상업교육연구*, 23(4), 485-509.

정예지, 이수정, 김문주. (2012). 변혁적 리더 대 진성 리더 : 변혁적 리더십의 재조명. *경영학연구*, 41(3), 539-573.

정종준. (2014). 모바일러닝시스템의 품질과 개인요인이 기업체 직원의 학습전이에 미치는 영향. 호서대학교 대학원 박사학위논문.

최익수. (2012). 세무사사무소의 이미지가 지각된 서비스가치, 만족 및 충성도에 미치는 영향. 호서대학교 대학원 박사학위논문.

탁진규, 노태우. (2016). 상사의 진성리더십이 구성원의 직무성과에 미치는 영향 : 조직몰입과 조직시민행동의 매개효과 중심으로. *한국콘텐츠학회논문지*, 16(7), 319-336.

Bagozzi, R.P., Yi, Y. and Philipps, L.W. (1991). Assessing construct validity in organization research. *Administrative Science Quarterly*, 36, 421-458.

Barclay, D.W., Higgins, C.A. and Thompson, R. (1995). The partial least squares approach to causal modeling : Personal computer adoption and use as illustration. *Technology Studies*, 2, 285-309.

Campbell, D.T. and Fiske, D.W. (1959). Convergent and discriminant validation by the multitrait-multimethod matrix. *Psychological Bulletin*, 56(2), 81-105.

Cassel, C.M. and Hackl. (2000). On measurement of intangible assets : A study of robustness of partial least squares. *Total Quality Management*, 11(7), 897-907.

Chin, W.W. (1998). The partial least squares approach for structural equation modeling. In G.A. Marcoulides(Ed.), *Modern Methods for Business Research*. Mahwah, NJ : Lawrence Erlbaum Associates, 1295-1336.

Clark, L.A. and Watson, D. (1995). Constructing Validity : Basic issues in objective scale development. *Psychological Assessment*, 7(3), 309-319.

Cohen, J. (1988). *Statistical power analysis for the behavioral sciences*. Hillsdale, NJ : Lawrence Erlbaum.

Cohen, J. (1992). A power primer. *Psychological Bulletin*, 112, 155-159.

Cohen, P., Cohen, J., Teresi, J., Marchi, M. and Velez, C.N. (1990). Problems in the measurement of latent variables in structural equations causal models. *Applied Psychological Measurement*, 14(2), 183-196.

Cronbach, L.J. (1951). Coefficient alpha and the internal structure tests. *Psychometrika*, 16(3), 297-334.

Curran, P.J. West, S.G., & Finch, J.F. (1996). The robustness of test statistics to nonnormality and specification error in confirmatory factor analysis. *Psychological Method*. 1(1), 16.

Dalal, D.K. and Zickar, M.J. (2012). Some common myths about centering predictor variables in moderated multiple regression and polynomial regression, *Organizational Research Methods*, 15(3), 339-362.

Davis, F.D. (1989), Perceived usefulness, perceived ease of use, and user acceptance of information technology. *MIS Quarterly*, 13(3), 318-339.

Diamantopoulos, A. and Winklhofer, H.M. (2001). Index construction with formative indicators : An alternative to scale development. *Journal of Marketing Research*, 38(May), 269–277.

Dijkstra, T.K and Henseler, J. (2015). Consistent partial least squares path modeling. *MIS Quarterly*, 39, 297–316.

Fornell, C. and Bookstein, F.L. (1982). Two structural equation models : LISREL and PLS applied to consumer exit–voice theory. *Journal of Marketing Research*, 19, 440–452.

Fornell, C. and Cha, J. (1994). *Partial least squares*. In advanced methods of marketing research, Bagozzi, R.P.(ed.), Blackwell, Cambridge, 152–178.

Fornell, C. and Larcker, D.F. (1981). Evaluating structural equation models with unobservable variables and measurement error. *Journal of Marketing Research*, 18, 39–50.

Giesser, S. (1974). A predictive approach to the random effects model. *Biometrika*, 61, 101–107.

Gold, A.H., Malhotra, A. and Segars, A.H. (2001). Knowledge management : An organizational capabilities perspective. *Journal of Management Information Systems*, 18(1), 185–214.

Gujarati, D.N. (2003). *Basic econometrics*. New York : McGraw–Hill.

Hair Jr. J.F., Hult, G.T.M., Ringle, C.M. and Sarstedt, M. (2022a). *A primer on partial least squares structural equation modeling(PLS–SEM)*. 3rd ed. Thousand Oaks, CA : Sage.

Hair, J.F., Hult, G.T., Ringle, C.M., Sarstedt, M. and Gudergan, S.P. (2017b). *Advanced issues in partial least squares structural equation modeling*. Second edition, SAGE Publications Inc.

Hair, J.F., Ringle, C.M. and Sarstedt, M. (2011c). PLS–SEM : Indeed a silver bullet. *Journal of Marketing Theory and Practice*. 19, 139–151.

Hair, J.F., Sarstedt, M., Ringle, C.M. and Mena. (2012d). An assessment of the use of partial least squares structural equation modeling in marketing research. *Journal of the Academy of Marketing Science*, 40(3), 414–433.

Hayes, A. F. (2013). Truth and Myths about Mean Centering. In Author, *Introduction to mediation, moderation, and conditional process : A regression–based approach*, 282–290. New York : The Guilford Press.

Henseler, J., Ringle, C.M. and Sarstedt, M. (2015). A new criterion for assessing discriminant validity in variance–based structural equation modeling. *Journal of the Academy of Marketing Science*, 43, 115–135.

Henseler, J., Ringle, C.M. and Sinkovics, R.R. (2009). The use of partial least squares path modeling in international marketing. *Advances in International Marketing*, 20, 277–320.

Huber, F., Herrmann, A., Frederik, M., Vogel, J. and Vollhardt. (2007). *Kausalmodellierung mit partial least squares–Eine anwendungsorientierte Einführung*, Wiesbaden : Gabler.

Kline, R.B. (2011). *Principles and practice of structural equation modeling*. New York : Guilford Press.

Lohmöller, J.B. (1989). *Latent variable path modeling with partial least squares*. Heidelberg, Germany : Physica.

Mooi, E. and Sarstedt, M. (2011). *A concise guide to market research*. New York : Springer.

Nunnally, J.C. and Bernstein. (1994), I.H. *Psychometric theory*. New York : McGraw Hill.

Ringle, C., Wende, S., and Will, A. (2005). *SmartPLS 2.0(Beta)*. Hambrug(www.smartpls.de).

Sarstedt, M., Wilczynski, P. and Melewar, T. (2013). Measuring reputation in global markets : A comparison of reputation measures' convergent and criterion validities. *Journal of World Business*, 48, 329–339.

Schumacker, R.E. and Lomax, R.G. (2010). *A beginner's guide to structural equation modeling*. 3rd Edition, Routledge.

Shaffer, J.P. (1995). Multiple hypothesis testing. *Annual Review of Psychology*, 46, 561-584.

Song, M.J. and Lee, J. (2006). Initial weights in the PLS algorithm for ACSI based SEM. *Journal of Korean Data & Information Science Society*, 17(1), 173–185.

Stone, M. (1974). Cross–validatory choice and assessment of statistical predictions. *Journal of the Royal Statistical Society*, 36, 111–147.

Teo, T.S.H., Srivastava, S.C. and Jiang, L. (2008). Trust and electronic government success : An empirical study. *Journal of Management Information Systems*, 25(3), 99-132.

Werts, C.E., Linn, R.L. and Jöreskog. (1974). Intraclass reliability estimates : Testing structural assumptions. *Educational and Psychological Measurement*, 34, 25–33.

West, S.G. and Finch, J. and Curran., P.J. (1995). Structural equation models with non-normal variables : Problems and remedies. *Structural equation modeling : Concepts, issues, and applications*, 86, 56-75.

Wilden, R., and Gudergan, S. (2015). The impact of dynamic capabilities on operational marketing and technologies capabilities : Investigating the role of environmental turbulence. *Journal of the Academy of Marketing Science*, 43, 181-199.

Wold, H.O.A. (1975). Path models with latent variables : The NIPALS approach. In H.M. Blalock, A. Aganbegian, F.M. Borodkin, R. Boudon & V. Capecchi(Eds.). *Quantitative sociology : International perspectives on mathmetical and statistical modeling*, 307-357. New York : Academic Press.

Wong, K.K. (2013). Partial least squares structural equation modeling(PLS-SEM) techniques using SmartPLS. *Marketing Bulletin*, 24, 1-32.

〈홈페이지〉

www.smartpls.com

| PLS-SEM Reading Materials |

〈국내 문헌〉

김달곤. (2023). 참여예산과 직무성과 간의 관계에서 역할명확성과 예산몰입의 매개효과. *관리회계연구*, 23(1), 115-135.

김계수. (2014). 서비스 품질 측정과 경영성과에 대한 PLS 구조방정식모델분석: KNPS의 모형개발과 적용. *고객만족경영연구*, 16(1), 23-41.

김영수. (2023). ESG 활동이 기업성과에 미치는 영향: 물류기업을 중심으로. *한국항만경제학회지*, 39(2), 143-163.

김응규. (2023). 대학생의 녹색 창업의도의 결정요인: 계획적 행동이론 관점. *한국창업학회지*, 18(3), 353-378.

김태민. (2017). 변혁적 리더십이 팀성과에 미치는 영향에 관한 연구: 반도체 제조업을 중심으로. 호서대학교 기술경영전문대학원 석사학위논문.

김태호, 신예철, 임상진, 박준태. (2013). PLS구조방정식 모형을 활용한 교통문화지수의 영향관계 실증연구. *한국안전학회지*, 28(2), 78-83.

노종범. (2016). 사회적 자본과 흡수역량이 기술사업화 성과에 미치는 영향에 관한 실증연구. 건국대학교 대학원 박사학위논문.

류인호, 조성준. (2023). 브랜드 경험이 재구매 의도에 미치는 영향: 브랜드 애착과 브랜드 사랑의 매개역할. *대한경영학회지*, 36(6), 979-998.

문선정. (2017). 중소기업 취업에 관한 대학생들의 신념, 태도 및 취업의도에 관한 연구. *중소기업연구*, 39(3), 57-76.

박경아. (2023). 지능형 자동차의 지속이용의도에 영향을 미치는 요인에 관한 연구: 확장된 통합기술수용모형 (UTAUT2)과 기술준비도를 적용. *Journal of Corporation and Innovation*, 46(2), 45-68.

박명은, 유소이. (2023). 스마트팜 농산물에 대한 소비자 수용 연구: 소비자지식의 조절효과. *경영교육연구*, 38(3), 1-25.

박병인, 박기성. (2017). 화학제품 B2B시장의 서비스품질 평가. *물류학회지*, 27(3), 125-145.

박병인. (2015). 국내 화주의 국제물류주선기업 선정요인. *한국항만경제학회지*, 31(4), 209-225.

박석주. (2017). 4년제 대졸자의 취업 성과 영향 요인 간 구조적 관계 분석: 재학기간을 중심으로. 충남대학교 대학원 박사학위논문.

박우연. (2023). 인터넷보험의 정보시스템 품질이 지각된 유용성과 사용자 만족도를 매개로 기업성과에 미치는 영향. 부산대학교 대학원 박사학위논문.

박진혁, 장봉우. (2014). 초등학교 운동 선수와 일반 학생의 학교 폭력 관련 심리적 변인과 가해경험의 구조적 관계. *한국체육교육학회지*, 19(2), 131-143.

석재환, 문석환. (2016). PLS 구조방정식 모델을 활용한 스마트페이 서비스품질의 실증적 분석. *경영교육연구*, 31(5), 59-79.

성을현, 염명배, 이종효. (2015). 혁신클러스터에서 혁신주체에 대한 기업의 신뢰가 클러스터몰입과 기업혁신성과에 미치는 영향에 관한 연구: 대덕연구개발특구 중심. *인적자원개발연구*, 18(4), 77-103.

손위수, 김정은, 한미정. (2023). 세대 간 연대인식 제고를 위한 커뮤니케이션 방향성 모색: 노인세대에 대한 고정관념과 정서, 도덕기반, 연령주의, 미디어 접촉 변인을 중심으로. *광고연구*, (136), 110-149.

송호창, 박학목. (2014). 테크노파크의 기업지원서비스가 이용 기업의 만족도에 미치는 영향 분석. *대한건축학회 논문집 계획계*, 30(7), 185-194.

신예철, 김태호, 장명준. (2013). 도시 및 교통계획의 합리적 연계를 위한 서울시 역세권의 개발특성과 대중교통서비스여건의 영향관계분석. *한국도시설계학회지 도시설계*, 14(2), 99-111.

신지원. (2023). 코로나 19와 무슬림 이주민의 종교적 실천의 디지털화: 한국 거주 인도네시아 무슬림을 중심으로. *아시아연구*, 26(1), 45-64.

심준섭, 김지수. (2015). 갈등 프레임이 원전 수용성에 미치는 영향의 탐색적 분석: PLS 구조방정식모형의 활용. *정책분석평가학회보*, 25(4), 1-27.

안상호. (2017). 스마트기기의 전유와 성과에 대한 과업적응의 효과에 관한 연구. 인천대학교 대학원 박사학위논문.

양승권, 현병환. (2023). 제조업 중소기업의 기업가정신이 조직유효성에 미치는 영향: 기술혁신을 매개효과로. *벤처창업연구*, 18(2), 113-126.

양은목. (2016). 구조방정식을 이용한 대학교육성과와 취업 연관성에 관한 연구. 공주대학교 대학원 박사학위논문.

염준호, 이제항, 박대식. (2016). 한국 중소도시 지방정부의 재정지출 영향요인 연구: PLS 구조방정식 분석. *지방정부연구*, 20(1), 477-502.

오숙영. (2012). PLS 구조방정식 모형을 활용한 부모 SES, 사교육, 자기조절학습능력, 학업성취간의 관계 연구. *교육문제연구*, 42, 203-243.

오신애. (2023). 도시재생 관광개발 사업에 대한 지역주민의 사회적 자본이 장소 정체성과 관광개발 지지에 미치는 영향, 제주대학교 대학원 박사학위논문.

윤여현. (2023). 서비스직 진로희망 청년들의 세계시민의식, 직업가치, 크루즈승무원 직무역량, 진로정체감의 관계. *호텔관광연구*, 25(5), 87-102.

이건예. (2023). 코로나 펜데믹 이후 국제무역환경규제가 Green SCM 의 실행 및 성과에 미치는 영향에 관한 연구, 제주대학교 경영대학원 박사학위논문.

이경호, 류은영, 류은숙. (2016). PLS 구조방정식모형을 활용한 조직 내 협업의 영향요인에 관한 연구: 소방행정조직을 중심으로. *한국인사행정학회보*, 15(3), 25-46.

이상진. (2023). 금융환경변화가 은행원의 직무성과에 미치는 영향, 부경대학교 박사학위논문.

이용기, 한영위. (2023). 자기결정적 고독동기가 레스토랑의 지각된 물리적 환경품질과 안전성 그리고 재방문의도에 미치는 영향: 코로나 두려움의 조절효과. *호텔관광연구*, 25(2), 17-33.

이원희. (2017). 기업 연구직 근로자의 팀성과 결정요인에 관한 연구. 호서대학교 기술경영전문대학원 석사학위논문.

이은정, 서영욱. (2023). 기업 내 퍼실리테이터의 역할과 조직문화, 혁신행동에 관한 연구: 관계지향문화, 혁신지향문화, 위계적문화를 매개로. *대한경영학회지*, 36(1), 165-186.

이인홍, 동학림. (2023). 멘토링이 멘토의 직무만족도에 미치는 영향: 개인학습 및 자기효능감의 매개효과. *벤처창업연구*, 18(3), 157-172.

이정훈, 신택수, 임정호. (2007). PLS 경로모형을 이용한 IT 조직의 BSC 성공요인 간의 인과관계 분석. *경영정보학연구*, 17(4), 207-228.

이제항, 박대식. (2016). 공공기관 경영평가와 맥락특성이 성과관리 인과구조에 미치는 영향. *한국정책학회 동계학술발표논문집*, 717-755.

임병학. (2012). 사회적 자본과 공급망관리가 기업성과에 미치는 영향에 대한 연구. *POSRI경영경제연구*, 12(3), 5-43.

임철.(2013). 기술수용요인과 사회적 영향력이 소셜커머스 사용에 미치는 영향에 관한 연구. *유라시아연구*, 10(1), 175-197.

임현정, 김종민. (2016). PLS-SEM을 적용한 초등학교 고학년의 학업성취, 친구관계, 자아개념 및 행복감 간의 관계 탐색. *교육심리연구*, 30(2), 447-468.

조승아, 주미경. (2023). 교육평등을 위한 수학 교수법: 저소득층 학생의 수학성취도에 대한 다양성 수용 수업의 효과와 교사-학생 관계의 매개효과 분석. *한국학교수학회논문집*, 26(2), 71-86.

진석. (2022). 기대편익과 지각된 위험이 비대면 진료의 이용의도에 미치는 영향에 대한 연구. *한국컴퓨터정보학회논문지*, 27(4), 61-77.

최수정, 강영선. (2016). 모바일 간편결제에 대한 지속사용의도: 개인의 혁신성, 신뢰 및 네트워크 효과를 고려한 UTAUT모형 시각에서의 접근. *정보통신정책연구*, 23(4), 29-52.

한경진, 조근태. (2016). 데이터 사이언티스트의 역량과 빅데이터 분석성과의 PLS 경로모형분석: Kaggle 플랫폼을 중심으로. *대한산업공학회지*, 42(2), 112-121.

한인호, 서영욱. (2023). 공유가치창출 (CSV) 활동이 소비자의 인지된 기관성과에 미치는 영향 연구: 공기업과 사기업 비교. *한국콘텐츠학회논문지*, 23(7), 152-171.

〈외국문헌〉

Abdullah, N.H., Hamid, N.A., Shamsuddin, A., & Wahab, E. (2016). Exploring the relationships among transformational leadership, organizational culture, and product innovation using PLS-SEM. In *Proceedings of the 1st AAGBS International Conference on Business Management 2014*(AiCoBM 2014) (151-160). Springer, Singapore.

Ahlan, A.R., Kartiwi, M., & Sukmana, H.T. (2015). Influences of the input factors towards success of an information system project. *TELKOMNIKA (Telecommunication Computing Electronics and Control)*, 13(2), 686-693.

Alba Martinez Ruiz. (2010). Patent value models partial least squares path modelling with mode C and few indicators. *Technical University of Catalonia(Barcelona, Spain). Dissertation Thesis.*

Ali, F., Rasoolimanesh, S.M., Sarstedt, M., Ringle, C.M., & Ryu, K. (2018). An assessment of the use of partial least squares structural equation modeling(PLS-SEM) in Hospitality Research. *International Journal of Contemporary Hospitality Management*, 30(1), 514-538.

Ammad, S., Alaloul, W. S., Saad, S., & Qureshi, A. H. (2021). Personal protective equipment (PPE) usage in construction projects: A systematic review and smart PLS approach. *Ain Shams Engineering Journal*, 12(4), 3495-3507.

Arshad, A.S., Goh, C.F., & Rasli, A. (2014). A hierarchical latent variable model of leadership styles using PLS-SEM. *Jurnal Teknologi*, 69(6), 79-82.

Assaker, G., Huang, S., & Hallak, R. (2012). Applications of partial least squares structural equation modeling in tourism research: A methodological review. *Tourism Analysis*, 17(5), 679-686.

Attygalle, T. I., Withanaarachchi, A. S., & Jayalal, S. (2023, June). Factors influencing the success of software startups in Sri Lanka: A Comparative Analysis using SmartPLS & SEMinR. In 2023 I*nternational Research Conference on Smart Computing and Systems Engineering* (SCSE) (6, 1-8). IEEE.

Bello, A. B., & Karupiah, P. (2022). Dispositional dimension of trust on customer interaction with the banking sector: A smartpls approach. *International*

Journal of Business and Society*, 23(2), 877–894.

Cheah, J. H., Thurasamy, R., Memon, M. A., Chuah, F., & Ting, H. (2020). Multigroup analysis using SmartPLS: Step-by-step guidelines for business research. *Asian Journal of Business Research*, 10(3), I–XIX.

Chu, P.Y., Lee, G.Y., & Chao, Y. (2012). Service quality, customer satisfaction, customer trust, and loyalty in an e-banking context. *Social Behavior and Personality: An International Journal*, 40(8), 1271–1283.

Chuang, S. H., Ou, C. C., & Wang, Y. X. (2023, April). Exploring the influence of smart applications and website service quality by SmartPLS software on continuous online shopping intention. In *2023 IEEE 3rd International Conference on Electronic Communications*, Internet of Things and Big Data (ICEIB) (36–40). IEEE.

Do Valle, P.O., & Assaker, G. (2016). Using partial least squares structural equation modeling in tourism research: A review of past research and recommendations for future applications. *Journal of Travel Research*, 55(6), 695–708.

Farooq, M.S., & Radovic-Markovic, M. (2016, October). Modeling entrepreneurial education and entrepreneurial skills as antecedents of intention towards entrepreneurial behaviour in single mothers: A PLS-SEM approach. *In entrepreneurship: Types, current trends and future perspectives, presented at the fifth international conference "Employment, Education and Entrepreneurship" (EEE 2016)*, Faculty of business economics and entrepreneurship, University of Belgrade, Belgrade, 198–216.

GİRMA, M. (2023). Kaizen and productivity: The mediating effect of the customer–supplier relationship using SmartPLS. *Istanbul Management Journal*, (94), 1–15.

Hair Jr, J., Sarstedt, M., Hopkins, L., & G. Kuppelwieser, V. (2014). Partial least squares structural equation modeling(PLS-SEM): An emerging tool in business research. *European Business Review*, 26(2), 106–121.

Hair, J.F., Sarstedt, M., Pieper, T.M., & Ringle, C.M. (2012). The use of partial least squares structural equation modeling in strategic management research: A review of past practices and recommendations for future applications. *Long Range Planning*, 45(5–6), 320–340.

Hair, J.F., Sarstedt, M., Ringle, C.M., & Mena, J.A. (2012). An assessment of the use of partial least squares structural equation modeling in marketing research.

Journal of the Academy of Marketing Science, 40(3), 414-433.

Hajli, M.N. (2014). A study of the impact of social media on consumers. *International Journal of Market Research*, 56(3), 387-404.

Hassan, S.H., Ramayah, T., Mohamed, O., & Maghsoudi, A. (2015). E-lifestyle, customer satisfaction, and loyalty among the generation Y mobile users. *Asian Social Science*, 11(4), 157.

Hernández-Perlines, F., Moreno-García, J., & Yañez-Araque, B. (2016). The mediating role of competitive strategy in international entrepreneurial orientation. *Journal of Business Research*, 69(11), 5383-5389.

Hooi, T. K., Abu, N. H. B., & Rahim, M. K. I. A. (2018). Relationship of big data analytics capability and product innovation performance using smartPLS 3.2.6: Hierarchical component modelling in PLS-SEM. *Int. J. Supply Chain Manag*, 7(1), 51-64.

Husin, N. A., Ghazali, A. S. M., & Rasli, S. (2021). Smartpls approach in investigating the determinants of unemployment crisis among Gen Y. *International Journal of Accounting*, 6(38), 172-182.

Johan, Z. J., Hussain, M. Z., Mohd, R., & Kamaruddin, B. H. (2020). Muslims and non-Muslims intention to hold Shariah-compliant credit cards: A SmartPLS approach. *Journal of Islamic Marketing*, 12(9), 1751-1785.

Kumar, R.B. (2015). Determinants of value creation of GCC firms: Application of PLS SEM model. *Asian Journal of Finance & Accounting*, 7(1), 76.

Liengaard, B. D., Sharma, P. N., Hult, G. T. M., Jensen, M. B., Sarstedt, M., Hair, J. F., &Ringle, C. M. (2021). Prediction: Coveted, yet forsaken? Introducing a cross-validated predictive ability test in partial least squares path modeling. *Decision Sciences*, 52(2), 362-392.

Lowry, P.B., & Gaskin, J. (2014). Partial Least squares(PLS) Structural equation modeling (SEM) for building and testing behavioral causal theory: When to choose it and how to use It. *IEEE Transactions on Professional Communication*, 57(2), 123-146.

Mikalef, P., & Pateli, A. (2017). Information technology-enabled dynamic capabilities and their indirect effect on competitive performance: Findings from PLS-SEM and fsQCA. *Journal of Business Research*, 70, 1-16.

Mohd Thas Thaker, H., Khaliq, A., Ah Mand, A., Iqbal Hussain, H., Mohd Thas Thaker, M. A. B., & Allah Pitchay, A. B. (2021). Exploring the drivers of social media marketing in Malaysian Islamic banks: An analysis via smart PLS approach. *Journal of Islamic Marketing*, 12(1), 145–165.

Muraina, I.D., Osman, W.R.B.S., & Ahmad, A. (2015). The roles of some antecedents of broadband user behavioral intention among students in the rural areas through PLS-SEM. *American Journal of Applied Sciences*, 12(11), 820.

Ogwiji, J., & Lasisi, I. O. (2022). Internal control system and fraud prevention of quoted financial services firms in Nigeria: A Smart PLS-SEM approach. *European Journal of Accounting, Auditing and Finance Research*, 10(4), 1–13.

Richter, N.F., Sinkovics, R.R., Ringle, C.M., & Schlaegel, C. (2016). A critical look at the use of SEM in international business research. *International Marketing Review*, 33(3), 376–404.

Santoso, N. P. L., Sunarjo, R. A., & Fadli, I. S. (2023). Analyzing the factors influencing the success of business incubation programs: A SmartPLS approach. *ADI Journal on Recent Innovation*, 5(1), 60–71.

Sarstedt, M., Ringle, C.M., Smith, D., Reams, R., & Hair Jr, J.F. (2014). Partial least squares structural equation modeling(PLS-SEM): A useful tool for family business researchers. *Journal of Family Business Strategy*, 5(1), 105–115.

Sharma, P. N., Liengaard, B. D., Hair, J. F., Sarstedt, M., &Ringle, C. M. (2023). Predictive model assessment and selection in composite-based modeling using PLS-SEM: Extensions and guidelines for using CVPAT. *European Journal of Marketing*, 57(6), 1662–1677.

Shmueli, G., Sarstedt, M., Hair, J.F., Cheah, J.-H., Ting, H., Vaithilingam, S. and Ringle, C.M. (2019). Predictive model assessment in PLS-SEM: Guidelines for using PLSpredict. *European Journal of Marketing*, 53(11), 2322–2347.

Singh, A. K., Raghuwanshi, S., Sharma, S., Khare, V., Singhal, A., Tripathi, M., & Banerjee, S. (2023). Modeling the nexus between perceived value, risk, negative marketing, and consumer trust with consumers' social cross-platform buying behaviour in India using Smart-PLS. *Journal of Law and Sustainable Development*, 11(4), e488–e488.

Singkheeprapha, P., Jumani, Z. A., & Sukhabot, S. (2022). Is Islamic brand attitudes influence Thai Muslims' buying behavioural intentions: A quantitative analysis using smart-PLS. *Journal of Islamic Marketing*, 13(11), 2403–2420.

Sobaih, A. E. E., & Elshaer, I. A. (2022). Personal traits and digital entrepreneurship: A Mediation Model Using SmartPLS. *Data Analysis. Mathematics*, 10(21),

3926.

Ting, S. H., Yahya, S., & Tan, C. L. (2020). Importance-performance matrix analysis of the researcher's competence in the formation of university-industry collaboration using Smart PLS. *Public Organization Review*, 20, 249-275.

Valaei, N., Rezaei, S., & Ismail, W.K.W. (2017). Examining learning strategies, creativity, and innovation at SMEs using fuzzy set qualitative comparative analysis and PLS path modeling. *Journal of Business Research*, 70, 224-233.

Wong, K. K. K. (2013). Partial least squares structural equation modeling(PLS-SEM) techniques using SmartPLS. *Marketing Bulletin*, 24(1), 1-32.

Xin, H., Techatassanasoontorn, A.A., & Tan, F.B. (2015). Antecedents of consumer trust in mobile payment adoption. *Journal of Computer Information Systems*, 55(4), 1-10.

Zhang, Yang. (2009). A study of corporate reputation's influence on customer loyalty based on PLS-SEM model. *International Business Research*, 2(3), 28.

찾아보기

| 저자약력 |

신건권(辛建權)

신건권 교수는 충남 금산에서 출생하였다. 서강대학교 대학원에서 회계정보시스템으로 박사학위(지도교수 이남주)를 받은 이후 서강대, 부산대, 대전대, 한남대, 순천향대, 나사렛대 등의 강사로 활동하였다. 현재는 호서대학교 기술경영전문대학원에서 논문 작성 중심의 통계학을 강의하고 있으며 데이터 사이언티스트로 활동하고 있다.
한국전산회계학회장, 호서대 사회과학대학장과 사회과학연구소장, 글로벌비전센터소장, 학술지 편집위원장(대한회계학회, 한국경영컨설팅학회, 한국전산회계학회) 등을 역임하였다. 주요 관심 분야는 논문통계학, 회계정보시스템, 문화콘텐츠, 경영학 등이다.
저술가로서 왕성한 활동을 펼쳐 왔으며 현재까지 학술논문 80여 편을 학술지에 게재하였으며 통계학, 회계학, 경영학 등의 전문서적 50여 권을 발간하였다. 통계학 저서인『석박사학위와 학술논문 작성 중심의 SmartPLS 3.0 구조방정식모델링』은 2018년 세종도서 학술부문 우수도서로 선정되었다.

[주요 도서]
석박사학위와 학술논문 작성 중심의 SPSS 29 논문통계분석(2023, 도서출판 청람)
석박사학위와 학술논문 작성 중심의 Amos 29 구조방정식모델링(2023, 도서출판 청람)
석박사학위와 학술논문 작성 중심의 SmartPLS 4.0 구조방정식모델링(2023, 도서출판 청람)
석박사학위와 학술논문 작성 중심의 SmartPLS 4.0 고급 구조방정식모델링(2023, 도서출판 청람)
SPSS 29와 PROCESS macro 4.0을 이용한 회귀분석 따라하기(2023, 도서출판 청람)

석박사학위와 학술논문 작성 중심의
SmartPLS 4.0 구조방정식모델링 [개정판]

2023년 9월 15일 1판 1쇄 인쇄
2023년 9월 20일 1판 1쇄 발행

저　자 | 신건권
발행인 | 이수영
발행처 | 도서출판 청람
서울시 마포구 독막로 288(대흥동, 세양상가 109호)
전　화 | 02)3272-2601~2
팩　스 | 02)3272-2603
E-mail | crbooks@daum.net
홈페이지 | http://www.crbooks.co.kr
등　록 | 2000년 8월 26일 제6-0509호

ISBN 978-89-5972-984-5 93310　　[정가 36,000원]